“十三五”普通高等教育规划教材

数学建模算法与应用

(第3版)

司守奎　孙玺菁　主编

孙兆亮　周　刚　司宛灵　康淑瑰　参编

国防工业出版社

·北京·

内容简介

本书由作者根据多年数学建模竞赛辅导工作的经验编写，涵盖了很多同类型书籍较少涉及的新算法和热点技术，主要内容包括支持向量机、偏最小二乘回归分析、现代优化算法、数字图像处理、综合评价与决策方法、预测方法以及数学建模经典算法等内容。全书系统全面，各章节相对独立。

本书所选案例具有代表性，注重从不同侧面反映数学思想在实际问题中的灵活应用，既注重算法原理的通俗性，也注重算法应用的实现性，克服了很多读者能看懂算法却解决不了实际问题的困难。

本书所有例题均配有 Matlab 或 Lingo 源程序，程序设计简单精炼，思路清晰，注释详尽，灵活应用 Matlab 工具箱，有利于没有编程基础的读者快速入门。同时很多程序隐含了作者多年的编程经验和技巧，为有一定编程基础的读者深入学习 Matlab、Lingo 等编程软件提供了便捷之路。

本书既可以作为数学建模课程教材和辅导书，也可以作为相关科技工作者的参考用书。

图书在版编目(CIP)数据

数学建模算法与应用／司守奎，孙玺菁主编．—3版．—北京：国防工业出版社，2024.4 重印
ISBN 978-7-118-12278-7

Ⅰ．①数… Ⅱ．①司… ②孙… Ⅲ．①数学模型-算法 Ⅳ．①O141.4

中国版本图书馆 CIP 数据核字(2021)第 035658 号

※

国防工业出版社出版发行
（北京市海淀区紫竹院南路 23 号　邮政编码 100048）
三河市天利华印刷装订有限公司印刷
新华书店经售

*

开本 787×1092　1/16　**印张** 33¼　**字数** 780 千字
2024 年 4 月第 3 版第 8 次印刷　**印数** 70001—85000 册　**定价** 69.80 元

国防书店：(010)88540777　　书店传真：(010)88540776
发行业务：(010)88540717　　发行传真：(010)88540762

前 言

今天,人类社会正处在由工业化社会向信息化社会过渡的变革时期。以数字化为特征的信息化社会有两个显著特点:计算机技术的迅速发展与广泛应用;数学的应用向一切领域渗透。随着计算机技术的飞速发展,科学计算的作用越来越引起人们的广泛重视,它已经与科学理论和科学实验并列成为人们探索和研究自然界、人类社会的三大基本方法。为了适应这种社会的变革,培养和造就一批又一批适应高度信息化社会具有创新能力的高素质的工程技术和管理人才,在各高校开设"数学建模"课程,培养学生的科学计算能力和创新能力,就成为这种新形势下的历史必然。

数学建模是为了特定的目的,根据特有的内在规律,对现实世界的特定对象进行必要的抽象、归纳、假设和简化,运用适当的数学工具建立的一个数学结构,是运用数学的思想方法、数学的语言近似地刻画一个实际研究对象,构建一座沟通现实世界与数学世界的桥梁,并以计算机为工具应用现代计算技术达到解决各种实际问题的目的。建立一个数学模型的全过程称为数学建模。因此,"数学建模"(或"数学实验")课程对于开发学生的创新意识,提升人的数学素养,培养学生创造性地应用数学工具解决实际问题的能力,有着独特的功能。

数学建模是一个创造性的工作过程。人的创新能力首先是创造性思维和具备创新的思想方法。数学本身是一门理性思维科学,数学教学正是通过各个教学环节对学生进行严格的科学思维方法的训练,从而引发人的灵感思维,培养学生的创造性思维能力。同时数学又是一门实用科学,它能直接用于生产和实践,解决工程实际中提出的问题,推动生产力的发展和科学技术的进步。学生参加数学建模活动,首先要了解问题的实际背景,深入到具体学科领域的前沿,这就需要学生具有能迅速查阅大量科学资料,准确获得自己所需信息的能力;其次,不但要求学生必须了解现代数学各门学科知识和各种数学方法,把所掌握的数学工具创造性地应用于具体的实际问题,构建其数学结构,还要求学生熟悉各种数学软件,熟练地应用现代计算机技术解决当前的实际问题,最后还要具有把自己的实践过程和结果叙述成文字的写作能力。通过数学建模全过程的各个环节，学生们进行创造性思维的活动，模拟现代科学研究过程。“数学建模”课程的教学和数学建模活动极大地开发了学生的创造性思维能力，培养学生面对错综复杂的实际问题时的敏锐观察力和洞察力，以及丰富的想象力。因此，“数学建模”课程在培养学生的创新能力方面有着其他课程不可替代的作用。

多年的“数学建模”教学实践告诉我们，进行“数学建模”教学，为学生提供一本内容丰富，既理论完整又实用的《数学建模》教材，使学生少走弯路尤为重要。这也是我们编写本书的初衷。本书可以说既是我们多年教学经验的总结，也是我们心血的结晶。本书的特点是尽量为学生提供常用的数学方法，并将相应的 Matlab 或 Lingo 程序提供给学生，使学生在学习书中提供的案例时，在自己动手构建数学模型的同时上机进行数学实验，从而为学生提供数学建模全过程的训练，以便取得事半功倍的教学效果。本书各章有一定的独立性，这样便于教师和学生按需要进行选择。

为了更适合课堂教学以及软件更新的原因，第 3 版做了如下变动：重新编写了第 1 章“线性规划”、第 2 章“整数规划”、第 3 章“非线性规划”、第 4 章“图与网络模型及方法”、第 5 章“插值与拟合”、第 6 章“微分方程”；在 Matlab 画图、数据处理、数值积分、支持向量机等方面更新内容较多；把第 2 版第 8 章“时间序列”替换为“差分方程”；在第 14 章“综合评价与决策方法”中增加了熵权法和 PageRank 算法；在第 16 章“目标规划”中增加了多目标规划的内容。一本好的教材需要经过多年的教学实践，反复锤炼。由于我们的经验和时间所限，书中的错误和不足在所难免，敬请同行不吝指正。

最后，编者十分感谢国防工业出版社对本书出版所给予的大力支持，尤其是责任编辑丁福志的热情支持和帮助。

本书的 Matlab 程序在 Matlab2020A 下全部调试通过，使用过程中如发现问题可以加入 QQ 群 204957415，和作者进行交流。需要本书源程序电子文档的读者，可扫描封底二维码下载，也可以电子邮件联系索取（Email：896369667@qq.com，sishoukui@163.com），或到国防工业出版社网站“资源下载”栏目下载。

编者

2021 年 3 月

目 录

第1章 线性规划

在人们的生产实践中，经常会遇到如何利用现有资源来安排生产，以取得最大经济效益的问题。此类问题构成了运筹学的一个重要分支——数学规划，而线性规划（Linear Programming，LP）则是数学规划的一个重要分支。自从1947年G. B. Dantzig提出求解线性规划的单纯形方法以来，线性规划在理论上趋向成熟，在实用中日益广泛与深入。特别是在计算机能处理成千上万个约束条件和决策变量的线性规划问题之后，线性规划的适用领域更为广泛了，已成为现代管理中经常采用的基本方法之一。

1.1 线性规划模型及概念

1. 引例

我们来看一个关于线性规划的引例。

例1.1 某机床厂生产甲、乙两种机床，每台机床销售后的利润分别为4千元与3千元。生产甲机床需用A、B机器加工，加工时间分别为每台2h和每台1h；生产乙机床需用A、B、C三种机器加工，加工时间均为每台1h。若每天可用于加工的机器时数分别为A机器10h、B机器8h和C机器7h，问该厂应生产甲、乙机床各几台才能使总利润最大？

问题分析

该问题是在企业的生产经营中经常面临的一个问题：如何制订一个最优的生产计划？因为加工时间的可用数量是有限的，这就构成了该问题的约束条件，而解决该问题也就是在满足上述约束条件的前提下，确定两种机床的产量，使得产品销售后所获得的利润达到最大值。

模型假设

假设该企业的产品不存在积压，即产量等于销量。

符号说明：设 $x_i(i=1,2)$ 分别表示甲、乙机床每天的产量。通常称 x_i 为**决策变量**。

模型建立

该问题的目标是使得总利润 $z=4x_1+3x_2$ 达到最大值。通常称该利润函数为**目标函数**。

机床的产量受到某些条件的限制。生产甲、乙两种机床所花费的加工时间不能超过A、B、C机器每天的最大可用加工时间，因此有

$$2x_1+x_2\leqslant 10,$$
$$x_1+x_2\leqslant 8,$$
$$x_2\leqslant 7.$$

另外，甲乙两种机床的产量还应该满足非负约束，即 $x_i\geqslant 0, i=1,2$。由限制条件所确

定的上述不等式,通常称为**约束条件**。

综上所述,可以建立该问题的数学模型为

$$\max z=4x_1+3x_2,$$

$$\text{s. t.}\begin{cases}2x_1+x_2\leqslant 10,\\ x_1+x_2\leqslant 8,\\ x_2\leqslant 7,\\ x_1,x_2\geqslant 0.\end{cases} \tag{1.1}$$

这里的 s. t. (subject to)是“受约束于”的意思。

求解该数学模型,便可得到该机床厂的最优生产计划方案。

2. 建立线性规划模型的一般步骤

由前面的引例可知,规划问题的数学模型由三个要素组成:①决策变量,是问题中要确定的未知量,用于表明规划问题中用数量表示的方案、措施等,可由决策者决定和控制;②目标函数,是决策变量的函数,优化目标通常是求该函数的最大值或最小值;③约束条件,是决策变量的取值所受到的约束和限制条件,通常用含有决策变量的等式或不等式表示。

建立线性规划模型通常需要以下三个步骤:

第一步,分析问题,找出决策变量。

第二步,根据问题所给条件,找出决策变量必须满足的一组线性等式或者不等式约束,即为约束条件。

第三步,根据问题的目标,构造关于决策变量的一个线性函数,即为目标函数。

有了决策变量、约束条件和目标函数这三个要素之后,一个线性规划模型就建立起来了。

3. 线性规划模型的形式

线性规划模型的一般形式为

$$\max(\text{或} \min)\ z=c_1x_1+c_2x_2+\cdots+c_nx_n,$$

$$\text{s. t.}\begin{cases}a_{11}x_1+a_{12}x_2+\cdots+a_{1n}x_n\leqslant(\text{或}=,\geqslant)b_1,\\ a_{21}x_1+a_{22}x_2+\cdots+a_{2n}x_n\leqslant(\text{或}=,\geqslant)b_2,\\ \quad\vdots\\ a_{m1}x_1+a_{m2}x_2+\cdots+a_{mn}x_n\leqslant(\text{或}=,\geqslant)b_m,\\ x_1,x_2,\cdots,x_n\geqslant 0.\end{cases} \tag{1.2}$$

或简写为

$$\max(\text{或} \min)\ z=\sum_{j=1}^{n}c_jx_j,$$

$$\text{s. t.}\begin{cases}\sum_{j=1}^{n}a_{ij}x_j\leqslant(\text{或}=,\geqslant)b_i, & i=1,2,\cdots,m,\\ x_j\geqslant 0, & j=1,2,\cdots,n.\end{cases}$$

其向量表示形式为

$$\max(\text{或}\ \min)\ z=\boldsymbol{c}^{\mathrm{T}}\boldsymbol{x},$$

$$\text{s. t.}\begin{cases}\sum_{j=1}^{n}\boldsymbol{P}_j x_j\leqslant(\text{或}=,\ \geqslant)\boldsymbol{b},\\ \boldsymbol{x}\geqslant 0.\end{cases}$$

其矩阵表示形式为

$$\max(\text{或}\ \min)\ z=\boldsymbol{c}^{\mathrm{T}}\boldsymbol{x},$$

$$\text{s. t.}\begin{cases}A\boldsymbol{x}\leqslant(\text{或}=,\geqslant)\boldsymbol{b},\\ \boldsymbol{x}\geqslant 0.\end{cases}$$

式中：$\boldsymbol{c}=[c_1,c_2,\cdots,c_n]^{\mathrm{T}}$ 为目标函数的系数向量，又称为价值向量；$\boldsymbol{x}=[x_1,x_2,\cdots,x_n]^{\mathrm{T}}$ 为决策向量；$\boldsymbol{A}=(a_{ij})_{m\times n}$ 为约束方程组的系数矩阵；$\boldsymbol{P}_j=[a_{1j},a_{2j},\cdots,a_{mj}]^{\mathrm{T}},j=1,2,\cdots,n$ 为 $\boldsymbol{A}$ 的列向量，又称为约束方程组的系数向量；$\boldsymbol{b}=[b_1,b_2,\cdots,b_m]^{\mathrm{T}}$ 为约束方程组的常数向量。

4. 线性规划问题的解的概念

一般线性规划问题的(数学)标准型为

$$\max z=\sum_{j=1}^{n}c_j x_j,\tag{1.3}$$

$$\text{s. t.}\begin{cases}\sum_{j=1}^{n}a_{ij}x_j=b_i, & i=1,2,\cdots,m,\\ x_j\geqslant 0, & j=1,2,\cdots,n.\end{cases}\tag{1.4}$$

式中：$b_i\geqslant 0,i=1,2,\cdots,m$。

可行解：满足约束条件(1.4)的解 $\boldsymbol{x}=[x_1,x_2,\cdots,x_n]^{\mathrm{T}}$，称为线性规划问题的可行解，而使目标函数(1.3)达到最大值的可行解称为最优解。

可行域：所有可行解构成的集合称为问题的可行域，记为 R'。

5. 灵敏度分析

灵敏度分析是指对系统因周围条件变化显示出来的敏感程度的分析。

在线性规划问题中，都设定 a_{ij},b_i,c_j 是常数，但在许多实际问题中，这些系数往往是估计值或预测值，经常有少许的变动。

例如在模型(1.2)中，如果市场条件发生变化，c_j 值就会随之变化；生产工艺条件发生改变，会引起 b_i 变化；a_{ij} 也会由于种种原因产生改变。

因此提出以下两个问题：

(1) 如果参数 a_{ij},b_i,c_j 中的一个或者几个发生了变化，现行最优方案会有什么变化?

(2) 将这些参数的变化限制在什么范围内，原最优解仍是最优的?

当然，有一套关于“优化后分析”的理论方法，可以进行灵敏度分析。具体参见有关的运筹学教科书。

但在实际应用中，给定参变量一个步长使其重复求解线性规划问题，以观察最优解的变化情况，不失为一种可用的数值方法，特别是使用计算机求解时。

对于数学规划模型，一定要做灵敏度分析。第 3 章将给出灵敏度分析的一个具体例子。

1.2 线性规划模型求解及应用

求解线性规划模型已经有比较成熟的算法。对一般的线性规划模型,常用的求解方法有图解法、单纯形法等;虽然针对线性规划的理论算法已经比较完善,但是当需要求解的模型的决策变量和约束条件数量比较多时,手工求解模型是十分繁杂甚至不可能的,通常需要借助计算机软件来实现。

目前,求解数学规划模型的常用软件有 Matlab、Python、Lingo 等多种,本书中出现的数学规划模型主要使用 Matlab 软件求解。Matlab 求解数学规划问题(包括线性规划、整数规划和非线性规划)采用两种模式:基于求解器的求解方法和基于问题的求解方法。

1. 线性规划的 Matlab 求解

1) Matlab 基于求解器的求解方法

线性规划的目标函数可以是求最大值,也可以是求最小值,约束条件的不等号可以是小于等于号也可以是大于等于号。为了避免这种形式多样性带来的不便,Matlab 基于求解器的求解方法中规定线性规划的标准形式为

$$\min_{x} \boldsymbol{f}^{\mathrm{T}}\boldsymbol{x},$$

$$\text{s.t.}\begin{cases}\boldsymbol{A}\cdot\boldsymbol{x}\leqslant\boldsymbol{b},\\ \boldsymbol{Aeq}\cdot\boldsymbol{x}=\boldsymbol{beq},\\ \boldsymbol{lb}\leqslant\boldsymbol{x}\leqslant\boldsymbol{ub}.\end{cases}$$

式中:$\boldsymbol{f},\boldsymbol{x},\boldsymbol{b},\boldsymbol{beq},\boldsymbol{lb},\boldsymbol{ub}$ 为列向量,其中 $\boldsymbol{f}$ 为价值向量,$\boldsymbol{b}$ 为资源向量;$\boldsymbol{A},\boldsymbol{Aeq}$ 分别为不等式约束和等式约束对应的矩阵。

Matlab 基于求解器的求解线性规划函数调用格式为

```
[x,fval] = linprog(f,A,b)
[x,fval] = linprog(f,A,b,Aeq,beq)
[x,fval] = linprog(f,A,b,Aeq,beq,lb,ub)
```

其中 x 返回决策向量的取值,fval 返回目标函数的最优值,f 为价值向量,A,b 对应线性不等式约束,Aeq,beq 对应线性等式约束,lb 和 ub 分别对应决策向量的下界向量和上界向量。

例如线性规划

$$\max_{x} \boldsymbol{f}^{\mathrm{T}}\boldsymbol{x},$$

$$\text{s.t.}\quad \boldsymbol{Ax}\geqslant\boldsymbol{b}.$$

的 Matlab 标准型为

$$\min_{x} -\boldsymbol{f}^{\mathrm{T}}\boldsymbol{x},$$

$$\text{s.t.}\quad -\boldsymbol{Ax}\leqslant-\boldsymbol{b}.$$

2) Matlab 基于问题的求解方法

Matlab 基于问题的求解数学规划方法,首先需要用变量和表达式构造优化问题,然后用 solve 函数求解。具体求解步骤可以通过下面例子看出来,或者在命令窗口运行 doc optimproblem,看 Matlab 的详细帮助。

例 1.2(续例 1.1) 求解在例 1.1 中建立的线性规划模型。

解 利用 Matlab 程序,求得最优解为

$$x_1=2, x_2=6,$$

目标函数的最优值 $z=26$。

基于求解器求解的 Matlab 程序如下:

```
clc, clear
c = [4;3]; b = [10;8;7];
a = [2,1;1,1;0,1]; lb = zeros(2,1);
[x,fval] = linprog(-c,a,b,[],[],lb)      %没有等号约束
y = -fval                                 %目标函数为最大化
```

基于问题求解的 Matlab 程序如下:

```
clc, clear
prob = optimproblem('ObjectiveSense', 'max')      %目标函数最大化的优化问题
c = [4;3]; b = [10;8;7];
a = [2,1;1,1;0,1];
x = optimvar('x',2,'LowerBound',0);               %决策变量
prob.Objective = c' * x;                          %目标函数
prob.Constraints.con = a * x<=b;                  %约束条件
[sol, fval, flag, out] = solve(prob)              %fval 返回最优值
sol.x                                             %显示决策变量的值
```

例 1.3 求解下列线性规划问题:

$$\max z=2x_1+3x_2-5x_3,$$

$$\text{s. t.}\begin{cases}x_1+x_2+x_3=7,\\ 2x_1-5x_2+x_3\geqslant 10,\\ x_1+3x_2+x_3\leqslant 12,\\ x_1,x_2,x_3\geqslant 0.\end{cases}$$

解 化成的 Matlab 标准型为

$$\min w=-2x_1-3x_2+5x_3,$$

$$\text{s. t.}\begin{cases}\begin{bmatrix}-2 & 5 & -1\\ 1 & 3 & 1\end{bmatrix}\cdot[x_1,x_2,x_3]^{\mathrm{T}}\leqslant\begin{bmatrix}-10\\ 12\end{bmatrix},\\ [1,1,1]\cdot[x_1,x_2,x_3]^{\mathrm{T}}=7,\\ [x_1,x_2,x_3]^{\mathrm{T}}\geqslant[0,0,0]^{\mathrm{T}}.\end{cases}$$

求得的最优解为 $x_1=6.4286, x_2=0.5714, x_3=0$,对应的最优值 $z=14.5714$。

基于求解器求解的 Matlab 程序如下:

```
clc, clear, f=[-2; -3; 5];
a=[-2,5,-1;1,3,1]; b=[-10;12];
aeq=[1,1,1]; beq=7;
[x,y]=linprog(f,a,b,aeq,beq,zeros(3,1));
x, y=-y                                   %目标函数最大化
```

基于问题求解的 Matlab 程序如下：

```
clc, clear
prob = optimproblem('ObjectiveSense','max');
x = optimvar('x',3,'LowerBound',0);
prob.Objective = 2 * x(1) + 3 * x(2)-5 * x(3);
prob.Constraints.con1 = x(1)+x(2)+x(3) == 7;
prob.Constraints.con2 = 2 * x(1)-5 * x(2)+x(3) >=10;
prob.Constraints.con3 = x(1)+3 * x(2)+x(3) <=12;
[sol,fval,flag,out]= solve(prob), sol.x
```

注 1.1 在 Matlab 基于问题的求解方法中，不能把不同类型的约束条件写在同一个约束集合中。

2. 线性规划应用举例

例 1.4 捷运公司在下一年度 1~4 月的 4 个月内拟租用仓库堆放物资。已知各月所需仓库面积列于表 1.1。仓库租借费用随合同期而定，期限越长，折扣越大，具体数字见表 1.1。租借仓库的合同每月初都可办理，每份合同具体规定租用面积和期限。因此，该公司可根据需要，在任何一个月初办理租借合同。每次办理时可签一份合同，也可签若干份租用面积和租借期限不同的合同，试确定该公司签订租借合同的最优决策，目的是使所付租借费用最小。

表 1.1 所需仓库面积和租借仓库费用数据

月份	1	2	3	4
所需仓库面积/100m^2	15	10	20	12
合同租借期限	1 个月	2 个月	3 个月	4 个月
合同期内的租费/元	2800	4500	6000	7300

解 设变量 x_{ij} 表示捷运公司在第 $i(i=1,2,3,4)$ 个月初签订的租借期为 $j(j=1,2,3,4)$ 个月的仓库面积（单位为 100m^2）。因 5 月起该公司不需要租借仓库，故 $x_{24}, x_{33}, x_{34}, x_{42}, x_{43}, x_{44}$ 均为零。该公司希望总的租借费用最小，故有如下数学模型：

$$\min z=2800(x_{11}+x_{21}+x_{31}+x_{41})+4500(x_{12}+x_{22}+x_{32})+6000(x_{13}+x_{23})+7300x_{14},$$

$$\text{s.t.}\begin{cases} x_{11}+x_{12}+x_{13}+x_{14}\geqslant 15, \\ x_{12}+x_{13}+x_{14}+x_{21}+x_{22}+x_{23}\geqslant 10, \\ x_{13}+x_{14}+x_{22}+x_{23}+x_{31}+x_{32}\geqslant 20, \\ x_{14}+x_{23}+x_{32}+x_{41}\geqslant 12, \\ x_{ij}\geqslant 0, \quad i=1,2,3,4;j=1,2,3,4. \end{cases}$$

这个模型中的约束条件分别表示当月初签订的租借合同的面积加上该月前签订的未到期的合同的租借面积总和，应不少于该月所需的仓库面积。

求得的最优解为 $x_{11}=3, x_{31}=8, x_{14}=12$，其他变量取值均为零，最优值 $z=118400$。

```
clc, clear
prob = optimproblem    % 默认目标函数最小化
x = optimvar('x',4,4,'LowerBound',0);
prob.Objective = 2800 * sum(x(:,1))+4500 * sum(x(1:3,2))+...
```

```
    6000*sum(x(1:2,3))+7300*x(1,4);
prob.Constraints.con = [sum(x(1,:))>=15,
    sum(x(1,2:4))+sum(x(2,1:3))>=10,
    x(1,3)+x(1,4)+x(2,2)+x(2,3)+x(3,1)+x(3,2)>=20,
    x(1,4)+x(2,3)+x(3,2)+x(4,1)>=12];
[sol,fval,flag,out]= solve(prob), sol.x
```

例 1.5 使用 Matlab 软件计算 6 个产地到 8 个销地的最小费用运输问题。单位商品运价如表 1.2 所示。

表 1.2 单位商品运价表

单位运价 产地\销地	B_1	B_2	B_3	B_4	B_5	B_6	B_7	B_8	产量
A_1	6	2	6	7	4	2	5	9	60
A_2	4	9	5	3	8	5	8	2	55
A_3	5	2	1	9	7	4	3	3	51
A_4	7	6	7	3	9	2	7	1	43
A_5	2	3	9	5	7	2	6	5	41
A_6	5	5	2	2	8	1	4	3	52
需求量	35	37	22	32	41	32	43	38	

解 这是一个运输问题,总的产量大于总的需求量,是满足供应的运输问题。

设 $x_{ij}(i=1,2,\cdots,6;j=1,2,\cdots,8)$ 表示产地 A_i 运到销地 B_j 的量,c_{ij} 表示产地 A_i 到销地 B_j 的单位运价,d_j 表示销地 B_j 的需求量,e_i 表示产地 A_i 的产量。

目标函数是使总的运费最小化,即

$$\min \sum_{i=1}^{6}\sum_{j=1}^{8} c_{ij}x_{ij}.$$

约束条件分为两类。

(1) 需求量约束,B_j 销地的需求量等于所有产地运到 B_j 销地的运量和,即

$$\sum_{i=1}^{6} x_{ij} = d_j, \quad j=1,2,\cdots,8.$$

(2) 产量约束,A_i 产地运到所有销地的运量和少于等于该地的产量,即

$$\sum_{j=1}^{8} x_{ij} \leqslant e_i, \quad i=1,2,\cdots,6.$$

综上所述,建立如下线性规划模型:

$$\min \sum_{i=1}^{6}\sum_{j=1}^{8} c_{ij}x_{ij},$$

$$\text{s.t.}\begin{cases}\sum_{i=1}^{6} x_{ij} = d_j, & j=1,2,\cdots,8,\\ \sum_{j=1}^{8} x_{ij} \leqslant e_i, & i=1,2,\cdots,6,\\ x_{ij} \geqslant 0, & i=1,2,\cdots,6;j=1,2,\cdots,8.\end{cases}$$

利用 Matlab 软件求得的 6 个产地到 8 个销地的最优运量如表 1.3 所示(该问题的解不唯一),对应的最小运费为 664。

表 1.3　6 个产地到 8 个销地的最优运量数据

	B_1	B_2	B_3	B_4	B_5	B_6	B_7	B_8
A_1	0	19	0	0	41	0	0	0
A_2	1	0	0	32	0	0	0	0
A_3	0	11	0	0	0	0	40	0
A_4	0	0	0	0	0	5	0	38
A_5	34	7	0	0	0	0	0	0
A_6	0	0	22	0	0	27	3	0

把表 1.2 中的数据保存到文本文件 data1_5_1.txt 中,并且在右下角位置添加一个 0。

```
clc, clear, a = load('data1_5_1.txt');
c = a(1:end-1,1:end-1);
e = a(1:end-1,end); d = a(end,1:end-1);
prob = optimproblem;
x = optimvar('x',6,8,'LowerBound',0);
prob.Objective = sum(sum(c.*x));
prob.Constraints.con1 = sum(x,1) == d;
prob.Constraints.con2 = sum(x,2)<= e;
[sol,fval,flag,out]=solve(prob), xx=sol.x
writematrix(xx,'data1_5_2.xlsx')     % 数据写到 Excel 文件,便于做表使用
```

3. 可以转化为线性规划的问题

很多看起来不是线性规划的问题,也可以通过变换转化为线性规划的问题来解决。

例 1.6　数学规划问题

$$\min \quad |x_1|+|x_2|+\cdots+|x_n|,$$
$$\text{s. t.} \quad \boldsymbol{A}\boldsymbol{x}\leqslant \boldsymbol{b}.$$

式中:$\boldsymbol{x}=[x_1,x_2,\cdots,x_n]^{\mathrm{T}}$;$\boldsymbol{A}$ 和 $\boldsymbol{b}$ 为相应维数的矩阵和向量。

要把上面的问题变换成线性规划问题,只要注意到事实:对任意的 x_i,存在 $u_i,v_i\geqslant 0$ 满足

$$x_i=u_i-v_i, \quad |x_i|=u_i+v_i,$$

事实上,只要取 $u_i=\dfrac{x_i+|x_i|}{2}$,$v_i=\dfrac{|x_i|-x_i}{2}$就可以满足上面的条件。

这样,记 $\boldsymbol{u}=[u_1,u_2,\cdots,u_n]^{\mathrm{T}}$,$\boldsymbol{v}=[v_1,v_2,\cdots,v_n]^{\mathrm{T}}$,从而可以把上面的问题变成

$$\min \sum_{i=1}^{n}(u_i+v_i),$$
$$\text{s. t.} \begin{cases} \boldsymbol{A}(\boldsymbol{u}-\boldsymbol{v})\leqslant \boldsymbol{b}, \\ \boldsymbol{u},\boldsymbol{v}\geqslant 0. \end{cases}$$

这里 $\boldsymbol{u}\geqslant 0$ 表示向量 $\boldsymbol{u}$ 的每个分量大于等于 0。进一步把模型改写成

$$\min \sum_{i=1}^{n} (u_i + v_i),$$

$$\text{s.t.} \begin{cases} [\boldsymbol{A}, -\boldsymbol{A}] \begin{bmatrix} \boldsymbol{u} \\ \boldsymbol{v} \end{bmatrix} \leqslant \boldsymbol{b}, \\ \boldsymbol{u}, \boldsymbol{v} \geqslant 0. \end{cases}$$

例 1.7 求解下列数学规划问题：

$$\min z = |x_1| + 2|x_2| + 3|x_3| + 4|x_4|,$$

$$\text{s.t.} \begin{cases} x_1 - x_2 - x_3 + x_4 \leqslant -2, \\ x_1 - x_2 + x_3 - 3x_4 \leqslant -1, \\ x_1 - x_2 - 2x_3 + 3x_4 \leqslant -\dfrac{1}{2}. \end{cases}$$

解 做变量变换 $u_i = \dfrac{x_i + |x_i|}{2}, v_i = \dfrac{|x_i| - x_i}{2}, i = 1,2,3,4$，记 $\boldsymbol{u} = [u_1, u_2, u_3, u_4]^{\mathrm{T}}, \boldsymbol{v} = [v_1, v_2, v_3, v_4]^{\mathrm{T}}$，则可把模型变换为线性规划模型

$$\min \boldsymbol{c}^{\mathrm{T}}(\boldsymbol{u}+\boldsymbol{v}),$$

$$\text{s.t.} \begin{cases} \boldsymbol{A}(\boldsymbol{u}-\boldsymbol{v}) \leqslant \boldsymbol{b}, \\ \boldsymbol{u}, \boldsymbol{v} \geqslant 0. \end{cases}$$

其中 $\boldsymbol{c} = [1,2,3,4]^{\mathrm{T}}, \boldsymbol{b} = \left[-2, -1, -\dfrac{1}{2}\right]^{\mathrm{T}}, \boldsymbol{A} = \begin{bmatrix} 1 & -1 & -1 & 1 \\ 1 & -1 & 1 & -3 \\ 1 & -1 & -2 & 3 \end{bmatrix}$。

求得最优解 $x_1 = -2, x_2 = x_3 = x_4 = 0$，最优值 $z = 2$。

```
clc, clear
c = [1:4]'; b = [-2,-1,-1/2]';
a = [1,-1,-1,1;1,-1,1,-3;1,-1,-2,3];
prob = optimproblem;
u = optimvar('u',4,'LowerBound',0);
v = optimvar('v',4,'LowerBound',0);
prob.Objective = sum(c'* (u+v));
prob.Constraints.con = a* (u-v)<=b;
[sol,fval,flag,out]=solve(prob)
x = sol.u - sol.v
```

注 1.2 对于带有绝对值的非线性规划问题，尽量先手工进行线性化，再使用软件求解，这样可以提高求解效率。

例 1.8 $\min\limits_{x_i} \{\max\limits_{y_i} |\varepsilon_i|\}$，其中 $\varepsilon_i = x_i - y_i$。

对于这个问题，如果我们取 $v = \max\limits_{y_i} |\varepsilon_i|$，这样，上面的问题就变换成

$$\min v,$$

$$\text{s.t.} \begin{cases} x_1 - y_1 \leqslant v, x_2 - y_2 \leqslant v, \cdots, x_n - y_n \leqslant v, \\ y_1 - x_1 \leqslant v, y_2 - x_2 \leqslant v, \cdots, y_n - x_n \leqslant v. \end{cases}$$

此即通常的线性规划问题。

1.3 投资的收益与风险

例 1.9(本题选自 1998 年全国大学生数学建模竞赛 A 题) 市场上有 n 种资产(如股票、债券等)$S_i(i=1,2,\cdots,n)$供投资者选择,某公司有数额为 M 的一笔相当大的资金可用作一个时期的投资。公司财务分析人员对这 n 种资产进行了评估,估算出在这一时期内购买资产 S_i 的平均收益率为 r_i,并预测出购买 S_i 的风险损失率为 q_i。考虑到投资越分散,总的风险越小,公司确定,当用这笔资金购买若干种资产时,总体风险可用所投资的 S_i 中最大的一个风险来度量。

购买 S_i 要付交易费,费率为 p_i,并且当购买额不超过给定值 u_i 时,交易费按购买 u_i 计算(不买当然无须付费)。另外,假定同期银行存款利率是 $r_0(r_0=5\%)$,且既无交易费又无风险。

已知 $n=4$ 时的相关数据如表 1.4 所示。

表 1.4 四种资产的相关数据

S_i	r_i/%	q_i/%	p_i/%	u_i/元
S_1	28	2.5	1	103
S_2	21	1.5	2	198
S_3	23	5.5	4.5	52
S_4	25	2.6	6.5	40

试给该公司设计一种投资组合方案,即用给定的资金 M,有选择地购买若干种资产或存银行生息,使净收益尽可能大,总体风险尽可能小。

1. 问题分析

这是一个组合投资问题:已知市场上可供投资的 $n+1$ 种资产的平均收益率、风险损失率以及购买资产时产生的交易费费率,设计一种投资组合方案,也就是要将可供投资的资金分成数量不等的 $n+1$ 份分别购买 $n+1$ 种资产。不同类型的资产的平均收益率和风险损失率也各不相同,因此在进行投资时,要同时兼顾两个目标:投资的净收益和风险。

2. 符号说明

S_i:可供投资的第 i 种资产,$i=0,1,\cdots,n$,其中 S_0 表示存入银行;

x_i:投资到资产 S_i 的资金数量,$i=0,1,\cdots,n$,其中 x_0 表示存到银行的资金数量;

r_i:资产 S_i 的平均收益率,$i=0,1,\cdots,n$;

q_i:资产 S_i 的风险损失率,$i=0,1,\cdots,n$,其中 $q_0=0$;

p_i:资产 S_i 的交易费费率,$i=0,1,\cdots,n$,其中 $p_0=0$;

u_i:资产 S_i 的投资阈值,$i=1,2,\cdots,n$。

3. 模型假设

(1) 可供投资的资金数额 M 相当大。

(2) 投资越分散,总的风险越小,总体风险可用所投资的 S_i 中最大的一个风险来度量。

(3) 可供选择的 $n+1$ 种资产(含银行存款)之间是相互独立的。

（4）每种资产可购买的数量为任意值。

（5）在当前投资周期内，$r_i, q_i, p_i, u_i (i=0,1,\cdots,n)$固定不变。

（6）不考虑在资产交易过程中产生的其他费用，如股票交易印花税等。

4. 模型建立

（1）总体风险用所投资的 S_i 中最大的一个风险来衡量，即

$$\max\{q_i x_i \mid i=1,2,\cdots,n\}.$$

（2）购买 $S_i (i=1,2,\cdots,n)$所付交易费是一个分段函数，即

$$\text{交易费}=\begin{cases} p_i x_i, & x_i>u_i, \\ p_i u_i, & 0\leqslant x_i\leqslant u_i, \\ 0, & x_i=0. \end{cases}$$

而题目所给的定值 u_i（单位：元）相对总投资 M 很少，$p_i u_i$ 更小，这样购买 S_i 的净收益可以简化为$(r_i-p_i)x_i$。

要使净收益尽可能大，总体风险尽可能小，这是一个多目标规划模型。

目标函数为

$$\begin{cases} \max \sum_{i=0}^{n} (r_i - p_i) x_i, \\ \min\{\max_{1\leqslant i\leqslant n}\{q_i x_i\}\}. \end{cases}$$

约束条件为

$$\begin{cases} \sum_{i=0}^{n} (1 + p_i) x_i = M, \\ x_i \geqslant 0, \quad i = 0,1,\cdots,n. \end{cases}$$

模型简化：

① 在实际投资中，投资者承受风险的程度不一样，若给定风险一个界限 a，使最大的一个风险$\frac{q_i x_i}{M}\leqslant a$，则可找到相应的投资方案。这样把多目标规划变成一个目标的线性规划。

模型一　固定风险水平，优化收益。

$$\max \sum_{i=0}^{n} (r_i - p_i) x_i,$$

$$\text{s. t.} \begin{cases} \frac{q_i x_i}{M} \leqslant a, & i = 1,2,\cdots,n, \\ \sum_{i=0}^{n} (1 + p_i) x_i = M, \\ x_i \geqslant 0, & i = 0,1,\cdots,n. \end{cases}$$

② 若投资者希望总盈利至少达到水平 k 以上，在风险最小的情况下寻求相应的投资组合。

模型二　固定盈利水平，极小化风险。

$$\min\{\max_{1\leqslant i\leqslant n}\{q_i x_i\}\},$$

$$\text{s. t.}\begin{cases}\sum_{i=0}^{n}(r_i - p_i)x_i \geqslant kM,\\ \sum_{i=0}^{n}(1+p_i)x_i = M,\\ x_i \geqslant 0,\quad i=0,1,\cdots,n.\end{cases}$$

③ 投资者在权衡资产风险和预期收益两方面时,希望选择一个令自己满意的投资组合。因此对风险、收益分别赋予权重 $w(0\leqslant w\leqslant 1)$ 和 $(1-w)$,w 称为投资偏好系数。

模型三 两个目标函数加权求和。

$$\min w\{\max_{1\leqslant i\leqslant n}\{q_i x_i\}\} - (1-w)\sum_{i=0}^{n}(r_i - p_i)x_i,$$

$$\text{s. t.}\begin{cases}\sum_{i=0}^{n}(1+p_i)x_i = M,\\ x_i \geqslant 0,\quad i=0,1,\cdots,n.\end{cases}$$

下面求解模型一和模型三,模型二作为习题,求解时不妨取 $M=10000$ 元。

5. 模型一的求解与分析

1) 求解

模型一为

$$\max f = [0.05,0.27,0.19,0.185,0.185]\cdot[x_0,x_1,x_2,x_3,x_4]^{\mathrm{T}},$$

$$\text{s. t.}\begin{cases}x_0 + 1.01x_1 + 1.02x_2 + 1.045x_3 + 1.065x_4 = M,\\ 0.025x_1 \leqslant aM,\\ 0.015x_2 \leqslant aM,\\ 0.055x_3 \leqslant aM,\\ 0.026x_4 \leqslant aM,\\ x_i \geqslant 0(i=0,1,\cdots,4).\end{cases}$$

a 是任意给定的风险度,没有具体准则,不同的投资者有不同的风险度。我们从 $a=0$ 开始,以步长 $\Delta a=0.001$ 进行循环搜索,编制程序如下:

```
clc, clear, close all
prob = optimproblem('ObjectiveSense','max');
x = optimvar('x',5,1,'LowerBound',0);
c=[0.05,0.27,0.19,0.185,0.185];                 % 净收益率
Aeq=[1,1.01,1.02,1.045,1.065];                  % 等号约束矩阵
prob.Objective =c*x; M = 10000;
prob.Constraints.con1 = Aeq*x==M;               % 等号约束条件
q=[0.025,0.015,0.055,0.026]';                   % 风险损失率
a = 0; aa = []; QQ = []; XX = []; hold on
while a<0.05
    prob.Constraints.con2 =q.*x(2:end)<=a*M;
    [sol,Q,flag,out]= solve(prob);
```

```
    aa = [aa; a]; QQ = [QQ,Q];
    XX = [XX; sol.x']; a=a+0.001;
end
plot(aa, QQ, '*k')
xlabel('$a$','Interpreter','Latex'),
ylabel('$Q$','Interpreter','Latex','Rotation',0)
```

2）结果分析

风险 a 与收益 Q 之间的关系见图 1.1。从图 1.1 可以看出：

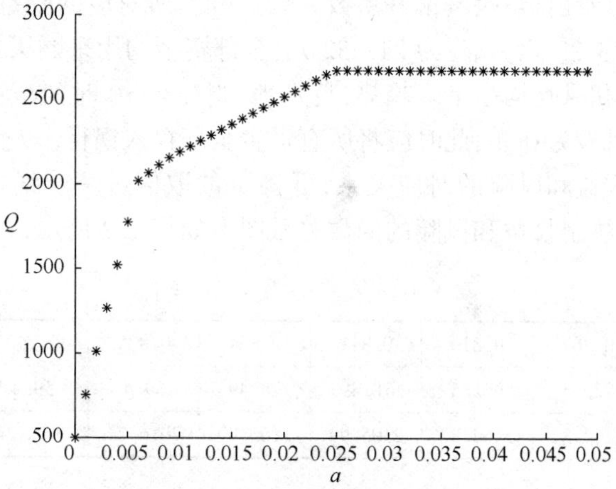

图 1.1　风险与收益的关系图

（1）风险大，收益也大。

（2）当投资越分散时，投资者承担的风险越小，这与题意一致。冒险的投资者会出现集中投资的情况，保守的投资者则尽量分散投资。

（3）在 $a=0.006$ 附近有一个转折点，在这一点的左边，风险增加很少时，利润增长很快；在这一点的右边，风险增加很大时，利润增长很缓慢。所以对于风险和收益没有特殊偏好的投资者来说，应该选择曲线的转折点作为最优投资组合，大约是 $a=0.6\%$，$Q=2000$，所对应投资方案为

风险度 $a=0.006$，收益 $Q=2019$ 元，$x_0=0$ 元，$x_1=2400$ 元，$x_2=4000$ 元，$x_3=1091$ 元，$x_4=2212$ 元。

6. 模型三的求解及分析

1）线性化

具体求解时，我们需要把目标函数线性化，引进变量 $x_{n+1}=\max\limits_{1\leqslant i\leqslant n}\{q_i x_i\}$，则模型可线性化为

$$\min\ w x_{n+1}-(1-w)\sum_{i=0}^{n}(r_i-p_i)x_i,$$

$$\text{s.t.}\begin{cases} q_i x_i \leqslant x_{n+1}, & i=1,2,\cdots,n, \\ \sum\limits_{i=0}^{n}(1+p_i)x_i = 10000, & \\ x_i \geqslant 0, & i=0,1,2,\cdots,n. \end{cases}$$

2) 求解及分析

可以得到当 w 取不同值时风险和收益的计算结果如表 1.5 所示。

表 1.5　风险与收益数据表　(单位:元)

w	0.0	0.1	0.2	0.3	0.4	0.5	0.6	0.7	0.8	0.9	1.0
风险	247.52	247.52	247.52	247.52	247.52	247.52	247.52	247.52	92.25	59.4	0
收益	2673.27	2673.27	2673.27	2673.27	2673.27	2673.27	2673.27	2673.27	2164.82	2016.24	500

从以上数据可以看出,当投资偏好系数 $w \leqslant 0.7$ 时,所对应的收益和风险均达到最大值,此时,收益为 2673.27 元,风险为 247.52 元,全部资金均用来购买资产 S_1;当 w 由 0.7 增加到 1.0 时,收益和风险均呈下降趋势;特别地,当 $w=1.0$ 时,收益和风险均达到最小值,收益为 500 元,风险为 0 元,此时应将所有资金全部存入银行。

为更好地描述收益和风险的对应关系,可将 w 的取值进一步细化,重新计算的部分数据如表 1.6 所示,绘制收益和风险的函数关系图像如图 1.2 所示。

表 1.6　风险与收益数据表　(单位:元)

w	0.766	0.767	0.810	0.811	0.824	0.825	0.962	0.963	1.0
风险	247.52	92.25	95.25	78.49	78.49	59.4	59.4	0	0
收益	2673.27	2164.82	2164.82	2105.99	2105.99	2016.24	2016.24	500	500

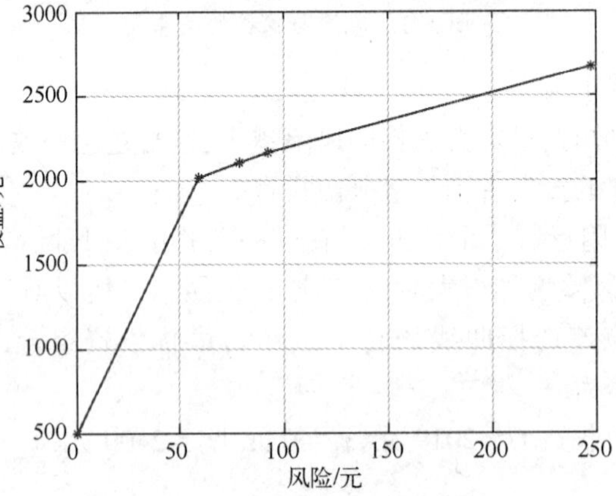

图 1.2　风险与收益对应关系图

从图 1.2 可以看出,投资的收益越大,风险也越大。投资者可以根据自己对风险喜好的不同,选择合适的投资方案。曲线的拐点坐标约为(59.4,2016.24),此时对应的投资方案是购买资产 S_1、S_2、S_3、S_4 的资金分别为 2375.84 元、3959.73 元、1079.93 元和 2284.46 元,存入银行的资金为 0 元,这对于风险和收益没有明显偏好的投资者是一个比较合适的选择。

```
clc, clear, close all, format long g
M =10000; prob = optimproblem;
x = optimvar('x',6,1,'LowerBound',0);
r=[0.05,0.28,0.21,0.23,0.25];                    % 收益率
```

```
p=[0, 0.01, 0.02, 0.045, 0.065];                    % 交易费率
q=[0, 0.025, 0.015, 0.055, 0.026]';                 % 风险损失率
% w = 0:0.1:1
w = [0.766, 0.767, 0.810, 0.811, 0.824, 0.825, 0.962, 0.963, 1.0]
V = [];                                             % 风险初始化
Q = [];                                             % 收益初值化
X = [];                                             % 最优解的初始化
prob.Constraints.con1 = (1+p) * x(1:end-1) = =M;
prob.Constraints.con2 = q(2:end). * x(2:end-1)<=x(end);
for i = 1:length(w)
    prob.Objective = w(i) * x(end)-(1-w(i)) * (r-p) * x(1:end-1);
    [sol,fval,flag,out]=solve(prob);
    xx = sol.x; V=[V,max(q. * xx(1:end-1))];
    Q=[Q,(r-p) * xx(1:end-1)]; X=[X; xx'];
    plot(V, Q, '* -'); grid on
    xlabel('风险/元'); ylabel('收益/元')
end
V, Q, format
```

拓展阅读材料

[1] Frederick S. Hillier, Gerald J. Lieberman. Introduction to Operations Research(Nineth Edition). New York: McGraw-Hill Companies, Inc., 2010.

[2] Matlab Optimization Toolbox User's Guide. R2019b(阅读其中的线性规划部分).

习 题 1

1.1 求解下列线性规划问题:

$$\max z=3x_1-x_2-x_3,$$

$$\text{s.t.}\begin{cases}x_1-2x_2+x_3\leqslant 11,\\-4x_1+x_2+2x_3\geqslant 3,\\-2x_1+x_3=1,\\x_1,x_2,x_3\geqslant 0.\end{cases}$$

1.2 求解下列规划问题:

$$\min z=|x_1|+2|x_2|+3|x_3|+4|x_4|,$$

$$\text{s.t.}\begin{cases}x_1-x_2-x_3+x_4=0,\\x_1-x_2+x_3-3x_4=1,\\x_1-x_2-2x_3+3x_4=-\dfrac{1}{2}.\end{cases}$$

1.3 某厂生产三种产品Ⅰ、Ⅱ、Ⅲ。每种产品要经过A、B两道工序加工。设该厂有两种规格的设备能完成A工序,它们以A_1,A_2表示;有三种规格的设备能完成B工序,它们以B_1、B_2、B_3表示。产品Ⅰ可在A、B任何一种规格设备上加工。产品Ⅱ可在任何规格的A设备上加工,但完成B工序时,只能

在 B_1 设备上加工；产品Ⅲ只能在 A_2 和 B_2 设备上加工。已知在各种机床设备的单件工时、原材料费、产品销售单价、各种设备有效台时以及满负荷操作时机床设备的费用如表 1.7，求最优的生产计划，使该厂利润最大。

表 1.7　生产的相关数据

设　备	产　品			设备有效台时	满负荷时的设备费用/元
	Ⅰ	Ⅱ	Ⅲ		
A_1	5	10		6000	300
A_2	7	9	12	10000	321
B_1	6	8		4000	250
B_2	4		11	7000	783
B_3	7			4000	200
原料费/(元/件)	0.25	0.35	0.50		
单价/(元/件)	1.25	2.00	2.80		

1.4　一架货机有三个货舱：前舱、中舱和后舱。三个货舱所能装载的货物的最大质量和体积有限制如表 1.8 所示。并且为了飞机的平衡，三个货舱装载的货物质量必须与其最大的容许量成比例。

表 1.8　货舱数据

	前　舱	中　舱	后　舱
质量限制/t	10	16	8
体积限制/m^3	6800	8700	5300

现有四类货物用该货机进行装运，货物的规格以及装运后获得的利润如表 1.9 所示。

表 1.9　货物规格及利润表

	质量/t	空间/(m^3/t)	利润/(元/t)
货物 1	18	480	3100
货物 2	15	650	3800
货物 3	23	580	3500
货物 4	12	390	2850

假设：

(1) 每种货物可以无限细分；

(2) 每种货物可以分布在一个或者多个货舱内；

(3) 不同的货物可以放在同一个货舱内，并且可以保证不留空隙。

应如何装运，才能使货机飞行利润最大？

1.5　某部门在今后五年内考虑给下列项目投资，已知：

项目 A，从第一年到第四年每年年初需要投资，并于次年末回收本利 115%；

项目 B，从第三年初需要投资，到第五年末能回收本利 125%，但规定最大投资额不超过 4 万元；

项目 C，第二年初需要投资，到第五年末能回收本利 140%，但规定最大投资额不超过 3 万元；

项目 D，五年内每年初可购买公债，于当年末归还，并加利息 6%。

该部门现有资金 10 万元，问它应如何确定给这些项目每年的投资额，使到第五年末拥有的资金的本利总额为最大?

1.6 食品厂用三种原料生产两种糖果,糖果的成分要求和销售价见表1.10。

表1.10 糖果有关数据

	原料A	原料B	原料C	价格/(元/kg)
高级奶糖	≥50%	≥25%	≤10%	24
水果糖	≤40%	≤40%	≥15%	15

各种原料的可供量和成本见表1.11。

表1.11 各种原料数据

原　料	可供量/kg	成本/(元/kg)
A	600	20
B	750	12
C	625	8

该厂根据订单至少需要生产600kg高级奶糖、800kg水果糖,为求最大利润,试建立线性规划模型并求解。

1.7 求解下列线性规划问题,其中矩阵 $\boldsymbol{A}=(a_{ij})_{100\times150}$ 中的元素 a_{ij} 为 $[0,10]$ 上的随机整数。

$$\max v,$$

$$\text{s.t.}\begin{cases}\sum\limits_{i=1}^{100} a_{ij}x_i \geqslant v, & j=1,2,\cdots,150,\\ \sum\limits_{i=1}^{100} x_i = 100, \\ x_i \geqslant 0, & i=1,2,\cdots,100.\end{cases}$$

1.8 求解例1.9中的模型二。

第 2 章　整数规划

在人们的生产实践中，经常会遇到以下问题：汽车企业在制订生产计划时，要求所生产的不同类型的汽车数量必须为整数；用人单位在招聘员工时，要求所招聘的不同技术水平的员工数量必须为整数；等等。我们把要求一部分或全部决策变量必须取整数值的规划问题称为整数规划(Integer Programming，IP)。

2.1　整数规划问题

2.1.1　整数线性规划模型及问题

从决策变量的取值范围来看，整数规划通常可以分为以下三种类型：

纯整数规划：全部决策变量都必须取整数值的整数规划模型。

混合整数规划：决策变量中有一部分必须取整数值，另一部分可以不取整数值的整数规划模型。

0-1 整数规划：决策变量只能取 0 或 1 的整数规划。

特别地，如果一个线性规划模型中的部分或全部决策变量取整数值，则称该线性规划模型为整数线性规划模型。

整数线性规划模型的一般形式为

$$\max(\text{或 } \min)\ z = \sum_{j=1}^{n} c_j x_j,$$

$$\text{s. t.} \begin{cases} \sum_{j=1}^{n} a_{ij} x_j \leqslant (\text{或} =, \geqslant) b_i, & i = 1,2,\cdots,m, \\ x_j \geqslant 0, & j = 1,2,\cdots,n, \\ x_1, x_2, \cdots, x_n \text{ 中部分或全部取整数}. \end{cases} \tag{2.1}$$

下面给出几个关于整数线性规划的问题。

例 2.1　背包问题。一个旅行者外出旅行，携带一背包，装一些最有用的东西，共有 n 件物品供选择。已知每件物品的"使用价值"c_i 和质量 $a_i(i=1,2,\cdots,n)$，要求：

(1) 最多携带物品的质量为 b 千克；

(2) 每件物品要么不带，要么只能整件携带。

携带哪些物品能使总使用价值最大？

问题分析

这是决策问题中比较经典的 0-1 规划问题。可选方案很多，决策方案是带什么，选择的方式是要么带，要么不带，这是一个二值逻辑问题。

模型建立

引进 0-1 变量

$$x_i=\begin{cases}1, & \text{携带第 } i \text{ 种物品},\\ 0, & \text{不携带第 } i \text{ 种物品},\end{cases} \quad i=1,2,\cdots,n.$$

目标函数

使用价值最大，即

$$\max z=\sum_{i=1}^{n} c_i x_i.$$

约束条件

(1) 质量限制：最多只能携带 b 千克，即 $\sum_{i=1}^{n} a_i x_i \leqslant b$。

(2) 携带方式限制：要么不带，要么整件携带，即 $x_i=0$ 或 $1, i=1,2,\cdots,n$。

则数学模型可以描述为

$$\max z=\sum_{i=1}^{n} c_i x_i, \tag{2.2}$$

$$\text{s.t.}\begin{cases}\sum_{i=1}^{n} a_i x_i \leqslant b,\\ x_i=0 \text{ 或 } 1, \quad i=1,2,\cdots,n.\end{cases} \tag{2.3}$$

例 2.2 标准指派问题。某单位有 n 项任务，正好需 n 个人去完成，由于每项任务的性质以及每个人的能力和专长不同，假设分配每个人仅完成一项任务。设 c_{ij} 表示分配第 i 个人去完成第 j 项任务的费用(时间等)，则应如何指派，才能使完成任务的总费用最小？

引进 0-1 变量

$$x_{ij}=\begin{cases}1, & \text{若指派第 } i \text{ 个人完成第 } j \text{ 项任务},\\ 0, & \text{若不指派第 } i \text{ 个人完成第 } j \text{ 项任务},\end{cases} \quad i,j=1,2,\cdots,n.$$

目标函数

总费用最小，即

$$\min z=\sum_{i=1}^{n}\sum_{j=1}^{n} c_{ij} x_{ij}.$$

约束条件

(1) 每个人只能安排 1 项任务：$\sum_{j=1}^{n} x_{ij}=1, i=1,2,\cdots,n$;

(2) 每项任务只能指派 1 个人完成：$\sum_{i=1}^{n} x_{ij}=1, j=1,2,\cdots,n$;

(3) 0-1 条件：$x_{ij}=0$ 或 $1, i,j=1,2,\cdots,n$。

综上所述，建立如下 0-1 整数规划模型：

$$\min z=\sum_{i=1}^{n}\sum_{j=1}^{n} c_{ij} x_{ij}, \tag{2.4}$$

$$\text{s. t.}\begin{cases}\sum_{j=1}^{n} x_{ij} = 1, & i = 1,2,\cdots,n, \\ \sum_{i=1}^{n} x_{ij} = 1, & j = 1,2,\cdots,n, \\ x_{ij} = 0 \text{ 或 } 1, & i,j = 1,2,\cdots,n.\end{cases} \tag{2.5}$$

例 2.3 旅行商问题(又称货郎担问题)。有一推销员,从城市 v_1 出发,要遍访城市 $v_2,v_3,\cdots,v_n$ 各一次,最后返回 v_1。已知从 v_i 到 v_j 的旅费为 c_{ij},问他应按怎样的次序访问这些城市,才能使总旅费最少。

问题分析

旅行商问题是一个经典的图论问题,可以归结为一个成本最低的行走路线安排问题。这一问题的应用非常广泛,如城市交通网络建设等,其困难在于模型与算法的准确性和高效性,至今仍是图论研究领域的热点问题之一。

首先,推销员要访问到每一个城市,而且访问次数只能有一次,不能重复访问;任意一对城市之间可以连通,其费用已知,费用可以理解为距离、时间或乘坐交通工具的费用等;其次每访问一个城市,则这个城市既是本次访问的终点,又是下一次访问的起点;访问完所有城市后,最后应回到出发点。这一问题可用图论中的赋权图的结构形式来描述。这里用纯粹的 0-1 整数规划来构建其模型。

模型建立

决策变量:对每一对城市 v_i,v_j,定义一个变量 x_{ij}来表示是否要从 v_i 出发访问 v_j,令

$$x_{ij}=\begin{cases}1, & \text{如果推销员决定从 } v_i \text{ 直接进入 } v_j, \\ 0, & \text{否则}.\end{cases}$$

其中 $i,j=1,2,\cdots,n$。

目标函数

若推销员决定从 v_i 直接进入 v_j,则其旅行费用为 $c_{ij}x_{ij}$,于是总旅费可以表达为

$$z = \sum_{i=1}^{n}\sum_{j=1}^{n} c_{ij}x_{ij},$$

其中,若 $i=j$,则规定 $c_{ii}=M$,M 为事先选定的充分大实数,$i,j=1,2,\cdots,n$。

约束条件

(1) 每个城市恰好进入一次:

$$\sum_{i=1}^{n} x_{ij} = 1, \quad j = 1,2,\cdots,n. \tag{2.6}$$

(2) 每个城市离开一次:

$$\sum_{j=1}^{n} x_{ij} = 1, \quad i = 1,2,\cdots,n. \tag{2.7}$$

(3) 为防止在遍历过程中,出现子回路,即无法返回出发点的情形,附加一个强制性约束:

$$u_i-u_j+nx_{ij}\leqslant n-1, \quad i=1,\cdots,n,j=2,\cdots,n, \tag{2.8}$$

式中:$u_1=0,1\leqslant u_i\leqslant n-1,i=2,3,\cdots,n$。

综上所述,建立旅行商问题的如下 0-1 整数规划模型:

$$\min z = \sum_{i=1}^{n} \sum_{j=1}^{n} c_{ij}x_{ij}, \tag{2.9}$$

$$\text{s.t.} \begin{cases} \sum_{i=1}^{n} x_{ij} = 1, & j = 1,2,\cdots,n, \\ \sum_{j=1}^{n} x_{ij} = 1, & i = 1,2,\cdots,n, \\ u_i - u_j + nx_{ij} \leqslant n - 1, & i = 1,\cdots,n, j = 2,\cdots,n, \\ u_1 = 0, 1 \leqslant u_i \leqslant n - 1, & i = 2,3,\cdots,n, \\ x_{ij} = 0 \text{ 或 } 1, & i,j = 1,2,\cdots,n. \end{cases} \tag{2.10}$$

若仅考虑前两个约束条件式(2.6)和式(2.7),则是类似于指派问题的模型,对于旅行商问题模型只是必要条件,并不充分。例如图 2.1 的情形,6 个城市的旅行路线若为$v_1 \to v_2 \to v_3 \to v_1$ 和 $v_4 \to v_5 \to v_6 \to v_4$,则该路线虽然满足前两个约束,但不构成整体巡回路线,它含有两个子回路,为此需要增加“不含子回路”的约束条件,这就要求增加变量 $u_i(i=1,2,\cdots,n)$及对应的约束条件式(2.8)。

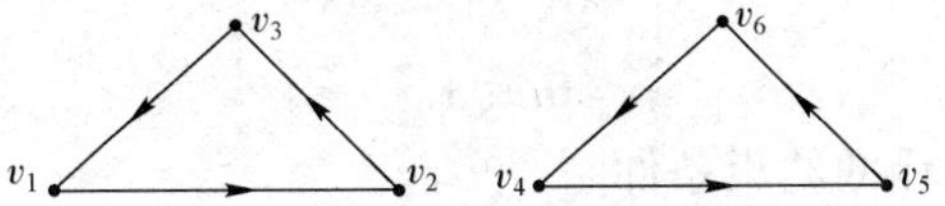

图 2.1　子回路情形

下面证明:

(1) 任何含子回路的路线都必然不满足约束条件式(2.8)(不管 u_i 如何取值);

(2) 全部不含子回路的整体巡回路线都可以满足约束条件式(2.8)(只要 u_i 取适当值)。

证明　用反证法证明(1),假设存在子回路,则至少有两个子回路。那么至少有一个子回路中不含起点 v_1,例如子回路 $v_4 \to v_5 \to v_6 \to v_4$,式(2.8)用于该子回路,必有

$$u_4-u_5+n \leqslant n-1, \quad u_5-u_6+n \leqslant n-1, \quad u_6-u_4+n \leqslant n-1,$$

把这三个不等式加起来得到 $0 \leqslant -3$,这不可能,故假设不能成立。而对整体巡回,因为约束式(2.8)中 $j \geqslant 2$,不包含起点 v_1,故不会发生矛盾。

证明(2),对于整体巡回路线,只要 u_i 取适当值,都可以满足该约束条件。①对于总巡回上的边,$x_{ij}=1$,u_i 取整数:起点编号 $u_1=0$,第 1 个到达顶点的编号 $u_2=1$,每到达一个顶点,编号加 1,则必有 $u_i-u_j=-1$,约束条件式(2.8)变成$-1+n \leqslant n-1$,必然成立。②对于非总巡回上的边,因为 $x_{ij}=0$,约束条件式(2.8)变成 $u_i-u_j \leqslant n-1$,肯定成立。

综上所述,约束条件式(2.8)只限制子回路,不影响其他约束条件,于是旅行商问题模型转化为一个整数线性规划模型。

2.1.2　非线性约束条件的线性化

在实际问题中,有时引入 0-1 变量可以把一些特定的非线性约束条件进行线性化。

1. 相互排斥的约束条件

有两种运输方式可供选择,但只能选择一种运输方式,或者用车运输,或者用船运输。

用车运输的约束条件为 $5x_1+4x_2\leqslant 24$,用船运输的约束条件为 $7x_1+3x_2\leqslant 45$。即有两个相互排斥的约束条件

$$5x_1+4x_2\leqslant 24 \quad 或 \quad 7x_1+3x_2\leqslant 45,$$

为了统一在一个问题中,引入 0-1 变量

$$y=\begin{cases}1, & 当采取船运方式时,\\ 0, & 当采取车运方式时.\end{cases}$$

则上述约束条件可改写为

$$\begin{cases}5x_1+4x_2\leqslant 24+yM,\\ 7x_1+3x_2\leqslant 45+(1-y)M,\\ y=0 或 1.\end{cases}$$

式中:M 是充分大的数。

把相互排斥的约束条件改成普通的约束条件,未必需要引进充分大的正实数,例如相互排斥的约束条件

$$x_1=0 \quad 或 \quad 500\leqslant x_1\leqslant 800,$$

可改写为

$$\begin{cases}500y\leqslant x_1\leqslant 800y,\\ y=0 或 1.\end{cases}$$

如果有 m 个互相排斥的约束条件

$$a_{i1}x_1+\cdots+a_{in}x_n\leqslant b_i, \quad i=1,2,\cdots,m.$$

为了保证这 m 个约束条件只有一个起作用,我们引入 m 个 0-1 变量

$$y_i=\begin{cases}1, & 第\ i\ 个约束起作用,\\ 0, & 第\ i\ 个约束不起作用,\end{cases} \quad i=1,2,\cdots,m.$$

和一个充分大的正常数 M,则下面这一组 $m+1$ 个约束条件

$$a_{i1}x_1+\cdots+a_{in}x_n\leqslant b_i+(1-y_i)M, \quad i=1,2,\cdots,m, \tag{2.11}$$

$$y_1+y_2+\cdots+y_m=1 \tag{2.12}$$

就符合上述要求。这是因为,由式(2.12)可知,m 个 y_i 中只有一个能取 1 值,设 $y_{i^*}=1$,代入式(2.11),就只有 $i=i^*$ 的约束条件起作用,而别的约束条件都是多余的。

2. 关于固定费用的问题(Fixed Cost Problem)

在讨论线性规划时,有些问题是要求使成本最小。通常设固定成本为常数,并在线性规划的模型中不必明显列出。但有些固定费用(固定成本)的问题不能用一般线性规划来描述,但可改变为混合整数规划来解决,见下例。

例 2.4 某工厂为了生产某种产品,有几种不同的生产方式可供选择,如选定的生产方式投资高(选购自动化程度高的设备),则由于产量大,因而分配到每件产品的变动成本就降低;反之,如选定的生产方式投资低,则将来分配到每件产品的变动成本可能增加。因此,必须全面考虑。今设有三种方式可供选择,令

$j=1,2,3$ 分别表示三种生产方式;

x_j 表示采用第 j 种方式时的产量;

c_j 表示采用第 j 种方式时每件产品的变动成本;

k_j 表示采用第 j 种方式时的固定成本。

为了说明成本的特点，暂不考虑其他约束条件。采用各种生产方式的总成本为

$$P_j=\begin{cases}k_j+c_jx_j, & 当\ x_j>0,\\ 0, & 当\ x_j=0,\end{cases}\quad j=1,2,3. \tag{2.13}$$

在构成目标函数时，为了统一在一个问题中讨论，现引入 0-1 变量 y_j，令

$$y_j=\begin{cases}1, & 当采用第\ j\ 种生产方式，即\ x_j>0\ 时，\\ 0, & 当不采用第\ j\ 种生产方式，即\ x_j=0\ 时，\end{cases}\quad j=1,2,3. \tag{2.14}$$

于是目标函数为

$$\min z=(k_1y_1+c_1x_1)+(k_2y_2+c_2x_2)+(k_3y_3+c_3x_3),$$

式(2.14)可表示为下述线性约束条件：

$$\begin{cases}y_j\varepsilon\leqslant x_j\leqslant y_jM, & j=1,2,3,\\ y_j=0\ 或\ 1, & j=1,2,3.\end{cases} \tag{2.15}$$

式中：ε 是一个充分小的正常数；M 是一个充分大的正常数。

由式(2.15)可知，当 $x_j>0$ 时，y_j 必须为 1；当 $x_j=0$ 时，只有 y_j 为 0 才有意义。

2.2 整数规划模型求解

2.2.1 整数线性规划模型求解

本节介绍使用 Matlab 软件求解整数线性规划模型。

例 2.5 为了生产的需要，某工厂的一条生产线需要每天 24h 不间断运转，但是每天不同时间段所需要的工人最低数量不同，具体数据如表 2.1 所示。已知每名工人的连续工作时间为 8h。则该工厂应该为该生产线配备多少名工人，才能保证生产线的正常运转？

表 2.1 工人数量需求表

班次	1	2	3	4	5	6
时间段	0:00~4:00	4:00~8:00	8:00~12:00	12:00~16:00	16:00~20:00	20:00~24:00
工人数量	35	40	50	45	55	30

问题分析

从降低经营成本的角度来看，为该生产线配备的工人数量越少，工厂所付出的工人薪资之和也就越低。因此，该问题需要确定在每个时间段工作的工人的数量，使其既能满足生产线的生产需求，又能使得雇佣的工人总数最低。

模型假设

(1) 每名工人每 24h 只能工作 8h；

(2) 每名工人只能在某个班次的初始时刻报到。

符号说明

设 x_i 表示在第 i 个班次报到的工人数量，$i=1,2,\cdots,6$。

模型建立

该问题的目标函数为雇佣的工人总数最小。约束条件为安排在不同班次上班的工人

数量应该不低于该班次需要的人数，且 $x_i(i=1,2,\cdots,6)$ 为非负整数。

该问题的数学模型为

$$\min z = \sum_{i=1}^{6} x_i,$$

$$\text{s. t.} \begin{cases} x_1 + x_6 \geqslant 35, \\ x_1 + x_2 \geqslant 40, \\ x_2 + x_3 \geqslant 50, \\ x_3 + x_4 \geqslant 45, \\ x_4 + x_5 \geqslant 55, \\ x_5 + x_6 \geqslant 30, \\ x_i \geqslant 0 \text{ 且为整数}, i = 1,2,\cdots,6. \end{cases}$$

利用 Matlab 软件求得最优解为

$$x_1=35,\quad x_2=5,\quad x_3=45,\quad x_4=0,\quad x_5=55,\quad x_6=0,$$

目标函数的最优值为 140，即最少需要 140 人，才能保证生产线正常运转。

计算的 Matlab 程序如下：

```
clc, clear, prob = optimproblem;
x = optimvar('x',6,'Type','integer','LowerBound',0);
prob.Objective = sum(x);
con = optimconstr(6);
a = [35,40,50,45,55,30];
con(1) = x(1)+x(6)>=35;
for i =1 :5
    con(i+1) = x(i)+x(i+1)>=a(i+1);
end
prob.Constraints.con = con;
[sol, fval, flag] = solve(prob), sol.x
```

例 2.6 某连锁超市经营企业为了扩大规模，新租用五个门店，经过装修后再营业。现有四家装饰公司分别对这五个门店的装修费用进行报价，具体数据如表 2.2 所示。为保证装修质量，规定每个装修公司最多承担两个门店的装修任务。为节省装修费用，该企业该如何分配装修任务？

表 2.2 装修费用表 （单位：万元）

装修公司 \ 费用 \ 门店	1	2	3	4	5
A	15	13.8	12.5	11	14.3
B	14.5	14	13.2	10.5	15
C	13.8	13	12.8	11.3	14.6
D	14.7	13.6	13	11.6	14

问题分析

这是一个非标准（人数和工作不相等）的“指派问题”，在现实生活中有很多类似的问题。例如,有若干项任务需要分配给若干人来完成,不同的人承担不同的任务所消耗的资源或所带来的效益不同。解决此类问题就是在满足指派要求的条件下,确定最优的指派方案,使得按该方案实施后的"效益"最佳。可以引入 0-1 变量来表示某一个装修公司是否承担某一个门店的装修任务。

模型假设

每个门店的装修工作只能由一个装修公司单独完成。

符号说明

设 $i=1,2,3,4$ 分别表示 A、B、C、D 四家装修公司,c_{ij}表示第 $i(i=1,2,3,4)$ 家装修公司对第 $j(j=1,2,3,4,5)$ 个门店的装修费用报价。引入 0-1 变量

$$x_{ij}=\begin{cases}1, & \text{第 } i \text{ 家装修公司承担第 } j \text{ 个门店的装修},\\ 0, & \text{第 } i \text{ 家装修公司不承担第 } j \text{ 个门店的装修}.\end{cases}$$

模型建立

该问题的目标函数为总的装修费用最小,即

$$\min z=\sum_{i=1}^{4}\sum_{j=1}^{5}c_{ij}x_{ij}.$$

决策变量 x_{ij}还应满足以下两类约束条件:

首先,每一个门店的装修任务必须有一个而且只能有一个装修公司承担,即 $\sum_{i=1}^{4}x_{ij}=1$, $j=1,2,\cdots,5$。

其次,每个装修公司最多承担两个门店的装修任务,即 $\sum_{j=1}^{5}x_{ij}\leqslant 2, i=1,2,3,4$。

则该问题的 0-1 整数规划模型为

$$\min z=\sum_{i=1}^{4}\sum_{j=1}^{5}c_{ij}x_{ij},$$

$$\text{s.t.}\begin{cases}\sum_{i=1}^{4}x_{ij}=1, & j=1,2,\cdots,5,\\ \sum_{j=1}^{5}x_{ij}\leqslant 2, & i=1,2,3,4,\\ x_{ij}=0 \text{ 或 } 1, & i=1,2,3,4, j=1,2,\cdots,5.\end{cases}$$

利用 Matlab 软件,求得最优解为

$$x_{13}=x_{24}=x_{31}=x_{32}=x_{45}=1,\quad \text{其他 } x_{ij}=0,$$

目标函数的最优值为 63.8。即装修公司 A 负责门店 3,B 负责门店 4,C 负责门店 1、2,D 负责门店 5,总的装修费用最小,最小装修费用为 63.8 万元。

计算的 Matlab 程序如下:

```
clc, clear, c = load('data2_6.txt');
prob = optimproblem;
x = optimvar('x',4,5,'Type','integer','LowerBound',0,'UpperBound',1);
prob.Objective = sum(sum(c.*x));
prob.Constraints.con1 = sum(x,1)==1;
prob.Constraints.con2 = sum(x,2)<=2;
```

```
[sol, fval, flag] = solve(prob), sol.x
```

例 2.7 已知 10 个商业网点的坐标如表 2.3 所示,现要在 10 个网点中选择适当位置设置供应站,要求供应站只能覆盖 10km 之内的网点,且每个供应站最多供应 5 个网点,如何设置才能使供应站的数目最小?并求最小供应站的个数。

表 2.3 商业网点的 x 坐标和 y 坐标数据

x	9.4888	8.7928	11.5960	11.5643	5.6756	9.8497	9.1756	13.1385	15.4663	15.5464
y	5.6817	10.3868	3.9294	4.4325	9.9658	17.6632	6.1517	11.8569	8.8721	15.5868

解 记 $d_{ij}(i=1,2,\cdots,10)$ 表示第 i 个营业网点与第 j 个营业网点之间的距离,引进 0-1 变量

$$x_i=\begin{cases}1, & 第\,i\,个网点建立供应站,\\0, & 第\,i\,个网点不建立供应站.\end{cases}$$

$$y_{ij}=\begin{cases}1, & 第\,j\,个网点被第\,i\,个网点的供应站覆盖,\\0, & 否则.\end{cases}$$

目标函数是使供应站的个数最小,即

$$\min \sum_{i=1}^{10} x_i.$$

约束条件分为下列 4 类:

(1) 每个网点至少由一个供应站覆盖,则有

$$\sum_{i=1}^{10} y_{ij} \geqslant 1, \quad j=1,2,\cdots,10.$$

(2) 要求供应站只能覆盖 10 公里之内的网点,则有

$$d_{ij}y_{ij} \leqslant 10x_i, \quad i,j=1,2,\cdots,10.$$

(3) 每个供应站最多供应 5 个网点,则有

$$\sum_{j=1}^{10} y_{ij} \leqslant 5, \quad i=1,2,\cdots,10.$$

(4) 两组决策变量之间的关联关系,有

$$x_i \geqslant y_{ij}, \quad i,j=1,2,\cdots,10,$$
$$x_i = y_{ii}, \quad i=1,2,\cdots,10.$$

综上所述,建立 0-1 整数规划模型

$$\min \sum_{i=1}^{10} x_i,$$

$$\text{s.t.}\begin{cases}\sum\limits_{i=1}^{10} y_{ij} \geqslant 1, & j=1,2,\cdots,10,\\ d_{ij}y_{ij} \leqslant 10x_i, & i,j=1,2,\cdots,10,\\ \sum\limits_{j=1}^{10} y_{ij} \leqslant 5, & i=1,2,\cdots,10,\\ x_i \geqslant y_{ij}, & i,j=1,2,\cdots,10,\\ x_i = y_{ii}, & i=1,2,\cdots,10,\\ x_i, y_{ij} = 0\ 或\ 1, & i,j=1,2,\cdots,10.\end{cases}$$

利用 Matlab 软件，求得的最优解为

$x_5=x_8=1$，其他 $x_i=0$；

$y_{51}=y_{52}=y_{53}=y_{55}=y_{56}=1, y_{84}=y_{87}=y_{88}=y_{89}=y_{8,10}=1$，其他 $y_{ij}=0$。

即只要在网点 5 和网点 8 设立两个供应站即可，网点 5 的供应站供应网点 1、2、3、5、6，网点 8 的供应站供应网点 4、7、8、9、10。

计算的 Matlab 程序如下：

```
clc, clear, a = load('data2_7.txt');
d = dist(a)          % 求两两列向量之间的距离
n=10; prob = optimproblem;
x = optimvar('x',n,'Type','integer','LowerBound',0,'UpperBound',1)
y = optimvar('y',n,n,'Type','integer','LowerBound',0,'UpperBound',1);
prob.Objective = sum(x);
prob.Constraints.con1 = [1<=sum(y)'; sum(y,2)<=5];
con2 = [];  con3 = []
for i = 1:n
    con3 = [con3; x(i)==y(i,i)];
    for j =1:n
        con2=[con2; d(i,j)*y(i,j)<=10*x(i); y(i,j)<=x(i)];
    end
end
prob.Constraints.con2 = con2;
prob.Constraints.con3 = con3;
[sol, fval, flag] = solve(prob)
xx = sol.x, yy = sol.y
```

2.2.2 蒙特卡洛法

蒙特卡洛法也称为计算机随机模拟法，它源于世界著名的赌城——摩纳哥的 Monte Carlo(蒙特卡洛)。它是基于对大量事件的统计结果来实现一些确定性问题的计算。使用蒙特卡洛法必须使用计算机生成相关分布的随机数，Matlab 给出了生成各种随机数的命令。

例 2.8 $y=x^2, y=12-x$ 与 x 轴在第一象限围成一个曲边三角形。设计一个随机实验，求该图形面积的近似值。

解 所围的曲边三角形如图 2.2 所示。设计的随机试验的思想：在矩形区域 $[0,12]\times[0,9]$ 上产生服从均匀分布的 10^7 个随机点，统计随机点落在曲边三角形内的频数，则曲边三角形的面积近似为上述矩形的面积乘以频率。

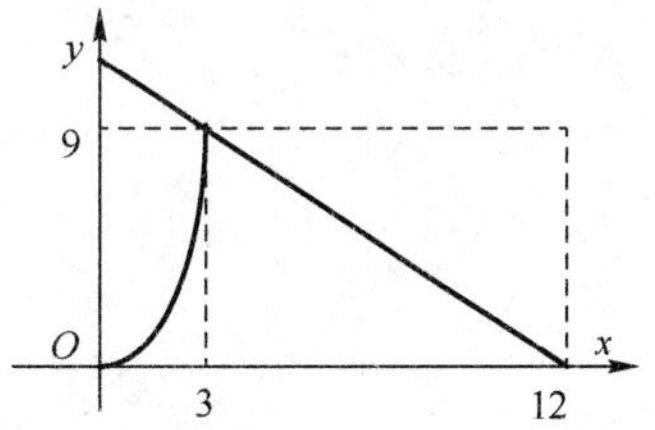

图 2.2 所围的曲边三角形示意图

计算的 Matlab 程序如下：

```
clc, clear, n=10^7;
```

```
x=unifrnd(0,12,[1,n]); y=unifrnd(0,9,[1,n]);
pinshu=sum(y<x.^2 & x<=3)+sum(y<12-x & x>=3);
area_appr=12 * 9 * pinshu/n
```

运行结果在 49.5 附近,由于是随机模拟,因此每次的结果都不一样。

对于非线性整数规划目前尚未有成熟、准确的求解方法,因为非线性规划本身的通用有效解法尚未找到,更何况是非线性整数规划。

然而,尽管整数规划由于限制变量为整数而增加了难度,但是,由于整数解是有限个,因此为枚举法提供了方便。当然,在自变量维数很大和取值范围很宽的情况下,企图用显枚举法(即穷举法)计算出最优值是不现实的,但是应用概率理论可以证明,在一定计算量的情况下,用蒙特卡洛法完全可以得出一个满意解。

例 2.9 非线性整数规划

$$\max z=x_1^2+x_2^2+3x_3^2+4x_4^2+2x_5^2-8x_1-2x_2-3x_3-x_4-2x_5,$$

$$\text{s. t.}\begin{cases}0\leqslant x_i\leqslant 99, \quad i=1,2,\cdots,5,\\ x_1+x_2+x_3+x_4+x_5\leqslant 400,\\ x_1+2x_2+2x_3+x_4+6x_5\leqslant 800,\\ 2x_1+x_2+6x_3\leqslant 200,\\ x_3+x_4+5x_5\leqslant 200.\end{cases}$$

如果用枚举法试探,共需计算 $100^5=10^{10}$ 个点,其计算量非常大。然而应用蒙特卡洛法随机计算 10^6 个点,便可找到满意解,那么这种方法的可信度究竟怎样呢?

下面分析随机取样采集 10^6 个点计算时,应用概率理论估计可信度。

不失一般性,假定一个整数规划的最优点不是孤立的奇点。

假设取一个点的目标函数落在高值区的概率分别为 0.01,0.00001,则当计算 10^6 个点后,至少有一个点能落在高值区的概率分别为

$$1-0.99^{1000000}\approx 0.99\cdots 99(100\text{ 多位}),$$

$$1-0.99999^{1000000}\approx 0.999954602.$$

解 用蒙特卡洛法求得 $x_1=46, x_2=98, x_3=1, x_4=99$,目标函数值 $z=50273$。

计算的 Matlab 程序如下:

```
clc, clear
% rng('shuffle')                 % 根据当前时间为随机数生成器提供种子
rng(0)                           % 进行一致性比较,每次产生的随机数是一样的
p0=0; n=10^6; tic                % 计时开始
for i=1:n
    x=randi([0,99],1,5);         % 产生一行五列的区间[0,99]上的随机整数
    [f,g]=mengte(x);
    if all(g<=0)
        if p0<f
            x0=x; p0=f;          % 记录当前较好的解
        end
    end
```

```
end
x0,p0,toc                          %计时结束
function [f,g]=mengte(x);     %定义目标函数和约束条件
f=x(1)^2+x(2)^2+3*x(3)^2+4*x(4)^2+2*x(5)^2-8*x(1)-2*x(2)-3*x(3)-...
x(4)-2*x(5);
g=[sum(x)-400
x(1)+2*x(2)+2*x(3)+x(4)+6*x(5)-800
2*x(1)+x(2)+6*x(3)-200
x(3)+x(4)+5*x(5)-200];
end
```

本题可以使用 Lingo 软件求得精确的全局最优解：$x_1=50$，$x_2=99$，$x_3=0$，$x_4=99$，$x_5=20$，最优值 $z=51568$。

程序如下：

```
model:
sets:
row/1..4/:b;
col/1..5/:c1,c2,x;
link(row,col):a;
endsets
data:
c1=1,1,3,4,2;
c2=-8,-2,-3,-1,-2;
a=1 1 1 1 1
  1 2 2 1 6
  2 1 6 0 0
  0 0 1 1 5;
b=400,800,200,200;
enddata
max=@ sum(col:c1*x^2+c2*x);
@ for(row(i):@ sum(col(j):a(i,j)*x(j))<b(i));
@ for(col:@ gin(x));
@ for(col:@ bnd(0,x,99));
end
```

2.3 比赛项目排序问题

例 2.10 （本题选自 2005 年电工杯数学建模竞赛 B 题） 在各种运动比赛中，为了使比赛公平、公正、合理地举行，一个基本要求是，在比赛项目排序过程中，尽可能使每个运动员不连续参加两项比赛，以便运动员恢复体力，发挥正常水平。

表 2.4 所示为某个小型运动会的比赛报名表。有 14 个比赛项目，40 名运动员参加比赛。表中第 1 行表示 14 个比赛项目，第 1 列表示 40 名运动员，表中#号位置表示运动员参加此项比赛。建立此问题的数学模型，要求合理安排比赛项目顺序，使连续参加两项

比赛的运动员人次尽可能地少。

表 2.4　某小型运动会的比赛报名表

运动员＼项目	1	2	3	4	5	6	7	8	9	10	11	12	13	14
1		#	#						#				#	
2								#			#	#		
3		#		#						#				
4			#					#				#		
5											#		#	#
6					#	#								
7												#	#	
8										#				#
9		#		#						#	#			
10	#	#		#			#							
11		#		#									#	#
12								#		#				
13					#					#				#
14			#	#				#						
15			#					#				#		
16									#		#	#		
17						#								#
18							#					#		
19			#							#				
20	#		#											
21									#					#
22		#			#									
23							#					#		
24							#	#					#	#
25	#	#								#				
26					#									#
27						#					#			
28		#						#						
29	#										#	#		
30				#	#									

（续）

运动员 \ 项目	1	2	3	4	5	6	7	8	9	10	11	12	13	14
31						#		#				#		
32							#			#				
33				#		#								
34	#		#										#	#
35				#	#							#		
36				#			#							
37	#								#	#				
38						#		#		#				#
39					#			#	#				#	
40						#	#		#				#	

解　用 $m=1,2,\cdots,40$ 表示 40 个运动员，$n=1,2,\cdots,14$ 表示 14 个比赛项目，用矩阵 $\boldsymbol{A}=(a_{mn})_{40\times 14}$ 表示报名表，其中

$$a_{mn}=\begin{cases}1, & \text{第 } m \text{ 个运动员参加项目 } n,\\ 0, & \text{第 } m \text{ 个运动员不参加项目 } n.\end{cases}$$

构造赋权图 $G=(V,E,\boldsymbol{W})$，其中顶点集 $V=\{1,2,\cdots,14\}$ 是比赛项目的集合，E 为边集，邻接矩阵 $\boldsymbol{W}=(w_{ij})_{14\times 14}$，这里

$$w_{ij}=\begin{cases}\text{同时参加项目 } i \text{ 和项目 } j \text{ 的人数}, & i\neq j,\\ \infty, & i=j,\end{cases}\quad i,j=1,2,\cdots,14,$$

即

$$w_{ij}=\sum_{m=1}^{40}a_{mi}a_{mj},\quad i\neq j,i,j=1,2,\cdots,14,$$

$$w_{ii}=\infty,\quad i=1,2,\cdots,14.$$

则问题转化为求项目 1 到项目 14 的一个排列，使相邻项目之间的权重之和最小。我们采用 TSP（旅行商）问题求解，但由于开始项目和结束项目没有连接，可考虑引入虚拟项目 15，该虚拟项目与各个项目的权重都为 0。对应地，需要把赋权图 G 扩充为赋权图 $\widetilde{G}=(\widetilde{V},\widetilde{E},\widetilde{\boldsymbol{W}})$，$\widetilde{V}=\{1,2,\cdots,15\}$，$\widetilde{E}$ 为边集，邻接矩阵 $\widetilde{\boldsymbol{W}}=(\widetilde{w}_{ij})_{15\times 15}$，其中

$$\widetilde{w}_{ij}=w_{ij},\quad i,j=1,2,\cdots,14;$$

$$\widetilde{w}_{15,i}=\widetilde{w}_{i,15}=0,\quad i=1,2,\cdots,14,\quad w_{15,15}=\infty.$$

由于 TSP 问题是一个圈，因此可以将这 15 个项目按 TSP 问题求解，在找到的最短回路中，去掉虚拟项目 15 关联的两条权重为 0 的边即可。

下面对于图 $\widetilde{G}$ 建立 TSP 问题的 0-1 整数规划模型。

引进 0-1 变量

$$x_{ij}=\begin{cases}1, & \text{当最短路径经过 } i \text{ 到 } j \text{ 的边时},\\ 0, & \text{当最短路径不经过 } i \text{ 到 } j \text{ 的边时},\end{cases}\quad i,j=1,2,\cdots,15.$$

则 TSP 模型可表示为

$$\min z = \sum_{i=1}^{15}\sum_{j=1}^{15} w_{ij}x_{ij},$$

$$\text{s. t.}\begin{cases}\sum_{j=1}^{15} x_{ij} = 1, & i = 1,2,\cdots,15,\\ \sum_{i=1}^{15} x_{ij} = 1, & j = 1,2,\cdots,15,\\ u_i - u_j + 15x_{ij} \leqslant 14, & i = 1,2,\cdots,15, j = 2,3,\cdots,15,\\ u_1 = 0, 1 \leqslant u_i \leqslant 14, & i = 2,3,\cdots,15,\\ x_{ij} = 0 \text{ 或 } 1, & i,j = 1,2,\cdots,15.\end{cases}$$

利用 Matlab 软件,求得 TSP 的回路(不唯一)为

$$15\to4\to9\to8\to1\to5\to11\to7\to3\to6\to2\to14\to12\to10\to13\to15,$$

回路总的路长为 2,即有两名运动员连续参加比赛,去掉虚拟项目 15 及关联的边,则比赛项目的安排为

$$4\to9\to8\to1\to5\to11\to7\to3\to6\to2\to14\to12\to10\to13.$$

先把表 2.4 中数据贴到 Excel 文件 data2_10. xlsx 中,把#号替换为 1。计算的 Matlab 程序如下:

```
clc, clear, a = importdata('data2_10.xlsx');
a(isnan(a))=0;                          % 把不确定值 NaN 替换为 0
M=10^7; w=ones(14)*M;
for i=1:14
    for j=1:14
        if i~=j, w(i,j)=sum(a(:,i).*a(:,j)); end
    end
end
n=15; w(n,n)=M; prob=optimproblem;
x=optimvar('x',n,n,'Type','integer','LowerBound',0,'UpperBound',1);
u=optimvar('u',n,'LowerBound',0)       % 序号变量
prob.Objective=sum(sum(w.*x));
prob.Constraints.con1=[sum(x,2)==1; sum(x,1)'==1; u(1)==0];
con2 = [1<=u(2:end); u(2:end)<=14];
for i=1:n
    for j=2:n
        con2 =[con2; u(i)-u(j)+n*x(i,j)<=n-1];
    end
end
prob.Constraints.con2 = con2;
[sol, fval, flag]=solve(prob)
xx=sol.x; [i,j]=find(xx);
fprintf('xij=1 对应的行列位置如下: \n')
ij=[i'; j']
```

拓展阅读材料

Matlab Optimization Toolbox User's Guide. R2020a.

阅读其中的两部分内容:旅行商问题的 0-1 整数规划模型及算法;数独问题的 0-1 整数规划模型。

习 题 2

2.1 试将下述非线性的 0-1 规划问题转换成线性的 0-1 规划问题。

$$\max z=x_1+x_1x_2-x_3,$$

$$\text{s.t.}\begin{cases}-2x_1+3x_2+x_3\leqslant 3,\\ x_j=0\text{ 或 }1,\quad j=1,2,3.\end{cases}$$

2.2 某市为方便小学生上学,拟在新建的 8 个居民小区 $A_1,A_2,\cdots,A_8$ 增设若干所小学,经过论证知备选校址有 $B_1,B_2,\cdots,B_6$,它们能够覆盖的居民小区如表 2.5 所示。

表 2.5 校址选择数据

备选校址	B_1	B_2	B_3	B_4	B_5	B_6
覆盖的居民小区	A_1,A_5,A_7	A_1,A_2,A_5,A_8	A_1,A_3,A_5	A_2,A_4,A_8	A_3,A_6	A_4,A_6,A_8

试建立一个数学模型,确定出最小个数的建校地址,使其能覆盖所有的居民小区。

2.3 某公司新购置了某种设备 6 台,欲分配给下属的 4 个企业,每个企业至少获得一台设备,已知各企业获得这种设备后年创利润如表 2.6 所示,单位为千万元。应如何分配这些设备才能使年创总利润最大?最大利润是多少?

表 2.6 各企业获得设备的年创利润数

设备 \ 企业	甲	乙	丙	丁
1	4	2	3	4
2	6	4	5	5
3	7	6	7	6
4	7	8	8	6
5	7	9	8	6
6	7	10	8	6

2.4 有一场由 4 个项目(高低杠、平衡木、跳马、自由体操)组成的女子体操团体赛,赛程规定:每个队至多允许 10 名运动员参赛,每一个项目可以有 6 名选手参加。每个选手参赛的成绩评分从高到低依次为 10,9.9,9.8,…,0.1,0。每个代表队的总分是参赛选手所得总分之和,总分最多的代表队为优胜者。此外,还规定每个运动员只能参加全能比赛(4 项全参加)与单项比赛这两类中的一类,参加单项比赛的每个运动员至多只能参加 3 个单项。每个队应有 4 人参加全能比赛,其余运动员参加单项比赛。

现某代表队的教练已经对其所带领的 10 名运动员参加各个项目的成绩进行了大量测试,教练发现每个运动员在每个单项上的成绩稳定在 4 个得分上(见表 2.7),她们得到这些成绩的相应概率也由统计得出(见表中第一个数据,例如 8.4~0.15 表示取得 8.4 分的概率为 0.15)。试解答以下问题:

(1) 每个选手的各单项得分按最低分估算,在此前提下,请为该队排出一个出场阵容,使该队团体总分尽可能高;每个选手的各单项得分按均值估算,在此前提下,请为该队排出一个出场阵容,使该队团体总分尽可能高。

(2) 若对以往的资料及近期各种信息进行分析得到本次夺冠的团体总分估计为不少于 236.2 分，则该队为了夺冠应排出怎样的阵容？以该阵容出战，其夺冠的前景如何？得分前景(即期望值)又如何？该队有 90%的把握战胜怎样水平的对手？

表 2.7　运动员各项目得分及概率分布表

项目＼运动员	1	2	3	4	5
高低杠	8.4~0.15 9.5~0.5 9.2~0.25 9.4~0.1	9.3~0.1 9.5~0.1 9.6~0.6 9.8~0.2	8.4~0.1 8.8~0.2 9.0~0.6 10~0.1	8.1~0.1 9.1~0.5 9.3~0.3 9.5~0.1	8.4~0.15 9.5~0.5 9.2~0.25 9.4~0.1
平衡木	8.4~0.1 8.8~0.2 9.0~0.6 10~0.1	8.4~0.15 9.0~0.5 9.2~0.25 9.4~0.1	8.1~0.1 9.1~0.5 9.3~0.3 9.5~0.1	8.7~0.1 8.9~0.2 9.1~0.6 9.9~0.1	9.0~0.1 9.2~0.1 9.4~0.6 9.7~0.2
跳马	9.1~0.1 9.3~0.1 9.5~0.6 9.8~0.2	8.4~0.1 8.8~0.2 9.0~0.6 10~0.1	8.4~0.15 9.5~0.5 9.2~0.25 9.4~0.1	9.0~0.1 9.4~0.1 9.5~0.5 9.7~0.3	8.3~0.1 8.7~0.1 8.9~0.6 9.3~0.2
自由体操	8.7~0.1 8.9~0.2 9.1~0.6 9.9~0.1	8.9~0.1 9.1~0.1 9.3~0.6 9.6~0.2	9.5~0.1 9.7~0.1 9.8~0.6 10~0.2	8.4~0.1 8.8~0.2 9.0~0.6 10~0.1	9.4~0.1 9.6~0.1 9.7~0.6 9.9~0.2
项目＼运动员	6	7	8	9	10
高低杠	9.4~0.1 9.6~0.1 9.7~0.6 9.9~0.2	9.5~0.1 9.7~0.1 9.8~0.6 10~0.2	8.4~0.1 8.8~0.2 9.0~0.6 10~0.1	8.4~0.15 9.5~0.5 9.2~0.25 9.4~0.1	9.0~0.1 9.2~0.1 9.4~0.6 9.7~0.2
平衡木	8.7~0.1 8.9~0.2 9.1~0.6 9.9~0.1	8.4~0.1 8.8~0.2 9.0~0.6 10~0.1	8.8~0.05 9.2~0.05 9.8~0.5 10~0.4	8.4~0.1 8.8~0.1 9.2~0.6 9.8~0.2	8.1~0.1 9.1~0.5 9.3~0.3 9.5~0.1
跳马	8.5~0.1 8.7~0.1 8.9~0.5 9.1~0.3	8.3~0.1 8.7~0.1 8.9~0.6 9.3~0.2	8.7~0.1 8.9~0.2 9.1~0.6 9.9~0.1	8.4~0.1 8.8~0.2 9.0~0.6 10~0.1	8.2~0.1 9.2~0.5 9.4~0.3 9.6~0.1
自由体操	8.4~0.15 9.5~0.5 9.2~0.25 9.4~0.1	8.4~0.1 8.8~0.1 9.2~0.6 9.8~0.2	8.2~0.1 9.3~0.5 9.5~0.3 9.8~0.1	9.3~0.1 9.5~0.1 9.7~0.5 9.9~0.3	9.1~0.1 9.3~0.1 9.5~0.6 9.8~0.2

2.5　某单位需要加工制作 100 套钢架，每套用长为 2.9m、2.1m 和 1m 的圆钢各一根。已知原料长 6.9m。(1)如何下料，使用的原材料最省？(2)若下料方式不超过三种，则应如何下料，使用的原材料最省？

2.6　求解整数线性规划问题

$$\min Z_1=20x_1+90x_2+80x_3+70x_4+30x_5,$$

$$\text{s.t.}\begin{cases}x_1+x_2+x_5\geqslant 30,\\x_3+x_4\geqslant 30,\\3x_1+2x_3\leqslant 120,\\3x_2+2x_4+x_5\leqslant 48,\\x_j\geqslant 0\text{ 且为整数}, \quad j=1,2,\cdots,5.\end{cases}$$

2.7 美佳公司计划制造Ⅰ、Ⅱ两种家电产品。已知各制造一件时分别占用的设备A和设备B的台时,调试工序时间、每天可用于这两种家电的能力,各销售一件时的获利情况如表2.8所示。问该公司应制造两种家电各多少件,才能使获取的利润最大。

表2.8 产品生产数据

项目	Ⅰ	Ⅱ	每天可用能力
设备A/h	0	5	15
设备B/h	6	2	24
调试工序/h	1	1	5
利润/元	2	1	

2.8 求解标准的指派问题,其中指派矩阵

$$\boldsymbol{C}=\begin{bmatrix}6 & 7 & 5 & 8 & 9 & 10\\ 6 & 3 & 7 & 9 & 3 & 8\\ 8 & 11 & 12 & 6 & 7 & 9\\ 9 & 7 & 5 & 4 & 7 & 6\\ 5 & 8 & 9 & 6 & 10 & 7\\ 9 & 8 & 7 & 6 & 5 & 9\end{bmatrix}.$$

2.9 已知某物资有8个配送中心可以供货,有15个部队用户需要该物资,配送中心和部队用户之间单位物资的运费、15个部队用户的物资需求量和8个配送中心的物资储备量数据见表2.9。

表2.9 配送中心和部队用户之间单位物资的运费和物资需求量、储备量数据

部队用户	单位物资的运费								需求量
	1	2	3	4	5	6	7	8	
1	390.6	618.5	553	442	113.1	5.2	1217.7	1011	3000
2	370.8	636	440	401.8	25.6	113.1	1172.4	894.5	3100
3	876.3	1098.6	497.6	779.8	903	1003.3	907.2	40.1	2900
4	745.4	1037	305.9	725.7	445.7	531.4	1376.4	768.1	3100
5	144.5	354.6	624.7	238	290.7	269.4	993.2	974	3100
6	200.2	242	691.5	173.4	560	589.7	661.8	855.7	3400
7	235	205.5	801.5	326.6	477	433.6	966.4	1112	3500
8	517	541.5	338.4	219	249.5	335	937.3	701.8	3200
9	542	321	1104	576	896.8	878.4	728.3	1243	3000
10	665	827	427	523.2	725.2	813.8	692.2	284	3100
11	799	855.1	916.5	709.3	1057	1115.5	300	617	3300
12	852.2	798	1083	714.6	1177.4	1216.8	40.8	898.2	3200
13	602	614	820	517.7	899.6	952.7	272.4	727	3300
14	903	1092.5	612.5	790	932.4	1034.9	777	152.3	2900
15	600.7	710	522	448	726.6	811.8	563	426.8	3100
储备量	18600	19600	17100	18900	17000	19100	20500	17200	

(1) 根据题目给定的数据,求最小运费调运计划。

(2) 每个配送中心既可以对某个用户配送物资,也可以不对某个用户配送物资,若配送物资,则配送量要大于或等于1000且小于或等于2000,求此时的费用最小调运计划。

2.10 有4名同学到一家公司参加三个阶段的面试:公司要求每个同学都必须首先找公司秘书初试,然后到部门主管处复试,最后到经理处参加面试,并且不允许插队(即在任何一个阶段4名同学的面试顺序都是一样的)。由于4名同学的专业背景不同,所以每人在三个阶段的面试时间也不同,如表2.10所示。这4名同学约定全部面试完以后一起离开公司。假定现在时间是早晨8:00,请问他们最早何时能离开公司?

表2.10 面试时间要求

	秘书初试	主管复试	经理面试
同学甲	14	16	21
同学乙	19	17	10
同学丙	10	15	12
同学丁	9	12	13

第 3 章　非线性规划

在实际应用中，除了线性规划和整数规划外，还大量地存在着另一类优化问题：描述目标函数或约束条件的数学表达式中，至少有一个是非线性函数。这样的优化问题通常称为非线性规划。一般说来，解决非线性规划问题要比解决线性规划问题困难得多。线性规划有适用于一般情况的单纯形法，但是对于非线性规划问题，目前还没有一种适用于一般情况的求解方法，现有各种方法都有各自特定的适用范围。

3.1　非线性规划的概念和理论

3.1.1　非线性规划问题的数学模型

记 $\boldsymbol{x}=[x_1,x_2,\cdots,x_n]^{\mathrm{T}}$ 是 n 维欧几里得空间 $\mathbf{R}^n$ 中的一个点（n 维向量）。$f(\boldsymbol{x})$，$g_i(\boldsymbol{x}),i=1,2,\cdots,p$ 和 $h_j(\boldsymbol{x}),j=1,2,\cdots,q$ 是定义在 $\mathbf{R}^n$ 上的实值函数。

若 $f(\boldsymbol{x}),g_i(\boldsymbol{x}),i=1,2,\cdots,p$ 和 $h_j(\boldsymbol{x}),j=1,2,\cdots,q$ 中至少有一个是 $\boldsymbol{x}$ 的非线性函数，称如下形式的数学模型：

$$\min f(\boldsymbol{x}),\quad \text{s. t.}\begin{cases} g_i(\boldsymbol{x})\leqslant 0, & i=1,2,\cdots,p,\\ h_j(\boldsymbol{x})=0, & j=1,2,\cdots,q\end{cases}\tag{3.1}$$

为非线性规划模型的一般形式。

如果采用向量表示法，则非线性规划的一般形式还可以写成

$$\min f(\boldsymbol{x}),\quad \text{s. t.}\begin{cases} \boldsymbol{G}(\boldsymbol{x})\leqslant 0,\\ \boldsymbol{H}(\boldsymbol{x})=0,\end{cases}\tag{3.2}$$

式中：$\boldsymbol{G}(\boldsymbol{x})=[g_1(\boldsymbol{x}),g_2(\boldsymbol{x}),\cdots,g_p(\boldsymbol{x})]^{\mathrm{T}}$；$\boldsymbol{H}(\boldsymbol{x})=[h_1(\boldsymbol{x}),h_2(\boldsymbol{x}),\cdots,h_q(\boldsymbol{x})]^{\mathrm{T}}$。

对于求目标函数的最大值或约束条件为大于或等于零的情况，都可通过取其相反数转化为上述一般形式。

称满足所有约束条件的点 $\boldsymbol{x}$ 的集合

$$K=\{\boldsymbol{x}\in\mathbf{R}^n \mid g_i(\boldsymbol{x})\leqslant 0,i=1,2,\cdots,p;h_j(\boldsymbol{x})=0,j=1,2,\cdots,q\}$$

为非线性规划问题的约束集或可行域。对任意的 $\boldsymbol{x}\in K$，称 $\boldsymbol{x}$ 为非线性规划问题的可行解或可行点。

定义 3.1　记非线性规划问题式（3.1）或式（3.2）的可行域为 K。

（1）若 $\boldsymbol{x}^*\in K$，且 $\forall \boldsymbol{x}\in K$，都有 $f(\boldsymbol{x}^*)\leqslant f(\boldsymbol{x})$，则称 $\boldsymbol{x}^*$ 为式（3.1）或式（3.2）的全局最优解，称 $f(\boldsymbol{x}^*)$ 为其全局最优值。如果 $\forall \boldsymbol{x}\in K,\boldsymbol{x}\neq\boldsymbol{x}^*$，都有 $f(\boldsymbol{x}^*)<f(\boldsymbol{x})$，则称 $\boldsymbol{x}^*$ 为

式(3.1)或式(3.2)的严格全局最优解,称$f(\boldsymbol{x}^*)$为其严格全局最优值。

(2) 若$\boldsymbol{x}^*\in K$,且存在$\boldsymbol{x}^*$的邻域$N_\delta(\boldsymbol{x}^*)$,$\forall x\in N_\delta(\boldsymbol{x}^*)\cap K$,都有$f(\boldsymbol{x}^*)\leqslant f(\boldsymbol{x})$,则称$\boldsymbol{x}^*$为式(3.1)或式(3.2)的局部最优解,称$f(\boldsymbol{x}^*)$为其局部最优值。如果$\forall \boldsymbol{x}\in N_\delta(\boldsymbol{x}^*)\cap K,\boldsymbol{x}\neq\boldsymbol{x}^*$,都有$f(\boldsymbol{x}^*)<f(\boldsymbol{x})$,则称$\boldsymbol{x}^*$为式(3.1)或式(3.2)的严格局部最优解,称$f(\boldsymbol{x}^*)$为其严格局部最优值。

我们知道,如果线性规划的最优解存在,则最优解只能在可行域的边界上达到(特别是在可行域的顶点上达到),且求出的是全局最优解。但是非线性规划却没有这样好的性质,其最优解(如果存在)可能在可行域的任意一点达到,而一般非线性规划算法给出的也只能是局部最优解,不能保证是全局最优解。

3.1.2 无约束非线性规划的求解

根据一般形式式(3.1)或式(3.2),无约束非线性规划问题可具体表示为

$$\min f(\boldsymbol{x}),\boldsymbol{x}\in\mathbf{R}^n. \tag{3.3}$$

在高等数学中,我们讨论了求二元函数极值的方法,该方法可以平行地推广到无约束优化问题中。首先引入下面的定理。

定理 3.1 设$f(\boldsymbol{x})$具有连续的一阶偏导数,且$\boldsymbol{x}^*$是无约束问题的局部极小点,则$\nabla f(\boldsymbol{x}^*)=\boldsymbol{0}$。这里$\nabla f(\boldsymbol{x})$表示函数$f(\boldsymbol{x})$的梯度。

定义 3.2 设函数$f(\boldsymbol{x})$具有对各个变量的二阶偏导数,称矩阵

$$\begin{bmatrix} \dfrac{\partial^2 f}{\partial x_1^2} & \dfrac{\partial^2 f}{\partial x_1\partial x_2} & \cdots & \dfrac{\partial^2 f}{\partial x_1\partial x_n} \\ \dfrac{\partial^2 f}{\partial x_2\partial x_1} & \dfrac{\partial^2 f}{\partial x_2^2} & \cdots & \dfrac{\partial^2 f}{\partial x_2\partial x_n} \\ \vdots & \vdots & \ddots & \vdots \\ \dfrac{\partial^2 f}{\partial x_n\partial x_1} & \dfrac{\partial^2 f}{\partial x_n\partial x_2} & \cdots & \dfrac{\partial^2 f}{\partial x_n^2} \end{bmatrix}$$

为函数$f(\boldsymbol{x})$的 Hesse 矩阵,记为$\nabla^2 f(\boldsymbol{x})$。

定理 3.2(无约束优化问题有局部最优解的充分条件) 设$f(\boldsymbol{x})$具有连续的二阶偏导数,点$\boldsymbol{x}^*$满足$\nabla f(\boldsymbol{x}^*)=\boldsymbol{0}$;并且$\nabla^2 f(\boldsymbol{x}^*)$为正定阵,则$\boldsymbol{x}^*$为无约束优化问题的局部最优解。

定理 3.1 和定理 3.2 给出了求解无约束优化问题的理论方法,但困难的是求解方程$\nabla f(\boldsymbol{x}^*)=\boldsymbol{0}$,对于比较复杂的函数,常用的方法是数值解法,如最速降线法、牛顿法和拟牛顿法等,这里就不介绍了。

3.1.3 有约束非线性规划的求解

在实际应用中,绝大多数优化问题都是有约束的。一般来讲,对于式(3.1)或式(3.2)给出的有约束非线性规划问题,求数值解时除了要使目标函数在每次迭代时有所下降,还要时刻注意解的可行性,这就给寻优工作带来很大困难。因此,比较常见的处理思路是:尽量将非线性问题转化为线性问题,将约束问题转化为无约束问题。

1. 求解有等式约束非线性规划的拉格朗日乘数法

对于特殊的只有等式约束的非线性规划问题的情形：

$$\min f(\boldsymbol{x}),$$
$$\text{s. t.}\begin{cases}h_j(\boldsymbol{x})=0, & j=1,2,\cdots,q,\\ \boldsymbol{x}\in\mathbf{R}^n.\end{cases} \tag{3.4}$$

有如下的拉格朗日定理。

定理 3.3(拉格朗日定理) 设函数 $f,h_j(j=1,2,\cdots,q)$ 在可行点 $\boldsymbol{x}^*$ 的某个邻域 $N(\boldsymbol{x}^*,\varepsilon)$ 内可微，向量组 $\nabla h_j(\boldsymbol{x}^*)$ 线性无关，令

$$L(\boldsymbol{x},\lambda)=f(\boldsymbol{x})+\boldsymbol{\lambda}^{\mathrm{T}}H(\boldsymbol{x}),$$

其中 $\boldsymbol{\lambda}=[\lambda_1,\lambda_2,\cdots,\lambda_q]^{\mathrm{T}}\in\mathbf{R}^q$，$H(\boldsymbol{x})=[h_1(\boldsymbol{x}),h_2(\boldsymbol{x}),\cdots,h_q(\boldsymbol{x})]^{\mathrm{T}}$。若 $\boldsymbol{x}^*$ 是式(3.4)的局部最优解，则存在实向量 $\boldsymbol{\lambda}^*=[\lambda_1^*,\lambda_2^*,\cdots,\lambda_q^*]^{\mathrm{T}}\in\mathbf{R}^q$，使得 $\nabla L(\boldsymbol{x}^*,\boldsymbol{\lambda}^*)=0$，即

$$\nabla f(\boldsymbol{x}^*)+\sum_{j=1}^{q}\lambda_j^*\nabla h_j(\boldsymbol{x}^*)=0.$$

显然，拉格朗日定理的意义在于能将式(3.4)的求解转化为无约束问题的求解。

2. 求解有约束非线性规划的罚函数法

对于一般形式的有约束非线性规划问题式(3.1)，由于存在不等式约束，因此无法直接应用拉格朗日定理将其转化为无约束问题。为此，人们引入了求解一般非线性规划问题的罚函数法。

罚函数法的基本思想：利用式(3.1)的目标函数和约束函数构造出带参数的所谓增广目标函数，从而把有约束非线性规划问题转化为一系列无约束非线性规划问题来求解。而增广目标函数通常由两个部分构成，一部分是原问题的目标函数，另一部分是由约束函数构造出的“惩罚”项，“惩罚”项的作用是对“违规”的点进行“惩罚”。

比较有代表性的一种罚函数法是外部罚函数法，或称外点法，这种方法的迭代点一般在可行域的外部移动，随着迭代次数的增加，“惩罚”的力度也越来越大，从而迫使迭代点向可行域靠近。具体操作方式：根据不等式约束 $g_i(\boldsymbol{x})\leqslant 0$ 与等式约束 $\max\{0,g_i(\boldsymbol{x})\}=0$ 的等价性，构造增广目标函数(也称为罚函数)

$$T(\boldsymbol{x},M)=f(\boldsymbol{x})+M\sum_{i=1}^{p}[\max\{0,g_i(\boldsymbol{x})\}]+M\sum_{j=1}^{q}[h_j(\boldsymbol{x})]^2,$$

从而将式(3.1)转化为无约束问题：

$$\min T(\boldsymbol{x},M),\quad \boldsymbol{x}\in\mathbf{R}^n,$$

式中：M 是一个较大的正数。

注 3.1 罚函数法的计算精度可能较差，除非算法要求达到实时，一般都直接使用软件工具库求解非线性规划问题。

3.1.4 凸规划

凸规划是一类特殊的非线性规划，可以求得全局最优解。下面介绍凸规划的一些基本概念。

1. 凸集与凸函数的定义

设 Ω 是 n 维欧几里得空间的一点集，若任意两点 $\boldsymbol{x}_1\in\Omega$，$\boldsymbol{x}_2\in\Omega$，其连线上的所有点

$\alpha \boldsymbol{x}_1+(1-\alpha)\boldsymbol{x}_2 \in \Omega(0 \leqslant \alpha \leqslant 1)$,则称 Ω 为凸集。

实心圆、实心球体、实心立方体等都是凸集,圆环不是凸集。直观上看,凸集没有凹入部分,其内部没有空洞。任何两个凸集的交集是凸集。

定义 3.3(凸函数) 给定函数 $f(\boldsymbol{x})(\boldsymbol{x} \in D \subset \mathbf{R}^n)$,若 $\forall \boldsymbol{x}_1, \boldsymbol{x}_2 \in D, \lambda \in [0,1]$,有

$$f(\lambda \boldsymbol{x}_1+(1-\lambda)\boldsymbol{x}_2) \leqslant \lambda f(\boldsymbol{x}_1)+(1-\lambda)f(\boldsymbol{x}_2),$$

则称 $f(\boldsymbol{x})$ 为 D 上的凸函数;特别地,若 $f(\lambda \boldsymbol{x}_1+(1-\lambda)\boldsymbol{x}_2)<\lambda f(\boldsymbol{x}_1)+(1-\lambda)f(\boldsymbol{x}_2)$,则称 $f(\boldsymbol{x})$ 为 D 上的严格凸函数。将上述两式中的不等号反向,即可得到凹函数和严格凹函数的定义。显然,若函数 $f(\boldsymbol{x})$ 是凸函数(严格凸函数),则 $-f(\boldsymbol{x})$ 一定是凹函数(严格凹函数)。

凸函数和凹函数的几何意义十分明显,若函数图形上任两点的连线处处都不在这个函数图形的下方,它当然是凸的。线性函数既可看作凸函数,也可看作凹函数。

2. 凸函数的性质

条件 3.1 定义在凸集上的有限个凸函数的非负线性组合仍为凸函数。

条件 3.2 设 $f(\boldsymbol{x})$ 为定义在凸集 Ω 上的凸函数,则对任一实数 α,集合

$$S_\alpha=\{\boldsymbol{x} \mid \boldsymbol{x} \in \Omega, f(\boldsymbol{x}) \leqslant \alpha\}$$

是凸集。

3. 函数凸性的判定

首先可以直接依据定义去判别。对于可微函数,也可利用下述两个判别定理。

定理 3.4(一阶条件) 设 Ω 为 n 维欧几里得空间 $\mathbf{R}^n$ 上的开凸集,$f(\boldsymbol{x})$ 在 Ω 上具有一阶连续偏导数,则 $f(\boldsymbol{x})$ 为 Ω 上的凸函数的充要条件是:对任意两个不同点 $\boldsymbol{x}_1 \in \Omega$ 和 $\boldsymbol{x}_2 \in \Omega$,恒有

$$f(\boldsymbol{x}_2) \geqslant f(\boldsymbol{x}_1)+\nabla f(\boldsymbol{x}_1)^{\mathrm{T}}(\boldsymbol{x}_2-\boldsymbol{x}_1). \tag{3.5}$$

若式(3.5)为严格不等式,则它就是严格凸函数的充要条件。

凸函数的定义本质上是说凸函数上任意两点间的线性连线不低于这个函数的值;而式(3.5)则是说基于某点导数的线性近似不高于这个函数的值,或曲线上各点的切线在曲线之下。

定理 3.5(二阶条件) 设 Ω 为 n 维欧几里得空间 $\mathbf{R}^n$ 上的开凸集,$f(\boldsymbol{x})$ 在 Ω 上具有二阶连续偏导数,则 $f(\boldsymbol{x})$ 为 Ω 上的凸函数的充要条件是 $f(\boldsymbol{x})$ 的 Hesse 矩阵 $\nabla^2 f(\boldsymbol{x})$ 在 Ω 上处处半正定。

若对一切 $\boldsymbol{x} \in \Omega$,$f(\boldsymbol{x})$ 的 Hesse 矩阵都是正定的,则 $f(\boldsymbol{x})$ 是 Ω 上的严格凸函数。对于凹函数可以得到和上述类似的结果。

定义 3.4 对非线性规划问题式(3.1),若 $f(\boldsymbol{x})$ 为 $\mathbf{R}$ 上的凸函数,$g_i(\boldsymbol{x})$ 为 $\mathbf{R}^n$ 上的凸函数,$h_j(\boldsymbol{x})$ 为 $\mathbf{R}^n$ 上的线性函数,则称该非线性规划问题为凸规划。

可以证明,上述凸规划的可行域为凸集,其局部最优解即为全局最优解,而且其最优解的集合形成一个凸集。当凸规划的目标函数 $f(\boldsymbol{x})$ 为严格凸函数时,其最优解必定唯一(假定最优解存在)。由此可见,凸规划是一类比较简单而又具有重要理论意义的非线性规划。由于线性函数既可视为凸函数,又可视为凹函数,故线性规划也属于凸规划。

例 3.1 试分析并求解非线性规划

$$\min f(\boldsymbol{x})=x_1^2+x_2^2-4x_1+4,$$
$$\text{s.t.}\begin{cases}g_1(\boldsymbol{x})=-x_1+x_2-2\leqslant 0,\\ g_2(\boldsymbol{x})=x_1^2-x_2+1\leqslant 0,\\ x_1,x_2\geqslant 0.\end{cases}$$

解 $f(\boldsymbol{x})$和$g_2(\boldsymbol{x})$的 Hesse 矩阵的行列式分别为

$$|\boldsymbol{H}_1|=\begin{vmatrix}\dfrac{\partial^2 f(\boldsymbol{x})}{\partial x_1^2} & \dfrac{\partial^2 f(\boldsymbol{x})}{\partial x_1\partial x_2}\\ \dfrac{\partial^2 f(\boldsymbol{x})}{\partial x_2\partial x_1} & \dfrac{\partial^2 f(\boldsymbol{x})}{\partial x_2^2}\end{vmatrix}=\begin{vmatrix}2 & 0\\0 & 2\end{vmatrix}=4>0,$$

$$|\boldsymbol{H}_2|=\begin{vmatrix}\dfrac{\partial^2 g_2(\boldsymbol{x})}{\partial x_1^2} & \dfrac{\partial^2 g_2(\boldsymbol{x})}{\partial x_1\partial x_2}\\ \dfrac{\partial^2 g_2(\boldsymbol{x})}{\partial x_2\partial x_1} & \dfrac{\partial^2 g_2(\boldsymbol{x})}{\partial x_2^2}\end{vmatrix}=\begin{vmatrix}2 & 0\\0 & 0\end{vmatrix}=0,$$

知$f(\boldsymbol{x})$为严格凸函数，$g_2(\boldsymbol{x})$为凸函数。由于其他约束条件均为线性函数，所以这是一个凸规划问题。其最优解为$\boldsymbol{x}^*=[0.5536,1.3064]^{\mathrm{T}}$，目标函数的最优值为$f(\boldsymbol{x}^*)=3.7989$。

```
clc, clear, prob = optimproblem;
x = optimvar('x',2,'LowerBound',0);
prob.Objective = sum(x.^2)-4 * x(1)+4;
con = [-x(1)+x(2)-2 <= 0
x(1)^2-x(2)+1 <= 0];                % 不等式约束
prob.Constraints.con = con;
x0.x = rand(2,1)                    % 非线性规划必须赋初值
[sol,fval,flag,out] = solve(prob,x0), sol.x
```

4. 库恩-塔克条件(简称 K-T 条件)

库恩-塔克条件是非线性规划领域中最重要的理论成果之一，是确定某点为最优点的必要条件。只要是最优点，就必须满足这个条件。但一般说它并不是充分条件，因而满足这个条件的点不一定就是最优点(对于凸规划，它既是最优点存在的必要条件，也是充分条件)。

对带一般约束的非线性规划问题式(3.1)，引进拉格朗日函数如下：

$$L(\boldsymbol{x},\boldsymbol{\lambda},\boldsymbol{\mu})=f(\boldsymbol{x})+\sum_{i=1}^{p}\lambda_i g_i(\boldsymbol{x})+\sum_{j=1}^{q}\mu_j h_j(\boldsymbol{x}),\tag{3.6}$$

其中，$\boldsymbol{\lambda}=[\lambda_1,\lambda_2,\cdots,\lambda_p]^{\mathrm{T}}$，$\boldsymbol{\mu}=[\mu_1,\mu_2,\cdots,\mu_q]^{\mathrm{T}}$ 称为**拉格朗日乘子**。

定理 3.6(必要条件) 设$\boldsymbol{x}^*$是非线性规划问题式(3.1)的局部最优解，而且$\boldsymbol{x}^*$点的所有起作用约束的梯度$\nabla g_i(\boldsymbol{x}^*)$ $(i=1,2,\cdots,p)$和$\nabla h_j(\boldsymbol{x}^*)$ $(j=1,2,\cdots,q)$线性无关，则存在向量

$$\boldsymbol{\lambda}^*=[\lambda_1^*,\lambda_2^*,\cdots,\lambda_p^*]^{\mathrm{T}},\quad \boldsymbol{\mu}^*=[\mu_1^*,\mu_2^*,\cdots,\mu_q^*]^{\mathrm{T}},$$

使下述条件成立：

$$
\begin{cases}
\nabla f(\boldsymbol{x}^*) + \sum_{i=1}^{p} \lambda_i^* \nabla g_i(\boldsymbol{x}^*) + \sum_{j=1}^{q} \mu_j^* \nabla h_j(\boldsymbol{x}^*) = 0, \\
\lambda_i^* g_i(\boldsymbol{x}^*) = 0, \quad i = 1,2,\cdots,p, \\
\lambda_i^* \geqslant 0, \qquad i = 1,2,\cdots,p.
\end{cases}
\tag{3.7}
$$

满足式(3.7)的点称为库恩—塔克点。

定理 3.7(充分条件) 若 $\boldsymbol{x}$ 满足库恩—塔克条件,则 $\boldsymbol{x}$ 必为凸规划的局部最优解,进而为整体最优解。

3.2 一个简单的非线性规划模型

下面通过一个简单的非线性规划模型说明数学建模的五步方法。

数学建模解决问题的一般过程分为五个步骤,称为五步方法,五个步骤如下：

(1) 提出问题。

(2) 选择建模方法。

(3) 推导模型的数学表达式。

(4) 求解模型。

(5) 回答问题。

例 3.2 一家彩电制造商计划推出两种新产品:一种为 19 英寸液晶平板电视机,制造商建议零售价为 339 美元;另一种为 21 英寸液晶平板电视机,零售价为 399 美元。公司付出的成本为 19 英寸彩电每台 195 美元,21 英寸彩电每台 225 美元,还要加上 400000 美元的固定成本。在竞争的销售市场中,每年售出的彩电数量会影响彩电的平均售价。据统计,对每种类型的彩电,每多售出一台,平均销售价格会下降 1 美分。而且 19 英寸彩电的销售会影响 21 英寸彩电的销售,反之亦然。据估计,每售出一台 21 英寸彩电,19 英寸彩电的平均售价会下降 0.3 美分,而每售出一台 19 英寸彩电,21 英寸彩电的平均售价会下降 0.4 美分。问每种彩电应该各生产多少台。

采用处理数学建模问题的五步方法来解决这个问题。

第一步,提出问题。首先列出一张变量表,然后写出这些变量间的关系和所做的其他假设,如要求取值非负。最后,采用引入的符号,将问题用数学公式表达。第一步的结果归纳在表 3.1 中。

表 3.1 彩电问题第一步的结果

变量	x_1 = 19 英寸彩电每年的售出数量/台 x_2 = 21 英寸彩电每年的售出数量/台 p_1 = 19 英寸彩电的销售价格/美元 p_2 = 21 英寸彩电的销售价格/美元 c = 生产彩电的成本/(美元/年) r = 彩电销售的收入/(美元/年) f = 彩电销售的利润/(美元/年)

（续）

假设	$p_1=339-0.01x_1-0.003x_2$ $p_2=399-0.004x_1-0.01x_2$ $c=400000+195x_1+225x_2$ $r=p_1x_1+p_2x_2$ $f=r-c$ $x_1,x_2\geqslant 0$
目标	求 f 的最大值

第二步，选择一个建模方法。这个问题视为无约束的多变量最优化问题。

第三步，根据第二步中选择的建模方法推导模型的公式。

$$\begin{aligned} f &= r-c=p_1x_1+p_2x_2-(400000+195x_1+225x_2) \\ &= (339-0.01x_1-0.003x_2)x_1+(399-0.004x_1-0.01x_2)x_2-(400000+195x_1+225x_2) \\ &= -0.01x_1^2-0.007x_1x_2-0.01x_2^2+144x_1+174x_2-400000. \end{aligned}$$

令 $y=f$ 为求最大值的目标函数，x_1,x_2 为决策变量。现在问题转化为在区域

$$S=\{(x_1,x_2):x_1\geqslant 0,x_2\geqslant 0\} \tag{3.8}$$

上对

$$y=f(x_1,x_2)=-0.01x_1^2-0.007x_1x_2-0.01x_2^2+144x_1+174x_2-400000 \tag{3.9}$$

求最大值。

第四步，求解模型。问题是对式(3.9)中定义的函数 $f(x_1,x_2)$ 在式(3.8)定义的区域 S 上求最大值。图 3.1 给出了函数 f 的三维图形。图形显示 $f(x_1,x_2)$ 在 S 的内部达到最大值。图 3.2 给出了 $f(x_1,x_2)$ 的水平图集。从中可以估计出 $f(x_1,x_2)$ 的最大值出现在 $x_1=5000,x_2=7000$ 附近。函数 f 是一个抛物面，为求其最大值点，令 $\nabla f=0$ 得到方程组

$$\begin{cases} \dfrac{\partial f}{\partial x_1}=144-0.02x_1-0.007x_2=0, \\ \dfrac{\partial f}{\partial x_2}=174-0.007x_1-0.02x_2=0. \end{cases} \tag{3.10}$$

解上面方程组，求得最优解 $x_1=4735,x_2=7043$；目标函数的最大值 $f=553641.025$。

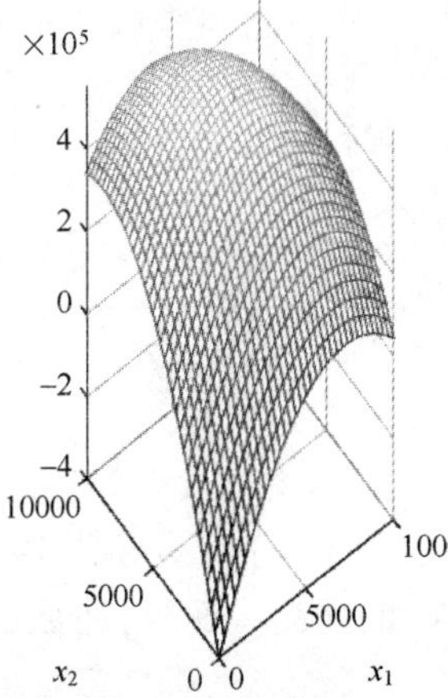

图 3.1 三维图形

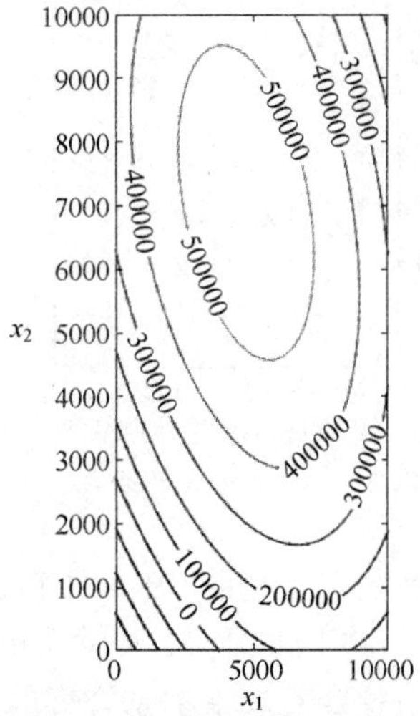

图 3.2 水平集图

第五步,用通俗易懂的语言回答问题。简单地说,这家公司可以通过生产 4735 台 19 英寸彩电和 7043 台 21 英寸彩电来获得最大利润,每年获得的净利润为 553641.025 美元。每台 19 英寸彩电的平均售价为 270.52 元,每台 21 英寸彩电的平均售价为 309.63 元。生产的总支出为 2908000 元,相应的利润率为 19%。这些结果显示了这是有利可图的,因此建议这家公司应该实行推出新产品的计划。

上面所得出的结论是以表 3.1 中所做的假设为基础的。应该对我们关于彩电市场和生产过程所做的假设进行灵敏度分析,以保证结果具有稳健性。我们主要关心的是决策变量 x_1 和 x_2 的值,因为公司要据此来确定生产量。

我们对 19 英寸彩电的价格弹性系数 a 的灵敏度进行分析。在模型中假设 $a=0.01$ 美元/台。将其代入前面的公式中,得

$$y=f(x_1,x_2)=-ax_1^2-0.007x_1x_2-0.01x_2^2+144x_1+174x_2-400000. \tag{3.11}$$

求偏导数并令它们为零,可得

$$\begin{cases}\dfrac{\partial f}{\partial x_1}=144-2ax_1-0.007x_2=0,\\[2ex]\dfrac{\partial f}{\partial x_2}=174-0.007x_1-0.02x_2=0.\end{cases} \tag{3.12}$$

解之,得最优解

$$x_1=\frac{1662000}{40000a-49},x_2=\frac{48000(7250a-21)}{40000a-49}. \tag{3.13}$$

图 3.3 和图 3.4 画出了 x_1 和 x_2 关于 a 的曲线图。

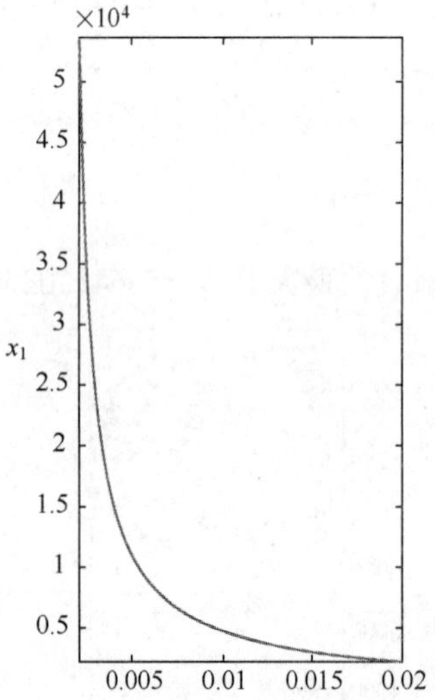

图 3.3 x_1 关于 a 的曲线

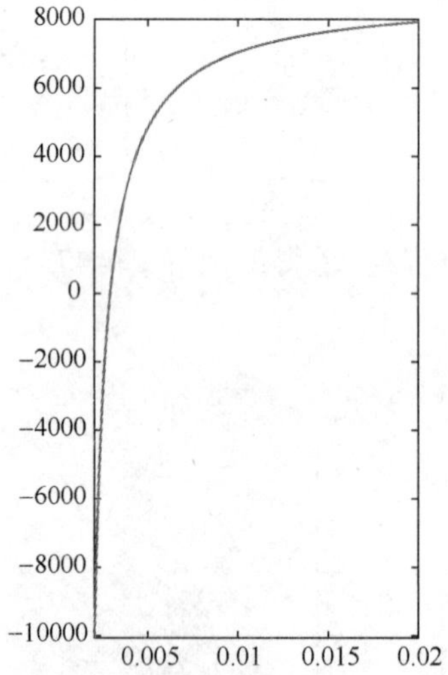

图 3.4 x_2 关于 a 的曲线

图 3.3 和图 3.4 显示,19 英寸彩电的价格弹性系数 a 的提高,会导致 19 英寸彩电的最优生产量 x_1 的下降,及 21 英寸彩电的最优生产量 x_2 的提高。而且,还显示 x_1 比 x_2 对于 a 更敏感。这些看起来都是合理的。

将灵敏性数据表示成相对该变量或百分比改变的形式,要比表示成绝对改变量的形

式更自然也更实用。如果 a 改变了 Δa，导致 x_1 有 Δx_1 的改变量，则相对该变量的比值为 $\Delta x_1/x_1$ 与 $\Delta a/a$ 的比值。令 $\Delta a\to 0$，按照导数的定义，有

$$\frac{\Delta x_1/x_1}{\Delta a/a}\to\frac{\mathrm{d}x_1}{\mathrm{d}a}\cdot\frac{a}{x_1},$$

这个极限值称为 x_1 对 a 的灵敏性，记为 $S(x_1,a)$。为得到这些灵敏性的具体数值，计算在 $a=0.01$ 时，有

$$\left.\frac{\mathrm{d}x_1}{\mathrm{d}a}\right|_{a=0.01}=-539606,$$

因此

$$S(x_1,a)=\frac{\mathrm{d}x_1}{\mathrm{d}a}\cdot\frac{a}{x_1}=-539606\times\frac{0.01}{4735}\approx -1.1,$$

类似地可以计算出

$$S(x_2,a)=\frac{\mathrm{d}x_2}{\mathrm{d}a}\cdot\frac{a}{x_2}\approx 0.27.$$

如果 19 英寸彩电的价格弹性系数提高 10%，则应该将 19 英寸彩电的生产量缩小 11%，将 21 英寸彩电的生产量扩大 2.7%。

下面讨论 y 对于 a 的灵敏性。19 英寸彩电的价格弹性系数的变化会对利润造成什么影响？为得到 y 关于 a 的表达式，将式(3.13)代入式(3.11)中，得

$$y=\tilde{f}(a)=\frac{356900a^3+414.795a^2-2.6229669375a+0.00193460575}{(a-0.001225)^3}. \tag{3.14}$$

图 3.5 画出了 y 关于 a 的曲线图。图 3.5 显示，19 英寸彩电的价格弹性系数 a 的提高会导致利润的下降。

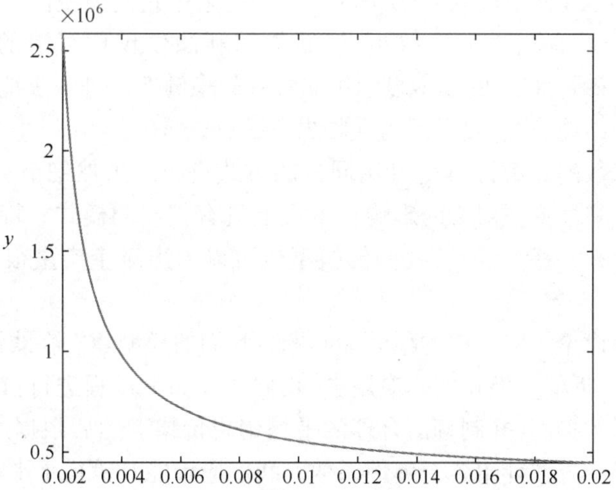

图 3.5　利润 y 关于价格弹性系数 a 的曲线

为计算利润 y 关于 a 的灵敏性 $S(y,a)$，要求出 $\frac{\mathrm{d}y}{\mathrm{d}a}$，可以利用多变量函数的链式法则：

$$\frac{\mathrm{d}y}{\mathrm{d}a}=\frac{\partial y}{\partial x_1}\cdot\frac{\mathrm{d}x_1}{\mathrm{d}a}+\frac{\partial y}{\partial x_2}\cdot\frac{\mathrm{d}x_2}{\mathrm{d}a}+\frac{\partial y}{\partial a}. \tag{3.15}$$

由于在极值点$\frac{\partial y}{\partial x_1}$与$\frac{\partial y}{\partial x_2}$都为零，因此有

$$\frac{\mathrm{d}y}{\mathrm{d}a}=\frac{\partial y}{\partial a}=-x_1^2.$$

由式(3.11)可直接得到

$$S(y,a)=\frac{\mathrm{d}y}{\mathrm{d}a}\cdot\frac{a}{y}=-x_1^2\frac{a}{y}=-4735^2\times\frac{0.01}{553641}\approx-0.40.$$

因此，19 英寸彩电的价格弹性系数提高 10%，会使利润下降 4%。

式(3.15)中

$$\frac{\partial y}{\partial x_1}\cdot\frac{\mathrm{d}x_1}{\mathrm{d}a}+\frac{\partial y}{\partial x_2}\cdot\frac{\mathrm{d}x_2}{\mathrm{d}a}=0$$

有其实际意义。导数$\frac{\mathrm{d}y}{\mathrm{d}a}$中的这一部分代表了最优生产量 x_1 和 x_2 的变化对利润的影响。其和为零说明了生产量的微小变化(至少在线性近似时)对利润没有影响。从几何上看，由于 $y=f(x_1,x_2)$ 在极值点是平的，所以 x_1 和 x_2 的微小变化对 y 几乎没有什么影响。由于 19 英寸彩电的价格弹性系数提高 10%而导致的最优利润的下降几乎全部是由售价的改变引起的，因此我们给出的生产量几乎是最优的。例如，设 $a=0.01$，但实际的价格弹性系数比它高出了 10%。用式(3.13)确定最优生产量，这意味着 $a=0.011$ 时给出的最优解与原最优解相比，会多生产 10%的 19 英寸彩电，少生产约 3%的 21 英寸彩电，而且，利润也会比最优值低 4%。但如果仍采用原模型的结果，实际会损失多少呢？$a=0.011$ 时仍按 $x_1=4735$，$x_2=7043$ 确定生产量，会得到利润值为 531221 美元。而最优利润为 533514 美元(在式(3.14)中代入 $a=0.011$)。因此，采用我们模型的结果，虽然现在的生产量与最优的生产量有相当大的差距，但获得的利润仅仅比可能的最优利润损失了 0.43%。在这一意义下，我们的模型显示了非常好的稳健性。进一步地，许多类似的问题都可以得出类似的结论，这主要是因为在临界点处有$\nabla f=0$。

对其他弹性系数的灵敏性分析可用同样的方式进行。虽然细节有所不同，但函数 f 的形式使得每一个弹性系数对 y 的影响在本质上具有相同的模式。特别地，即使对价格弹性系数的估计存在一些小误差，我们的模型也可以给出对生产量很好的决策(几乎是最优的)。

我们只简单地讨论一些一般的稳健性问题。我们的模型建立在线性价格结构的基础上，这显然只是一种近似。但在实际应用中，我们会按如下过程进行：首先对新产品的市场情况做出有根据的推测，并制订出合理的平均销售价格。然后根据过去类似情况下的经验或有限的市场调查估计出各个弹性系数。我们应该能对销售水平在某一范围内变化时估计出合理的弹性系数值，这个范围应该包括最优值。于是我们实际上只是对一个非线性函数在一个相当小的区间上进行线性近似。这类近似通常都会有良好的稳健性。

求解的 Matlab 程序如下：

```
clc, clear, format long g, close all
syms x1 x2                          %定义符号变量
f=(339-0.01*x1-0.003*x2)*x1+(399-0.004*x1-0.01*x2)*x2-(400000+195*
```

```
x1+225*x2)
    f=simplify(f)                     %化简目标函数
    f1=diff(f,x1), f2=diff(f,x2)      %求目标函数关于x1,x2的偏导数
    [x10,x20]=solve(f1,f2)            %解代数方程求驻点
    x10=round(double(x10))            %取整
    x20=round(double(x20))            %取整
    f0=subs(f,{x1,x2},{x10,x20})      %求目标函数的取值
    f0=double(f0)
    subplot(121), fmesh(f,[0,10000,0,10000]),title('') %画三维图形
    xlabel('$x_1$','Interpreter','Latex')
    ylabel('$x_2$','Interpreter','Latex')
    subplot(122), L=fcontour(f,[0,10000,0,10000]);
    contour(L.XData, L.YData, L.ZData,'ShowText','on') %等高线标注
    xlabel('$x_1$','Interpreter','Latex')
    ylabel('$x_2$','Interpreter','Latex','Rotation',0)
    p1=339-0.01*x10-0.003*x20         %计算19英寸的平均售价
    p2=399-0.004*x10-0.01*x20         %计算21英寸的平均售价
    c=400000+195*x10+225*x20          %计算总支出
    rate=f0/c                         %计算利润率
```

灵敏度分析的Matlab程序如下：

```
    clc, clear, close all, format long g
    syms x1 x2 a                          %定义符号变量
    f=(339-a*x1-0.003*x2)*x1+(399-0.004*x1-0.01*x2)*x2-(400000+195*x1+
225*x2)
    f=simplify(f)                         %化简目标函数
    f1=diff(f,x1), f2=diff(f,x2)          %求目标函数关于x1,x2的偏导数
    [x10,x20]=solve(f1,f2)                %求驻点
    subplot(121), fplot(x10,[0.002,0.02]), title('')  %画x1关于a的曲线
    xlabel('$a$','Interpreter','Latex')
    ylabel('$x_1$','Interpreter','Latex','Rotation',0)
    subplot(122), fplot(x20,[0.002,0.02]), title('')  %画x2关于a的曲线
    xlabel('$a$','Interpreter','Latex')
    ylabel('$x_2$','Interpreter','Latex','Rotation',0)
    dx1=diff(x10,a), dx10=subs(dx1,a,0.01), dx10=double(dx10)
    sx1a=dx10*0.01/4735
    dx2=diff(x20,a), dx20=subs(dx2,a,0.01), dx20=double(dx20)
    sx2a=dx20*0.01/7043
    F=subs(f,{x1,x2},{x10,x20})           %求关于a的目标函数
    F=simplify(F)                         %对目标函数进行化简
    figure, fplot(F,[0.002,0.02]), title('')
    xlabel('$a$','Interpreter','Latex')
    ylabel('$y$','Interpreter','Latex','Rotation',0)
```

```
Sya=-4735^2*0.01/553641
f3=subs(f,{x1,x2,a},{4735,7043,0.011}); f3=double(f3)  %计算近似最优利润
f4=subs(F,a,0.011); f4=double(f4) %计算最优利润
delta=(f4-f3)/f4                               %计算利润的相对误差
```

3.3 二次规划模型

如果规划模型的目标函数是决策向量 $\boldsymbol{X}=[x_1,x_2,\cdots,x_n]^{\mathrm{T}}$ 的二次函数,约束条件都是线性的,那么这个模型称为二次规划(QP)模型。二次规划模型的一般形式为

$$\max(\min)\sum_{i=1}^{n}\sum_{j=1}^{n}c_{ij}x_ix_j+\sum_{i=1}^{n}d_ix_i,$$

$$\text{s.t.}\begin{cases}\sum\limits_{j=1}^{n}a_{ij}x_j\leqslant(\geqslant,=)b_i, & i=1,2,\cdots,m,\\ x_i\geqslant 0, & i=1,2,\cdots,n,\end{cases}$$

式中:$c_{ij}=c_{ji}$,$i,j=1,2,\cdots,n$。

二次规划模型是一种特殊的非线性规划模型。其中

$$\boldsymbol{H}=\begin{bmatrix}c_{11} & c_{12} & \cdots & c_{1n}\\ c_{21} & c_{22} & \cdots & c_{2n}\\ \vdots & \vdots & \ddots & \vdots\\ c_{n1} & c_{n2} & \cdots & c_{nn}\end{bmatrix}\in\mathbf{R}^{n\times n}$$

为对称矩阵,特别地,当 $\boldsymbol{H}$ 正定,目标函数最小化时,模型为凸二次规划,凸二次规划局部最优解就是全局最优解。

例 3.3 求解二次规划模型

$$\max\ -x_1^2-0.3x_1x_2-2x_2^2+98x_1+277x_2,$$

$$\text{s.t.}\begin{cases}x_1+x_2\leqslant 100,\\ x_1-2x_2\leqslant 0,\\ x_1,x_2\geqslant 0.\end{cases}$$

解 上面二次规划模型的矩阵描述如下:

$$\max\ [x_1,x_2]\begin{bmatrix}-1 & -0.15\\ -0.15 & -2\end{bmatrix}\begin{bmatrix}x_1\\ x_2\end{bmatrix}+[98,277]\begin{bmatrix}x_1\\ x_2\end{bmatrix},$$

$$\text{s.t.}\begin{cases}\begin{bmatrix}1 & 1\\ 1 & -2\end{bmatrix}\begin{bmatrix}x_1\\ x_2\end{bmatrix}\leqslant\begin{bmatrix}100\\ 0\end{bmatrix},\\ x_1,x_2\geqslant 0.\end{cases}$$

该二次规划是凸规划。利用 Matlab 软件求得的全局最优解为 $x_1=35.3704$,$x_2=64.6296$,目标函数的最大值为 11077.8704。

```
clc, clear, format long g
```

```
h=[-1,-0.15;-0.15,-2];
f=[98;277]; a=[1,1;1,-2]; b=[100;0];
prob = optimproblem('ObjectiveSense','max');
x = optimvar('x',2,'LowerBound',0);
prob.Objective = x'*h*x+f'*x;
prob.Constraints.con = a*x<=b;
[sol,fval,flag,out]= solve(prob)
sol.x                  % 显示最优解
format short           % 恢复到短小数的显示格式
```

例 3.4(续例 3.3) 求解二次规划模型

$$
\min\ -x_1^2-0.3x_1x_2-2x_2^2+98x_1+277x_2,
$$

$$
\text{s. t.}\begin{cases}x_1+x_2\leqslant 100,\\ x_1-2x_2\leqslant 0,\\ x_1,x_2\geqslant 0.\end{cases}
$$

解 由于上述二次规划的目标函数不是凸函数,Matlab 求得的局部最优解为

$$
x_1=1,\quad x_2=1,
$$

目标函数的局部最优值为 371.7。

```
clc, clear, prob=optimproblem;
x = optimvar('x', 2, 'LowerBound',0)
h=[-1,-0.15;-0.15,-2];
f=[98;277]; a=[1,1;1,-2]; b=[100;0];
prob.Objective = x'*h*x+f'*x;
prob.Constraints = a*x <= b;
[sol,fval,exitflag,output] = solve(prob), sol.x
% 下面使用 fmincon 求解,效果较好
fx = @ (x)x'*h*x+f'*x;    % 目标函数的匿名函数,x 为列向量
[x,y]=fmincon(fx,rand(2,1),a,b,[],[],zeros(2,1))
```

注 3.2 上面求得的只是一个局部最优解,显然 $x_1=0,x_2=0$ 是可行解,且目标函数的取值为 0,即[0,0]可行解要比[1,1]好。

如果二次规划不是凸规划,则不要使用基于问题的求解方法,建议使用下面介绍的求解非线性规划的函数 fmincon。

3.4 非线性规划的求解及应用

对于一般的非线性规划问题,由于不是凸规划,因此,一般只能求得局部最优解,很难求得全局最优解。

3.4.1 非线性规划的求解

1. 无约束极值问题

在 Matlab 工具箱中,用于求解无约束极小值问题的函数有 fminunc 和 fminsearch。现

在 Matlab 的帮助信息是很详尽的，这些命令的使用就不解释了，读者可以自己看相关的帮助。

例 3.5 求多元函数 $f(x,y)=x^3-y^3+3x^2+3y^2-9x$ 在 $(0,0)$ 附近的极值。

解 求得的极小值点为 $(1,0)$，极小值为 -5；极大值点为 $(-3,2)$，极大值为 31。

```
clc, clear
f=@ (x) x(1)^3-x(2)^3+3*x(1)^2+3*x(2)^2-9*x(1);     %定义匿名函数
g=@ (x) -f(x);
[xy1,z1]=fminunc(f, [0,0])                           %求极小值点
[xy2,z2]=fminsearch(g, [0,0]);                       %求极大值点
xy2, z2=-z2      %显示极大点及对应的极大值
```

基于问题求解的 Matlab 程序如下：

```
clc, clear, prob1=optimproblem;    %最小值问题
x=optimvar('x','LowerBound',-4,'UpperBound',4);
y=optimvar('y','LowerBound',-4,'UpperBound',4);
prob1.Objective=x^3-y^3+3*x^2+3*y^2-9*x;
x0.x=0; x0.y=0;
[sol1,fval1,flag1,out1]=solve(prob1,x0)
prob2=optimproblem('ObjectiveSense','max')
prob2.Objective=x^3-y^3+3*x^2+3*y^2-9*x;
op=optimoptions(@ fmincon,'Algorithm','active-set')
[sol2,fval2,flag2,out2]=solve(prob2,x0,'Options',op)
```

例 3.6 求函数 $f(x)=100(x_2-x_1^2)^2+(1-x_1)^2$ 的极小点。

解 求得函数的极小点为 $(1,1)$。

```
clc, clear, prob=optimproblem;     %最小值问题
x=optimvar('x',2);
prob.Objective = 100*(x(2)-x(1)^2)^2+(1-x(1))^2;
x0.x=rand(2,1)                    %初始值
[sol,fval,flag,out]=solve(prob,x0), sol.x
```

2. 有约束极值问题

有约束极值问题就是一般的非线性规划问题。Matlab 有两种求解方法，即基于求解器的求解方法和基于问题的求解方法。

在基于求解器的求解方法中，非线性规划的数学模型写成以下标准形式：

$$\min f(\boldsymbol{x}),$$
$$\text{s.t.}\begin{cases}\boldsymbol{Ax}\leqslant\boldsymbol{b},\\ \boldsymbol{Aeq}\cdot\boldsymbol{x}=\boldsymbol{beq},\\ \boldsymbol{c}(\boldsymbol{x})\leqslant 0,\\ \boldsymbol{ceq}(\boldsymbol{x})=0,\\ \boldsymbol{lb}\leqslant\boldsymbol{x}\leqslant\boldsymbol{ub}.\end{cases}$$

式中：$f(\boldsymbol{x})$ 是标量函数；$\boldsymbol{A},\boldsymbol{b},\boldsymbol{Aeq},\boldsymbol{beq},\boldsymbol{lb},\boldsymbol{ub}$ 是相应维数的矩阵和向量；$\boldsymbol{c}(\boldsymbol{x}),\boldsymbol{ceq}(\boldsymbol{x})$ 是非线性向量函数。

Matlab 中的命令是

```
[x,fval]=fmincon(fun,x0,A,b,Aeq,beq,lb,ub,nonlcon,options)
```

x 的返回值是决策向量 $\boldsymbol{x}$ 的取值,fval 返回的是目标函数的取值,其中 fun 是用 M 函数或匿名函数定义的函数 $f(\boldsymbol{x})$;x0 是 $\boldsymbol{x}$ 的初始值;A,b,Aeq,beq 定义了线性约束 $\boldsymbol{Ax}\leqslant\boldsymbol{b}$, $\boldsymbol{Aeq}\cdot\boldsymbol{x}=\boldsymbol{beq}$,如果没有线性约束,则 A=[ ],b=[ ],Aeq=[ ],beq=[ ];lb 和 ub 是决策向量 $\boldsymbol{x}$ 的下界和上界,如果上界和下界没有约束,即 $\boldsymbol{x}$ 无下界也无上界,则 lb=[ ],ub=[ ],也可以写成 lb 的各分量都为-inf,ub 的各分量都为 inf;nonlcon 是用 M 函数定义的非线性向量函数 $\boldsymbol{c}(\boldsymbol{x})$,$\boldsymbol{ceq}(\boldsymbol{x})$;options 定义了优化参数,可以使用 Matlab 默认的参数设置。

例 3.7 求非线性规划

$$\min f(x)=x_1^2+x_2^2+x_3^2+8,$$

$$\text{s. t.}\begin{cases}x_1^2-x_2+x_3^2\geqslant 0,\\ x_1+x_2^2+x_3^3\leqslant 20,\\ -x_1-x_2^2+2=0,\\ x_2+2x_3^2=3,\\ x_1,x_2,x_3\geqslant 0.\end{cases}$$

解 求得当 $x_1=0.5522$,$x_2=1.2033$,$x_3=0.9478$ 时,最小值 $y=10.6511$。

(1) 基于求解器求解的 Matlab 程序。

```
clc, clear
fun1 = @ (x) sum(x.^2)+8;
[x,y]=fmincon(fun1,rand(3,1),[],[],[],[],zeros(3,1),[],@ fun2)

function [c,ceq]=fun2(x)
c=[-x(1)^2+x(2)-x(3)^2
x(1)+x(2)^2+x(3)^3-20];        % 非线性不等式约束
ceq=[-x(1)-x(2)^2+2
x(2)+2*x(3)^2-3];              % 非线性等式约束
end
```

(2) 基于问题求解的 Matlab 程序。

```
clc, clear, prob = optimproblem;
x = optimvar('x',3,'LowerBound',0);
prob.Objective = sum(x.^2)+8;
con1 = [-x(1)^2+x(2)-x(3)^2 <= 0
x(1)+x(2)^2+x(3)^3 <= 20];              % 非线性不等式约束
con2 = [-x(1)-x(2)^2+2 == 0
        x(2)+2*x(3)^2 == 3];            % 非线性等式约束
prob.Constraints.con1 = con1;
prob.Constraints.con2 = con2;
x0.x=rand(3,1);                         % 非线性规划必须赋初值
[sol,fval,flag,out]= solve(prob,x0), sol.x
```

3.4.2 非线性规划的应用

例 3.8(投资组合问题) 已知有 A、B、C 三种股票在过去 12 年的每年收益率如

表 3.2 所列。

表 3.2　三种股票的年收益率数据

年份	A 的收益率	B 的收益率	C 的收益率
1	0.3	0.225	0.149
2	0.103	0.29	0.26
3	0.216	0.216	0.419
4	-0.056	-0.272	-0.078
5	-0.071	0.144	0.169
6	0.056	0.107	-0.035
7	0.038	0.321	0.133
8	0.089	0.305	0.732
9	0.09	0.195	0.021
10	0.083	0.39	0.131
11	0.035	-0.072	0.006
12	0.176	0.715	0.908

请从两个方面分别给出 3 种股票的投资比例：

(1) 希望将投资组合中的股票收益的方差降到最小,以降低投资风险,并期望年收益率至少达到 15%,应如何投资？

(2) 希望在方差最大不超过 0.09 的情况下,获得最大的收益,应如何投资？

1. 问题分析

上面提出的问题称为投资组合(portfolio),早在 1952 年,现代投资组合理论的开创者 Markowitz 就给出了这个模型的基本框架,并于 1990 年获得了诺贝尔经济学奖。

一般来说,人们投资股票的收益是不确定的,可视为一个随机变量,其大小很自然地可以用年收益率的期望来度量。收益的不确定性当然会带来风险,Markowitz 建议,风险可以用收益的方差(或标准差)来衡量:方差越大,风险越大;方差越小,风险越小。在一定的假设下,用收益的方差来衡量风险确实是合适的。为此,我们可用表 3.2 给出的 12 年数据,计算出 3 种股票收益的均值和协方差。

于是,一种股票收益的均值衡量的是这种股票的平均收益状况,而收益的方差衡量的是这种股票收益的波动幅度,方差越大则波动越大,收益越不稳定。两种股票收益的协方差表示的则是它们之间的相关程度：

(1) 协方差为 0 表示两者不相关。

(2) 协方差为正表示两者正相关,协方差越大则正相关性越强(越有可能一赚兼赚,一赔俱赔)。

(3) 协方差为负表示两者负相关,绝对值越大则负相关性越强(越有可能一个赚,另一个赔)。

2. 模型的建立与求解

设 x_1、x_2、x_3 分别表示 A、B、C 三只股票的投资比例,其收益率分别记为 R_1、R_2、R_3,它

们是随机变量,则投资组合的总收益率为

$$R=x_1R_1+x_2R_2+x_3R_3.$$

R 的数学期望

$$E(R)=x_1E(R_1)+x_2E(R_2)+x_3E(R_3).$$

由概率统计的知识可得投资组合的方差为

$$\begin{aligned}\mathrm{Var}(R)=&x_1^2\mathrm{Var}(R_1)+x_2^2\mathrm{Var}(R_2)+x_3^2\mathrm{Var}(R_3)\\&+2x_1x_2\mathrm{Cov}(R_1,R_2)+2x_1x_3\mathrm{Cov}(R_1,R_3)+2x_2x_3\mathrm{Cov}(R_2,R_3).\end{aligned}$$

由表 3.2 的数据,计算得到 3 种股票的年平均收益率和年收益率的协方差数据如表 3.3 所列。

表 3.3　股票年收益的相关数据

	年平均收益率	年收益率的协方差		
		A	B	C
A	0.0882	0.0111	0.0128	0.0134
B	0.2137	0.0128	0.0584	0.0554
C	0.2346	0.0134	0.0554	0.0942

记 $\boldsymbol{x}=[x_1,x_2,x_3]^{\mathrm{T}}$,表 3.3 中的协方差矩阵记作 $\boldsymbol{F}$,即

$$\boldsymbol{F}=\begin{bmatrix}0.0111 & 0.0128 & 0.0134\\0.0128 & 0.0584 & 0.0554\\0.0134 & 0.0554 & 0.0942\end{bmatrix}.$$

则投资组合的方差为

$$\mathrm{Var}(R)=\boldsymbol{x}^{\mathrm{T}}\boldsymbol{F}\boldsymbol{x}.$$

下面计算时,取

$$E(R_1)=0.0882,\quad E(R_2)=0.2137,\quad E(R_3)=0.2346.$$

记 $\boldsymbol{\mu}=[E(R_1),E(R_2),E(R_3)]^{\mathrm{T}}=[0.0882,0.2137,0.2346]^{\mathrm{T}}$。

1) 问题(1)的模型及求解

投资者希望将投资组合中的股票收益的方差降到最小,以降低投资风险,并希望年收益率不少于 15%。于是,以投资组合的方差为目标函数,取最小化,而以 3 种股票的投资比例总和为 1 与组合投资的总收益率不小于 0.15 为约束条件,来建立问题的优化模型,则问题的数学模型为

$$\min\ \boldsymbol{x}^{\mathrm{T}}\boldsymbol{F}\boldsymbol{x},$$

$$\text{s.t.}\begin{cases}x_1+x_2+x_3=1,\\\boldsymbol{\mu}^{\mathrm{T}}\boldsymbol{x}\geqslant 0.15,\\x_1,x_2,x_3\geqslant 0.\end{cases}$$

利用 Matlab 软件求得最优解为

$$x_1=0.5269,\quad x_2=0.3578,\quad x_3=0.1154.$$

其目标函数的最优值为 0.0228。

在问题(1)要求的条件下,由模型的求解结果知,A、B、C 3 种股票最优的组合投资比

例分别为52.69%、35.78%、11.54%，其最小风险(方差)为0.0228。

2) 问题(2)的模型及求解

根据问题(2)的要求，即在方差(投资风险)最大不超过0.09的情况下，期望获得最大的收益。为此以投资总收益为目标函数，取最大化。以投资比例总和为1与方差不超过0.09为约束条件，来建立问题的优化模型，则问题的数学模型为

$$\max z=\boldsymbol{\mu}^{\mathrm{T}}\boldsymbol{x},$$

$$\text{s. t.}\begin{cases}x_1+x_2+x_3=1,\\ \boldsymbol{x}^{\mathrm{T}}\boldsymbol{F}\boldsymbol{x}\leqslant 0.09,\\ x_1,x_2,x_3\geqslant 0.\end{cases}$$

利用Matlab软件求得最优解为

$$x_1=0,\quad x_2=0.0562,\quad x_3=0.9438,$$

其目标函数的最优值为$z=0.2334$。

在问题(2)要求的条件下，方差最大不超过0.09，期望获得最大的收益。根据模型的求解结果说明，最大收益率对应的A、B、C 3种股票的组合投资最优比例分别为0、5.62%、94.38%，其最高收益率可达到23.34%。

```
clc, clear, a = load('data3_8.txt');
mu = mean(a), F = cov(a)
x = optimvar('x',3,'LowerBound',0);
x0.x = rand(3,1); prob1 = optimproblem;
prob1.Objective = x' * F * x;
prob1.Constraints.con1 = sum(x) = =1;
prob1.Constraints.con2 = mu * x>=0.15;
[sol1,fval1,flag1,out1] = solve(prob1, x0)
sol1.x          % 显示最优解

prob2 = optimproblem('ObjectiveSense','max');
prob2.Objective = mu * x;
prob2.Constraints.con1 = sum(x) = =1;
prob2.Constraints.con2 = x' * F * x<=0.09;
[sol2,fval2,flag2,out2]= solve(prob2, x0)
sol2.x          % 显示最优解
```

例3.9(供应与选址) 建筑工地的位置(用平面坐标a,b表示，距离单位:km)及水泥日用量c(单位:t)由表3.4给出。拟建两个料场向各工地运送水泥，两个料场日储量各为20t，问料场建在何处，使总的吨千米数最小。

表3.4 建筑工地的位置及水泥日用量表

	1	2	3	4	5	6
a/km	1.25	8.75	0.5	3.75	3	7.25
b/km	1.25	0.75	4.75	5	6.5	7.75
c/t	3	5	4	7	6	11

解 记工地的位置为$(a_i,b_i)(i=1,2,\cdots,6)$,水泥日用量为$c_i$;拟建料场位置为$(x_j,y_j)(j=1,2)$,日储量为$e_j$,从料场$j$向工地$i$的运送量为$z_{ij}$。

建立如下的非线性规划模型:

$$\min \sum_{i=1}^{6}\sum_{j=1}^{2} z_{ij}\sqrt{(x_j-a_i)^2+(y_j-b_i)^2},$$

$$\text{s.t.}\begin{cases}\sum_{j=1}^{2} z_{ij}=c_i, & i=1,2,\cdots,6,\\ \sum_{i=1}^{6} z_{ij}\leqslant e_j, & j=1,2,\\ z_{ij}\geqslant 0, & i=1,2,\cdots,6;j=1,2.\end{cases}$$

利用 Matlab 软件,求得拟建料场的坐标为(7.25,7.75),(3.2653,5.1920)。由两个料场向6个工地运料方案如表3.5所列,总的吨千米数为71.9352。

表3.5 两个料场向6个工地运料方案

	1	2	3	4	5	6
料场1	0	5	0	0	0	11
料场2	3	0	4	7	6	0

```
clc, clear, d0 = load('data3_9.txt');
prob = optimproblem;
x = optimvar('x', 2, 'LowerBound', 0);
y = optimvar('y', 2, 'LowerBound', 0);
z = optimvar('z', 6, 2, 'LowerBound',0);
a = d0(1,:); b = d0(2,:); c = d0(3,:);
prob.Objective = fcn2optimexpr(@fun3_9,x,y,z,a,b);
prob.Constraints.con1 = sum(z,2)==c';
prob.Constraints.con2 = sum(z)<=20;
x0.x = 100*rand(2,1); x0.y = 100*rand(2,1);
x0.z = 100*rand(6,2);
opt=optimoptions('fmincon','Algorithm','sqp');
[sol,fval,flag,output]=solve(prob,x0,'Options',opt)
xx=sol.x,yy=sol.y,zz=sol.z       %显示决策向量的值

function obj = fun3_9(x,y,z,a,b);
obj = 0;
for i = 1:6
    for j =1:2
        obj = obj + z(i,j)*sqrt((x(j)-a(i))^2+(y(j)-b(i))^2);
    end
end
end
```

3.5 飞行管理问题

例 3.10(本题选自 1995 年全国大学生数学建模竞赛 A 题) 在约 10000m 高空的某边长 160km 的正方形区域内,经常有若干架飞机水平飞行。区域内每架飞机的位置和速度向量均由计算机记录其数据,以便进行飞行管理。当一架欲进入该区域的飞机到达区域边缘时,记录其数据后,要立即计算并判断是否会与区域内的飞机发生碰撞。如果会碰撞,则应计算如何调整各架(包括新进入的)飞机飞行的方向角,以避免碰撞。现假定条件如下:

(1) 不碰撞的标准为任意两架飞机的距离大于 8km;

(2) 飞机飞行方向角调整的幅度不应超过 30°;

(3) 所有飞机飞行速度均为 800km/h;

(4) 进入该区域的飞机在到达区域边缘时,与区域内飞机的距离应在 60km 以上;

(5) 最多需考虑 6 架飞机;

(6) 不必考虑飞机离开此区域后的状况。

请你对这个避免碰撞的飞行管理问题建立数学模型,列出计算步骤,对以下数据进行计算(方向角误差不超过 0.01°),要求飞机飞行方向角调整的幅度尽量小。

设该区域 4 个顶点的坐标为(0,0),(160,0),(160,160),(0,160)。飞行记录数据见表 3.6。

表 3.6 飞行记录数据

飞机编号	横坐标 x	纵坐标 y	方向角/(°)
1	150	140	243
2	85	85	236
3	150	155	220.5
4	145	50	159
5	130	150	230
新进入	0	0	52

注 3.3 方向角指飞行方向与 x 轴正向的夹角。

1. 符号说明

a 为飞机飞行速度,$a=800\text{km/h}$;

(x_i^0,y_i^0)为第 i 架飞机的初始位置($i=1,2,\cdots,6$),$i=6$ 对应新进入的飞机;

$(x_i(t),y_i(t))$为第 i 架飞机在 t 时刻的位置;

θ_i^0 为第 i 架飞机的原飞行方向角,即飞行方向与 x 轴夹角,$0\leqslant\theta_i^0<2\pi$;

$\Delta\theta_i$ 为第 i 架飞机的方向角调整量,$-\dfrac{\pi}{6}\leqslant\Delta\theta_i\leqslant\dfrac{\pi}{6}$;

$\theta_i=\theta_i^0+\Delta\theta_i$ 为第 i 架飞机调整后的飞行方向角。

2. 模型建立与求解

1) 模型一

根据相对运动的观点,在考察两架飞机 i 和 j 的飞行时,可以将飞机 i 视为不动而飞

机 j 以相对速度

$$\boldsymbol{v}=\boldsymbol{v}_j-\boldsymbol{v}_i=(a\cos\theta_j-a\cos\theta_i, a\sin\theta_j-a\sin\theta_i) \tag{3.16}$$

相对于飞机 i 运动，对式(3.16)进行适当的计算可得

$$\begin{aligned}\boldsymbol{v}&=2a\sin\frac{\theta_j-\theta_i}{2}\left(-\sin\frac{\theta_j+\theta_i}{2},\cos\frac{\theta_j+\theta_i}{2}\right)\\&=2a\sin\frac{\theta_j-\theta_i}{2}\left(\cos\left(\frac{\pi}{2}+\frac{\theta_j+\theta_i}{2}\right),\sin\left(\frac{\pi}{2}+\frac{\theta_j+\theta_i}{2}\right)\right),\end{aligned} \tag{3.17}$$

不妨设 $\theta_j\geqslant\theta_i$，此时相对飞行方向角为 $\beta_{ij}=\frac{\pi}{2}+\frac{\theta_i+\theta_j}{2}$，见图 3.6。

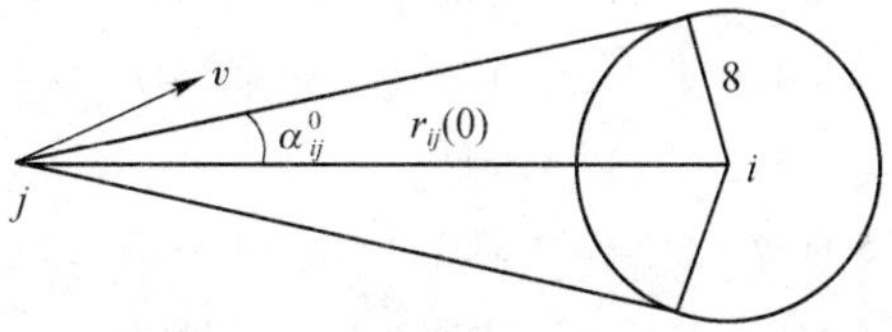

图 3.6　相对飞行方向角

由于两架飞机的初始距离为

$$r_{ij}(0)=\sqrt{(x_i^0-x_j^0)^2+(y_i^0-y_j^0)^2}, \tag{3.18}$$

$$\alpha_{ij}^0=\arcsin\frac{8}{r_{ij}(0)}, \tag{3.19}$$

于是，只要相对飞行方向角 β_{ij} 满足

$$\alpha_{ij}^0\leqslant\beta_{ij}\leqslant2\pi-\alpha_{ij}^0, \tag{3.20}$$

两架飞机就不可能碰撞(见图 3.6)。

记 β_{ij}^0 为调整前第 j 架飞机相对于第 i 架飞机的相对速度(向量)与这两架飞机连线(从 j 指向 i 的向量)的夹角(以连线向量为基准，逆时针方向为正，顺时针方向为负)。则由式(3.20)知，两架飞机不碰撞的条件为

$$\left|\beta_{ij}^0+\frac{1}{2}(\Delta\theta_i+\Delta\theta_j)\right|\geqslant\alpha_{ij}^0, \tag{3.21}$$

其中

$$\beta_{mn}^0=\text{相对速度 }\boldsymbol{v}_{mn}\text{ 的幅角}-\text{从 }n\text{ 指向 }m\text{ 的连线向量的幅角}=\arg\frac{e^{i\theta_n^0}-e^{i\theta_m^0}}{(x_m+iy_m)-(x_n+iy_n)}.$$

(注意 β_{mn}^0 表达式中的 i 表示虚数单位，这里为了区别虚数单位 i 或 j，下标改写成 m，n)利用复数的幅角，可以很方便地计算角度 $\beta_{mn}^0(m,n=1,2,\cdots,6)$。

本问题中的优化目标函数可以有不同的形式：如使所有飞机的最大调整量最小；所有飞机的调整量绝对值之和最小等。这里以所有飞机的调整量绝对值之和最小为目标函数，可以得到如下的数学规划模型

$$
\begin{aligned}
&\min \sum_{i=1}^{6} |\Delta\theta_i|, \\
&\text{s. t.} \begin{cases} \left|\beta_{ij}^0 + \dfrac{1}{2}(\Delta\theta_i + \Delta\theta_j)\right| \geqslant \alpha_{ij}^0, & i = 1,2,\cdots,5, j = i+1,2,\cdots,6, \\ |\Delta\theta_i| \leqslant 30^\circ, & i = 1,2,\cdots,6. \end{cases}
\end{aligned} \tag{3.22}
$$

利用 Matlab 程序,求得 α_{ij}^0的值如表 3.7 所示。求得 β_{ij}^0的值如表 3.8 所示。

表 3.7　α_{ij}^0的值

	1	2	3	4	5	6
1	0	5.3912	32.2310	5.0918	20.9634	2.2345
2	5.3912	0	4.8040	6.6135	5.8079	3.8159
3	32.2310	4.8040	0	4.3647	22.8337	2.1255
4	5.0918	6.6135	4.3647	0	4.5377	2.9898
5	20.9634	5.8079	22.8337	4.5377	0	2.3098
6	2.2345	3.8159	2.1255	2.9898	2.3098	0

表 3.8　β_{ij}^0的值

	1	2	3	4	5	6
1	0	109.2636	-128.2500	24.1798	173.0651	14.4749
2	109.2636	0	-88.8711	-42.2436	-92.3048	9.0000
3	-128.2500	-88.8711	0	12.4763	-58.7862	0.3108
4	24.1798	-42.2436	12.4763	0	5.9692	-3.5256
5	173.0651	-92.3048	-58.7862	5.9692	0	1.9144
6	14.4749	9.0000	0.3108	-3.5256	1.9144	0

求得式(3.22)的局部最优解为 $\Delta\theta_5 = 2.7979^\circ$,$\Delta\theta_6 = 0.9330^\circ$,其他调整角度为 0°,总的调整角度为 3.7310°。

```
clc,clear
x0=[150 85 150 145 130 0];
y0=[140 85 155 50 150 0];
q=[243 236 220.5 159 230 52];
xy0=[x0; y0];
d0=dist(xy0);                    %求矩阵各个列向量之间的距离
d0(find(d0==0))=inf;
a0=asind(8./d0);                 %以度为单位的反函数
xy1=x0+i*y0; xy2=exp(i*q*pi/180);
for m=1:6
    for n=1:6
        if n~=m
        b0(m,n)=angle((xy2(n)-xy2(m))/(xy1(m)-xy1(n)));
```

```
        end
    end
end
b0=b0*180/pi; writematrix(a0,'data3_10.xlsx')
writematrix(b0,'data3_10.xlsx','Sheet',2)
prob = optimproblem;
x = optimvar('x', 6, 'LowerBound', -30,'UpperBound',30)
ob = @(x) sum(abs(x))
prob.Objective = fcn2optimexpr(ob,x);
con = optimconstr(15); k=0;
for i = 1:5
    for j = i+1:6
        k=k+1;
        con(k) = (b0(i,j)+(x(i)+x(j))/2)^2>=a0(i,j)^2;
    end
end
prob.Constraints.con = con; X0.x=zeros(1,6);
[sol, fval, flag, out] = solve(prob,X0)
xx=sol.x                              %显示最优解
```

2）模型二

两架飞机 i,j 不发生碰撞的条件为

$$[x_i(t)-x_j(t)]^2+[y_i(t)-y_j(t)]^2\geqslant 64,$$
$$1\leqslant i\leqslant 5,\quad i+1\leqslant j\leqslant 6,\quad 0\leqslant t\leqslant \min\{T_i,T_j\},\tag{3.23}$$

式中：T_i,T_j 分别表示第 i,j 架飞机飞出正方形区域边界的时刻。这里

$$x_i(t)=x_i^0+at\cos\theta_i,\quad y_i(t)=y_i^0+at\sin\theta_i,\quad i=1,2,\cdots,n,$$

$$\theta_i=\theta_i^0+\Delta\theta_i,\quad |\Delta\theta_i|\leqslant\frac{\pi}{6},\quad i=1,2,\cdots,n.$$

下面我们把约束条件式（3.23）加强为对所有的时间 t 都成立，记

$$l_{ij}=[x_i(t)-x_j(t)]^2+[y_i(t)-y_j(t)]^2-64=\tilde{a}_{ij}t^2+\tilde{b}_{ij}t+\tilde{c}_{ij},$$

式中

$$\tilde{a}_{ij}=4a^2\sin^2\frac{\theta_i-\theta_j}{2},$$
$$\tilde{b}_{ij}=2a\{[x_i(0)-x_j(0)](\cos\theta_i-\cos\theta_j)+[y_i(0)-y_j(0)](\sin\theta_i-\sin\theta_j)\},$$
$$\tilde{c}_{ij}=[x_i(0)-x_j(0)]^2+[y_i(0)-y_j(0)]^2-64.$$

则两架 i,j 飞机不碰撞的条件是

$$\Delta_{ij}=\tilde{b}_{ij}^2-4\tilde{a}_{ij}\tilde{c}_{ij}\leqslant 0.\tag{3.24}$$

建立如下非线性规划模型：

$$\min\ \sum_{i=1}^{6}(\Delta\theta_i)^2,$$
$$\text{s.t.}\begin{cases}\Delta_{ij}\leqslant 0, & 1\leqslant i\leqslant 5, i+1\leqslant j\leqslant 6,\\ |\Delta\theta_i|\leqslant\dfrac{\pi}{6}, & i=1,2,\cdots,6.\end{cases}$$

模型的求解留作习题。

拓展阅读材料

[1] Stephen Boyd. Convex Optimization. Cambridge: Cambridge University Press, 2004.

[2] Stephen Boyd, Lieven Vandenberghe. Convex Optimization-Solutions Manual.

习 题 3

3.1 已知矩阵 $\boldsymbol{A}=\begin{bmatrix}1&4&5\\4&2&6\\5&6&3\end{bmatrix}$, $\boldsymbol{x}=\begin{bmatrix}x_1\\x_2\\x_3\end{bmatrix}$, 求二次型 $f(x_1,x_2,x_3)=\boldsymbol{x}^{\mathrm{T}}\boldsymbol{A}\boldsymbol{x}$ 在单位球面 $x_1^2+x_2^2+x_3^2=1$ 上的最小值。

3.2 一个塑料大筐中装满了鸡蛋,两个两个地数,余 1 个鸡蛋;三个三个地数,正好数完;四个四个地数,余 1 个鸡蛋;五个五个地数,余 4 个鸡蛋;六个六个地数,余 3 个鸡蛋;七个七个地数,余 4 个鸡蛋;八个八个地数,余 1 个鸡蛋;九个九个地数,正好数完。建立数学规划模型,求大筐中鸡蛋个数的最小值。

3.3 求解下列非线性整数规划问题:

$$\max z=x_1^2+x_2^2+3x_3^2+4x_4^2+2x_5^2-8x_1-2x_2-3x_3-x_4-2x_5,$$

$$\text{s.t.}\begin{cases}0\leqslant x_i\leqslant 99,\text{且 } x_i \text{ 为整数}(i=1,2,\cdots,5),\\x_1+x_2+x_3+x_4+x_5\leqslant 400,\\x_1+2x_2+2x_3+x_4+6x_5\leqslant 800,\\2x_1+x_2+6x_3\leqslant 200,\\x_3+x_4+5x_5\leqslant 200.\end{cases}$$

3.4 求解下列非线性规划问题:

$$\max z=\sum_{i=1}^{100}\sqrt{x_i},$$

$$\text{s.t.}\begin{cases}x_1\leqslant 10,\\x_1+2x_2\leqslant 20,\\x_1+2x_2+3x_3\leqslant 30,\\x_1+2x_2+3x_3+4x_4\leqslant 40,\\\sum_{i=1}^{100}(101-i)x_i\leqslant 1000,\\x_i\geqslant 0,\quad i=1,2,\cdots,100.\end{cases}$$

3.5 求解下列非线性规划问题:

$$\max f(\boldsymbol{x})=2x_1+3x_1^2+3x_2+x_2^2+x_3,$$

$$\begin{cases}x_1+2x_1^2+x_2+2x_2^2+x_3\leqslant 10,\\x_1+x_1^2+x_2+x_2^2-x_3\leqslant 50,\\2x_1+x_1^2+2x_2+x_3\leqslant 40,\\x_1^2+x_3=2,\\x_1+2x_2\geqslant 1,\\x_1\geqslant 0,\quad x_2,x_3 \text{ 不约束}.\end{cases}$$

3.6 用罚函数法求解飞行管理问题的模型二。

3.7 组合投资问题。现有50万元基金用于投资三种股票A、B、C。A每股年期望收益为5元(标准差2元),目前市价20元;B每股年期望收益8元(标准差6元),目前市价25元;C每股年期望收益为10元(标准差10元),目前市价30元;股票A、B收益的相关系数为5/24,股票A、C收益的相关系数为-0.5,股票B、C收益的相关系数为-0.25。假设基金不一定要用完(不计利息或贬值),风险通常用收益的方差或标准差衡量。

(1) 期望今年得到至少20%的投资回报,应如何投资?

(2) 投资回报率与风险的关系如何?

3.8 生产计划问题。某厂向用户提供发动机,合同规定,第一、二、三季度末分别交货40台、60台、80台,每季度的生产费用为$f(x)=ax+bx^2$(元),其中x是该季度生产的发动机台数。若交货后有剩余,可用于下季度交货,但需支付存储费,每台每季度c元。

已知工厂每季度最大生产能力为100台,第一季度开始时无存货,设$a=50,b=0.2,c=4$。

(1) 工厂应如何安排生产计划,才能既满足合同要求,又使总费用最低?

(2) 讨论a、b、c的变化对计划的影响,并做出合理的解释。

3.9 用Matlab软件求解

$$\max z=\boldsymbol{c}^{\mathrm{T}}\boldsymbol{x}+\frac{1}{2}\boldsymbol{x}^{\mathrm{T}}\boldsymbol{Q}\boldsymbol{x},$$

$$\text{s. t.}\begin{cases}-1\leqslant x_1x_2+x_3x_4\leqslant 1,\\ -3\leqslant x_1+x_2+x_3+x_4\leqslant 2,\\ x_1,x_2,x_3,x_4\in\{-1,1\}.\end{cases}$$

式中:$\boldsymbol{c}=[6,8,4,2]^{\mathrm{T}}$;$\boldsymbol{x}=[x_1,x_2,x_3,x_4]^{\mathrm{T}}$;$\boldsymbol{Q}$是三对角线矩阵,主对角线上元素全为-1,两条次对角线上元素全为2。

第 4 章　图与网络模型及方法

图论是近三十年发展非常活跃的一个数学分支。大量的最优化问题都可以抽象成网络模型结构加以解释、描述和求解。它在建模时具有直观、易理解、适应性强等特点，已广泛应用于管理科学、物理学、化学、计算机科学、信息论、控制论、社会科学（心理学、教育学等）以及军事科学等领域。一些实际网络，如运输网、电话网、电力网、计算机局域网等，都可以用图的理论加以描述和分析，并借助于计算机算法直接求解。这一理论与线性规划、整数规划等优化理论和方法相互渗透，促进了图论方法在实际问题建模中的应用。

本章主要介绍图论的基本概念，以及利用图论思想构建一些常用模型和模型求解的方法。

4.1　图与网络的基础理论

4.1.1　图与网络的基本概念

所谓图，概况地讲就是由一些点和这些点之间的连线组成的。

1. 无向图和有向图

定义 4.1　一个无向图 G 是由非空顶点集 V 和边集 E 按一定的对应关系构成的连接结构，记为 $G=(V,E)$。其中非空集合 $V=\{v_1,v_2,\cdots,v_n\}$ 为 G 的顶点集，V 中的元素称为 G 的顶点，其元素的个数为顶点数；集合 $E=\{e_1,e_2,\cdots,e_m\}$ 为 G 的边集，E 中的元素称为 G 的边，其元素的个数为图 G 的边数。

以下用 $|V|$ 表示图 $G=(V,E)$ 中顶点的个数，$|E|$ 表示边的条数。

图 G 的每一条边是由连接 G 中两个顶点而得到的一条线（可以是直线或曲线），因此与 G 的顶点对相对应，通常记作 $e_k=(v_i,v_j)$，其中，顶点 v_i,v_j 称为边 e_k 的两个端点，有时也说边 e_k 与顶点 v_i,v_j 关联。

对无向图来说，对应一条边的顶点对表示是无序的，即 (v_i,v_j) 和 (v_j,v_i) 表示同一条边 e_k。

有公共端点的两条边称为相邻的边，或称为邻边。同样，同一条边 e_k 的两个端点（v_i 和 v_j）称为相邻的顶点。

带有方向的边称为有向边，又称为弧。如果给无向图的每条边规定一个方向，我们就得到了有向图。

定义 4.2　有向图通常记为 $D=(V,A)$，其中非空集合 $V=\{v_1,v_2,\cdots,v_n\}$ 为 D 的顶点集，$A=\{a_1,a_2,\cdots,a_m\}$ 为 D 的弧集合，每一条弧与一个有序的顶点对相对应，弧 $a_k=(v_i,v_j)$ 表示弧的方向自顶点 v_i 指向 v_j，v_i 称为弧 a_k 的始端，v_j 称为弧 a_k 的末端或终端，其中

a_k 称为 v_i 的出弧,也称为 v_j 的入弧。

与无向图不同,在有向图情形下,(v_i,v_j)与(v_j,v_i)表示不同的弧。

把有向图 $D=(V,A)$ 中所有弧的方向都去掉,得到的边集用 E 表示,就得到与有向图 D 对应的无向图 $G=(V,E)$,称 G 为有向图 D 的基本图,称 D 为 G 的定向图。

例 4.1 设 $V=\{v_1,v_2,v_3,v_4,v_5\}$,$E=\{e_1,e_2,e_3,e_4,e_5\}$,其中

$$e_1=(v_1,v_2),\quad e_2=(v_2,v_3),\quad e_3=(v_2,v_3),\quad e_4=(v_3,v_4),\quad e_5=(v_4,v_4).$$

则 $G=(V,E)$ 是一个图,其图形如图 4.1 所示。

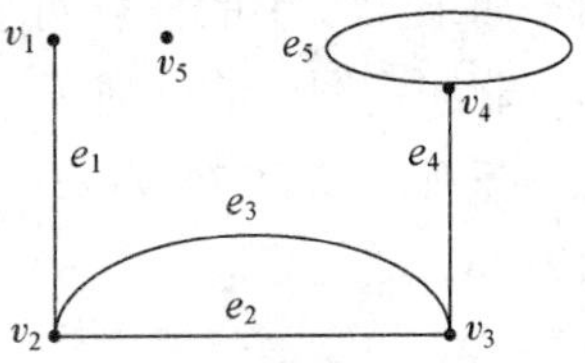

图 4.1 非简单图示例

2. 简单图、完全图、赋权图

定义 4.3 如果一条边的两个端点是同一个顶点,则称这条边为环。如果有两条边或多条边的端点是同一对顶点,则称这些边为重边或平行边。称不与任何边相关联的顶点为孤立点。

图 4.1 中,边 e_2 和 e_3 为重边,e_5 为环,顶点 v_5 为孤立点。

定义 4.4 无环且无重边的图称为简单图。

如果不特别申明,一般的图均指简单图。

图 4.1 不是简单图,因为图中既含有重边(e_2 和 e_3)又含环(e_5)。

定义 4.5 任意两顶点均相邻的简单图称为完全图。含 n 个顶点的完全图记为 K_n。

定义 4.6 如果图 G 的每条边 e 都附有一个实数 $w(e)$,则称图 G 为赋权图,实数 $w(e)$ 称为边 e 的权。

赋权图也称为网络。赋权图中的权可以是距离、费用、时间、效益、成本等。赋权图 G 一般记作 $G=(V,E,W)$,其中 W 为权重的邻接矩阵。赋权图也可以记作 $N=(V,E,W)$。

如果有向图 D 的每条弧都被赋权,则称 D 为有向赋权图。以后对于无向图、有向图或网络都可以用 G 表示,从下文中就能够区分出无向的还是有向的,赋权的还是非赋权的。

3. 顶点的度

定义 4.7 (1) 在无向图中,与顶点 v 关联的边的数目(环算两次)称为 v 的度,记为 $d(v)$。

(2) 在有向图中,从顶点 v 引出的弧的数目称为 v 的出度,记为 $d^+(v)$,从顶点 v 引入的弧的数目称为 v 的入度,记为 $d^-(v)$,$d(v)=d^+(v)+d^-(v)$ 称为 v 的度。

度为奇数的顶点称为奇顶点,度为偶数的顶点称为偶顶点。

定理 4.1 给定图 $G=(V,E)$,所有顶点的度数之和是边数的 2 倍,即

$$\sum_{v\in V} d(v)=2|E|.$$

推论 4.1 任何图中奇顶点的总数必为偶数。

4. 子图与图的连通性

定义 4.8 设 $G_1=(V_1,E_1)$ 与 $G_2=(V_2,E_2)$ 是两个图,并且满足 $V_1\subset V_2$,$E_1\subset E_2$,则称 G_1 是 G_2 的子图,G_2 称为 G_1 的母图。如 G_1 是 G_2 的子图,且 $V_1=V_2$,则称 G_1 是 G_2 的生成子图(支撑子图)。

定义 4.9 设 $W=v_0e_1v_1e_2\cdots e_kv_k$,其中 $e_i\in E(i=1,2,\cdots,k)$,$v_j\in V(j=0,1,\cdots,k)$,e_i 与

v_{i-1}和v_i关联,称W是图G的一条道路(walk),简称路,k为路长,v_0为起点,v_k为终点;各边相异的道路称为迹(trail);各顶点相异的道路称为轨道(path),记为$P(v_0,v_k)$;起点和终点重合的道路称为回路;起点和终点重合的轨道称为圈,即对轨道$P(v_0,v_k)$,当$v_0=v_k$时成为一个圈。

称以两顶点u,v分别为起点和终点的最短轨道之长为顶点u,v的距离。

定义 4.10 在无向图G中,如果从顶点u到顶点v存在道路,则称顶点u和v是连通的。如果图G中的任意两个顶点u和v都是连通的,则称图G是连通图,否则称为非连通图。非连通图中的连通子图,称为连通分支。

在有向图D中,如果对于任意两个顶点u和v,从u到v和从v到u都存在道路,则称图D是强连通图。

4.1.2 图的矩阵表示

设图的顶点个数为n,边(或弧)的条数为m。

对于无向图$G=(V,E)$,其中$V=\{v_1,v_2,\cdots,v_n\}$,$E=\{e_1,e_2,\cdots,e_m\}$。

对于有向图$D=(V,A)$,其中$V=\{v_1,v_2,\cdots,v_n\}$,$A=\{a_1,a_2,\cdots,a_m\}$。

1. 关联矩阵

对于无向图G,其关联矩阵$\boldsymbol{M}=(m_{ij})_{n\times m}$,其中

$$m_{ij}=\begin{cases}1, & \text{顶点 } v_i \text{ 与边 } e_j \text{ 关联},\\ 0, & \text{顶点 } v_i \text{ 与边 } e_j \text{ 不关联},\end{cases}\quad i=1,2,\cdots,n,j=1,2,\cdots,m.$$

对有向图G,其关联矩阵$\boldsymbol{M}=(m_{ij})_{n\times m}$,其中

$$m_{ij}=\begin{cases}1, & \text{顶点 } v_i \text{ 是弧 } a_j \text{ 的始端},\\ -1, & \text{顶点 } v_i \text{ 是弧 } a_j \text{ 的末端},\\ 0, & \text{顶点 } v_i \text{ 与弧 } a_j \text{ 不关联},\end{cases}\quad i=1,2,\cdots,n,j=1,2,\cdots,m.$$

2. 邻接矩阵

对无向非赋权图G,其邻接矩阵$\boldsymbol{W}=(w_{ij})_{n\times n}$,其中

$$w_{ij}=\begin{cases}1, & \text{顶点 } v_i \text{ 与 } v_j \text{ 相邻},\\ 0, & i=j \text{ 或顶点 } v_i \text{ 与 } v_j \text{ 不相邻},\end{cases}\quad i,j=1,2,\cdots,n.$$

对有向非赋权图D,其邻接矩阵$\boldsymbol{W}=(w_{ij})_{n\times n}$,其中

$$w_{ij}=\begin{cases}1, & \text{弧}(v_i,v_j)\in A,\\ 0, & i=j \text{ 或顶点 } v_i \text{ 到 } v_j \text{ 无弧},\end{cases}\quad i,j=1,2,\cdots,n.$$

对无向赋权图G,其邻接矩阵$\boldsymbol{W}=(w_{ij})_{n\times n}$,其中

$$w_{ij}=\begin{cases}\text{顶点 } v_i \text{ 与 } v_j \text{ 之间边的权}, & (v_i,v_j)\in E,\\ 0(\text{或}\infty), & v_i \text{ 与 } v_j \text{ 之间无边},\end{cases}\quad i,j=1,2,\cdots,n.$$

注 4.1 当两个顶点之间不存在边时,根据实际问题的含义或算法需要,对应的权可以取为 0 或∞,这里的邻接矩阵是数学上的邻接矩阵,不是计算机软件中的邻接矩阵。

有向赋权图的邻接矩阵可类似定义。

例 4.2 图 4.2 所示无向图的邻接矩阵

$$W=\begin{bmatrix}0&0&10&60\\0&0&5&20\\10&5&0&1\\60&20&1&0\end{bmatrix}.$$

图 4.3 所示有向图的邻接矩阵

$$W=\begin{bmatrix}0&1&1&0&0&0\\0&0&1&0&0&0\\0&1&0&0&1&0\\0&1&0&0&0&1\\0&1&0&1&0&0\\0&0&0&0&1&0\end{bmatrix}.$$

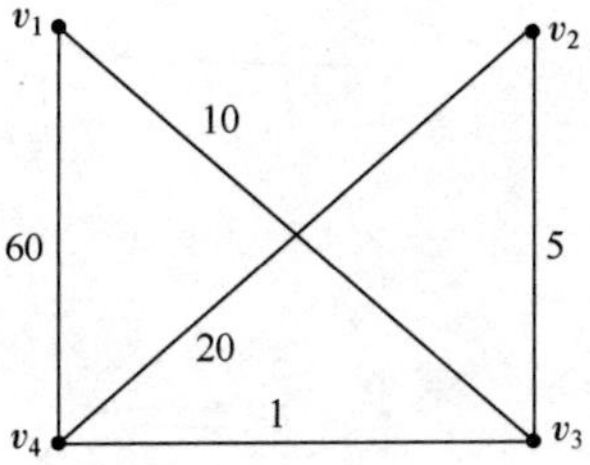

图 4.2　赋权无向图

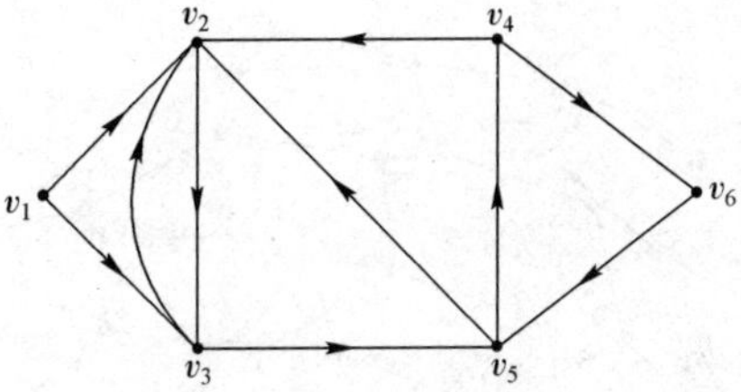

图 4.3　非赋权有向图

4.2　Matlab 工具箱简介

1. 图的生成

graph:无向图(undirected Graph)。

digraph:有向图(directed Graph)。

G = graph:创建空的无向图对象。

G = graph(A):使用邻接矩阵 A 创建赋权无向图。

G = graph(A,nodes):使用邻接矩阵 A 和顶点名称 nodes 创建赋权无向图。

G = graph(s,t):使用顶点对组 s,t 创建无向图。

G = graph(s,t,weights):使用顶点对组 s,t 和权重向量 weights 创建赋权无向图。

G = graph(s,t,weights,nodes):使用字符向量元胞数组 nodes 指定顶点名称。

G = graph(s,t,weights,num):使用数值标量 num 指定图中的顶点数。

G = graph(A[,nodes],type):仅使用 A 的上或下三角形阵构造赋权图,type 可以是 'upper'或 'lower'。

例 4.3　画出一个 60 个顶点的 3 正则图(每个顶点的度都为 3)。

```
clc, close all
G = graph(bucky); plot(G)
```

所画的图形如图 4.4 所示。

2. 数据存储结构

Matlab 存储网络的相关数据时,使用了稀疏矩阵,这有利于在存储大规模稀疏网络时节省存储空间。

例 4.4(续例 4.2) 画出图 4.3 的非赋权有向图并导出邻接矩阵和关联矩阵。

```
clc, clear, close all
E=[1,2;1,3;2,3;3,2;3,5;4,2;4,6;5,2;5,4;6,5]
s = E(:,1); t = E(:,2);
nodes =cellstr(strcat('v',int2str([1:6]')))
G = digraph(s, t, [], nodes);
plot(G,'LineWidth',1.5,'Layout','circle','NodeFontSize',15)
W1 = adjacency(G)        % 导出邻接矩阵的稀疏矩阵
W2 = incidence(G)        % 导出关联矩阵的稀疏矩阵,±1 与数学定义是相反的
```

所画的图如图 4.5 所示。

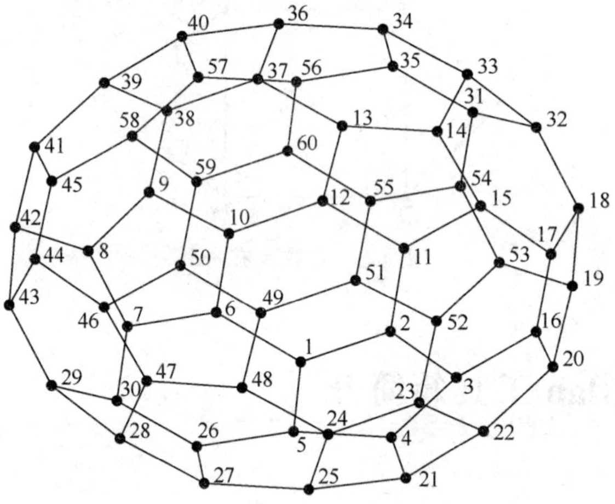

图 4.4　3 正则图

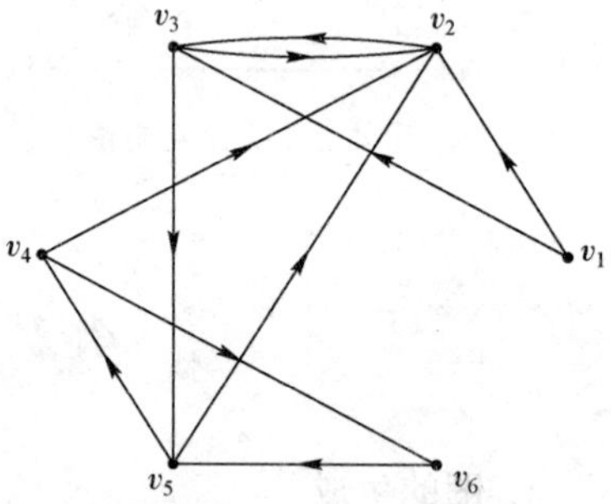

图 4.5　Matlab 画的有向图

例 4.5(续例 4.2) 导出图 4.2 所示赋权图的邻接矩阵和关联矩阵,并重新画图。

```
clc, clear, close all
E = [1, 3, 10; 1, 4, 60; 2, 3, 5; 2, 4, 20; 3, 4, 1];
G = graph(E(:,1), E(:,2), E(:,3));
W1 = adjacency(G,'weighted'), W2 = incidence(G)
plot(G,'Layout','force','EdgeLabel',G.Edges.Weight)
```

4.3　最短路算法

最短路径问题是图论中非常经典的问题之一,旨在寻找图中两顶点之间的最短路径。作为一个基本工具,实际应用中的许多优化问题,如管道铺设、线路安排、厂区布局、设备更新等,都可被归结为最短路径问题来解决。

定义 4.11 设图 G 是赋权图,Γ 为 G 中的一条路。则称 Γ 的各边权之和为路 Γ 的长度。

对于连通的赋权图 G 的两个顶点 u_0 和 v_0，从 u_0 到 v_0 的路一般不止一条，其中最短的(长度最小的)一条称为从 u_0 到 v_0 的最短路；最短路的长称为从 u_0 到 v_0 的距离，记为 $d(u_0,v_0)$。

求最短路的算法有 Dijkstra(迪克斯特拉)标号算法和 Floyd(弗洛伊德)算法等，但 Dijkstra 标号算法只适用于边权是非负的情形。最短路问题也可以归结为一个 0-1 整数规划模型。

4.3.1 固定起点的最短路

寻求从一固定起点 u_0 到其余各点的最短路，最有效的算法之一是 E. W. Dijkstra 于 1959 年提出的 Dijkstra 算法。这个算法是一种迭代算法，它的依据是一个重要而明显的性质：最短路是一条路，最短路上的任一子段也是最短路。

对于给定的赋权无向图或有向图 $G=(V,E,\boldsymbol{W})$，其中 $V=\{v_1,v_2,\cdots,v_n\}$ 为顶点集合，E 为边(或弧)的集合，邻接矩阵 $\boldsymbol{W}=(w_{ij})_{n\times n}$，这里

$$w_{ij}=\begin{cases}v_i\text{ 与 }v_j\text{ 之间边的权值}, & \text{当 }v_i\text{ 与 }v_j\text{ 之间有边时},\\ \infty, & \text{当 }v_i\text{ 与 }v_j\text{ 之间无边时},\end{cases}\quad i\neq j,$$

$$w_{ii}=0,\quad i=1,2,\cdots,n.$$

式中：u_0 为 V 中的某个固定起点。求顶点 u_0 到 V 中另一顶点 v_0 的最短距离 $d(u_0,v_0)$，即为求 u_0 到 v_0 的最短路长度。

Dijkstra 算法的基本思想：按距固定起点 u_0 从近到远为顺序，依次求得 u_0 到图 G 各顶点的最短路和距离，直至某个顶点 v_0(或直至图 G 的所有顶点)。

为避免重复并保留每一步的计算信息，对于任意顶点 $v\in V$，定义两个标号：

$l(v)$：顶点 v 的标号，表示从起点 u_0 到 v 的当前路径的长度。

$z(v)$：顶点 v 的父顶点标号，用以确定最短路的路线。

另外用 S_i 表示具有永久标号的顶点集。Dijkstra 标号算法的计算步骤如下：

(1) 令 $l(u_0)=0$，对 $v\neq u_0$，令 $l(v)=\infty$，$z(v)=u_0$，$S_0=\{u_0\}$，$i=0$。

(2) 对每个 $v\in\bar{S}_i(\bar{S}_i=V-S_i)$，令

$$l(v)=\min_{u\in S_i}\{l(v),l(u)+w(uv)\},$$

这里 $w(uv)$ 表示顶点 u 和 v 之间边的权值，如果此次迭代利用顶点$\tilde{u}$修改了顶点 v 的标号值 $l(v)$，则 $z(v)=\tilde{u}$，否则 $z(v)$ 不变。计算$\min\limits_{v\in\bar{S}_i}\{l(v)\}$，把达到这个最小值的一个顶点记为 u_{i+1}，令 $S_{i+1}=S_i\cup\{u_{i+1}\}$。

(3) 若 $i=|V|-1$ 或 v_0 进入 S_i，算法终止；否则，用 $i+1$ 代替 i，转步骤(2)。

算法结束时，从 u_0 到各顶点 v 的距离由 v 的最后一次标号 $l(v)$ 给出。在 v 进入 S_i 之前的标号 $l(v)$ 叫 T 标号，v 进入 S_i 时的标号 $l(v)$ 叫 P 标号。算法就是不断修改各顶点的 T 标号，直至获得 P 标号。若在算法运行过程中，将每一顶点获得 P 标号所由来的边在图上标明，则算法结束时，u_0 至各顶点的最短路也在图上标示出来了。

例 4.6(有向图) 已知某人要从 v_1 出发去旅行，目的地及其交通路线见图 4.6 所示，线侧数字为所需费用。求该旅行者到目的地 v_8 的费用最小的旅行路线。

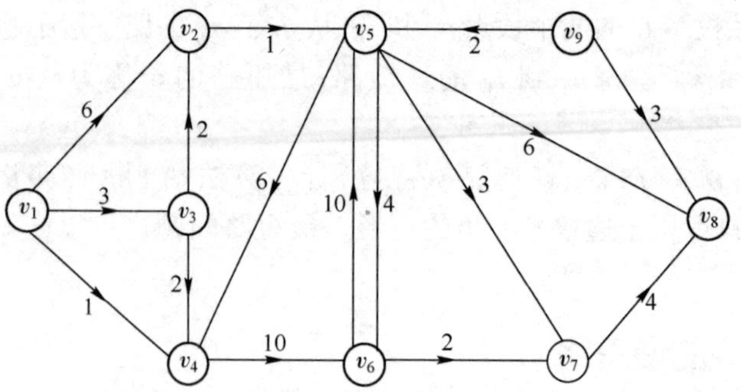

图 4.6　旅行路线

解　构造图 4.6 对应的赋权有向图 $D=(V,A,\boldsymbol{W})$，其中顶点集 $V=\{v_1,v_2,\cdots,v_9\}$，A 为弧的集合，$\boldsymbol{W}=(w_{ij})_{9\times9}$为邻接矩阵，这里

$$\boldsymbol{W}=\begin{bmatrix} 0 & 6 & 3 & 1 & \infty & \infty & \infty & \infty & \infty \\ \infty & 0 & \infty & \infty & 1 & \infty & \infty & \infty & \infty \\ \infty & 2 & 0 & 2 & \infty & \infty & \infty & \infty & \infty \\ \infty & \infty & \infty & 0 & \infty & 10 & \infty & \infty & \infty \\ \infty & \infty & \infty & 6 & 0 & 4 & 3 & 6 & \infty \\ \infty & \infty & \infty & \infty & 10 & 0 & 2 & \infty & \infty \\ \infty & \infty & \infty & \infty & \infty & \infty & 0 & 4 & \infty \\ \infty & \infty & \infty & \infty & \infty & \infty & \infty & 0 & \infty \\ \infty & \infty & \infty & \infty & 2 & \infty & \infty & 3 & 0 \end{bmatrix}.$$

我们使用 Dijkstra 标号算法求 v_1 到 v_8 的费用最小路径。对于任意顶点 $v\in V$，定义两个标号：

$l(v)$：顶点 v 的标号，表示从起点 v_1 到 v 的当前路径的长度。

$z(v)$：顶点 v 的父顶点标号，用以确定最短路的路线。

另外用 S_i 表示具有永久标号的顶点集。Dijkstra 标号算法的计算步骤如下：

（1）令 $l(v_1)=0$，对 $v\neq v_1$，令 $l(v)=\infty$，$z(v)=v_1$，$S_0=\{v_1\}$，$i=0$。

（2）对每个 $v\in\overline{S}_i(\overline{S}_i=V-S_i)$，令

$$l(v)=\min_{u\in S_i}\{l(v),l(u)+w(uv)\},$$

这里 $w(uv)$ 表示顶点 u 和 v 之间边的权值，如果此次迭代利用顶点$\tilde{u}$修改了顶点 v 的标号值 $l(v)$，则 $z(v)=\tilde{u}$，否则 $z(v)$ 不变。计算$\min\limits_{v\in\overline{S}_i}\{l(v)\}$，设达到最小值的一个顶点为 $v_{n_i}(v_{n_i}\in\overline{S}_i)$，令 $S_{i+1}=S_i\cup\{v_{n_i}\}$。

（3）若 $i=8$ 或 v_8 进入 S_i，算法终止；否则，用 $i+1$ 代替 i，转步骤（2）。

算法结束时，从 v_1 到各顶点 v 的距离由 v 的最后一次标号 $l(v)$ 给出。在 v 进入 S_i 之前的标号 $l(v)$ 叫 T 标号，v 进入 S_i 时的标号 $l(v)$ 叫 P 标号。算法就是不断修改各顶点的 T 标号，直至获得 P 标号。若在算法运行过程中，将每一顶点获得 P 标号所由来的边在图上标明，则算法结束时，v_1 至各顶点的最短路也在图上标示出来了。

利用 Matlab 程序求得 v_1 到 v_8 的费用最小路径为

$$v_1\to v_3\to v_2\to v_5\to v_8,$$

对应的最小费用为 12。

```
clc, clear, close all
E = [1,2,6; 1,3,3; 1,4,1; 2,5,1; 3,2,2; 3,4,2; 4,6,10; 5,4,6
    5,6,4; 5,7,3; 5,8,6; 6,5,10; 6,7,2; 7,8,4; 9,5,2; 9,8,3];
G = digraph(E(:,1), E(:,2), E(:,3));
[path, d] =shortestpath(G, 1, 8, 'method','positive')
p = plot(G,'EdgeLabel',G.Edges.Weight,'Layout', 'circle');
highlight(p,path,'EdgeColor','r','LineWidth',1.5)
```

注 4.2 在利用 Matlab 工具箱计算时，如果两个顶点之间没有边，则对应的邻接矩阵元素为 0，而不是像数学理论上对应的邻接矩阵元素为 $+\infty$ 或 0。下面同样约定算法上的数学邻接矩阵和 Matlab 工具箱调用时的邻接矩阵是不同的。

例 4.7（无向图） 求图 4.7 中 v_1 到 v_{11} 的最短路。

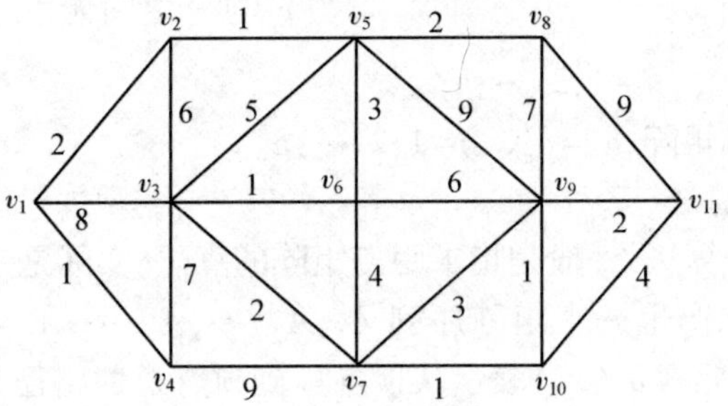

图 4.7 赋权无向图

解 求得的最短路径为 1→2→5→6→3→7→10→9→11，最短路径长度为 13。

```
clc, clear, close all, a=zeros(11);
a(1,2)=2;a(1,3)=8;a(1,4)=1;
a(2,3)=6;a(2,5)=1;
a(3,4)=7;a(3,5)=5;a(3,6)=1;a(3,7)=2;
a(4,7)=9; a(5,6)=3;a(5,8)=2;a(5,9)=9;
a(6,7)=4;a(6,9)=6; a(7,9)=3;a(7,10)=1;
a(8,9)=7;a(8,11)=9;
a(9,10)=1;a(9,11)=2; a(10,11)=4;
s=cellstr(strcat('v',int2str([1:11]')));     %顶点字符串
G=graph(a,s,'Upper');                        %利用邻接矩阵的上三角元素构造无向图
[p,d]=shortestpath(G,1,11)                   %求最短路径和最短距离
h=plot(G,'EdgeLabel',G.Edges.Weight);        %画无向图
highlight(h,p,'EdgeColor','r','LineWidth',2) %最短路径加粗
```

4.3.2 所有顶点对之间最短路的 Floyd 算法

利用 Dijkstra 算法，当然还可以寻求赋权图中所有顶点对之间最短路。具体方法：每次以不同的顶点作为起点，用 Dijkstra 算法求出从该起点到其余顶点的最短路径，反复执行 $n-1$（n 为顶点个数）次这样的操作，就可得到每对顶点之间的最短路。但这样做需要大量的重复计算，效率不高。为此，R. W. Floyd 另辟蹊径，于 1962 年提出了一个直接寻求

任意两顶点之间最短路的算法。

Floyd 算法允许赋权图中包含负权的边或弧，但是，对于赋权图中的每个圈 C，要求圈 C 上所有弧的权总和为非负。而 Dijkstra 算法要求所有边或弧的权都是非负的。Floyd 算法包含三个关键算法：求距离矩阵、求路径矩阵、最短路查找算法。

设所考虑的赋权图 $G=(V,E,\boldsymbol{A}_0)$，其中顶点集 $V=\{v_1,v_2\cdots,v_n\}$，邻接矩阵

$$\boldsymbol{A}_0=\begin{bmatrix} a_{11} & a_{12} & \cdots & a_{1n} \\ a_{21} & a_{22} & \cdots & a_{2n} \\ \vdots & \vdots & \ddots & \vdots \\ a_{n1} & a_{n2} & \cdots & a_{nn} \end{bmatrix},$$

这里

$$a_{ij}=\begin{cases} v_i \text{ 与 } v_j \text{ 间边的权值}, & \text{当 } v_i \text{ 与 } v_j \text{ 之间有边时}, \\ \infty, & \text{当 } v_i \text{ 与 } v_j \text{ 之间无边时}, \end{cases} \quad i\neq j,$$

$$a_{ii}=0,\quad i=1,2,\cdots,n.$$

对于无向图，$\boldsymbol{A}_0$ 是对称矩阵，$a_{ij}=a_{ji}$，$i,j=1,2,\cdots,n$。

1. 求距离矩阵的算法

通常所说的 Floyd 算法，一般是指求距离矩阵的算法，实际是一个经典的动态规划算法，其基本思想是递推产生一个矩阵序列 $\boldsymbol{A}_1,\boldsymbol{A}_2,\cdots,\boldsymbol{A}_k,\cdots,\boldsymbol{A}_n$，其中矩阵 $\boldsymbol{A}_k=(a_k(i,j))_{n\times n}$，其第 i 行第 j 列元素 $a_k(i,j)$ 表示从顶点 v_i 到顶点 v_j 的路径上所经过的顶点序号不大于 k 的最短路径长度。

计算时用迭代公式

$$a_k(i,j)=\min(a_{k-1}(i,j),a_{k-1}(i,k)+a_{k-1}(k,j)),$$

k 是迭代次数，$i,j,k=1,2,\cdots,n$。

最后，当 $k=n$ 时，A_n 即是各顶点之间的最短距离值。

2. 建立路径矩阵的算法

如果在求得两点间的最短距离时还需要求得两点间的最短路径，则需要在上面距离矩阵 $\boldsymbol{A}_k$ 的迭代过程中引入一个路由矩阵 $\boldsymbol{R}_k=(r_k(i,j))_{n\times n}$ 来记录两点间路径的前驱后继关系，其中 $r_k(i,j)$ 表示从顶点 v_i 到顶点 v_j 的路径经过编号为 $r_k(i,j)$ 的顶点。

路径矩阵的迭代过程如下：

（1）初始时

$$\boldsymbol{R}_0=\boldsymbol{0}_{n\times n}.$$

（2）迭代公式为

$$\boldsymbol{R}_k=(r_k(i,j))_{n\times n},$$

其中

$$r_k(i,j)=\begin{cases} k, & \text{若 } a_{k-1}(i,j)>a_{k-1}(i,k)+a_{k-1}(k,j), \\ r_{k-1}(i,j), & \text{否则}. \end{cases}$$

直到迭代到 $k=n$，算法终止。

3. 最短路的路径查找算法

查找 v_i 到 v_j 最短路径的方法如下：

若 $r_n(i,j)=p_1$，则点 v_{p_1} 是顶点 v_i 到顶点 v_j 的最短路的中间点，然后用同样的方法再分头查找。若向顶点 v_i 反向追踪得 $r_n(i,p_1)=p_2, r_n(i,p_2)=p_3, \cdots, r_n(i,p_s)=0$，向顶点 v_j 正向追踪得 $r_n(p_1,j)=q_1, r_n(q_1,j)=q_2, \cdots, r_n(q_t,j)=0$，则由点 v_i 到 v_j 的最短路径为 $v_i, v_{p_s}, \cdots, v_{p_2}, v_{p_1}, v_{q_1}, v_{q_2}, \cdots, v_{q_t}, v_j$。

综上所述，求距离矩阵 $\boldsymbol{D}=(d_{ij})_{n\times n}$ 和路径矩阵 $\boldsymbol{R}=(r_{ij})_{n\times n}$ 的 Floyd 算法如下：

第一步，初始化，$k=0$，对 $i,j=1,2,\cdots,n$，令 $d_{ij}=a_{ij}, r_{ij}=0$。

第二步，迭代，$k=k+1$，对 $i,j=1,2,\cdots,n$，若 $d_{ij}>d_{ik}+d_{kj}$，则令 $d_{ij}=d_{ik}+d_{kj}, r_{ij}=k$；否则 d_{ij} 和 r_{ij} 不更新。

第三步，算法终止条件，如果 $k=n$，则算法终止；否则，转第二步。

Floyd 算法的时间复杂度为 $O(n^3)$，空间复杂度为 $O(n^2)$。

例 4.8（续例 4.2） 求图 4.2 所示赋权图所有顶点对之间的最短距离。

解 利用 Floyd 算法，用 Matlab 软件，求得所有顶点对之间的最短距离矩阵为

$$\begin{bmatrix} 0 & 15 & 10 & 11 \\ 15 & 0 & 5 & 6 \\ 10 & 5 & 0 & 1 \\ 11 & 6 & 1 & 0 \end{bmatrix}.$$

```
clc, clear, a = zeros(4);
a(1,[3,4])=[10,60];              % 输入邻接矩阵的上三角元素
a(2,[3,4])=[5,20]; a(3,4)=1;
n=length(a); b=a+a';             % 构造完整的邻接矩阵
b(b==0)=inf;                     % 把零元素换成 inf
b(1:n+1:end)=0;                  % 把对角线元素换成 0
for k=1:n
    fori=1:n
        for j=1:n
            if b(i,k)+b(k,j)<b(i,j)
                b(i,j)=b(i,k)+b(k,j);
            end
        end
    end
end
b                                % 显示两两顶点之间的最短距离
```

直接调用 Dijkstra 算法求所有顶点对之间最短距离的 Matlab 程序如下：

```
clc, clear, a = zeros(4);
a(1,[3:4])=[10,60];
a(2,[3,4])=[5,20]; a(3,4)=1;
G = graph(a,'upper');
d = distances(G,'Method','positive')
```

4.3.3 最短路应用范例

例 4.9 设备更新问题。某企业使用一台设备，在每年年初，企业领导部门就要决定

是购置新的,还是继续使用旧的。若购置新设备,就要支付一定的购置费用;若继续使用旧设备,则需支付更多的维修费用。现在的问题是如何制订一个几年之内更新设备的计划,使得总支付费用最少。我们用一个五年之内更新某种设备的计划为例,若已知该种设备在各年年初的价格如表4.1所示,使用不同时间(年)的设备所需要的维修费用如表4.2所示,那么如何制订使总支付费用最少的设备更新计划?

表4.1 设备价格表

第1年	第2年	第3年	第4年	第5年
11	11	12	12	13

表4.2 维修费用表

使用年限	0~1	1~2	2~3	3~4	4~5
维修费用	4	5	7	10	17

解 可以把这个问题化为图论中的最短路问题。

构造赋权有向图 $D=(V,A,\boldsymbol{W})$,其中顶点集 $V=\{v_1,v_2,\cdots,v_6\}$,这里 $v_i(i=1,2,\cdots,5)$ 表示第 i 年年初的时刻,v_6 表示第5年年末的时刻,A 为弧的集合,邻接矩阵 $\boldsymbol{W}=(w_{ij})_{6\times6}$,这里 w_{ij} 表示时刻 v_i 购置新设备使用到时刻 v_j,购置新设备的费用和维修费用之和。则邻接矩阵

$$\boldsymbol{W}=\begin{bmatrix} 0 & 15 & 20 & 27 & 37 & 54 \\ \infty & 0 & 15 & 20 & 27 & 37 \\ \infty & \infty & 0 & 16 & 21 & 28 \\ \infty & \infty & \infty & 0 & 16 & 21 \\ \infty & \infty & \infty & \infty & 0 & 17 \\ \infty & \infty & \infty & \infty & \infty & 0 \end{bmatrix}.$$

则制订使总支付费用最小的设备更新计划,就是在有向图 D 中求从 v_1 到 v_6 的费用最小短径。

利用 Dijkstra 算法,使用 Matlab 软件,求得 v_1 到 v_6 的最短路径为 $v_1\to v_3\to v_6$,最短路径的长度为48。设备更新最小费用路径见图4.8中的粗线所示,即设备更新计划为第1年年初买进新设备,使用到第2年年底,第3年年初再购进新设备,使用到第5年年底。

```
clc, clear, close all
a=zeros(6);                          % 邻接矩阵初始化
a(1,[2:6])=[15 20 27 37 54];
a(2,[3:6])=[15 20 27 37];
a(3,[4:6])=[16 21 28];
a(4,[5,6])=[16 21]; a(5,6)=17;      % 输入有向图的邻接矩阵
s=cellstr(strcat('v',int2str([1:6]')));
G=digraph(a,s);                      % 构造赋权有向图
p=plot(G,'Layout','force','EdgeColor','k','NodeFontSize',12);
[path,d,edge]=shortestpath(G,1,6)
highlight(p,'Edges',edge)
```

例 4.10 选址问题。某连锁企业在某地区有 6 个销售点,已知该地区的交通网络如图 4.9 所示,其中点代表销售点,边表示公路,边上的权重为销售点间公路距离,问仓库应建在哪个销售点,可使离仓库最远的销售点到仓库的路程最近。

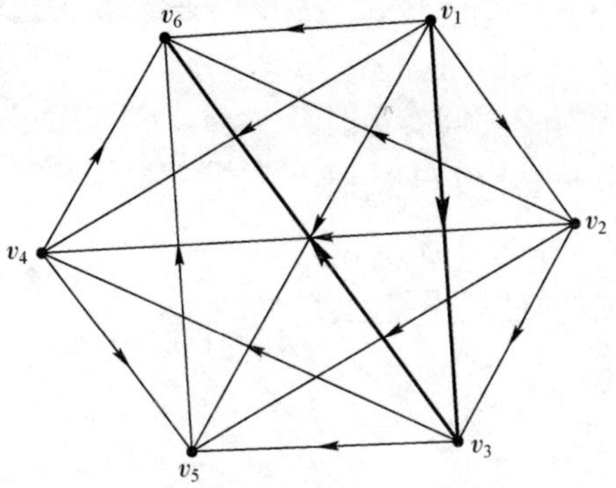

图 4.8 设备更新最小费用示意图

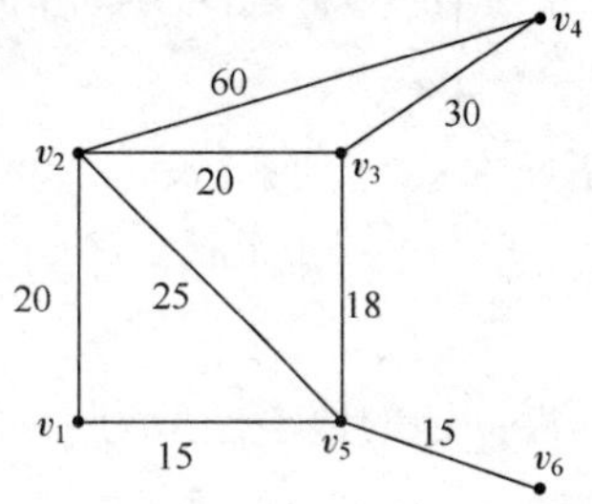

图 4.9 销售点之间距离

解 这是一个选址问题,可以化为一系列求最短路问题。先求出 v_1 到所有各点的最短路长 d_{1j},令 $D(v_1)=\max(d_{11},d_{12},\cdots,d_{16})$,表示若仓库建在 v_1,则离仓库最远的销售点距离为 $D(v_1)$。再依次计算 $v_2,v_3,\cdots,v_6$ 到所有各点的最短距离,类似求出 $D(v_2)$ ~ $D(v_6)$。$D(v_i)(i=1,2,\cdots,6)$ 中最小者即为所求,由上面的分析知,我们需要求所有的顶点对之间的最短距离,可以使用 Dijkstra 算法,用 Matlab 软件的计算结果见表 4.3。

表 4.3 所有顶点对之间的最短距离

销售点	v_1	v_2	v_3	v_4	v_5	v_6	$D(v_i)$
v_1	0	20	33	63	15	30	63
v_2	20	0	20	50	25	40	50
v_3	33	20	0	30	18	33	33
v_4	63	50	30	0	48	63	63
v_5	15	25	18	48	0	15	48
v_6	30	40	33	63	15	0	63

由于 $D(v_3)=33$ 最小,所以仓库应建在 v_3,此时离仓库最远的销售点(v_1 和 v_6)距离为 33。

```
clc, clear, close all
a=zeros(6); a(1,[2 5])=[20 15];
a(2,[3:5])=[20 60 25];
a(3,[4 5])=[30 18]; a(5,6)=15;
s=cellstr(strcat('v',int2str([1:6]')));
G=graph(a,s,'upper'); d=distances(G)
plot(G,'EdgeLabel',G.Edges.Weight,'Layout','force')
d1=max(d,[],2)              %逐行求最大值
[d2,ind]=min(d1)            %求向量的最小值,及最小值的地址
v=find(d(ind,:)==d2)        %求向量中取值为 d2 的地址
```

4.3.4 最短路问题的 0-1 整数规划模型

下面以无向图为例说明最短路的 0-1 整数规划模型,对有向图来说也是类似的。

对于给定的赋权图 $G=(V,E,\boldsymbol{W})$,其中 $V=\{v_1,v_2,\cdots,v_n\}$ 为顶点集合,E 为边的集合,邻接矩阵 $\boldsymbol{W}=(w_{ij})_{n\times n}$,这里

$$w_{ij}=\begin{cases} v_i \text{ 与 } v_j \text{ 之间边的权值}, & \text{当 } v_i \text{ 与 } v_j \text{ 之间有边时}, \\ \infty, & \text{当 } v_i \text{ 与 } v_j \text{ 之间无边时}, \end{cases} \quad i,j=1,2,\cdots,n.$$

现不妨求从 v_1 到 $v_m(m\leqslant n)$ 的最短路径。引进 0-1 变量

$$x_{ij}=\begin{cases} 1, & \text{边}(v_i,v_j)\text{位于从 } v_1 \text{ 到 } v_m \text{ 的最短路径上}, \\ 0, & \text{否则}, \end{cases} \quad i,j=1,2,\cdots,n.$$

于是最短路问题的数学模型为

$$\min \sum_{i=1}^{n}\sum_{j=1}^{n} w_{ij}x_{ij}, \tag{4.1}$$

$$\text{s.t.}\begin{cases} \sum\limits_{j=1}^{n} x_{ij} = \sum\limits_{j=1}^{n} x_{ji}, & i = 2,3,\cdots,n \text{ 且 } i \neq m, \\ \sum\limits_{j=1}^{n} x_{1j} = 1, \\ \sum\limits_{j=1}^{n} x_{j1} = 0, \\ \sum\limits_{j=1}^{n} x_{jm} = 1, \\ x_{ij} = 0 \text{ 或 } 1, & i,j = 1,2,\cdots,n. \end{cases} \tag{4.2}$$

这是一个 0-1 整数规划模型。

例 4.11 在图 4.10 中,求从 v_2 到 v_4 的最短路径和最短距离。

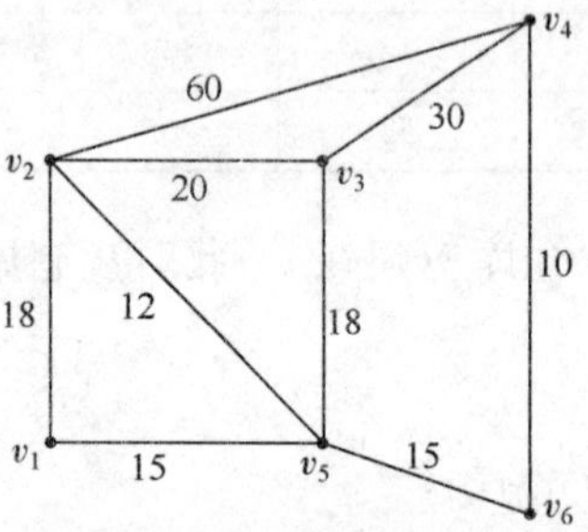

图 4.10 赋权无向图

解 用 $G=(V,E,\boldsymbol{W})$ 表示图 4.10 所示的赋权无向图,其中 $V=\{v_1,v_2\cdots,v_6\}$ 为顶点集合,E 为边的集合,邻接矩阵 $\boldsymbol{W}=(w_{ij})_{6\times 6}$,这里

$$w_{ij}=\begin{cases} v_i \text{ 与 } v_j \text{ 之间边的权值}, & \text{当 } v_i \text{ 与 } v_j \text{ 之间有边时}, \\ \infty, & \text{当 } v_i \text{ 与 } v_j \text{ 之间无边时}, \end{cases} \quad i,j=1,2,\cdots,6.$$

引进 0-1 变量

$$x_{ij}=\begin{cases}1, & 边(v_i,v_j)位于从 v_2 到 v_4 的最短路径上,\\ 0, & 否则,\end{cases} \quad i,j=1,2,\cdots,6.$$

于是最短路问题的数学模型为

$$\min \sum_{i=1}^{6}\sum_{j=1}^{6} w_{ij}x_{ij},$$

$$\text{s. t.}\begin{cases}\sum_{j=1}^{6} x_{ij} = \sum_{j=1}^{6} x_{ji}, \quad i = 1,3,5,6,\\ \sum_{j=1}^{n} x_{2j} = 1,\\ \sum_{j=1}^{n} x_{j2} = 0,\\ \sum_{j=1}^{n} x_{j4} = 1,\\ x_{ij} = 0 或 1, \qquad i,j = 1,2,\cdots,6.\end{cases}$$

其中的第 1 个约束条件表示对于非起点和终点的其他顶点,进入的边数等于出来的边数,第 2 个约束条件表示起点只能发出一条边,第 3 个约束条件表示起点不能进入边,第 4 个约束条件表示终点只能进入 1 条边。

利用 Matlab 软件求得的最短路径为 $v_2 \to v_5 \to v_6 \to v_4$,对应的最短距离为 37。

```
clc, clear, a = zeros(6);
a(1,[2,5])=[18,15]; a(2,[3:5])=[20,60,12];
a(3,[4,5])=[30,18]; a(4,6)=10; a(5,6)=15;
b =a+a';                    % 输入完整的邻接矩阵
b(b==0)=1000000;            % 这里 1000000 表示充分大的正实数
prob =optimproblem;
x = optimvar('x',6,6,'Type','integer','LowerBound',0,'UpperBound',1);
prob.Objective = sum(sum(b.*x));
con1 =optimconstr(4);
for i =setdiff([1:6],[2,4])
    con1(i) = sum(x(i,:))==sum(x(:,i));
end
prob.Constraints.con1 = con1;
prob.Constraints.con2 = [sum(x(2,:))==1; sum(x(:,2))==0; sum(x(:,4))==1];
[sol,fval,flag,out]= solve(prob), xx=sol.x
[i,j] = find(xx);           % 找非零元素的行标和列标
ij = [i'; j']
```

4.4 最小生成树

树(tree)是图论中非常重要的一类图,它类似于自然界中的树,结构简单、应用广泛,最小生成树问题是其中的经典问题之一。在实际应用中,许多问题的图论模型都是最小

生成树，如通信网络建设、有线电缆铺设、加工设备分组等。

4.4.1 基本概念和算法

1. 基本概念

定义 4.12 连通的无圈图称为树。

例如，图 4.11 给出的 G_1 是树，但 G_2 和 G_3 则不是树。

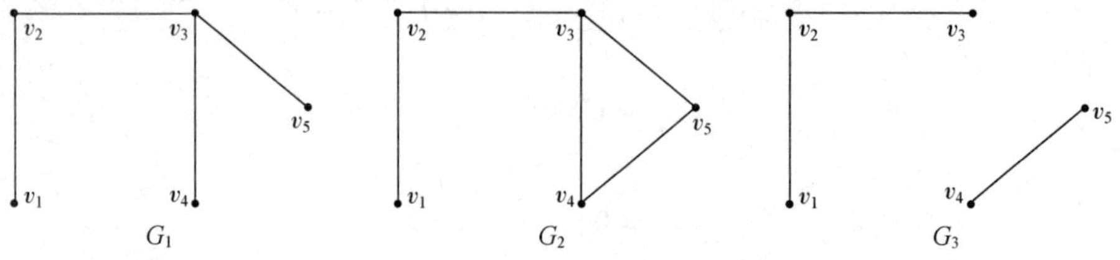

图 4.11 树与非树

定理 4.2 设 G 是具有 n 个顶点 m 条边的图，则以下命题等价。

(1) 图 G 是树。

(2) 图 G 中任意两个不同顶点之间存在唯一的路。

(3) 图 G 连通，删除任一条边均不连通。

(4) 图 G 连通，且 $n=m+1$。

(5) 图 G 无圈，添加任一条边可得唯一的圈。

(6) 图 G 无圈，且 $n=m+1$。

定义 4.13 若图 G 的生成子图 H 是树，则称 H 为 G 的生成树或支撑树。

一个图的生成树通常不唯一。

定理 4.3 连通图的生成树一定存在。

证明 给定连通图 G，若 G 无圈，则 G 本身就是自己的生成树。若 G 有圈，则任取 G 中一个圈 C，记删除 C 中一条边后所得之图为 G'。显然 G' 中圈 C 已经不存在，但 G' 仍然连通。若 G' 中还有圈，再重复以上过程，直至得到一个无圈的连通图 H。易知 H 是 G 的生成树。

定理 4.3 的证明方法也是求生成树的一种方法，称为“破圈法”。

定义 4.14 在赋权图 G 中，边权之和最小的生成树称为 G 的最小生成树。

一个简单连通图只要不是树，其生成树一般不唯一，而且非常多。一般地，n 个顶点的完全图，其不同生成树的个数为 n^{n-2}。因而，寻求一个给定赋权图的最小生成树，一般是不能用枚举法的。例如，20 个顶点的完全图有 20^{18} 个生成树，20^{18} 有 24 位。所以，通过枚举求最小生成树是无效的算法，必须寻求有效的算法。

构造连通图最小生成树的算法有 Kruskal 算法和 Prim 算法。

对于赋权连通图 $G=(V,E,\boldsymbol{W})$，其中 V 为顶点集合，E 为边的集合，$\boldsymbol{W}$ 为邻接矩阵，这里顶点集合 V 中有 n 个顶点，下面构造它的最小生成树。

2. Kruskal 算法

Kruskal 算法思想：每次将一条权最小的边加入子图 T 中，并保证不形成圈。Kruskal 算法如下：

(1) 选 $e_1 \in E$，使得 e_1 是权值最小的边。

(2) 若 $e_1,e_2,\cdots,e_i$ 已选好,则从 $E-\{e_1,e_2,\cdots,e_i\}$ 中选取 e_{i+1},使得 $\{e_1,e_2,\cdots,e_i,e_{i+1}\}$ 中无圈,且 e_{i+1} 是 $E-\{e_1,e_2,\cdots,e_i\}$ 中权值最小的边。

(3) 直到选得 e_{n-1} 为止。

3. Prim 算法

设置两个集合 P 和 Q,其中 P 用于存放 G 的最小生成树中的顶点,集合 Q 存放 G 的最小生成树中的边。令集合 P 的初值为 $P=\{v_1\}$(假设构造最小生成树时,从顶点 v_1 出发),集合 Q 的初值为 $Q=\varnothing$(空集)。Prim 算法的思想是,从所有 $p\in P,v\in V-P$ 的边中,选取具有最小权值的边 pv,将顶点 v 加入集合 P 中,将边 pv 加入集合 Q 中,如此不断重复,直到 $P=V$ 时,最小生成树构造完毕,这时集合 Q 中包含了最小生成树的所有边。

Prim 算法如下:

(1) $P=\{v_1\},Q=\varnothing$;

(2) while $P\sim=V$

　　找最小边 pv,其中 $p\in P,v\in V-P$;

　　$P=P\cup\{v\}$;

　　$Q=Q\cup\{pv\}$;

end

4. 最小生成树举例

例 4.12　一个乡有 9 个自然村,其间道路及各道路长度如图 4.12 所示,各边上的数字表示距离,问架设通信线时,如何拉线才能使用线最短。

解　这就是一个最小生成树问题,用 Kruskal 算法求解。先将边权按大小顺序由小至大排列:

$(v_0,v_2):1,(v_2,v_3):1,(v_3,v_4):1,(v_1,v_8):1,(v_0,v_1):2,(v_0,v_6):2,(v_5,v_6):2,(v_0,v_3):3,(v_6,v_7):3,(v_0,v_4):4,(v_0,v_5):4,(v_0,v_8):4,(v_1,v_2):4,(v_0,v_7):5,(v_7,v_8):5,(v_4,v_5):5.$

然后按照边的排列顺序,取定

$e_1=(v_0,v_2),e_2=(v_2,v_3),e_3=(v_3,v_4),e_4=(v_1,v_8),e_5=(v_0,v_1),e_6=(v_0,v_6),e_7=(v_5,v_6).$

由于下一个未选边中的最小权边 (v_0,v_3) 与已选边 e_1,e_2 构成圈,所以排除,选 $e_8=(v_6,v_7)$,得到的图 4.13 就是图 G 的一颗最小生成树,它的权是 13。

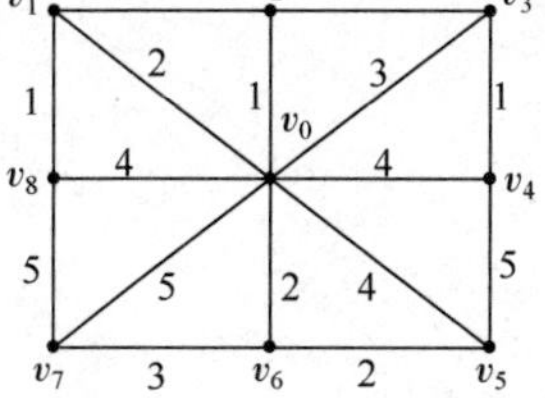

图 4.12　道路示意图

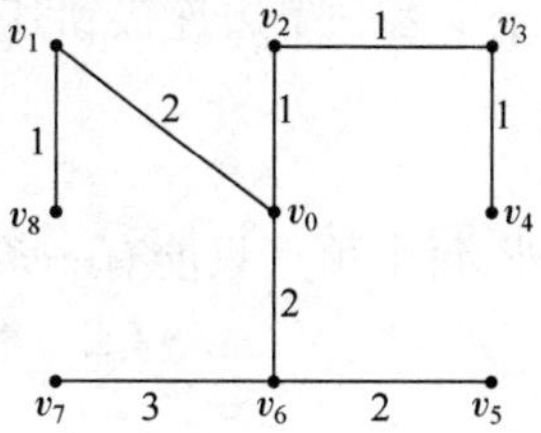

图 4.13　生成的最小生成树

基于邻接矩阵构造图的 Matlab 程序如下:

```
clc, clear, close all, a=zeros(9);
a(1,[2:9])=[2 1 3 4 4 2 5 4];
a(2,[3 9])=[4 1]; a(3,4)=1; a(4,5)=1;
a(5,6)=5; a(6,7)=2; a(7,8)=3; a(8,9)=5;
```

```
s=cellstr(strcat('v',int2str([0:8]')));
G=graph(a,s,'upper'); p=plot(G,'EdgeLabel',G.Edges.Weight);
T=minspantree(G,'Method','sparse')        % Kruskal 算法
L=sum(T.Edges.Weight), highlight(p,T)
```

基于边的细胞数组构造图的 Matlab 程序如下：

```
clc, clear, close all
nod =cellstr(strcat('v',int2str([0:8]')));
G = graph; G =addnode(G,nod);
ed ={'v0','v1',2;'v0','v2',1;'v0','v3',3;'v0','v4',4
    'v0','v5',4;'v0','v6',2;'v0','v7',5;'v0','v8',4
    'v1','v2',4;'v1','v8',1;'v2','v3',1;'v3','v4',1
    'v4','v5',5;'v5','v6',2;'v6','v7',3;'v7','v8',5};
G =addedge(G,ed(:,1),ed(:,2),cell2mat(ed(:,3)));
p=plot(G,'EdgeLabel',G.Edges.Weight);
T=minspantree(G), L=sum(T.Edges.Weight)
highlight(p,T)
```

4.4.2 最小生成树的数学规划模型

根据最小生成树问题的实际意义和实现方法，也可以用数学规划模型来描述，同时能够方便地应用 Matlab 来求解这类问题。

顶点 v_1 表示树根，总共有 n 个顶点。顶点 v_i 到顶点 v_j 边的权重用 w_{ij}表示，当两个顶点之间没有边时，对应的权重用 M(充分大的正实数)表示，这里 $w_{ii}=M, i=1,2,\cdots,n$。

引入 0-1 变量

$$x_{ij}=\begin{cases}1, & \text{当从 } v_i \text{ 到 } v_j \text{ 的边在树中,}\\ 0, & \text{当从 } v_i \text{ 到 } v_j \text{ 的边不在树中.}\end{cases}$$

目标函数是使得 $z=\sum_{i=1}^{n}\sum_{j=1}^{n} w_{ij}x_{ij}$ 最小化。

约束条件分成如下 4 类：

(1) 根 v_1 至少有一条边连接到其他的顶点，即

$$\sum_{j=1}^{n} x_{1j} \geqslant 1.$$

(2) 除根外，每个顶点只能有一条边进入，即

$$\sum_{i=1}^{n} x_{ij} = 1,\quad j=2,\cdots,n.$$

以上两约束条件是必要的，但不是充分的，需要增加一组变量 $u_j(j=1,2,\cdots,n)$，再附加约束条件：

(3) 限制 u_j 的取值范围为

$$u_1=0,\quad 1\leqslant u_i\leqslant n-1,\quad i=2,3,\cdots,n.$$

(4) 各条边不构成子圈，即

$$u_i-u_j+nx_{ij}\leqslant n-1,\quad i=1,\cdots,n, j=2,\cdots,n.$$

综上所述,最小生成树问题的0-1整数规划模型如下:

$$\min z = \sum_{i=1}^{n}\sum_{j=1}^{n} w_{ij}x_{ij}, \tag{4.3}$$

$$\text{s.t.}\begin{cases}\sum_{j=1}^{n} x_{1j} \geqslant 1, \\ \sum_{i=1}^{n} x_{ij} = 1, & j = 2,\cdots,n, \\ u_1 = 0, 1 \leqslant u_i \leqslant n-1, & i = 2,3,\cdots,n, \\ u_i - u_j + nx_{ij} \leqslant n-1, & i = 1,\cdots,n, j = 2,\cdots,n, \\ x_{ij} = 0 \text{ 或 } 1, & i,j = 1,2,\cdots,n. \end{cases} \tag{4.4}$$

例 4.13(续例 4.12) 利用数学规划模型式(4.3)和式(4.4)求解例 4.12。

```
clc, clear, close all, n = 9;
nod =cellstr(strcat('v',int2str([0:n-1]')));
G = graph; G = addnode(G,nod);
ed ={'v0','v1',2;'v0','v2',1;'v0','v3',3;'v0','v4',4
     'v0','v5',4;'v0','v6',2;'v0','v7',5;'v0','v8',4
     'v1','v2',4;'v1','v8',1;'v2','v3',1;'v3','v4',1
     'v4','v5',5;'v5','v6',2;'v6','v7',3;'v7','v8',5};
G = addedge(G,ed(:,1),ed(:,2),cell2mat(ed(:,3)));
w = full(adjacency(G,'weighted'));
w(w==0) = 1000000;     % 这里 1000000 表示充分大的正实数
prob = optimproblem;
x = optimvar('x',n,n,'Type','integer','LowerBound',0,'UpperBound',1);
u = optimvar('u',n,'LowerBound',0);
prob.Objective = sum(sum(w.*x));
prob.Constraints.con1 = [sum(x(:,[2:end]))'==1; u(1)==0];
con2 = [1<=sum(x(1,:)); 1<=u(2:end); u(2:end)<=n-1];
for i = 1:n
    for j = 2:n
        con2 = [con2; u(i)-u(j)+n*x(i,j)<=n-1];
    end
end
prob.Constraints.con2 = con2;
[sol,fval,flag,out] = solve(prob)
[i,j]=find(sol.x);
ind = [(i-1)';(j-1)']    % 输出树的顶点编号
```

4.5 着色问题

已知图 $G=(V,E)$,对图 G 的所有顶点进行着色时,要求相邻的两顶点的颜色不一样,问至少需要几种颜色,这就是所谓的顶点着色问题。

若对图 G 的所有边进行着色时,要求相邻的两条边的颜色不一样,问至少需要几种颜色,这就是所谓的边着色问题。

这些问题的提出是有实际背景的。值得注意的是,着色模型中的图是无向图。对于边着色问题可以转化为顶点着色问题。

例 4.14 物资存储问题。一家公司制造 n 种化学制品 $A_1,A_2,\cdots,A_n$,其中有些化学制品若放在一起可能产生危险,如引发爆炸或产生毒气等,称这样的化学制品是不相容的。安全起见,在存储这些化学制品时,不相容的不能放在同一储存室内。则至少需要多少个存储室才能存放这些化学制品?

构造图 G,用顶点 $v_1,v_2,\cdots,v_n$ 分别表示 n 种化学制品,顶点 v_i 与 v_j 相邻,当且仅当化学制品 A_i 与 A_j 不相容。

于是存储问题就化为对图 G 的顶点着色问题,对图 G 的顶点最少着色数目便是最少需要的储存室数。

例 4.15 无线交换设备的波长分配。有 5 台设备,要给每一台设备分配一个波长。如果两台设备靠得太近,则不能给它们分配相同的波长,以防干扰。已知 v_1 和 v_2、v_4、v_5 靠得近,v_2 和 v_3、v_4 靠得近,v_3 和 v_4、v_5 靠得近。问至少需要几个发射波长。

以设备为顶点构造图 $G=(V,E)$,其中 $V=\{v_1,v_2,\cdots,v_5\}$,$v_1,v_2,\cdots,v_5$ 分别代表 5 台设备。E 为边集,如果两台设备靠得太近,则用一条边连接它们。于是图 G 的着色给出一个波长分配方案:给着同一种颜色的设备同一个波长。画出着色图如图 4.14 所示,可知需要 3 个发射波长。

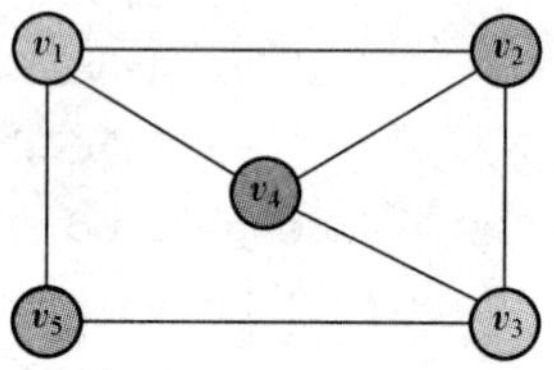

图 4.14 5 台设备的关系图

下面介绍着色的方法。

对图 $G=(V,E)$ 的顶点进行着色所需最少的颜色数目用 $\chi(G)$ 表示,称为图 G 的色数。

定理 4.4 若图 $G=(V,E)$,$\Delta=\max\{d(v)\mid v\in V\}$ 为图 G 顶点的最大度数,则 $\chi(G)\leqslant\Delta+1$。

例 4.16 会议安排。学校的学生会下设 6 个部门,部门的成员如下:部门 1={张,李,王},部门 2={李,赵,刘},部门 3={张,刘,王},部门 4={赵,刘,孙},部门 5={张,王,孙},部门 6={李,刘,王},每个月每个部门都要开一次会,为了确保每个人都能参加他所在部门的会议,这 6 个会议至少需要安排在几个不同的时段?

构造图 $G=(V,E)$,其中 $V=\{v_1,v_2,\cdots,v_6\}$,这里 $v_1,v_2,\cdots,v_6$ 分别表示部门 1~部门 6;E 为边集,两个顶点之间有一条边当且仅当它们代表的委员会成员中有共同的人,如图 4.15 所示,该图可以用 4 种颜色着色,可以看出至少要用 4 种颜色,v_1、v_2、v_3 构成一个三角形,必须用 3 种颜色,v_6 和这 3 个顶点都相邻,必须再用一种颜色。着同一种颜色的顶点代表的部门会议可以安排在同一时间段,而不同颜色代表的部门会议必须安排在不同的时间段,故这 6 个会议至少要安排在 4 个不同的时间段,其中,部门 1 和部门 4,部门 2 和部门 5 的会议可以安排在同一时间段。

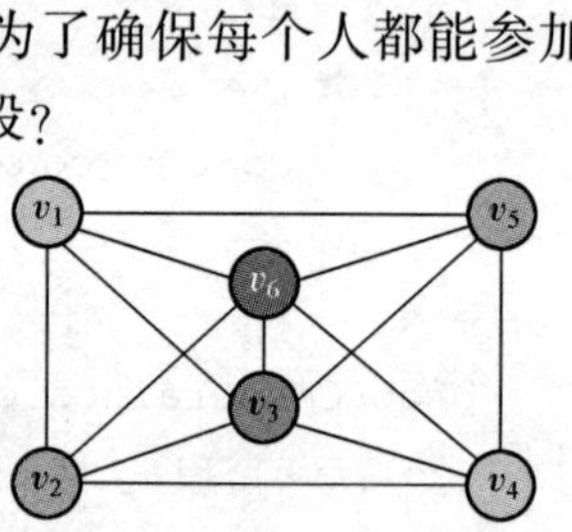

图 4.15 部门之间关系图

定理 4.4 给出了色数的上界,着色算法目前还没有找到最优算法。下面给出例 4.16

计算色数的整数线性规划模型。

例 4.16 中顶点个数 $n=6$，顶点的最大度 $\Delta=5$。引入 0-1 变量

$$x_{ik}=\begin{cases}1, & \text{当 } v_i \text{ 着第 } k \text{ 种颜色时},\\ 0, & \text{否则},\end{cases}\quad i=1,2,\cdots,n;k=1,2,\cdots,\Delta+1.$$

设颜色总数为 y，建立如下整数线性规划模型：

$$\min y,$$

$$\text{s. t.}\begin{cases}\sum_{k=1}^{\Delta+1} x_{ik}=1, & i=1,2,\cdots,n,\\ x_{ik}+x_{jk}\leqslant 1, & (v_i,v_j)\in E,k=1,2,\cdots,\Delta+1,\\ y\geqslant \sum_{k=1}^{\Delta+1} kx_{ik}, & i=1,2,\cdots,n,\\ x_{ik}=0 \text{ 或 } 1, & i=1,2,\cdots,n,k=1,2,\cdots,\Delta+1.\end{cases}$$

```
clc, clear
s={{'张','李','王'};{'李','赵','刘'};{'张','刘','王'};
   {'赵','刘','孙'};{'张','王','孙'};{'李','刘','王'}};
n = length(s); w = zeros(n);
for i = 1:n-1
    for j =i+1:n
        if ~isempty(intersect(s{i},s{j}))
            w(i,j)=1;
        end
    end
end
[ni,nj] = find(w);                    % 边的顶点编号
w = w + w';                           % 计算完整的邻接矩阵
deg = sum(w); K = max(deg)            % 顶点的最大度
prob =optimproblem;
x =optimvar('x',n,K+1, 'Type','integer','LowerBound',0,'UpperBound',1);
y =optimvar('y'); prob.Objective = y;
prob.Constraints.con1 = sum(x,2)==1;
prob.Constraints.con2 = x(ni,:)+x(nj,:)<=1;
prob.Constraints.con3 = x*[1:K+1]'<=y;
[sol,fval, flag, out] = solve(prob)
[i,k] = find(sol.x);
fprintf('顶点和颜色的对应关系如下:\n')
ik = [i'; k']
```

4.6 最大流与最小费用流问题

4.6.1 最大流问题

许多系统包含了流量问题，如公路系统中有车辆流、物资调配系统中有物资流、金融

系统中有现金流等。这些流问题都可归结为网络流问题,且都存在一个如何安排使流量最大的问题,即最大流问题。下面先介绍最大流问题的相关概念。

1. 基本概念

定义 4.15 给定一个有向图 $D=(V,A)$,其中 A 为弧集,在 V 中指定了一点,称为发点或源(记为 v_s),该点只有发出的弧;同时指定一个点称为收点或汇(记为 v_t),该点只有进入的弧;其余的点叫中间点,对于每一条弧 $(v_i,v_j)\in A$,对应有一个 $c(v_i,v_j)\geqslant 0$(或简写为 c_{ij}),称为弧的容量。通常把这样的有向图 D 称为一个网络,记作 $D=(V,A,C)$,其中 $C=\{c_{ij}\}$。

所谓网络上的流是指定义在弧集合 A 上的一个函数 $f=\{f_{ij}\}=\{f(v_i,v_j)\}$,并称 f_{ij} 为弧 (v_i,v_j) 上的流量。

定义 4.16 满足下列条件的流 f 称为可行流。

(1) 容量限制条件:对每一条弧 $(v_i,v_j)\in A$, $0\leqslant f_{ij}\leqslant c_{ij}$。

(2) 平衡条件:对于中间点,流出量=流入量,即对于每个 $i(i\neq s,t)$ 有

$$\sum_{j:(v_i,v_j)\in A} f_{ij} - \sum_{k:(v_k,v_i)\in A} f_{ki} = 0;$$

对于发点 v_s,有

$$\sum_{j:(v_s,v_j)\in A} f_{sj} = v;$$

对于收点 v_t,有

$$\sum_{k:(v_k,v_t)\in A} f_{kt} = v;$$

式中:v 称为这个可行流的流量,即发点的净输出量。

可行流总是存在的,例如零流。

最大流问题可以写为如下的线性规划模型:

$$\max v,$$
$$\text{s.t.}\begin{cases}\sum\limits_{j:(v_s,v_j)\in A} f_{sj} = v, \\ \sum\limits_{j:(v_i,v_j)\in A} f_{ij} - \sum\limits_{k:(v_k,v_i)\in A} f_{ki} = 0, \quad i\neq s,t, \\ \sum\limits_{k:(v_k,v_t)\in A} f_{kt} = v, \\ 0\leqslant f_{ij}\leqslant c_{ij}, \qquad \forall (v_i,v_j)\in A. \end{cases} \tag{4.5}$$

若给定一个可行流 $f=\{f_{ij}\}$,则把网络中使 $f_{ij}=c_{ij}$ 的弧称为饱和弧,使 $f_{ij}<c_{ij}$ 的弧称为非饱和弧。把 $f_{ij}=0$ 的弧称为零流弧, $f_{ij}>0$ 的弧称为非零流弧。

若 μ 是网络中连接发点 v_s 和收点 v_t 的一条路,我们定义路的方向是从 v_s 到 v_t,则路上的弧被分为两类:一类是弧的方向与路的方向一致,叫作前向弧,全体记为 μ^+;另一类弧与路的方向相反,称为后向弧,全体记为 μ^-。

定义 4.17 设 f 是一个可行流, μ 是从 v_s 到 v_t 的一条路,若 μ 满足前向弧是非饱和弧,后向弧是非零流弧,则称 μ 为一条(关于可行流 f)增广路。

2. 寻求最大流的标号法(Ford-Fulkerson)

从 v_s 到 v_t 的一个可行流出发(若网络中没有给定 f,则可以设 f 是零流),经过标号过

程与调整过程，即可求得从 v_s 到 v_t 的最大流。这两个过程的步骤分述如下。

1）标号过程

在下面的算法中，每个顶点 v_x 的标号值有两个，v_x 的第一个标号值表示在可能的增广路上 v_x 的前驱顶点；v_x 的第二个标号值记为 δ_x，表示在可能的增广路上可以调整的流量。

（1）初始化，给发点 v_s 标号为 $(0,\infty)$。

（2）若顶点 v_x 已经标号，则对 v_x 的所有未标号的邻接顶点 v_y 按以下规则标号：

① 若 $(v_x,v_y)\in A$，且 $f_{xy}<c_{xy}$，令 $\delta_y=\min\{c_{xy}-f_{xy},\delta_x\}$，则给顶点 v_y 标号为 (v_x,δ_y)；若 $f_{xy}=c_{xy}$，则不给顶点 v_y 标号。

② 若 $(v_y,v_x)\in A$，且 $f_{yx}>0$，令 $\delta_y=\min\{f_{yx},\delta_x\}$，则给 v_y 标号为 $(-v_x,\delta_y)$，这里第一个标号值 $-v_x$，表示在可能的增广路上，(v_y,v_x) 为反向弧；若 $f_{yx}=0$，则不给 v_y 标号。

（3）不断地重复步骤（2）直到收点 v_t 被标号，或不再有顶点可以标号为止。当 v_t 被标号时，表明存在一条从 v_s 到 v_t 的增广路，则转向增流过程。如若 v_t 点不能被标号，且不存在其他可以标号的顶点，则表明不存在从 v_s 到 v_t 的增广路，算法结束，此时所获得的流就是最大流。

2）增流过程

（1）令 $v_y=v_t$。

（2）若 v_y 的标号为 (v_x,δ_t)，则 $f_{xy}=f_{xy}+\delta_t$；若 v_y 的标号为 $(-v_x,\delta_t)$，则 $f_{yx}=f_{yx}-\delta_t$。

（3）若 $v_y=v_s$，则把全部标号去掉，并回到标号过程的步骤（1）。否则，令 $v_y=v_x$，并回到增流过程的步骤（2）。

3. 用 Matlab 求网络最大流

例 4.17 求图 4.16 中从①到⑧的最大流。

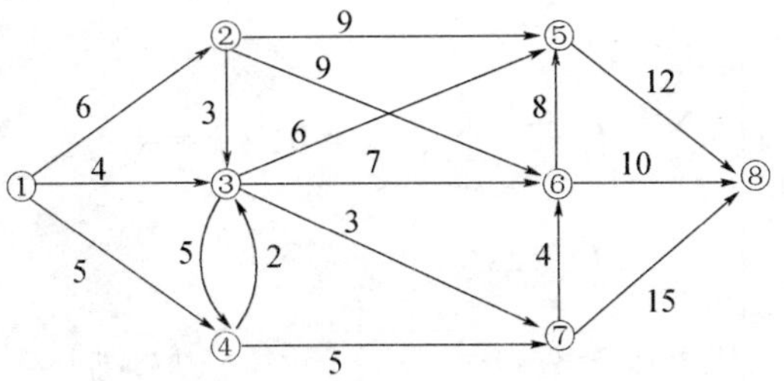

图 4.16 赋权有向图

解 利用 Matlab 软件求得的最大流量是 15，求得的流量在这里就不赘述了。

```
clc, clear
a = zeros(8); a(1,[2:4])=[6,4,5];
a(2,[3,5,6])=[3,9,9]; a(3,[4:7])=[5,6,7,3];
a(4,[3,7])=[2,5]; a(5,8)=12;
a(6,[5,8])=[8,10]; a(7,[6,8])=[4,15];
G = digraph(a); H=plot(G,'EdgeLabel',G.Edges.Weight);
[M,F]=maxflow(G,1,8)        % 使用默认 searchtrees 方法求最大流
F.Edges, highlight(H,F)     % 显示最大流并画出最大流
```

利用数学规划求解最大流的 Matlab 程序如下：

```
clc, clear
a = zeros(8); a(1,[2:4])=[6,4,5];
a(2,[3,5,6])=[3,9,9]; a(3,[4:7])=[5,6,7,3];
a(4,[3,7])=[2,5]; a(5,8)=12;
a(6,[5,8])=[8,10]; a(7,[6,8])=[4,15];
prob =optimproblem('ObjectiveSense','max');
f =optimvar('f',8,8,'LowerBound',0);
v =optimvar('v'); prob.Objective = v;
con1 = [sum(f(1,:))==v
       sum(f(:,[2:end-1]))'==sum(f([2:end-1],:),2)
       sum(f(:,8))==v];
prob.Constraints.con1 = con1;
prob.Constraints.con2 = f<=a;
[sol,fval, flag, out] = solve(prob)
ff =sol.f    % 显示最大流对应的矩阵
```

4.6.2 最小费用流问题

在许多实际问题中，往往还要考虑网络上流的费用问题。例如，在运输问题中，人们总是希望在完成运输任务的同时，寻求一个使总的运输费用最小的运输方案。

设f_{ij}为弧(v_i,v_j)上的流量，b_{ij}为弧(v_i,v_j)上的单位费用，c_{ij}为弧(v_i,v_j)上的容量，则最小费用流问题可以用如下的线性规划问题描述：

$$\min \sum_{(v_i,v_j)\in A} b_{ij} f_{ij},$$

$$\text{s. t.} \begin{cases} \sum\limits_{j:(v_s,v_j)\in A} f_{sj} = v, \\ \sum\limits_{j:(v_i,v_j)\in A} f_{ij} - \sum\limits_{k:(v_k,v_i)\in A} f_{ki} = 0, \quad i \neq s,t, \\ \sum\limits_{k:(v_k,v_t)\in A} f_{kt} = v, \\ 0 \leqslant f_{ij} \leqslant c_{ij}, \qquad \forall (v_i,v_j)\in A. \end{cases} \tag{4.6}$$

当v=最大流$v_{\max}$时，本问题就是最小费用最大流问题；如果$v>v_{\max}$，则本问题无解。

1961 年，Busacker 和 Gowan 提出了一种求最小费用流的迭代法。其步骤如下：

(1) 求出从发点到收点的最小费用通路$\mu(v_s,v_t)$。

(2) 对该通路$\mu(v_s,v_t)$分配最大可能的流量：

$$\bar{f}=\min_{(v_i,v_j)\in\mu(v_s,v_t)}\{c_{ij}\},$$

并让通路上的所有边的容量相应减少$\bar{f}$。这时，对于通路上的饱和边，其单位流费用相应改为∞。

(3) 作该通路$\mu(v_s,v_t)$上所有边(v_i,v_j)的反向边(v_j,v_i)。令

$$c_{ji}=\bar{f}, \quad b_{ji}=-b_{ij}.$$

(4) 在这样构成的新网络中，重复步骤(1)~(3)，直到从发点到收点的全部流量等

于 v 为止。

例 4.18 如图 4.17 所示带有运费的网络,求从 v_s 到 v_t 的最小费用最大流,其中弧上权重的第 1 个数字是网络的容量,第 2 个数字是网络的单位运费。

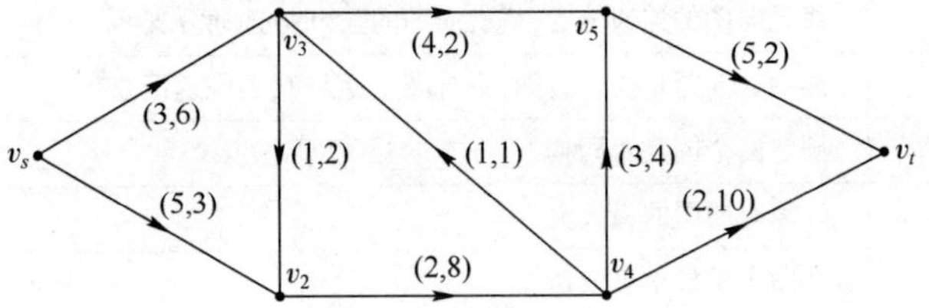

图 4.17 运费网络

解 求得的最大流为 5,最小费用为 63。

```
clc, clear
NN =cellstr(strcat('v',int2str([2:5]')));        % 构造中间节点
NN = {'vs',NN{:},'vt'};                            % 添加发点和收点
L={'vs','v2',5,3; 'vs','v3',3,6; 'v2','v4',2,8; 'v3','v2',1,2
   'v3','v5',4,2; 'v4','v3',1,1; 'v4','v5',3,4; 'v4','vt',2,10
   'v5','vt',5,2};
G = digraph; G =addnode(G, NN);
G1 =addedge(G,L(:,1),L(:,2),cell2mat(L(:,3)));
[M, F] = maxflow(G1,'vs','vt')                     % 求最大流

G2 =addedge(G, L(:,1), L(:,2), cell2mat(L(:,4)));
c = full(adjacency(G1, 'weighted'));               % 导出容量矩阵
b = full(adjacency(G2, 'weighted'));               % 导出费用矩阵
f =optimvar('f',6,6,'LowerBound',0);
prob =optimproblem; prob.Objective = sum(sum(b. * f));
con1 = [sum(f(1,:))= =M
        sum(f(:,[2:end-1]))'= =sum(f([2:end-1],:),2)
        sum(f(:,end))= =M];
prob.Constraints.con1 = con1;
prob.Constraints.con2 = f<=c;
[sol,fval, flag, out] = solve(prob)
ff =sol.f                                          % 显示最小费用最大流对应的矩阵
```

4.7 Matlab 的图论工具箱及应用

4.7.1 Matlab 图论工具箱的函数

Matlab 图论工具箱的一些常见函数见表 4.4。这些函数的用法就不解释了,在 Matlab 命令窗口运行 doc +“函数关键字”就可以看到该函数的帮助信息。例如,运行 doc subgraph 可以看到 subgraph 函数的帮助信息。

表 4.4　Matlab 图论工具箱的相关函数

命令名	功能
distances	求图中所有顶点对之间的最短距离
conncomp	找无向图的连通分支,或有向图的强(弱)连通分支
isdag	测试有向图是否含有圈,不含圈则返回 1,否则返回 0
isomorphism	确定两个图是否同构
maxflow	计算有向图的最大流
minspantree	在图中求最小生成树
reordernodes	对图顶点重新排序
shortestpath	求图中指定的一对顶点间的最短距离和最短路径
shortestpathtree	求顶点的最短路径树
subgraph	提出子图

下面给出图论工具箱在最短路、最小生成树中的应用例子。

4.7.2　应用举例

例 4.19(渡河问题)　某人带狼、羊以及蔬菜渡河,一小船除需人划外,每次只能载一物过河。而人不在场时,狼要吃羊,羊要吃菜,问此人应如何过河。

解　该问题可以使用图论中的最短路算法进行求解。

可以用四维向量来表示状态,其中第一分量表示人,第二分量表示狼,第三分量表示羊,第四分量表示蔬菜。当人或物在此岸时相应分量取 1,在对岸时取 0。

根据题意,人不在场时,狼要吃羊,羊要吃菜,因此,人不在场时,不能将狼与羊,羊与蔬菜留在河的任一岸。例如,状态(0,1,1,0)表示人和菜在对岸,而狼和羊在此岸,这时人不在场狼要吃羊,因此,这个状态是不可行的。

通过穷举法将所有可行的状态列举出来,可行的状态有

(1,1,1,1),(1,1,1,0),(1,1,0,1),(1,0,1,1),(1,0,1,0),(0,1,0,1),(0,1,0,0),(0,0,1,0),(0,0,0,1),(0,0,0,0).

可行状态共有 10 种。每一次的渡河行为改变现有的状态。现构造赋权图 $G=(V,E,W)$,其中顶点集合 $V=\{v_1,v_2,\cdots,v_{10}\}$ 中的顶点(按照上面的顺序编号)分别表示上述 10 个可行状态,当且仅当对应的两个可行状态之间存在一个可行转移时两顶点之间才有边连接,并且对应的权重取为 1,当两个顶点之间不存在可行转移时,可以认为存在权重为 ∞ 的边。

因此问题变为在图 G 中寻找一条由初始状态(1,1,1,1)出发,经最小次数转移达到最终状态(0,0,0,0)的转移过程,即求从状态(1,1,1,1)到状态(0,0,0,0)的最短路径。这就将问题转化成了图论中的最短路问题。

该题的难点在于计算邻接矩阵,由于摆渡一次就改变现有的状态,为此再引入一个四维状态转移向量,用它来反映摆渡情况。用 1 表示过河,0 表示未过河。例如,(1,1,0,0)表示人带狼过河。状态转移只有 4 种情况,用如下的向量表示:

(1,0,0,0),(1,1,0,0),(1,0,1,0),(1,0,0,1).

现在规定状态向量分量与转移向量分量之间的运算为

0+0=0,1+0=1,0+1=1,1+1=0。

通过上面的定义,如果某一个可行状态加上转移向量得到的新向量还属于可行状态,则这两个可行状态对应的顶点之间就存在一条边。用计算机编程时,可以利用普通向量的异或运算实现。

利用 Matlab 软件求得赋权图 G 的最短路径的状态转移关系见图 4.18 中的实线,状态转移顺序为

$$1\to6\to3\to7\to2\to8\to5\to10,$$

即经过 7 次渡河就可以把狼、羊、蔬菜运过河,第一次运羊过河,空船返回;第二次运菜过河,带羊返回;第三次运狼过河,空船返回;第四次运羊过河。

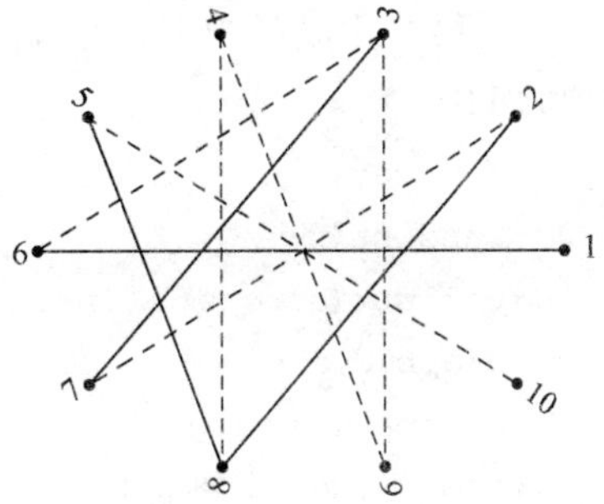

图 4.18 可行状态之间的转移

```
clc, clear, close all
a=[1 1 1 1;1 1 1 0;1 1 0 1;1 0 1 1;1 0 1 0
   0 1 0 1;0 1 0 0;0 0 1 0;0 0 0 1; 0 0 0 0];   % 每一行是一个可行状态
b=[1 0 0 0;1 1 0 0;1 0 1 0;1 0 0 1];            % 每一行是一个转移状态
w=zeros(10);                                     % 邻接矩阵初始化
for i=1:9
    for j=i+1:10
        for k=1:4
            if strfind(xor(a(i,:),b(k,:)),a(j,:))
                w(i,j)=1;
            end
        end
    end
end
[i,j,v]=find(w);                                 % 找非零元素
s=cellstr(int2str([1:10]'));                     % 构造顶点字符串
G=graph(i,j,v,s)                                 % 构造无向图
[p,d]=shortestpath(G,1,10)                       % 求最短路径和最短距离
h=plot(G,'Layout','circle','NodeFontSize',12,'LineStyle','--') highlight(h,p,
'EdgeColor','k','LineStyle','-')                 % 最短路径实线
```

例 4.20 设有 9 个顶点 $v_i(i=1,2,\cdots,9)$,坐标分别为 (x_i,y_i),具体数据见表 4.5。任意两个顶点之间的距离为

$$d_{ij}=|x_i-x_j|+|y_i-y_j|,\quad i,j=1,2,\cdots,9,$$

怎样连接电缆,使每个顶点都连通,且所用的电缆总长度最短?

表 4.5 点的坐标数据

i	1	2	3	4	5	6	7	8	9
x_i	0	5	16	20	33	23	35	25	10
y_i	15	20	24	20	25	11	7	0	3

解 以 $V=\{v_1,v_2,\cdots,v_9\}$ 作为顶点集,构造赋权图 $G=(V,E,\boldsymbol{W})$,这里 $\boldsymbol{W}=(d_{ij})_{9\times9}$ 为邻接矩阵。求电缆总长度最短的问题实际上就是求图 G 的最小生成树。

求得最小生成树的边集为 $\{v_1v_2,v_2v_3,v_3v_4,v_3v_5,v_4v_6,v_6v_7,v_6v_8,v_8v_9\}$,电缆总长度的最小值为 110。

```
clc, clear, xy=load('data4_20.txt');
d=mandist(xy);                                     %求xy的两两列向量间的绝对值距离
s=cellstr(strcat('v',int2str([1:9]')));            %构造顶点字符串
G=graph(d,s);                                      %构造无向图
T=minspantree(G);                                  %用默认的Prim算法求最小生成树
L=sum(T.Edges.Weight)                              %计算最小生成树的权重
T.Edges                                            %显示最小生成树的边集
h=plot(G,'Layout','circle','NodeFontSize',12);    %画无向图
highlight(h,T,'EdgeColor','r','LineWidth',2)       %加粗最小生成树的边
```

4.8 旅行商(TSP)问题

4.8.1 修改圈近似算法

一名推销员准备前往若干城市推销产品,然后回到他的出发地。如何为他设计一条最短的旅行路线(从驻地出发,经过每个城市恰好一次,最后返回驻地)?这个问题称为旅行商问题。用图论的术语说,就是在一个赋权完全图中,找出一个有最小权的 Hamilton 圈。称这种圈为最优圈。目前还没有求解旅行商问题的有效算法,希望有一个方法以获得相当好(但不一定最优)的解。

一个可行的办法是首先求一个 Hamilton 圈 C,然后适当修改 C 以得到具有较小权的另一个 Hamilton 圈。修改的方法叫做改良圈算法。设初始圈 $C=v_1v_2\cdots v_nv_1$。

对于 $1\leqslant i<i+1<j\leqslant n$,构造新的 Hamilton 圈

$$C_{ij}=v_1v_2\cdots v_iv_jv_{j-1}v_{j-2}\cdots v_{i+1}v_{j+1}v_{j+2}\cdots v_nv_1,$$

它是由 C 中删去边 v_iv_{i+1} 和 v_jv_{j+1},添加边 v_iv_j 和 $v_{i+1}v_{j+1}$ 而得到的。若

$$w(v_iv_j)+w(v_{i+1}v_{j+1})<w(v_iv_{i+1})+w(v_jv_{j+1}),$$

则以 C_{ij} 代替 C,C_{ij} 叫做 C 的改良圈。

重复以上过程,直至无法改进,停止。

用改良圈算法得到的结果几乎可以肯定不是最优的。为了得到更高的精确度,可以选择不同的初始圈,重复进行几次,以求得较精确的结果。

圈的修改过程一次替换三条边比一次仅替换两条边更有效;然而奇怪的是,进一步推广这一想法,就不对了。

例 4.21 从北京(Pe)乘飞机到东京(T)、纽约(N)、墨西哥城(M)、伦敦(L)、巴黎(Pa)五城市旅游,每城市恰去一次后再回北京,应如何安排旅游线,使旅程最短?用修改圈算法,求一个近似解。各城市之间的航线距离如表 4.6 所示。

表 4.6　六城市间的距离

	L	M	N	Pa	Pe	T
L		56	35	21	51	60
M	56		21	57	78	70
N	35	21		36	68	68
Pa	21	57	36		51	61
Pe	51	78	68	51		13
T	60	70	68	61	13	

解　求得近似圈为 5→4→1→3→2→6→5，近似圈的长度为 211。

```
clc, clear, a=readmatrix ('data4_21.xlsx');
a(isnan(a))=0                          % 对角线元素替换为 0
L=size(a,1); c=[5 1:4 6 5];            % 选取初始圈
[circle,long]=modifycircle(a,L,c)      % 调用下面修改圈的子函数

function [circle,long]=modifycircle(a,L,c)
for k=1:L
    flag=0;                            % 退出标志
    for i=1:L-2
        for j=i+2:L
            if a(c(i),c(j))+a(c(i+1),c(j+1))<...
                    a(c(i),c(i+1))+a(c(j),c(j+1))
                c(i+1:j)=c(j:-1:i+1);
                flag=flag+1;           % 修改一次,标志加 1
            end
        end
    end
    if flag==0                         % 一条边也没有修改,就返回
        long=0;                        % 圈长的初始值
        for i=1:L
            long=long+a(c(i),c(i+1));  % 求改良圈的长度
        end
        circle=c;                      % 返回修改圈
        return
    end
end
end
```

实际上可以用数学规划模型求得精确的最短圈长度为 211，这里的近似算法凑巧求出了准确解。

4.8.2　旅行商问题的数学规划模型

旅行商问题的 0-1 整数规划模型在第 2 章整数规划中已经给出了，这里就不赘述了。

例 4.22 已知SV地区各城镇之间距离见表4.7,某公司计划在SV地区做广告宣传,推销员从城市1出发,经过各个城镇,再回到城市1。为节约开支,公司希望推销员走过这10个城镇的总距离最少。

表4.7 城镇之间的距离

	2	3	4	5	6	7	8	9	10
1	8	5	9	12	14	12	16	17	22
2		9	15	17	8	11	18	14	22
3			7	9	11	7	12	12	17
4				3	17	10	7	15	18
5					8	10	6	15	15
6						9	14	8	16
7							8	6	11
8								11	11
9									10

解 求得的最短路径为1→3→4→5→8→10→6→2→1,最短路径长度为73。

```
clc, clear, a=readmatrix('data4_22.xlsx');
a(isnan(a))=0;                    % 把 NaN 替换为 0
b=zeros(10);                      % 邻接矩阵初始化
b([1:end-1],[2:end])=a;           % 邻接矩阵上三角元素赋值
b=b+b';                           % 构造完整的邻接矩阵
n=10; b([1:n+1:end])=1000000;     % 对角线元素换为充分大
prob=optimproblem;
x=optimvar('x',n,n,'Type','integer','LowerBound',0,'UpperBound',1);
u=optimvar('u',n,'LowerBound',0); % 序号变量
prob.Objective=sum(sum(b.*x));
prob.Constraints.con1=[sum(x,2)==1; sum(x,1)'==1; u(1)==0];
con2 = [1<=u(2:end); u(2:end)<=n-1];
for i=1:n
    for j=2:n
        con2 = [con2; u(i)-u(j)+n*x(i,j)<=n-1];
    end
end
prob.Constraints.con2 = con2;
[sol, fval, flag]=solve(prob)
xx=sol.x; [i,j]=find(xx);
fprintf('xij=1 对应的行列位置如下:\n')
ij=[i'; j']
```

4.9 计划评审法和关键路线法

计划评审方法(Program Evaluation and Review Technique, PERT)和关键路线法(Critical Path Method, CPM)是网络分析的重要组成部分,它广泛地用于系统分析和项目管理。计划评审与关键路线方法是在20世纪50年代提出并发展起来的,1956年,美国杜邦公司为了协调企业不同业务部门的系统规划,提出了关键路线法。1958年,美国海军武装部在研制"北极星"导弹计划时,由于导弹的研制系统过于庞大、复杂,为找到一种有效的管理方法,设计了计划评审方法。由于PERT与CPM既有着相同的目标应用,又有很多相同的术语,因此这两种方法已合并为一种方法,在国外称为PERT/CPM,在国内称为统筹方法(Scheduling Method)。

4.9.1 计划网络图

例4.23 某项目工程由11项作业组成(分别用代号A,B,…,J,K表示),其计划完成时间及作业间相互关系如表4.8所示,求作业的关键路径。

表4.8 作业流程数据

作业	计划完成时间/天	紧前作业	作业	计划完成时间/天	紧前作业
A	5	—	G	21	*B*,*E*
B	10	—	H	35	*B*,*E*
C	11	—	I	25	*B*,*E*
D	4	*B*	J	15	*F*,*G*,*I*
E	4	*A*	K	20	*F*,*G*
F	15	C,D			

例4.23就是计划评审方法或关键路线法需要解决的问题。

1. 计划网络图的概念

定义4.18 称任何消耗时间或资源的行动称为作业。称作业的开始或结束为事件,事件本身不消耗资源。

在计划网络图中通常用圆圈表示事件,用箭线表示作业,如图4.19所示,1、2、3表示事件,A、B表示作业。由这种方法画出的网络图称为计划网络图。

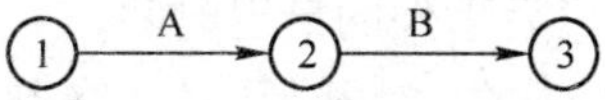

图4.19 计划网络图的基本画法

虚作业用虚箭线"……→"表示。它表示工时为零,不消耗任何资源的虚构作业。其作用只是正确表示作业的前驱后继关系。

定义4.19 在计划网络图中,称从初始事件到最终事件的由各项作业连贯组成的一条路为路线。具有累计作业时间最长的路线称为关键路线。

由此看来,例4.23就是求相应的计划网络图中的关键路径。

2. 建立计划网络图应注意的问题

(1) 任何作业在网络中用唯一的箭线表示,任何作业其终点事件的编号必须大于其起点事件。

(2) 两个事件之间只能画一条箭线,表示一项作业。对于具有相同开始和结束事件的两项以上的作业，要引进虚事件和虚作业。

(3) 任何计划网络图应有唯一的最初事件和唯一的最终事件。

(4) 计划网络图不允许出现回路。

(5) 计划网络图的画法一般是从左到右，从上到下，尽量做到清晰美观，避免箭头交叉。

4.9.2 时间参数

1. 事件时间参数

1) 事件的最早时间

事件 j 的最早时间用 $t_E(j)$ 表示，它表明以事件 j 为始点的各工作最早可能开始的时间，也表示以事件 j 为终点的各作业的最早可能完成时间，它等于从始点事件到该事件的最长路线上所有作业的工时总和。事件最早时间可用下列递推公式，按照事件编号从小到大的顺序逐个计算。

设事件编号为 $1,2,\cdots,n$，则

$$\begin{cases} t_E(1)=0, \\ t_E(j)=\max\limits_{i}\{t_E(i)+t(i,j)\}, \end{cases} \tag{4.7}$$

式中：$t_E(i)$ 是与事件 j 相邻的各紧前事件的最早时间；$t(i,j)$ 是作业 (i,j) 所需的工时。

终点事件的最早时间显然就是整个工程的总最早完工期，即

$$t_E(n)=\text{总最早完工期}.$$

2) 事件的最迟时间

事件 i 的最迟时间用 $t_L(i)$ 表示，它表明在不影响任务总工期条件下，以事件 i 为始点的作业的最迟必须开始时间，或以事件 i 为终点的各作业的最迟必须完成时间。由于一般情况下都把任务的最早完工时间作为任务的总工期，所以事件最迟时间的计算公式为

$$\begin{cases} t_L(n)=\text{总工期(或 } t_E(n)\text{)}, \\ t_L(i)=\min\limits_{j}\{t_L(j)-t(i,j)\}. \end{cases} \tag{4.8}$$

式中：$t_L(j)$ 是与事件 i 相邻的各紧后事件的最迟时间。

式(4.8)也是递推公式，但与式(4.7)相反，是从终点事件开始，按编号由大至小的顺序逐个由后向前计算。

2. 作业的时间参数

1) 作业的最早可能开工时间与作业的最早可能完工时间

一个作业 (i,j) 的最早可能开工时间用 $t_{ES}(i,j)$ 表示。任何一件作业都必须在其所有紧前作业全部完工后才能开始。作业 (i,j) 的最早可能完工时间用 $t_{EF}(i,j)$ 表示，它表示作业按最早开工时间开始所能达到的完工时间。它们的计算公式为

$$\begin{cases} t_{ES}(1,j)=0, \\ t_{ES}(i,j)=\max\limits_{k}\{t_{ES}(k,i)+t(k,i)\}, \\ t_{EF}(i,j)=t_{ES}(i,j)+t(i,j). \end{cases} \tag{4.9}$$

这组公式也是递推公式。即所有从总开工事件出发的作业 $(1,j)$，其最早可能开工时

间为零;任一作业(i,j)的最早开工时间要由它的所有紧前作业(k,i)的最早开工时间决定;作业(i,j)的最早完工时间显然等于其最早开工时间与工时之和。

2) 作业的最迟必须开工时间与作业的最迟必须完工时间

一个作业(i,j)的最迟开工时间用$t_{LS}(i,j)$表示。它表示作业(i,j)在不影响整个任务如期完成的前提下,必须开始的最晚时间。

作业(i,j)的最迟必须完工时间用$t_{LF}(i,j)$表示。它表示作业(i,j)按最迟时间开工,所能达到的完工时间。它们的计算公式为

$$\begin{cases} t_{LF}(i,n)=\text{总完工期(或 } t_{EF}(i,n)\text{)}, \\ t_{LS}(i,j)=\min\limits_{k}\{t_{LS}(j,k)-t(i,j)\}, \\ t_{LF}(i,j)=t_{LS}(i,j)+t(i,j). \end{cases} \tag{4.10}$$

这组公式是按作业的最迟必须开工时间由终点向始点逐个递推的公式。凡是进入总完工事件n的作业(i,n),其最迟完工时间必须等于预定总工期或等于这个作业的最早可能完工时间。任一作业(i,j)的最迟必须开工时间由它的所有紧后作业(j,k)的最迟开工时间确定。而作业(i,j)的最迟完工时间显然等于本作业的最迟开工时间与工时的和。

由于任一个事件i(除去始点事件和终点事件),既表示某些作业的开始又表示某些作业的结束。所以从事件与作业的关系考虑,用式(4.9)和式(4.10)求得的有关作业的时间参数,也可以通过事件的时间参数式(4.7)和式(4.8)来计算。如作业(i,j)的最早可能开工时间$t_{ES}(i,j)$就等于事件i的最早时间$t_E(i)$。作业(i,j)的最迟必须完工时间等于事件j的最迟时间。

3. 时差

作业的时差又叫作业的机动时间或富裕时间,常用的时差有两种。

1) 作业的总时差

在不影响任务总工期的条件下,某作业(i,j)可以延迟其开工时间的最大幅度,叫作该作业的总时差,用$R(i,j)$表示。其计算公式为

$$R(i,j)=t_{LF}(i,j)-t_{EF}(i,j) \tag{4.11}$$

即作业(i,j)的总时差等于它的最迟完工时间与最早完工时间的差。显然$R(i,j)$也等于该作业的最迟开工时间与最早开工时间之差。

2) 作业的单时差

作业的单时差是指在不影响紧后作业的最早开工时间条件下,此作业可以延迟其开工时间的最大幅度,用$r(i,j)$表示。其计算公式为

$$r(i,j)=t_{ES}(j,k)-t_{EF}(i,j) \tag{4.12}$$

即单时差等于其紧后作业的最早开工时间与本作业的最早完工时间之差。

4.9.3 计划网络图的计算

以例 4.23 的求解过程为例介绍计划网络图的计算方法。

1. 建立计划网络图

首先建立计划网络图。按照上述规则,建立例 4.23 的计划网络图,如图 4.20 所示。

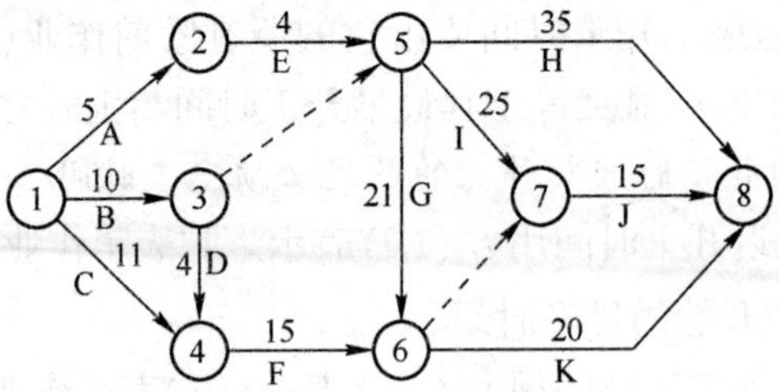

图 4.20　例 4.23 的计划网络图

2. 写出相应的规划问题

设 x_i 是事件 i 的开始时间,1 为最初事件,n 为最终事件。希望总的工期最短,即极小化 x_n,为了求所有事件的最早开工时间,把目标函数取为 $\min \sum_{i\in V} x_i$。设 t_{ij}是作业(i,j)的计划时间,因此,对于事件 i 与事件 j 有不等式

$$x_j \geqslant x_i + t_{ij},$$

由此得到相应的数学规划问题

$$\min \sum_{i\in V} x_i,$$
$$\text{s. t.} \begin{cases} x_j \geqslant x_i + t_{ij}, & (i,j) \in A \\ x_i \geqslant 0, & i \in V, \end{cases} \tag{4.13}$$

式中:V 是所有的事件集合;A 是所有作业的集合。

3. 问题求解

用 Matlab 软件求解例 4.23。编写 Matlab 程序如下:

```
clc, clear
L = [1,2,5; 1,3,10; 1,4,11; 2,5,4
    3,4,4; 3,5,0; 4,6,15; 5,6,21
    5,7,25; 5,8,35; 6,7,0; 6,8,20; 7,8,15];
prob =optimproblem;
x =optimvar('x', 8, 'LowerBound',0);
prob.Objective = sum(x);
n = length(L); con =optimconstr(n);
for k = 1:n
   con(k) = x(L(k,2))>=x(L(k,1))+L(k,3);
end
prob.Constraints.con = con;
[sol,fval, flag, out] = solve(prob)
xx =sol.x'          % 显示最优解
```

求得的最优解为 $x_1=0, x_2=5, x_3=10, x_4=14, x_5=10, x_6=31, x_7=35, x_8=51$。

目标函数的最优值为 156.0。

计算结果给出了各个项目的开工时间,如 $x_1=0$,则作业 A、B、C 的开工时间均是第 0 天;$x_2=5$,则作业 E 的开工时间是第 5 天;$x_3=10$,则作业 D 的开工时间是第 10 天;等等。每个作业只要按规定的时间开工,整个项目的最短工期为 51 天。

尽管上述 Matlab 程序给出相应的开工时间和整个项目的最短工期,但统筹方法中许多有用的信息并没有得到,如项目的关键路径、每个作业的最早开工时间、最迟开工时间等。

例 4.24(续例 4.23) 求例 4.23 中每个作业的最早开工时间、最迟开工时间和作业的关键路径。

解 分别用 x_i,z_i 表示第 $i(i=1,2,\cdots,8)$ 个事件的最早时间和最迟时间,t_{ij}表示作业(i,j)的计划时间,$es_{ij},ls_{ij},ef_{ij},lf_{ij}$分别表示作业$(i,j)$的最早开工时间、最迟开工时间、最早完工时间和最晚完工时间。对应作业的最早开工时间与最迟开工时间相同,就得到项目的关键路径。

首先使用数学规划模型式(4.13),求事件的最早开工时间 $x_i(i=1,2,\cdots,8)$。然后用下面的递推公式求其他指标。

$$\begin{aligned}&z_n=x_n,\quad n=8,\\&z_i=\min_j\{z_j-t_{ij}\},\quad i=n-1,\cdots,2,1,(i,j)\in A,\end{aligned}\tag{4.14}$$

$$es_{ij}=x_i,\quad (i,j)\in A,\tag{4.15}$$

$$lf_{ij}=z_j,\quad (i,j)\in A,\tag{4.16}$$

$$ls_{ij}=lf_{ij}-t_{ij},\quad (i,j)\in A,\tag{4.17}$$

$$ef_{ij}=x_i+t_{ij},\quad (i,j)\in A.\tag{4.18}$$

使用式(4.15)和式(4.17)可以得到所有作业的最早开工时间和最迟开工时间,如表 4.9 所示,方括号中第 1 个数字是最早开工时间,第 2 个数字是最迟开工时间。

表 4.9 作业数据

作业(i,j)	开工时间	计划完成时间/天	作业(i,j)	开工时间	计划完成时间/天
A(1,2)	[0,1]	5	G(5,6)	[10,10]	21
B(1,3)	[0,0]	10	H(5,8)	[10,16]	35
C(1,4)	[0,5]	11	I(5,7)	[10,11]	25
D(3,4)	[10,12]	4	J(7,8)	[35,36]	15
E(2,5)	[5,6]	4	K(6,8)	[31,31]	20
F(4,6)	[14,16]	15			

从表 4.9 可以看出,当最早开工时间与最迟开工时间相同时,对应的作业在关键路线上,因此可以画出计划网络图中的关键路线,如图 4.21 粗线所示,关键路线为 1→3→5→6→8。

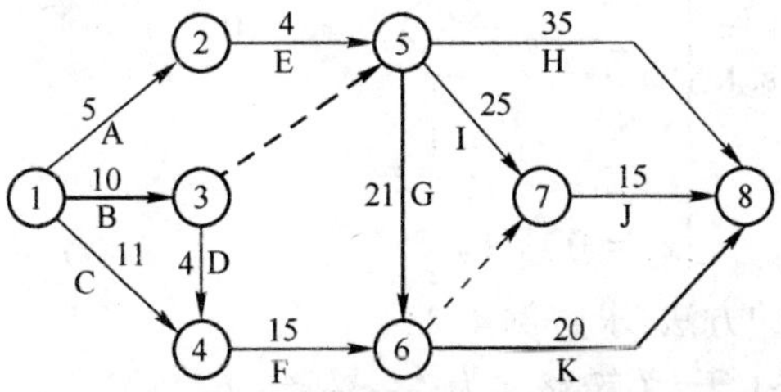

图 4.21 带有关键路线的计划网络图

```
clc, clear
L = [1,2,5; 1,3,10; 1,4,11; 2,5,4
     3,4,4; 3,5,0; 4,6,15; 5,6,21
     5,7,25; 5,8,35; 6,7,0; 6,8,20; 7,8,15];
prob =optimproblem;
x =optimvar('x', 8, 'LowerBound',0);
prob.Objective = sum(x);
n = length(L); con =optimconstr(n);
for k = 1:n
    con(k) = x(L(k,2))>=x(L(k,1))+L(k,3);
end
prob.Constraints.con = con;
[sol,fval, flag, out] = solve(prob)
xx =sol.x'      % 显示最优解
z(8) = xx(end);
for k = 7:-1:1
    ind = find(L(:,1)==k)
    z(k)=min(z(L(ind,2))-L(ind,3)')
end
es = [];lf =[]; ls =[]; ef = [];
fori = 1:n
    es = [es; [L(i,1),L(i,2),xx(L(i,1))]];
    lf = [lf; [L(i,1),L(i,2),z(L(i,2))]];
    ls = [ls; [L(i,1),L(i,2),z(L(i,2))-L(i,3)]];
    ef = [ef; [L(i,1),L(i,2),xx(L(i,1))+L(i,3)]];
end
es,lf, ls, ef
```

4. 将关键路线看成最长路

如果将关键路线看成最长路,则可以按照求最短路的方法(将求极小改为求极大)求出关键路线。

设 x_{ij}为 0-1 变量,当作业(i,j)位于关键路线上取 1,否则取 0。数学规划问题写成

$$\max \sum_{(i,j)\in A} t_{ij}x_{ij},$$

$$\text{s. t.}\begin{cases}\sum\limits_{j:(1,j)\in A} x_{1j}=1,\\ \sum\limits_{j:(i,j)\in A} x_{ij}-\sum\limits_{k:(k,i)\in A} x_{ki}=0, & i\neq 1,n,\\ \sum\limits_{k:(k,n)\in A} x_{kn}=1,\\ x_{ij}=0\text{ 或 }1, & (i,j)\in A.\end{cases}$$

例 4.25 用最长路的方法,求解例 4.23。

解 求得工期需要 51 天,关键路线为 1→3→5→6→8。

```
clc, clear
L = [1,2,5; 1,3,10; 1,4,11; 2,5,4
     3,4,4; 3,5,0; 4,6,15; 5,6,21
     5,7,25; 5,8,35; 6,7,0; 6,8,20; 7,8,15];
n = 8; N=size(L,1); obj=0;                          % 目标函数初始化
prob =optimproblem('ObjectiveSense','max');
x =optimvar('x', n, n, 'Type','integer','LowerBound',0,'UpperBound',1);
for k=1:N
    obj=obj+x(L(k,1),L(k,2))*L(k,3);
end
con=optimconstr(n);
ind1=find(L(:,1)==1); con(1)=sum(x(1,L(ind1,2)))==1;
for i=2:n-1
    out=find(L(:,1)==i); in=find(L(:,2)==i);
    con(i)=sum(x(i,L(out,2)))==sum(x(L(in,1),i));
end
indn=find(L(:,2)==n); con(n)=sum(x(L(indn,1),n))==1;
prob.Constraints.con = con; prob.Objective=obj;
[sol,fval] = solve(prob), xx = sol.x                % 显示最优解
[i,j] = find(xx); ij = [i'; j']
```

4.9.4 关键路线与计划网络的优化

例 4.26(关键路线与计划网络的优化) 假设例 4.23 中所列的工程要求在 49 天内完成。为提前完成工程,有些作业需要加快进度,缩短工期,而加快进度需要额外增加费用。表 4.10 列出例 4.23 中可缩短工期的所有作业和缩短一天工期额外增加的费用。现在的问题是,如何安排作业才能使额外增加的总费用最少?

表 4.10 工程作业数据

作业 (i,j)	计划完成时间/天	最短完成时间/天	缩短一天工期增加的费用/天	作业 (i,j)	计划完成时间/天	最短完成时间/天	缩短一天工期增加的费用/天
$B(1,3)$	10	8	700	$H(5,8)$	35	30	500
$C(1,4)$	11	8	400	$I(5,7)$	25	22	300
$E(2,5)$	4	3	450	$J(7,8)$	15	12	400
$G(5,6)$	21	16	600	$K(6,8)$	20	16	500

例 4.26 所涉及的问题就是计划网络的优化问题,这时需要压缩关键路径来减少最短工期。

1. 计划网络优化的数学表达式

设 x_i 是事件 i 的开始时间,t_{ij}是作业(i,j)的计划时间,m_{ij}是完成作业(i,j)的最短时间,y_{ij}是作业(i,j)可能减少的时间,c_{ij}是作业(i,j)缩短一天增加的费用,因此有

$$x_j-x_i\geqslant t_{ij}-y_{ij} \quad 且 \quad 0\leqslant y_{ij}\leqslant t_{ij}-m_{ij}.$$

设 d 是要求完成的天数,1 为最初事件,n 为最终事件,所以有 $x_n-x_1\leqslant d$。而问题的总目标

是使额外增加的费用最小,即目标函数为 $\min \sum_{(i,j)\in A} c_{ij}y_{ij}$。由此得到相应的数学规划问题

$$\min \sum_{(i,j)\in A} c_{ij}y_{ij},$$

$$\text{s.t.}\begin{cases}x_j - x_i + y_{ij} \geqslant t_{ij}, & (i,j)\in A,\\ x_n - x_1 \leqslant d, \\ 0 \leqslant y_{ij} \leqslant t_{ij} - m_{ij}, & (i,j)\in A.\end{cases}$$

2. 计划网络优化的求解

利用 Matlab 软件求得结果如下:作业(1,3)(B)压缩 1 天的工期,作业(6,8)(K)压缩 1 天工期,这样可以在 49 天完工,需要多花费 1200 元。

```
clc, clear
L = [1,2,5,5,0;1,3,10,8,700; 1,4,11,8,400; 2,5,4,3,450
     3,4,4,4,0; 3,5,0,0,0; 4,6,15,15,0; 5,6,21,16,600
     5,7,25,22,300; 5,8,35,30,500; 6,7,0,0,0
     6,8,20,16,500; 7,8,15,12,400];
n = 8; obj=optimexpr;                    % 目标函数初始化
prob =optimproblem;
x =optimvar('x',n,'Type','integer','LowerBound',0);
y =optimvar('y', n, n, 'Type','integer','LowerBound',0);
N = size(L,1); con =optimconstr(2 * N+1);
con(1)=x(n)-x(1)<=49;
for k=1:N
    obj=obj+L(k,5) * y(L(k,1),L(k,2));
    con(2 * k)=L(k,3)<=x(L(k,2))-x(L(k,1))+y(L(k,1),L(k,2));
    con(2 * k+1)=y(L(k,1),L(k,2))<=L(k,3)-L(k,4);
end
prob.Objective = obj;
prob.Constraints.con = con;
[sol,fval, flag, out] = solve(prob)
xx =sol.x, yy = sol.y
[i,j] = find(yy); ij = [i'; j']
```

如果需要知道压缩工期后的关键路径,则需要稍复杂一点的计算。

例 4. 27(续例 4. 26) 用 Matlab 软件求解例 4. 26,并求出相应的关键路径、各作业的最早开工时间和最迟开工时间。

解 使用前面例子相同符号。为了得到作业的最早开工时间,在目标函数中加入 $\sum_{i\in V} x_i$,建立如下的数学规划模型:

$$\min \sum_{(i,j)\in A} c_{ij}y_{ij} + \sum_{i\in V} x_i,$$

$$\text{s.t.}\begin{cases}x_j - x_i + y_{ij} \geqslant t_{ij}, & (i,j)\in A,\\ x_n - x_1 \leqslant d, \\ 0 \leqslant y_{ij} \leqslant t_{ij} - m_{ij}, & (i,j)\in A.\end{cases}$$

先求出 x_i, y_{ij}，其中 $i \in V, (i,j) \in A$。再使用迭代公式

$$z_n = x_n, (\text{这里 } n=8),$$

$$z_i = \min_j \{z_j - t_{ij} + y_{ij}\}, \quad i = n-1, \cdots, 2, 1, (i,j) \in A,$$

$$es_{ij} = x_i, (i,j) \in A,$$

$$ls_{ij} = z_j - t_{ij} + y_{ij}, (i,j) \in A,$$

求出事件最迟时间 z_i、作业最早开工时间 es_{ij} 和最迟开工时间 ls_{ij}。

计算出所有作业的最早开工时间和最迟开工时间，如表 4.11 所列。

表 4.11　作业数据

作业(i,j)	开工时间	实际完成时间/天	作业(i,j)	开工时间	实际完成时间/天
A(1,2)	[0,0]	5	G(5,6)	[9,9]	21
B(1,3)	[0,0]	9	H(5,8)	[9,14]	35
C(1,4)	[0,4]	11	I(5,7)	[9,9]	25
D(3,4)	[9,11]	4	J(7,8)	[34,34]	15
E(2,5)	[5,5]	4	K(6,8)	[30,30]	19
F(4,6)	[13,15]	15			

当最早开工时间与最迟开工时间相同时，对应的作业就在关键路线上，图 4.22 中的粗线表示优化后的关键路线。从图 4.22 可以看到，关键路线不止一条。

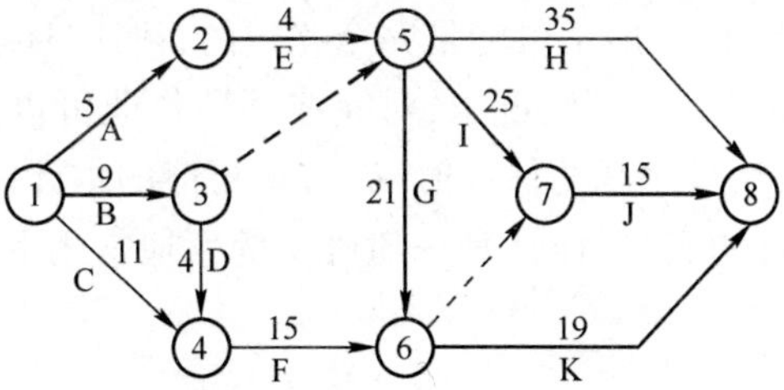

图 4.22　优化后的关键路线图

```
clc, clear
L = [1,2,5,5,0;1,3,10,8,700; 1,4,11,8,400; 2,5,4,3,450
     3,4,4,4,0; 3,5,0,0,0; 4,6,15,15,0; 5,6,21,16,600
     5,7,25,22,300; 5,8,35,30,500; 6,7,0,0,0
     6,8,20,16,500; 7,8,15,12,400];
N=size(L,1); n = 8;
x =optimvar('x',n,'Type','integer','LowerBound',0);
y =optimvar('y', n, n, 'Type','integer','LowerBound',0);
prob =optimproblem; obj = sum(x);                    % 目标函数初始化
con =optimconstr(2 * N+1); con(1)=x(n)-x(1)<=49;
for k=1:N
    obj=obj+L(k,5) * y(L(k,1),L(k,2));
    con(2 * k)=L(k,3)<=x(L(k,2))-x(L(k,1))+y(L(k,1),L(k,2));
```

```
    con(2*k+1)=y(L(k,1),L(k,2))<=L(k,3)-L(k,4);
end
prob.Objective=obj;
prob.Constraints.con = con;
[sol,fval, flag, out] = solve(prob)
xx =sol.x, yy = sol.y
[i,j] = find(yy); ij = [i'; j']
z(8) = xx(end);
for k = 7:-1:1
ind = find(L(:,1)==k);
    z(k)=min(z(L(ind,2))-L(ind,3)'+yy(k,L(ind,2)));
end
els = [];
for i = 1:length(L)
    els = [els; [L(i,1),L(i,2),xx(L(i,1)),...
        z(L(i,2))-L(i,3)+yy(L(i,1),L(i,2))]];
end
els                                                    %显示最早和最迟开工时间
```

4.9.5 完成作业期望和实现事件的概率

在例 4.23 中,每项作业完成的时间均看成固定的,但在实际应用中,每一作业的完成会受到一些意外因素的干扰,一般不可能是完全确定的,往往只能凭借经验和过去完成类似作业需要的时间进行估计。通常情况下,对完成一项作业可以给出三个时间上的估计值:最乐观值的估计值(a)、最悲观的估计值(b)和最可能的估计值(e)。

设 t_{ij} 是完成作业(i,j)的实际时间(是一随机变量),通常用下面的方法计算相应的数学期望和方差:

$$E(t_{ij})=\frac{a_{ij}+4e_{ij}+b_{ij}}{6}, \tag{4.19}$$

$$\mathrm{Var}(t_{ij})=\frac{(b_{ij}-a_{ij})^2}{36}. \tag{4.20}$$

设 T 为实际工期,即

$$T=\sum_{(i,j)\in 关键路线} t_{ij}. \tag{4.21}$$

由中心极限定理,可以假设 T 服从正态分布,并且期望值和方差满足

$$\overline{T}=E(T)=\sum_{(i,j)\in 关键路线} E(t_{ij}), \tag{4.22}$$

$$S^2=\mathrm{Var}(T)=\sum_{(i,j)\in 关键路线} \mathrm{Var}(t_{ij}). \tag{4.23}$$

设规定的工期为 d,则在规定的工期内完成整个项目的概率为

$$P\{T\leqslant d\}=\Phi\left(\frac{d-\overline{T}}{S}\right), \tag{4.24}$$

式中:$\Phi(x)$为标准正态分布的分布函数。

例 4.28 已知例 4.23 中各项作业完成的三个估计时间如表 4.12 所示。如果规定时间为 52 天,求在规定时间内完成全部作业的概率。进一步,如果完成全部作业的概率大于或等于 95%,那么工期至少需要多少天?

表 4.12 作业数据

作业 (i,j)	估计时间/天			作业 (i,j)	估计时间/天		
	a	m	b		a	m	b
A(1,2)	3	5	7	G(5,6)	18	20	28
B(1,3)	8	9	16	H(5,8)	26	33	52
C(1,4)	8	11	14	I(5,7)	18	25	32
D(3,4)	2	4	6	J(7,8)	12	15	18
E(2,5)	3	4	5	K(6,8)	11	21	25
F(4,6)	8	16	18				

解 对于这个问题采用最长路的方法。

按式(4.19)计算出各作业的期望值,再建立求关键路径的数学规划模型

$$\max \sum_{(i,j)\in A} E(t_{ij})x_{ij},$$

$$\text{s.t.}\begin{cases}\sum\limits_{j:(1,j)\in A} x_{1j} = 1,\\ \sum\limits_{j:(i,j)\in A} x_{ij} - \sum\limits_{k:(k,i)\in A} x_{ki} = 0, \quad i = 2,3,\cdots,7,\\ \sum\limits_{k:(k,8)\in A} x_{k8} = 1,\\ x_{ij} = 0 \text{ 或 } 1, \quad (i,j)\in A.\end{cases}$$

求解上述数学规划模型即可得到关键路径和完成整个项目的时间,再由式(4.20)计算出关键路线上各作业方差的估计值,最后利用式(4.24)即可计算出完成全部作业的概率。

计算得到关键路线的时间期望为 51 天,标准差为 3.1623,在 52 天完成全部作业的概率为 62.41%。

设工期至少需要 n 天,才能使完成全部作业的概率大于等于 95%。则由

$$\Phi\left(\frac{n-51}{3.1623}\right) \geqslant 0.95,$$

得 $\frac{n-51}{3.1623} \geqslant \Phi^{-1}(0.95)$, $n \geqslant 51+3.1623\Phi^{-1}(0.95) = 56.2015$。

```
clc, clear
L = [1,2,3,5,7;1,3,8,9,16; 1,4,8,11,14; 2,5,3,4,5
     3,4,2,4,6; 3,5,0,0,0; 4,6,8,16,18; 5,6,18,20,28
     5,7,18,25,32; 5,8,26,33,52; 6,7,0,0,0
     6,8,11,21,25; 7,8,12,15,18];
et = (L(:,3)+4 * L(:,4)+L(:,5))/6;              % 计算均值
```

```
dt=(L(:,5)-L(:,3)).^2/36;                    % 计算方差
prob =optimproblem('ObjectiveSense','max');
n = 8; N=size(L,1); obj=0; con=optimconstr(n);
x = optimvar('x',n,n,'Type','integer','LowerBound',0,'UpperBound',1);
for k=1:N
    obj=obj+x(L(k,1),L(k,2))*et(k);
end
ind1 = find(L(:,1)==1); con(1)=sum(x(1,L(ind1,2)))==1;
for i=2:n-1
    out=find(L(:,1)==i); in=find(L(:,2)==i);
    con(i)=sum(x(i,L(out,2)))==sum(x(L(in,1),i));
end
indn=find(L(:,2)==n); con(n)=sum(x(L(indn,1),n))==1;
prob.Constraints.con = con; prob.Objective=obj;
[sol, f] = solve(prob)
xx =sol.x, [i,j] = find(xx); ij = [i, j]
s2=0;                                        % 方差的初值
for k=1:size(ij,1)
    s2=s2+dt(find(ismember(L(:,[1,2]),ij(k,:),'rows')));
end
s=sqrt(s2), p=normcdf(52,f,s)                % 计算标准差和概率
n =norminv(0.95)*s+f
```

4.10 钢管订购和运输

4.10.1 问题描述(2000 年全国大学生数学建模竞赛 B 题)

要铺设一条 $A_1 \rightarrow A_2 \rightarrow \cdots \rightarrow A_{15}$ 的输送天然气的主管道，如图 4.23 所示。经筛选后可以生产这种主管道钢管的钢厂有 $S_1, S_2, \cdots, S_7$。图中粗线表示铁路,单细线表示公路,双细线表示要铺设的管道(假设沿管道或者原来有公路,或者建有施工公路),圆圈表示火车站,每段铁路、公路和管道旁的阿拉伯数字表示里程(单位:km)。

为方便计,1km 主管道钢管称为 1 单位钢管。

一个钢厂如果承担制造这种钢管,至少需要生产 500 个单位。钢厂 S_i 在指定期限内能生产该钢管的最大数量为 s_i 个单位,钢管出厂销价 1 单位钢管为 p_i 万元,见表 4.13;1 单位钢管的铁路运价见表 4.14。

表 4.13 各钢管厂的供货上限及销价

i	1	2	3	4	5	6	7
s_i	800	800	1000	2000	2000	2000	3000
p_i	160	155	155	160	155	150	160

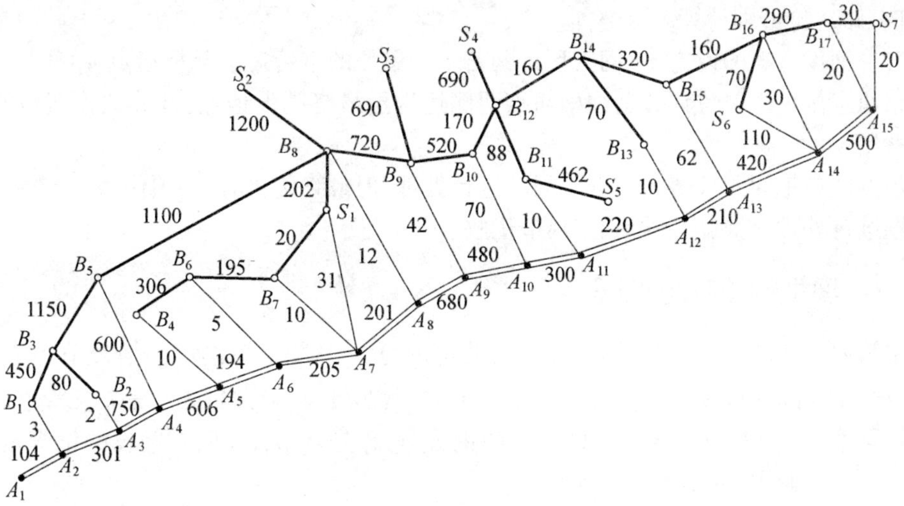

图 4.23 交通网络及管道图

表 4.14 单位钢管的铁路运价

里程/km	≤300	301~350	351~400	401~450	451~500
运价/万元	20	23	26	29	32
里程/km	501~600	601~700	701~800	801~900	901~1000
运价/万元	37	44	50	55	60

1000km 以上每增加 1~100km,运价增加 5 万元。公路运输费用为 1 单位钢管每千米 0.1 万元(不足整千米部分按整千米计算)。钢管可由铁路、公路运往铺设地点(不只是运到点 $A_1,A_2,\cdots,A_{15}$,而是管道全线)。

请制订一个主管道钢管的订购和运输计划,使总费用最小(给出总费用)。

4.10.2 问题分析

问题的建模目的是求一个主管道钢管的订购和运输策略,使总费用最小。首先,问题给出了 7 个供选择的钢厂,选择哪些、订购多少是要解决的问题。其次,每一个钢厂到铺设地点大多都有多条可供选择的运输路线,应选择哪一条路线运输,取决于建模的目标。而目标总费用包含两个组成部分:订购费用和运输费用。订购费用取决于单价和订购数量,运输费用取决于往哪里运和运输路线。结合总目标的要求,可以很容易地想到应选择运费最小的路线。

从同一个钢管厂订购钢管运往同一个目的地,一旦最小运输费用路线确定,单位钢管的运费就确定了,单位钢管的订购及运输费用=钢管单价+运输费用。因此,同一个钢管厂订购钢管运往同一个目的地的总费用等于订购数量乘以单位钢管的购运费用(单价+单位钢管运费)。因而,在制订订购与运输计划时,要分成两个子问题考虑:

(1) 运输路线及运输费用的确定:钢管可以通过铁路或公路运输。公路运费是运输里程的线性函数,但是铁路运价却是一种分段的阶跃的常数函数。因此在计算时,不管对运输里程还是费用而言,都不具有可加性,只能将铁路运价(即由运输总里程找出对应费率)和公路运价分别计算后再叠加。

(2) 铺设方案的设定:从钢管厂订购若干个单位的钢管运送至枢纽点 $A_1, A_2, \cdots, A_{15}$,再由枢纽点按一个单位计分别往枢纽点两侧运送至最终铺设地点,计算从枢纽点开始的铺设费用。

虽然准备把问题分解为两个子问题进行处理,但最终优化时,必须作为一个综合的优化问题进行处理,否则无法得到全局最优解。

4.10.3 模型的建立与求解

记第 $i(i=1,2,\cdots,7)$ 个钢厂的最大供应量为 s_i,从第 i 个钢厂到铺设节点 $j(j=1,2,\cdots,15)$ 的订购和运输费用为 c_{ij};用 $l_k=|A_kA_{k+1}|(k=1,2,\cdots,14)$ 表示第 k 段管道需要铺设的钢管量。x_{ij} 是从钢厂 S_i 运到节点 j 的钢管量,y_j 是从节点 j 向左铺设的钢管量,z_j 是从节点 j 向右铺设的钢管量。

根据题中所给数据,可以先计算出从供应点 S_i 到需求点 A_j 的最小购运费 c_{ij}(即出厂售价与运输费用之和),再根据 c_{ij} 求解总费用,总费用应包括:订购费用(已包含在 c_{ij} 中),运输费用(由各厂 S_i 经铁路、公路至各点 A_j,$i=1,2,\cdots,7$, $j=1,2,\cdots,15$),铺设管道 A_jA_{j+1} $(j=1,2,\cdots,14)$ 的运费。

1. 运费矩阵的计算模型

购买单位钢管及从 $S_i(i=1,2,\cdots,7)$ 运送到 $A_j(j=1,2,\cdots,15)$ 的最小购运费用 c_{ij} 的计算如下。

1) 计算铁路任意两点间的最小运输费用

由于铁路运费不是连续的,故不能直接构造铁路费用赋权图,用 Floyd 算法计算任意两点间的最小运输费用。但可以首先构造铁路距离赋权图,用 Floyd 算法计算任意两点间的最短铁路距离值,再依据题中的铁路运价表求出任意两点间的最小铁路运输费用。这就巧妙地避开了铁路运费不连续问题。

首先构造铁路距离赋权图 $G_1=(V,E_1,\boldsymbol{W}_1)$,其中

$V=\{S_1,S_2,\cdots,S_7,A_1,A_2,\cdots,A_{15},B_1,B_2,\cdots,B_{17}\}=\{v_1,v_2,\cdots,v_{39}\}$,总共 39 个顶点的编号如图 4.23 所示;$\boldsymbol{W}_1=(w_{ij}^{(1)})_{39\times 39}$。

$$w_{ij}^{(1)}=\begin{cases} d_{ij}^{(1)}, & v_i,v_j \text{ 之间有铁路直接相连}, \\ +\infty, & v_i,v_j \text{ 之间没有铁路直接相连}. \end{cases}$$

式中:$d_{ij}^{(1)}$ 表示 v_i,v_j 两点之间的铁路里程。然后应用 Dijkstra 标号算法求得任意两点间的最短铁路距离。

根据铁路运价表,可以得到铁路费用赋权完全图 $\widetilde{G}_1=(V,E_1,\widetilde{\boldsymbol{W}}_1)$,其中 $\widetilde{\boldsymbol{W}}_1=(c_{ij}^{(1)})_{39\times 39}$,这里 $c_{ij}^{(1)}$ 为第 i,j 顶点间的最小铁路运输费用,若两点间的铁路距离值为无穷大,则对应的铁路运输费用也为无穷大。

2) 构造公路费用的赋权图

构造公路费用赋权图 $G_2=(V,E_2,\boldsymbol{W}_2)$,其中 V 同上,$\boldsymbol{W}_2=(c_{ij}^{(2)})_{39\times 39}$。

$$c_{ij}^{(2)}=\begin{cases} 0.1d_{ij}^{(2)}, & v_i,v_j \text{ 之间有公路直接相连}, \\ +\infty, & v_i,v_j \text{ 之间没有公路直接相连}. \end{cases}$$

式中：$d_{ij}^{(2)}$ 表示 v_i, v_j 两点之间的公路里程。

3）计算任意两点间的最小运输费用

由于可以用铁路、公路交叉运送，所以任意相邻两点间的最小运输费用为铁路、公路两者最小运输费用的最小值。

构造铁路公路的混合赋权图 $G=(V,E,\boldsymbol{W})$，$\boldsymbol{W}=(c_{ij}^{(3)})_{39\times39}$，其中 $c_{ij}^{(3)}=\min(c_{ij}^{(1)},c_{ij}^{(2)})$。

对图 G 应用 Dijkstra 标号算法，就可以计算出所有顶点对之间的最小运输费用，最后提取需要的 $S_i(i=1,2,\cdots,7)$ 到 $A_j(j=1,2,\cdots,15)$ 的最小运输费用$\tilde{c}_{ij}$（单位：万元），见表 4.15。

表 4.15 最小运费计算结果

170.7	160.3	140.2	98.6	38	20.5	3.1	21.2	64.2	92	96	106	121.2	128	142
215.7	205.3	190.2	171.6	111	95.5	86	71.2	114.2	142	146	156	171.2	178	192
230.7	220.3	200.2	181.6	121	105.5	96	86.2	48.2	82	86	96	111.2	118	132
260.7	250.3	235.2	216.6	156	140.5	131	116.2	84.2	62	51	61	76.2	83	97
255.7	245.3	225.2	206.6	146	130.5	121	111.2	79.2	57	33	51	71.2	73	87
265.7	255.3	235.2	216.6	156	140.5	131	121.2	84.2	62	51	45	26.2	11	28
275.7	265.3	245.2	226.6	166	150.5	141	131.2	99.2	76	66	56	38.2	26	2

任意两点间的最小运输费用加上出厂售价，得到单位钢管从任一个 $S_i(i=1,2,\cdots,7)$ 到 $A_j(j=1,2,\cdots,15)$ 的购买和运送最小费用 c_{ij}。

2. 总费用的数学规划模型

目标函数

(1) 从钢管厂到各枢纽点 $A_1,A_2,\cdots,A_{15}$ 的总购运费用为 $\sum_{i=1}^{7}\sum_{j=1}^{15}c_{ij}x_{ij}$。

(2) 铺设管道不仅只运输到枢纽点，而是要运送并铺设到全部管线，注意到将总量为 y_j 的钢管从枢纽点往左运到每单位铺设点，其运费应为第一千米、第二千米……直到第 y_j 千米的运费之和，即为

$$0.1\times(1+2+\cdots+y_j)=\frac{0.1}{2}y_j(y_j+1).$$

从枢纽点 A_j 往右也一样，对应的铺设费用为

$$0.1\times(1+2+\cdots+z_j)=\frac{0.1}{2}z_j(z_j+1).$$

总的铺设费用为

$$\frac{0.1}{2}\sum_{j=1}^{15}[y_j(y_j+1)+z_j(z_j+1)].$$

因而，总费用为

$$\sum_{i=1}^{7}\sum_{j=1}^{15}c_{ij}x_{ij}+\frac{0.1}{2}\sum_{j=1}^{15}[y_j(y_j+1)+z_j(z_j+1)].$$

约束条件

(1) 根据钢管厂生产能力约束或购买限制,有

$$\sum_{j=1}^{15} x_{ij} \in \{0\} \cup [500, s_i], i = 1,2,\cdots,7.$$

(2) 购运量应等于铺设量

$$\sum_{i=1}^{7} x_{ij} = z_j + y_j, j = 1,2,\cdots,15.$$

(3) 枢纽点间距约束:从两个相邻枢纽点分别往右、往左铺设的总单位钢管数应等于其间距,即

$$z_j + y_{j+1} = |A_j A_{j+1}| = l_j, j = 1,2,\cdots,14.$$

(4) 端点约束:从枢纽点 A_1 只能往右铺,不能往左铺,故

$$y_1 = 0,$$

从枢纽点 A_{15} 只能往左铺,不能往右铺,故

$$z_{15} = 0.$$

(5) 非负约束:

$$x_{ij} \geqslant 0, y_j \geqslant 0, z_j \geqslant 0, i = 1,2,\cdots,7, j = 1,2,\cdots,15.$$

综上所述,建立如下数学规划模型:

$$\min \sum_{i=1}^{7} \sum_{j=1}^{15} c_{ij} x_{ij} + \frac{0.1}{2} \sum_{j=1}^{15} (z_j(z_j + 1) + y_j(y_j + 1)), \tag{4.25}$$

$$\text{s.t.} \begin{cases} \sum\limits_{j=1}^{15} x_{ij} \in \{0\} \cup [500, s_i], & i = 1,2,\cdots,7, \\ \sum\limits_{i=1}^{7} x_{ij} = z_j + y_j, & j = 1,2,\cdots,15, \\ z_j + y_{j+1} = l_j, & j = 1,2,\cdots,14, \\ y_1 = 0, z_{15} = 0, & \\ x_{ij} \geqslant 0, y_j \geqslant 0, z_j \geqslant 0, & i = 1,2,\cdots,7, j = 1,2,\cdots,15. \end{cases} \tag{4.26}$$

3. 模型求解

使用计算机求解上述数学规划时,需要对约束条件(4.26)中的第一个非线性约束

$$\sum_{j=1}^{15} x_{ij} \in \{0\} \cup [500, s_i], i = 1,2,\cdots,7 \tag{4.27}$$

进行处理。

首先把约束条件松弛为

$$0 \leqslant \sum_{j=1}^{15} x_{ij} \leqslant s_i, i = 1,2,\cdots,7. \tag{4.28}$$

求解发现第 4 个钢管厂和第 7 个钢管厂的供货量达不到 500,不符合要求。

再利用分支定界的思想,在约束式(4.28)的基础上,把原问题分解为 4 个优化问题,在原来目标函数和约束条件的基础上,分别再加如下的 4 个约束条件:

$$
问题1:\begin{cases}\sum_{j=1}^{15} x_{4j} = 0,\\ \sum_{j=1}^{15} x_{7j} = 0.\end{cases} \tag{4.29}
$$

$$
问题2:\begin{cases}\sum_{j=1}^{15} x_{4j} \geqslant 500,\\ \sum_{j=1}^{15} x_{7j} \geqslant 500.\end{cases} \tag{4.30}
$$

$$
问题3:\begin{cases}\sum_{j=1}^{15} x_{4j} \geqslant 500,\\ \sum_{j=1}^{15} x_{7j} = 0.\end{cases} \tag{4.31}
$$

$$
问题4:\begin{cases}\sum_{j=1}^{15} x_{4j} = 0,\\ \sum_{j=1}^{15} x_{7j} \geqslant 500.\end{cases} \tag{4.32}
$$

利用 Matlab 软件,分别求解上述 4 个问题。从计算结果得知,问题 1 的解是最优的。求得总费用的最小值为 127.8632 亿。具体的订购和运输方案如表 4.16 所示。

表 4.16 钢管订购和运输方案

	订购量	A_1	A_2	A_3	A_4	A_5	A_6	A_7	A_8	A_9	A_{10}	A_{11}	A_{12}	A_{13}	A_{14}	A_{15}
S_1	800	0	0	0	147	188	200	265	0	0	0	0	0	0	0	0
S_2	800	0	179	113	99	109	0	0	300	0	0	0	0	0	0	0
S_3	1000	0	0	124	95	117	0	0	0	664	0	0	0	0	0	0
S_4	0	0	0	0	0	0	0	0	0	0	0	0	0	0	0	0
S_5	1216	0	0	271	127	202	0	0	0	0	201	415	0	0	0	0
S_6	1355	0	0	0	0	0	0	0	0	0	150	0	86	333	621	165
S_7	0	0	0	0	0	0	0	0	0	0	0	0	0	0	0	0

```
clc, clear
NN1 =strcat('S',cellstr(int2str([1:7]')));
NN2 =strcat('A',strtrim(cellstr((int2str([1:15]')))));
NN3 =strcat('B',strtrim(cellstr(int2str([1:17]'))));
NN={NN1{:},NN2{:},NN3{:}};
G = graph; G =addnode(G,NN);
L1 = {'B1','B3',450;'B2','B3',80;'B3','B5',1150
      'B5','B8',1100;'B4','B6',306;'B6','B7',195
      'S1','B7',20;'S1','B8',202;'S2','B8',1200
```

```
    'B8','B9',720; 'S3','B9',690; 'B9','B10',520
    'B10','B12',170; 'S4','B12',690; 'S5','B11',462
    'B11','B12',88; 'B12','B14',160; 'B13','B14',70
    'B14','B15',320; 'B15','B16',160; 'S6','B16',70
    'B16','B17',290; 'S7','B17',30};
G1 =addedge(G,L1(:,1),L1(:,2), cell2mat(L1(:,3)));
d1 = distances(G1);                          % 求所有点对之间的最短距离
c1 = inf * ones(size(d1));
c1(d1==0)=0; c1((d1>0) & (d1<=300))=20;
c1((d1>300) & (d1<=350))=23;
c1((d1>350) & (d1<=400))=26;
c1((d1>400) & (d1<=450))=29;
c1((d1>450) & (d1<=500))=32;
c1((d1>500) & (d1<=600))=37;
c1((d1>600) & (d1<=700))=44;
c1((d1>700) & (d1<=800))=50;
c1((d1>800) & (d1<=900))=55;
c1((d1>900) & (d1<=1000))=60;
ind=(d1>1000) & (d1<inf);
c1(ind)=60+5*ceil(d1(ind)/100-10);

L2 = {'A1','A2',104; 'A2','B1',3; 'A2','A3',301
    'A3','B2',2; 'A3','A4',750; 'A4','B5',600
    'A4','A5',606; 'A5','B4',10; 'A5','A6',194
    'A6','B6',5; 'A6','A7',205; 'A7','B7',10
    'S1','A7',31; 'A7','A8',201; 'A8','B8',12
    'A8','A9',680; 'A9','B9',42; 'A9','A10',480
    'A10','B10',70; 'A10','A11',300; 'A11','B11',10
    'A11','A12',220; 'A12','B13',10; 'A12','A13',210
    'A13','B15',62; 'A13','A14',420; 'S6','A14',110
    'A14','B16',30; 'A14','A15',500; 'A15','B17',20
    'S7','A15',20};
G2 =addedge(G,L2(:,1),L2(:,2),cell2mat(L2(:,3)));
w2 = full(adjacency(G2,'weighted'));         % 导出权重邻接矩阵
w2(w2==0) = inf;                             % 把 0 替换为 inf
w3 = min(c1, 0.1*w2);                        % 对应元素取最小值

G3 = graph(w3); c3 = distances(G3);
c4 = c3(1:7,8:22)                            % 提出 7 行 15 列的运费数据
writematrix(c4,'anli6_1.xlsx')

s = [800, 800, 1000, 2000, 2000, 2000, 3000]';
p = [160, 155, 155, 160, 155, 150, 160]';
b = [104, 301, 750, 606, 194, 205, 201, 680, ...
   480, 300, 220, 210, 420, 500]';
```

```
c =p + c4                                  % 利用矩阵广播,求购运费用
prob =optimproblem;
x =optimvar('x',7,15,'LowerBound',0);
y =optimvar('y',15,'LowerBound',0);
z =optimvar('z',15,'LowerBound',0);
obj = sum(sum(c. * x))+0.05 * sum(y.^2+y+z.^2+z);
prob.Objective = obj;
prob.Constraints.con1 = sum(x,2)<=s;
prob.Constraints.con2 = sum(x) ==y'+z'
prob.Constraints.con3 = y(2:end)+z(1:end-1)==b;
prob.Constraints.con4 = [y(1)==0; z(15)==0];
[sol,fval, flag, out] = solve(prob)
check1 = sum(sol.x,2)
prob1 = prob; prob2 = prob; prob3 =prob; prob4 =prob;
prob1.Constraints.con5 = [sum(x(4,:))==0; sum(x(7,:))==0];
[sol1, fval1, flag1, out1] = solve(prob1)
prob2.Constraints.con5 = [sum(x(4,:))>=500; sum(x(7,:))>=500];
[sol2, fval2, flag2, out2] = solve(prob2)
prob3.Constraints.con5 = sum(x(4,:))>=500;
prob3.Constraints.con6 = sum(x(7,:))==0;
[sol3, fval3, flag3, out3] = solve(prob3)
prob4.Constraints.con5 = sum(x(4,:))==0;
prob4.Constraints.con6 = sum(x(7,:))>=500;
[sol4, fval4, flag4, out4] = solve(prob4)
sol1.x,sx = sum(sol1.x,2)
tx = round(sol1.x), tsx =sum(tx,2)         % 取整后的解
writematrix([sum(sol1.x,2),sol1.x],'anli6_1.xlsx','Sheet', 2)
writematrix([tsx,tx],'anli6_1.xlsx','Sheet', 2,'Range','A9')
```

习 题 4

4.1 用 Matlab 分别画出图 4.24 所示图形。

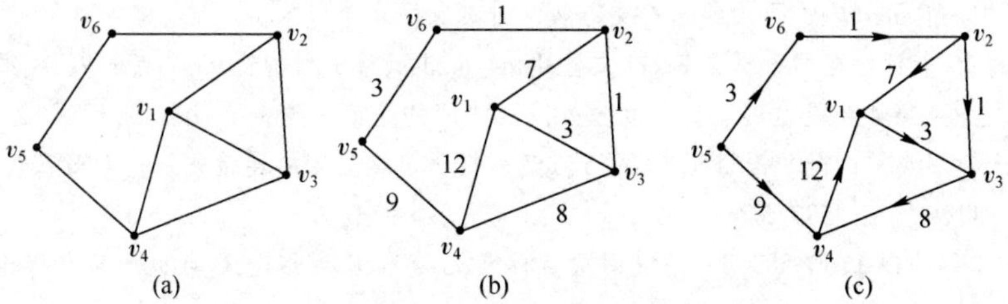

图 4.24 三种图

(a) 非赋权图;(b) 赋权图;(c) 有向图。

4.2 在图 4.25 中,用点表示城市,现有 A、B_1、B_2、C_1、C_2、C_3、D 共 7 个城市。点与点之间的连线表示城市间有道路相连。连线旁的数字表示道路的长度。现计划从城市 A 到城市 D 铺设一条沿道路的天然气管道,请设计出最小长度管道的铺设方案。

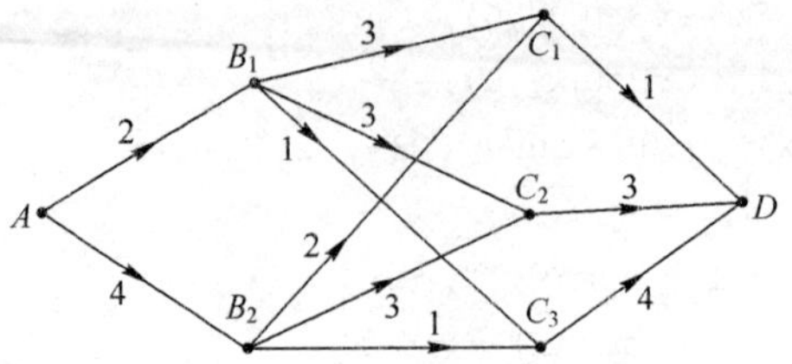

图 4.25　7 个城市间的连线图

4.3 求图 4.26 所示赋权图的最小生成树。

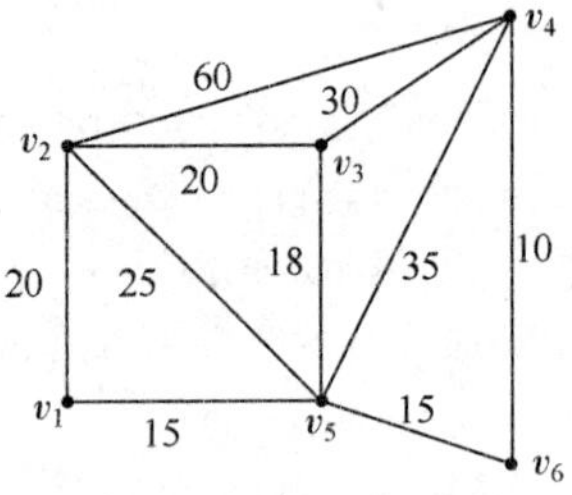

图 4.26　赋权无向图

4.4 在图 4.26 中求从 v_1 到 v_4 的最短路径和最短距离。

4.5 图 4.27 给出了 6 支球队的比赛结果,即 1 队战胜 2、4、5、6 队,而输给了 3 队;5 队战胜 3、6 队,而输给 1、2、4 队等。

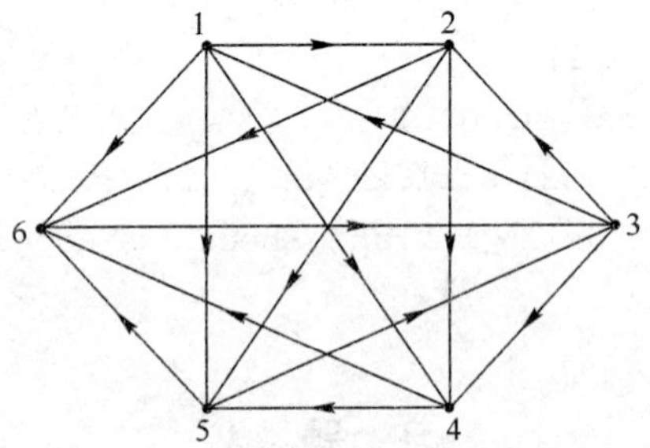

图 4.27　球队的比赛结果

(1) 利用竞赛图的适当方法,给出 6 支球队的一个排名顺序;

(2) 利用 PageRank 算法,再次给出 6 支球队的排名顺序。

4.6 已知 95 个目标点的数据见 Excel 文件 data4_6.xlsx,第 1 列是这 95 个点的编号,第 2、3 列是这 95 个点的 x,y 坐标,第 4 列是这些点重要性分类,标明"1"的是第一类重要目标点,标明"2"的是第二类重要目标点,未标明类别的是一般目标点,第 5、6、7 列标明了这些点的连接关系。如第三行的数据

C	-1160	587.5	D	F

表示顶点 C 的坐标为(-1160,587.5),它是一般目标点,C 点和 D 点相连,C 点也和 F 点相连。

研究如下问题:

(1) 画出上面的无向图,一类重要目标点用"☆"画出,二类重要点用"*"画出,一般目标点用"."画出。

要求必须画出无向图的度量图，顶点的位置坐标必须准确，不要画出无向图的拓扑图。

(2) 当权重为距离时，求上面无向图的最小生成树，并画出最小生成树。

(3) 求顶点 L 到顶点 R3 的最短距离及最短路径，并画出最短路径。

4.7 已知有6个村庄，各村的小学生人数如表4.17所示，各村庄间的距离如图4.28所示。现在计划建造一所医院和一所小学，则医院应建在哪个村庄才能使最远村庄的人到医院看病所走的路最短？小学建在哪个村庄可使得所有学生上学走的总路程最短？

表4.17 各村小学生人数

村 庄	v_1	v_2	v_3	v_4	v_5	v_6
小学生	50	40	60	20	70	90

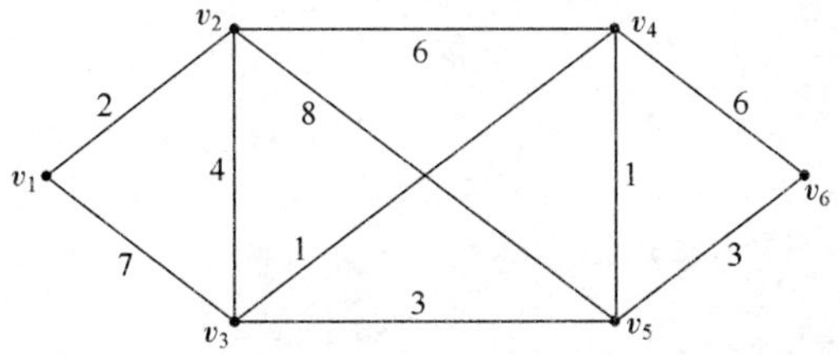

图4.28 各村庄示意图

4.8 在10个顶点的无向图中，每对顶点之间以概率0.6存在一条权重为[1,10]上随机整数的边，首先生成该图。然后求解下列问题：

(1) 求该图的最小生成树。

(2) 求顶点 v_1 到顶点 v_{10} 的最短距离及最短路径。

(3) 求所有顶点对之间的最短距离。

4.9 5个人参加某场特殊考试，为了公平，要求任何两个认识的人不能分在同一个考场。5个人总共有8种认识关系，如表4.18所示，求至少需要分几个考场才能满足条件。

表4.18 5个人的8种认识关系

认识关系	1	2	3	4	5	6	7	8
i	1	1	1	2	2	2	3	3
j	2	3	4	3	4	5	4	5

4.10 有4个公司来某重点高校招聘企业管理(A)、国际贸易(B)、管理信息系统(C)、工业工程(D)、市场营销(E)专业的本科毕业生。经本人报名和两轮筛选，最后可供选择的各专业毕业生人数分别为4、3、3、2、4人。若公司①想招聘A、B、C、D、E各专业毕业生各1人；公司②拟招聘4人，其中C、D专业各1人，A、B、E专业可从任两个专业中各选1人；公司③招聘4人，其中C、B、E专业各1人，再从A或D专业中选1人；公司④招聘3人，其中须有E专业1人，其余2人可从余下A、B、C、D专业中任选其中两个专业各1人。问上述4个公司是否都能招聘到各自需要的专业人才，并将此问题归结为求网络最大流问题。

4.11 求图4.29所示网络的最小费用最大流，弧上的第1个数字为单位流的费用，第2个数字为弧的容量。

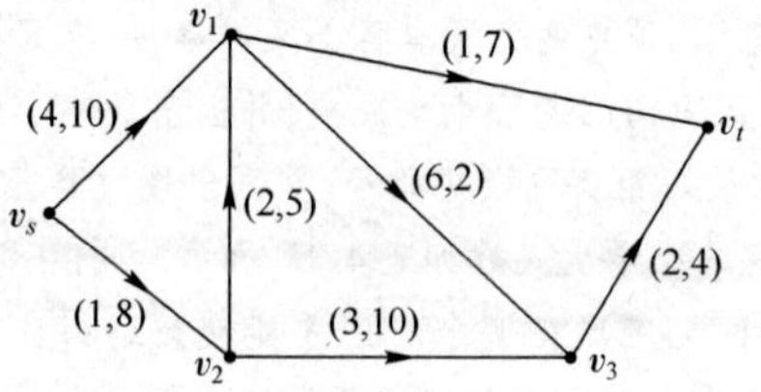

图 4.29 最小费用最大流的网络图

4.12 某公司计划推出一种新型产品,需要完成的作业由表 4.19 所示。

表 4.19 计算网络图的相关数据

作业名称	计划完成时间/周	紧前作业	最短完成时间/周	缩短 1 周的费用/元
A 设计产品	6	—	4	800
B 市场调查	5	—	3	600
C 原材料订货	3	A	1	300
D 原材料收购	2	C	1	600
E 建立产品设计规范	3	A、D	1	400
F 产品广告宣传	2	B	1	300
G 建立产品生产基地	4	E	2	200
H 产品运输到库	2	G、F	2	200

(1) 画出产品的计划网络图;

(2) 求完成新产品的最短时间,列出各项作业的最早开始时间、最迟开始时间和计划网络的关键路线;

(3) 假定公司计划在 17 周内推出该产品,各项作业的最短时间和缩短 1 周的费用如表 4.19 所示,求产品在 17 周内上市的最小费用;

(4) 如果各项作业的完成时间并不能完全确定,而是根据以往的经验估计出来的,其估计值如表 4.20 所示。试计算出产品在 21 周内上市的概率和以 95%的概率完成新产品上市所需的周数。

表 4.20 作业数据

作　业	A	B	C	D	E	F	G	H
最乐观的估计	2	4	2	1	1	3	2	1
最可能的估计	6	5	3	2	3	4	4	2
最悲观的估计	10	6	4	3	5	5	6	4

第 5 章　插值与拟合

在数学建模过程中，通常要处理由试验、测量得到的大量数据或一些过于复杂而不便于计算的函数表达式，针对此情况，很自然的想法就是，构造一个简单的函数作为要考察数据或复杂函数的近似。插值和拟合就可以解决这样的问题。

给定一组数据，需要确定满足特定要求的曲线，如果所求曲线通过所给定有限个数据点，这就是插值。有时由于给定的数据存在测量误差，往往具有一定的随机性。因而，要求曲线通过所有数据点不现实也不必要。如果不要求曲线通过所有数据点，而是要求它反映对象整体的变化态势，得到简单实用的近似函数，这就是曲线拟合。

插值和拟合都是根据一组数据构造一个近似函数，但由于近似的要求不同，二者在数学方法上是完全不同的。而面对一个实际问题，究竟应该用插值还是拟合，有时容易确定，有时并不明显。

5.1　插 值 方 法

5.1.1　一维插值

1. 基本概念

已知未知函数在 $n+1$ 个互不相同的观测点 $x_0<x_1<\cdots<x_n$ 处的函数值（或观测值）：

$$y_i=f(x_i),i=0,1,\cdots,n.$$

寻求一个近似函数（即近似曲线）$\phi(x)$，使之满足

$$\phi(x_i)=y_i,i=0,1,\cdots,n. \tag{5.1}$$

即求一条近似曲线 $\phi(x)$，使其通过所有数据点 $(x_i,y_i),i=0,1,\cdots,n$。

对任意非观测点 $\hat{x}(\hat{x}\neq x_i,i=0,1,\cdots,n)$，要估计该点的函数值 $f(\hat{x})$，就可以用 $\phi(\hat{x})$ 的值作为 $f(\hat{x})$ 的近似估计值，即 $\phi(\hat{x})\approx f(\hat{x})$。通常称此类建模问题为插值问题，而构造近似函数的方法就称为插值方法。

观测点 $x_i(i=0,1,\cdots,n)$ 称为插值节点，$f(x)$ 称为被插函数或原函数，$\phi(x)$ 为插值函数，式(5.1)称为插值条件，含 $x_i(i=0,1,\cdots,n)$ 的最小区间 $[a,b]$（$a=\min\limits_{0\leqslant i\leqslant n}\{x_i\}=x_n,b=\max\limits_{0\leqslant i\leqslant n}\{x_i\}=x_n$）称为插值区间，$\hat{x}$ 称为插值点，$\phi(\hat{x})$ 为被插函数 $f(x)$ 在 $\hat{x}\in[a,b]$ 点处的插值。

若 $\hat{x}\in[a,b]$，则称为内插，否则称为外推。值得注意的是，插值方法一般用于插值区间内部点的函数值估计或预测，利用该方法进行趋势外推预测时，可进行短期预测估计，对中长期预测并不适用。

特别地，若插值函数为代数多项式，则该插值方法称为多项式插值。

2. 利用待定系数法确定插值多项式

鉴于插值条件(5.1)共含有 $n+1$ 个约束方程,而 n 次多项式也恰好有 $n+1$ 个待定系数。因此若已知 $y=f(x)$ 在 $n+1$ 个互不相同的观测点 $x_0,x_1,\cdots,x_n$ 处的观测值或函数值 $y_0,y_1,\cdots,y_n$,则可以确定一个次数不超过 n 的多项式

$$P_n(x)=a_nx^n+a_{n-1}x^{n-1}+\cdots+a_1x+a_0, \tag{5.2}$$

使其满足

$$P_n(x_k)=y_k,k=0,1,\cdots,n. \tag{5.3}$$

称 $P_n(x)$ 为满足插值条件(5.3)的 n 次插值多项式。

把 $P_n(x)$ 的表达式(5.2)代入插值条件(5.3)中,可得关于多项式待定系数的 $n+1$ 元线性方程组

$$\begin{cases} a_nx_0^n+a_{n-1}x_0^{n-1}+\cdots+a_1x_0+a_0=y_0, \\ a_nx_1^n+a_{n-1}x_1^{n-1}+\cdots+a_1x_1+a_0=y_1, \\ \qquad\vdots \\ a_nx_n^n+a_{n-1}x_n^{n-1}+\cdots+a_1x_n+a_0=y_n. \end{cases} \tag{5.4}$$

记此方程的系数矩阵为 $\boldsymbol{A}$,则

$$\det(\boldsymbol{A})=\begin{vmatrix} x_0^n & \cdots & x_0 & 1 \\ x_1^n & \cdots & x_1 & 1 \\ \vdots & \ddots & \vdots & \vdots \\ x_n^n & \cdots & x_n & 1 \end{vmatrix}=\prod_{i=1}^{n}\prod_{j=0}^{i-1}(x_j-x_i)$$

为著名的范德蒙德(Vandermonde)行列式,当 $x_0,x_1,\cdots,x_n$ 互不相同时,行列式 $\det(\boldsymbol{A})\neq 0$。根据解线性方程组的克莱姆(Cramer)法则,方程组的解存在且唯一。唯一性说明,不论用何种方法来构造,也不论用何种形式来表示插值多项式,只要满足插值条件(5.3),其结果都是相同的。当插值节点逐渐增多时,多项式的次数会逐渐增大,线性方程组会变成病态方程组,求解结果也变得不可靠。待定系数法无法直接构造出插值多项式的表达式,插值多项式的次数每提高一次,都要重新求解,从而影响了方法的推广。

定理 5.1 满足插值条件(5.3)的次数不超过 n 的多项式存在而且唯一。

插值多项式 $P_n(x)$ 与被插函数 $f(x)$ 之间的差

$$R_n(x)=f(x)-P_n(x)$$

称为截断误差,又称为插值余项。当 $f(x)$ 充分光滑时,有

$$R_n(x)=f(x)-L_n(x)=\frac{f^{(n+1)}(\xi)}{(n+1)!}\omega_{n+1}(x),\xi\in(a,b),$$

其中 $\omega_{n+1}(x)=\prod_{j=0}^{n}(x-x_j)$。

例 5.1 已知未知函数 $y=f(x)$ 的 6 个观测点 $(x_i,y_i)(i=0,1,\cdots,5)$ 的值如表 5.1 所示,试求插值函数 $y=\hat{f}(x)$,并求 $x=1.5,2.6$ 处函数的估计值。

表 5.1　观测点数据

x_i	1	2	3	4	5	6
y_i	16	18	21	17	15	12

利用 Matlab 软件,求得的插值多项式为

$$y=-0.2417x^5+4.3333x^4-28.9583x^3+87.6667-115.8x+69.0,$$

$x=1.5,2.6$ 处函数的估计值分别为 14.918,20.8846。

```
clc, clear
x0=[1:6]'; y0=[16, 18, 21, 17, 15, 12]';
A=vander(x0), p=A\y0
x=[1.5, 2.6];
yh=polyval(p,x)            %求估计值
```

3. 拉格朗日插值方法

实际上求插值多项式比较方便的做法不是解方程(5.4)求待定系数,而是先构造一组基函数

$$l_i(x)=\frac{(x-x_0)\cdots(x-x_{i-1})(x-x_{i+1})\cdots(x-x_n)}{(x_i-x_0)\cdots(x_i-x_{i-1})(x_i-x_{i+1})\cdots(x_i-x_n)}=\prod_{\substack{j=0\\j\neq i}}^{n}\frac{x-x_j}{x_i-x_j},i=0,1,\cdots,n,$$

$l_i(x)$ 是 n 次多项式,满足

$$l_i(x_j)=\begin{cases}0, & j\neq i,\\1, & j=i.\end{cases}$$

令

$$L_n(x)=\sum_{i=0}^{n}y_i l_i(x)=\sum_{i=0}^{n}y_i\left(\prod_{\substack{j=0\\j\neq i}}^{n}\frac{x-x_j}{x_i-x_j}\right),\qquad(5.5)$$

上式称为 n 次拉格朗日插值多项式,由方程(5.4)解的唯一性,$n+1$ 个节点的 n 次拉格朗日插值多项式存在唯一。

例 5.2(续例 5.1)　用拉格朗日插值再求例 5.1 的问题。

使用多项式插值一般最高次数不超过 3 次。由于拉格朗日插值和牛顿插值只有理论上的意义,实际应用价值不大,Matlab 工具箱中没有拉格朗日插值和牛顿插值的函数。

我们可以编写如下拉格朗日插值的函数:

```
function y=lagrange(x0,y0,x);
n=length(x0);m=length(x);
for i=1:m
  z=x(i); s=0.0;
  for k=1:n
    p=1.0;
    for j=1:n
      if j~=k
        p=p*(z-x0(j))/(x0(k)-x0(j));
      end
```

```
        end
        s=p*y0(k)+s;
    end
    y(i)=s;
end
end
```

调用拉格朗日插值函数的程序如下：

```
clc, clear
x0=[1:6]'; y0=[16, 18, 21, 17, 15, 12]';
x=[1.5, 2.6];
yh=lagrange(x0,y0,x)          % 求估计值
```

求得 $x=1.5,2.6$ 处函数的估计值和例 5.1 是一样的。

4. 牛顿(Newton)插值

在导出牛顿公式前,先介绍公式表示中所需要用到的差商、差分的概念及性质。

1) 差商

定义 5.1 设有函数 $f(x)$, $x_0,x_1,x_2,\cdots$ 为一系列互不相等的点,称 $\dfrac{f(x_i)-f(x_j)}{x_i-x_j}(i\neq j)$ 为 $f(x)$ 关于点 x_i,x_j 的一阶差商(也称均差),记为 $f[x_i,x_j]$,即

$$f[x_i,x_j]=\frac{f(x_i)-f(x_j)}{x_i-x_j}.$$

称一阶差商的差商

$$\frac{f[x_i,x_j]-f[x_j,x_k]}{x_i-x_k}$$

为 $f(x)$ 关于点 x_i,x_j,x_k 的二阶差商,记为 $f[x_i,x_j,x_k]$。一般地,称

$$\frac{f[x_0,x_1,\cdots,x_{k-1}]-f[x_1,x_2,\cdots,x_k]}{x_0-x_k}$$

为 $f(x)$ 关于点 $x_0,x_1,\cdots,x_k$ 的 k 阶差商,记为

$$f[x_0,x_1,\cdots,x_k]=\frac{f[x_0,x_1,\cdots,x_{k-1}]-f[x_1,x_2,\cdots,x_k]}{x_0-x_k}.$$

容易证明,差商具有下述性质:

$$f[x_i,x_j]=f[x_j,x_i],$$

$$f[x_i,x_j,x_k]=f[x_i,x_k,x_j]=f[x_j,x_i,x_k].$$

2) 牛顿插值公式

线性插值公式可表示成

$$\phi_1(x)=f(x_0)+(x-x_0)f[x_0,x_1],$$

称为一次牛顿插值多项式。一般地,由各阶差商的定义,依次可得

$$f(x)=f(x_0)+(x-x_0)f[x,x_0],$$

$$f[x,x_0]=f[x_0,x_1]+(x-x_1)f[x,x_0,x_1],$$

$$f[x,x_0,x_1]=f[x_0,x_1,x_2]+(x-x_2)f[x,x_0,x_1,x_2],$$

$$\vdots$$

$$f[x,x_0,\cdots,x_{n-1}]=f[x_0,x_1,\cdots,x_n]+(x-x_n)f[x,x_0,\cdots,x_n],$$

将以上各式分别乘以1,$(x-x_0)$,$(x-x_0)(x-x_1)$,…,$(x-x_0)(x-x_1)\cdots(x-x_{n-1})$,然后相加并消去两边相等的部分,即得

$$f(x)=f(x_0)+(x-x_0)f[x_0,x_1]+\cdots+(x-x_0)(x-x_1)\cdots(x-x_{n-1})f[x_0,x_1,\cdots,x_n]$$
$$+(x-x_0)(x-x_1)\cdots(x-x_n)f[x,x_0,x_1,\cdots,x_n].$$

记

$$N_n(x)=f(x_0)+(x-x_0)f[x_0,x_1]+\cdots+(x-x_0)(x-x_1)\cdots(x-x_{n-1})f[x_0,x_1,\cdots,x_n],$$
$$R_n(x)=(x-x_0)(x-x_1)\cdots(x-x_n)f[x,x_0,x_1,\cdots,x_n]=\omega_{n+1}(x)f[x,x_0,x_1,\cdots,x_n].$$

显然,$N_n(x)$是至多n次的多项式,且满足插值条件,因而它是$f(x)$的n次插值多项式。这种形式的插值多项式称为牛顿插值多项式。$R_n(x)$称为牛顿插值余项。

牛顿插值的优点是每增加一个节点,插值多项式只增加一项,即

$$N_{n+1}(x)=N_n(x)+(x-x_0)\cdots(x-x_n)f[x_0,x_1,\cdots,x_{n+1}],$$

因而便于递推运算。而且牛顿插值的计算量小于拉格朗日插值。

由插值多项式的唯一性可知,牛顿插值余项与拉格朗日插值余项也是相等的,即

$$R_n(x)=\omega_{n+1}(x)f[x,x_0,x_1,\cdots,x_n]=\frac{f^{(n+1)}(\xi)}{(n+1)!}\omega_{n+1}(x),\xi\in(a,b).$$

由此可得差商与导数的关系

$$f[x_0,x_1,\cdots,x_n]=\frac{f^{(n)}(\xi)}{n!},$$

其中$\xi\in(a,b)$,$a=\min\limits_{0\leqslant i\leqslant n}\{x_i\}$,$b=\max\limits_{0\leqslant i\leqslant n}\{x_i\}$。

5. 分段线性插值

1) 龙格振荡现象

用多项式作插值函数,随着插值节点(或插值条件)的增加,插值多项式次数也相应增加,高次插值不但计算复杂且往往效果不理想,甚至可能会产生龙格振荡现象。

利用多项式对某一函数作近似逼近,计算相应的函数值,一般情况下,多项式的次数越多,需要的数据就越多,而预测也就越准确。然而,插值次数越高,插值结果越偏离原函数的现象称为**龙格振荡现象**。

例5.3 在区间[−5,5]上,用$n+1$个等距节点作多项式$P_n(x)$,使得它在节点处的值与函数$y=1/(1+x^2)$在对应节点处的值相等,考察$n=6,8,10$时,多项式的次数与逼近误差的关系。

从图5.1可以看到,当节点的个数增加时,拉格朗日插值多项式逼近函数$y=1/(1+x^2)$不但没有变得更好,反而变得更加失真,振荡现象非常严重。这就迫使我们探求其他一些更稳定、高效的插值格式。

```
clc, clear, close all, global yx x
yx=@(x)1./(1+x.^2);
x=linspace(-5,5,100);
set(gca,'FontSize',15);
hold on, fun(6,1),fun(8,2),fun(10,3)
fplot(yx,[-5,5],'LineWidth',1.5)
legend({'$n=6$','$n=8$','$n=10$','$y=1/(1+x^2)$'},...
```

```
    'Interpreter','Latex','Location','north')
function fun(n,i)
global yx x
s = {'--*k', '-.k', '-pk'};
x0=linspace(-5,5,n+1);
y0=yx(x0); y=lagrange(x0,y0,x);
plot(x,y,s{i})
end
```

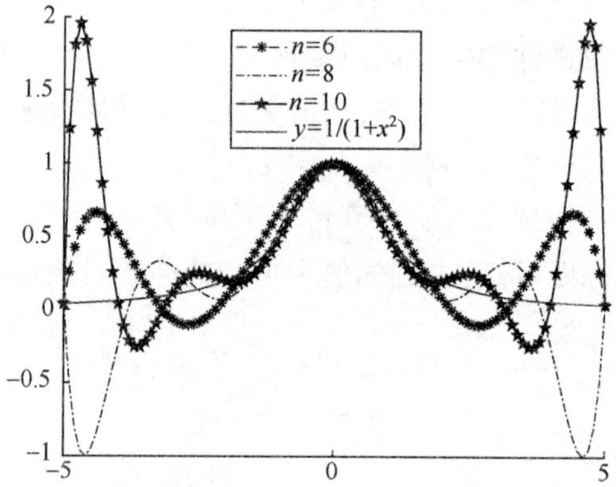

图 5.1　当 $n=6,8,10$ 时拉格朗日插值与原函数图形比较

2）分段线性插值

简单地说，将每两个相邻的节点用直线连起来，如此形成的一条折线就是分段线性插值函数，记作 $I_n(x)$，它满足 $I_n(x_i)=y_i$，且 $I_n(x)$ 在每个小区间 $[x_i, x_{i+1}]$ 上是线性函数（$i=0,1,\cdots,n-1$）。

$I_n(x)$ 可以表示为

$$I_n(x)=\sum_{i=0}^{n} y_i l_i(x), \tag{5.6}$$

其中插值基函数为

$$l_0(x)=\begin{cases}\dfrac{x-x_1}{x_0-x_1}, & x\in[x_0,x_1],\\ 0, & \text{其他},\end{cases}$$

$$l_i(x)=\begin{cases}\dfrac{x-x_{i-1}}{x_i-x_{i-1}}, & x\in[x_{i-1},x_i],\\ \dfrac{x-x_{i+1}}{x_i-x_{i+1}}, & x\in[x_i,x_{i+1}],\\ 0, & \text{其他},\end{cases}\quad i=1,2,\cdots,n-1,$$

$$l_n(x)=\begin{cases}\dfrac{x-x_{n-1}}{x_n-x_{n-1}}, & x\in[x_{n-1},x_n],\\ 0, & \text{其他}.\end{cases}$$

显然，对任一插值节点，其对应的插值基函数 $l_i(x)$（$i=0,1,\cdots,n$）满足

$$l_i(x_j)=\begin{cases}1, & j=i,\\0, & j\neq i,\end{cases}\quad j=0,1,\cdots,n.$$

$I_n(x)$有良好的收敛性，即对于 $x\in[a,b]$，有

$$\lim_{n\to\infty}I_n(x)=f(x).$$

用 $I_n(x)$ 计算 x 点的插值时，只用到 x 左右的两个节点，计算量与节点个数 n 无关。但 n 越大，分段越多，插值误差越小。实际上用函数表作插值计算时，分段线性插值就足够了，如数学、物理中用的特殊函数表，数理统计中用的概率分布表等。

定理 5.2 设给定插值节点 $a=x_0<x_1<\cdots<x_n=b$ 及节点上的函数值 $f(x_i)=y_i$，且 $f''(x)$ 在 $[a,b]$ 上存在，则对任意的 $x\in[a,b]$，有

$$|R_n(x)|=|f(x)-I_n(x)|\leqslant\frac{M_2h^2}{8},$$

其中 $M_2=\max\limits_{x\in[a,b]}\{|f''(x)|\}$，$h=\max\limits_{1\leqslant i\leqslant n}\{|x_i-x_{i-1}|\}$。

6. 三次样条插值

1）样条函数的概念

分段插值函数在相邻子区间的端点处（衔接点）光滑程度不高，如分段线性插值函数在插值节点处一阶导数不存在。对一些实际问题，不但要求在端点处插值函数的一阶导数连续，而且要求二阶导数甚至更高阶导数连续。如飞机的机翼外形，内燃机的进、排气门的凸轮曲线，医学断层扫描图像的 3D 重构等，都要求所作的曲线具有足够的光滑性，不仅要连续，而且要有连续的曲率等。如何由给定的一系列数据点作出一条整体比较光滑的曲线呢？解决这个问题的常用方法就是采用样条插值函数。

样条（Spline）是工程设计中使用的一种绘图工具，它是富有弹性的细木条或细金属条。绘图员利用它把一些已知点连接成一条光滑曲线（称为样条曲线），并使连接点处有连续的曲率。

数学上将具有一定光滑性的分段多项式称为样条函数。具体地说，给定区间 $[a,b]$ 的一个分划

$\Delta: a=x_0<x_1<\cdots<x_{n-1}<x_n=b$，

如果函数 $S(x)$ 满足：

（1）在每个小区间 $[x_i,x_{i-1}]$（$i=0,1,\cdots,n-1$）上 $S(x)$ 是 k 次多项式。

（2）$S(x)$ 在 $[a,b]$ 上具有 $k-1$ 阶连续导数。

则称 $S(x)$ 为关于分划 Δ 的 k 次样条函数，其图形称为 k 次样条曲线。$x_0,x_1,\cdots,x_n$ 称为样条节点，$x_1,x_2,\cdots,x_{n-1}$ 称为内节点，x_0,x_n 称为边界点。

显然，折线是一次样条曲线。

2）三次样条插值

已知函数 $f(x)$ 在区间 $[a,b]$ 上的 $n+1$ 个点

$$a=x_0<x_1<\cdots<x_{n-1}<x_n=b$$

处的函数值（或观测值）：$f(x_i)=y_i$，$i=0,1,\cdots,n$。如果分段表示的函数 $S(x)$ 满足如下条件：

（1）$S(x)$ 在每个子区间 $[x_i,x_{i+1}]$（$i=0,1,\cdots,n-1$）上的表达式 $S_i(x)$ 均为一个三次多

项式

$$S_i(x)=a_ix^3+b_ix^2+c_ix+d_i, i=0,1,\cdots,n-1.$$

(2) 在每个节点处有

$$S(x_i)=y_i=f(x_i), i=0,1,\cdots,n. \tag{5.7}$$

(3) $S(x)$在区间$[a,b]$上有连续的二阶导数,即在所有插值内节点处,满足

$$S_i(x_{i+1})=S_{i+1}(x_{i+1}), i=0,1,\cdots,n-2,$$
$$S_i'(x_{i+1})=S_{i+1}'(x_{i+1}), i=0,1,\cdots,n-2,$$
$$S_i''(x_{i+1})=S_{i+1}''(x_{i+1}), i=0,1,\cdots,n-2.$$

$S(x)$在每个小区间$[x_i,x_{i+1}]$($i=0,1,\cdots,n-1$)上是三次多项式,它有4个待定系数,而$[a,b]$共有n个小区间,故共有$4n$个待定参数,因而需要$4n$个插值条件,而条件(2)有$n+1$个条件,条件(3)给出了$3(n-1)$个条件,全部共有$4n-2$个条件,仍少2个条件,根据问题的不同情况可以补充相应的边界条件。

(4) 在边界点处满足如下边界条件之一:

① 自由边界条件(Freeboundary Condition):

$$S''(x_0)=f''(x_0), S''(x_n)=f''(x_n),$$

特别地,当$S''(x_0)=S''(x_n)=0$时,称为自然样条。

② 固定边界条件(Clamped Boundary Condition):

$$S'(x_0)=f'(x_0), S'(x_n)=f'(x_n).$$

③ 周期边界条件(Periodic Boundary Condition):

当$y=f(x)$是以$b-a=x_n-x_0$为周期的周期函数时,要求$S(x)$也是周期函数,故端点要满足$S'(x_0)=S'(x_n)$,$S''(x_0)=S''(x_n)$。

称满足以上4个条件的$S(x)$为$f(x)$的三次样条插值函数,简称三次样条(Cubic Spline)。三次样条插值函数的计算和推导在数值分析或计算方法类的图书中都有介绍,有兴趣的读者可以查阅相关资料。

5.1.2 二维插值

二维插值问题描述如下,给定xOy平面上$m\times n$个互不相同的插值节点

$$(x_i,y_j), i=1,2,\cdots,m, j=1,2,\cdots,n$$

处的观测值(函数值)

$$z_{ij}, i=1,2,\cdots,m, j=1,2,\cdots,n,$$

求一个近似的二元插值曲面函数$f(x,y)$,使其通过全部已知节点,即

$$f(x_i,y_i)=z_{ij}, i=1,2,\cdots,m, j=1,2,\cdots,n.$$

要求任一插值点(x^*,y^*)处的函数值,可利用插值函数$f(x,y)$近似求得$z^*=f(x^*,y^*)$。

二维插值常见的可分为两种:网格节点插值和散乱数据插值。网格节点插值用于规则矩形网格点插值情形,而散乱数据插值适用于一般的数据点,尤其是数据点杂乱无章的情况。

二维插值函数的构造思想与一维插值基本相同,仍可采用构造插值基函数的方法。

1. 网格节点插值法

为方便起见,不妨设定

$$a=x_1<\cdots<x_m=b, c=y_1<\cdots<y_n=d,$$

则$[a,b]\times[c,d]$构成了 xOy 平面上的一个矩形插值区域。

显然,一系列平行直线 $x=x_i, y=y_j, i=1,2,\cdots,m, j=1,2,\cdots,n$ 将区域$[a,b]\times[c,d]$剖分成$(m-1)\times(n-1)$个子矩形网络,所有网络的交叉点即构成了 $m\times n$ 个插值节点。

1) 最邻近点插值

二维或高维情形的最邻近点插值,即零次多项式插值,取插值点的函数值为其最邻近插值节点的函数值。最邻近点插值一般不连续。具有连续性的最简单的插值是分片线性插值。

2) 分片线性插值

分片线性插值对应于一维情形的分段线性插值。其基本思想:若插值点(x,y)在矩形网格子区域内,则 $x_i\leqslant x\leqslant x_{i+1}, y_j\leqslant y\leqslant y_{j+1}$,如图 5.2 所示。连接两个节点$(x_i,y_j)$,$(x_{i+1},y_{j+1})$构成一条直线段,将该子区域划分为两个三角形区域。

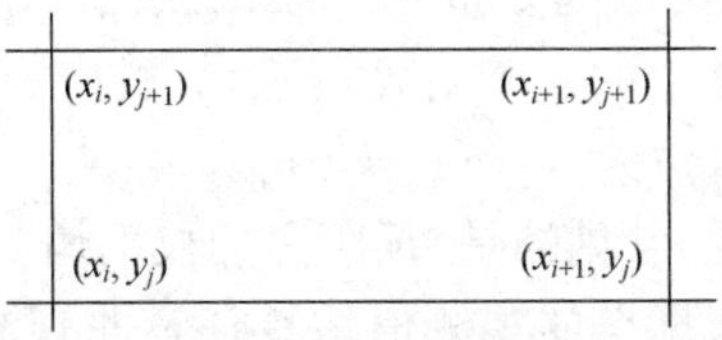

图 5.2 矩形网格示意图

在上三角形区域内,(x,y)满足

$$y>\frac{y_{j+1}-y_j}{x_{i+1}-x_i}(x-x_i)+y_j,$$

则其插值函数为

$$f(x,y)=z_{ij}+(z_{i+1,j+1}-z_{i,j+1})\frac{x-x_i}{x_{i+1}-x_i}+(z_{i,j+1}-z_{ij})\frac{y-y_j}{y_{j+1}-y_j}.$$

在下三角形区域,(x,y)满足

$$y\leqslant\frac{y_{j+1}-y_j}{x_{i+1}-x_i}(x-x_i)+y_j,$$

则其插值函数为

$$f(x,y)=z_{ij}+(z_{i+1,j}-z_{ij})\frac{x-x_i}{x_{i+1}-x_i}+(z_{i+1,j+1}-z_{i+1,j})\frac{y-y_j}{y_{j+1}-y_j}.$$

3) 双线性插值

双线性插值由一片一片的空间网格构成。以某一个子矩形网络为例(图 5.2),不妨设该网络的 4 个顶点坐标为

$$(x_i,y_j),(x_{i+1},y_j),(x_i,y_{j+1}),(x_{i+1},y_{j+1}).$$

设在该子区域内,其双线性插值函数形式如下:

$$f(x,y)=Axy+Bx+Cy+D,$$

式中:A、B、C、D 为待定系数,其值可利用待定系数方法确定,即利用该函数在矩形的 4 个顶点(插值节点)的函数值

$$f(x_i,y_j)=z_{ij},f(x_{i+1},y_j)=z_{i+1,j},$$
$$f(x_{i+1},y_{j+1})=z_{i+1,j+1},f(x_i,y_{j+1})=z_{i,j+1},$$
代入上述函数表达式即得到 4 个代数方程,求解即可得 4 个待定系数。

采用拉格朗日插值构造方法亦可以给出其插值函数表达式。类似于一维插值的方法,首先构造四个网格点的插值基函数:

$$\phi_{ij}=\frac{(x-x_{i+1})(y-y_{j+1})}{(x_i-x_{i+1})(y_j-y_{j+1})},\phi_{i+1,j}=\frac{(x-x_i)(y-y_{j+1})}{(x_{i+1}-x_i)(y_j-y_{j+1})},$$
$$\phi_{i+1,j+1}=\frac{(x-x_i)(y-y_j)}{(x_{i+1}-x_i)(y_{j+1}-y_j)},\phi_{i,j+1}=\frac{(x-x_{i+1})(y-y_j)}{(x_i-x_{i+1})(y_{j+1}-y_j)}.$$

则在矩形子区域$[x_i,x_{i+1}]\times[y_j,y_{j+1}]$内的插值函数可表示为

$$f(x,y)=z_{ij}\phi_{ij}(x,y)+z_{i+1,j}\phi_{i+1,j}(x,y)+z_{i+1,j+1}\phi_{i+1,j+1}(x,y)+z_{i,j+1}\phi_{i,j+1}(x,y).$$

2. 散乱数据插值法

已知在 $\Omega=[a,b]\times[c,d]$ 内散乱分布 N 个观测点(x_k,y_k),$k=1,2,\cdots,N$ 及其观测值 $z_k(k=1,2,\cdots,N)$,要求寻找 Ω 上的二元函数 $f(x,y)$,使

$$f(x_k,y_k)=z_k,k=1,2,\cdots,N.$$

解决散乱数据点插值问题,常见的是“反距离加权平均”方法,又称 Shepard(谢巴德)方法。其基本思想是由已知数据点的观测值估算任意非观测点(x,y)处的函数值,其影响程度按距离远近不同而不同,距离越远影响程度越低,距离越近影响程度越大,因此每一观测点的函数值对(x,y)处函数值的影响可用两个点之间距离平方的倒数(即反距离)来度量,所有数据点对(x,y)处函数值的影响可以采用加权平均的形式来估算。

首先计算任意观测点(x_k,y_k)离插值点(x,y)的欧几里得距离:

$$r_k=\sqrt{(x-x_k)^2+(y-y_k)^2},k=1,2,\cdots,N;$$

然后定义第 k 个观测点的观测值对(x,y)点函数值的影响权值:

$$w_k(x,y)=\frac{1}{r_k^2}\Big/\sum_{i=1}^{N}\frac{1}{r_i^2},k=1,2,\cdots,N.$$

即(x,y)处的函数值可由已知数据按与该点距离的远近作反距离加权平均决定,即

$$f(x,y)=\begin{cases}z_k, & \text{当 } r_k=0 \text{ 时},\\ \sum_{k=1}^{N}w_k(x,y)z_k, & \text{当 } r_k\neq 0 \text{ 时}.\end{cases}$$

按 Shepard 方法定义的插值曲面是全局相关的,即对曲面的任一点作插值计算都要涉及全体观测数据,当实测数据点过多,空间范围过大时,采用这种方法会导致计算工作量偏大。此外,$f(x,y)$在每个插值节点(x_k,y_k)附近产生一个小的“平台”,使曲面不具有光滑性。但因为这种做法思想简单,仍具有很强的应用价值。

为提高其光滑性,人们对它进行了种种改进,例如,取适当常数 $R>0$,令

$$\omega(r)=\begin{cases}\dfrac{1}{r}, & 0<r\leqslant\dfrac{R}{3},\\ \dfrac{27}{4R}\left(\dfrac{r}{R}-1\right)^2, & \dfrac{R}{3}<r\leqslant R,\\ 0, & r>R.\end{cases}$$

$\omega(r)$是可微函数,使得如下定义的$f(x,y)$在性能上有所改善:

$$f(x,y)=\sum_{k=1}^{N}w_k(x,y)z_k,$$

其中

$$w_k(x,y)=\omega(r_k)\Big/\sum_{k=1}^{N}\omega(r_k),k=1,2,\cdots,N.$$

5.2 Matlab 一维插值及应用

5.2.1 Matlab 一维插值函数

1. 函数 interp1

Matlab 中一维函数 interp1 的调用格式为

```
vq=interp1(x0,y0,xq,method,extrapolation)
```

其中 x0 为已知的插值节点,y0 是对应于 x0 的函数值,xq 是欲求函数值的节点坐标,返回值 vq 是求得的节点 xq 处的函数值,method 指定插值的方法,默认为线性插值,其值常用的有:

'nearest'　最近邻插值。

'linear'　线性插值。

'spline'　三次样条插值,函数是二次光滑的。

'cubic'　立方插值,函数是一次光滑的。

extrapolation 是外插策略。

Matlab2020A 不提倡使用函数 interp1,建议使用函数 griddedInterpolant。

2. 函数 griddedInterpolant

函数 griddedInterpolant 适用于任意维数的插值。

一维插值的调用格式为

```
F=griddedInterpolant(x, v, method, extrapolation)
```

计算对应的函数值的使用格式为 vq=F(xq)。

n 维插值的调用格式为

```
F=griddedInterpolant(x1,x2,…,xn, v, method, extrapolation)
```

计算对应的函数值的使用格式为 vq=F(xq1,xq1,…,xqn)。

3. 三次样条插值函数 csape

三次样条插值还可以使用函数 csape,csape 的返回值是 pp 形式。求插值点的函数值,调用函数 fnval。

pp=csape(x0,y0)使用默认的边界条件,即拉格朗日边界条件。

pp=csape(x0,y0,conds,valconds)中的 conds 指定插值的边界条件,其值可为:

'complete'　边界为一阶导数,一阶导数的值在 valconds 参数中给出,若忽略 valconds 参数,则按默认情况处理。

'not-a-knot'　非扭结条件。

'periodic'　　周期条件。

'second'　　边界为二阶导数,二阶导数的值在 valconds 参数中给出,若忽略 valconds 参数,二阶导数的默认值为[0, 0]。

'variational'　　设置边界的二阶导数值为[0,0]。

对于一些特殊的边界条件,可以通过 conds 的一个 1×2 向量来表示,conds 元素的取值为 0,1,2。

conds(i)=j 的含义是给定端点 i 的 j 阶导数,即 conds 的第一个元素表示左边界的条件,第二个元素表示右边界的条件,conds=[2,1]表示左边界是二阶导数,右边界是一阶导数,对应的值由 valconds 给出。

详细情况请使用帮助 doc csape。

利用 pp 结构的返回值,还可以计算返回值函数的导数和积分,命令分别为 fnder, fnint,这两个函数的返回值还是 pp 结构。

pp 结构相关函数的功能总结于表 5.2。

表 5.2　pp 结构的相关函数

调用格式	函数功能
pp1=csape(x0,y0)	计算插值函数
pp2=fnder(pp1)	计算 pp1 对应函数的导数,返回值 pp2 也是 pp 结构
pp3=fnint(pp1)	计算 pp1 对应函数的积分,返回值 pp3 也是 pp 结构
y=fnval(pp1,x)	计算 pp1 对应的函数在 x 点的取值

5.2.2　一维插值应用

例 5.4　机床加工。待加工零件的外形根据工艺要求由一组数据(x,y)给出(在平面情况下),用程控铣床加工时每一刀只能沿 x 方向和 y 方向走非常小的一步,这就需要从已知数据得到加工所要求的步长很小的(x,y)坐标。

表 5.3 中给出的 x,y 数据位于机翼断面的下轮廓线上,假设需要得到 x 坐标每改变 0.1 时的 y 坐标。试完成加工所需数据,画出曲线,并求出 $x=0$ 处的曲线斜率和 $13\leq x\leq 15$ 范围内 y 的最小值。要求用拉格朗日、分段线性和三次样条三种插值方法计算。

表 5.3　插值数据点

x	0	3	5	7	9	11	12	13	14	15
y	0	1.2	1.7	2.0	2.1	2.0	1.8	1.2	1.0	1.6

解　编写以下程序:

```
clc, clear, close all
x0=[0  3  5  7  9  11  12  13  14  15];
y0=[0  1.2  1.7  2.0  2.1  2.0  1.8  1.2  1.0  1.6];
x=0:0.1:15; y1=lagrange(x0,y0,x);                    %拉格朗日插值
y2=interp1(x0,y0,x);                                 %分段线性插值
y3=interp1(x0,y0,x,'spline');                        %三次样条插值
```

```
pp4=csape(x0,y0); y4=fnval(pp4,x);                  % 三次样条插值
yx5=griddedInterpolant(x0,y0,'spline')              % 三次样条插值
y5=yx5(x); [y1',y2',y3',y4',y5']                    % 五种插值函数比较
subplot(1,3,1), plot(x,y1), title('拉格朗日插值')
subplot(1,3,2), plot(x,y2), title('分段线性插值')
subplot(1,3,3), plot(x,y3), title('三次样条插值')
dx=diff(x); dy=diff(y3);
dy_dx=dy./dx; dy_dx0=dy_dx(1)
ytemp=y3(131:151); ymin=min(ytemp);
index=find(y3==ymin);
xmin=x(index); [xmin,ymin]
```

求出 $x=0$ 处的曲线斜率为 0.4986，$13\leqslant x\leqslant 15$ 范围内的最小点为 13.8，对应的最小值为 0.9828。画出的三种插值曲线如图 5.3 所示。可以看出，拉格朗日插值的结果根本不能应用，分段线性插值的光滑性较差（特别是在 $x=14$ 附近弯曲处），建议选用三次样条插值的结果。

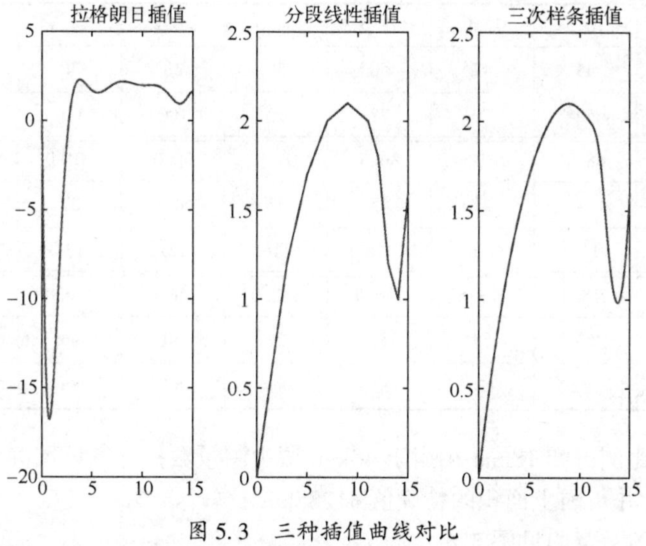

图 5.3　三种插值曲线对比

例 5.5　已知速度曲线 $v(t)$ 上的 4 个数据点如表 5.4 所示。

表 5.4　速度的 4 个观测值

t	0.15	0.16	0.17	0.18
$v(t)$	3.5	1.5	2.5	2.8

用三次样条插值求位移 $S=\int_{0.15}^{0.18} v(t)\,\mathrm{d}t$。

解　求出三次样条插值函数为

$$v(t)=\begin{cases}-616666.7(t-0.15)^3+33500(t-0.15)^2-473.33(t-0.15)+3.5, t\in[0.15,0.16],\\ -616666.7(t-0.16)^3+15000(t-0.16)^2-11.67(t-0.16)+1.5, t\in[0.16,0.17],\\ -616666.7(t-0.17)^3-3500(t-0.16)^2-126.67(t-0.17)+2.5, t\in[0.17,0.18].\end{cases}$$

位移 $S=\int_{0.15}^{0.18} v(t)\,\mathrm{d}t=0.0686$。

```
clc, clear, format long g
t0=0.15:0.01:0.18; v0=[3.5 1.5 2.5 2.8];
pp=csape(t0,v0)                          % 默认的边界条件,拉格朗日边界条件
xishu=pp.coefs                           % 显示每个区间上三次多项式的系数
s1=integral(@(t)fnval(pp,t),0.15,0.18)   % 求积分
vt=griddedInterpolant(t0,v0,'spline')    % 求三次插值样条
s2=integral(@(t)vt(t),0.15,0.18)         % 求积分
format                                   % 恢复短小数的显示格式
```

例 5.6 已知欧洲一个国家的地图,为了算出它的国土面积和边界长度,首先对地图作如下测量:以由西向东方向为 x 轴,由南向北方向为 y 轴,选择方便的原点,并将从最西边界点到最东边界点在 x 轴上的区间适当地分为若干段,在每个分点的 y 方向测出南边界点和北边界点的 y 坐标 y_1 和 y_2,这样就得到了表 5.5 的数据。

表 5.5 某国国土地图边界测量值 (单位:mm)

x	7.0	10.5	13.0	17.5	34.0	40.5	44.5	48.0	56.0
y_1	44	45	47	50	50	38	30	30	34
y_2	44	59	70	72	93	100	110	110	110
x	61.0	68.5	76.5	80.5	91.0	96.0	101.0	104.0	106.5
y_1	36	34	41	45	46	43	37	33	28
y_2	117	118	116	118	118	121	124	121	121
x	111.5	118.0	123.5	136.5	142.0	146.0	150.0	157.0	158.0
y_1	32	65	55	54	52	50	66	66	68
y_2	121	122	116	83	81	82	86	85	68

根据地图的比例可知 18mm 相当于 40km,试由测量数据计算该国国土的近似面积和边界的近似长度,并与国土面积的精确值 41288km^2 比较。

解 该地区的示意图见图 5.4。

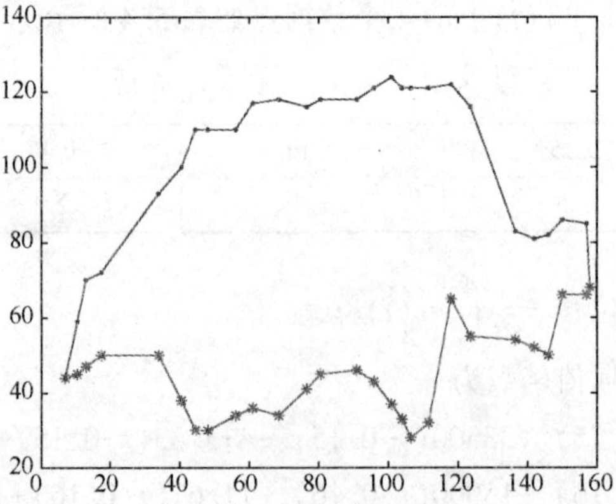

图 5.4 区域边界示意图

若区域的下边界和上边界曲线的方程分别为 $y_1=y_1(x)$，$y_2=y_2(x)$，$a\leqslant x\leqslant b$，则该地区的边界线长为

$$\int_a^b\sqrt{1+y_1'(x)^2}\,\mathrm{d}x+\int_a^b\sqrt{1+y_2'(x)^2}\,\mathrm{d}x,$$

计算时用数值积分即可。

计算该区域的面积，可以把该区域看成是上、下两个边界为曲边的曲边四边形，则区域的面积

$$S=\int_a^b(y_2(x)-y_1(x))\,\mathrm{d}x.$$

计算相应的数值积分就可求出面积。

为了提高计算的精度，可以把上、下边界曲线分别进行三次样条插值，利用三次样条函数计算相应的弧长和曲边四边形的面积。

利用三次样条插值计算时，得到边界长度的近似值为 1161km，区域面积的近似值为 42476km^2，与其准确值 41288km^2 只相差 2.88%。

```
clc, clear, close all, a=load('data5_6.txt');
x0=a(1:3:end,:); x0=x0'; x0=x0(:);                  %提取点的横坐标
y1=a(2:3:end,:); y1=y1'; y1=y1(:);                  %提出下边界的纵坐标
y2=a(3:3:end,:); y2=y2'; y2=y2(:);                  %提出上边界的纵坐标
plot(x0,y1,'*-'), hold on, plot(x0,y2,'.-')
pp1=csape(x0,y1); pp2=csape(x0,y2);                 %计算三次样条插值函数
dp1=fnder(pp1); dp2=fnder(pp2);                     %求三次样条插值函数的导数
L1=integral(@(x)sqrt(1+fnval(dp1,x).^2)+...
    sqrt(1+fnval(dp2,x).^2),x0(1),x0(end))          %计算地图上的弧长
L2=L1/18*40                                         %换算成边界的实际长度
S1=integral(@(x)fnval(pp2,x)-fnval(pp1,x),x0(1),x0(end)) %计算地图上面积
S2=S1/18^2*1600                                     %换算成实际面积
delta=(S2-41288)/41288                              %计算与精确值的相对误差
```

注 5.1 为了熟悉 Matlab 离散点数值积分的命令，下面给出根据表 5.5 的数据直接进行数值积分计算边界长度和国土面积的程序。得到边界长度的近似值为 968.2873km，区域面积的近似值为 42414km^2。

```
clc, clear, a=load('data5_6.txt');
x0=a(1:3:end,:); x0=x0'; x0=x0(:);               %提取点的横坐标
y1=a(2:3:end,:); y1=y1'; y1=y1(:);               %提出下边界的纵坐标
y2=a(3:3:end,:); y2=y2'; y2=y2(:);
L1=trapz(x0,sqrt(1+gradient(y1,x0).^2));         %计算下边界的长度
L2=trapz(x0,sqrt(1+gradient(y2,x0).^2));         %计算上边界的长度
L=L1+L2;                                         %计算地图边界的长度
LL=L/18*40                                       %计算实际的边界长度
S=trapz(x0,y2-y1);                               %计算地图的近似面积
SS=S/18^2*1600                                   %换算成实际近似面积
```

5.3 Matlab 二维插值及应用

5.3.1 网格数据的插值

已知 $m\times n$ 个节点$(x_i,y_j,z_{ij})(i=1,2,\cdots,m;j=1,2,\cdots,n)$,且 $x_1<\cdots<x_m;y_1<\cdots<y_n$。求点$(x,y)$处的插值 z。

Matlab 中有一些计算二维插值的函数。如

```
z=interp2(x0,y0,z0,x,y,'method')
```

其中,x0,y0 分别为 m 维和 n 维向量,表示插值节点;z0 为 $n\times m$ 维矩阵,表示对应插值节点函数值;x,y 为一维数组,表示插值点;x 与 y 应是方向不同的向量,即一个是行向量,另一个是列向量;z 为矩阵,它的行数为 y 的维数,列数为 x 的维数,表示得到的插值;'method'的用法同上面的一维插值。

如果是三次样条插值,可以使用函数 griddedInterpolant 和 csape。函数 griddedInterpolant 前面已经介绍过。csape 的二维插值调用格式如下:

```
pp=csape({x0,y0},z0,conds,valconds),z=fnval(pp,{x,y})
```

其中 x0,y0 分别为 m 维和 n 维向量;z0 为 $m\times n$ 维矩阵;z 为矩阵,它的行数为 x 的维数,列数为 y 的维数,表示得到的插值,具体使用方法同一维插值。

例 5.7 已知平面区域 $0\leqslant x\leqslant 1400,0\leqslant y\leqslant 1200$ 的高程数据见表 5.6(单位:m)。

表 5.6 高程数据表

1200	1350	1370	1390	1400	1410	960	940	880	800	690	570	430	290	210	150
1100	1370	1390	1410	1430	1440	1140	1110	1050	950	820	690	540	380	300	210
1000	1380	1410	1430	1450	1470	1320	1280	1200	1080	940	780	620	460	370	350
900	1420	1430	1450	1480	1500	1550	1510	1430	1300	1200	980	850	750	550	500
800	1430	1450	1460	1500	1550	1600	1550	1600	1600	1600	1550	1500	1500	1550	1550
700	950	1190	1370	1500	1200	1100	1550	1600	1550	1380	1070	900	1050	1150	1200
600	910	1090	1270	1500	1200	1100	1350	1450	1200	1150	1010	880	1000	1050	1100
500	880	1060	1230	1390	1500	1500	1400	900	1100	1060	950	870	900	936	950
400	830	980	1180	1320	1450	1420	400	1300	700	900	850	810	380	780	750
300	740	880	1080	1130	1250	1280	1230	1040	900	500	700	780	750	650	550
200	650	760	880	970	1020	1050	1020	830	800	700	300	500	550	480	350
100	510	620	730	800	850	870	850	780	720	650	500	200	300	350	320
0	370	470	550	600	670	690	670	620	580	450	400	300	100	150	250
y/x	0	100	200	300	400	500	600	700	800	900	1000	1100	1200	1300	1400

(1) 用双三次样条插值,求 x,y 方向的间隔都为 10 的节点处的高程值,并求该区域的最大高程和最小高程,画出等高线图和三维网格图。

(2) 用双三次样条插值,求该区域表面面积的近似值。

解 (1) 原始数据给出的100×100网格节点上的高程数据,为了提高计算精度,利用双三次样条插值,得到给定区域上10×10网格节点上的高程。求得该区域的最大高程为1649.6m,最小高程为89.1382m,等高线图和三维网格图如图5.5所示。

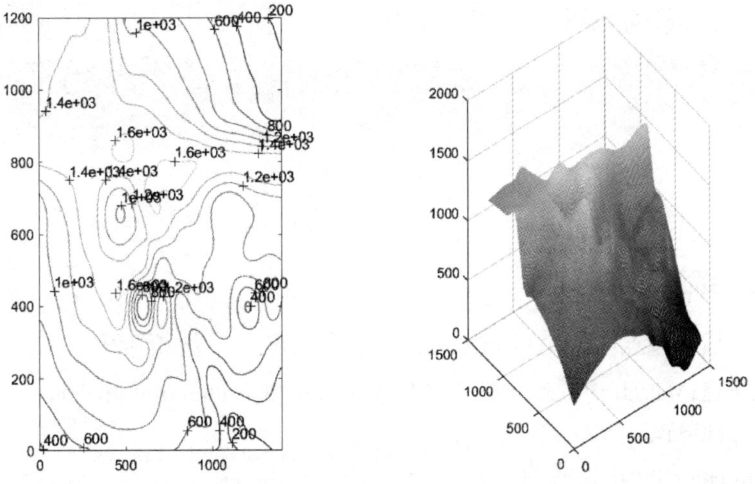

图5.5 等高线图和三维表面图

(a) 等高线图;(b) 三维网格图。

(2) 利用分点 $x_i=10i(i=0,1,\cdots,140)$ 把 $0\leqslant x\leqslant 1400$ 剖分成140个小区间,利用分点 $y_j=10j(j=0,1,\cdots,120)$ 把 $0\leqslant y\leqslant 1200$ 剖分成120个小区间,把平面区域 $0\leqslant x\leqslant 1400$, $0\leqslant y\leqslant 1200$ 剖分成140×120个小矩形,对应地把所计算的三维曲面剖分成140×120个小曲面进行计算,每个小曲面的面积用对应的三维空间中4个点所构成的两个小三角形面积的和作为近似值。

计算三角形面积时,使用海伦公式,即设 $\triangle ABC$ 的边长分别为 $a,b,c,p=(a+b+c)/2$,则 $\triangle ABC$ 的面积 $s=\sqrt{p(p-a)(p-b)(p-c)}$。

最终求得地表面积的近似值为 $4.7575\times10^6\mathrm{m}^2$。

```
clc, clear, close all, z0=load('data5_7.txt');
x0=0:100:1400; y0=1200:-100:0;
x=0:10:1400; y=[1200:-10:0]';
pp=csape({x0,y0},z0');                        % 双三次样条插值,注意这里 z0 要转置
z=fnval(pp,{x,y}); z=z';                      % 为了和 z0 的矩阵维数一致
max_z=max(max(z)), min_z=min(min(z))
subplot(121),h=contour(x,y,z); clabel(h)      % 画等高线
subplot(122), mesh(x,y,z)                     % 画三维网格图
m=length(x); n=length(y); s=0;
for i=1:m-1
    for j=1:n-1
        p1=[x(i),y(j),z(j,i)];
        p2=[x(i+1),y(j),z(j,i+1)];
```

```
        p3=[x(i+1),y(j+1),z(j+1,i+1)];
        p4=[x(i),y(j+1),z(j+1,i)];
        p12=norm(p1-p2); p23=norm(p3-p2); p13=norm(p3-p1);
        p14=norm(p4-p1); p34=norm(p4-p3);
        z1=(p12+p23+p13)/2;s1=sqrt(z1*(z1-p12)*(z1-p23)*(z1-p13));
        z2=(p13+p14+p34)/2; s2=sqrt(z2*(z2-p13)*(z2-p14)*(z2-p34));
        s=s+s1+s2;
    end
end
s                                                    %显示面积的近似值
```

5.3.2 散乱数据插值

已知 n 个插值节点$(x_i,y_i,z_i)(i=1,2,\cdots,n)$，求点$(x,y)$处的插值 z。

对上述问题，Matlab 中提供了插值函数 griddata 和 scatteredInterpolant。

1. 函数 griddata

函数 griddata 的调用格式为

```
ZI =griddata(x,y,z,XI,YI)
```

其中，x、y、z 均为 n 维向量，指明所给数据点的横坐标、纵坐标和竖坐标；向量 XI、YI 是给定的网格点的横坐标和纵坐标；返回值 ZI 为网格(XI,YI)处的函数值。XI 与 YI 应是方向不同的向量，即一个是行向量，另一个是列向量。

2. 函数 scatteredInterpolant

函数 scatteredInterpolant 的调用格式为

```
Fz=scatteredInterpolant(x0,y0,z0,Method,ExtrapolationMethod);
```

其中，返回值 Fz 是结构数组，相当于给出了插值函数的表达式；x0,y0,z0 分别为已知 n 个点的 x,y,z 坐标；Method 是插值方法；ExtrapolationMethod 是区域外部节点的外插方法，ExtrapolationMethod 的值可以取为'linear'和'nearest'，默认值为'linear'。

要计算插值点(x,y)处的值，调用 Fz 即可。

```
z=Fz(x,y)
```

就求出所要求点的插值。

3. 例题

例 5.8 在某海域测得一些点(x,y)处的水深 z 由表 5.7 给出，在 x,y 的最大范围所确定的矩形区域内画出海底曲面的图形。要求用函数 scatteredInterpolant 插值。

表 5.7 海底高程数据

x	129	140	103.5	88	185.5	195	105	157.5	107.5	77	81	162	162	117.5
y	7.5	141.5	23	147	22.5	137.5	85.5	-6.5	-81	3	56.5	-66.5	84	-33.5
z	4	8	6	8	6	8	8	9	9	8	8	9	4	9

插值后所做的三维网格图如图 5.6 所示。

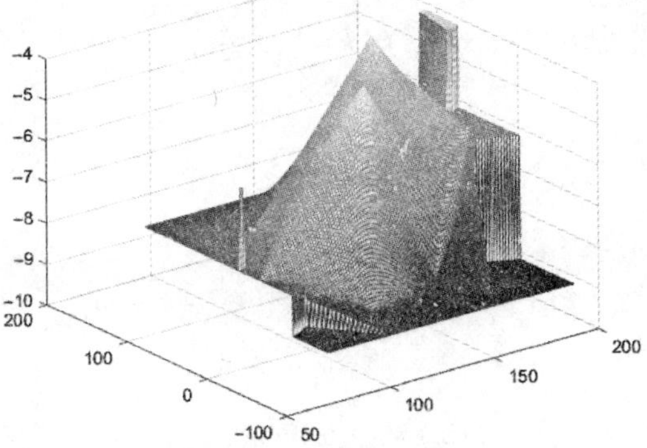

图 5.6 三维网格图

```
clc, clear, close all
x0 = [129,140,103.5,88,185.5,195,105,157.5,107.5,77,81,162,162,117.5];
y0 = [7.5,141.5,23,147,22.5,137.5,85.5,-6.5,-81,3,56.5,-66.5,84,-33.5];
z0 = -[4,8,6,8,6,8,8,9,9,8,8,9,4,9];
xm0 = minmax(x0)                    % 求 x0 的最小值和最大值
ym0 = minmax(y0)                    % 求 y0 的最小值和最大值
xi = xm0(1):xm0(2);                 % 插值点的 x 坐标取值
yi = ym0(1):ym0(2);                 % 插值点的 y 坐标取值
Fz = scatteredInterpolant(x0',y0',z0','natural','nearest')
[xi,yi] = meshgrid(xi,yi);          % 化成网格数据
zi = Fz(xi,yi); mesh(xi,yi,zi)
```

5.4 拟　　合

5.4.1 最小二乘拟合

已知一组二维数据，即平面上的 n 个点 $(x_i,y_i)\ (i=1,2,\cdots,n)$，要寻求一个函数(曲线) $y=f(x)$，使 $f(x)$ 在某种准则下与所有数据点最为接近，即曲线拟合得最好。记

$$\delta_i=f(x_i)-y_i, i=1,2,\cdots,n,$$

则称 δ_i 为拟合函数 $f(x)$ 在 x_i 点处的偏差(或残差)。为使 $f(x)$ 在整体上尽可能与给定数据最为接近，可以采用“偏差的平方和最小”作为判定准则，即使

$$J=\sum_{i=1}^{n}(f(x_i)-y_i)^2 \tag{5.8}$$

达到最小值。这一原则称为最小二乘原则，根据最小二乘原则确定拟合函数 $f(x)$ 的方法称为最小二乘法。

一般来讲，拟合函数应是自变量 x 和待定参数 $a_1,a_2,\cdots,a_m$ 的函数，即

$$f(x)=f(x,a_1,a_2,\cdots,a_m). \tag{5.9}$$

因此，按照 $f(x)$ 关于参数 $a_1,a_2,\cdots,a_m$ 的线性与否，最小二乘法也分为线性最小二乘法和非线性最小二乘法两类。

1. 线性最小二乘法

给定一个线性无关的函数系$\{\varphi_k(x) \mid k=1,2,\cdots,m\}$,如果拟合函数以其线性组合的形式

$$f(x)=\sum_{k=1}^{m} a_k\varphi_k(x) \tag{5.10}$$

出现,例如

$$f(x)=a_m x^{m-1}+a_{m-1}x^{m-2}+\cdots+a_2x+a_1,$$

或者

$$f(x)=\sum_{k=1}^{m} a_k\cos(kx),$$

则$f(x)=f(x,a_1,a_2,\cdots,a_m)$就是关于参数$a_1,a_2,\cdots,a_m$的线性函数。

将式(5.10)代入式(5.8),则目标函数$J=J(a_1,a_2,\cdots,a_m)$是关于参数$a_1,a_2,\cdots,a_m$的多元函数。由

$$\frac{\partial J}{\partial a_k}=0,k=1,2,\cdots,m,$$

亦即

$$\sum_{i=1}^{n}[(f(x_i)-y_i)\varphi_k(x_i)]=0,k=1,2,\cdots,m.$$

可得

$$\sum_{j=1}^{m}\left[\sum_{i=1}^{n}\varphi_j(x_i)\varphi_k(x_i)\right]a_j=\sum_{i=1}^{n}y_i\varphi_k(x_i),k=1,2,\cdots,m. \tag{5.11}$$

于是式(5.11)形成了一个关于$a_1,a_2,\cdots,a_m$的线性方程组,称为正规方程组。

记

$$\boldsymbol{R}=\begin{bmatrix}\varphi_1(x_1) & \varphi_2(x_1) & \cdots & \varphi_m(x_1)\\ \varphi_1(x_2) & \varphi_2(x_2) & \cdots & \varphi_m(x_2)\\ \vdots & \vdots & & \vdots\\ \varphi_1(x_n) & \varphi_2(x_n) & \cdots & \varphi_m(x_n)\end{bmatrix},\quad \boldsymbol{A}=\begin{bmatrix}a_1\\a_2\\ \vdots\\a_m\end{bmatrix},\quad \boldsymbol{Y}=\begin{bmatrix}y_1\\y_2\\ \vdots\\y_n\end{bmatrix},$$

则正规方程组(5.11)可表示为

$$\boldsymbol{R}^{\mathrm{T}}\boldsymbol{R}\boldsymbol{A}=\boldsymbol{R}^{\mathrm{T}}\boldsymbol{Y}. \tag{5.12}$$

由线性代数知识可知,当矩阵$\boldsymbol{R}$是列满秩时,$\boldsymbol{R}^{\mathrm{T}}\boldsymbol{R}$是可逆的。于是正规方程组(5.12)有唯一解,即

$$\boldsymbol{A}=(\boldsymbol{R}^{\mathrm{T}}\boldsymbol{R})^{-1}\boldsymbol{R}^{\mathrm{T}}\boldsymbol{Y} \tag{5.13}$$

为所求的拟合函数的系数,就可得到最小二乘拟合函数$f(x)$。

2. 非线性最小二乘拟合

对于给定的线性无关函数系$\{\varphi_k(x) \mid k=1,2,\cdots,m\}$,如果拟合函数不能以其线性组合的形式出现,例如

$$f(x)=\frac{x}{a_1x+a_2}\text{或者}f(x)=a_1+a_2e^{-a_3x}+a_4e^{-a_5x},$$

则 $f(x)=f(x,a_1,a_2,\cdots,a_m)$ 就是关于参数 $a_1,a_2,\cdots,a_m$ 的非线性函数。

将 $f(x)$ 代入式(5.8)中,则形成一个非线性函数的极小化问题。为得到最小二乘拟合函数 $f(x)$ 的具体表达式,可用非线性优化方法求解出参数 $a_1,a_2,\cdots,a_m$。

3. 拟合函数的选择

数据拟合时,首要也是最关键的一步就是选取恰当的拟合函数。如果能够根据问题的背景通过机理分析得到变量之间的函数关系,那么只需估计相应的参数即可。但很多情况下,问题的机理并不清楚。此时,一个较为自然的方法是先做出数据的散点图,从直观上判断应选用什么样的拟合函数。

一般来讲,如果数据分布接近于直线,则宜选用线性函数 $f(x)=a_1x+a_2$ 拟合;如果数据分布接近于抛物线,则宜选用二次多项式 $f(x)=a_1x^2+a_2x+a_3$ 拟合;如果数据分布特点是开始上升较快随后逐渐变缓,则宜选用双曲线型函数或指数型函数,即用

$$f(x)=\frac{x}{a_1x+a_2}\text{或}f(x)=a_1e^{-\frac{a_2}{x}}$$

拟合。如果数据分布特点是开始下降较快随后逐渐变缓,则宜选用

$$f(x)=\frac{1}{a_1x+a_2},f(x)=\frac{1}{a_1x^2+a_2}\text{或}f(x)=a_1e^{-a_2x}$$

等函数拟合。

常被选用的拟合函数有对数函数 $y=a_1+a_2\ln x$,S 形曲线函数 $y=\dfrac{1}{a+be^{-x}}$ 等。

5.4.2 线性最小二乘法的 Matlab 实现

1. 解线性方程组拟合参数

要拟合式(5.10)中的参数 $a_1,a_2,\cdots,a_m$,把观测值代入式(5.10),在上面的记号下,得到线性方程组

$$\boldsymbol{RA}=\boldsymbol{Y}.$$

则 Matlab 中拟合参数向量 $\boldsymbol{A}$ 的命令为 A=pinv(R) * Y,或简化格式 A=R\Y。

例 5.9 为了测量刀具的磨损速度,我们做这样的实验:经过一定时间(如每隔 1h),测量一次刀具的厚度,得到一组实验数据 (t_i,y_i) $(i=1,2,\cdots,8)$ 如表 5.8 所示。试根据实验数据建立 y 与 t 之间的经验公式 $y=at+b$。

表 5.8 实验数据观测值

t_i	0	1	2	3	4	5	6	7
y_i	27.0	26.8	26.5	26.3	26.1	25.7	25.3	24.8

解 拟合参数 a,b 的准则是最小二乘准则,即求 a,b,使得

$$\delta(a,b)=\sum_{i=1}^{8}(at_i+b-y_i)^2$$

达到最小值,由极值的必要条件,得

$$
\begin{cases}
\dfrac{\partial \delta}{\partial a} = 2\sum\limits_{i=1}^{8}(at_i + b - y_i)t_i = 0, \\
\dfrac{\partial \delta}{\partial b} = 2\sum\limits_{i=1}^{8}(at_i + b - y_i) = 0,
\end{cases}
$$

化简,得到正规方程组

$$
\begin{cases}
a\sum\limits_{i=1}^{8} t_i^2 + b\sum\limits_{i=1}^{8} t_i = \sum\limits_{i=1}^{8} y_i t_i, \\
a\sum\limits_{i=1}^{8} t_i + 8b = \sum\limits_{i=1}^{8} y_i.
\end{cases}
$$

解之,得 a,b 的估计值分别为

$$
\hat{a} = \frac{\sum\limits_{i=1}^{8}(t_i - \bar{t})(y_i - \bar{y})}{\sum\limits_{i=1}^{8}(t_i - \bar{t})^2},
$$

$$
\hat{b} = \bar{y} - \hat{a}\,\bar{t},
$$

其中 $\bar{t} = \frac{1}{8}\sum\limits_{i=1}^{8} t_i, \bar{y} = \frac{1}{8}\sum\limits_{i=1}^{8} y_1$ 分别为 t_i 的均值和 y_i 的均值。

利用给定的观测值和 Matlab 软件,求得 a,b 的估计值为$\hat{a}=-0.3036,\hat{b}=27.1250$。

```
clc, clear, t=[0:7]';
y=[27.0, 26.8, 26.5, 26.3, 26.1, 25.7, 25.3, 24.8]';
tb=mean(t); yb=mean(y);
ahat=sum((t-tb).*(y-yb))/sum((t-tb).^2)          %编程计算
bhat=yb-ahat*tb
a=[t,ones(8,1)];
cs=a\y                                            %解超定线性方程组求拟合参数
```

例 5.10 某天文学家要确定一颗小行星绕太阳运行的轨道,他在轨道平面内建立以太阳为原点的直角坐标系,两坐标轴上的单位长度取为 1 天文测量单位(1 天文测量单位为地球到太阳的平均距离:1.496×10^8km)。在 5 个不同的时间对小行星作了 5 次观察,测得轨道上 5 个点的坐标数据见表 5.9。由开普勒第一定律知,小行星的轨道为一椭圆,其一般方程可表示为

$$
a_1x^2+a_2xy+a_3y^2+a_4x+a_5y+1=0.
$$

请根据观测数据建立行星运行轨道的方程,并画出轨道曲线。

表 5.9 小行星观察数据的坐标

	1	2	3	4	5
x 坐标	5.764	6.286	6.759	7.168	7.408
y 坐标	0.648	1.202	1.823	2.526	3.360

解　将天文学家所测的轨道上 5 个点的坐标数据(x_i, y_i) $(i=1,2,\cdots,5)$代入椭圆轨道方程,可得线性方程组

$$\begin{cases}a_1x_1^2+a_2x_1y_1+a_3y_1^2+a_4x_1+a_5y_1=-1,\\a_1x_2^2+a_2x_2y_2+a_3y_2^2+a_4x_2+a_5y_2=-1,\\a_1x_3^2+a_2x_3y_3+a_3y_3^2+a_4x_3+a_5y_3=-1,\\a_1x_4^2+a_2x_4y_4+a_3y_4^2+a_4x_4+a_5y_4=-1,\\a_1x_5^2+a_2x_5y_5+a_3y_5^2+a_4x_5+a_5y_5=-1.\end{cases}$$

解上述线性方程组,得

$$a_1=0.0508, a_2=-0.0702, a_3=0.0381, a_4=-0.4531, a_5=0.2643,$$

即小行星轨道的椭圆方程为

$$0.0508x^2-0.0702xy+0.0381y^2-0.4531x+0.2643y+1=0.$$

小行星的运行轨道曲线如图 5.7 所示。

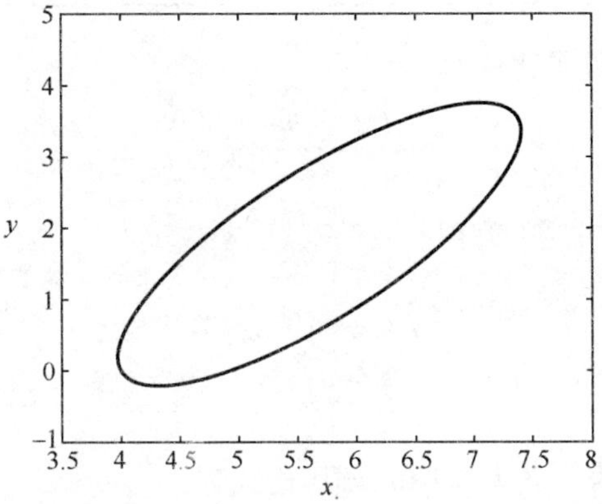

图 5.7　小行星运行轨道图

```
clc, clear
x0=[5.764  6.286  6.759  7.168  7.408]';
y0=[0.648  1.202  1.823  2.526  3.360]';
a=[x0.^2, x0.*y0, y0.^2, x0, y0];
b=-ones(5,1); c=a\b
fxy=@(x,y)c(1)*x.^2+c(2)*x.*y+c(3)*y.^2+c(4)*x+c(5)*y+1; % 定义匿名函数
h=fimplicit(fxy,[3.5,8,-1,5]), title('')
set(h,'Color','k','LineWidth',1.5)
xlabel('$x $','Interpreter','Latex')
ylabel('$y $','Interpreter','Latex','Rotation',0)
```

2. 约束线性最小二乘解

在最小二乘意义下解约束线性方程组

$$\boldsymbol{Cx}=\boldsymbol{d},$$

$$\text{s.t.}\begin{cases}\boldsymbol{Ax}\leqslant\boldsymbol{b},\\\boldsymbol{Aeq}\cdot\boldsymbol{x}=\boldsymbol{beq},\\\boldsymbol{lb}\leqslant\boldsymbol{x}\leqslant\boldsymbol{ub}.\end{cases}$$

即求解数学规划问题

$$\min \frac{1}{2}\| \boldsymbol{Cx}-\boldsymbol{d} \|_2^2,$$

$$\text{s. t. } \begin{cases} \boldsymbol{Ax} \leqslant \boldsymbol{b}, \\ \boldsymbol{Aeq} \cdot \boldsymbol{x} = \boldsymbol{beq}, \\ \boldsymbol{lb} \leqslant \boldsymbol{x} \leqslant \boldsymbol{ub}. \end{cases}$$

求解上述问题的 Matlab 函数 lsqlin 调用格式为

```
x=lsqlin(C,d,A,b,Aeq,beq,lb,ub)
```

例 5.11 已知 x,y 的观测值见表 5.10。用给定数据拟合函数 $y=ae^x+b\ln x$，且满足 $a\geqslant 0, b\geqslant 0, a+b\leqslant 1$。

表 5.10 x,y 的观测值

x	3	5	6	7	4	8	5	9
y	4	9	5	3	8	5	8	5

解 利用 Matlab 软件求得

$$a=0.0005, b=0.9995.$$

```
clc, clear, a=load('data5_11.txt');
x0=a(1,:)'; d=a(2,:)'; C=[exp(x0),log(x0)];
A=[1 1]; b=1;                    % 线性不等式的约束矩阵和常数项列
lb=zeros(2,1);                   % 参数向量的下界
cs=lsqlin(C,d,A,b,[],[],lb)      % 拟合参数
```

3. 多项式拟合

Matlab 多项式拟合的函数为 polyfit，调用格式为

```
p=polyfit(x,y,n)  % 拟合 n 次多项式,返回值 p 是多项式对应的系数,排列次序为从高次幂系数到低次幂系数.
```

计算多项式 p 在 x 处的函数值命令为

```
y=polyval(p,x)
```

例 5.12 在研究某单分子化学反应速度时，得到数据 (t_i, y_i) $(i=1,2,\cdots,8)$ 如表 5.11所示。其中 t 表示从实验开始算起的时间，y 表示时刻 t 反应物的量。试根据上述数据定出经验公式 $y=ke^{mt}$，其中 k、m 是待定常数。

表 5.11 反应物的观测值数据

t_i	3	6	9	12	15	18	21	24
y_i	57.6	41.9	31.0	22.7	16.6	12.2	8.9	6.5

解 对 $y=ke^{mt}$ 两边取对数，得 $\ln y=mt+\ln k$，记 $\ln k=b$，则有 $\ln y=mt+b$，我们使用线性最小二乘法拟合参数 m 和 b，即求 m 和 b 的估计值使得

$$\sum_{i=1}^{8}(mt_i+b_i-\ln y_i)^2$$

达到最小值。

利用 Matlab 软件，求得 m 和 b 的估计值分别为

$$\hat{m}=-0.1037,\hat{b}=4.3640,$$

从而 k 的估计值为 $\hat{k}=78.5700$，即所求的经验公式为 $y=78.5700\mathrm{e}^{-0.1037t}$。

```
clc, clear, a=load('data5_12.txt');
t0=a(1,:); y0=log(a(2,:));
p=polyfit(t0,y0,1), p(2)=exp(p(2))
```

5.4.3 fittype 和 fit 函数

函数 fit 需要和函数 fittype 配合使用，fittype 用于定义拟合的函数类，fit 进行函数拟合。fit 既可以拟合一元或二元线性函数，也可以拟合一元或二元非线性函数。这里首先介绍这两个函数的调用格式，然后举几个拟合的例子。

fittype 的调用格式为

```
aFittype=fittype(libraryModeName)                  %利用库模型定义函数类.
aFittype=fittype(expression,Name,Value)            %利用字符串定义函数类.
aFittype=fittype(linearModeTerm,Name,Value) %利用基函数的线性组合定义函数类.
aFittype=fittype(anonymousFunction,Name,Value)  %利用匿名函数定义函数类.
```

函数 fit 的调用格式为

```
fitobject=fit(x,y, aFittype)            %x和y分别为自变量和因变量的观测值列向量,返回值 fitobject 为拟合函数的信息.
fitobject=fit([x,y],z,aFittype)         %[x,y]为自变量的观测值的两列矩阵,z为因变量的观测值列向量,这里是拟合二元函数.
[fitobject, gof]=fit(x,y, aFittype,Name,Value)  %返回值 gof 为结构数组,给出了模型的一些检验统计量.
```

例 5.13（续例 5.9） 拟合例 5.9 中的参数 a、b。

```
clc, clear, t=[0:7]';
y=[27.0, 26.8, 26.5, 26.3, 26.1, 25.7, 25.3, 24.8]';
f=fit(t,y,'poly1')  %利用库模型函数类
```

例 5.14 用模拟数据拟合函数 $z=a+b\ln x+cy$。

```
clc, clear
x0=linspace(1,10,20); y0=linspace(3,20,20);
z0=1+2*log(x0)+3*y0;                               %产生 z=1+2lnx+3y 的数据
g=fittype('a+b*log(x)+c*y', 'dependent', {'z'}, 'independent', {'x', 'y'})
f=fit([x0',y0'],z0',g,'StartPoint',rand(1,3))      %利用模拟数据拟合
```

注 5.2 定义拟合函数类型时，需要说明自变量属性'independent'和因变量属性'dependent'的值；自变量属性'independent'的默认值为'x'，可以不说明；因变量属性'dependent'的默认值'y'也可以不说明。

5.4.4 非线性拟合的 Matlab 实现

非线性拟合的主要准则也是最小二乘准则，我们以一元函数为例进行说明。对于未

知函数 $y=f(\boldsymbol{\theta},x)$,其中 $\boldsymbol{\theta}$ 为未知的参数向量,函数关于 $\boldsymbol{\theta}$ 是非线性的。给定 $y=f(\boldsymbol{\theta},x)$ 的一些观测值 (x_i,y_i),$i=1,2,\cdots,n$,拟合参数 $\boldsymbol{\theta}$ 的最小二乘准则,就是确定参数 $\boldsymbol{\theta}$ 的值要使在观测点上误差平方和

$$J(\boldsymbol{\theta}) = \sum_{i=1}^{n} (y_i - \hat{y}_i)^2 \tag{5.14}$$

最小,这里 $\hat{y}_i=f(\boldsymbol{\theta},x_i)$。

求式(5.14)的最小值问题有很多算法,例如 Matlab 工具箱 fit 函数使用的默认算法是 Levenberg-Marquardt 算法,还有 Trust-Region 等算法。

Matlab 非线性拟合的主要命令有 fit(要用 fittype 定义函数类),lsqcurvefit,nlinfit 等命令。fit 函数使用很方便,但只能拟合一元和二元函数,lsqcurvefit 可以拟合任意多个自变量的函数,并且可以约束未知参数的下界和上界;nlinfit 函数无法约束参数的界限,这里就不介绍了。

下面再给出几个使用 fit 函数进行非线性拟合的例子,然后给出 lsqcurvefit 的用法说明,并举几个用 lsqcurvefit 拟合函数的例子。

1. fit 函数

例 5.15 用表 5.12 的数据拟合函数 $z=ae^{bx}+cy^2$。

表 5.12 x,y,z 的观测值

x_1	6	2	6	7	4	2	5	9
x_2	4	9	5	3	8	5	8	2
y	14.2077	39.3622	17.8077	11.8310	32.8618	16.9622	33.0941	11.1737

```
clc, clear, d=load('data5_15.txt');
xy0=d([1,2],:)'; z0=d(3,:)';
g=fittype('a*exp(b*x)+c*y^2','dependent','z','independent',{'x', 'y'})
[f,st]=fit(xy0,z0,g,'StartPoint',rand(1,3))
```

求得 $z=6.193e^{0.04353x}+0.3995y^2$。

拟合优度 $R^2=0.9995$,拟合的剩余标准差 RMSE=0.2970,拟合效果很好。

例 5.16 利用函数 $y=2\cos 2x+6\sin 2x$ 产生模拟数据,使用模拟数据拟合一个如下的二阶傅里叶级数

$$f(x) = a_0 + \sum_{k=1}^{2} [a_k\cos(kwx) + b_k\sin(kwx)],\text{其中 } w = 1.$$

拟合时通过参数下界属性"Lower"和上界属性"Upper"的限制,使得 w 等于常数 1。

```
clc, clear
x0=[1:50]'; y0=2*cos(2*x0)+6*sin(2*x0);
lb=[-inf*ones(1,5),1]; ub=[inf*ones(1,5),1]; % w 参数在最后一个位置,约束 w=1
[f,g]=fit(x0,y0,'fourier2','Lower',lb,'Upper',ub)
```

得到的拟合函数为 $\hat{f}(x)=2\cos 2x+6\sin 2x$,并且拟合的检验指标都很好。

例 5.17 (Matlab 工具箱的帮助例程) 利用给定数据拟合分段线性函数

$$y=\begin{cases}a+bx, & x<k,\\ c+dx, & x\geqslant k.\end{cases}$$

原始数据的散点图及拟合的曲线如图 5.8 所示。

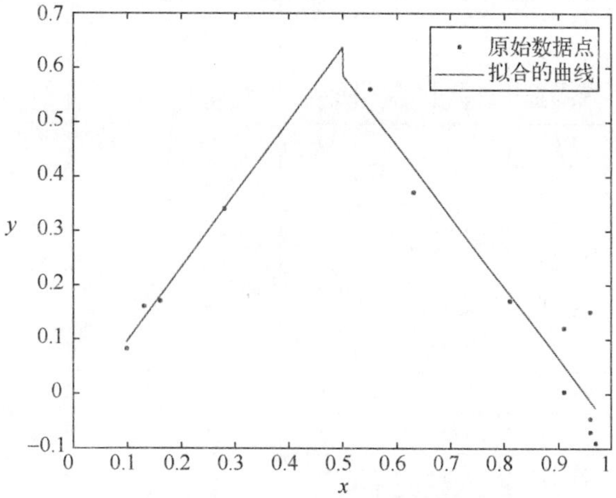

图 5.8　原始数据散点图及拟合的分段函数

拟合得到的分段函数为

$$y=\begin{cases}-0.03779+1.352x, & x<0.5,\\ 1.237-1.301x, & x\geqslant 0.5.\end{cases}$$

```
clc, clear
g=@(a,b,c,d,k,x)(a+b*x).*(x<k)+(c+d*x).*(x>=k);          %定义匿名函数
g=fittype(g)                                             %生成 fittype 类型的函数类
x=[0.81;0.91;0.13;0.91;0.63;0.098;0.28;0.55;0.96;0.96;0.16;0.97;0.96];
y=[0.17;0.12;0.16;0.0035;0.37;0.082;0.34;0.56;0.15;-0.046;0.17;-0.091;-0.071];
f=fit(x,y,g,'StartPoint',[1, 0, 1, 0, 0.5])              %函数拟合
plot(f,x,y), legend({'原始数据点','拟合的曲线'})
xlabel('$x $','Interpreter','Latex')
ylabel('$y $','Interpreter','Latex','Rotation',0)
```

注 5.3　匿名函数的定义中,必须把自变量放在匿名函数输入参数的最后一个。

2. lsqcurvefit 函数

要拟合函数 $y=f(\boldsymbol{\theta},x)$,给定 x 的观测值 $xdata$,y 的观测值 $ydata$,求参数向量 $\boldsymbol{\theta}$,使得误差平方和最小,即

$$\min_{\boldsymbol{\theta}}\ \|f(\boldsymbol{\theta},xdata)-ydata\|_2^2=\sum_i\left(f(\boldsymbol{\theta},xdata_i)-ydata_i\right)^2.$$

lsqcurvefit 函数的调用格式为

```
theta=lsqcurvefit(fun,theta0,xdata,ydata,lb,ub,options)
```

其中,fun 是定义函数 $f(\boldsymbol{\theta},x)$ 的 M 函数或匿名函数,theta0 是 $\boldsymbol{\theta}$ 的初始值,lb 是参数 $\boldsymbol{\theta}$ 的下界,ub 是参数 $\boldsymbol{\theta}$ 的上界,options 参数可以对计算过程的一些算法等属性进行设置,返回值 theta 是所拟合参数 $\boldsymbol{\theta}$ 的值。

例 5.18 用表 5.13 中的观测数据，拟合函数 $y=e^{-k_1x_1}\sin(k_2x_2)+x_3^2$ 中的参数 k_1、k_2。

表 5.13 已知观测数据

序 号	y/kg	x_1/cm^2	x_2/kg	x_3/kg	序 号	y/kg	x_1/cm^2	x_2/kg	x_3/kg
1	15.02	23.73	5.49	1.21	14	15.94	23.52	5.18	1.98
2	12.62	22.34	4.32	1.35	15	14.33	21.86	4.86	1.59
3	14.86	28.84	5.04	1.92	16	15.11	28.95	5.18	1.37
4	13.98	27.67	4.72	1.49	17	13.81	24.53	4.88	1.39
5	15.91	20.83	5.35	1.56	18	15.58	27.65	5.02	1.66
6	12.47	22.27	4.27	1.50	19	15.85	27.29	5.55	1.70
7	15.80	27.57	5.25	1.85	20	15.28	29.07	5.26	1.82
8	14.32	28.01	4.62	1.51	21	16.40	32.47	5.18	1.75
9	13.76	24.79	4.42	1.46	22	15.02	29.65	5.08	1.70
10	15.18	28.96	5.30	1.66	23	15.73	22.11	4.90	1.81
11	14.20	25.77	4.87	1.64	24	14.75	22.43	4.65	1.82
12	17.07	23.17	5.80	1.90	25	14.35	20.04	5.08	1.53
13	15.40	28.57	5.22	1.66					

解 我们主观地给出未知参数的下界和上界，求解结果也是不稳定的。

```
clc, clear, a=readmatrix('data5_18.txt');
y0=a(:,[2,7]); y0=y0(~isnan(y0));
x0=[a(:,[3:5]); a([1:end-1],[8:10])];
y=@(c,x)exp(-c(1)*x(:,1)).*sin(c(2)*x(:,2))+x(:,3).^2;
lb=zeros(1,2); ub=2*ones(1,2);          %主观赋值参数下界和上界
c = lsqcurvefit(y,rand(1,2),x0,y0,lb,ub)
```

例 5.19 利用模拟数据拟合曲面 $z=e^{-\frac{(x-\mu_1)^2+(y-\mu_2)^2}{2\sigma^2}}$，并画出拟合曲面的图形。

利用函数 $z=e^{-\frac{(x-\mu_1)^2+(y-\mu_2)^2}{2\sigma^2}}$，其中 $\mu_1=1,\mu_2=4,\sigma=6$，生成加噪声的模拟数据，利用模拟数据分别使用函数 lsqcurvefit 和 fit 拟合参数 μ_1,μ_2,σ，两个函数的拟合结果是一样的，求得 $\mu_1=0.7811,\mu_2=4.1812,\sigma=6.1881$。

拟合曲面的图形如图 5.9 所示。

```
clc, clear, close all, rng(1)            %为了一致性比较,随机数种子是确定的
x0=linspace(-6,6,50); y0=linspace(-5,5,60);
[X0,Y0]=meshgrid(x0,y0);                 %生成网格数据
XX0=X0(:); YY0=Y0(:);                    %展开为长的列向量
zxy=@(c,xy)exp(-((xy(:,1)-c(1)).^2+(xy(:,2)-c(2)).^2)/2/c(3)^2);
Z0=zxy([1,4,6],[XX0,YY0])+normrnd(0,1,size(XX0));     %生成模拟数据函数值
c1=lsqcurvefit(zxy,rand(1,3),[XX0,YY0],Z0)           %拟合未知参数的值
f=fittype('exp(-((x-mu1)^2+(y-mu2)^2)/2/s^2)',...
    'independent',{'x','y'},'dependent','z');
[c2,gof]=fit([XX0,YY0],Z0,f,'StartPoint',rand(3,1))   %用fit拟合参数
f=@(x,y,c)exp(-((x-c(1)).^2+(y-c(2)).^2)/2/c(3)^2);
```

```
subplot(121); fsurf(@(x,y)f(x,y,[1,4,6]))              % 画原来函数的图形
subplot(122); fsurf(@(x,y)f(x,y,c1))                   % 画拟合函数的图形
```

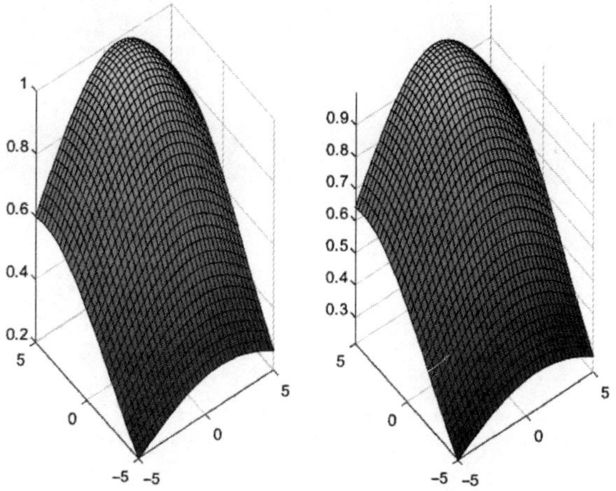

(a) (b)

图 5.9 原来函数及拟合曲面的图形
(a) 原来函数曲面;(b) 拟合函数曲面。

5.4.5 Matlab 曲线和曲面拟合的用户图形界面解法

Matlab 工具箱提供了命令 cftool,该命令给出了一元和二元函数拟合的交互式环境。具体执行步骤如下:

(1) 把数据导入到工作空间。

(2) 运行 cftool,打开用户图形界面窗口。

(3) 选择适当的模型进行拟合。

(4) 把计算结果输出到工作空间,并进行预测。

可以通过"帮助"信息(运行 doc cftool)熟悉该命令的使用细节。

例 5.20(续例 5.17) 利用例 5.17 的数据,拟合一个五阶傅里叶级数,并求拟合的五阶傅里叶级数与 $y=2x-1$ 的交点。

解 (1) 首先运行如下 Matlab 程序,把数据加载到 Matlab 工作空间。

```
clc, clear
x=[0.81;0.91;0.13;0.91;0.63;0.098;0.28;0.55;0.96;0.96;0.16;0.97;0.96];
y=[0.17;0.12;0.16;0.0035;0.37;0.082;0.34;0.56;0.15;-0.046;0.17;-0.091;-0.071];
```

(2) 在 Matlab 命令窗口输入 cftool,并回车。

(3) 在打开的用户图形界面输入如图 5.10 所示的参数,得到的结果显示在图 5.10 所示窗口的左边。

(4) 打开菜单 fit 下的子菜单 Save to Workspace,把所拟合的模型以名称 f 输出到工作空间,如图 5.11 所示。

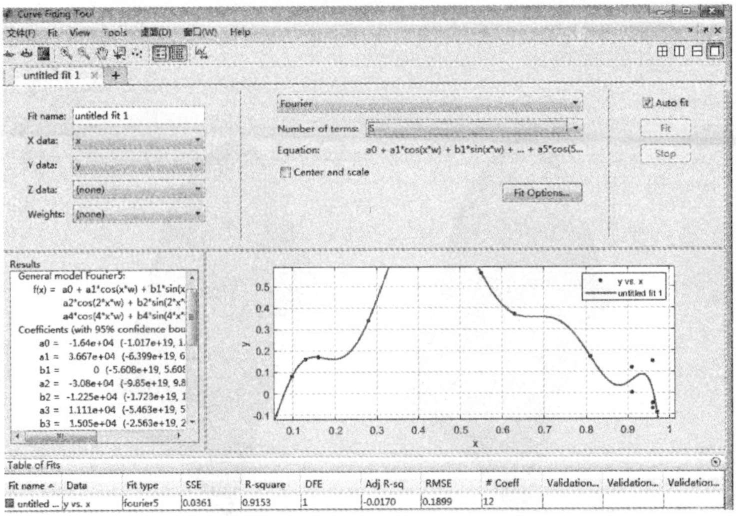

图 5.10　傅里叶级数拟合图

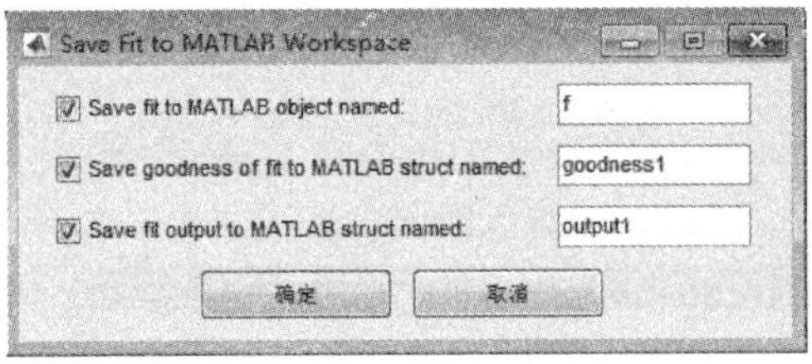

图 5.11　拟合结果输出图

(5) 画出两个函数交点的示意图,并求交点,画图和计算的 Matlab 程序如下：

```
x=[0.81;0.91;0.13;0.91;0.63;0.098;0.28;0.55;0.96;0.96;0.16;0.97;0.96];
y=[0.17;0.12;0.16;0.0035;0.37;0.082;0.34;0.56;0.15;-0.046;0.17;-0.091;
-0.071];
plot(f,x,y), hold on, fplot(@(x)2*x-1,[0.4,1],'--')
fx=@(x)f(x)-(2*x-1)              % 定义方程
x=fsolve(fx,rand)                % 求交点的 x 坐标
y=f(x)                           % 求交点的 y 坐标
xlabel('$x$','Interpreter','Latex')
ylabel('$y$','Interpreter','Latex','Rotation',0)
```

求得的交点坐标为(0.6777,0.3555).

5.4.6　拟合和统计等工具箱中的一些检验参数解释

下面对 Matlab 拟合和统计等工具箱中的一些检验参数给出解释。

1) SSE(the Sum of Squares due to Error,误差平方和)

该统计参数计算的是拟合数据和原始数据对应点的误差平方和,计算公式是

$$SSE = \sum_{i=1}^{n} (y_i - \hat{y}_i)^2.$$

SSE 越接近 0,说明模型选择和拟合效果越好,数据预测也越成功。下面的指标 MSE 和

RMSE 与指标 SSE 有关联,它们的校验效果是一样的。

2) MSE(Mean Squared Error,方差)

该统计参数是预测数据和原始数据对应点误差平方和的均值,也就是 SSE/$(n-m)$,这里 n 是观测数据的个数,m 是拟合参数的个数,和 SSE 没有太大的区别,计算公式是

$$\mathrm{MSE}=\mathrm{SSE}/(n-m)=\frac{1}{n-m}\sum_{i=1}^{n}(y_i-\hat{y}_i)^2.$$

3) RMSE(Root Mean Squared Error,剩余标准差)

该统计参数也称回归系统的拟合标准差,是 MSE 的平方根,计算公式是

$$\mathrm{RMSE}=\sqrt{\frac{1}{n-m}\sum_{i=1}^{n}(y_i-\hat{y}_i)^2}.$$

4) R^2(Coefficient of determination,判断系数,拟合优度)

在讲判断系数之前,我们需要介绍另外两个参数 SSR 和 SST,因为判断系数就是由这两个参数决定的。

对总平方和 $\mathrm{SST}=\sum_{i=1}^{n}(y_i-\bar{y})^2$ 进行分解,有

$$\mathrm{SST}=\mathrm{SSE}+\mathrm{SSR},\mathrm{SSR}=\sum_{i=1}^{n}(\hat{y}_i-\bar{y})^2,$$

其中 $\bar{y}=\frac{1}{n}\sum_{i=1}^{n}y_i$,SSE 是误差平方和,反映随机误差对 y 的影响,SSR 称为回归平方和,反映自变量对 y 的影响。

判断系数定义为

$$R^2=\frac{\mathrm{SSR}}{\mathrm{SST}}=\frac{\mathrm{SST}-\mathrm{SSE}}{\mathrm{SST}}=1-\frac{\mathrm{SSE}}{\mathrm{SST}}.$$

5) 调整的判断系数

统计学家主张在回归建模时,应采用尽可能少的自变量,不要盲目地追求判定系数 R^2 的提高。其实,当变量增加时,残差项的自由度就会减少。而自由度越小,数据的统计趋势就越不容易显现。为此,又定义一个调整判断系数

$$\bar{R}^2=1-\frac{\mathrm{SSE}/(n-m)}{\mathrm{SST}/(n-1)}.$$

$\bar{R}^2$ 与 R^2 的关系是

$$\bar{R}^2=1-(1-R^2)\frac{n-1}{n-m}.$$

当 n 很大、m 很小时,$\bar{R}^2$ 与 R^2 之间的差别不是很大;但是,当 n 较小、m 较大时,$\bar{R}^2$ 就会远小于 R^2。

5.5 函数逼近

前面讲的曲线拟合是已知一组离散数据$\{(x_i,y_i),i=1,2,\cdots,n\}$,选择一个较简单的函数 $f(x)$,如多项式,在一定准则如最小二乘准则下,最接近这些数据。

如果已知一个较为复杂的连续函数 $y(x), x\in[a,b]$，要求选择一个较简单的函数 $f(x)$，在一定准则下最接近 $y(x)$，就是所谓函数逼近。

与曲线拟合的最小二乘准则相对应，函数逼近常用的一种准则是最小平方逼近，即

$$J=\int_a^b [f(x)-y(x)]^2 dx \tag{5.15}$$

达到最小。与曲线拟合一样，选一组函数 $\{r_k(x), k=1,2,\cdots,m\}$ 构造 $f(x)$，即令

$$f(x)=a_1r_1(x)+a_2r_2(x)+\cdots+a_mr_m(x),$$

代入式(5.15)，求 $a_1,a_2,\cdots,a_m$ 使 J 达到极小。利用极值必要条件可得

$$\begin{bmatrix} (r_1,r_1) & (r_1,r_2) & \cdots & (r_1,r_m) \\ (r_2,r_1) & (r_2,r_2) & \cdots & (r_2,r_m) \\ \vdots & \vdots & \ddots & \vdots \\ (r_m,r_1) & (r_m,r_2) & \cdots & (r_m,r_m) \end{bmatrix}\begin{bmatrix} a_1 \\ a_2 \\ \vdots \\ a_m \end{bmatrix}=\begin{bmatrix} (y,r_1) \\ (y,r_2) \\ \vdots \\ (y,r_m) \end{bmatrix}, \tag{5.16}$$

这里 $(g,h)=\int_a^b g(x)h(x)dx$。当方程组(5.16)的系数矩阵非奇异时，有唯一解。

最简单的当然是用多项式逼近函数，即选 $r_1(x)=1, r_2(x)=x, r_3(x)=x^2,\cdots$。并且如果能使 $\int_a^b r_i(x)r_j(x)dx=0(i\neq j)$，方程组(5.16)的系数矩阵将是对角阵，计算大大简化。满足这种性质的多项式称为正交多项式。

勒让得(Legendre)多项式是在[-1,1]区间上的正交多项式，它的表达式为

$$P_0(x)=1,\quad P_k(x)=\frac{1}{2^k k!}\frac{d^k}{dx^k}(x^2-1)^k, k=1,2,\cdots.$$

可以证明

$$\int_{-1}^1 P_i(x)P_j(x)dx=\begin{cases} 0, & i\neq j, \\ \dfrac{2}{2i+1}, & i=j, \end{cases}$$

$$P_{k+1}(x)=\frac{2k+1}{k+1}xP_k(x)-\frac{k}{k+1}P_{k-1}(x), k=1,2,\cdots.$$

常用的正交多项式还有第一类切比雪夫(Chebyshev)多项式

$$T_n(x)=\cos(n\arccos x), x\in[-1,1], n=0,1,2,\cdots$$

和拉盖尔(Laguerre)多项式

$$L_n(x)=e^x\frac{d^n}{dx^n}(x^ne^{-x}), x\in[0,+\infty), n=0,1,2,\cdots.$$

例 5.21 求 $f(x)=\cos x, x\in\left[-\frac{\pi}{2},\frac{\pi}{2}\right]$ 在 $H=\mathrm{Span}\{1,x^2,x^4\}$ 中的最佳平方逼近多项式。

所求的最佳平方逼近多项式为

$$y=0.9996-0.4964x^2+0.0372x^4.$$

```
clc, clear
syms x, base=[1,x^2,x^4];
y1=base.'*base, y2=cos(x)*base.'
```

```
r1=int(y1,-pi/2,pi/2)
r2=int(y2,-pi/2,pi/2)
a=r1\r2
xishu1=double(a)      % 符号数据转化成数值型数据
xishu2=vpa(a,6)       % 把符号数据转化成小数型的符号数据
```

5.6 黄河小浪底调水调沙问题

例 5.22 2004 年 6—7 月黄河进行了第三次调水调沙试验,特别是首次由小浪底、三门峡和万家寨三大水库联合调度,采用接力式防洪预泄放水,形成人造洪峰进行调沙试验获得成功。整个试验期为 20 多天,小浪底从 6 月 19 日开始预泄放水,直到 7 月 13 日恢复正常供水结束。小浪底水利工程按设计拦沙量为 75.5 亿立方米,在这之前,小浪底共积泥沙达 14.15 亿吨。这次调水调沙试验一个重要目的就是由小浪底上游的三门峡和万家寨水库泄洪,在小浪底形成人造洪峰,冲刷小浪底库区沉积的泥沙,在小浪底水库开闸泄洪以后,从 6 月 27 日开始三门峡水库和万家寨水库陆续开闸放水,人造洪峰于 29 日先后到达小浪底,7 月 3 日达到最大流量 $2700\mathrm{m}^3/\mathrm{s}$,使小浪底水库的排沙量也不断地增加。表 5.14 是小浪底观测站 6 月 29 日—7 月 10 日检测到的试验数据。

表 5.14 观测数据

(单位:水流量为 m^3/s,含沙量为 kg/m^3)

日期	6.29		6.30		7.1		7.2		7.3		7.4	
时间	8:00	20:00	8:00	20:00	8:00	20:00	8:00	20:00	8:00	20:00	8:00	20:00
水流量	1800	1900	2100	2200	2300	2400	2500	2600	2650	2700	2720	2650
含沙量	32	60	75	85	90	98	100	102	108	112	115	116
日期	7.5		7.6		7.7		7.8		7.9		7.10	
时间	8:00	20:00	8:00	20:00	8:00	20:00	8:00	20:00	8:00	20:00	8:00	20:00
水流量	2600	2500	2300	2200	2000	1850	1820	1800	1750	1500	1000	900
含沙量	118	120	118	105	80	60	50	30	26	20	8	5

现在,根据试验数据建立数学模型研究下面的问题:

(1) 给出估计任意时刻的排沙量及总排沙量的方法。

(2) 确定排沙量与水流量的关系。

1. 问题(1)模型的建立与求解

已知给定的观测时刻是等间距的,以 6 月 29 日零时刻开始计时,则各次观测时刻(离开始时刻 6 月 29 日零时刻的时间)分别为

$$t_i=3600(12i-4),i=1,2,\cdots,24,$$

其中计时单位为秒。第 1 次观测的时刻 $t_1=28800$,最后一次观测的时刻 $t_{24}=1022400$。

记第 $i(i=1,2,\cdots,24)$ 次观测时水流量为 v_i,含沙量为 c_i,则第 i 次观测时的排沙量为

$y_i=c_iv_i$。有关的数据见表 5.15。

表 5.15　插值数据对应关系　　　(排沙量单位:kg)

节　点	1	2	3	4	5	6	7	8
时刻	28800	72000	115200	158400	201600	244800	288000	331200
排沙量	57600	114000	157500	187000	207000	235200	250000	265200
节点	9	10	11	12	13	14	15	16
时刻	374400	417600	460800	504000	547200	590400	633600	676800
排沙量	286200	302400	312800	307400	306800	300000	271400	231000
节点	17	18	19	20	21	22	23	24
时刻	720000	763200	806400	849600	892800	936000	979200	1022400
排沙量	160000	111000	91000	54000	45500	30000	8000	4500

对于问题(1),根据所给问题的试验数据,要计算任意时刻的排沙量,就要确定出排沙量随时间变化的规律,可以通过插值来实现。考虑到实际中的排沙量应该是时间的连续函数,为了提高模型的精度,采用三次样条函数进行插值。

利用 Matlab 软件,求出三次样条函数,得到排沙量 $y=y(t)$ 与时间的关系,然后进行积分,就可以得到总的排沙量

$$z=\int_{t_1}^{t_{24}} y(t)\,\mathrm{d}t.$$

最后求得总的排沙量为 1.844×10^8t。

```
clc, clear
a=load('data5_22.txt');                      % 把水流量和含沙量数据保存在纯文本文件
liu=a([1,3],:); liu=liu'; liu=liu(:);       % 提出水流量并按照顺序变成列向量
sha=a([2,4],:); sha=sha'; sha=sha(:);       % 提出含沙量并按照顺序变成列向量
y=sha.*liu; y=y';                            % 计算排沙量,并变成行向量
i=1:24; t=(12*i-4)*3600;
t1=t(1);t2=t(end);
pp=csape(t,y);                               % 进行三次样条插值
xsh=pp.coefs                 % 求得插值多项式的系数矩阵,每一行是一个区间上多项式的系数
TL=integral(@(t)fnval(pp,t),t1,t2)           % 求总含沙量的积分运算
```

2. 问题(2)模型的建立与求解

下面研究排沙量与水流量的关系,从试验数据可以看出,开始排沙量是随着水流量的增加而增长,而后是随着水流量的减少而减少。显然,变化规律并非是线性的关系,为此,把问题分为两部分,从开始水流量增加到最大值 2720m³/s(即增长的过程)为第一阶段,从水流量的最大值到结束为第二阶段,分别来研究水流量与排沙量的关系。

画出排沙量与水流量的散点图见图 5.12。

从散点图可以看出,第一阶段基本上是线性关系。第一阶段和第二阶段都准备用一次和二次曲线来拟合,通过模型的剩余标准差确定选择的模型。最后求得第一阶段排沙量 y 与水流量 v 之间的预测模型为

$$y=-0.0582v^2+516.4153v-671064.4321.$$

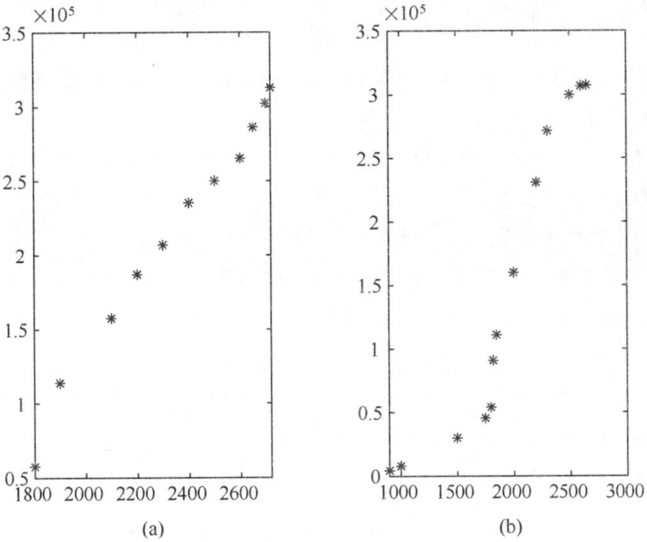

图 5.12 散点图

(a) 第一阶段;(b) 第二阶段。

第二阶段的预测模型也为一个二次多项式,即

$$y=0.1067v^2-180.4668v+72421.0982.$$

```
clc, clear, format long g, close all
a=load('data5_22.txt');                      % 把水流量和含沙量数据保存在纯文本文件
liu=a([1,3],:); liu=liu'; liu=liu(:);       % 提出水流量并按照顺序变成列向量
sha=a([2,4],:); sha=sha'; sha=sha(:);       % 提出含沙量并按照顺序变成列向量
y=sha.*liu;
subplot(1,2,1), plot(liu(1:11),y(1:11),'*')
subplot(1,2,2), plot(liu(12:24),y(12:24),'*')
for j=1:2                                    % 第一阶段的拟合
    [ft1,st1]=fit(liu(1:11),y(1:11),['poly',int2str(j)])
    xs=coeffvalues(ft1)                      % 显示拟合的系数
end
for j=1:2                                    % 第二阶段的拟合
    [ft2,st2]=fit(liu(12:24),y(12:24),['poly',int2str(j)])
    xs=coeffvalues(ft2)                      % 显示拟合的系数
end
format                                       % 恢复短小数的显示格式
```

习 题 5

5.1 在区间[0,10]上等间距取 1000 个点 $x_i(i=1,2,\cdots,1000)$,计算在这些点 x_i 处函数 $g(x)=\frac{(3x^2+4x+6)\sin x}{x^2+8x+6}$ 的函数值 y_i,利用观测点 $(x_i,y_i)(i=1,2,\cdots,1000)$,求三次样条插值函数 $\hat{g}(x)$,画出插

值函数$\hat{g}(x)$的图形,并求积分$\int_0^{10} g(x)\mathrm{d}x$和$\int_0^{10} \hat{g}(x)\mathrm{d}x$。

5.2 附件1:区域高程数据.xlsx给出了某区域43.65×58.2(km^2)的高程数据,用双三次样条插值求该区域地表面积的近似值。

5.3 已知当温度为$T=[700,720,740,760,780]$时,过热蒸汽体积的变化为$V=[0.0977,0.1218,0.1406,0.1551,0.1664]$,分别采用线性插值和三次样条插值求解$T=750$和$T=770$时的体积变化,并在一个图形界面中画出线性插值函数和三次样条插值函数。

5.4 某种合金的含铅量百分比(%)为p,其熔解温度(℃)为θ,由实验测得p与θ的数据如表5.16所示,试用最小二乘法建立θ与p之间的经验公式$\theta=ap+b$。

表5.16 θ与p的观测数据

p/%	36.9	46.7	63.7	77.8	84.0	87.5
θ/℃	181	197	235	270	283	292

5.5 多项式$f(x)=a_3x^3+a_2x^2+a_1x+a_0$,取$a_3=8,a_2=5,a_1=2,a_0=-1$,在$[-6,6]$上等步长取100个点作为$x$的观测值,计算对应的函数值作为$y$的观测值;把得到的观测值记作$(x_i,y_i),i=1,2,\cdots,100$。

(1) 利用观测值$(x_i,y_i),i=1,2,\cdots,100$,拟合三次多项式。

(2) 把每个y_i加上白噪声,即加上一个服从标准正态分布的随机数,把得到的数据记作$\tilde{y}_i(i=1,2,\cdots,100)$,利用$(x_i,\tilde{y}_i),i=1,2,\cdots,100$,拟合三次多项式。

5.6 函数$g(x)=\dfrac{10a}{10b+(a-10b)e^{-a\sin x}}$,取$a=1.1,b=0.01$,计算$x=1,2,\cdots,20$时,$g(x)$对应的函数值,把这样得到的数据作为模拟观测值,记作$(x_i,y_i),i=1,2,\cdots,20$。

(1) 用lsqcurvefit拟合函数$\hat{g}(x)$;

(2) 用fittype和fit拟合函数$\hat{g}(x)$。

5.7 对于函数$f(x,y)=axy/(1+b\sin(x))$,取模拟数据x=linspace(-6,6,30);y=linspace(-6,6,40);[x,y]=meshgrid(x,y);取$a=2,b=3$,计算对应的函数值z;利用上述得到的数据(x,y,z),反过来拟合函数$f(x,y)=axy/(1+b\sin(x))$。

5.8 已知一组观测数据,如表5.17所示。

表5.17 观测数据

x_i	-2	-1.7	-1.4	-1.1	-0.8	-0.5	-0.2	0.1
y_i	0.1029	0.1174	0.1316	0.1448	0.1566	0.1662	0.1733	0.1775
x_i	0.4	0.7	1	1.3	1.6	1.9	2.2	2.5
y_i	0.1785	0.1764	0.1711	0.1630	0.1526	0.1402	0.1266	0.1122
x_i	2.8	3.1	3.4	3.7	4	4.3	4.6	4.9
y_i	0.0977	0.0835	0.0702	0.0588	0.0479	0.0373	0.0291	0.0224

(1) 试用插值方法绘制出$x\in[-2,4.9]$区间内的曲线,并比较各种插值算法的优劣。

(2) 试用最小二乘多项式拟合方法拟合表中数据,选择一个能较好拟合数据点的多项式的阶次,给出相应多项式的系数和剩余标准差。

(3) 若表中数据满足正态分布函数$y(x)=\dfrac{1}{\sqrt{2\pi}\sigma}e^{-\frac{(x-\mu)^2}{2\sigma^2}}$,试用最小二乘非线性拟合方法求出分布参

数 μ,σ 值,并利用所求参数值绘制拟合曲线,观察拟合效果。

5.9(水箱水流量问题) 许多供水单位由于没有测量流入或流出水箱流量的设备,而只能测量水箱中的水位。试通过测得的某时刻水箱中水位的数据,估计在任意时刻(包括水泵灌水期间)t 流出水箱的流量 $f(t)$。

给出原始数据表 5.18,其中长度单位为 E(1E=30.24cm)。水箱为圆柱体,其直径为 57E。

假设:

(1) 影响水箱流量的唯一因素是该区公众对水的普通需要。

(2) 水泵的灌水速度为常数。

(3) 从水箱中流出水的最大流速小于水泵的灌水速度。

(4) 每天的用水量分布都是相似的。

(5) 水箱的流水速度可用光滑曲线来近似。

表 5.18 水位数据表

时间/s	水位/10^{-2}E	时间/s	水位/10^{-2}E
0	3175	44636	3350
3316	3110	49953	3260
6635	3054	53936	3167
10619	2994	57254	3087
13937	2947	60574	3012
17921	2892	64554	2927
21240	2850	68535	2842
25223	2795	71854	2767
28543	2752	75021	2697
32284	2697	79254	泵水
35932	泵水	82649	泵水
39332	泵水	85968	3475
39435	3550	89953	3397
43318	3445	93270	3340

第6章 微分方程

微分方程建模是数学建模的重要方法,因为许多实际问题的数学描述将导致求解微分方程的定解问题。把形形色色的实际问题化成微分方程的定解问题,大体上可以按以下步骤进行:

(1) 根据实际要求确定要研究的量(自变量、未知函数、必要的参数等)并确定坐标系。

(2) 找出这些量所满足的基本规律(物理的、几何的、化学的或生物学的等)。

(3) 运用这些规律列出方程和定解条件。

列方程常见的方法有以下几种:

(1) 按规律直接列方程。在数学、力学、物理、化学等学科中,许多自然现象所满足的规律已为人们所熟悉,并直接由微分方程所描述,如牛顿第二定律、放射性物质的放射性规律等。我们常利用这些规律对某些实际问题列出微分方程。

(2) 微元分析法与任意区域上取积分的方法。自然界中也有许多现象所满足的规律是通过变量的微元之间的关系式来表达的,对于这类问题,我们不能直接列出自变量和未知函数及其变化率之间的关系式,而是通过微元分析法,利用已知的规律建立一些变量(自变量与未知函数)的微元之间的关系式,然后再通过取极限的方法得到微分方程,或等价地通过任意区域上取积分的方法来建立微分方程。

(3) 模拟近似法。在生物、经济等学科中,许多现象所满足的规律并不很清楚而且相当复杂,因而需要根据实际资料或大量的实验数据,提出各种假设。在一定的假设下,给出实际现象所满足的规律,然后利用适当的数学方法列出微分方程。

在实际的微分方程建模过程中,也往往是上述方法的综合应用。不论应用哪种方法,通常要根据实际情况,做出一定的假设与简化,并把模型的理论或计算结果与实际情况进行对照验证,以修改模型使之更准确地描述实际问题并进而达到预测预报的目的。

6.1 常微分方程问题的数学模型

在数学、力学、物理、化学等学科中已有许多经过实践检验的规律和定律,如牛顿运动定律、基尔霍夫电流和电压定律、物质的放射性规律、曲线的切线的性质等,这些都涉及某些函数的变化率。我们可以根据相应的规律,列出常微分方程。

例6.1 建立物体冷却过程的数学模型。将某物体放置于空气中,在时刻 $t=0$ 时,测得它的温度为 $u_0=100$℃,20min 后测得它的温度为 $u_1=60$℃。要求建立此物体的温度 u 和时间 t 的关系,并计算经过多长时间此物体的温度将达到30℃,其中假设空气的温度保持为20℃。

解 牛顿冷却定律是温度高于周围环境的物体向周围媒质传递热量逐渐冷却时所遵

循的规律：当物体表面与周围存在温度差时，单位时间从单位面积散失的热量与温度差成正比，比例系数称为热传递系数，记为 k。

假设该物体在时刻 t 时的温度为 $u=u(t)$，则由牛顿冷却定律，得

$$\frac{\mathrm{d}u}{\mathrm{d}t}=-k(u-20), \tag{6.1}$$

式中：$k>0$。方程(6.1)就是物体冷却过程的数学模型。

可将方程(6.1)改写为

$$\frac{\mathrm{d}(u-20)}{u-20}=-k\mathrm{d}t,$$

两边积分，得

$$\int_{100}^{u}\frac{\mathrm{d}(u-20)}{u-20}=\int_{0}^{t}-k\mathrm{d}t,$$

化简，得

$$u=20+80\mathrm{e}^{-kt}. \tag{6.2}$$

把条件 $t=20, u=u_1=60$ 代入式(6.2)，得 $k=\dfrac{\ln 2}{20}$，所以此物体的温度 u 和时间 t 的关系为 $u=20+80\mathrm{e}^{-\frac{\ln 2}{20}t}$。令 $30=20+80\mathrm{e}^{-\frac{\ln 2}{20}t}$，解之得 $t=60$，即 60min 后物体的温度为 30℃。

例 6.2 目标跟踪问题。设位于坐标原点的甲舰向位于 x 轴上点 $Q_0(1,0)$ 处的乙舰发射导弹，导弹始终对准乙舰。如果乙舰以最大的速度 v_0(v_0 是常数)沿平行于 y 轴的直线行驶，导弹的速度是 $5v_0$，求导弹运行的曲线。又乙舰行驶多远时，导弹将它击中？

解 设导弹的轨迹曲线为 $y=y(x)$，并设经过时间为 t，导弹位于点 $P(x,y)$，乙舰位于点 $Q(1,v_0t)$。由于导弹头始终对准乙舰，故此时直线 PQ 就是导弹的轨迹曲线弧 OP 在点 P 处的切线，如图 6.1 所示，则有

$$\frac{\mathrm{d}y}{\mathrm{d}x}=\frac{v_0t-y}{1-x}. \tag{6.3}$$

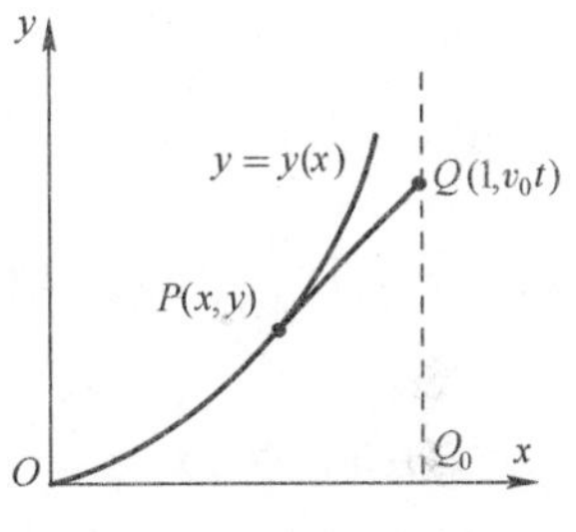

图 6.1 导弹跟踪示意图

由于模型中含有参变量 t，故要求解该模型应增加附加条件。解决这个问题可从问题描述中寻求办法。

方法一：任意两个匀速运动的物体，相同时间内所经过的距离与其速度成正比。

由已知，导弹的速度 5 倍于乙舰，即在同一时间段 t 内，导弹运行轨迹的总长亦应 5 倍于乙舰，即 $\overset{\frown}{OP}$ 的弧长 5 倍于线段 $\overline{Q_0Q}$ 的长度。由弧长计算公式可得

$$\int_{0}^{x}\sqrt{1+\left(\frac{\mathrm{d}y}{\mathrm{d}x}\right)^2}\,\mathrm{d}x=5v_0t, \tag{6.4}$$

方程两边关于 x 求导，得

$$\sqrt{1+\left(\frac{\mathrm{d}y}{\mathrm{d}x}\right)^2}=5v_0\frac{\mathrm{d}t}{\mathrm{d}x}. \tag{6.5}$$

方法二：利用速度分量合成的概念。

由于在点 $P(x,y)$ 导弹的速度恒为 $5v_0$，而该点的速度大小等于该点在 x 轴和 y 轴上的速度分量 $x'(t)$ 和 $y'(t)$ 的合成，故有

$$\sqrt{\left(\frac{\mathrm{d}x}{\mathrm{d}t}\right)^2+\left(\frac{\mathrm{d}y}{\mathrm{d}t}\right)^2}=5v_0, \tag{6.6}$$

或改写成

$$\frac{\mathrm{d}x}{\mathrm{d}t}\sqrt{1+\left(\frac{\mathrm{d}y}{\mathrm{d}x}\right)^2}=5v_0. \tag{6.7}$$

两边同除以$\frac{\mathrm{d}x}{\mathrm{d}t}$即得式(6.5)。由此可见,利用弧长的概念或速度的概念得到的结果是一致的。

为了消去中间变量 t,把方程(6.3)改写为

$$(1-x)\frac{\mathrm{d}y}{\mathrm{d}x}=v_0t-y, \tag{6.8}$$

然后两边关于 x 求导,得

$$(1-x)\frac{\mathrm{d}^2y}{\mathrm{d}x^2}-\frac{\mathrm{d}y}{\mathrm{d}x}=v_0\frac{\mathrm{d}t}{\mathrm{d}x}-\frac{\mathrm{d}y}{\mathrm{d}x},$$

整理,得

$$(1-x)\frac{\mathrm{d}^2y}{\mathrm{d}x^2}=v_0\frac{\mathrm{d}t}{\mathrm{d}x}, \tag{6.9}$$

联立式(6.5)和式(6.9)得

$$\begin{cases}\sqrt{1+\left(\frac{\mathrm{d}y}{\mathrm{d}x}\right)^2}=5v_0\frac{\mathrm{d}t}{\mathrm{d}x},\\(1-x)\frac{\mathrm{d}^2y}{\mathrm{d}x^2}=v_0\frac{\mathrm{d}t}{\mathrm{d}x}.\end{cases}$$

消去中间变量$\frac{\mathrm{d}t}{\mathrm{d}x}$,得关于轨迹曲线的二阶非线性常微分方程:

$$(1-x)\frac{\mathrm{d}^2y}{\mathrm{d}x^2}=\frac{1}{5}\sqrt{1+\left(\frac{\mathrm{d}y}{\mathrm{d}x}\right)^2},\quad 0<x\leqslant 1.$$

要求此问题的定解,还需要给出两个初始条件。事实上,初始时刻轨迹曲线通过坐标原点,即 $x=0$ 时,$y(0)=0$;此外在该点的切线平行于 x 轴,因此有 $y'(0)=0$。归纳可得导弹轨迹问题的数学模型为

$$\begin{cases}(1-x)\frac{\mathrm{d}^2y}{\mathrm{d}x^2}=\frac{1}{5}\sqrt{1+\left(\frac{\mathrm{d}y}{\mathrm{d}x}\right)^2},\quad 0<x\leqslant 1,\\y(0)=0,\quad y'(0)=0.\end{cases} \tag{6.10}$$

此模型为二阶常微分方程初值问题。求解此类问题,通常采用降阶法。

令 $p=y'$,则 $y''=\frac{\mathrm{d}p}{\mathrm{d}x}$,则式(6.10)变为关于 p 的常微分方程初值问题:

$$\begin{cases}(1-x)\frac{\mathrm{d}p}{\mathrm{d}x}=\frac{1}{5}\sqrt{1+p^2},\quad 0<x\leqslant 1,\\p(0)=0.\end{cases} \tag{6.11}$$

利用分离变量法,求解并代入初始条件得

$$\ln\left(p+\sqrt{1+p^2}\right)=-\frac{1}{5}\ln(1-x),$$

化简得

$$p+\sqrt{1+p^2}=(1-x)^{-1/5}.$$

为求得 p 的显式表达式,利用上式做如下等式变换:

$$-p+\sqrt{1+p^2}=\frac{1}{p+\sqrt{1+p^2}}=(1-x)^{1/5}.$$

以上两式相减,得关于 p 的表达式,从而得到关于 y 的一阶常微分方程初值问题:

$$\begin{cases}\dfrac{dy}{dx}=p=\dfrac{1}{2}\left[(1-x)^{-1/5}-(1-x)^{1/5}\right],\\ y(0)=0.\end{cases}$$

求解此微分方程,即得导弹运行的轨迹曲线方程为

$$y=-\frac{5}{8}(1-x)^{4/5}+\frac{5}{12}(1-x)^{6/5}+\frac{5}{24}. \tag{6.12}$$

何处击中乙舰?在式(6.12)中,令 $x=1$,得 $y=\frac{5}{24}$,即在 $\left(1,\frac{5}{24}\right)$ 处击中乙舰。

何时击中乙舰?击中乙舰时,乙舰航行距离 $y=\frac{5}{24}$,由 $y=v_0t$,得 $t=\frac{5}{24v_0}$ 时击中乙舰。

6.2 传染病预测问题

问题提出

世界上存在着各种各样的疾病,许多疾病是传染的,如SARS、艾滋病、禽流感等,每种病的发病机理与传播途径都各有特点。如何根据其传播机理预测疾病的传染范围及染病人数等,对传染病的控制意义十分重大。

1. 指数传播模型

基本假设

(1) 所研究的区域是一封闭区域,在一个时期内人口总量相对稳定,不考虑人口的迁移(迁入或迁出)。

(2) t 时刻染病人数 $N(t)$ 是随时间连续变化的、可微的函数。

(3) 每个病人在单位时间内的有效接触(足以使人致病)或传染的人数为 λ($\lambda>0$ 为常数)。

模型建立与求解

记 $N(t)$ 为 t 时刻染病人数,则 $t+\Delta t$ 时刻的染病人数为 $N(t+\Delta t)$。从 $t\to t+\Delta t$ 时间内,净增加的染病人数为 $N(t+\Delta t)-N(t)$,根据基本假设(3),有

$$N(t+\Delta t)-N(t)=\lambda N(t)\Delta t.$$

若记 $t=0$ 时刻染病人数为 N_0,则由基本假设(2),在上式两端同时除以 Δt,并令 $\Delta t\to 0$,得传染病染病人数的微分方程预测模型:

$$\begin{cases}\dfrac{dN(t)}{dt}=\lambda N(t), \quad t>0,\\ N(0)=N_0.\end{cases} \tag{6.13}$$

利用分离变量法可很容易地得到该模型的解析解为

$$N(t)=N_0e^{\lambda t}.$$

结果分析与评价

模型结果显示传染病的传播是按指数函数增加的。一般而言在传染病发病初期,对传染源和传播路径未知,以及没有任何预防控制措施的情况下,这一结果是正确的。此外,我们注意到,当 $t\to\infty$ 时,$N(t)\to\infty$,这显然不符合实际情况。事实上,在封闭系统的假设下,区域内人群总量是有限的。预测结果出现明显失误。为了与实际情况吻合,有必要在原有基础上修改模型假设,以进一步完善模型。

2. SI 模型

基本假设

(1) 在传播期内,所考察地区的人口总数为 N,短期内保持不变,既不考虑生死,也不考虑迁移。

(2) 人群分为**易感染者**(Susceptible)和**已感染者**(Infective),即健康人群和病人两类。

(3) 设 t 时刻两类人群在总人口中所占的比例分别为 $s(t)$ 和 $i(t)$,则 $s(t)+i(t)=1$。

(4) 每个病人在单位时间(每天)内接触的平均人数为常数 λ,λ 称为日感染率,当病人与健康者有效接触时,可使健康者受感染成为病人。

(5) 每个病人得病后,经久不愈,且在传染期内不会死亡。

模型建立与求解

根据基本假设(4),每个病人每天可使 $\lambda s(t)$ 个健康者变为病人,而 t 时刻病人总数为 $Ni(t)$,故在 $t\to t+\Delta t$ 时段内,共有 $\lambda Ns(t)i(t)\Delta t$ 个健康者被感染。

于是有

$$\frac{Ni(t+\Delta t)-Ni(t)}{\Delta t}=\lambda Ns(t)i(t).$$

令 $\Delta t\to 0$,得微分方程

$$\frac{di(t)}{dt}=\lambda s(t)i(t).$$

又由基本假设(3)知,$s(t)=1-i(t)$,代入上式得

$$\frac{di(t)}{dt}=\lambda i(t)(1-i(t)).$$

假定起始时($t=0$),病人占总人口的比例为 $i(0)=i_0$。于是 SI 模型可描述为

$$\begin{cases}\dfrac{di(t)}{dt}=\lambda i(t)(1-i(t)), \quad t>0,\\ i(0)=i_0.\end{cases} \tag{6.14}$$

用分离变量法求解此微分方程初值问题,得解析解为

$$i(t)=\frac{1}{1+\left(\frac{1}{i_0}-1\right)e^{-\lambda t}}. \tag{6.15}$$

结果分析与评价

式(6.14)事实上就是 Logistic 模型。病人占总人口的最大比例为1,即当 $t\to\infty$ 时,区域内所有人都被传染。

医学上称$\frac{di}{dt}\sim t$ 为传染病曲线,它表示传染病人增加率与时间的关系,如图 6.2(a)所示。预测结果曲线如图 6.2(b)所示。

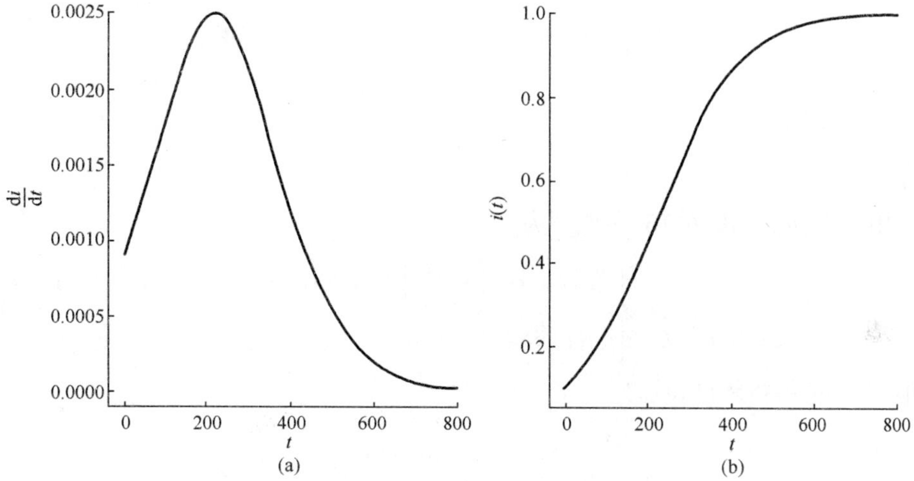

图 6.2 $i_0=0.1,\lambda=10^{-2}$时的 SI 模型

(a) $\frac{di}{dt}\sim t$ 曲线;(b) $i(t)\sim t$ 曲线。

由式(6.14)易知,当病人总量占总人口比值达到 $i=\frac{1}{2}$时,$\frac{di}{dt}$达到最大值,即$\frac{d^2i}{dt^2}=0$,也就是说,此时达到传染病传染高峰期。利用式(6.15)易得传染病高峰到来的时刻为

$$t_m=\frac{1}{\lambda}\ln\left(\frac{1}{i_0}-1\right).$$

医学上,这一结果具有重要的意义。由于 t_m 与 λ 成反比,故当 λ(反应医疗水平或传染控制措施的有效性)增大时,t_m 将变小,预示着传染病高峰期来得越早。若已知日接触率 λ(由统计数据得出),即可预报传染病高峰到来的时间 t_m,这对于防治传染病是有益处的。

当 $t\to\infty$ 时,由式(6.15)可知,$i(t)\to 1$,即最后人人都要生病。这显然不符合实际情况。其原因是假设中未考虑病人得病后可以治愈,人群中的健康者只能变为病人,而病人不会变为健康者。而事实上对某些传染病,如伤风、痢疾等病人治愈后免疫力低下,可假定无免疫性。于是病人被治愈后成为健康者,健康者还可以被感染再变成病人。

3. SIS 模型

SIS 模型在 SI 模型假设(1)~(4)的基础上,进一步假设:

(5) 每天被治愈的病人人数占病人总数的比例为 μ。

(6) 病人被治愈后成为仍可被感染的健康者。

于是 SI 模型可被修正为 SIS 模型：

$$\begin{cases}\dfrac{\mathrm{d}i(t)}{\mathrm{d}t}=\lambda i(t)(1-i(t))-\mu i(t), & t>0,\\ i(0)=i_0.\end{cases} \tag{6.16}$$

式(6.16)的解析解可表示为

$$i(t)=\begin{cases}\left[\dfrac{\lambda}{\lambda-\mu}+\left(\dfrac{1}{i_0}-\dfrac{\lambda}{\lambda-\mu}\right)\mathrm{e}^{-(\lambda-\mu)t}\right]^{-1}, & \lambda\neq\mu,\\ \left(\lambda t+\dfrac{1}{i_0}\right)^{-1}, & \lambda=\mu.\end{cases} \tag{6.17}$$

令

$$\sigma=\lambda/\mu,$$

式中：σ 为传染强度。

利用 σ 的定义，式(6.16)可改写为

$$\begin{cases}\dfrac{\mathrm{d}i}{\mathrm{d}t}=-\lambda i\left[i-\left(1-\dfrac{1}{\sigma}\right)\right], & t>0,\\ i(0)=i_0.\end{cases} \tag{6.18}$$

相应地，模型的解析解可表示为

$$i(t)=\begin{cases}\left[\dfrac{1}{1-\dfrac{1}{\sigma}}+\left(\dfrac{1}{i_0}-\dfrac{1}{1-\dfrac{1}{\sigma}}\right)\mathrm{e}^{-\lambda\left(1-\frac{1}{\sigma}\right)t}\right]^{-1}, & \sigma\neq1,\\ \left(\lambda t+\dfrac{1}{i_0}\right)^{-1}, & \sigma=1.\end{cases} \tag{6.19}$$

结果分析与评价

由式(6.19)得，当 $t\to\infty$ 时，有

$$i(\infty)=\begin{cases}1-\dfrac{1}{\sigma}, & \sigma>1,\\ 0, & \sigma\leqslant1.\end{cases} \tag{6.20}$$

由上式可知，$\sigma=1$ 是一个阈值。

若 $\sigma\leqslant1$，则随着时间的推移，$i(t)$ 逐渐变小，当 $t\to\infty$ 时趋于零。这是由于治愈率大于有效感染率，最终所有病人都会被治愈。

若 $\sigma>1$，则当 $t\to\infty$ 时，$i(t)$ 趋于极限 $1-\dfrac{1}{\sigma}$，这说明当治愈率小于传染率时，总人口中总有一定比例的人口会被传染而成为病人。

大多数传染病，如天花、麻疹、流感、肝炎等疾病，经治愈后均有很强的免疫力。病愈后的人因已具有免疫力，既非健康者（易感染者）也非病人（已感染者），即这部分人已退出感染系统。

4. SIR 模型

基本假设

（1）人群分健康者、病人和病愈后因具有免疫力而退出系统的移出者三类。设任意时刻 t,这三类人群占总人口的比例分别为 $s(t)$,$i(t)$ 和 $r(t)$。

（2）病人的日接触率为 λ,日治愈率为 μ,传染强度 $\sigma=\lambda/\mu$。

（3）人口总数 N 为固定常数。

模型建立与求解

类似于前述问题的建模过程,依据假设,对所有人群,有

$$s(t)+i(t)+r(t)=1, \tag{6.21}$$

对系统移出者,有

$$N\frac{\mathrm{d}r}{\mathrm{d}t}=\mu Ni, \tag{6.22}$$

对病人,有

$$N\frac{\mathrm{d}i}{\mathrm{d}t}=\lambda Nsi-\mu Ni, \tag{6.23}$$

对健康者,有

$$N\frac{\mathrm{d}s}{\mathrm{d}t}=-\lambda Nsi. \tag{6.24}$$

联立式(6.22)~式(6.24),可得 SIR 模型:

$$\begin{cases}\dfrac{\mathrm{d}i}{\mathrm{d}t}=\lambda si-\mu i,\\ \dfrac{\mathrm{d}s}{\mathrm{d}t}=-\lambda si,\\ \dfrac{\mathrm{d}r}{\mathrm{d}t}=\mu i,\\ i(0)=i_0,s(0)=s_0,r(0)=0.\end{cases} \tag{6.25}$$

SIR 模型是一个较典型的系统动力学模型,其突出特点是模型形式为关于多个相互关联的系统变量之间的常微分方程组。类似的建模问题有很多,如河流中水体各类污染物质的耗氧、复氧、反应、迁移、吸附、沉降等,食物在人体中的分解、吸收、排泄,污水处理过程中的污染物降解,微生物、细菌的增长或衰减等。这些问题很难求得解析解,可以使用软件求数值解。

6.3 常微分方程的求解

对于常微分方程,只有一小部分可以求得解析解,大部分常微分方程无法求得解析解,只能求数值解。常微分方程数值解的算法我们就不介绍了,有兴趣的读者可以参看数值分析等相关书籍。下面介绍使用 Matlab 软件求微分方程的符号解和数值解。

6.3.1 常微分方程的符号解

Matlab 符号运算工具箱提供了功能强大的求常微分方程符号解函数 dsolve。

例 6.3 求解微分方程 $y'=-2y+2x^2+2x, y(0)=1$。

解 求得的符号解为 $y=e^{-2x}+x^2$。

```
clc, clear, syms y(x)
y=dsolve(diff(y)==-2*y+2*x^2+2*x, y(0)==1)
```

例 6.4 求解二阶线性微分方程 $y''-2y'+y=e^x, y(0)=1, y'(0)=-1$。

解 求得二阶线性微分方程的解为 $y=e^x+\dfrac{x^2e^x}{2}-2xe^x$。

```
clc, clear, syms y(x)            % 定义符号函数为 y,自变量为 x
dy=diff(y);                      % 定义 y 的一阶导数,目的是下面赋初值
y=dsolve(diff(y,2)-2*diff(y)+y==exp(x), y(0)==1, dy(0)==-1)
```

例 6.5 已知输入信号为 $u(t)=e^{-t}\cos t$,试求下面微分方程的解。

$y^{(4)}(t)+10y^{(3)}(t)+35y''(t)+50y'(t)+24y(t)=u''(t), y(0)=0, y'(0)=-1, y''(0)=1, y'''(0)=1$。

解 求得的解为 $y=-\dfrac{7}{3}e^{-t}+\dfrac{9}{2}e^{-2t}-\dfrac{14}{5}e^{-3t}-\dfrac{e^{-t}\sin t}{5}+\dfrac{19}{30}e^{-4t}$。

```
clc, clear, syms y(t)
dy=diff(y); d2y=diff(y,2); d3y=diff(y,3);   % 定义 y 的前三阶导数,是为了赋初值
u=exp(-t)*cos(t);
y=dsolve(diff(y,4)+10*diff(y,3)+35*diff(y,2)+50*diff(y)+24*y==diff(u,2),...
    y(0)==0,dy(0)==-1,d2y(0)==1,d3y(0)==1)
```

下面给出求常微分方程组符号解的例子。

例 6.6 试求解下列柯西问题:

$$\begin{cases}\dfrac{d\boldsymbol{x}}{dt}=\boldsymbol{A}\boldsymbol{x},\\ \boldsymbol{x}(0)=[1,1,1]^T\end{cases}$$

的解,其中 $\boldsymbol{x}(t)=[x_1(t),x_2(t),x_3(t)]^T$, $\boldsymbol{A}=\begin{bmatrix}3&-1&1\\2&0&-1\\1&-1&2\end{bmatrix}$。

解 求得的解为

$$\boldsymbol{x}(t)=\begin{bmatrix}\dfrac{4}{3}e^{3t}-\dfrac{1}{2}e^{2t}+\dfrac{1}{6}\\ \dfrac{2}{3}e^{3t}-\dfrac{1}{2}e^{2t}+\dfrac{5}{6}\\ \dfrac{2}{3}e^{3t}+\dfrac{1}{3}\end{bmatrix}.$$

```
clc, clear
syms x(t) [3, 1]                 % 定义符号向量函数,x(t)后有空格
A=[3 -1 1;2 0 -1;1 -1 2];
[s1,s2,s3]=dsolve(diff(x)==A*x,x(0)==ones(3,1))
```

例 6.7 试解初值问题

$$\begin{bmatrix}x_1'(t)\\x_2'(t)\\x_3'(t)\end{bmatrix}=\begin{bmatrix}1&0&0\\2&1&-2\\3&2&1\end{bmatrix}\begin{bmatrix}x_1(t)\\x_2(t)\\x_3(t)\end{bmatrix}+\begin{bmatrix}0\\0\\e^t\cos2t\end{bmatrix},\quad\begin{bmatrix}x_1(0)\\x_2(0)\\x_3(0)\end{bmatrix}=\begin{bmatrix}0\\1\\1\end{bmatrix}.$$

解　求得的解为

$$\begin{bmatrix}x_1(t)\\x_2(t)\\x_3(t)\end{bmatrix}=\begin{bmatrix}0\\ e^t\left[\cos(2t)-\sin(2t)-\frac{t\sin(2t)}{2}\right]\\ e^t\left[\cos(2t)+\frac{5\sin(2t)}{4}+\frac{t\cos(2t)}{2}\right]\end{bmatrix}.$$

```
clc,clear
syms x(t) [3,1]                              % 定义符号向量函数,x(t)后有空格
A=[1,0,0;2,1,-2;3,2,1]; B=[0;0;exp(t)*cos(2*t)];
x0=[0;1;1];                                  % 初值条件
[s1,s2,s3]=dsolve(diff(x)==A*x+B,x(0)==x0)   % 求符号解
```

例 6.8　试求常微分方程组

$$\begin{cases}f''+g=3,\\g'+f'=1\end{cases}$$

在初边值条件 $f'(1)=0, f(0)=0, g(0)=0$ 时的解。

解　求得的解为

$$f(x)=x-\frac{e-3}{e^2+1}e^x+\frac{e(3e+1)}{e^2+1}e^{-x}-3,$$

$$g(x)=\frac{e-3}{e^2+1}e^x-\frac{3e^2+e}{e^2+1}e^{-x}+3.$$

```
clc,clear, syms f(x) g(x)                    % 定义符号函数
df=diff(f);                                  % 定义 f 的一阶导数
[s1,s2]=dsolve(diff(f,2)+g==3, diff(g)+diff(f)==1,...
        df(1)==0, f(0)==0, g(0)==0)
```

6.3.2 初值问题的 Matlab 数值解

Matlab 的工具箱提供了几个解常微分方程数值解的函数,如 ode45, ode23, ode113,其中:ode45 采用四五阶龙格-库塔方法(以下简称 RK 方法),是解非刚性常微分方程的首选方法;ode23 采用二三阶 RK 方法;ode113 采用的是多步法,效率一般比 ode45 高。

在化学工程及自动控制等领域中,所涉及的常微分方程组初值问题常常是所谓的"刚性"问题。具体地说,对一阶线性微分方程组

$$\frac{d\boldsymbol{y}}{dx}=\boldsymbol{Ay}+\boldsymbol{\Phi}(x),\tag{6.26}$$

式中:$\boldsymbol{y},\boldsymbol{\Phi}\in\mathbf{R}^m$;$\boldsymbol{A}$ 为 m 阶方阵。若矩阵 $\boldsymbol{A}$ 的特征值 $\lambda_i(i=1,2,\cdots,m)$ 满足关系

$$\mathrm{Re}\lambda_i<0, \quad i=1,2,\cdots,m,$$

$$\max_{1\le i\le m}|\mathrm{Re}\lambda_i| \gg \min_{1\le i\le m}|\mathrm{Re}\lambda_i|,$$

则称方程组(6.26)为刚性方程组或 Stiff 方程组,称数

$$s=\max_{1\le i\le m}|\mathrm{Re}\lambda_i| \Big/ \min_{1\le i\le m}|\mathrm{Re}\lambda_i|$$

为刚性比。理论上的分析表明,求解刚性问题所选用的数值方法最好是对步长 h 不做任何限制。

Matlab 的工具箱提供了几个解刚性常微分方程的功能函数,如 ode15s,ode23s,ode23t,ode23tb。

这里只简单介绍 ode45 求数值解的用法。

对一阶微分方程或方程组的初值问题

$$\begin{cases} y'=f(t,y), \\ y(t_0)=y_0, \end{cases}$$

式中:y 和 f 可以为向量。函数 ode45 有如下两种调用格式:

[t,y]=ode45(fun,tspan,y0)或 s=ode45(fun,tspan,y0)

其中,fun 是用 M 函数或匿名函数定义 $f(t,y)$ 的函数文件名或匿名函数返回值,tspan=[t_0,tfinal](这里 t_0 必须是初值条件中自变量的取值,tfinal 可以比 t_0 小)是求解区间,y0 是初值。返回值 t 是 Matlab 自动离散化的区间[t_0,tfinal]上的点,y 的列是对应于 t 的函数值;如果只有一个返回值 s,则 s 是一个结构数组。

利用结构数组 s 和 Matlab 函数 deval,我们可以计算区间 tspan 中任意点 x 的函数值,调用格式为

y=deval(s,x),

其中,x 为标量或向量,返回值 y 的行是对应于 x 的数值解。

例 6.9(续例 6.3) 求微分方程 $y'=-2y+2x^2+2x, y(0)=1, 0\le x\le 0.5$ 的数值解;并在同一个图形界面上画出数值解和符号解的曲线。

解

```
clc, clear, close all, syms y(x)
y=dsolve(diff(y)==-2*y+2*x^2+2*x, y(0)==1)
dy=@(x,y)-2*y+2*x^2+2*x;
[sx, sy]=ode45(dy, [0,0.5], 1)
fplot(y,[0,0.5]), hold on
plot(sx, sy, '*'); legend({'符号解','数值解'})
xlabel('$x $','Interpreter','Latex')
ylabel('$y $','Interpreter','Latex','Rotation',0)
```

Matlab 无法直接求解高阶微分方程或方程组的数值解,必须化成一阶微分方程组才能求数值解。

例 6.10(续例 6.2) 求二阶常微分方程(6.10)的数值解。

解 求数值解时,需要把二阶微分方程转化为一阶微分方程组,引进 $y_1=y, y_2=y'$,则方程(6.10)可以转化为如下的一阶微分方程组:

$$
\begin{cases}
y_1' = y_2, & y_1(0)=0, \\
y_2' = \dfrac{1}{5(1-x)}\sqrt{1+y_2^2}, & y_2(0)=0.
\end{cases}
$$

最后得到的导弹轨迹曲线如图 6.3 所示。

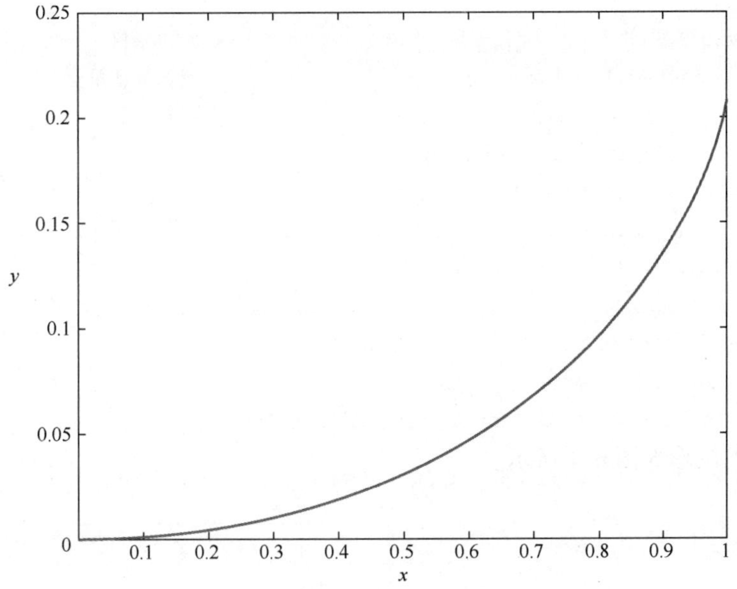

图 6.3　导弹轨迹曲线

```
clc, clear, close all
dy=@(x,y)[y(2); sqrt(1+y(2)^2)/5/(1-x)];
[x,y]=ode45(dy,[0,0.999999],[0;0])
plot(x, y(:,1)), xlabel('$x $','Interpreter','Latex')
ylabel('$y $','Interpreter','Latex','Rotation',0)
```

例 6.11　Lorenz 模型的混沌效应。Lorenz 模型是由美国气象学家 Lorenz 在研究大气运动时,通过简化对流模型,只保留三个变量提出的一个完全确定性的一阶自治常微分方程组(不显含时间变量),其方程为

$$
\begin{cases}
\dot{x} = \sigma(y-x), \\
\dot{y} = \rho x - y - xz, \\
\dot{z} = xy - \beta z.
\end{cases}
$$

其中,参数 σ 为 Prandtl 数,ρ 为 Rayleigh 数,β 为方向比。Lorenz 模型如今已经成为混沌领域的经典模型,第一个混沌吸引子——Lorenz 吸引子——也是在这个系统中被发现的。系统中三个参数的选择对系统会不会进入混沌状态起着重要的作用。图 6.4(a)给出了 Lorenz 模型在 $\sigma=10, \rho=28, \beta=8/3$ 时系统的三维演化轨迹。由图 6.4(a)可见,经过长时间运行后,系统只在三维空间的一个有限区域内运动,即在三维相空间里的测度为零。图 6.4 (a)显示出"蝴蝶效应"。图 6.4(b)给出了系统从两个靠得很近的初值出发(相差仅 0.00001)后,解的偏差演化曲线。随着时间的增大,两个解的差异越来越大,这正是动力学系统对初值敏感性的直观表现,由此可断定此系统的这种状态为混沌态。混沌运动是确定性系统中存在随机性,它的运动轨道对初始条件极端敏感。

```
clc, clear, close all, rng(2)              % 为了进行一致性比较,每次运行取相同随机数
sigma=10; rho=28; beta=8/3; T=80;
g=@(t,f)[sigma*(f(2)-f(1)); rho*f(1)-f(2)-f(1)*f(3); f(1)*f(2)-beta*
f(3)];
xyz0=rand(3,1);                                    % 初始值
[t,xyz]=ode45(g,[0,T],xyz0);                       % 求数值解
subplot(121), plot3(xyz(:,1),xyz(:,2),xyz(:,3))    % 轨线图
xlabel('$x(t)$','Interpreter','latex')
ylabel('$y(t)$','Interpreter','latex')
zlabel('$z(t)$','Interpreter','latex'), box on     % 加盒子线以突出立体感
so=ode45(g,[0,T],xyz0+0.00001)                     % 初值变化后,再求数值解
xyz2=deval(so,t);                          % 返回值为 3 行的矩阵,计算对应的 x,y,z 的值
subplot(122), plot(t,xyz(:,1)-xyz2(1,:)','.-')
xlabel('$x(t)$','Interpreter','latex')
ylabel('$x_1(t)-x_2(t)$','Interpreter','latex')
```

所画出的图形如图 6.4 所示。

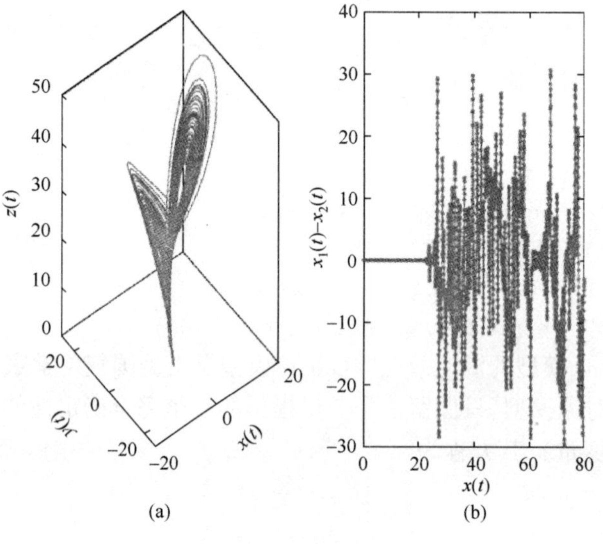

图 6.4 混沌效应图

(a) Lorenz 相轨线;(b) 两个解的 $x(t)$ 偏差演化曲线。

例 6.12 一个慢跑者在平面上按如下规律跑步:

$$X=10+20\cos t, Y=20+15\sin t.$$

突然有一只狗攻击他,这只狗从原点出发,以恒定速率 w 跑向慢跑者,狗运动方向始终指向慢跑者。分别求出 $w=20, w=5$ 时狗的运动轨迹。

解 设时刻 t 时人的坐标为 $(X(t), Y(t))$,狗的坐标 $(x(t), y(t))$。狗的速度大小恒为 w,则

$$\left(\frac{\mathrm{d}x}{\mathrm{d}t}\right)^2+\left(\frac{\mathrm{d}y}{\mathrm{d}t}\right)^2=w^2,$$

由于狗始终对准人,故狗的速度方向平行于狗与人位置的差向量,即

$$\begin{bmatrix}\frac{\mathrm{d}x}{\mathrm{d}t}\\\frac{\mathrm{d}y}{\mathrm{d}t}\end{bmatrix}=\lambda\begin{bmatrix}X-x\\Y-y\end{bmatrix},\quad \lambda>0,$$

消去 λ,得

$$\begin{cases}\frac{\mathrm{d}x}{\mathrm{d}t}=\frac{w}{\sqrt{(X-x)^2+(Y-y)^2}}(X-x),\\\frac{\mathrm{d}y}{\mathrm{d}t}=\frac{w}{\sqrt{(X-x)^2+(Y-y)^2}}(Y-y).\end{cases}$$

因而建立狗的运动轨迹的如下方程:

$$\begin{cases}\frac{\mathrm{d}x}{\mathrm{d}t}=\frac{w}{\sqrt{(10+20\cos t-x)^2+(20+15\sin t-y)^2}}(10+20\cos t-x),\\\frac{\mathrm{d}y}{\mathrm{d}t}=\frac{w}{\sqrt{(10+20\cos t-x)^2+(20+15\sin t-y)^2}}(20+15\sin t-y),\\x(0)=0,y(0)=0.\end{cases}$$

利用 Matlab 软件求得当 $w=20$ 时,在 $t=4.1888$ 时,狗追上人。人和狗之间的距离见图 6.5(a)。

当 $w=5$ 时,狗永远追不上人。人和狗之间的距离见图 6.5(b)。

```
clc, clear, close all, w=20;
df=@(t,f,w)[w/sqrt((10+20*cos(t)-f(1))^2+...
    (20+15*sin(t)-f(2))^2)*(10+20*cos(t)-f(1))
    w/sqrt((10+20*cos(t)-f(1))^2+...
    (20+15*sin(t)-f(2))^2)*(20+15*sin(t)-f(2))];
t0=0; tf=5;                                    %时间的终值是适当估计的
s1=ode45(@(t,x)df(t,x,w),[t0,tf],[0;0]);        %求微分方程的数值解
d1=@(t)sqrt((deval(s1,t,1)-10-20*cos(t)).^2+...
    (deval(s1,t,2)-20-15*sin(t)).^2);          %t 时刻人和狗的距离
[tmin,fmin]=fminbnd(d1,0,tf)                   %求两者距离的最小值及对应的时间
t=0:0.1:tf; subplot(121), plot(t,d1(t))        %画出两者之间的距离
xlabel('$t $','Interpreter','latex'), ylabel('两者之间的距离')

w=5; tf=60;
[t,s]=ode45(@(t,x)df(t,x,w),[t0,tf],[0;0]);     %求微分方程的数值解
d2=sqrt((s(:,1)-10-20*cos(t)).^2+(s(:,2)-20-15*sin(t)).^2);  %计算两者距离
subplot(122), plot(t,d2)                       %画出两者之间的距离
xlabel('$t $','Interpreter','latex'), ylabel('两者之间的距离')
```

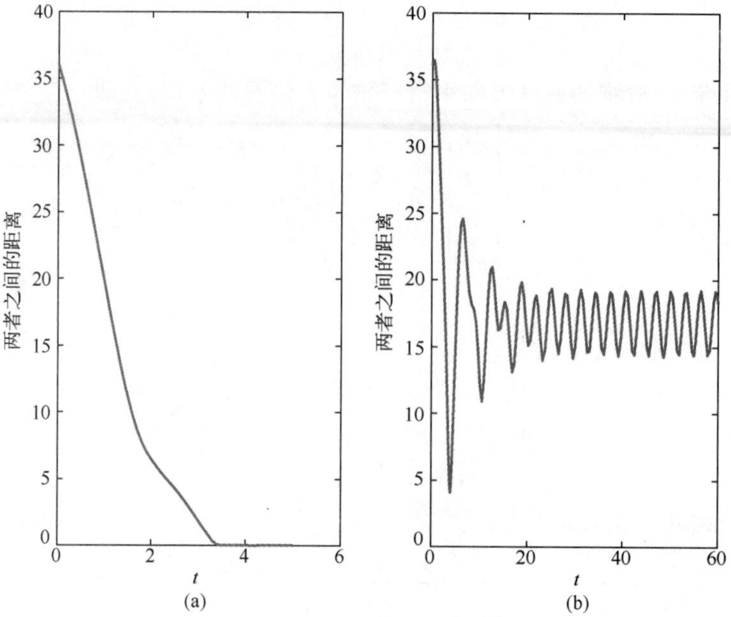

图 6.5　人和狗之间的距离

(a) $w=20$; (b) $w=5$。

例 6.13　求解二阶线性微分方程 $y''-2y'+y=e^x, y(0)=1, y'(0)=-1$,在区间$[-1,1]$上的数值解。

解　求高阶线性微分方程数值解时,首先做变量替换化成一阶线性微分方程组。设 $y_1=y, y_2=y'$,则把上述二阶线性微分方程化成如下的一阶线性微分方程组:

$$\begin{cases} y_1'=y_2, & y_1(0)=1, \\ y_2'=2y_2-y_1+e^x, & y_2(0)=-1. \end{cases}$$

所求得的数值解如图 6.6 所示。

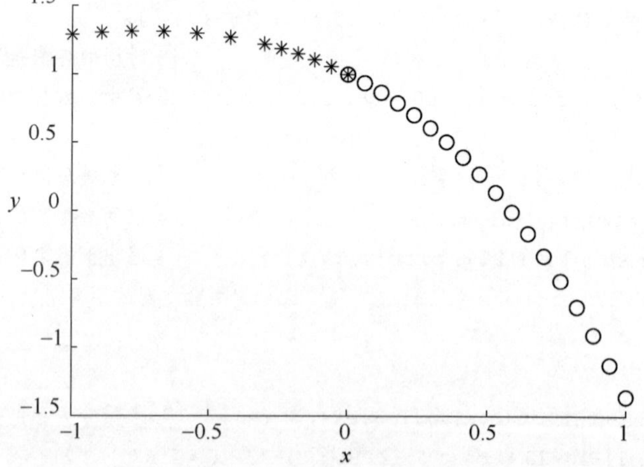

图 6.6　数值解的图形

```
clc, clear, close all
df=@(x,f)[f(2); 2*f(2)-f(1)+exp(x)]; hold on
s1=ode45(df,[0,1],[1;-1]);                %求[0,1]区间上的数值解
s2=ode45(df,[0,-1],[1;-1]);               %求[-1,0]区间上的数值解
fplot(@(x)deval(s1,x,1),[0,1],'ok')       %画第一个分量y在[0,1]区间上的数值解
fplot(@(x)deval(s2,x,1),[-1,0],'*k')      %画第一个分量y在[-1,0]区间上的数值解
xlabel('$x $','Interpreter','latex')
ylabel('$y $','Interpreter','latex','Rotation',0)
```

例 6.14 已知阿波罗卫星的运动轨迹 (x,y) 满足下面方程：

$$\begin{cases}\dfrac{d^2x}{dt^2}=2\dfrac{dy}{dt}+x-\dfrac{\lambda(x+\mu)}{r_1^3}-\dfrac{\mu(x-\lambda)}{r_2^3},\\[2ex]\dfrac{d^2y}{dt^2}=-2\dfrac{dx}{dt}+y-\dfrac{\lambda y}{r_1^3}-\dfrac{\mu y}{r_2^3}.\end{cases}$$

其中，$\mu=1/82.45$，$\lambda=1-\mu$，$r_1=\sqrt{(x+\mu)^2+y^2}$，$r_2=\sqrt{(x+\lambda)^2+y^2}$，试在初值 $x(0)=1.2$，$x'(0)=0$，$y(0)=0$，$y'(0)=-1.0494$ 下求解，并绘制阿波罗卫星轨迹图。

解 做变量替换，令 $z_1=x$，$z_2=\dfrac{dx}{dt}$，$z_3=y$，$z_4=\dfrac{dy}{dt}$，则原二阶线性微分方程组可以化为如下的一阶方程组：

$$\begin{cases}\dfrac{dz_1}{dt}=z_2, & z_1(0)=1.2,\\[2ex]\dfrac{dz_2}{dt}=2z_4+z_1-\dfrac{\lambda(z_1+\mu)}{((z_1+\mu)^2+z_3^2)^{3/2}}-\dfrac{\mu(z_1-\lambda)}{((z_1+\lambda)^2+z_3^2)^{3/2}}, & z_2(0)=0,\\[2ex]\dfrac{dz_3}{dt}=z_4, & z_3(0)=0,\\[2ex]\dfrac{dz_4}{dt}=-2z_2+z_3-\dfrac{\lambda z_3}{((z_1+\mu)^2+z_3^2)^{3/2}}-\dfrac{\mu z_3}{((z_1+\lambda)^2+z_3^2)^{3/2}}, & z_4(0)=-1.0494.\end{cases}$$

所绘制的阿波罗卫星轨迹图见图 6.7。

```
clc, clear, close all
mu=1/82.45; lamda=1-mu;
dz=@(t,z)[z(2); 2*z(4)+z(1)-lamda*(z(1)+mu)/((z(1)+mu)^2+z(3)^2)^(3/2)-...
        mu*(z(1)-lamda)/((z(1)+lamda)^2+z(3)^2)^(3/2)
        z(4); -2*z(2)+z(3)-lamda*z(3)/((z(1)+mu)^2+z(3)^2)^(3/2)-...
        mu*z(3)/((z(1)+lamda)^2+z(3)^2)^(3/2)];
[t,z]=ode45(dz,[0,100],[1.2 0 0 -1.0494])
plot(z(:,1), z(:,3), 'k')  %画轨迹图
xlabel('$x $','Interpreter','latex')
ylabel('$y $','Interpreter','latex','Rotation',0)
```

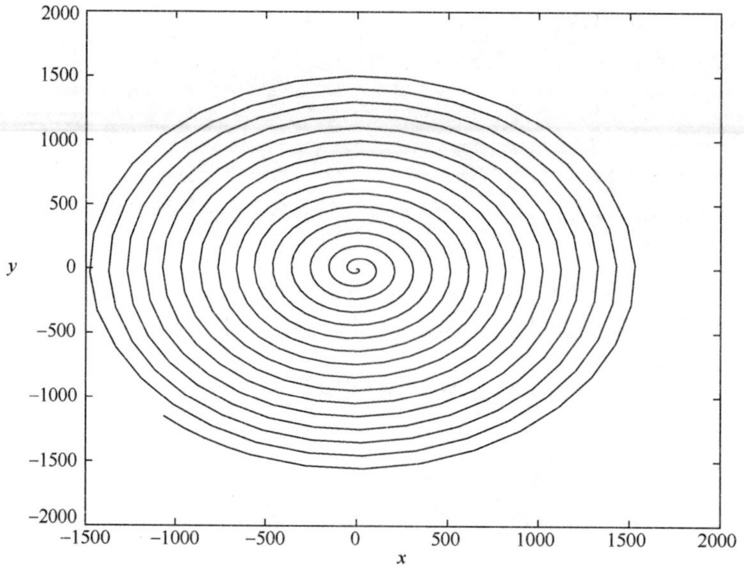

图 6.7　阿波罗卫星轨迹图

6.3.3　边值问题的 Matlab 数值解

Matlab 中用 bvp4c 和 bvpinit 命令求解常微分方程的两点边值问题，微分方程的标准形式为

$$y'=f(x,y),bc(y(a),y(b))=0,$$

或

$$y'=f(x,y,p),bc(y(a),y(b),p)=0,$$

式中：p 是有关的参数；y，f 可以为向量函数；$[a,b]$ 为求解的区间；bc 为边界条件。

一般地说，边值问题在计算上比初值问题困难得多，特别地，由于边值问题的解可能是多值的，bvp4c 需要提供猜测的初始值。下面首先给出一个简单的例子。

例 6.15　考察描述在水平面上一个小水滴横截面形状的标量方程

$$\frac{d^2}{dx^2}h(x)+(1-h(x))\left(1+\left(\frac{d}{dx}h(x)\right)^2\right)^{3/2}=0,h(-1)=h(1)=0,$$

式中：$h(x)$ 表示 x 处水滴的高度。设 $y_1(x)=h(x)$，$y_2(x)=\dfrac{dh(x)}{dx}$，把上述二阶微分方程化成一阶微分方程组：

$$\begin{cases}\dfrac{d}{dx}y_1(x)=y_2(x),\\ \dfrac{d}{dx}y_2(x)=(y_1(x)-1)(1+y_2^2(x))^{3/2}.\end{cases}$$

上述微分方程组可以由如下函数表示：

```
function yprime=drop(x,y);
yprime=[y(2);(y(1)-1)*(1+y(2)^2)^(3/2)];
```

边界条件通过残差函数指定，边界条件通过如下函数表示：

```
function res=dropbc(ya,yb);
res=[ya(1); yb(1)];
```

使用 $y_1(x)=\sqrt{1-x^2}$ 和 $y_2(x)=-x/(0.1+\sqrt{1-x^2})$（这里分母加 0.1 是为了避免奇性）作为初始猜测解（初始解可以是任意取的，如取 $y_1(x)=x^2$ 和 $y_2(x)=2x$），由如下函数定义：

```
function yinit=dropinit(x);
yinit=[sqrt(1-x.^2); -x./(0.1+sqrt(1-x.^2))];
```

利用如下的程序就可以求微分方程的边值问题并画出图 6.8。

```
solinit=bvpinit(linspace(-1,1,20), @dropinit);
sol=bvp4c(@drop, @dropbc,solinit);
fill(sol.x, sol.y(1,:), [0.7,0.7,0.7]), axis([-1,1,0,1])
xlabel('$x $','Interpreter', 'latex', 'FontSize',12)
ylabel('$h $','Interpreter', 'latex', 'Rotation', 0, 'FontSize',12)
```

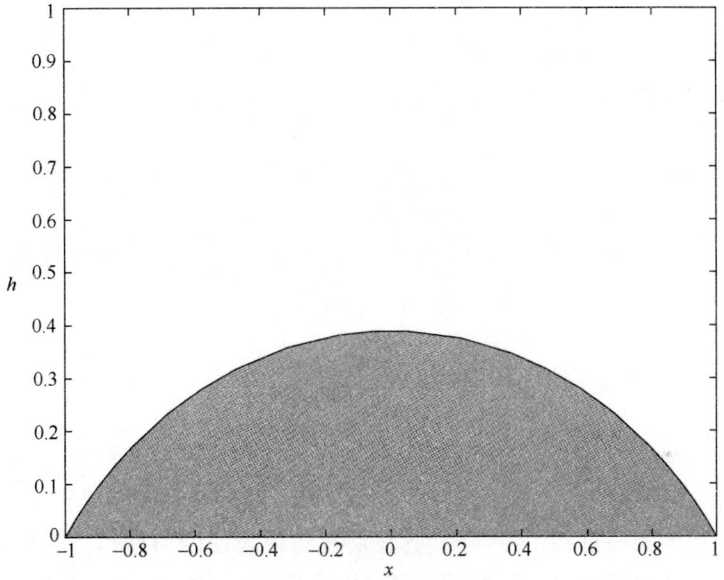

图 6.8　解曲线的图形

这里调用函数 bvpinit，计算区间[−1,1]上等间距的 20 个点的数据，然后调用函数 bvp4c，得到数值解的结构 sol，填充命令 fill 填充 $x-y_1$ 平面上的解曲线。

一般地，bvp4c 的调用格式如下：

```
sol=bvp4c(@odefun,@bcfun,solinit,options,p1,p2,…);
```

函数 odefun 的格式为

```
yprime=odefun(x,y,p1,p2, …);
```

函数 bcfun 的格式为

```
res=bcfun(ya,yb, p1,p2, …);
```

初始猜测结构 solinit 有两个域，solinit. x 提供初始猜测的 x 值，排列顺序从左到右排列，其中 solinit. x(1) 和 solinit. x(end) 分别为 a 和 b。对应地，solinit. y(:,i) 给出点

solinit. x(i)处初始猜测解。

输出参数 sol 是包含数值解的一个结构,其中 sol. x 给出了计算数值解的 x 点, sol. x(i) 处的数值解由 sol. y(:,i)给出,类似地,sol. x(i)处数值解的一阶导数值由 sol. yp (:,i)给出。

可以把上面的所有函数都放在一个文件中,程序如下:

```
clc, clear, close all
solinit=bvpinit(linspace(-1,1,20), @dropinit);
sol=bvp4c(@drop, @dropbc, solinit)
fill(sol.x, sol.y(1,:), [0.7,0.7,0.7]), axis([-1,1,0,1])
xlabel('$x $','Interpreter', 'latex', 'FontSize',12)
ylabel('$h $','Interpreter', 'latex', 'Rotation', 0, 'FontSize',12)

function yprime=drop(x,y);
yprime=[y(2);(y(1)-1)*(1+y(2)^2)^(3/2)]; end

function res=dropbc(ya,yb);
res=[ya(1);yb(1)]; end

function yinit=dropinit(x);
yinit=[sqrt(1-x.^2);-x./(0.1+sqrt(1-x.^2))]; end
```

例 6.16 描述 $x=0$ 处固定,$x=1$ 处有弹性支持,沿着 x 轴平衡位置以均匀角速度旋转的绳的位移方程

$$\frac{\mathrm{d}^2}{\mathrm{d}x^2}y(x)+\mu y(x)=0,$$

具有边界条件

$$y(0)=0,\left(\frac{\mathrm{d}}{\mathrm{d}x}y(x)\right)\bigg|_{x=0}=1,\left(y(x)+\frac{\mathrm{d}}{\mathrm{d}x}y(x)\right)\bigg|_{x=1}=0.$$

解 这个边值问题是一个特征问题,必须找到参数 μ 的值使得方程的解存在。如果提供了参数 μ 的猜测值和对应解的猜测值,也可以利用函数 bvp4c 求解特征问题。上述微分方程可以写成下面的微分方程组:

$$\begin{cases}\dfrac{\mathrm{d}}{\mathrm{d}x}y_1(x)=y_2(x),\\ \dfrac{\mathrm{d}}{\mathrm{d}x}y_2(x)=-\mu y_1(x).\end{cases}$$

使用 $\mu=5$, $y_1(x)=\sin x$ 和 $y_2(x)=\cos x$ 作为初始猜测解。编写程序如下:

```
clc, clear
eq=@(x,y,mu)[y(2);-mu*y(1)];                              %定义一阶方程组的匿名函数
bd=@(ya,yb,mu)[ya(1);ya(2)-1;yb(1)+yb(2)];                %定义边值条件的匿名函数
guess=@(x)[sin(2*x);2*cos(2*x)];                          %定义初始猜测解的匿名函数
guess_structure=bvpinit(linspace(0,1,10),guess,5);     %给出初始猜测解的结构,mu=5
sol=bvp4c(eq,bd,guess_structure);                         %计算数值解
```

```
plot(sol.x, sol.y(1,:), '-', sol.x, sol.yp(1,:), '--', 'LineWidth',2)
xlabel('$x $','FontSize',12,'Interpreter','Latex')
ylabel('$y $','FontSize',12,'Interpreter','Latex','Rotation',0)
legend('$y_1$','$y_2$','Interpreter','Latex')
```

图 6.9 给出了上述边值问题解的图形。

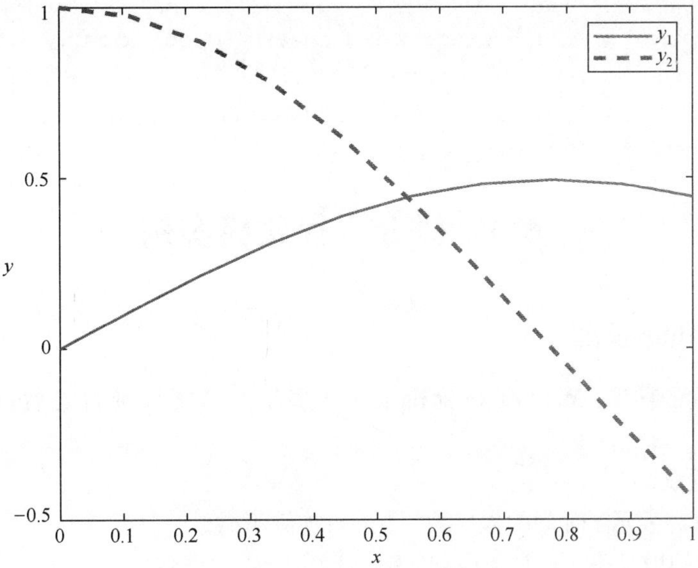

图 6.9 解曲线及导数曲线的图形

例 6.17 微分方程组为

$$\begin{cases} u'=0.5u(w-u)/v, \\ v'=-0.5(w-u), \\ w'=(0.9-1000(w-y)-0.5w(w-u))/z, \\ z'=0.5(w-u), \\ y'=-100(y-w), \end{cases}$$

边界条件为 $u(0)=v(0)=w(0)=1$;$z(0)=-10$;$w(1)=y(1)$。

解 使用如下猜测解:

$$\begin{cases} u(x)=1, \\ v(x)=1, \\ w(x)=-4.5x^2+8.91x+1, \\ z(x)=-10, \\ y(x)=-4.5x^2+9x+0.91. \end{cases}$$

编写如下程序:

```
clc, clear
eq=@(x,y)[0.5*y(1)*(y(3)-y(1))/y(2)
        -0.5*(y(3)-y(1))
        (0.9-1000*(y(3)-y(5))-0.5*y(3)*(y(3)-y(1)))/y(4)
        0.5*(y(3)-y(1))
```

```
        100 * (y(3)-y(5))];                          % 定义一阶方程组的匿名函数
bd=@(ya,yb)[ya(1)-1;ya(2)-1;ya(3)-1;ya(4)+10;yb(3)-yb(5)]; % 定义边值条件
guess=@(x)[1;1;-4.5*x.^2+8.91*x+1;-10;-4.5*x.^2+9*x+0.91];% 定义初始猜测解
guess_structure=bvpinit(linspace(0,1,5),guess);          % 给出初始猜测解的结构
sol=bvp4c(eq,bd,guess_structure);                        % 计算数值解
plot(sol.x,sol.y(1,:),'-*',sol.x,sol.y(2,:),'-D',sol.x,sol.y(3,:),':S',...
    sol.x,sol.y(4,:),'-.O',sol.x,sol.y(5,:),'--P')       % 画出 5 条解曲线
legend({'$u$','$v$','$w$','$z$','$y$'},'Interpreter','latex',...
      'Location','southwest')                            % 图例标注在左下角
```

6.4 微分方程建模实例

6.4.1 Malthus 模型

1789 年,英国神父 Malthus 在分析了 100 多年人口统计资料之后,提出了 Malthus 模型。

1. 模型假设

(1) 设 $x(t)$表示 t 时刻的人口数,且 $x(t)$连续可微。

(2) 人口的增长率 r 是常数(增长率=出生率−死亡率)。

(3) 人口数量的变化是封闭的,即人口数量的增加与减少只取决于人口中个体的生育和死亡,且每一个体都具有同样的生育能力与死亡率。

2. 建模与求解

由假设,t 时刻到 $t+\Delta t$ 时刻人口的增量为 $x(t+\Delta t)-x(t)=rx(t)\Delta t$,于是得

$$\begin{cases}\dfrac{\mathrm{d}x}{\mathrm{d}t}=rx,\\ x(0)=x_0,\end{cases} \tag{6.27}$$

其解为

$$x(t)=x_0\mathrm{e}^{rt}. \tag{6.28}$$

3. 模型评价

考虑 200 多年来人口增长的实际情况,1961 年世界人口总数为 3.06×10^9,1961—1970 年,每年平均的人口自然增长率为 2%,则式(6.28)可写为

$$x(t)=3.06\times10^9\cdot\mathrm{e}^{0.02(t-1961)}. \tag{6.29}$$

根据 1700—1961 年世界人口统计数据,发现这些数据与式(6.29)的计算结果相当符合。因为在这期间地球上人口大约每 35 年增加 1 倍,而式(6.29)算出每 34.6 年增加 1 倍。

但是,利用式(6.29)对世界人口进行预测,也会得出惊异的结论,当 $t=2670$ 年时,$x(t)=4.4\times10^{15}$,即 4400 万亿,这相当于地球上每平方米要容纳至少 20 人。

显然,用这一模型进行预测的结果远高于实际人口增长,误差的原因是对增长率 r 的估计过高。由此,可以对 r 是常数的假设提出疑问。

6.4.2 Logistic 模型

如何对增长率 r 进行修正呢？我们知道，地球上的资源是有限的，它只能提供一定数量的生命生存所需的条件。随着人口数量的增加，自然资源、环境条件等对人口再增长的限制作用将越来越显著。如果在人口较少时，可以把增长率 r 看成常数，那么当人口增加到一定数量之后，就应当视 r 为一个随着人口的增加而减小的量，即将增长率 r 表示为人口 $x(t)$ 的函数 $r(x)$，且 $r(x)$ 为 x 的减函数。

1. 模型假设

（1）设 $r(x)$ 为 x 的线性函数，$r(x)=r-sx$（工程师原则，首先用线性）。

（2）自然资源与环境条件所能容纳的最大人口数为 x_m，即当 $x=x_m$ 时，增长率 $r(x_m)=0$。

2. 建模与求解

由假设可得 $r(x)=r\left(1-\dfrac{x}{x_m}\right)$，则有

$$\begin{cases}\dfrac{dx}{dt}=r\left(1-\dfrac{x}{x_m}\right)x,\\ x(t_0)=x_0.\end{cases} \tag{6.30}$$

式(6.30)是一个可分离变量的方程，其解为

$$x(t)=\frac{x_m}{1+\left(\dfrac{x_m}{x_0}-1\right)e^{-r(t-t_0)}}. \tag{6.31}$$

3. 模型检验

由式(6.30)，计算可得

$$\frac{d^2x}{dt^2}=r^2\left(1-\frac{x}{x_m}\right)\left(1-\frac{2x}{x_m}\right)x. \tag{6.32}$$

人口总数 $x(t)$ 有如下规律：

（1）$\lim\limits_{t\to+\infty}x(t)=x_m$，即无论人口初值 x_0 如何，人口总数以 x_m 为极限。

（2）当 $0<x<x_m$ 时，$\dfrac{dx}{dt}=r\left(1-\dfrac{x}{x_m}\right)x>0$，这说明 $x(t)$ 是单调增加的，又由式(6.32)知：当 $x<\dfrac{x_m}{2}$ 时，$\dfrac{d^2x}{dt^2}>0$，$x=x(t)$ 为凹函数；当 $x>\dfrac{x_m}{2}$ 时，$\dfrac{d^2x}{dt^2}<0$，$x=x(t)$ 为凸函数。

（3）人口变化率 $\dfrac{dx}{dt}$ 在 $x=\dfrac{x_m}{2}$ 时取到最大值，即人口总数达到极限值一半以前是加速增长时期，经过这一点之后，增长率会逐渐变小，最终达到零。

6.4.3 美国人口的预报模型

例 6.18 利用表 6.1 给出的近两个世纪的美国人口统计数据（单位：百万），建立人口预测模型，最后用它预报 2010 年美国的人口。

表 6.1　美国人口统计数据

年	1790	1800	1810	1820	1830	1840	1850	1860
人口	3.9	5.3	7.2	9.6	12.9	17.1	23.2	31.4
年	1870	1880	1890	1900	1910	1920	1930	1940
人口	38.6	50.2	62.9	76.0	92.0	106.5	123.2	131.7
年	1950	1960	1970	1980	1990	2000		
人口	150.7	179.3	204.0	226.5	251.4	281.4		

1. 建模与求解

记 $x(t)$ 为第 t 年的人口数量，设人口年增长率 $r(x)$ 为 x 的线性函数，$r(x)=r-sx$。自然资源与环境条件所能容纳的最大人口数为 x_m，即当 $x=x_m$ 时，增长率 $r(x_m)=0$，可得 $r(x)=r\left(1-\dfrac{x}{x_m}\right)$，建立 Logistic 人口模型

$$\begin{cases}\dfrac{\mathrm{d}x}{\mathrm{d}t}=r\left(1-\dfrac{x}{x_m}\right)x,\\ x(t_0)=x_0,\end{cases}$$

其解为

$$x(t)=\frac{x_m}{1+\left(\dfrac{x_m}{x_0}-1\right)\mathrm{e}^{-r(t-t_0)}}. \tag{6.33}$$

2. 参数估计

把表 6.1 中的全部数据保存到文本文件 data6_18.txt 中。

1）非线性最小二乘估计

把表 6.1 中的第 1 个数据作为初始条件，利用余下的数据拟合式(6.33)中的参数 x_m 和 r，求得 $r=0.0274$，$x_m=342.4441$，2010 年人口的预测值为 282.6806 百万。

2）线性最小二乘估计

为了利用简单的线性最小二乘法估计这个模型的参数 r 和 x_m，把 Logistic 方程表示为

$$\frac{1}{x}\cdot\frac{\mathrm{d}x}{\mathrm{d}t}=r-sx,\ s=\frac{r}{x_m}. \tag{6.34}$$

分别用 $k=1,2,\cdots,22$ 表示 1790 年，1800 年，…，2000 年。

(1) 利用向前差分，得到差分方程

$$\frac{1}{x(k)}\frac{x(k+1)-x(k)}{\Delta t}=r-sx(k),\ k=1,2,\cdots,21, \tag{6.35}$$

其中步长 $\Delta t=10$。

利用 Matlab 软件求得 $r=0.0325$，$x_m=294.3860$。2010 年人口的预测值为 277.9634 百万。

(2) 利用向后差分，得到差分方程

$$\frac{1}{x(k)}\frac{x(k)-x(k-1)}{\Delta t}=r-sx(k),\ k=2,3,\cdots,22, \tag{6.36}$$

其中步长 $\Delta t=10$。

利用 Matlab 软件求得 $r=0.0247, x_m=373.5135$。2010 年人口的预测值为 264.9119 百万。

从上面的三种拟合方法可以看出,拟合同样的参数,方法不同可能结果相差很大。

```
clc, clear, a=readmatrix('data6_18.txt');
x=a([2:2:6],:)'; x=x(~isnan(x));
fn=@(r,xm,t)xm./(1+(xm/3.9-1)*exp(-r*(t-1790)));        %定义匿名函数
ft=fittype(fn,'independent','t');  t=[1800:10:2000]';
[f, st]=fit(t,x(2:end), ft,'StartPoint',rand(1,2),...
    'Lower',[0,280],'Upper',[0.1,1000])              %由先验知识主观确定参数界限
xs=coeffvalues(f)                                    %显示拟合的参数值
xh=f(2010)                                           %求 2010 年的预测值

a=[ones(21,1), -x(1:end-1)];                         %向前差分
b=diff(x)./x(1:end-1)/10;
cs=a\b; r=cs(1), xm=r/cs(2)
xh=fn(r,xm,2010)                                     %求 2010 年的预测值

a=[ones(21,1), -x(2:end)];                           %向后差分
b=diff(x)./x(2:end)/10;
cs=a\b; r=cs(1), xm=r/cs(2)
xh=fn(r,xm,2010)                                     %求 2010 年的预测值
```

6.4.4 两个种群的相互作用模型

两个种群在同一环境中生存,通常表现为生存竞争、弱肉强食或互惠共存几种基本形式。本小节介绍种群的生存竞争与弱肉强食模型。

1. 种群竞争模型

基本假设

设在 t 时刻两个种群群体的数量分别为 $x_1(t)$ 和 $x_2(t)$。假设:

(1) 初始时两个种群的数量分别为 x_1^0, x_2^0。

(2) 每一种群群体的增长都受到 Logistic 规律的制约。设其自然增长率分别为 r_1 和 r_2,在同一资源、环境制约下只维持第一个或第二个种群群体的生存极限数分别为 K_1 和 K_2。

(3) 两个种群依靠同一种资源生存,这两个种群的数量越多,可获得的资源就越少,从而物种的种群增长率就会降低。而且随着种群群体数量的增加,各自种群的增量都会对对方种群的变化产生一定的限制影响。

模型建立

对第一个种群而言,若第二个种群的每个个体消耗资源量相当于第一个种群每个个体消耗资源量的 α_1 倍,则第一个种群群体数量的增长率为

$$r_1\left(1-\frac{x_1+\alpha_1 x_2}{K_1}\right)x_1.$$

同理,设第一个种群的每个个体消耗的资源量为第二个种群每个个体消耗资源量的 α_2 倍,则第二个种群群体数量的增长率为

$$r_2\left(1-\frac{x_2+\alpha_2 x_1}{K_2}\right)x_2.$$

综上所述,两个种群竞争系统的群体总数 $x_1(t)$ 和 $x_2(t)$ 应满足微分方程组

$$\begin{cases}\dfrac{dx_1}{dt}=r_1\left(1-\dfrac{x_1+\alpha_1 x_2}{K_1}\right)x_1,\\ \dfrac{dx_2}{dt}=r_2\left(1-\dfrac{x_2+\alpha_2 x_1}{K_2}\right)x_2,\\ x_1(0)=x_1^0,\quad x_2(0)=x_2^0.\end{cases}\tag{6.37}$$

2. 弱肉强食模型

下面讨论另一类生物链问题的数学建模问题,即弱肉强食模型。此类问题广泛存在于自然界中,如大鱼吃小鱼、狼群与羊群等。

设 t 时刻第一个种群的数量和第二个种群的数量分别为 $x_1(t)$ 和 $x_2(t)$。初始时种群数量分别为 x_1^0 和 x_2^0。

基本假设

(1) 第一个种群的生物捕食第二个种群的生物,其种群数量的变化除了自身受 Logistic 规律的制约外,还受到被捕食的第二个种群的数量影响。

(2) 第二个种群的数量变化除了自身受自限规律影响外,还受其天敌第一个种群的数量影响。第二个种群的数量越多,被捕杀的机会越多,从而第一个种群的繁殖越快。

(3) 设两个种群的自然增长率分别为 r_1 和 r_2,各自独自生存的生存极限数分别为 K_1 和 K_2。

模型建立

对强食型的第一个种群,其种群数量的增长率受自身 Logistic 规律限制,同时还受第二个种群供应水平影响:供应能力(即第二个种群数量)越强,对第一个种群的数量增长刺激越明显。不妨假定单位时间内第一个种群的单位个体与第二个种群的有效接触数为 $b_{12}x_2(t)$,其中 $b_{12}>0$ 为比例系数。

$$\frac{dx_1}{dt}=r_1\left(1-\frac{x_1}{K_1}\right)x_1+b_{12}x_1x_2.$$

另外,第一个种群数量越多,第二个种群被捕杀的数量也就越多,从而种群数量减少得越快,考虑到自限规律的因素,第二个种群的增长率应为

$$\frac{dx_2}{dt}=r_2\left(1-\frac{x_2}{K_2}\right)x_2-b_{21}x_1x_2,$$

式中:b_{21} 为正实数,为两个种群之间的接触系数。

因而 $x_1(t)$ 和 $x_2(t)$ 应满足微分方程组

$$
\begin{cases}
\dfrac{\mathrm{d}x_1}{\mathrm{d}t}=r_1\left(1-\dfrac{x_1}{K_1}\right)x_1+b_{12}x_1x_2,\\
\dfrac{\mathrm{d}x_2}{\mathrm{d}t}=r_2\left(1-\dfrac{x_2}{K_2}\right)x_2-b_{21}x_1x_2,\\
x_1(0)=x_1^0,x_2(0)=x_2^0.
\end{cases}
$$

该模型是较经典的捕食者–被捕食者模型的一种形式。更多的讨论可基于食物链中各种群的增长规律以及种群之间的相互依存关系,建立基于各类具体问题的数学模型。

把类似的讨论应用到其他研究领域,也可以得到相似的模型,如市场中同类商品价格的相互竞争问题等。

在不同的假设下,可以得到不同的捕食者–被捕食者模型。

例 6.19 捕食者–被捕食者方程组

$$
\begin{cases}
\dfrac{\mathrm{d}x}{\mathrm{d}t}=ax-bxy,x(0)=60,\\
\dfrac{\mathrm{d}y}{\mathrm{d}t}=-cy+dxy,y(0)=30.
\end{cases}
\tag{6.38}
$$

式中:$x(t)$表示 t 个月之后兔子的总体数量;$y(t)$表示 t 个月之后狐狸的总体数量;参数 a、b、c、d 未知。利用表 6.2 的 13 个观测值,拟合式(6.38)中的参数 a、b、c、d。

表 6.2 种群数量的观测值

k	0	1	2	3	4	5	6	7	8	9	10	11	12
t	0	1	2	3	4	5	6	8	10	12	14	16	18
$x(t)$	60	63	64	63	61	58	53	44	39	38	41	46	53
$y(t)$	30	34	38	44	50	55	58	56	47	38	30	27	26

解 微分方程对应的差分方程为

$$
\begin{cases}
(x_{k+1}-x_k)/(t_{k+1}-t_k)=ax_k-bx_ky_k,\\
(y_{k+1}-y_k)/(t_{k+1}-t_k)=-cy_k+dx_ky_k,
\end{cases}
\quad k=0,1,\cdots,11,
\tag{6.39}
$$

式中:x_k、y_k、t_k 分别为 x、y、t 的第 k 个观测值($k=0,1,\cdots,12$)。

可以将式(6.39)改写成

$$
\begin{bmatrix} x_k & -x_ky_k & 0 & 0 \\ 0 & 0 & -y_k & x_ky_k) \end{bmatrix}
\begin{bmatrix} a \\ b \\ c \\ d \end{bmatrix}
=\begin{bmatrix} (x_{k+1}-x_k)/(t_{k+1}-t_k) \\ (y_{k+1}-y_k)/(t_{k+1}-t_k) \end{bmatrix},k=0,1,\cdots,11.
\tag{6.40}
$$

上述所有的差分方程可以写成矩阵格式:

$$
\begin{bmatrix} x_0 & -x_0y_0 & 0 & 0 \\ \vdots & \vdots & \vdots & \vdots \\ x_{11} & -x_{11}y_{11} & 0 & 0 \\ 0 & 0 & -y_0 & x_0y_0 \\ \vdots & \vdots & \vdots & \vdots \\ 0 & 0 & -y_{11} & x_{11}y_{11} \end{bmatrix} \begin{bmatrix} a \\ b \\ c \\ d \end{bmatrix} = \begin{bmatrix} (x_1-x_0)/(t_1-t_0) \\ \vdots \\ (x_{12}-x_{11})/(t_{12}-t_{11}) \\ (y_1-y_0)/(t_1-t_0) \\ \vdots \\ (y_{12}-y_{11})/(t_{12}-t_{11}) \end{bmatrix}.
$$

利用线性最小二乘法,求得 $a=0.1907, b=0.0048, c=0.4829, d=0.0095$。

```
clc, clear
t0=[0  1  2  3  4  5  6  8  10  12  14  16  18]';
x0=[60 63 64 63 61 58 53 44 39  38  41  46  53]';
y0=[30 34 38 44 50 55 58 56 47  38  30  27  26]';
dt=diff(t0); dx=diff(x0); dy=diff(y0);
temp=x0(1:end-1).*y0(1:end-1);
mat=[x0(1:end-1), -temp,zeros(12,2)
    zeros(12,2), -y0(1:end-1), temp];          %构造线性方程组的系数矩阵
const=[dx./dt; dy./dt];                         %构造线性方程组的常数项列
abcd=mat\const                                  %拟合参数 a,b,c,d
```

例 6.20 捕食者-被捕食者方程组

$$
\begin{cases} \dfrac{dx}{dt}=0.2x-0.005xy, x(0)=70, \\ \dfrac{dy}{dt}=-0.5y+0.01xy, y(0)=40. \end{cases} \tag{6.41}
$$

式中:$x(t)$表示 t 个月之后兔子的总体数量;$y(t)$表示 t 个月之后狐狸的总体数量。

研究如下问题:

(1) $x(t)$和 $y(t)$的总体数量变化的周期。

(2) $x(t)$的总体数量的最大值和最小值。

(3) $y(t)$的总体数量的最大值和最小值。

解 令

$$
\begin{cases} 0.2x-0.005xy=0, \\ -0.5y+0.01xy=0, \end{cases}
$$

得临界点(50,40),它是一个稳定的中心,表示 50 只兔子和 40 只狐狸的平衡数量。方程组(6.41)的轨线和方向场见图 6.10。方向场说明点($x(t)$,$y(t)$)以逆时针方向沿其轨道运行,并且兔子和狐狸的总体数量分别在它们的最大值和最小值之间周期性振动。相位平面图像的一个不足之处是没有给出每条轨道变化的速度。

通过做每个物种总体数量的(关于时间 t 的)函数的图像,可以弥补这个“缺少时间意义”的不足。在图 6.11 中,做出了 $x(t)$和 $y(t)$数值解的图像。通过两个相邻极小点的时间间隔就可以得到每个物种总体数量变化的周期 T 为 20.2201 个月,计算得:$x(t)$的最大值为 69.8810,$x(t)$的最小值为 34.2513,$y(t)$的最大值为 66.7664,$y(t)$的最小值为 21.5644。

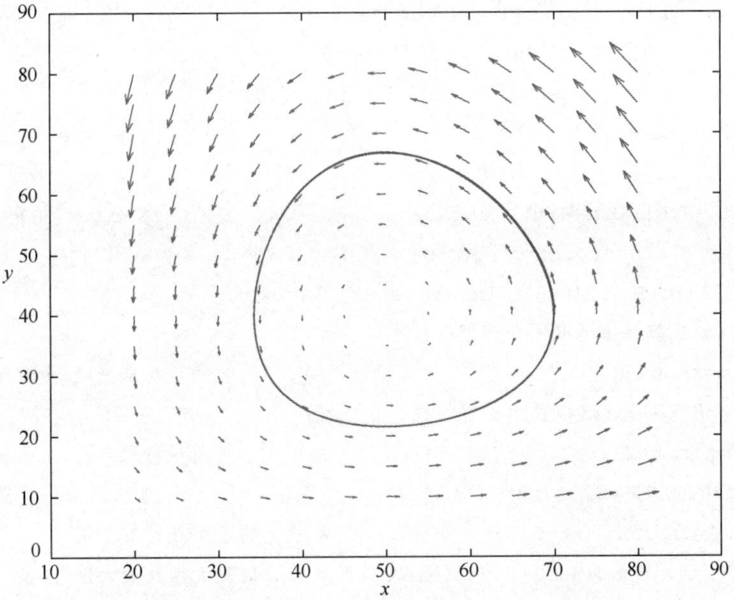

图 6.10　轨线及方向场

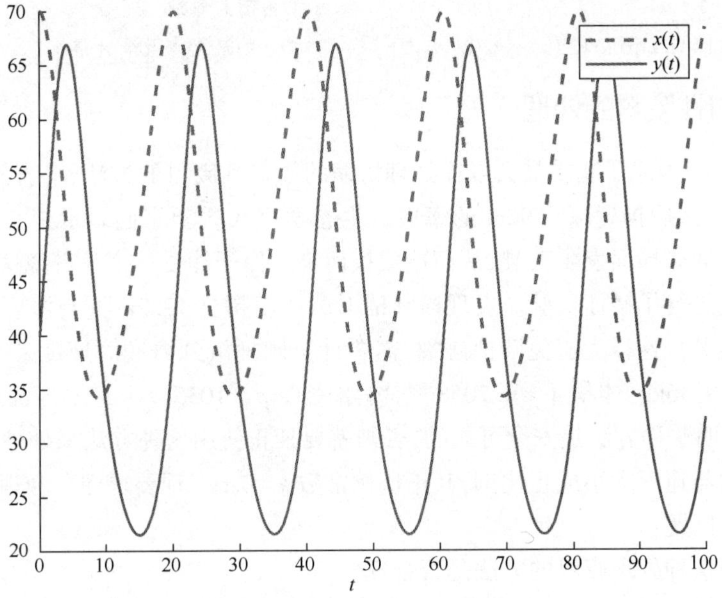

图 6.11　捕食者-被捕食者的周期变化

```
clc, clear, close all, L=100; % 求解时间长度
x=20:5:80; y=10:5:80; [x,y]=meshgrid(x,y);
u=0.2*x-0.005*x.*y; v=-0.5*y+0.01*x.*y;
quiver(x,y,u,v), hold on
dxy=@(t,z)[0.2*z(1)-0.005*z(1)*z(2)
        -0.5*z(2)+0.01*z(1)*z(2)];    % 定义微分方程组的右端项
sol=ode45(dxy,[0,L],[70;40]);
```

```
xt=@(t)deval(sol,t,1); yt=@(t)deval(sol,t,2);
fplot(xt,yt,[0,L]), xlabel('$x $','Interpreter','latex')
ylabel('$y $','Interpreter','latex','Rotation',0)
figure(2), hold on
fplot(xt,[0,L],'--','LineWidth',1.5)                   %画x(t)的解曲线
fplot(yt,[0,L],'LineWidth',1.5)                        %画y(t)的解曲线
xlabel('$t $','Interpreter','Latex')
legend({'$x(t)$','$y(t)$'},'Interpreter','latex')
fprintf('请在虚线上选取两个相邻的极小点!\n')
[t1,xx]=ginput(2)                              %用鼠标取x(t)上的相邻2个极小点
fprintf('请在实线上选取两个相邻的极小点!\n')
[t2,yy]=ginput(2)                              %用鼠标取y(t)上的相邻2个极小点
T1=diff(t1), T2=diff(t2)                                %求近似的周期
[xt1,fx1]=fminbnd(xt,0,L)                 %求x的最小点及最小值
[xt2,fx2]=fminbnd(@(t)-xt(t),0,L)         %求x的最大点及最大值
[yt1,fy1]=fminbnd(yt,0,20)                %求y在[0,20]上的最小点及最小值
[yt2,fy2]=fminbnd(yt,20,40)               %求y在[20,40]上的最小点及最小值
T=yt2-yt1                                 %求精确的周期
[yt3,fy3]=fminbnd(@(t)-yt(t),0,L)         %求y的最大点及最大值
```

6.4.5 放射性废料的处理

例6.21 美国原子能委员会以往处理浓缩的放射性废料的方法,一直是把它们装入密封的圆桶里,然后扔到深约90m的海底。生态学家和科学家们表示担心,怕圆桶下沉到海底时与海底碰撞而发生破裂,从而造成核污染。原子能委员会分辩说这是不可能的。为此工程师们进行了碰撞实验。发现当圆桶下沉速度超过12.2m/s与海底相撞时,圆桶就可能发生碰裂。这样为避免圆桶碰裂,需要计算圆桶沉到海底时速度是多少。已知圆桶质量$m=239.46\text{kg}$,体积$V=0.2058\text{m}^3$,海水密度$\rho=1035.71\text{kg/m}^3$,若圆桶速度小于12.2m/s就说明这种方法是安全可靠的,否则就要禁止使用这种方法来处理放射性废料。假设水的阻力与速度大小成正比例,其正比例常数$k=0.6$。现要求建立合理的数学模型,解决如下实际问题:

(1) 判断这种处理废料的方法是否合理?

(2) 一般情况下v大,k也大;v小,k也小。当v很大时,常用kv来代替k,那么这时速度与时间关系如何?并求出当速度不超过12.2m/s时,圆桶的运动时间t和位移s应不超过多少(k的值仍设为0.6)?

1. 问题一的模型

以海平面上的一点为坐标原点,垂直向下为坐标轴的正向建立坐标系。首先要找出圆桶的运动规律,由于圆桶在运动过程中受到本身的重力以及水的浮力H和水的阻力f的作用,所以根据牛顿运动定律得到圆筒受到的合力F满足

$$F=G-H-f. \tag{6.42}$$

又因为 $F=ma=m\frac{dv}{dt}=m\frac{d^2s}{dt^2}$，$G=mg$，$H=\rho gV$ 以及 $f=kv=k\frac{ds}{dt}$，可得到圆桶的位移和速度分别满足下面的微分方程：

$$m\frac{d^2s}{dt^2}=mg-\rho gV-k\frac{ds}{dt}, \tag{6.43}$$

$$m\frac{dv}{dt}=mg-\rho gV-kv. \tag{6.44}$$

根据方程(6.43)，加上初始条件 $\left.\frac{ds}{dt}\right|_{t=0}=s|_{t=0}=0$，求得位移函数为

$$s(t)=-171511.0+429.7444t+171511.0e^{-0.002505638t}. \tag{6.45}$$

由方程(6.44)，加上初始条件 $v|_{t=0}=0$，求得速度函数为

$$v(t)=429.7444-429.7444e^{-0.002505638t}. \tag{6.46}$$

由 $s(t)=90$m，求得圆筒到达水深 90m 的海底需要时间 $t=12.9994$s，再把它代入式(6.46)，求出圆桶到达海底的速度为 $v=13.7720$m/s。

显然此圆桶的速度已超过 12.2m/s，可知这种处理废料的方法不合理。因此，美国原子能委员会已经禁止用这种方法来处理放射性废料。

2. 问题二的模型

由题设条件，圆桶受到的阻力应改为 $f=kv^2=k\left(\frac{ds}{dt}\right)^2$，类似问题一的模型，可得到圆桶的速度应满足如下的微分方程：

$$m\frac{dv}{dt}=mg-\rho gV-kv^2. \tag{6.47}$$

根据方程(6.47)，加上初始条件 $v|_{t=0}=0$，求出圆桶的速度

$$v(t)=20.7303\tanh(0.0519426t),$$

这时若速度要小于 12.2m/s，那么经计算可得圆桶的运动时间就不能超过 $T=13.0025$s，利用位移 $s(T)=\int_0^T v(t)\,dt$，计算得位移不能超过 84.8439m。

通过这个模型，也可知原来处理核废料的方法是不合理的。

```
clc,clear
syms m V rho g k s(t) v(t)                    % 定义符号常数和符号变量
ds=diff(s);                                   % 定义 s 的一阶导数,为了初值条件赋值
s1=dsolve(m*diff(s,2)-m*g+rho*g*V+k*diff(s),s(0)==0,ds(0)==0);
s1=subs(s1,{m,V,rho,g,k},{239.46,0.2058,1035.71,9.8,0.6}); % 常数赋值
ss1=vpa(s1,7)                                 % 显示小数形式的位移函数
v1=dsolve(m*diff(v)-m*g+rho*g*V+k*v,v(0)==0);
v1=subs(v1,{m,V,rho,g,k},{239.46,0.2058,1035.71,9.8,0.6});
vv1=vpa(v1,7)                                 % 显示小数形式的速度函数
t1=solve(s1-90); t1=double(t1)                % 求到达海底 90m 处的时间
vvv1=subs(v1,t,t1); vvv1=double(vvv1)         % 求到达海底 90m 处的速度
```

```
v2=dsolve(m*diff(v)-m*g+rho*g*V+k*v^2,v(0)==0);
v2=subs(v2,{m,V,rho,g,k},{239.46,0.2058,1035.71,9.8,0.6});
v2=simplify(v2); vv2=vpa(v2,6)                %显示小数形式的速度函数
t2=solve(v2-12.2); t2=double(t2)              %求时间的临界值
s2=int(v2,0,t2); s2=double(s2)                %求位移的临界值
```

3. 结果分析

由于在实际中 k 与 v 的关系很难确定，所以上面的模型有它的局限性，而且对不同的介质，比如在水中与在空气中 k 与 v 的关系也不同。如果假设 k 为常数，那么水中的这个 k 就比在空气中对应的 k 要大一些。在一般情况下，k 应是 v 的函数，即 $k=k(v)$，至于是什么样的函数，这个问题至今还没有解决。

这个模型还可以推广到其他方面，比如说一个物体从高空落向地面的道理也是一样的。尽管物体越高，落到地面的速度越大，但决不会无限大。

拓展阅读材料

C. Henry Edwards, David E. Penney. 微分方程及边值问题：计算与建模. 张友，王立冬，袁学刚，译. 北京：清华大学出版社，2007.

习 题 6

6.1 求下列微分方程的符号解，其中的初值 $y(0)$ 分别等于 1,2,3,4，在同一窗口画出 $-2\leqslant x\leqslant 4$ 时的四条积分曲线。

$$y'-y=\sin x.$$

6.2 求下列微分方程符号解和数值解，并画出解的图形。

$$x^2y''+xy'+(x^2-n^2)y=0,y\left(\frac{\pi}{2}\right)=2,y'\left(\frac{\pi}{2}\right)=-\frac{2}{\pi}\left(\text{Bessel 方程，取 } n=\frac{1}{2}\right)。$$

6.3 求微分方程组的数值解。

$$\begin{cases}x'=-x^3-y,x(0)=1,\\ y'=x-y^3,y(0)=0.5,\end{cases}\quad 0\leqslant t\leqslant 30.$$

要求画出 $x(t),y(t)$ 的解曲线图形，在相平面上画出轨线。

6.4 求微分方程组（竖直加热板的自然对流）的数值解。

$$\begin{cases}\dfrac{d^3f}{d\eta^3}+3f\dfrac{d^2f}{d\eta^2}-2\left(\dfrac{df}{d\eta}\right)^2+T=0,\\ \dfrac{d^2T}{d\eta^2}+2.1f\dfrac{dT}{d\eta}=0.\end{cases}$$

已知当 $\eta=0$ 时，$f=0,\dfrac{df}{d\eta}=0,\dfrac{d^2f}{d\eta^2}=0.68,T=1,\dfrac{dT}{d\eta}=-0.5$。要求在区间[0,10]上画出 $f(\eta),T(\eta)$ 的解曲线。

6.5 有高为 1m 的半球形容器，水从它的底部小孔流出。小孔横截面积为 1cm^2。开始时容器内盛满了水，求水从小孔流出过程中容器里水面的高度 h（水面与孔口中心的距离）随时间 t 变化的规律。

6.6 在交通十字路口，都会设置红绿灯。为了让那些正行驶在交叉路口或离交叉路口太近而无法停下的车辆通过路口，红绿灯转换中间还要亮起一段时间的黄灯。对于一位驶近交叉路口的驾驶员来

说，万万不可处于这样进退两难的境地，要安全停车则离路口太近，要想在红灯亮之前通过路口又觉太远。

那么，黄灯应亮多长时间才最为合理呢？

6.7 我们知道现在的香烟都有过滤嘴，而且有的过滤嘴还很长，据说过滤嘴可以减少毒物进入体内。你认为过滤嘴的作用到底有多大？与使用的材料和过滤嘴的长度有无关系？请你建立一个描述吸烟过程的数学模型，分析人体吸入的毒量与哪些因素有关，以及它们之间的数量表达式。

6.8 根据经验当一种新商品投入市场后，随着人们对它的拥有量的增加，其销售量 $s(t)$ 下降的速度与 $s(t)$ 成正比。广告宣传可给销量添加一个增长速度，它与广告费 $a(t)$ 成正比，但广告只能影响这种商品在市场上尚未饱和的部分（设饱和量为 M）。建立一个销售量 $s(t)$ 的模型。若广告宣传只进行有限时间 τ，且广告费为常数 a，则 $s(t)$ 如何变化？

6.9 一只小船渡过宽为 d 的河流，目标是起点 A 正对着的另一岸 B 点。已知河水流速 v_1 与船在静水中的速度 v_2 之比为 k。

（1）建立小船航线的方程，求其解析解。

（2）设 $d=100\text{m}, v_1=1\text{m/s}, v_2=2\text{m/s}$，用数值解法求渡河所需时间、任意时刻小船的位置及航行曲线，作图，并与解析解比较。

第7章 数理统计

数理统计研究的对象是受随机因素影响的数据,它是以概率论为基础的一门应用学科。数据样本少则几个,多则成千上万,人们希望能用少数几个包含其最多相关信息的数值来体现数据样本总体的规律。面对一批数据进行分析和建模,首先需要掌握参数估计和假设检验这两个数理统计的最基本方法,给定的数据满足一定的分布要求后,才能建立回归分析和方差分析等数学模型。

7.1 参数估计和假设检验

7.1.1 区间估计

例 7.1 有一大批糖果,现从中随机地取 16 袋,称得质量(单位:g)如下:

506	508	499	503	504	510	497	512
514	505	493	496	506	502	509	496

设袋装糖果的质量近似地服从正态分布,试求总体均值 μ 的置信水平为 0.95 的置信区间。

解 μ 的一个置信水平为 $1-\alpha$ 的置信区间为 $\bar{X}\pm\frac{S}{\sqrt{n}}t_{\alpha/2}(n-1)$,这里显著性水平 $\alpha=0.05,\alpha/2=0.025,n-1=15,t_{0.025}(15)=2.1315$,由给出的数据算得 $\bar{x}=503.75,s=6.2022$。计算得总体均值 μ 的置信水平为 0.95 的置信区间为(500.4451,507.0549)。

```
clc, clear
x0 =[506  508  499  503  504  510  497  512
514  505  493  496  506  502  509  496]; x0 =x0(:);
pd = fitdist(x0,'Normal')            % 对数据进行正态分布拟合
ci =paramci(pd,'Alpha',0.05)         % ci 的第一列是均值的置信区间
[mu,s,muci,sci]=normfit(x0,0.05)% 另一种方法求置信区间
```

例 7.2 从一批灯泡中随机地取 5 只做寿命试验,测得寿命(单位:h)为

1050 1100 1120 1250 1280

设灯泡寿命服从正态分布。求灯泡寿命平均值的置信水平为 0.95 的单侧置信区间。

解 这里显著性水平 $\alpha=0.05,n=5,t_{\alpha}(n-1)=2.1318,\bar{x}=1160,s=99.7497$,寿命平均值 μ 的置信水平为 $1-\alpha$ 的单侧置信下限为

$$\underline{\mu}=\bar{X}-\frac{S}{\sqrt{n}}t_{\alpha}(n-1),$$

计算得所求的单侧置信下限为

$$\underline{\mu}=\bar{x}-\frac{s}{\sqrt{n}}t_{\alpha}(n-1)=1064.9.$$

```
clc, clear
alpha=0.05; ta=tinv(1-alpha,4)
x0=[1050  1100  1120  1250  1280];
xb=mean(x0), s=std(x0), n=length(x0);
mu=xb-s/sqrt(n)*ta                              % 计算单侧置信下限
[h,p,ci]=ttest(x0,xb,'Alpha',0.05,'Tail','right') % 通过假设检验求置信区间
```

例 7.3 分别使用金球和铂球测定引力常数(单位:$10^{-11}\mathrm{m}^3\cdot\mathrm{kg}^{-1}\cdot\mathrm{s}^{-2}$)。

(1) 用金球测定观察值为 6.683, 6.681, 6.676, 6.678, 6.679, 6.672。

(2) 用铂球测定观察值为 6.661, 6.661, 6.667, 6.667, 6.664。

设测定值总体为 $N(\mu,\sigma^2)$,μ,σ^2 均为未知,试就以上两种情况分别求 μ 的置信水平为 0.9 的置信区间,并求 σ^2 的置信水平为 0.9 的置信区间。

解 (1) μ,σ^2 均未知时,μ 的置信水平为 $1-\alpha$ 的置信区间为

$$\left(\bar{X}-\frac{S}{\sqrt{n}}t_{\alpha/2}(n-1),\bar{X}+\frac{S}{\sqrt{n}}t_{\alpha/2}(n-1)\right),$$

这里 $1-\alpha=0.9,\alpha=0.1,\alpha/2=0.05,n_1=6,n_2=5,n_1-1=5,n_2-1=4$。

$$\bar{x}_1=\frac{1}{6}\sum_{i=1}^{6}x_i=6.678,\bar{s}_1^2=\frac{1}{5}\sum_{i=1}^{6}(x_i-\bar{x}_1)^2=0.15\times10^{-4},$$

$$\bar{x}_2=\frac{1}{5}\sum_{i=1}^{5}x_i=6.664,\bar{s}_2^2=\frac{1}{4}\sum_{i=1}^{4}(x_i-\bar{x}_2)^2=0.9\times10^{-5},$$

$$t_{\alpha/2}(5)=2.0150,t_{\alpha/2}(4)=2.1318.$$

代入得,用金球测定时,μ 的置信区间为(6.6750,6.6813);用铂球测定时,μ 的置信区间为(6.6611,6.6669)。

(2) μ,σ^2 均未知时,σ^2 的置信水平为 $1-\alpha$ 的置信区间为

$$\left(\frac{(n-1)S^2}{\chi^2_{\alpha/2}(n-1)},\frac{(n-1)S^2}{\chi^2_{1-\alpha/2}(n-1)}\right),$$

这里 $n_1-1=5,n_2-1=4,\alpha/2=0.05$,查表得

$\chi^2_{\alpha/2}(5)=11.071,\chi^2_{\alpha/2}(4)=9.488,$

$\chi^2_{1-\alpha/2}(5)=1.145,\chi^2_{1-\alpha/2}(4)=0.711.$

将这些值以及(1)中算得的 s_1^2,s_2^2 代入上面区间得

用金球测定时,σ^2 的置信区间是($6.76\times10^{-6},6.533\times10^{-5}$);

用铂球测定时,σ^2 的置信区间是($3.79\times10^{-6},5.065\times10^{-5}$)。

```
clc, clear
x1=[6.683, 6.681, 6.676, 6.678, 6.679, 6.672];
x2=[6.661, 6.661, 6.667, 6.667, 6.664];
[h1,p1,ci1,st1]=ttest(x1,mean(x1),'Alpha',0.1)      % 均值检验和区间估计
[h2,p2,ci2,st2]=ttest(x2,mean(x2),'Alpha',0.1)
```

```
[h3,p3,ci3,st3]=vartest(x1,var(x1),'Alpha',0.1)      % 方差检验和区间估计
[h4,p4,ci4,st4]=vartest(x2,var(x1),'Alpha',0.1)
```

例 7.4(续例 7.3) 在例 7.3 中,设用金球和铂球测定时总体的方差相等,求两个测定值总体均值差的置信水平为 0.90 的置信区间。

解 由题意知,总体均值差的置信水平为 $1-\alpha$ 的置信区间为

$$\left(\overline{X}_1-\overline{X}_2 \pm t_{\alpha/2}(n_1+n_2-2)S_w\sqrt{\frac{1}{n_1}+\frac{1}{n_2}}\right),$$

式中

$$S_w^2=\frac{(n_1-1)S_1^2+(n_2-1)S_2^2}{n_1+n_2-2}.$$

此题中,$1-\alpha=0.90$,$\alpha=0.10$,$\alpha/2=0.05$;$n_1=6$,$n_2=5$,$n_1+n_2-2=9$,查表得 $t_{\alpha/2}(9)=1.8331$。计算,得 $s_w^2=1.233\times10^{-5}$,$s_w=\sqrt{s_w^2}=3.512\times10^{-3}$。

代入公式得总体均值差的置信水平为 0.90 的置信区间为(0.0103,0.0181)。

```
clc, clear
x1=[6.683, 6.681, 6.676, 6.678, 6.679, 6.672];
x2=[6.661, 6.661, 6.667, 6.667, 6.664];
[h,p,ci,st]=ttest2(x1,x2,'Alpha',0.1)
```

7.1.2 经验分布函数

设 $X_1,X_2,\cdots,X_n$ 是总体 F 的一个样本,用 $S(x)(-\infty<x<\infty)$ 表示 $X_1,X_2,\cdots,X_n$ 中不大于 x 的随机变量的个数。定义经验分布函数 $F_n(x)$ 为

$$F_n(x)=\frac{1}{n}S(x),-\infty<x<\infty.$$

对于一个样本值,经验分布函数 $F_n(x)$ 的观察值是很容易得到的($F_n(x)$ 的观察值仍以 $F_n(x)$ 表示)。

一般地,设 $x_1,x_2,\cdots,x_n$ 是总体 F 的一个容量为 n 的样本值。先将 $x_1,x_2,\cdots,x_n$ 按自小到大的次序排列,并重新编号。设为

$$x_{(1)}\leqslant x_{(2)}\leqslant\cdots\leqslant x_{(n)},$$

则经验分布函数 $F_n(x)$ 的观察值

$$F_n(x)=\begin{cases}0, & 若\ x<x_{(1)},\\ \dfrac{k}{n}, & 若\ x_{(k)}\leqslant x<x_{(k+1)},\\ 1, & 若\ x\geqslant x_{(n)}.\end{cases}$$

对于经验分布函数 $F_n(x)$,格里汶科(Glivenko)在 1933 年证明了,当 $n\to\infty$ 时,$F_n(x)$ 以概率 1 一致收敛于总体分布函数 $F(x)$。因此,对于任一实数 x,当 n 充分大时,经验分布函数的任一个观察值 $F_n(x)$ 与总体分布函数 $F(x)$ 只有微小的差别,从而在实际上可当作 $F(x)$ 来使用。

例 7.5 下面列出了 84 个伊特拉斯坎(Etruscan)人男子的头颅的最大宽度(单位:mm),计算经验分布函数并画出经验分布函数图形。

141	148	132	138	154	142	150	146	155	158
150	140	147	148	144	150	149	145	149	158
143	141	144	144	126	140	144	142	141	140
145	135	147	146	141	136	140	146	142	137
148	154	137	139	143	140	131	143	141	149
148	135	148	152	143	144	141	143	147	146
150	132	142	142	143	153	149	146	149	138
142	149	142	137	134	144	146	147	140	142
140	137	152	145						

解 首先把上面数据保存在纯文本文件 data7_5_1.txt 中,计算经验分布函数 $F_n(x)$ 在每个点 x_i 的值,计算结果保存在 Excel 文件。画出经验分布函数 $F_n(x)$ 的图形如图 7.1 所示。

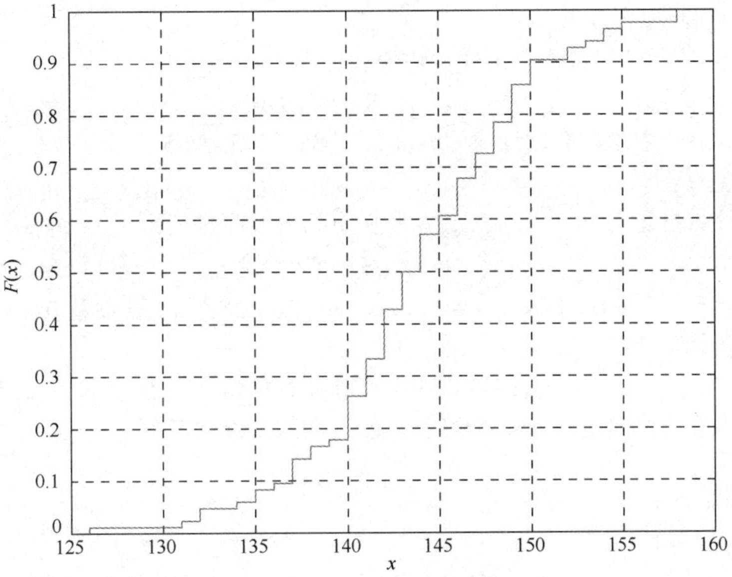

图 7.1 经验分布函数取值图

```
clc, clear, close all
a=readmatrix('data7_5_1.txt'); a=a(~isnan(a));   % 去掉 NaN 值
[f,x]=ecdf(a)                                     % 计算经验分布函数的取值
ecdf(a)                                           % 画经验分布函数图形
grid on, xlabel('$x $','Interpreter','Latex')
ylabel('$F(x)$','Interpreter','Latex')
writematrix([x,f],'data7_5_2.xlsx')
```

7.1.3 Q-Q 图

Q-Q 图(Quantile-Quantile Plot)是检验拟合优度的好方法,目前在国外被广泛使用,它的图示方法简单直观,易于使用。

对于一组观察数据 $x_1,x_2,\cdots,x_n$,利用参数估计方法确定了分布模型的参数 θ 后,分布函数 $F(x;\theta)$ 就知道了,现在我们希望知道观测数据与分布模型的拟合效果如何。如果拟合效果好，则观测数据的经验分布应当非常接近分布模型的理论分布，而经验分布函数的分位数自然也应当与分布模型的理论分位数近似相等。Q-Q 图的基本思想就是基于这个观点，将经验分布函数的分位数点和分布模型的理论分位数点作为一对数组画在直角坐标图上，就是一个点，n 个观测数据对应 n 个点，如果这 n 个点看起来像一条直线，说明观测数据与分布模型的拟合效果很好，以下简单地给出计算步骤。

判断观测数据 $x_1,x_2,\cdots,x_n$ 是否来自于分布 $F(x)$，画 Q-Q 图的步骤如下：

(1) 将 $x_1,x_2,\cdots,x_n$ 依大小顺序排列成：$x_{(1)}\leqslant x_{(2)}\leqslant\cdots\leqslant x_{(n)}$。

(2) 取 $y_i=F^{-1}((i-1/2)/n)$，$i=1,2,\cdots,n$。

(3) 将 $(y_i,x_{(i)})$，$i=1,2,\cdots,n$，这 n 个点画在直角坐标图上。

(4) 如果这 n 个点看起来呈一条 45°角的直线，从 $(0,0)$ 到 $(1,1)$ 分布，我们就相信 $x_1,x_2,\cdots,x_n$ 拟合分布 $F(x)$ 的效果很好。

例 7.6(续例 7.5) 如果这些数据来自于正态总体，求该正态分布的参数，试画出它们的 Q-Q 图，判断拟合效果。

解 (1) 先从所给的数据算出样本均值和标准差

$$\bar{x}=143.7738,\ s=5.9705,$$

正态分布 $N(\mu,\sigma^2)$ 中参数的估计值为 $\hat{\mu}=143.7738$，$\hat{\sigma}=5.9705$。

(2) 画 Q-Q 图。

① 将观测数据记为 $x_1,x_2,\cdots,x_{84}$，并依从小到大顺序排列为

$$x_{(1)}\leqslant x_{(2)}\leqslant\cdots\leqslant x_{(84)}.$$

② 取 $y_i=F^{-1}((i-1/2)/84)$，$i=1,2,\cdots,84$，这里 $F^{-1}(x)$ 是参数 $\mu=143.7738$，$\sigma=5.9705$ 的正态分布函数的反函数。

③ 将 $(y_i,x_{(i)})$ $(i=1,2,\cdots,84)$ 这 84 个点画在直角坐标系上，如图 7.2 所示。

④ 这些点看起来接近一条 45°角的直线，说明拟合结果较好。

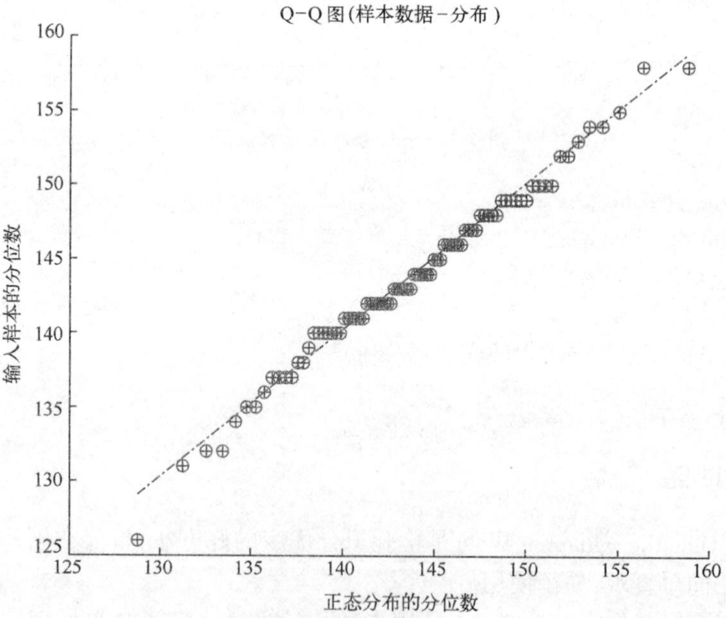

图 7.2 Q-Q 图

```
clc, clear, close all
a=readmatrix('data7_5_1.txt'); a=a(~isnan(a));     % 去掉 NaN 值
pd=fitdist(a, 'Normal'), qqplot(a,pd)     % Matlab 工具箱直接画 Q-Q 图
sa=sort(a);                               % 把 a 按照从小到大排列
n=length(a); pi=([1:n]-1/2)/n;
yi=norminv(pi,pd.mu,pd.sigma)';           % 计算对应的 yi 值
hold on, plot(yi,sa,'o')                  % 再重新描点画 Q-Q 图
```

7.1.4 非参数检验

1. χ^2 拟合优度检验

若总体 X 是离散型的，则建立待检假设 H_0：总体 X 的分布律为 $P\{X=x_i\}=p_i, i=1,2,3,\cdots$。

若总体 X 是连续型的，则建立待检假设 H_0：总体 X 的概率密度为 $f(x)$。

可按照下面的 5 个步骤进行检验：

(1) 建立待检假设 H_0：总体 X 的分布函数为 $F(x)$。

(2) 在数轴上选取 $k-1$ 个分点 $t_1,t_2,\cdots,t_{k-1}$，将数轴分成 k 个区间：$(-\infty,t_1)$，$[t_1,t_2)$，$\cdots$，$[t_{k-2},t_{k-1})$，$[t_{k-1},+\infty)$，令 p_i 为分布函数 $F(x)$ 的总体 X 在第 i 个区间内取值的概率，设 m_i 为 n 个样本观察值中落入第 i 个区间上的个数，也称为组频数。

(3) 选取统计量 $\chi^2=\sum_{i=1}^{k}\frac{(m_i-np_i)^2}{np_i}=\sum_{i=1}^{k}\frac{m_i^2}{np_i}-n$，如果 H_0 为真，则 $\chi^2\sim\chi^2(k-1-r)$，其中 r 为分布函数 $F(x)$ 中未知参数的个数。

(4) 对于给定的显著性水平 α，确定 χ^2_α，使其满足 $P\{\chi^2(k-1-r)>\chi^2_\alpha\}=\alpha$。

(5) 依据样本计算统计量 χ^2 的观察值，作出判断：若 $\chi^2<\chi^2_\alpha$，则接受 H_0；否则拒绝 H_0，即不能认为总体 X 的分布函数为 $F(x)$。

例 7.7 检查了一本书的 100 页，记录各页中印刷错误的个数，其结果见表 7.1。

表 7.1 印刷错误数据表

错误个数 f_i	0	1	2	3	4	5	6	≥7
含 f_i 个错误的页数	36	40	19	2	0	2	1	0

问能否认为一页的印刷错误的个数服从泊松分布(取 $\alpha=0.05$)。

解 记一页的印刷错误数为 X，按题意需在显著性水平 $\alpha=0.05$ 下检验假设

H_0：X 的分布律为

$$P\{X=k\}=\frac{\lambda^k e^{-\lambda}}{k!}, k=0,1,2,\cdots.$$

因参数 λ 未知，应先根据观察值，用矩估计法来求 λ 的估计。可知 λ 的矩估计值为 $\hat{\lambda}=\bar{x}=1$。在 X 服从泊松分布的假设下，X 的所有可能取得的值为 $\Omega=\{0,1,2,\cdots\}$，将 Ω 分成如表 7.2 左起第一栏所示的两两不相交的子集 A_0,A_1,A_2,A_3，接着根据估计式

$$\hat{p}_k=\hat{P}\{X=k\}=\frac{\hat{\lambda}^k e^{-\hat{\lambda}}}{k!}=\frac{e^{-1}}{k!}, k=0,1,2,\cdots$$

计算有关概率的估计,计算结果列于表 7.2。

表 7.2 χ^2 检验数据表

A_i	m_i	$\hat{p}_i$	$n\hat{p}_i$	$m_i^2/(n\hat{p}_i)$
$A_0:\{X=0\}$	36	0.3679	36.7879	35.2289
$A_1:\{X=1\}$	40	0.3679	36.7879	43.4925
$A_2:\{X=2\}$	19	0.1839	18.3940	19.6260
$A_3:\{X\geqslant 3\}$	5	0.0803	8.0291	3.1137
				$\Sigma=101.4611$

令$\chi^2=101.4611-100=1.4611$,因估计了一个参数,$r=1$,只有 4 组,故 $k=4,\alpha=0.05$,$\chi^2_\alpha(k-r-1)=\chi^2_{0.05}(2)=5.9915>1.4611=\chi^2$,故在显著性水平 $\alpha=0.05$ 下接受假设 H_0,即认为样本来自泊松分布的总体。

```
clc, clear, n=100;
bins=[0:7]'; mi=[36  40  19  2  0  2  1  0]';
pd = fitdist(bins,'Poisson','Frequency',mi)
expCounts = n * pdf(pd,bins)          % 计算期望的频数
[h,p,st] = chi2gof(bins,'Ctrs',bins,'Frequency',mi, ...
                  'Expected',expCounts,'NParams',1)
k2 = chi2inv(0.95, st.df)             % 求临界值,st.df 为自由度
```

例 7.8 在一批灯泡中抽取 300 只作寿命试验,其结果如表 7.3 所示。

表 7.3 寿命测试数据表

寿命 t/h	$0\leqslant t\leqslant 100$	$100<t\leqslant 200$	$200<t\leqslant 300$	$t>300$
灯泡数/个	121	78	43	58

取 $\alpha=0.05$,试检验假设 H_0:灯泡寿命服从指数分布

$$f(t)=\begin{cases}0.005\mathrm{e}^{-0.005t}, & t\geqslant 0,\\ 0, & t<0.\end{cases}$$

解 本题是在显著性水平 $\alpha=0.05$ 下,检验假设 H_0:灯泡寿命 X 服从指数分布,其概率密度为

$$f(t)=\begin{cases}0.005\mathrm{e}^{-0.005t}, & t\geqslant 0,\\ 0, & t<0.\end{cases}$$

在 H_0 为真的假设下,X 可能取值的范围为 $\Omega=[0,+\infty)$。将 Ω 分成互不相交的 4 个部分 A_1,A_2,A_3,A_4,如表 7.4 所示。以 A_i 记事件$\{X\in A_i\}$。若 H_0 为真,则 X 的分布函数为

$$F(t)=\begin{cases}1-\mathrm{e}^{-0.005t}, & t\geqslant 0,\\ 0, & t<0.\end{cases}$$

得知

$$p_i=P(A_i)=P\{a_i<X\leqslant a_{i+1}\}=F(a_{i+1})-F(a_i),i=1,2,3,4.$$

计算结果列于表 7.4。

表 7.4　χ^2 检验数据表

A_i	m_i	$\hat{p}_i$	$n\hat{p}_i$	$m_i^2/(n\hat{p}_i)$
$A_1:0\leqslant t\leqslant 100$	121	0.3935	118.0408	124.0334
$A_2:100<t\leqslant 200$	78	0.2387	71.5954	84.9776
$A_3:200<t\leqslant 300$	43	0.1447	43.4248	42.5794
$A_4:t>300$	58	0.2231	66.9390	50.2547
				$\Sigma=301.845$

今$\chi^2=1.845$。由 $\alpha=0.05,k=4,r=0$ 知

$$\chi_{\alpha}^2(k-r-1)=\chi_{0.05}^2(3)=7.8147>1.845=\chi^2.$$

故在显著性水平 $\alpha=0.05$ 下,接受假设 H_0,认为这批灯泡寿命服从指数分布,其概率密度为

$$f(t)=\begin{cases}0.005\mathrm{e}^{-0.005t}, & t\geqslant 0,\\ 0, & t<0.\end{cases}$$

```
clc, clear
edges=[0:100:300 inf]; bins=[50 150 250 350];   % 定义原始数据区域的边界和中心
mi=[121 78 43 58];                               % 已知观测频数
pd=makedist('exp',200)                           % 定义指数分布
expect=sum(mi)*diff(cdf(pd, edges))              % 计算期望频数
[h,p,st]=chi2gof(bins,'Edges',edges,'cdf',pd,'Frequency',mi)
k2=chi2inv(0.95,st.df)                           % 求临界值,st.df 为自由度
```

例 7.9　表 7.5 给出了随机选取的某大学 200 名一年级学生一次数学考试的成绩。试取 $\alpha=0.1$ 检验数据来自正态总体 $N(60,15^2)$。

表 7.5　学生分数统计数据

分数 x	$20\leqslant x\leqslant 30$	$30<x\leqslant 40$	$40<x\leqslant 50$	$50<x\leqslant 60$
学生数	5	15	30	51
分数 x	$60<x\leqslant 70$	$70<x\leqslant 80$	$80<x\leqslant 90$	$90<x\leqslant 100$
学生数	60	23	10	6

解　本题要求在显著性水平 $\alpha=0.1$ 下检验假设

H_0:数据 X 来自正态总体,$X\sim N(60,15^2)$,即需检验 X 的概率密度为

$$f(x)=\frac{1}{15\sqrt{2\pi}}\mathrm{e}^{-\frac{(x-60)^2}{2\times 15^2}},-\infty<x<+\infty.$$

将在 H_0 下 X 可能取值的区间$(-\infty,+\infty)$分为 6 个两两不相交的小区间 $A_1,A_2,\cdots,A_6$(分法见表 7.6)。用 A_i 记事件"X 的观察值落在 A_i 内",以 $m_i(i=1,2,\cdots,6)$记样本观察值 $x_1,x_2,\cdots,x_{200}$落在 A_i 中的个数,记 $p_i=P\{X\in A_i\}$。计算结果列于表 7.6。

表 7.6 χ^2 检验数据表

A_i	m_i	$\hat{p}_i$	$n\hat{p}_i$	$m_i^2/(n\hat{p}_i)$
$A_1:(-\infty,40]$	20	0.0912	18.2422	21.9271
$A_2:(40,50]$	30	0.1613	32.2563	27.9016
$A_3:(50,60]$	51	0.2475	49.5015	52.5439
$A_4:(60,70]$	60	0.2475	49.5015	72.7251
$A_5:(70,80]$	23	0.1613	32.2563	16.3999
$A_6:(80,+\infty)$	16	0.0912	18.2422	14.0334
				$\Sigma=205.5309$

因此$\chi^2=5.5309$。因 $\alpha=0.1,k=6,r=0$,有

$$\chi_\alpha^2(k-r-1)=\chi_{0.1}^2(5)=9.2364>5.5309=\chi^2.$$

故在显著性水平 $\alpha=0.1$ 下接受假设 H_0,即认为考试成绩的数据来自正态总体 $N(60,15^2)$。

```
clc, clear, alpha=0.1;
edges=[20:10:100]; x=[25:10:95];            % 原始数据区间的边界和中心
mi=[5 15 30 51 60 23 10 6];
pd=makedist('Normal','mu',60,'sigma',15)    % 定义正态分布
[h,p,st]=chi2gof(x,'cdf',pd,'Edges',edges,'Frequency',mi)
k2=chi2inv(1-alpha,st.df)                   % 求临界值
```

例 7.10(续例 7.5) 试检验这些数据是否来自正态总体(取 $\alpha=0.1$)。

解 先从所给的数据算出样本均值和标准差

$$\bar{x}=143.7738, s=5.9705,$$

本题是在显著性水平 $\alpha=0.1$ 下,检验假设

H_0:头颅的最大宽度 X 服从正态分布 $N(143.7738,5.9705^2)$。

将$(-\infty,+\infty)$分成互不相交的 7 个区间 $A_1,A_2,\cdots,A_7$,如表 7.7 所示。以 $m_i(i=1,2,\cdots,7)$记样本观察值落在 A_i 中的个数,以 A_i 记事件$\{X\in A_i\}$。若 H_0 为真,X 服从正态分布 $N(143.7738,5.9705^2)$,可以计算出

$$p_i=P(A_i)=P\{a_i<X\leqslant a_{i+1}\}, i=1,2,\cdots,7.$$

计算结果列于表 7.7。

表 7.7 χ^2 检验数据表

A_i	m_i	$\hat{p}_i$	$n\hat{p}_i$	$m_i^2/(n\hat{p}_i)$
$A_1:-\infty<t\leqslant 135.6$	7	0.0855	7.1816	6.8230
$A_2:135.6<t\leqslant 138.8$	7	0.1169	9.8204	4.9896
$A_3:138.8<t\leqslant 142$	22	0.1808	15.1865	31.8703
$A_4:142<t\leqslant 145.2$	15	0.2112	17.7409	12.6826
$A_5:145.2<t\leqslant 148.4$	15	0.1864	15.6563	14.3712
$A_6:148.4<t\leqslant 151.6$	10	0.1243	10.4375	9.5809
$A_7:151.6<t<+\infty$	8	0.0950	7.9768	8.0233
				$\Sigma=88.3408$

令$\chi^2=4.3408$。由 $\alpha=0.1, k=7, r=2$ 知

$$\chi^2_\alpha(k-r-1)=\chi^2_{0.1}(4)=7.7794>4.3408=\chi^2.$$

故在显著性水平 $\alpha=0.1$ 下,接受假设 H_0,认为这些数据是来自正态总体。

```
clc, clear, alpha = 0.1;
a = readmatrix('data7_5_1.txt'); a = a(~isnan(a));        % 去掉 NaN 值
pd = fitdist(a, 'Normal')
[h,p,st] = chi2gof(a,'cdf',pd,'NParams',2)
k2 = chi2inv(1-alpha,st.df)                                % 求临界值
```

2. 柯尔莫哥洛夫(Kolmogorov-Smirnov)检验

χ^2 拟合优度检验实际上是检验 $p_i=F_0(a_i)-F_0(a_{i-1})=p_{i0}(i=1,2,\cdots,k)$ 的正确性,并未直接检验原假设的分布函数 $F_0(x)$ 的正确性,柯尔莫哥洛夫检验直接针对原假设 H_0: $F(x)=F_0(x)$,这里分布函数 $F_0(x)$ 必须是连续型分布。柯尔莫哥洛夫检验基于经验分布函数(或称样本分布函数)作为检验统计量,检验理论分布函数与样本分布函数的拟合优度。

设总体 X 服从连续分布,$X_1,X_2,\cdots,X_n$ 是来自总体 X 的简单随机样本,F_n 为经验分布函数。当 H_0 为真时,根据大数定律,当 n 趋于无穷大时,经验分布函数 $F_n(x)$ 依概率收敛总体分布函数 $F_0(x)$。定义 $F_n(x)$ 到 $F_0(x)$ 的距离为

$$D_n=\sup_{-\infty<x<+\infty}|F_n(x)-F_0(x)|,$$

当 n 趋于无穷大时,D_n 依概率收敛到 0。

柯尔莫哥洛夫检验的步骤如下:

(1) 原假设和备择假设分别为

$$H_0: F(x)=F_0(x), H_1: F(x)\neq F_0(x).$$

(2) 选取检验统计量

$$D_n=\sup_{-\infty<x<+\infty}|F_n(x)-F_0(x)|,$$

当 H_0 为真时,D_n 有偏小趋势,则拟合得好;

当 H_0 不真时,D_n 有偏大趋势,则拟合得差。

Kolmogorov 定理 在 $F_0(x)$ 为连续分布的假定下,当原假设为真时,$\sqrt{n}D_n$ 的极限分布为

$$\lim_{n\to\infty}P\{\sqrt{n}D_n\leqslant t\}=1-2\sum_{i=1}^{\infty}(-1)^{i-1}e^{-2i^2t^2}, t>0.$$

推导检验统计量的分布时,使用$\sqrt{n}D_n$ 比 D_n 方便。

在显著性水平 α 下,一个合理的检验是:如果$\sqrt{n}D_n>k$,则拒绝原假设,其中 k 是合适的常数。

(3) 确定拒绝域。

给定显著性水平 α,查 D_n 极限分布表,求出 t_α 满足

$$P\{\sqrt{n}D_n\geqslant t_\alpha\}=\alpha,$$

作为临界值,即拒绝域为$[t_\alpha,+\infty)$。

(4) 作判断。

计算统计量的观察值，如果检验统计量$\sqrt{n}D_n$的观察值落在拒绝域中，则拒绝原假设，否则不拒绝原假设。

注：对于固定的α值，我们需要知道该α值下检验的临界值。常用的是在统计量为D_n时，各个α值所对应的临界值如下。在$\alpha=0.1$的显著性水平下，检验的临界值是$1.22/\sqrt{n}$；在$\alpha=0.05$的显著性水平下，检验的临界值是$1.36/\sqrt{n}$；在$\alpha=0.01$的显著性水平下，检验的临界值是$1.63/\sqrt{n}$。这里n为样本的个数。当由样本计算出来的D_n值小于临界值时，不能拒绝原假设，所假设的分布是可以接受的；当由样本计算出来的D_n值大于临界值时，拒绝原假设，即所假设的分布是不能接受的。

例7.11(续例7.5) 试用柯尔莫哥洛夫检验法检验这些数据是否服从正态分布($\alpha=0.05$)。

解 (1) 假设$H_0:X\sim N(\mu,\sigma^2)$，$H_1:X$不服从$N(\mu,\sigma^2)$。

这里取μ和σ^2的估计值为

$$\hat{\mu}=\bar{x}=\frac{1}{n}\sum_{i=1}^{84}x_i=143.7738,$$

$$\hat{\sigma}^2=\frac{1}{83}\sum_{i=1}^{84}(x_i-\bar{x})^2=5.9705^2,$$

即$H_0:X\sim N(143.7738,5.9705^2)$。

(2) $\alpha=0.05$，拒绝域为$D_n\geqslant\dfrac{1.36}{\sqrt{n}}$，这里$n=84$。

(3) 计算经验分布函数值$F_n(x_i)$和理论分布函数值$F_0(x_i)$，并计算统计量$D_n=\sup\limits_{x_i}|F_n(x_i)-F_0(x_i)|=0.0851$，由于$1.36/\sqrt{n}=0.1484$，所以$D_n<1.36/\sqrt{n}$，接受原假设，认为这些数据服从正态分布。

```
clc, clear
a=readmatrix('data7_5_1.txt'); a=a(~isnan(a));      % 去掉 NaN 值
pd=fitdist(a, 'Normal')
[yn,xn]=ecdf(a);                                    % 计算经验分布函数值
y = cdf(pd, xn);                                    % 计算原假设分布函数值
Dn=max(abs(yn-y))                                   % 计算统计量的值
LJ=1.36/sqrt(length(a))                             % 计算拒绝域的临界值
[h,p,st,cv]=kstest(a,'CDF',pd)                    % 直接调用工具箱函数进行 KS 检验
```

7.1.5 秩和检验

秩和检验可用于检验假设H_0：两个总体X与Y有相同的分布。

设分别从X、Y两总体中独立抽取大小为n_1和n_2的样本，设$n_1\leqslant n_2$，其检验步骤如下：

(1) 将两个样本混合起来，按照数值大小统一编序，由小到大，每个数据对应的序数称为秩。

(2) 计算取自总体X的样本所对应的秩之和，用T表示。

(3) 根据 n_1,n_2 与水平 α,查秩和检验表,得秩和下限 T_1 与上限 T_2。

(4) 如果 $T\leqslant T_1$ 或 $T\geqslant T_2$,则否定假设 H_0,认为 X,Y 两总体分布有显著差异,否则认为 X、Y 两总体分布在水平 α 下无显著差异。

秩和检验的依据是,如果两总体分布无显著差异,那么 T 不应太大或太小,若以 T_1 和 T_2 为上、下界,则 T 应在这两者之间,如果 T 太大或太小,则认为两总体的分布有显著差异。

例 7.12 某涂漆原工艺规定烘干温度为 120℃,现欲将烘干温度提高到 160℃,为了检验温度变化后是否对零件抗弯强度有明显影响,今用同一涂漆工艺加工了 15 个零件,其中 9 个在 120℃下烘干,6 个在 160℃下烘干,分别测得烘干后各零件的抗弯强度数值如表 7.8 所列。试讨论在水平 $\alpha=0.05$ 下烘干温度对抗弯强度是否有显著影响?

表 7.8 抗弯强度数值

120℃	41.5	42.0	40.0	42.5	42.0	42.2	42.7	42.1	41.4
160℃	41.2	41.8	42.4	41.6	41.7	41.3			

解 (1) 15 个数据按自小到大的顺序排列结果如表 7.9 所列。

表 7.9 数据自小到大排序结果

秩 号	1	2	3	4	5	6	7	8
120℃	40.0			41.4	41.5			
160℃		41.2	41.3			41.6	41.7	41.8
秩 号	9	10	11	12	13	14	15	
120℃	42.0	42.1	42.2	42.3		42.5	42.7	
160℃					42.4			

(2) 120℃下有 9 个数据,$n_2=9$,160℃下有 6 个数据,$n_1=6$,$n_1<n_2$,所以

$$T=2+3+6+7+8+13=39.$$

(3) 对 $\alpha=0.05$,查秩和检验表得 $T_1=33,T_2=63$。

(4) 因为 $33<39<63$,即 $T_1<T<T_2$,所以认为在两种不同的烘干温度下,零件的抗弯强度没有显著差异。

计算的 Matlab 程序如下:

```
clc, clear
x=[41.5  42.0  40.0  42.5  42.0  42.2  42.7  42.1  41.4];
y=[41.2  41.8  42.4  41.6  41.7  41.3];
yx=[y,x]; yxr=tiedrank(yx)              % 计算秩
yr=sum(yxr(1:length(y)))                % 计算 y 的秩和
[p,h,s]=ranksum(y,x)                    % 利用 Matlab 工具箱直接进行检验
```

7.2 Bootstrap 方法

7.2.1 非参数 Bootstrap 方法

设总体的分布 F 未知,但已知有一个容量为 n 的来自分布 F 的数据样本,自这一样本按放回抽样的方法抽取一个容量为 n 的样本,这种样本称为 bootstrap 样本或自助样本。相继地,独立地自原始样本中取很多个 Bootstrap 样本,利用这些样本对总体 F 进行统计推断,这种方法称为非参数 Bootstrap 方法,又称自助法。这一方法可以用于人们对总体知之甚少的情况,它是近代统计中的一种用于数据处理的重要实用方法。这种方法的实现需要在计算机上作大量的计算,随着计算机威力的增长,它已成为一种流行的方法。

Bootstap 方法是 Efron 在 20 世纪 70 年代后期建立的。

1. 估计量的标准误差的 Bootstrap 估计

在估计总体未知参数 θ 时,人们不但要给出 θ 的估计 $\hat{\theta}$,还需指出这一估计 $\hat{\theta}$ 的精度。通常用估计量 $\hat{\theta}$ 的标准差 $\sqrt{D(\hat{\theta})}$ 来度量估计的精度。估计量 $\hat{\theta}$ 的标准差 $\hat{\sigma}_{\theta}=\sqrt{D(\hat{\theta})}$ 也称为估计量 $\hat{\theta}$ 的标准误差。

设 $X_1,X_2,\cdots,X_n$ 是来自以 $F(x)$ 为分布函数的总体的样本,θ 是我们感兴趣的未知参数,用 $\hat{\theta}=\hat{\theta}(X_1,X_2,\cdots,X_n)$ 作为 θ 的估计量,在应用中 $\hat{\theta}$ 的抽样分布常是很难处理的,这样,$\sqrt{D(\hat{\theta})}$ 常没有一个简单的表达式,不过我们可以用计算机模拟的方法求得 $\sqrt{D(\hat{\theta})}$ 的估计。为此,自 F 产生很多容量为 n 的样本(例如 B 个),对于每一个样本计算 $\hat{\theta}$ 的值,得 $\hat{\theta}_1$, $\hat{\theta}_2,\cdots,\hat{\theta}_B$,则 $\sqrt{D(\hat{\theta})}$ 可以用

$$\hat{\sigma}_{\hat{\theta}}=\sqrt{\frac{1}{B-1}\sum_{i=1}^{B}(\hat{\theta}_i-\bar{\theta})^2}$$

来估计,其中 $\bar{\theta}=\frac{1}{B}\sum_{i=1}^{B}\hat{\theta}_i$。然而 F 常常是未知的,这样就无法产生模拟样本,需要另外的方法。

现在设分布 F 未知,$x_1,x_2,\cdots,x_n$ 是来自 F 的样本值,F_n 是相应的经验分布函数。当 n 很大时,F_n 接近 F。我们用 F_n 代替上一段中的 F,在 F_n 中抽样。在 F_n 中抽样,就是在原始样本 $x_1,x_2,\cdots,x_n$ 中每次随机地取一个个体作放回抽样。如此得到一个容量为 n 的样本 $x_1^*,x_2^*,\cdots,x_n^*$,这就是第一段中所说的 Bootstrap 样本。用 Bootstrap 样本按上一段中计算估计 $\hat{\theta}(x_1,x_2,\cdots,x_n)$ 那样求出 θ 的估计 $\hat{\theta}^*=\hat{\theta}(x_1^*,x_2^*,\cdots,x_n^*)$,估计 $\hat{\theta}^*$ 称为 θ 的 Bootstrap 估计。相应地、独立地抽得 B 个 Bootstrap 样本,以这些样本分别求出 θ 的相应的 Bootstrap 估计如下:

Bootstrap 样本 1 $x_1^{*1}, x_2^{*1}, \cdots, x_n^{*1}$, Bootstrap 估计$\hat{\theta}_1^*$;

Bootstrap 样本 2 $x_1^{*2}, x_2^{*2}, \cdots, x_n^{*2}$, Bootstrap 估计$\hat{\theta}_2^*$;

⋮

Bootstrap 样本 B $x_1^{*B}, x_2^{*B}, \cdots, x_n^{*B}$, Bootstrap 估计$\hat{\theta}_B^*$.

则$\hat{\theta}$的标准误差$\sqrt{D(\hat{\theta})}$就以

$$\hat{\sigma}_{\hat{\theta}} = \sqrt{\frac{1}{B-1}\sum_{i=1}^{B}(\hat{\theta}_i^* - \bar{\theta}^*)^2}$$

来估计,其中 $\bar{\theta}^* = \frac{1}{B}\sum_{i=1}^{B}\hat{\theta}_i^*$,上式就是$\sqrt{D(\hat{\theta})}$ 的 Bootstrap 估计。

综上所述得到求$\sqrt{D(\hat{\theta})}$的 Bootstrap 估计的步骤是:

(1) 自原始数据样本 $x_1, x_2, \cdots, x_n$ 按放回抽样的方法,抽得容量为 n 的样本 $x_1^*, x_2^*, \cdots, x_n^*$(称为 Bootstrap 样本)。

(2) 相继地、独立地求出 $B(B \geqslant 1000)$个容量为 n 的 Bootstrap 样本,$x_1^{*i}, x_2^{*i}, \cdots, x_n^{*i}$, $i=1,2,\cdots,B$。对于第 i 个 Bootstrap 样本,计算$\hat{\theta}_i^* = \hat{\theta}(x_1^{*i}, x_2^{*i}, \cdots, x_n^{*i})$, $i=1,2,\cdots,B$($\hat{\theta}_i^*$ 称为 θ 的第 i 个 Bootstrap 估计)。

(3) 计算

$$\hat{\sigma}_{\hat{\theta}} = \sqrt{\frac{1}{B-1}\sum_{i=1}^{B}(\hat{\theta}_i^* - \bar{\theta}^*)^2}, \text{其中} \bar{\theta}^* = \frac{1}{B}\sum_{i=1}^{B}\hat{\theta}_i^*.$$

例 7.13 某种基金的年回报率是具有分布函数 F 的连续型随机变量,F 未知,F 的中位数 θ 是未知参数。现有以下数据:

18.2 9.5 12.0 21.1 10.2

以样本中位数作为总体中位数 θ 的估计。试求中位数估计的标准误差的 Bootstrap 估计。

解 将原始样本自小到大排序,中间一个数为 12.0,得样本中位数为 12.0。

在上述 5 个数据中,相继地、独立地按放回抽样的方法取样,取 $B=10$ 得到下述 10 个 Bootstrap 样本:

样本 1	9.5	18.2	12.0	10.2	18.2
样本 2	21.1	18.2	12.0	9.5	10.2
样本 3	21.1	10.2	10.2	12.0	10.2
样本 4	18.2	12.0	9.5	18.2	10.2
样本 5	21.1	12.0	18.2	12.0	18.2
样本 6	10.2	10.2	9.5	21.1	10.2
样本 7	9.5	21.1	12.0	10.2	12.0
样本 8	10.2	18.2	10.2	21.1	21.1
样本 9	10.2	10.2	18.2	18.2	18.2
样本 10	18.2	10.2	18.2	10.2	10.2

对以上每个 Bootstrap 样本,求得样本中位数分别为

$$\hat{\theta}_1^* = 12.0, \hat{\theta}_2^* = 12.0, \hat{\theta}_3^* = 10.2, \hat{\theta}_4^* = 12.0, \hat{\theta}_5^* = 18.2,$$

$$\hat{\theta}_6^* = 10.2, \hat{\theta}_7^* = 12.0, \hat{\theta}_8^* = 18.2, \hat{\theta}_9^* = 18.2, \hat{\theta}_{10}^* = 10.2,$$

则中位数估计的标准误差的 Bootstrap 估计

$$\hat{\sigma}_{\hat{\theta}} = \sqrt{\frac{1}{9}\sum_{i=1}^{10} (\hat{\theta}_i^* - \bar{\theta}^*)^2} = 3.4579.$$

本题中取 $B=10$,这只是为了说明计算方法,是不能实际运用的,在实际中应取 $B \geqslant 1000$。

上述计算的 Matlab 程序如下:

```
clc, clear
a=[9.5  18.2  12.0  10.2  18.2
21.1  18.2  12.0  9.5  10.2
21.1  10.2  10.2  12.0  10.2
18.2  12.0  9.5  18.2  10.2
21.1  12.0  18.2  12.0  18.2
10.2  10.2  9.5  21.1  10.2
9.5  21.1  12.0  10.2  12.0
10.2  18.2  10.2  21.1  21.1
10.2  10.2  18.2  18.2  18.2
18.2  10.2  18.2  10.2  10.2];
zw=quantile(a',0.5)              %求矩阵a每一行的中位数
bzc=std(zw)                      %计算中位数标准差的 Bootstrap 估计
```

下面使用计算机进行抽样,取 $B=1000$,得

$$\hat{\sigma}_{\hat{\theta}} = \sqrt{\frac{1}{999}\sum_{i=1}^{1000} (\hat{\theta}_i^* - \bar{\theta}^*)^2} = 3.6708.$$

计算的 Matlab 程序如下:

```
clc, clear, rng(1)                       %取确定的随机数种子进行一致性比较
a=[18.2  9.5  12.0  21.1  10.2];          %输入原始样本
b=bootstrp(1000,@(x)quantile(x,0.5),a)   %计算各个 bootstrap 样本的中位数
c=std(b)                                 %计算中位数标准差
```

2. 估计量的均方误差的 Bootstrap 估计

设 $X=(X_1,X_2,\cdots,X_n)$ 是来自总体 F 的样本,F 未知,$R=R(X)$ 是感兴趣的随机变量,它依赖于样本 X。假设我们希望去估计 R 的分布的某些特征。例如 R 的数学期望 $E_F(R)$,就可以按照上面所说的三个步骤进行,只是在步骤(2)中对于第 i 个 Bootstrap 样本 $x_i^* = (x_1^{*i}, x_2^{*i}, \cdots, x_n^{*i})$,计算 $R_i^* = R_i^*(x_i^*)$ 代替计算 θ_i^*,且在步骤(3)中计算感兴趣的 R 的特征。例如如果希望估计 $E_F(R)$ 则计算

$$E_*(R^*) = \frac{1}{B}\sum_{i=1}^{B} R_i^*.$$

例 7.14 设金属元素铂的升华热是具有分布函数 F 的连续型随机变量,F 的中位数 θ 是未知参数,现测得以下的数据(单位:kcal/mol):

136.3　136.6　135.8　135.4　134.7　135.0　134.1　143.3　147.8　148.8
134.8　135.2　134.9　149.5　141.2　135.4　134.8　135.8　135.0　133.7　134.4
134.9　134.8　134.5　134.3　135.2

以样本中位数 $M=M(X)$ 作为总体中位数 θ 的估计，试求均方误差 $\mathrm{MSE}=E[(M-\theta)^2]$ 的 Bootstrap 估计。

解　将原始样本自小到大排序，左起第 13 个数为 135.0，左起第 14 个数为 135.2，于是样本中位数为 $\frac{1}{2}(135.0+135.2)=135.1$。以 135.1 作为总体中位数 θ 的估计，即 $\hat{\theta}=135.1$。取 $R=R(X)=(M-\hat{\theta})^2$，需估计 $R(X)$ 的均值 $E[(M-\hat{\theta})^2]$。

相继地、独立地抽取 10000 个 Bootstrap 样本如下：

样本 1，得样本中位数为 134.8，……样本 10000，得样本中位数为 135.4，

对于用第 i 个样本计算

$$R_i^*=R(x_i^*)=(M_i^*-\hat{\theta})^2=(M_i^*-135.1)^2, i=1,2,\cdots,10000.$$

即对于样本 1，$(M_1^*-135.1)^2=(134.8-135.1)^2=0.09$，……对于样本 10000，$(M_{10000}^*-135.1)^2=(135.4-135.1)^2=0.09$。

用这 10000 个数的平均值

$$\frac{1}{10000}\sum_{i=1}^{10000}(M_i^*-135.1)^2=0.0704$$

近似 $E[(M-\theta)^2]$，即得 $\mathrm{MSE}=E[(M-\theta)^2]$ 的 Bootstrap 估计为 0.0704。

```
clc, clear, rng(0)                        % 取确定的随机数种子进行一致性比较
a=[136.3  136.6  135.8  135.4  134.7  135.0  134.1  143.3  147.8 ...
   148.8  134.8  135.2  134.9  149.5  141.2  135.4  134.8  135.8 ...
   135.0  133.7  134.4  134.9  134.8  134.5  134.3  135.2];
b=bootstrp(10000,@(x)quantile(x,0.5),a);  % 求各个 bootstrap 样本的中位数
c=mean((b-quantile(a,0.5)).^2)            % 求均方误差
```

3. Bootstrap 置信区间

下面介绍一种求未知参数 θ 的 Bootstrap 置信区间的方法。

设 $X=(X_1,X_2,\cdots,X_n)$ 是来自总体 F 容量为 n 的样本，$x=(x_1,x_2,\cdots,x_n)$ 是一个已知的样本值。F 中含有未知参数 θ，$\hat{\theta}=\hat{\theta}(X_1,X_2,\cdots,X_n)$ 是 θ 的估计量。现在来求 θ 的置信水平为 $1-\alpha$ 的置信区间。

相继地、独立地从样本 $x=(x_1,x_2,\cdots,x_n)$ 中抽出 B 个容量为 n 的 Bootstrap 样本，对于每个 Bootstrap 样本求出 θ 的 Bootstrap 估计 $\hat{\theta}_1^*,\hat{\theta}_2^*,\cdots,\hat{\theta}_B^*$。将它们自小到大排序，得

$$\hat{\theta}_{(1)}^*\leqslant\hat{\theta}_{(2)}^*\leqslant\cdots\leqslant\hat{\theta}_{(B)}^*.$$

取 $R(X)=\hat{\theta}$，用对应的 $R(X^*)=\hat{\theta}^*$ 的分布作为 $R(X)$ 的分布的近似，求出 $R(X^*)$ 的分布的近似分位数 $\hat{\theta}_{\alpha/2}^*$ 和 $\hat{\theta}_{1-\alpha/2}^*$ 使

$$P\{\hat{\theta}_{\alpha/2}^*<\hat{\theta}^*<\hat{\theta}_{1-\alpha/2}^*\}=1-\alpha,$$

于是近似地有

$$P\{\hat{\theta}^*_{\alpha/2}<\theta<\hat{\theta}^*_{1-\alpha/2}\}=1-\alpha.$$

记 $k_1=\left[B\times\frac{\alpha}{2}\right], k_2=\left[B\times(1-\frac{\alpha}{2})\right]$，在上式中以 $\hat{\theta}^*_{(k_1)}$ 和 $\hat{\theta}^*_{(k_2)}$ 分别作为分位数 $\hat{\theta}^*_{\alpha/2}$ 和 $\hat{\theta}^*_{1-\alpha/2}$ 的估计，得到近似等式

$$P\{\hat{\theta}^*_{(k_1)}<\theta<\hat{\theta}^*_{(k_2)}\}=1-\alpha.$$

于是由上式得到 θ 的置信水平为 $1-\alpha$ 的近似置信区间 $(\hat{\theta}^*_{(k_1)},\hat{\theta}^*_{(k_2)})$，这一区间称为 θ 的置信水平为 $1-\alpha$ 的 Bootstrap 置信区间。这种求置信区间的方法称为分位数法。

例 7.15 有 30 窝仔猪出生时各窝猪的存活只数为

9 8 10 12 11 12 7 9 11 8 9 7 7 8 9 7 9 9 10 9 9 9
12 10 10 9 13 11 13 9

以样本均值 $\bar{x}$ 作为总体均值 μ 的估计，以样本标准差 s 作为总体标准差 σ 的估计，按分位数法求 μ 以及 σ 的置信水平为 0.90 的 Bootstrap 置信区间。

解 用放回抽样的方法，相继地、独立地自原始样本数据中抽样，得到 10000 个容量均为 30 的 Bootstrap 样本。

对每个 Bootstrap 样本算出样本均值 $\bar{x}_i^*(i=1,2,\cdots,10000)$，将 10000 个 $\bar{x}_i^*$ 按自小到大排序，左起第 500 位为 $\bar{x}^*_{(500)}=9.0333$，左起第 9500 位为 $\bar{x}^*_{(9500)}=10.0667$。于是得 μ 的一个置信水平为 0.90 的 Bootstrap 置信区间为

$$(\bar{x}^*_{(500)},\bar{x}^*_{(9500)})=(9.0333,10.0667).$$

对上述 10000 个 Bootstrap 样本的每一个算出标准差 $s_i^*(i=1,2,\cdots,10000)$，将 10000 个 s_i^* 按自小到大排序。左起第 500 位为 $s^*_{(500)}=1.4324$，左起第 9500 位为 $s^*_{(9500)}=2.0625$，于是得 σ 的一个置信水平为 0.90 的 bootstap 置信区间为

$$(s^*_{(500)},s^*_{(9500)})=(1.4324,2.0625).$$

计算的 Matlab 程序如下：

```
clc, clear, rng(6)  % 进行一致性比较
a=[9  8  10  12  11  12  7  9  11  8  9  7  7  8  9  7  9  9  10  9  9  9  12
   10  10  9  13  11  13  9];
b=bootci(10000,{@(x)[mean(x),std(x)],a},'alpha',0.1) % 返回值 b 第一列为均值的置信区间,第二列为标准差的置信区间
```

用非参数 Bootstrap 法来求参数的近似置信区间的优点是，不需要对总体分布的类型作任何的假设，而且可以适用于小样本，且能用于各种统计量(不限于样本均值)。

以上介绍的 Bootstrap 方法，没有假设所研究的总体的分布函数 F 的形式，Bootstrap 样本是来自已知的数据(原始样本)，所以称为非参数 Bootstrap 方法。

7.2.2 参数 Bootstrap 方法

假设所研究的总体的分布函数 $F(x;\beta)$ 的形式已知，但其中包含未知参数 β(β 可以是向量)。现在已知有一个来自 $F(x;\beta)$ 的样本

$$X_1,X_2,\cdots,X_n.$$

利用这一样本求出 β 的最大似然估计 $\hat{\beta}$。在 $F(x;\beta)$ 中以 $\hat{\beta}$ 代替 β 得到 $F(x;\hat{\beta})$，接着在

$F(x;\hat{\beta})$ 中产生容量为 n 的样本

$$X_1^*, X_2^*, \cdots, X_n^* \sim F(x;\hat{\beta}).$$

这种样本可以产生很多个,例如产生 $B(B \geqslant 1000)$ 个,就可以利用这些样本对总体进行统计推断,其做法与非参数 Bootstrap 方法一样。这种方法称为参数 Bootstrap 方法。

例 7.16 已知某种电子元件的寿命(单位:h)服从韦布尔分布,其分布函数为

$$F(x)=\begin{cases}1-\mathrm{e}^{-(x/\eta)^{\beta}}, & x>0,\\ 0, & \text{其他},\end{cases} \quad \beta>0,\eta>0.$$

概率密度为

$$f(x)=\begin{cases}\dfrac{\beta}{\eta^{\beta}}x^{\beta-1}\mathrm{e}^{-(x/\eta)^{\beta}}, & x>0,\\ 0, & \text{其他}.\end{cases}$$

已知参数 $\beta=2$。今有样本

142.84　97.04　32.46　69.14　85.67　114.43　41.76　163.07　108.22　63.28

(1) 确定参数 η 的最大似然估计。

(2) 对于时刻 $t_0=50$,求可靠性 $R(50)=1-F(50)=\mathrm{e}^{-(50/\eta)^2}$ 的置信水平为 0.95 的 Bootstrap 单侧置信下限。

解 (1)设有样本 $x_1,x_2,\cdots,x_n$,似然函数为(已将 $\beta=2$ 代入)

$$L=\prod_{i=1}^{n}\frac{2}{\eta^2}x_i\mathrm{e}^{-(x_i/\eta)^2}=\frac{2^n}{\eta^{2n}}\left(\prod_{i=1}^{n}x_i\right)\mathrm{e}^{-\left(\sum_{i=1}^{n}x_i^2\right)/\eta^2},$$

$$\ln L=n\ln 2-2n\ln\eta+\sum_{i=1}^{n}\ln x_i-\frac{1}{\eta^2}\sum_{i=1}^{n}x_i^2,$$

令 $\dfrac{\mathrm{d}}{\mathrm{d}\eta}\ln L=0$,得

$$\frac{-2n}{\eta}+\frac{2}{\eta^3}\sum_{i=1}^{n}x_i^2=0,$$

$$\hat{\eta}=\sqrt{\frac{\sum_{i=1}^{n}x_i^2}{n}}.$$

以数据代入得 η 的最大似然估计为 $\hat{\eta}=100.0696$。

(2) 对于参数 $\beta=2,\eta=\hat{\eta}=100.0696$,产生服从对应韦布尔分布的 5000 个容量为 10 的 Bootstrap 样本。

对于每个样本 $x_1^{*i},x_2^{*i},\cdots,x_{10}^{*i}$,计算 η 的 Bootstrap 估计

$$\eta_i^*=\sqrt{\frac{\sum_{j=1}^{10}(x_j^{*i})^2}{10}}.$$

将以上 5000 个 η_i^* 自小到大排列,取左起第 250($[5000\times0.05]=250$)位,得

$$\eta_{(250)}^*=73.3868,$$

于是在 $t=50$ 时,可靠性 $R(50)$ 的置信水平为 0.95 的 Bootstrap 单侧置信下限为

$$e^{-(50/\hat{\eta}^*_{(250)})^2}=0.6286.$$

计算的 Matlab 程序如下：

```
clc, clear, rng(2)                          % 进行一致性比较
a = [142.84  97.04  32.46  69.14  85.67  114.43  41.76  163.07  108.22
63.28];
eta=sqrt(mean(a.^2))                        % 求最大似然估计
beta=2; B=5000; alpha=0.05;
b=wblrnd(eta,beta,[B,10]);                  % 产生服从韦布尔分布的随机数
etahat=sqrt(mean(b.^2,2));                  % 计算每个样本对应的最大似然估计
seta=sort(etahat);                          % 把 B 个最大似然估计按照从小到大排列
k=floor(B*alpha)
se=seta(k)                                  % 提取相应位置的估计量
Rt0=exp(-(50/se)^2)                         % 求对应的置信下限
```

例 7.17 据 Hardy-Weinberg 定律，若基因频率处于平衡状态，则在一总体中个体具有血型 M、MN、N 的概率分别是 $(1-\theta)^2, 2\theta(1-\theta), \theta^2$，其中 $0<\theta<1$。据 1937 年对香港地区的调查有表 7.10 所示的数据。

表 7.10 血型的数据

血　型	M	MN	N	
人数	342	500	187	共 1029

(1) 求 θ 的最大似然估计 $\hat{\theta}$。

(2) 求 θ 的置信水平为 0.90 的 Bootstrap 置信区间。

解 分别记 x_1, x_2, x_3 为具有血型为 M、MN、N 的人数，记 $x_1+x_2+x_3=n$。似然函数为

$$L=[(1-\theta)^2]^{x_1}[2\theta(1-\theta)]^{x_2}(\theta^2)^{x_3}=2^{x_2}\theta^{x_2+2x_3}(1-\theta)^{2x_1+x_2},$$

$$\ln L=x_2\ln 2+(x_2+2x_3)\ln\theta+(2x_1+x_2)\ln(1-\theta).$$

令

$$\frac{\mathrm{d}}{\mathrm{d}\theta}\ln L=\frac{x_2+2x_3}{\theta}-\frac{2x_1+x_2}{1-\theta}=0,$$

解得

$$\hat{\theta}=\frac{x_2+2x_3}{2x_1+2x_2+2x_3}=\frac{x_2+2x_3}{2n}.$$

以数据 $x_1=342, x_2=500, x_3=187, n=1029$，代入得到 $\hat{\theta}=0.4247$。以 $\hat{\theta}$ 代替 θ，得到 $(1-\theta)^2=0.3310$，$2\theta(1-\theta)=0.4887$，$\theta^2=0.1804$。于是血型的近似分布律见表 7.11。

表 7.11 血型的近似分布律

血　型	M	MN	N
人数	0.3310	0.4887	0.1804

以表 7.11 为分布律产生 1000 个 Bootstrap 样本，从而得到 θ 的 1000 个 Bootstrap 估计 $\hat{\theta}_1^*,\hat{\theta}_2^*,\cdots,\hat{\theta}_{1000}^*$，将这 1000 个数按自小到大的次序排列得到

$$\hat{\theta}_{(1)}^* \leqslant \hat{\theta}_{(2)}^* \leqslant \cdots \leqslant \hat{\theta}_{(1000)}^*.$$

取 $(\hat{\theta}_{(50)}^*,\hat{\theta}_{(950)}^*)=(0.4057,0.4431)$ 为 θ 的置信水平为 0.90 的 Bootstrap 置信区间。

计算的 Matlab 程序如下：

```
clc, clear, rng(10)                          % 进行一致性比较
x0 = [342  500  187];
theta = (x0(2)+2 * x0(3))/sum(x0)/2          % 计算最大似然估计
fb = [(1-theta)^2,2 * theta * (1-theta),theta^2]   % 计算分布律
cf = cumsum(fb)                              % 求累计分布
a = rand(1029,1000);                         % 每一列随机数对应一个 Bootstrap 样本
jx1 = (a<=cf(1));                            % 1 对应 M 出现
jx2 = (a>cf(1) & a<=cf(2));                  % 1 对应 MN 出现
jx3 = (a>=cf(2));                            % 1 对应 N 出现
x1 = sum(jx1); x2 = sum(jx2); x3 = sum(jx3);
theta2 = (x2+2 * x3)/1029/2;                 % 计算统计量 theta 的值
stheta = sort(theta2);                       % 把统计量按照从小到大排序
qj = [stheta(50), stheta(950)]               % 提出置信区间的取值
```

7.3 方差分析

在现实问题中，经常会遇到类似考察两台机床生产的零件尺寸是否相等，病人和正常人的某个生理指标是否一样，采用两种不同的治疗方案对同一类病人的治疗效果比较等问题。这类问题通常会归纳为检验两个不同总体的均值是否相等，对这类问题的解决可以采用两个总体的均值检验方法。但当检验总体多于两个时，仍采用多总体均值检验方法就会遇到困难。而事实上，在实际生产和生活中可以举出许多这样的问题，如从用几种不同工艺制成的灯泡中各抽取若干个测量其寿命，推断这几种工艺制成的灯泡寿命是否有显著差异；用几种化肥和几个小麦品种在若干块试验田里种植小麦，推断不同的化肥和品种对小麦产量有无显著影响等。

例 7.18 用 4 种工艺 A1、A2、A3、A4 生产灯泡，从各种工艺制成的灯泡中各抽出若干个测量其寿命，结果如表 7.12 所示，试推断这几种工艺制成的灯泡寿命是否有显著差异。

表 7.12 4 种工艺生产的灯泡寿命 (单位:h)

A1	A2	A3	A4
1620	1580	1460	1500
1670	1600	1540	1550
1700	1640	1620	1610
1750	1720	1680	
1800			

问题涉及一个因素,即生产工艺,检验指标为使用寿命,为了达到推断工艺差异是否对使用寿命具有显著性影响,对每个工艺水平随机抽取了一定数量的样品进行检验,即随机试验。用数理统计分析试验结果、鉴别各因素对结果影响程度的方法称为方差分析(Analysis of Variance,ANOVA)。人们关心的实验结果称为指标,试验中需要考察的、可以控制的条件称为因素或因子,因素所处的状态称为水平。上面提到的灯泡寿命问题是单因素试验,处理试验结果的统计方法就称为单因素方差分析。

7.3.1 单因素方差分析方法

只考虑一个因素 A 所关心的指标的影响,A 取几个水平,在每个水平上作若干个试验,假定试验过程中除因素自身外其他影响指标的因素都保持不变(只有随机因素存在)。我们的任务是从试验结果推断,因素 A 对指标有无显著影响,即当 A 取不同水平时指标有无显著差异。

A 取某个水平下的指标视为随机变量,判断 A 取不同水平时指标有无显著差别,相当于检验若干总体的均值是否相等。

1. 数学模型

不妨设 A 取 r 个水平,分别记为 $A_1,A_2,\cdots,A_r$。若在水平 A_i 下总体 $X_i \sim N(\mu_i,\sigma^2)$,$i=1,2,\cdots,r$,这里 μ_i,σ^2 未知,μ_i 可以互不相同,但假定 X_i 有相同的方差。

设在水平 A_i 下作了 n_i 次独立试验,即从总体 X_i 中抽取样本容量为 n_i 的样本,记作

$$X_{ij}, j=1,2,\cdots,n_i,$$

其中:$X_{ij} \sim N(\mu_i,\sigma^2)$,$i=1,2,\cdots,r$,$j=1,2,\cdots,n_i$,且相互独立。

将所有试验数据列成表格,如表 7.13 所示。

表 7.13 单因素试验数据表

A_1	X_{11}	X_{12}	$\cdots$	X_{1n_1}
A_2	X_{21}	X_{22}	$\cdots$	X_{2n_2}
$\vdots$	$\vdots$	$\vdots$		$\vdots$
A_r	X_{r1}	X_{r2}	$\cdots$	X_{rn_r}

表 7.13 中对应 A_i 行的数据称为第 i 组数据。判断 A 的 r 个水平对指标有无显著影响,相当于要作以下的假设检验:

原假设 $H_0:\mu_1=\mu_2=\cdots=\mu_r$;

备择假设 $H_1:\mu_1,\mu_2,\cdots,\mu_r$ 不全相等。

由于 X_{ij} 的取值既受不同水平 A_i 的影响,又受 A_i 固定下随机因素的影响,所以将它分解为

$$X_{ij}=\mu_i+\varepsilon_{ij}, i=1,2,\cdots,r, j=1,2,\cdots,n_i, \tag{7.1}$$

式中:$\varepsilon_{ij} \sim N(0,\sigma^2)$,且相互独立。

引入记号

$$\mu = \frac{1}{n}\sum_{i=1}^{r} n_i\mu_i, n = \sum_{i=1}^{r} n_i, \alpha_i = \mu_i - \mu, i = 1,2,\cdots,r,$$

式中：μ 为总均值；α_i 为水平 A_i 下总体的平均值 μ_i 与总平均值 μ 的差异，习惯上称为指标 A_i 的效应。由式(7.1)，模型可表示为

$$\begin{cases} X_{ij} = \mu + \alpha_i + \varepsilon_{ij}, \\ \sum_{i=1}^{r} n_i\alpha_i = 0, \\ \varepsilon_{ij} \sim N(0,\sigma^2), i = 1,\cdots,r, j = 1,2,\cdots,n_i. \end{cases} \tag{7.2}$$

原假设为(以后略去备选假设)

$$H_0: \alpha_1 = \alpha_2 = \cdots = \alpha_r = 0. \tag{7.3}$$

2. 统计分析

记

$$\overline{X}_{i\cdot} = \frac{1}{n_i}\sum_{j=1}^{n_i} X_{ij}, \overline{X} = \frac{1}{n}\sum_{i=1}^{r}\sum_{j=1}^{n_i} X_{ij}, \tag{7.4}$$

式中：$\overline{X}_{i\bullet}$ 为第 i 组数据的组平均值；$\overline{X}$ 为全体数据的总平均值。考察全体数据对 $\overline{X}$ 的偏差平方和

$$S_T = \sum_{i=1}^{r}\sum_{j=1}^{n_i} (X_{ij} - \overline{X})^2, \tag{7.5}$$

分解可得

$$S_T = \sum_{i=1}^{r} n_i (\overline{X}_{i\bullet} - \overline{X})^2 + \sum_{i=1}^{r}\sum_{j=1}^{n_i} (X_{ij} - \overline{X}_{i\bullet})^2.$$

记

$$S_A = \sum_{i=1}^{r} n_i (\overline{X}_{i\bullet} - \overline{X})^2, \tag{7.6}$$

$$S_E = \sum_{i=1}^{r}\sum_{j=1}^{n_i} (X_{ij} - \overline{X}_{i\bullet})^2, \tag{7.7}$$

则

$$S_T = S_A + S_E, \tag{7.8}$$

式中：S_A 为各组均值对总平均值的偏差平方和，反映 A 不同水平间的差异，称为组间平方和；S_E 为各组内的数据对样本均值偏差平方和的总和，反映了样本观测值与样本均值的差异，称为组内平方和，而这种差异认为是由随机误差引起的，因此也称为随机误差平方和。

注意到 $\sum_{j=1}^{n_i} (X_{ij} - \overline{X}_{i\bullet})^2$ 是总体 $N(\mu_i,\sigma^2)$ 的样本方差的 n_i-1 倍，于是有

$$\sum_{j=1}^{n_i} (X_{ij} - \overline{X}_{i\bullet})^2/\sigma^2 \sim \chi^2(n_i - 1).$$

由 χ^2 分布的可加性知

$$S_E/\sigma^2 \sim \chi^2\left(\sum_{i=1}^{r}(n_i - 1)\right),$$

即

$$S_E/\sigma^2 \sim \chi^2(n-r),$$

且有

$$ES_E=(n-r)\sigma^2. \tag{7.9}$$

对 S_A 作进一步分析可得

$$ES_A=(r-1)\sigma^2+\sum_{i=1}^{r}n_i\alpha_i^2. \tag{7.10}$$

当 H_0 成立时,有

$$ES_A=(r-1)\sigma^2. \tag{7.11}$$

可知若 H_0 成立,则 S_A 只反映随机波动,而若 H_0 不成立,则 S_A 还反映了 A 的不同水平的效应 α_i。单从数值上看,当 H_0 成立时,由式(7.9)和式(7.11),对于一次试验应有

$$\frac{S_A/(r-1)}{S_E/(n-r)}\approx 1,$$

而当 H_0 不成立时,这个比值将远大于1。当 H_0 成立时,该比值服从自由度 $n_1=r-1,n_2=(n-r)$ 的 F 分布,即

$$F=\frac{S_A/(r-1)}{S_E/(n-r)}\sim F(r-1,n-r). \tag{7.12}$$

为检验 H_0,给定显著性水平 α,记 F 分布的上 α 分位数为 $F_\alpha(r-1,n-r)$,检验规则为

$$F<F_\alpha(r-1,n-r)\text{时接受 }H_0\text{,否则拒绝 }H_0.$$

以上对 S_A 和 S_E 的分析相当于对组间、组内方差的分析,所以这种假设检验方法称为方差分析。

3. 方差分析表

将上述统计过程归纳为方差分析表,见表7.14。

表7.14 单因素方差分析表

方差来源	离差平方和	自由度	均方	F值	概率
因素 A(组间)	S_A	$r-1$	$S_A/(r-1)$	$F=\frac{S_A/(r-1)}{S_E/(n-r)}$	p
随机误差(组内)	S_E	$n-r$	$S_E/(n-r)$		
总和	S_T	$n-1$			

若由实验数据算得结果有 $F>F_\alpha(r-1,n-r)$,则拒绝 H_0,即认为因素 A 对试验结果有显著影响;若 $F<F_\alpha(r-1,n-r)$,则接受 H_0,即认为因素 A 对试验结果没有显著影响。

表7.14最后一列给出 $F(r-1,n-r)$ 分布大于 F 值的概率 p,当 $p<\alpha$ 时拒绝原假设 H_0,否则接受原假设 H_0。

在方差分析中,还作如下规定:

(1)如果取 $\alpha=0.01$ 时拒绝 H_0,即 $F>F_{0.01}(r-1,n-r)$,则称因素 A 的影响高度显著。

(2)如果取 $\alpha=0.05$ 时拒绝 H_0,但取 $\alpha=0.01$ 时不拒绝 H_0,即

$$F_{0.01}(r-1,n-r)\geqslant F>F_{0.05}(r-1,n-r),$$

则称因素 A 的影响显著。

4. Matlab 实现

对例7.18进行单因素方差分析的Matlab程序如下:

```
clc, clear, close all
a=readmatrix('data7_18.txt')
[p,t,st]=anova1(a)
```

求得的方差分析表如表 7.15 所列。画出的箱线图如图 7.3 所示。

$p=0.042<0.05$,所以这几种工艺制成的灯泡寿命有显著差异。

表 7.15　方差分析表

方差来源	离差平方和	自由度	均方	F 值	p 值
组间	$S_A=60153.3$	3	20051.1	3.7277	0.042
组内	$S_E=64546.7$	12	5378.9		
总和	$S_T=124700$	15			

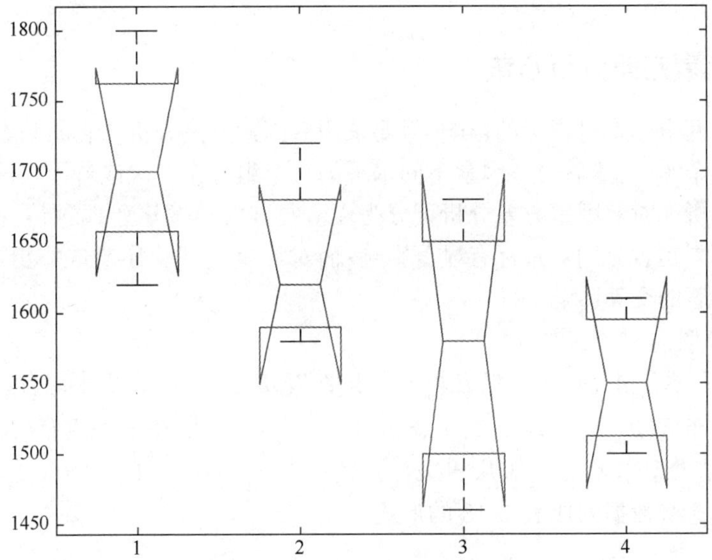

图 7.3　方差分析中的箱线图

例 7.19(均衡数据)　为了考察化工生产中温度对某种化工产品的收率(%)的影响,现选择了 5 种不同的温度。在同一温度下各做 4 次试验,试验结果见表 7.16。问反应温度对产品收率有无显著影响。

表 7.16　产品收率试验结果表

温度＼试验	1	2	3	4	平均值
1	55.0	58.0	57.4	57.1	56.875
2	54.4	56.8	52.4	56.0	54.90
3	54.0	54.1	54.3	54.0	54.10
4	56.4	57.0	56.6	57.0	56.75
5	56.1	57.0	56.1	54.0	55.80

解　由表 7.16 的数据经计算得方差分析表如表 7.17 所列。

表 7.17　方差分析表

方差来源	离差平方和	自由度	均方	F 值	p 值
组间	$S_A=22.7680$	4	5.6920	3.9496	0.0220
组内	$S_E=21.6175$	15	1.4412		
总和	$S_T=44.3855$	19			

由于 $F=3.9496>3.0556=F_{0.05}(4,15)$，故拒绝 H_0，即认为温度对产品收率有显著影响。

```
clc, clear, close all
a=readmatrix('data7_19.txt')'      % 注意矩阵转置
[p,t,st]=anova1(a)
Fa=finv(0.95, t{2,3}, t{3,3})      % 计算 F 分布的上 alpha 分位数
```

7.3.2　双因素方差分析方法

如果考虑两个因素对指标的影响，就要采用双因素方差分析。它的基本思想是：对每个因素各取几个水平，然后对各因素不同水平的每个组合作一次或若干次试验，对所得数据进行方差分析。对双因素方差分析可分为无重复和等重复试验两种情况，无重复试验只需检验两因素是否分别对指标有显著影响；而对等重复试验还要进一步检验两因素是否对指标有显著的交互影响。

1. 数学模型

设 A 取 s 个水平 $A_1,A_2,\cdots,A_s$，B 取 r 个水平 $B_1,B_2,\cdots,B_r$，在水平组合 (B_i,A_j) 下总体 X_{ij} 服从正态分布 $N(\mu_{ij},\sigma^2)$，$i=1,2,\cdots,r,j=1,2,\cdots,s$。又设在水平组合 (B_i,A_j) 下作了 t 个试验，所得结果记作 X_{ijk}，X_{ijk} 服从 $N(\mu_{ij},\sigma^2)$，$i=1,2,\cdots,r,j=1,2,\cdots,s,k=1,2,\cdots,t$，且相互独立。将这些数据列成表 7.18 的形式。

表 7.18　双因素试验数据表

	A_1	A_2	$\cdots$	A_s
B_1	$X_{111},\cdots,X_{11t}$	$X_{121},\cdots,X_{12t}$	$\cdots$	$X_{1s1},\cdots,X_{1st}$
B_2	$X_{211},\cdots,X_{21t}$	$X_{221},\cdots,X_{22t}$	$\cdots$	$X_{2s1},\cdots,X_{2st}$
$\vdots$	$\vdots$	$\vdots$		$\vdots$
B_r	$X_{r11},\cdots,X_{r1t}$	$X_{r21},\cdots,X_{r2t}$	$\cdots$	$X_{rs1},\cdots,X_{rst}$

将 X_{ijk} 分解为

$$X_{ijk}=\mu_{ij}+\varepsilon_{ijk},i=1,2,\cdots,r,j=1,2,\cdots,s,k=1,2,\cdots,t,$$

式中：$\varepsilon_{ijk}\sim N(0,\sigma^2)$，且相互独立。记

$$\mu=\frac{1}{rs}\sum_{i=1}^{r}\sum_{j=1}^{s}\mu_{ij},\quad \mu_{\bullet j}=\frac{1}{r}\sum_{i=1}^{r}\mu_{ij},\quad \alpha_j=\mu_{\bullet j}-\mu,$$

$$\mu_{i\bullet}=\frac{1}{s}\sum_{j=1}^{s}\mu_{ij},\quad \beta_i=\mu_{i\bullet}-\mu,\quad \gamma_{ij}=(\mu_{ij}-\mu)-\alpha_i-\beta_j,$$

式中：μ 为总均值；α_j 为水平 A_j 对指标的效应；β_i 为水平 B_i 对指标的效应；γ_{ij} 为水平 B_i 与

A_j 对指标的交互效应。模型表为

$$\begin{cases}X_{ijk}=\mu+\alpha_j+\beta_i+\gamma_{ij}+\varepsilon_{ijk},\\ \sum_{j=1}^{s}\alpha_j=0,\ \sum_{i=1}^{r}\beta_i=0,\ \sum_{i=1}^{r}\gamma_{ij}=\sum_{j=1}^{s}\gamma_{ij}=0,\\ \varepsilon_{ijk}\sim N(0,\sigma^2),i=1,2,\cdots,r,j=1,2,\cdots,s,k=1,2,\cdots,t.\end{cases}\tag{7.13}$$

原假设为

$$H_{01}:\alpha_j=0(j=1,2,\cdots,s),\tag{7.14}$$

$$H_{02}:\beta_i=0(i=1,2,\cdots,r),\tag{7.15}$$

$$H_{03}:\gamma_{ij}=0(i=1,2,\cdots,r;j=1,2,\cdots,s).\tag{7.16}$$

2. 无交互影响的双因素方差分析

如果根据经验或某种分析能够事先判定两因素之间没有交互影响,则每组试验就不必重复,即可令 $t=1$,过程大为简化。

假设 $\gamma_{ij}=0$,于是

$$\mu_{ij}=\mu+\alpha_j+\beta_i,i=1,2,\cdots,r,j=1,2,\cdots,s,$$

此时,模型(7.13)可写成

$$\begin{cases}X_{ij}=\mu+\alpha_j+\beta_i+\varepsilon_{ij},\\ \sum_{j=1}^{s}\alpha_j=0,\ \sum_{i=1}^{r}\beta_i=0,\\ \varepsilon_{ij}\sim N(0,\sigma^2),i=1,2,\cdots,r,j=1,2,\cdots,s.\end{cases}\tag{7.17}$$

对这个模型我们所要检验的假设为式(7.14)和式(7.15)。下面采用与单因素方差分析模型类似的方法导出检验统计量。

记

$$\bar{X}=\frac{1}{rs}\sum_{i=1}^{r}\sum_{j=1}^{s}X_{ij},\bar{X}_{i\bullet}=\frac{1}{s}\sum_{j=1}^{s}X_{ij},\bar{X}_{\bullet j}=\frac{1}{r}\sum_{i=1}^{r}X_{ij},S_T=\sum_{i=1}^{r}\sum_{j=1}^{s}(X_{ij}-\bar{X})^2,$$

式中:S_T 为全部试验数据的总变差,称为总平方和,对其进行分解:

$$\begin{aligned}S_T&=\sum_{i=1}^{r}\sum_{j=1}^{s}(X_{ij}-\bar{X})^2\\&=\sum_{i=1}^{r}\sum_{j=1}^{s}(X_{ij}-\bar{X}_{i\bullet}-\bar{X}_{\bullet j}+\bar{X})^2+r\sum_{j=1}^{s}(\bar{X}_{\bullet j}-\bar{X})^2+s\sum_{i=1}^{r}(\bar{X}_{i\bullet}-\bar{X})^2\\&=S_E+S_A+S_B\end{aligned}$$

可以验证,在上述平方和分解中交叉项均为 0,其中

$$S_E=\sum_{i=1}^{r}\sum_{j=1}^{s}(X_{ij}-\bar{X}_{i\bullet}-\bar{X}_{\bullet j}+\bar{X})^2,S_A=r\sum_{j=1}^{s}(\bar{X}_{\bullet j}-\bar{X})^2,\ S_B=s\sum_{i=1}^{r}(\bar{X}_{i\bullet}-\bar{X})^2.$$

我们先来看看 S_A 的统计意义。因为 $\bar{X}_{\bullet j}$ 是水平 A_j 下所有观测值的平均值,所以 $\sum_{j=1}^{s}(\bar{X}_{\bullet j}-\bar{X})^2$ 反映了 $\bar{X}_{\bullet 1},\bar{X}_{\bullet 2},\cdots,\bar{X}_{\bullet s}$ 差异的程度。这种差异是由于因素 A 的不同水平所引起的,因此 S_A 称为因素 A 的平方和。类似地,S_B 称为因素 B 的平方和。至于 S_E 的意义不甚明显,我们可以这样来理解:因为 $S_E=S_T-S_A-S_B$,在我们所考虑的两因素问题

中，除了因素 A 和 B 之外，剩余的再没有其他系统性因素的影响，因此从总平方和中减去 S_A 和 S_B 之后，剩下的数据变差只能归入随机误差，故 S_E 反映了试验的随机误差。

有了总平方和的分解式 $S_T=S_E+S_A+S_B$，以及各个平方和的统计意义，我们就可以明白，式(7.14)所示假设的检验统计量应取为 S_A 与 S_E 的比。

和单因素方差分析相类似，可以证明，当 H_{01} 成立时，有

$$F_A=\frac{\dfrac{S_A}{s-1}}{\dfrac{S_E}{(r-1)(s-1)}}\sim F(s-1,(r-1)(s-1)),$$

当 H_{02} 成立时，有

$$F_B=\frac{\dfrac{S_B}{r-1}}{\dfrac{S_E}{(r-1)(s-1)}}\sim F(r-1,(r-1)(s-1)).$$

检验规则为

$F_A<F_\alpha(s-1,(r-1)(s-1))$ 时接受 H_{01}，否则拒绝 H_{01}；

$F_B<F_\alpha(r-1,(r-1)(s-1))$ 时接受 H_{02}，否则拒绝 H_{02}。

可以写出方差分析表，如表 7.19 所示。

表 7.19　无交互效应的两因素方差分析表

方差来源	离差平方和	自由度	均方	F 值
因素 A	S_A	$s-1$	$\dfrac{S_A}{s-1}$	$F_A=\dfrac{S_A/(s-1)}{S_E/[(r-1)(s-1)]}$
因素 B	S_B	$r-1$	$\dfrac{S_B}{r-1}$	$F_B=\dfrac{S_B/(r-1)}{S_E/[(r-1)(s-1)]}$
随机误差	S_E	$(r-1)(s-1)$	$\dfrac{S_E}{(r-1)(s-1)}$	
总和	S_T	$rs-1$		

3. 关于交互效应的双因素方差分析

与前面方法类似，记

$$\bar{X}=\frac{1}{rst}\sum_{i=1}^{r}\sum_{j=1}^{s}\sum_{k=1}^{t}X_{ijk},\bar{X}_{ij\bullet}=\frac{1}{t}\sum_{k=1}^{t}X_{ijk},\bar{X}_{i\bullet\bullet}=\frac{1}{st}\sum_{j=1}^{s}\sum_{k=1}^{t}X_{ijk},\bar{X}_{\bullet j\bullet}=\frac{1}{rt}\sum_{i=1}^{r}\sum_{k=1}^{t}X_{ijk}.$$

将全体数据对 $\bar{X}$ 的偏差平方和：

$$S_T=\sum_{i=1}^{r}\sum_{j=1}^{s}\sum_{k=1}^{t}(X_{ijk}-\bar{X})^2,$$

进行分解，可得

$$S_T=S_E+S_A+S_B+S_{AB},$$

其中

$$S_E=\sum_{i=1}^{r}\sum_{j=1}^{s}\sum_{k=1}^{t}(X_{ijk}-\bar{X}_{ij\bullet})^2,S_A=rt\sum_{j=1}^{s}(\bar{X}_{\bullet j\bullet}-\bar{X})^2,$$

$$S_B = st\sum_{i=1}^{r}(\overline{X}_{i\cdot\cdot} - \overline{X})^2, S_{AB} = t\sum_{i=1}^{r}\sum_{j=1}^{s}(\overline{X}_{ij\cdot} - \overline{X}_{i\cdot\cdot} - \overline{X}_{\cdot j\cdot} + \overline{X})^2.$$

式中:S_E 为误差平方和;S_A 为因素 A 的平方和(或列间平方和);S_B 为因素 B 的平方和(或行间平方和);S_{AB}为交互作用的平方和(或格间平方和)。

可以证明,当 H_{03}成立时,有

$$F_{AB} = \frac{\dfrac{S_{AB}}{(r-1)(s-1)}}{\dfrac{S_E}{rs(t-1)}} \sim F((r-1)(s-1), rs(t-1)), \tag{7.18}$$

据此统计量,可以检验 H_{03}。

可以用 F 检验法去检验诸假设。对于给定的显著性水平 α,检验的结论如下:

若 $F_A > F_\alpha(s-1, rs(t-1))$,则拒绝 H_{01};

若 $F_B > F_\alpha(r-1, rs(t-1))$,则拒绝 H_{02};

若 $F_{AB} > F_\alpha((r-1)(s-1), rs(t-1))$,则拒绝 H_{03},即认为交互作用显著。

将试验数据按上述分析、计算的结果排成表 7.20 的形式,称为双因素方差分析表。

表 7.20 关于交互效应的两因素方差分析表

方差来源	离差平方和	自由度	均方	F 值
因素 A	S_A	$s-1$	$\dfrac{S_A}{s-1}$	$F_A = \dfrac{S_A/(s-1)}{S_E/[rs(t-1)]}$
因素 B	S_B	$r-1$	$\dfrac{S_B}{r-1}$	$F_B = \dfrac{S_B/(r-1)}{S_E/[rs(t-1)]}$
交互效应	S_{AB}	$(r-1)(s-1)$	$\dfrac{S_{AB}}{(r-1)(s-1)}$	$F_{AB} = \dfrac{S_{AB}/[(r-1)(s-1)]}{S_E/[rs(t-1)]}$
随机误差	S_E	$rs(t-1)$	$\dfrac{S_E}{rs(t-1)}$	
总和	S_T	$rst-1$		

4. Matlab 实现

例 7.20 一种火箭使用 4 种燃料、3 种推进器进行射程试验,对于每种燃料与每种推进器的组合作一次试验,得到的试验数据如表 7.21。问各种燃料之间及各种推进器之间有无显著差异。

表 7.21 火箭试验数据

	B_1	B_2	B_3
A_1	58.2	56.2	65.3
A_2	49.1	54.1	51.6
A_3	60.1	70.9	39.2
A_4	75.8	58.2	48.7

解 记燃料为因素 A,它有 4 个水平,水平效应为 α_i, $i=1,2,3,4$;推进器为因素 B,它有 3 个水平,水平效应为 β_j, $j=1,2,3$。我们在显著性水平 $\alpha=0.05$ 下检验

$H_1:\alpha_1=\alpha_2=\alpha_3=\alpha_4=0$;

$H_2:\beta_1=\beta_2=\beta_3=0$.

由表7.21的数据经计算得方差分析表如表7.22所列。由p值可知各种燃料和各种推进器之间的差异对于火箭射程无显著影响。

表7.22　方差分析表

方差来源	离差平方和	自由度	均方	F值	p值
因素A	$S_A=157.5900$	3	52.5300	0.4306	0.7387
因素B	$S_B=223.8467$	2	111.9233	0.9174	0.4491
误差	$S_E=731.9800$	6	121.9967		

```
clc, clear, close all
a=readmatrix('data7_20.txt')
[p,t,st]=anova2(a)
```

例7.21　一火箭使用了4种燃料,3种推进器作射程试验,每种燃料与每种推进器的组合各发射火箭2次,得到如表7.23结果。

表7.23　火箭试验数据

	B_1	B_2	B_3
A_1	58.2　52.6	56.2　41.2	65.3　60.8
A_2	49.1　42.8	54.1　50.5	51.6　48.4
A_3	60.1　58.3	70.9　73.2	39.2　40.7
A_4	75.8　71.5	58.2　51.0	48.7　41.4

试在水平0.05下,检验不同燃料(因素A)、不同推进器(因素B)下的射程是否有显著差异,以及交互作用是否显著。

解　记燃料为因素A,它有4个水平,水平效应为$\alpha_i,i=1,2,3,4$。推进器为因素B,它有3个水平,水平效应为$\beta_j,j=1,2,3$。燃料和推进器的交互效应为$\gamma_{ij},i=1,2,3,4;j=1,2,3$。我们在显著性水平$\alpha=0.05$下检验

$H_1:\alpha_1=\alpha_2=\alpha_3=\alpha_4=0$;

$H_2:\beta_1=\beta_2=\beta_3=0$;

$H_3:\gamma_{11}=\gamma_{12}=\gamma_{13}=\cdots=\gamma_{43}=0$.

由表7.23数据经计算得方差分析表如表7.24所列。表明各试验均值相等的概率都为小概率,故可拒绝均值相等假设。即认为不同燃料(因素A)、不同推进器(因素B)下的射程有显著差异,交互作用也是显著的。

表7.24　方差分析表

方差来源	离差平方和	自由度	均方	F值	p值
因素A	$S_A=261.6750$	3	87.2250	4.4174	0.0260
因素B	$S_B=370.9808$	2	185.4904	9.3939	0.0035
交互作用	$S_{A\times B}=1768.6925$	6	294.7821	14.9288	0.0001
随机误差	$S_E=236.9500$	12	19.7458		

```
clc, clear, close all
a=readmatrix('data7_21.txt')' %注意矩阵转置
[p,t,st]=anova2(a,2)
```

7.4 回归分析

7.4.1 多元线性回归

1. 模型

多元线性回归分析的模型为

$$\begin{cases} y=\beta_0+\beta_1x_1+\cdots+\beta_mx_m+\varepsilon, \\ \varepsilon\sim N(0,\sigma^2). \end{cases} \tag{7.19}$$

式中：$\beta_0,\beta_1,\cdots,\beta_m,\sigma^2$ 都是与 $x_1,x_2,\cdots,x_m$ 无关的未知参数，其中 $\beta_0,\beta_1,\cdots,\beta_m$ 称为回归系数。

现得到 n 个独立观测数据 $[b_i,a_{i1},\cdots,a_{im}]$，其中 b_i 为 y 的观察值，$a_{i1},a_{i2},\cdots,a_{im}$ 分别为 $x_1,x_2,\cdots,x_m$ 的观察值，$i=1,2,\cdots,n,n>m$，由式（7.19）得

$$\begin{cases} b_i=\beta_0+\beta_1a_{i1}+\cdots+\beta_ma_{im}+\varepsilon_i, \\ \varepsilon_i\sim N(0,\sigma^2),\ i=1,2,\cdots,n. \end{cases} \tag{7.20}$$

记

$$\boldsymbol{X}=\begin{bmatrix} 1 & a_{11} & \cdots & a_{1m} \\ 1 & a_{21} & \cdots & a_{2m} \\ \vdots & \vdots & \ddots & \vdots \\ 1 & a_{n1} & \cdots & a_{nm} \end{bmatrix},\ \boldsymbol{Y}=\begin{bmatrix} b_1 \\ b_2 \\ \vdots \\ b_n \end{bmatrix}, \tag{7.21}$$

$$\boldsymbol{\varepsilon}=[\varepsilon_1,\varepsilon_2,\cdots,\varepsilon_n]^{\mathrm{T}},\ \boldsymbol{\beta}=[\beta_0,\beta_1,\cdots,\beta_m]^{\mathrm{T}},$$

式（7.19）表示为

$$\begin{cases} \boldsymbol{Y}=\boldsymbol{X\beta}+\boldsymbol{\varepsilon}, \\ \boldsymbol{\varepsilon}\sim N(0,\sigma^2\boldsymbol{E}_n), \end{cases} \tag{7.22}$$

式中：$\boldsymbol{E}_n$ 为 n 阶单位矩阵。

2. 参数估计

模型式（7.19）中的参数 $\beta_0,\beta_1,\cdots,\beta_m$ 用最小二乘法估计，即应选取估计值 $\hat{\beta}_j$，使当 $\beta_j=\hat{\beta}_j,j=0,1,\cdots,m$ 时，误差平方和

$$Q=\sum_{i=1}^{n}\varepsilon_i^2=\sum_{i=1}^{n}(b_i-\hat{b}_i)^2=\sum_{i=1}^{n}(b_i-\beta_0-\beta_1a_{i1}-\cdots-\beta_ma_{im})^2 \tag{7.23}$$

达到最小。为此，令

$$\frac{\partial Q}{\partial\beta_j}=0,\ j=0,1,\cdots,n,$$

得

$$\begin{cases}\dfrac{\partial Q}{\partial \beta_0}=-2\sum\limits_{i=1}^{n}(b_i-\beta_0-\beta_1 a_{i1}-\cdots-\beta_m a_{im})=0,\\ \dfrac{\partial Q}{\partial \beta_j}=-2\sum\limits_{i=1}^{n}(b_i-\beta_0-\beta_1 a_{i1}-\cdots-\beta_m a_{im})a_{ij}=0,\ j=1,2,\cdots,m.\end{cases}\tag{7.24}$$

经整理化为以下正规方程组：

$$\begin{cases}\beta_0 n+\beta_1\sum\limits_{i=1}^{n}a_{i1}+\beta_2\sum\limits_{i=1}^{n}a_{i2}+\cdots+\beta_m\sum\limits_{i=1}^{n}a_{im}=\sum\limits_{i=1}^{n}b_i,\\ \beta_0\sum\limits_{i=1}^{n}a_{i1}+\beta_1\sum\limits_{i=1}^{n}a_{i1}^2+\beta_2\sum\limits_{i=1}^{n}a_{i1}a_{i2}+\cdots+\beta_m\sum\limits_{i=1}^{n}a_{i1}a_{im}=\sum\limits_{i=1}^{n}a_{i1}b_i,\\ \qquad\vdots\\ \beta_0\sum\limits_{i=1}^{n}a_{im}+\beta_1\sum\limits_{i=1}^{n}a_{im}a_{i1}+\beta_2\sum\limits_{i=1}^{n}a_{im}a_{i2}+\cdots+\beta_m\sum\limits_{i=1}^{n}a_{im}^2=\sum\limits_{i=1}^{n}a_{im}b_i,\end{cases}\tag{7.25}$$

正规方程组的矩阵形式为

$$\boldsymbol{X}^{\mathrm{T}}\boldsymbol{X}\boldsymbol{\beta}=\boldsymbol{X}^{\mathrm{T}}\boldsymbol{Y},\tag{7.26}$$

当矩阵 $\boldsymbol{X}$ 列满秩时，$\boldsymbol{X}^{\mathrm{T}}\boldsymbol{X}$ 为可逆方阵，式(7.26)的解为

$$\hat{\boldsymbol{\beta}}=(\boldsymbol{X}^{\mathrm{T}}\boldsymbol{X})^{-1}\boldsymbol{X}^{\mathrm{T}}\boldsymbol{Y}.\tag{7.27}$$

将 $\hat{\boldsymbol{\beta}}$ 代回原模型得到 y 的估计值，即

$$\hat{y}=\hat{\beta}_0+\hat{\beta}_1 x_1+\cdots+\hat{\beta}_m x_m,\tag{7.28}$$

而这组数据的拟合值为

$$\hat{b}_i=\hat{\beta}_0+\hat{\beta}_1 a_{i1}+\cdots+\hat{\beta}_m a_{im},\ i=1,2,\cdots,n,$$

记 $\hat{\boldsymbol{Y}}=\boldsymbol{X}\hat{\boldsymbol{\beta}}=[\hat{b}_1,\cdots,\hat{b}_n]^{\mathrm{T}}$，拟合误差 $\boldsymbol{e}=\boldsymbol{Y}-\hat{\boldsymbol{Y}}$ 称为残差，可作为随机误差 $\boldsymbol{\varepsilon}$ 的估计，而

$$Q=\sum_{i=1}^{n}e_i^2=\sum_{i=1}^{n}(b_i-\hat{b}_i)^2\tag{7.29}$$

为残差平方和(或剩余平方和)。

3. 统计分析

不加证明地给出以下结果：

(1) $\hat{\boldsymbol{\beta}}$ 是 $\boldsymbol{\beta}$ 的线性无偏最小方差估计；$\hat{\boldsymbol{\beta}}$ 的期望等于 $\boldsymbol{\beta}$；在 $\boldsymbol{\beta}$ 的线性无偏估计中，$\hat{\boldsymbol{\beta}}$ 的方差最小。

(2) $\hat{\boldsymbol{\beta}}$ 服从正态分布

$$\hat{\boldsymbol{\beta}}\sim N(\boldsymbol{\beta},\sigma^2(\boldsymbol{X}^{\mathrm{T}}\boldsymbol{X})^{-1}),\tag{7.30}$$

记 $(\boldsymbol{X}^{\mathrm{T}}\boldsymbol{X})^{-1}=(c_{ij})_{n\times n}$。

(3) 对残差平方和 Q，$EQ=(n-m-1)\sigma^2$，且

$$\frac{Q}{\sigma^2}\sim\chi^2(n-m-1).\tag{7.31}$$

由此得到 σ^2 的无偏估计

$$s^2=\frac{Q}{n-m-1}=\hat{\sigma}^2.\tag{7.32}$$

式中：s^2 为剩余方差（残差的方差），s 为剩余标准差。

（4）对总平方和 $SST=\sum_{i=1}^{n}(b_i-\bar{b})^2$ 进行分解，有

$$SST=Q+U,\ U=\sum_{i=1}^{n}(\hat{b}_i-\bar{b})^2, \tag{7.33}$$

式中：$\bar{b}=\frac{1}{n}\sum_{i=1}^{n}b_i$；$Q$ 是由式(7.23)定义的残差平方和，反映随机误差对 y 的影响；U 称为回归平方和，反映自变量对 y 的影响。上面的分解中利用了正规方程组。

4. 回归模型的假设检验

因变量 y 与自变量 $x_1,x_2,\cdots,x_m$ 之间是否存在如模型式(7.19)所示的线性关系是需要检验的，显然，如果所有的 $|\hat{\beta}_j|\ (j=1,2,\cdots,m)$ 都很小，则 y 与 $x_1,x_2,\cdots,x_m$ 的线性关系就不明显，所以可令原假设为

$$H_0:\beta_j=0,j=1,2,\cdots,m.$$

当 H_0 成立时由分解式(7.33)定义的 U,Q 满足

$$F=\frac{U/m}{Q/(n-m-1)}\sim F(m,n-m-1), \tag{7.34}$$

在显著性水平 α 下，对于上 α 分位数 $F_\alpha(m,n-m-1)$，若 $F<F_\alpha(m,n-m-1)$，则接受 H_0；否则拒绝。

注：接受 H_0 只说明 y 与 $x_1,x_2,\cdots,x_m$ 的线性关系不明显，可能存在非线性关系，如平方关系。

还有一些衡量 y 与 $x_1,x_2,\cdots,x_m$ 相关程度的指标，如用回归平方和在总平方和中的比值定义复判定系数

$$R^2=\frac{U}{SST}. \tag{7.35}$$

式中：$R=\sqrt{R^2}$ 为复相关系数，R 越大，y 与 $x_1,x_2,\cdots,x_m$ 的相关关系越密切，通常，R 大于 0.8（或 0.9）才认为相关关系成立。

5. 回归系数的假设检验和区间估计

当上面的 H_0 被拒绝时，β_j 不全为零，但是不排除其中若干个等于零。所以应进一步作如下 $m+1$ 个检验：

$$H_0^{(j)}:\beta_j=0,j=0,1,\cdots,m.$$

由式(7.30)，$\hat{\beta}_j\sim N(\beta_j,\sigma^2c_{jj})$，$c_{jj}$ 是 $(\boldsymbol{X}^{\mathrm{T}}\boldsymbol{X})^{-1}$ 中的第 (j,j) 元素，用 s^2 代替 σ^2，由式(7.30)～式(7.32)，当 $H_0^{(j)}$ 成立时，有

$$t_j=\frac{\hat{\beta}_j/\sqrt{c_{jj}}}{\sqrt{Q/(n-m-1)}}\sim t(n-m-1). \tag{7.36}$$

对给定的 α，若 $|t_j|<t_{\frac{\alpha}{2}}(n-m-1)$，则接受 $H_0^{(j)}$；否则拒绝。

式(7.36)也可用于对 β_j 作区间估计，在置信水平 $1-\alpha$ 下，β_j 的置信区间为

$$\left[\hat{\beta}_j-t_{\frac{\alpha}{2}}(n-m-1)s\sqrt{c_{jj}},\hat{\beta}_j+t_{\frac{\alpha}{2}}(n-m-1)s\sqrt{c_{jj}}\right], \tag{7.37}$$

式中：$s=\sqrt{\dfrac{Q}{n-m-1}}$。

6. 利用回归模型进行预测

当回归模型和系数通过检验后，可由给定$[x_1,x_2,\cdots,x_m]$的取值$[a_{01},a_{02},\cdots,a_{0m}]$预测$y$的取值$b_0$，$b_0$是随机的，显然其预测值(点估计)为

$$\hat{b}_0=\hat{\beta}_0+\hat{\beta}_1 a_{01}+\cdots+\hat{\beta}_m a_{0m}. \tag{7.38}$$

给定α可以算出b_0的预测区间(区间估计)，结果较复杂，但当n较大且a_{0i}接近平均值$\bar{x}_i$时，b_0的预测区间可简化为

$$[\hat{b}_0-z_{\frac{\alpha}{2}}s,\hat{b}_0+z_{\frac{\alpha}{2}}s], \tag{7.39}$$

式中：$z_{\frac{\alpha}{2}}$为标准正态分布的上$\dfrac{\alpha}{2}$分位数。

对b_0的区间估计方法可用于给出已知数据残差$e_i=b_i-\hat{b}_i(i=1,\cdots,n)$的置信区间，$e_i$服从均值为零的正态分布，所以若某个$e_i$的置信区间不包含零点，则认为这个数据是异常的，可予以剔除。

7.4.2 多元二次式回归

统计工具箱提供了一个作多元二次式回归的命令 rstool，它产生一个交互式画面，并输出有关信息，用法是

```
rstool(XX, Y, model, alpha),
```

其中，alpha 为显著性水平α(默认时设定为 0.05)，model 可选择如下 4 个模型(用字符串输入，默认时设定为线性模型)：

linear(线性)：$y=\beta_0+\beta_1x_1+\cdots+\beta_mx_m$.

purequadratic(纯二次)：$y=\beta_0+\beta_1x_1+\cdots+\beta_mx_m+\sum\limits_{j=1}^{m}\beta_{jj}x_j^2$.

interaction(交叉二次)：$y=\beta_0+\beta_1x_1+\cdots+\beta_mx_m+\sum\limits_{1\leqslant j<k\leqslant m}\beta_{jk}x_jx_k$.

quadratic(完全二次)：$y=\beta_0+\beta_1x_1+\cdots+\beta_mx_m+\sum\limits_{1\leqslant j\leqslant k\leqslant m}\beta_{jk}x_jx_k$.

$[y,x_1,\cdots,x_m]$的n个独立观测数据仍然记为$[b_i,a_{i1},\cdots,a_{im}]$，$i=1,2,\cdots,n$。Y，XX 分别为$n$维列向量和$n\times m$矩阵，这里

$$\mathrm{Y}=\begin{bmatrix} b_1\\ \vdots\\ b_n\end{bmatrix},\mathrm{XX}=\begin{bmatrix} a_{11} & \cdots & a_{1m}\\ \vdots & \ddots & \vdots\\ a_{n1} & \cdots & a_{nm}\end{bmatrix}.$$

注：(1) 这里多元二次式回归中，数据矩阵 XX 与线性回归分析中的数据矩阵$\boldsymbol{X}$是有差异的，后者的第一列为全 1 的列向量。

(2) 在完全二次多项式回归中，二次项系数的排列次序是先交叉项的系数，最后是纯二次项的系数。

例 7.22 根据表 7.25 某猪场 25 头育肥猪 4 个胴体性状的数据资料，试进行瘦肉量y对眼肌面积(x_1)、腿肉量(x_2)、腰肉量(x_3)的多元回归分析。

表 7.25　某养猪场数据资料

序号	瘦肉量 y /kg	眼肌面积 x_1 /cm²	腿肉量 x_2 /kg	腰肉量 x_3 /kg	序号	瘦肉量 y /kg	眼肌面积 x_1 /cm²	腿肉量 x_2 /kg	腰肉量 x_3 /kg
1	15.02	23.73	5.49	1.21	14	15.94	23.52	5.18	1.98
2	12.62	22.34	4.32	1.35	15	14.33	21.86	4.86	1.59
3	14.86	28.84	5.04	1.92	16	15.11	28.95	5.18	1.37
4	13.98	27.67	4.72	1.49	17	13.81	24.53	4.88	1.39
5	15.91	20.83	5.35	1.56	18	15.58	27.65	5.02	1.66
6	12.47	22.27	4.27	1.50	19	15.85	27.29	5.55	1.70
7	15.80	27.57	5.25	1.85	20	15.28	29.07	5.26	1.82
8	14.32	28.01	4.62	1.51	21	16.40	32.47	5.18	1.75
9	13.76	24.79	4.42	1.46	22	15.02	29.65	5.08	1.70
10	15.18	28.96	5.30	1.66	23	15.73	22.11	4.90	1.81
11	14.20	25.77	4.87	1.64	24	14.75	22.43	4.65	1.82
12	17.07	23.17	5.80	1.90	25	14.35	20.04	5.08	1.53
13	15.40	28.57	5.22	1.66					

要求：

(1) 求 y 关于 x_1,x_2,x_3 的线性回归方程

$$y=c_0+c_1x_1+c_2x_2+c_3x_3,$$

计算 c_0,c_1,c_2,c_3 的估计值。

(2) 对上述回归模型和回归系数进行检验(要写出相关的统计量)。

(3) 试建立 y 关于 x_1,x_2,x_3 的二次式回归模型,并根据适当统计量指标选择一个较好的模型。

解　(1) 记 y,x_1,x_2,x_3 的观察值分别为 $b_i,a_{i1},a_{i2},a_{i3},i=1,2,\cdots,25$,

$$\boldsymbol{X}=\begin{bmatrix}1 & a_{11} & a_{12} & a_{13}\\ 1 & a_{21} & a_{22} & a_{23}\\ \vdots & \vdots & \vdots & \vdots\\ 1 & a_{25,1} & a_{25,2} & a_{25,3}\end{bmatrix},\boldsymbol{Y}=\begin{bmatrix}b_1\\ b_2\\ \vdots\\ b_{25}\end{bmatrix}.$$

用最小二乘法求 c_0,c_1,c_2,c_3 的估计值,即应选取估计值 $\hat{c}_j$,使当 $c_j=\hat{c}_j,j=0,1,2,3$ 时,误差平方和

$$Q=\sum_{i=1}^{25}\varepsilon_i^2=\sum_{i=1}^{25}(b_i-\hat{b}_i)^2=\sum_{i=1}^{25}(b_i-c_0-c_1a_{i1}-c_2a_{i2}-c_3a_{i3})^2$$

达到最小。为此,令

$$\frac{\partial Q}{\partial c_j}=0,j=0,1,2,3,$$

得到正规方程组,求解正规方程组得 c_0,c_1,c_2,c_3 的估计值

$$[\hat{c}_0,\hat{c}_1,\hat{c}_2,\hat{c}_3]^{\mathrm{T}}=(\boldsymbol{X}^{\mathrm{T}}\boldsymbol{X})^{-1}\boldsymbol{X}^{\mathrm{T}}\boldsymbol{Y}.$$

利用 Matlab 程序,求得

$$\hat{c}_0=0.8539,\hat{c}_1=0.0178,\hat{c}_2=2.0782,\hat{c}_3=1.9396.$$

(2) 因变量 y 与自变量 x_1,x_2,x_3 之间是否存在线性关系是需要检验的，显然，如果所有的 $|\hat{c}_j|$ $(j=1,2,3)$ 都很小，则 y 与 x_1,x_2,x_3 的线性关系就不明显，所以可令原假设为

$$H_0: c_j=0,\ j=1,2,3. \tag{7.40}$$

记 $m=3,n=25$，$Q=\sum_{i=1}^{n}e_i^2=\sum_{i=1}^{n}(b_i-\hat{b}_i)^2$，$U=\sum_{i=1}^{n}(\hat{b}_i-\bar{b})^2$，这里 $\hat{b}_i=\hat{c}_0+\hat{c}_1a_{i1}+\cdots+\hat{c}_m a_{im}(i=1,2,\cdots,n)$，$\bar{b}=\frac{1}{n}\sum_{i=1}^{n}b_i$。当 H_0 成立时统计量

$$F=\frac{U/m}{Q/(n-m-1)}\sim F(m,n-m-1),$$

在显著性水平 α 下，若

$$F<F_\alpha(m,n-m-1),$$

则接受 H_0；否则拒绝 H_0。

利用 Matlab 程序求得统计量 $F=37.7453$，查表得上 $\alpha/2$ 分位数 $F_{0.05}(3,21)=3.0725$，因而拒绝式(7.40)的原假设，模型整体上通过了检验。

当式(7.40)的 H_0 被拒绝时，c_j 不全为零，但是不排除其中若干个等于零。所以应进一步作如下 $m+1$ 个检验

$$H_0^{(j)}: c_j=0,\quad j=0,1,\cdots,m, \tag{7.41}$$

当 $H_0^{(j)}$ 成立时，有

$$t_j=\frac{\hat{c}_j/\sqrt{c_{jj}}}{\sqrt{Q/(n-m-1)}}\sim t(n-m-1), \tag{7.42}$$

式中：c_{jj} 是 $(\boldsymbol{X}^{\mathrm{T}}\boldsymbol{X})^{-1}$ 中的第 (j,j) 元素。对给定的 α，若 $|t_j|<t_{\frac{\alpha}{2}}(n-m-1)$，则接受 $H_0^{(j)}$；否则拒绝。

利用 Matlab 程序，求得统计量

$$t_0=0.6223,\ t_1=0.6090,\ t_2=7.7407,\ t_3=3.8062,$$

查表得上 $\alpha/2$ 分位数 $t_{0.025}(21)=2.0796$。

对于式(7.41)的检验，在显著性水平 $\alpha=0.05$ 时，接受 $H_0^{(j)}: c_j=0(j=0,1)$，拒绝 $H_0^{(j)}: c_j=0(j=2,3)$，即变量 x_1 对模型的影响是不显著的。建立线性模型时，可以不使用 x_1。

利用变量 x_2,x_3 建立的线性回归模型为

$$y=1.1077+2.1058x_2+1.9787x_3.$$

(3) 使用 Matlab 的用户图形界面解法求完全二次式回归模型。根据剩余标准差(rmse)这个指标选取较好的模型是完全二次模型，模型为

$$\begin{aligned}y=&-17.0988+0.3611x_1+2.3563x_2+18.2730x_3-0.1412x_1x_2\\&-0.4404x_1x_3-1.2754x_2x_3+0.0217x_1^2+0.5025x_2^2+0.3962x_3^2.\end{aligned}$$

使用 regstats 函数计算的 Matlab 程序如下：

```
clc, clear, close all
a = readmatrix('data7_22.txt')
```

```
Y = [a(:,2); a([1:end-1],7)];      % 提取 y 的数据
X = [a(:,[3:5]); a([1:end-1],[8:10])];
c = regstats(Y, X)                 % 多元线性回归诊断
beta = c.beta                      % 提出回归系数
F = c.fstat                        % 提出统计量 F 的多个相关指标
m=3; n=length(Y);                  % 变量个数 m,样本点个数 n
Fa = finv(0.95, m, n-m-1)          % 计算上 alpha 分位数
T = c.tstat.t                      % 提出 4 个 t 统计量的值
Ta = tinv(0.975, n-m-1)            % 计算上 alpha/2 分位数
X23 = X(:,[2,3]);                  % 去掉不显著变量 x1 的数据
nc = regstats(Y, X23)              % 重新计算模型
beta2 = nc.beta                    % 提出新的回归系数
rstool(X, Y)                       % 使用图形界面解法求二次式回归模型
```

使用 fitlm 函数计算的 Matlab 程序如下:

```
clc, clear, close all
a = readmatrix('data7_22.txt')
Y = [a(:,2); a([1:end-1],7)];   % 提取 y 的数据
X = [a(:,[3:5]); a([1:end-1],[8:10])];
md = fitlm(X, Y)
md2 = fitlm(X(:,[2,3]), Y)      % 重新建立模型
rstool(X, Y)                    % 使用图形界面解法求二次式回归模型
```

一元线性回归和多元线性回归同样可以用 F 检验验证是否存在线性关系,Matlab 求解函数也是一样的。我们再举一个一元线性回归的例子。

例 7.23 合金的强度 y(单位:kg/mm^2)与其中的碳含量 x(单位:%)有比较密切的关系,今从生产中收集了一批数据如表 7.26 所列。试建立线性回归模型,并对回归结果进行检验。

表 7.26 观测数据

x/%	0.10	0.11	0.12	0.13	0.14	0.15	0.16	0.17	0.18	0.20	0.22	0.24
$y/(kg \cdot mm^{-2})$	42.0	42.5	45.0	45.5	45.0	47.5	49.0	51.0	50.0	55.0	57.5	59.5

解 先画出散点图如图 7.4(a)所示。从散点图可以看出这 12 个点大致位于一条直线附近,因此可以建立一元线性回归模型 $y=ax+b$。

第一次使用全部 12 个数据拟合参数 a,b,得到线性回归模型预测的残差图如图 7.4(b)所示,可以看出第 3、5、9 数据点为野值,剔除这 3 个数据之后,再重新计算得模型参数的估计值及检验结果如表 7.27 所示。

表 7.27 回归参数计算结果及模型检验指标

回归系数	回归系数估计值	回归系数 t 检验值	回归系数 p 检验值
a	130.88	42.338	1.0701×10^{-9}
b	28.422	53.888	1.9864×10^{-10}
	模型检验指标:$R^2=0.996, F=1790, p=1.07\times10^{-9}, s=0.422$.		

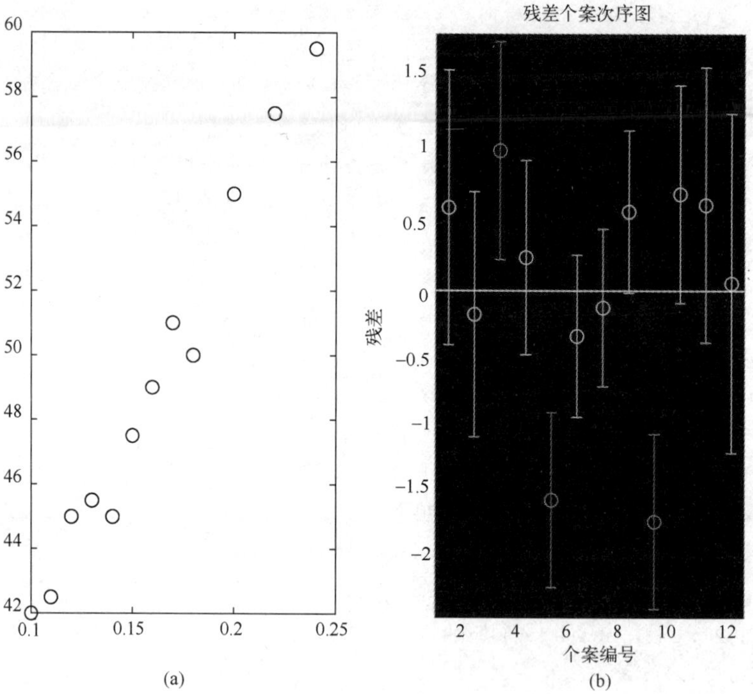

图 7.4　散点图和残差图

(a) 原始数据散点图; (b) 线性回归残差图。

```
clc, clear, close all
a = readmatrix('data7_23.txt');
x = a(1,:)'; y = a(2,:)';
subplot(121), plot(x, y, 'ko')
md = fitlm(x,y);                              % 拟合线性回归模型
[yh, yhint] = predict(md, x)                  % 求预测值及置信区间
subplot(122), rcoplot(y-yh, y-yhint)          % 画残差图
r = y - yh; ind = find(abs(r)>=1)             % 求残差及野值编号
md2 = fitlm(x,y,'Exclude',ind)                % 剔除野值重新建模
```

7.4.3 非线性回归

非线性回归是指因变量 y 对回归系数 $\beta_1,\beta_2,\cdots,\beta_m$(而不是自变量)是非线性的。Matlab 统计工具箱中的函数 nlinfit、nlparci、nlpredci、nlintool,不仅给出拟合的回归系数及其置信区间,而且可以给出预测值及其置信区间等。还可以使用函数 fitnlm、coefCI 和 predict 计算。下面通过例题说明 fitnlm、coefCI、predict 的用法。其他函数的使用就不介绍了,感兴趣的读者可以自己看 Matlab 的帮助。

例 7.24　在研究化学动力学反应过程中,建立了一个反应速度和反应物含量的数学模型,形式为

$$y=\frac{\beta_4 x_2-\dfrac{x_3}{\beta_5}}{1+\beta_1 x_1+\beta_2 x_2+\beta_3 x_3},$$

式中：$\beta_1,\beta_2,\cdots,\beta_5$ 是未知的参数；x_1,x_2,x_3 是三种反应物（氢，n 戊烷，异构戊烷）的含量；y 是反应速度。今测得一组数据如表 7.28 所列，试由此确定参数 $\beta_1,\beta_2,\cdots,\beta_5$，并给出其置信区间。$\beta_1,\beta_2,\cdots,\beta_5$ 的参考值为[0.1,0.05,0.02,1,2]。

表 7.28　反应数据

序号	反应速度 y	氢 x_1	n 戊烷 x_2	异构戊烷 x_3	序号	反应速度 y	氢 x_1	n 戊烷 x_2	异构戊烷 x_3
1	8.55	470	300	10	8	4.35	470	190	65
2	3.79	285	80	10	9	13.00	100	300	54
3	4.82	470	300	120	10	8.50	100	300	120
4	0.02	470	80	120	11	0.05	100	80	120
5	2.75	470	80	10	12	11.32	285	300	10
6	14.39	100	190	10	13	3.13	285	190	120
7	2.54	100	80	65					

解　求得参数 $\beta_1,\beta_2,\cdots,\beta_5$ 的估计值及置信区间如表 7.29 所列。

表 7.29　参数 $\beta_1,\beta_2,\cdots,\beta_5$ 的估计值及置信区间

	β_1	β_2	β_3	β_4	β_5
估计值	0.0628	0.0400	0.1124	1.2526	1.1914
置信区间	[-0.0377,0.1632]	[-0.0312,0.1113]	[-0.0609,0.2857]	[-0.7467,3.2519]	[-0.7381,3.1208]

```
clc, clear
a = readmatrix('data7_24.txt')
Y = [a(:,2); a([1:end-1],7)];          % 提取 y 的数据
X = [a(:,[3:5]); a([1:end-1],[8:10])];
fun=@(beta,x) (beta(4)*x(:,2)-x(:,3)/beta(5))./(1+beta(1)*x(:,1)+...
beta(2)*x(:,2)+beta(3)*x(:,3));  % 用匿名函数定义要拟合的函数
beta0=[0.1,0.05,0.02,1,2]';           % 回归系数的初值
md=fitnlm(X,Y,fun,beta0)              % 拟合非线性回归模型
betaci=coefCI(md)                     % 求拟合参数的置信区间
[ypred,yci]=predict(md,X)             % 计算 y 的预测值及置信区间
```

7.4.4　逐步回归

实际问题中影响因变量的因素可能很多，有些可能关联性强一些，而有些可能影响弱一些。人们总希望从中挑选出对因变量影响显著的自变量来建立回归模型，逐步回归是一种从众多变量中有效地选择重要变量的方法。以下只讨论多元线性回归模型的情形。

简单地说，就是所有对因变量影响显著的变量都应选入模型，而影响不显著的变量都不应选入模型；从便于应用的角度，变量的选择应使模型中变量个数尽可能少。

基本思想：记 $S=\{x_1,x_2,\cdots,x_m\}$ 为候选的自变量集合，$S_1\subset S$ 是从集合 S 中选出的一个子集。设 S_1 中有 l 个自变量（$1\leqslant l\leqslant m$），由 S_1 和因变量 y 构造的回归模型的残差平方

和为Q,则模型的残差方差 $s^2=Q/(n-l-1)$,n 为数据样本容量。所选子集 S_1 应使 s^2 尽量小。通常回归模型中包含的自变量越多,残差平方和 Q 越小,但若模型中包含对 y 影响很小的变量,那么 Q 不会由于这些变量减少多少,却可能因为 l 的增加使 s^2 增大,同时这些对 y 影响不显著的变量也会影响模型的稳定性,因此可将残差方差 s^2 最小作为衡量变量选择的一个数量标准。

可以从另外一个角度考虑自变量 x_j 的显著性。y 对自变量 $x_1,x_2,\cdots,x_m$ 线性回归的残差平方和为 Q,回归平方和为 U,在剔除掉 x_j 后,用 y 对其余的 $m-1$ 个自变量做回归,记所得的残差平方和为 $Q_{(j)}$,回归平方和为 $U_{(j)}$,则自变量 x_j 对回归的贡献为

$$\Delta U_{(j)}=U-U_{(j)},$$

称为 x_j 的偏回归平方和。由此构造偏 F 统计量

$$F_j=\frac{\Delta U_{(j)}/1}{Q/(n-m-1)}. \tag{7.43}$$

当原假设 $H_0^{(j)}:\beta_j=0$ 成立时,式(7.43)的偏 F 统计量 F_j 服从自由度为$(1,n-m-1)$的 F 分布,此 F 检验与式(7.42)的 t 检验是一致的,可以证明 $F_j=t_j^2$,当从回归方程中剔除变元时,回归平方和减少,残差平方和增加。根据平方和分解式可知

$$\Delta U_{(j)}=\Delta Q_{(j)}=Q_{(j)}-Q.$$

反之,往回归方程中引入变元时,回归平方和增加,残差平方和减少,两者的增减量同样相等。

当自变量的个数较多时,求出所有可能的回归方程是非常困难的。为此,人们提出了一些较为简便、实用、快速的选择自变量的方法。这些方法各有优缺点,至今还没有绝对最优的方法,目前常用的方法有前进法、后退法、逐步回归法,而逐步回归法最受推崇。

1. 前进法

前进法的思想是变量由少到多,每次增加一个,直至没有可引入的变量为止。具体做法是首先将全部 m 个自变量分别对因变量 y 建立一元线性回归方程,利用式(7.34)分别计算这 m 个一元线性回归方程的 m 个回归系数的 F 检验值,记为$\{F_1^1,F_2^1,\cdots,F_m^1\}$,选其最大者记为

$$F_j^1=\max\{F_1^1,F_2^1,\cdots,F_m^1\},$$

给定显著性水平 α,若 $F_j^1\geqslant F_\alpha(1,n-2)$,则首先将 x_j 引入回归方程,为了方便,不妨设 x_j 就是 x_1。

接下来因变量 y 分别与$(x_1,x_2),(x_1,x_3),\cdots,(x_1,x_m)$建立二元线性回归方程,对这 $m-1$ 个回归方程中 $x_2,x_3,\cdots,x_m$ 的回归系数进行 F 检验,利用式(7.43)计算 F 值,记为$\{F_2^2,F_3^2,\cdots,F_m^2\}$,选其最大者记为

$$F_j^2=\max\{F_2^2,F_3^2,\cdots,F_m^2\},$$

若 $F_j^2\geqslant F_\alpha(1,n-3)$,则接着将 x_j 引入回归方程。

依上述方法接着做下去,直至所有未被引入方程的自变量的 F 值均小于 $F_\alpha(1,n-p-1)$为止,这里 p 为选入变量的个数。这时,得到的回归方程就是确定的方程。

每步检验中的临界值 $F_\alpha(1,n-p-1)$与自变量数目 p 有关,在用软件计算时,我们实际是使用显著性 P 值做检验。

2. 后退法

后退法易于掌握,使用 t 统计量做检验,与 F 检验是等价的。具体步骤如下:

(1) 以全部自变量作为解释变量拟合方程。

(2) 每一步都在未通过 t 检验的自变量中选择一个 $|t_j|$ 值最小的变量 x_j,将它从模型中删除。

(3) 直至所有的自变量均通过 t 检验,算法终止。

3. 逐步回归法

逐步回归法的基本思想是有进有出。具体做法是将变量一个一个地引入,每引入一个自变量后,均对已选入的变量进行逐个检验,当原引入的变量由于后面变量的引入而变得不再显著时,要将其剔除。引入一个变量或从回归方程中剔除一个变量,为逐步回归的一步,每一步都要进行 F 检验,以确保每次引入新的变量之前回归方程中只包含显著的变量。这个过程反复进行,直到既无显著的自变量选入回归方程,也无不显著的自变量从回归方程中剔除为止。这样就弥补了前进法和后退法各自的缺陷,保证了最后所得的回归子集是最优回归子集。

在逐步回归法中需要注意的一个问题是引入自变量和剔除自变量的显著性水平 α 值是不同的,要求引入自变量的显著性水平 α_e 小于剔除自变量的显著性水平 α_r,否则可能产生“死循环”。也就是当 $\alpha_e \geqslant \alpha_r$ 时,如果某个自变量的显著性 P 值在 α_e 与 α_r 之间,那么这个自变量将被引入、剔除、再引入、再剔除,无穷循环下去。

例 7.25 水泥凝固时放出的热量 y 与水泥中 4 种化学成分 x_1,x_2,x_3,x_4 有关,今测得一组数据如表 7.30 所列,试用逐步回归确定一个线性模型。

表 7.30 水泥凝固时放出热量的相关观测数据

序号	x_1	x_2	x_3	x_4	y
1	7	26	6	60	78.5
2	1	29	15	52	74.3
3	11	56	8	20	104.3
4	11	31	8	47	87.6
5	7	52	6	33	95.9
6	11	55	9	22	109.2
7	3	71	17	6	102.7
8	1	31	22	44	72.5
9	2	54	18	22	93.1
10	21	47	4	26	115.9
11	1	40	23	34	83.8
12	11	66	9	12	113.3
13	10	68	8	12	109.4

解 我们使用后退法选择自变量,首先用全部 4 个变量 x_1,x_2,x_3,x_4 建立线性回归模型,它们的 4 个 t 统计量的值分别为 2.0827,0.7049,0.1350,-0.2032,其中 0.1350 的绝

对值最小,从而剔除变量 x_3,再用变量 x_1, x_2, x_4 建立线性回归模型,类似地,通过 t 检验统计量的绝对值最小者确定剔除变量 x_4,最终建立关于 x_1, x_2 的线性回归模型

$$y = 52.5773 + 1.4683x_1 + 0.6623x_2,$$

其中模型的检验统计量如下:

$$R^2 = 0.979, F = 230, P = 4.41\times10^{-9}, s = 2.41.$$

```
clc, clear
a = readmatrix('data7_25.txt');
X = a(:,[1:end-1]); Y = a(:,end);
md0 = fitlm(X,Y)                             % 拟合全部变量回归模型
md1 = fitlm(X,Y,'y~1+x1+x2+x4')              % 拟合 x1,x2,x4 回归模型
md2 = fitlm(X,Y,'y~1+x1+x2')                 % 拟合 x1,x2 回归模型
md = stepwiselm(X, Y,'y~1+x1+x2+x3+x4')      % 一步求出模型
```

7.5 基于灰色模型和 Bootstrap 理论的大规模定制质量控制方法研究

7.5.1 引言

随着全球竞争的加剧和市场细分程度的提升,大规模定制生产方式越来越受到重视。大规模定制是在大规模生产的基础上,通过产品结构和制造过程的重组,运用现代信息技术、新材料技术、制造技术等一系列手段,以接近大规模生产的成本和速度,为单个顾客或小批量、多品种市场定制任意数量产品的一种生产方式。大规模定制生产过程质量控制与大批量生产过程比较具有以下新的特点:①样本量较小,尤其是在定制化程度较高的情况下和生产的初级阶段;②样本数列往往具有时变性,不能简单假设其服从正态分布;③大规模定制生产模式要求灵活性和快速性,而传统的质量控制方法响应速度偏慢。因此,应用于大批量生产模式下的经典休哈特控制图便不再适用。

大规模定制生产尤其是新产品初期质量控制中的一个突出的问题是样本量不足,无法确定样本数据的统计分布,不能得到过程分布参数的真值,因此也无法构建出相应的控制图。上述问题的研究可以细分为两个方面:如何有效地拓展样本数量,以有助于分析样本数据的分布规律;如何获得统计量的分布,进而估计过程参数和构建控制图。张炎亮、樊树海等研究了灰色神经网络模型在大规模定制生产中的应用;贺云花等,Raviwongse & Allada,杜尧研究了成组技术在柔性制造和小批量生产中的应用;Suykens & Vandewalle,以及孙林和杨世元分析了支持向量机模型的原理,研究了其在小批量及柔性生产质量预测中的应用;吴德会研究了小批量生产中基于动态指数平滑模型的过程质量预测;李奔波对工序能力等级的判定方法进行了改进,对大规模定制环境下的单值控制图和中位数控制图进行了研究;王晶等将 Bootstrap 方法引入到多品种小批量生产的质量控制中,研究了基于该方法的控制图的构造和实施流程。

以上文献对大规模定制生产中的质量控制方法进行研究,提出的灰色神经组合预测模型固然有很多优点,但在大规模定制实际生产中工序质量数据的样本量很小,无法获得

足够的数据用于神经网络的训练,其训练效果及可信度难以保证。本书提出的基于灰色模型和 Bootstrap 的集成方法,在质量数据预测与统计推断方面具有优势,可以有效解决大规模定制生产中样本量小带来的研究局限性。首先,灰色模型在极小样本量情况下进行质量数据预测具有独特的优势,预测效果也相对较好;其次,基于 Bootstrap 理论的统计推断方法通过重复抽样,能对未知分布的随机变量的分布参数进行较为精确的区间估计,为构建质量控制图提供依据。

7.5.2 基于灰色模型的大规模定制生产质量预测

灰色理论可充分开发并利用少量数据中的显信息和隐信息,根据行为特征数据找出因素本身或因素之间的数学关系,提取建模所需变量,通过建立离散数据的微分方程动态模型,了解系统的动态行为和发展趋势。灰色模型有以下优点:①所需信息量较少(一般有 4 个以上数据即可建模);②不需要知道原始数据分布的先验特征,通过有限次的生成,可将无规则分布(或服从任意分布)的任意离散的原始序列转化为有序序列;③可保持原系统特征,能较好地反映系统实际情况。因此,灰色模型适用于大规模定制生产的质量预测分析。

灰色模型 GM(1,1)是灰色系统理论中较常用的预测模型,基于该模型的质量指标预测建模步骤如下:

(1) 原始质量指标数列为

$$\boldsymbol{x}^{(0)}=(x^{(0)}(1),x^{(0)}(2),\cdots,x^{(0)}(n)).$$

(2) $\boldsymbol{x}^{(1)}$是$\boldsymbol{x}^{(0)}$的累加序列为

$$\boldsymbol{x}^{(1)}=(x^{(0)}(1),\sum_{i=1}^{2}x^{(0)}(i),\cdots,\sum_{i=1}^{n}x^{(0)}(i)).$$

经过该处理,可使粗糙的原始离散数列变为有序的离散数列。

(3) 建立基本预测模型 GM(1,1),其白化方程为

$$\frac{\mathrm{d}x^{(1)}(t)}{\mathrm{d}t}+ax^{(1)}(t)=b, \tag{7.44}$$

式中:a,b 为常系数,且符合

$$[a,b]^{\mathrm{T}}=(\boldsymbol{B}^{\mathrm{T}}\boldsymbol{B})^{-1}\boldsymbol{B}^{\mathrm{T}}\boldsymbol{Y}, \tag{7.45}$$

$$\boldsymbol{B}=\begin{bmatrix}-z^{(1)}(2) & 1\\ -z^{(1)}(3) & 1\\ \vdots & \vdots\\ -z^{(1)}(n) & 1\end{bmatrix},\ \boldsymbol{Y}=\begin{bmatrix}x^{(0)}(2)\\ x^{(0)}(3)\\ \vdots\\ x^{(0)}(n)\end{bmatrix}, \tag{7.46}$$

式中:$z^{(1)}(k)=0.5x^{(1)}(k)+0.5x^{(1)}(k-1)$。

(4) 对建立的 GM(1,1)预测模型进行精度检验和评估。检验依据后验差比值 c 和小误差概率 p 两个指标,模型精度等级见表 7.31。其中 c 和 p 定义如下:

$$c=\frac{s_2}{s_1}, \tag{7.47}$$

$$p=P\{\,|q^{(0)}(k)-q|<0.6475s_1\}, \tag{7.48}$$

式中：$q^{(0)}$为残差序列；q为残差序列的均值；s_1为原始序列的标准差；s_2为残差序列的标准差。

表7.31　灰色模型预测精度等级

等级精度	后验差比值 c	小误差概率 p
A(好)	$\leqslant 0.35$	$\geqslant 0.95$
B(合格)	$0.35<c\leqslant 0.50$	$0.80\leqslant p<0.95$
C(勉强)	$0.50<c\leqslant 0.65$	$0.70\leqslant p<0.80$
D(不合格)	>0.65	<0.70

如果精度不合要求，可以用残差序列建立GM(1,1)模型对原模型进行修正，以提高其精度，当GM(1,1)模型满足精度要求时，其还原数据与预测值见式(7.49)和式(7.50)。

$$\hat{x}^{(1)}(t+1)=[x^{(0)}(1)-b/a]\mathrm{e}^{-at}+b/a, \tag{7.49}$$

$$\hat{x}^{(0)}(t+1)=\hat{x}^{(1)}(t+1)-\hat{x}^{(1)}(t)=(1-\mathrm{e}^{a})[x^{(0)}(1)-b/a]\mathrm{e}^{-at}. \tag{7.50}$$

若要进一步提高预测精度，可采用GM(1,1)新陈代谢模型。首先采用原始序列建立一个GM(1,1)模型，按上述方法求出一个预测值，然后将该预测值补入已知数列中，同时去除一个最旧的数据；在此基础上再建立GM(1,1)模型，求出下一个预测值，以此类推，通过预测灰数的新陈代谢，逐个预测，依次递补，可以得到之后几期的数据，对原始数据数量进行有效扩充。

7.5.3　基于Bootstrap理论的过程质量分析

在大规模定制生产模式中，能采集到的质量数据十分有限，即便经过上述的灰色模型预测，样本量仍不能满足分布参数估计的要求。Bootstrap方法可以通过重复抽样，获得一定规模的样本量，进而得到统计量的经验分布并进行区间估计。Bootstrap理论由Efron于1979年提出，是一种新的增广样本统计方法。它的无先验性，以及计算过程中只需要有限的观测数据，使其可方便地应用于小样本数据处理。

1. Bootstrap方法的数学描述

设$X=(x_1,x_2,\cdots,x_n)$是来自于某个未知总体F的样本，$R(X,F)$是总体分布F的某个分布特征。根据观测样本$X=(x_1,x_2,\cdots,x_n)$估计$R(X,F)$的某个参数（如均值、方差或分布密度函数等）。例如，设$\theta=\theta(F)$为总体分布F的某个参数，F_n是观测样本X的经验分布函数，$\hat{\theta}=\hat{\theta}(F_n)$是$\theta$的估计，记估计误差为

$$R(X,F)=\hat{\theta}(F_n)-\theta(F)\triangleq T_n. \tag{7.51}$$

由观测样本$X=(x_1,x_2,\cdots,x_n)$估计$R(X,F)$的分布特征，显然此时$R(X,F)$的均值和方差分别为$\theta(F)$估计误差的均值和方差。Bootstrap方法的实质就是再抽样过程，通过对观测数据的重新抽样产生再生样本来模拟总体分布。计算$R(X,F)$分布特征的基本步骤如下：

(1) 根据观测样本$X=(x_1,x_2,\cdots,x_n)$构造经验分布函数F_n。

(2) 从F_n中抽取样本$X^*=(x_1^*,x_2^*,\cdots,x_n^*)$，称其为Bootstrap样本。

(3) 计算相应的 Bootstrap 统计量 $R^*(X^*, F_n)$,其表达式为

$$R^*(X^*, F_n) = \hat{\theta}(F_n^*) - \hat{\theta}(F_n) \triangleq R_n. \tag{7.52}$$

式中:F_n^* 是 Bootstrap 样本的经验分布函数;R_n 是 T_n 的 Bootstrap 统计量。

(4) 重复步骤(2)、(3)B 次,可得到 Bootstrap 统计量 $R^*(X^*, F_n)$ 的 B 个可能取值,将统计量的值从小到大排列即为样本统计量的 Bootstrap 经验分布。

(5) 用 $R^*(X^*, F_n)$ 的分布去逼近 $R(X, F)$ 的分布,即用 R_n 的分布去近似 T_n 的分布,可得到参数 $\theta(F)$ 的 B 个可能取值,即可统计求出参数 θ 的分布及其特征值。

采用上述 Bootstrap 方法作统计分析的目的在于获得所估计参数的置信区间。当置信水平为 $1-\alpha$ 时,置信区间上限为经验分布的 $1-\alpha/2$ 分位数,下限为经验分布的 $\alpha/2$ 分位数。

由以上分析可知,Bootstrap 经验分布的一般特性如下:①经验分布集中在样本统计量 T 周围;②经验分布的均值是统计量 T 所有可能样本抽样分布的均值估计;③经验分布的标准差是统计量 T 的标准差估计;④经验分布的 $\alpha/2$ 和 $1-\alpha/2$ 分位数分别为 $1-\alpha$ 置信水平下统计量 T 的置信区间的下限和上限。

2. 基于 Bootstrap 的质量控制图分析

分析采用 Bootstrap 方法对大规模定制生产过程进行质量控制的过程,如图 7.5 所示,具体步骤为:

(1) 对原始数据重复抽样,得到一定数量的子样本。

(2) 对每个子样本计算相关的统计量。

(3) 将子样本的统计量按从小到大排序,得到 Bootstrap 经验分布。

(4) 根据控制图的控制限要求,上下限取 Bootstrap 经验分布的相应分位数,构建样本统计量控制图。

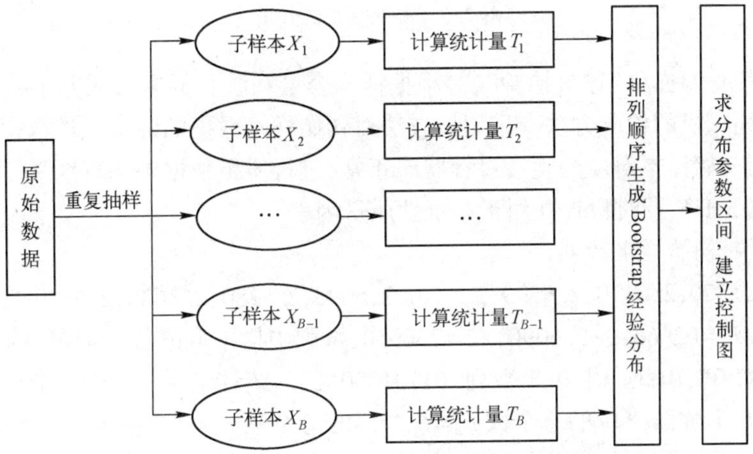

图 7.5 基于 Bootstrap 的质量控制图分析示意图

在具体实施中,需要考虑原始观测样本的样本量以及抽样次数。张湘平研究提出,要保证应用 Bootstrap 方法进行估计的有效性,至少要有 8 个观察值,相关文献中提出根据实际情况,观测样本越多越好;Efron 和 Tibshirani 研究提出重复抽样次数 B 一般取 1000~3000。

7.5.4 案例分析

某航空产品制造厂生产的一批框段根据技术指标及安装位置的差异性,其半径、形状、连接方式各不相同,共有 20 种,且每一种产品批生产数量都不超过 30 件,其生产方式可视为大规模定制模式。其中一种框段(钣金零件)厚度要求为 $\phi 2.60^{+0.1}_{-0.1}$(mm),在生产初期采集了 10 件的加工数据,测得的质量数据为 2.5320,2.6470,2.6290,2.5840,2.6090,2.6010,2.5280,2.5630,2.6540,2.6190。根据本文的研究思路,对该零件的加工数据进行质量分析的流程如图 7.6 所示。

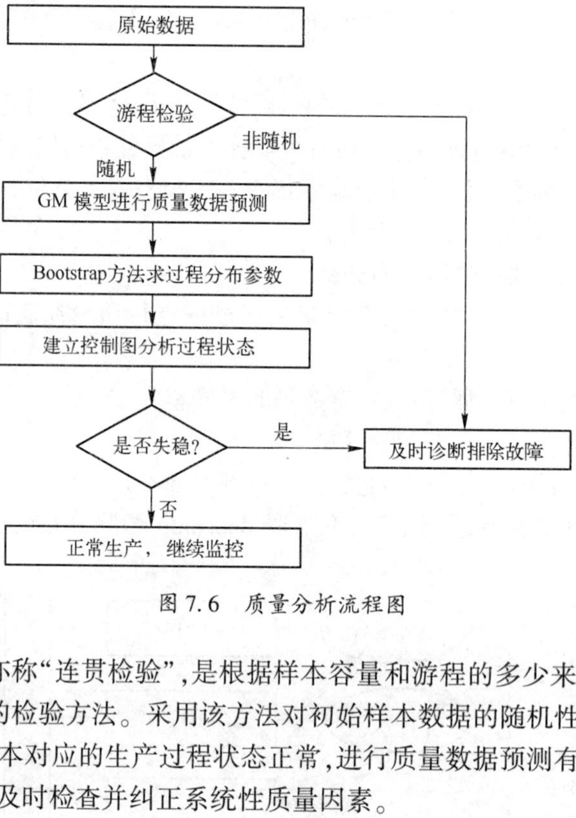

图 7.6 质量分析流程图

(1) 游程检验亦称“连贯检验”,是根据样本容量和游程的多少来判定一个给定样本序列是否排列随机的检验方法。采用该方法对初始样本数据的随机性进行检验。若排列随机,则表明初始样本对应的生产过程状态正常,进行质量数据预测有意义。若排列非随机,则应根据 5M1E 及时检查并纠正系统性质量因素。

本案例中,初始样本数列

$\boldsymbol{x}^{(0)}=(2.5320,2.6470,2.6290,2.5840,2.6090,2.5280,2.5630,2.6540,2.6190)$.

中位数 $Me=(2.6010+2.6090)/2=2.6050$,数列中样本取值若大于 Me 的记为“1”,小于 Me 的记为“0”,由此产生 0-1 数列“0110100011”。统计结果:3 个“0”游程,3 个“1”游程,共有 $U=6$ 个游程;“1”的总个数 $n_1=5$,“0”的总个数 $n_2=5$。查游程检验临界值表可知,在 0.05 显著性水平上该样本序列排列是随机的,说明初始样本对应的生产过程状态是正常的。

(2) 采用灰色系统模型,用 Matlab 编程求解白化方程参数并求预测值,在此过程中检验模型精度。经计算得,后验差比值 c 为 0.5348,与精度等级表 7.31 比较,模型精度满足要求。

取之后 6 期的预测值

2.5904　2.5877　2.5850　2.5823　2.5797　2.5770,

扩充样本数量,得到新的样本数列 $\tilde{x}^{(0)}$ 如下:

2.5320,2.6470,2.6290,2.5840,2.6090,2.6010,2.5280,2.5630,2.6540,2.6190,2.5904,2.5877,2.5850,2.5823,2.5797,2.5770.

(3) 以新的样本序列 $\tilde{x}^{(0)}$ 中数据为原始数据,按 7.5.3 节所述步骤,计算样本均值和样本极差的 3σ 控制限。依时间顺序将 $\tilde{x}^{(0)}$ 分为 4 个子样本组,如表 7.32 所列。

表 7.32　框段厚度检测值(单位:mm)

子样本	1	2	3	4
检测值	2.532	2.609	2.654	2.585
	2.647	2.601	2.619	2.5823
	2.629	2.528	2.5904	2.5797
	2.584	2.563	2.5877	2.577
均值 $\overline{X}$	2.598	2.5753	2.6128	2.581
极差 R	0.115	0.081	0.0663	0.008

在 Matlab 中用 Bootstrap 工具箱,基于样本数列 $\tilde{x}^{(0)}$ 进行重复抽样,子样本容量为 4,抽取 1000 个子样本,计算子样本均值和极差。

(4) 将得到的 1000 个子样本的均值和极差按从小到大的顺序排列,得到 Bootstrap 经验分布。当采用 3σ 控制图时,取显著性水平 $\alpha=0.27\%$,上、下控制限分别为经验分布的 $(1-\alpha/2)$ 分位数和 $\alpha/2$ 分位数。因此,获得样本均值控制图的上、下控制限分别为 $LCL_{\bar{x}}=2.5398$ 和 $UCL_{\bar{x}}=2.6347$,样本极差控制图的上下控制限分别为 $LCL_R=0.0027$ 和 $UCL_R=0.1260$。

(5) 根据样本均值和样本极差控制图上下限和表 7.32 中的样本统计量取值,分别绘制样本均值控制图(图 7.7)和样本极差控制图(图 7.8),观察样本统计量数据点均在控制界限内,可以判断生产过程受控。

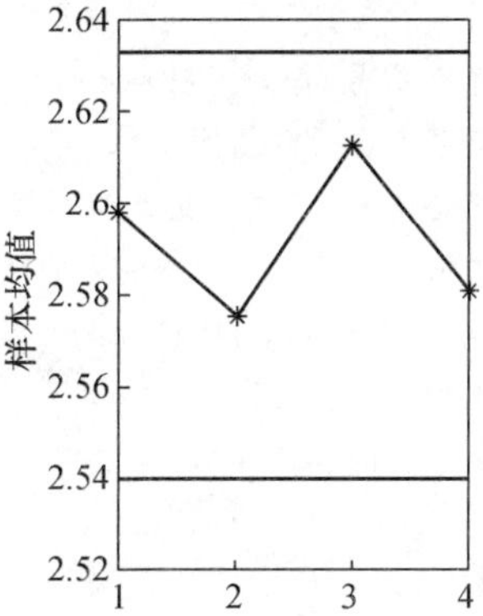

图 7.7　均值控制图

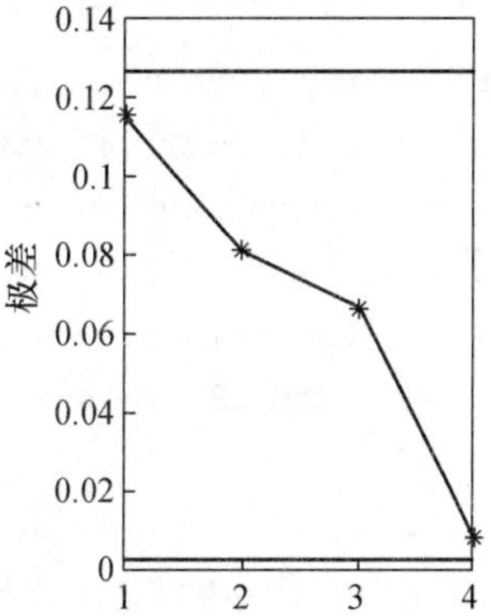

图 7.8　极差控制图

7.5.5 结论

鉴于灰色模型在极小样本量数据预测中的优势,采用灰色系统预测模型对样本数量进行扩展，再基于 Bootstrap 统计推断方法得到统计量的经验分布，采用 $\overline{X}$ 控制图和 R 控制图对大规模定制生产中的过程状态进行判断。通过对框段生产线大规模定制生产质量控制的案例研究，本文提出的新方法可用于大规模定制生产尤其是新型号生产初期的质量预测和控制。

计算的 Matlab 程序如下：

```
clc, clear, rng(6)                          % 取确定的随机数种子
x0=[2.5320,2.6470,2.6290,2.5840,2.6090,2.6010,2.5280,2.5630,2.6540,2.6190];
n=length(x0);
me=quantile(x0,0.5)                         % 计算中位数
[h,p,stat]=runstest(x0,me)                  % 进行游程检验
x1=cumsum(x0);                              % 求累加序列
zk=(x1(1:end-1)+x1(2:end))/2                % 求累加序列的均值序列
B=[-zk', ones(size(zk'))]; yn=x0(2:end)';
ab=B\yn                                     % 拟合参数 a,b
syms x(t)
x=dsolve(diff(x)+ab(1)*x==ab(2),x(0)==x0(1));  % 求微分方程的符号解
xx=vpa(x,6)                                 % 显示小数格式的符号解
yuce=subs(x,t,[0:n+5]);                     % 求累加序列的预测值
yuce=double(yuce);                          % 把符号数转换成数值类型
yuce0=[x0(1),diff(yuce)]                    % 求原始数据的预测值
c=std(yuce0(1:n))/std(x0)                   % 求后验差比值 c
nyuce=yuce0(n+1:end)                        % 提取 6 个新的预测值
nyb=[x0, nyuce];                            % 构造新的样本数据
nnyb=reshape(nyb,[4,4])
mu=mean(nnyb)                               % 分别求 4 个子样本的均值
jc=range(nnyb)                              % 分别求 4 个子样本的极差
writematrix([nnyb;mu;jc],'hb.xlsx')         % 把数据写到 Excel 文件中,便于做表使用
b=rand(4,1000);                             % 产生 4 行 1000 列的随机数矩阵
h=floor(b*length(nyb))+1;      % 把随机数映射为编号(每列对应 bootstrap 样本编号)
bb=repmat(nyb',1,1000); bb=bb(h);           % 对新序列进行重复抽样
mmu=mean(bb); mjc=range(bb);                % 计算 1000 个子样本的均值和极差
smu=sort(mmu); sjc=sort(mjc);               % 把均值和极差按照从小到大的次序排列
alpha=0.0027; k1=floor(1000*alpha/2), k2=floor(1000*(1-alpha/2))
mqj=[smu(k1), smu(k2)]                      % 显示均值的置信区间
jqj=[sjc(k1), sjc(k2)]                      % 显示极差的置信区间
subplot(1,2,1), plot(mu,'*-'), hold on, plot([1,4],[mqj(1),mqj(1)])
plot([1,4],[mqj(2),mqj(2)]), ylabel('样本均值')
subplot(1,2,2), plot(jc,'*-'), hold on, plot([1,4],[jqj(1),jqj(1)]),
plot([1,4],[jqj(2),jqj(2)]), ylabel('极差')
```

拓展阅读材料

2007 年全国研究生数学建模竞赛 A 题“建立食品卫生安全保障体系数学模型及改进模型的若干理论问题”的优秀论文及评述，数学的实践与认识，2008，38(14).

习 题 7

7.1 从一批灯泡中随机地取 5 只作寿命试验,测得寿命(单位:h)为

1050 1100 1120 1250 1280

设灯泡寿命服从正态分布。求灯泡寿命平均值的置信水平为 0.90 的置信区间。

7.2 某车间生产滚珠,随机地抽出了 50 粒,测得它们的直径为(单位:mm)

15.0	15.8	15.2	15.1	15.9	14.7	14.8	15.5	15.6	15.3
15.1	15.3	15.0	15.6	15.7	14.8	14.5	14.2	14.9	14.9
15.2	15.0	15.3	15.6	15.1	14.9	14.2	14.6	15.8	15.2
15.9	15.2	15.0	14.9	14.8	14.5	15.1	15.5	15.5	15.1
15.1	15.0	15.3	14.7	14.5	15.5	15.0	14.7	14.6	14.2

经过计算知样本均值 $\bar{x}=15.0780$,样本标准差 $s=0.4325$,试问滚珠直径是否服从正态分布 $N(15.0780, 0.4325^2)$ $(\alpha=0.05)$。

7.3 (续习题 7.1)按分位数法求灯泡寿命平均值的置信水平为 0.90 的 Bootstrap 置信区间。

7.4 设有如表 7.33 所列的三个组 5 年保险理赔额的观测数据。试用方差分析法检验三个组的理赔额均值是否有显著差异(已知 $F_{0.05}(2,12)=4.6$)。

表 7.33 保险理赔额观测数据

	$t=1$	$t=2$	$t=3$	$t=4$	$t=5$
$j=1$	98	93	103	92	110
$j=2$	100	108	118	99	111
$j=3$	129	140	108	105	116

7.5 某种半成品在生产过程中的废品率 y 与它所含的某种化学成分 x 有关,现将试验所得的 8 组数据记录见表 7.34。试求回归方程 $y=\frac{a_1}{x}+a_2+a_3x+a_4x^2$。

表 7.34 废品率与化学成分关系的观测数据

序号	1	2	3	4	5	6	7	8
x	1	2	4	5	7	8	9	10
y	1.3	1	0.9	0.81	0.7	0.6	0.55	0.4

7.6 人的身高与腿长有密切关系,现测得 13 名成年男子身高 y 与腿长 x 数据见表 7.35。试建立人的身高 y 和腿长 x 之间的一元线性回归模型。

表 7.35 13 名男子身高腿长数据(单位:cm)

x	92	95	96	96.5	97	98	101	103.5	104	105	106	107	109
y	163	165	167	168	171	170	172	174	176	176	177	177	181

7.7 为分析 4 种化肥和三个小麦品种对小麦产量的影响,把一块试验田等分成 36 小块,对种子和化肥的每一种组合种植三小块田,产量如表 7.36 所示(单位:kg),问品种、化肥及二者的交互作用对小麦产量有无显著影响。

表 7.36　产量数据

品种 \ 化肥	A_1	A_2	A_3	A_4
B_1	173,172,173	174,176,178	177,179,176	172,173,174
B_2	175,173,176	178,177,179	174,175,173	170,171,172
B_3	177,175,176	174,174,175	174,173,174	169,169,170

7.8　经研究发现，学生用于购买课外读物的支出 y(元/年)与本人受教育年限 x_1(年)和其家庭收入 x_2(元/月)水平有关，对 10 名学生进行调查的统计资料如表 7.37 所示。

表 7.37　调查统计资料

序号	y	x_1	x_2	序号	y	x_1	x_2
1	450.5	4	3424	6	1222.1	10	6604
2	613.9	5	4086	7	793.2	7	6662
3	501.5	4	4388	8	792.7	6	7018
4	781.5	7	4808	9	1121.0	9	8706
5	611.1	5	5896	10	1094.2	8	10478

要求：

(1) 试求出学生购买课外读物的支出 y 与受教育年限 x_1 和家庭收入水平 x_2 的回归方程 $\hat{y}=b_0+b_1x_1+b_2x_2$。

(2) 对 x_1,x_2 的显著性进行 t 检验，计算 R^2。

(3) 假设有一学生的受教育年限 $x_1=10$ 年，家庭收入水平 $x_2=9600$ 元/月，试预测该学生全年购买课外读物的支出，并求出相应的预测区间($\alpha=0.05$)。

7.9　(三因素方差分析)某集团为了研究商品销售点所在的地理位置、销售点处的广告和销售点的装潢这三个因素对商品的影响程度，选了 3 个位置(如市中心黄金地段、非中心的地段、城乡结合部)、两种广告形式、两种装潢档次在 4 个城市进行了搭配试验。表 7.38 是销售量的数据，试在显著水平 0.05 下，检验不同地理位置、不同广告、不同装潢下的销售量是否有显著差异。

表 7.38　三因素方差数据

水平组合 \ 城市号	1	2	3	4
$A_1B_1C_1$	955	967	960	980
$A_1B_1C_2$	927	949	950	930
$A_1B_2C_1$	905	930	910	920
$A_1B_2C_2$	855	860	880	875
$A_2B_1C_1$	880	890	895	900
$A_2B_1C_2$	860	840	850	830
$A_2B_2C_1$	870	865	850	860
$A_2B_2C_2$	830	850	840	830
$A_3B_1C_1$	875	888	900	892
$A_3B_1C_2$	870	850	847	965
$A_3B_2C_1$	870	863	845	855
$A_3B_2C_2$	821	842	832	848

第8章 差分方程

差分方程是在离散的时间点上描述研究对象动态变化规律的数学表达式。有的实际问题本身就是以离散形式出现的,也有的是将现实世界中随时间连续变化的过程离散化。差分方程与微分方程都是描述状态变化问题的机理建模方法,是同一建模问题的两种思维(离散或连续)方式。

利用差分方程建模,通常是把问题看作一个系统,考察系统状态变量的变化。即首先考察任意两个相邻位置(时间或空间),通常称为一个微元,考察状态值在这个微元内的变化,即输入、输出变化情况,分析变化的原因,进而利用自然科学中的一些相应规律,如质量守恒、动量守恒、能量守恒等公理或定律,建立微元两端状态变量之间的关联方程。其遵循的一个基本准则就是:**未来值=现在值+变化值**。

若记 x_k 为第 k 个时刻或位置的状态变量值,则把各个状态变量的状态值次序排列,就形成了一个有序序列 $\{x_k\}_{k=0}^{n}$。若序列中的 x_k 和其前一个状态或前几个状态值 $x_i(0\leq i<k)$ 存在某种关联,则把它们的关联关系用代数方程的形式表达出来,即建立状态之间的关联方程,称为差分方程。差分方程也称为递推关系。

8.1 差分方程建模

例 8.1 贷款问题。在现实生活中,经常会遇到贷款问题,如购房、买车、投资等,如何根据自身偿还能力,确定合适的贷款额度及偿还期限,是每个借贷人应考虑的现实问题。

问题提出

假定某消费者购房需贷款 30 万元,期限为 30 年,已知贷款年利率为 5.1%,采用固定额度还款方式,问每月应还款额是多少。

问题分析

当月欠款=上月欠款的当月本息-当月还款。

基本假设

假定在还款期限内,利率保持不变。

模型建立

记 y_n 为第 n 个月的欠款总额(单位:元);r 为月利率,$r=\dfrac{0.051}{12}\times 100\% =0.425\%$;$x$ 为当月还款额度(单位:元);N 为还款期限,$N=12\times 30=360$(月);Q 为贷款总额(单位:元)。则数学模型为

$$\begin{cases} y_n=(1+r)y_{n-1}-x, \quad n=1,2,\cdots,N, \\ y_0=Q. \end{cases} \tag{8.1}$$

模型求解

由式(8.1),可通过递推方法求得

$$\begin{aligned} y_n &= (1+r)y_{n-1}-x \\ &= (1+r)[(1+r)y_{n-2}-x]-x \\ &\vdots \\ &= (1+r)^n y_0 - x[1+(1+r)+(1+r)^2+\cdots+(1+r)^{n-1}] \\ &= (1+r)^n y_0 - x\frac{(1+r)^n-1}{r}. \end{aligned}$$

每月应还款的确定:由到期应全部还清的条件,即

$$y_N = y_{360} = 0,$$

$$0 = y_N = (1+r)^N Q - x\frac{(1+r)^N-1}{r},$$

解得

$$x = \frac{(1+r)^N Qr}{(1+r)^N-1} = \frac{(1+0.00425)^{360}\times 300000\times 0.00425}{(1+0.00425)^{360}-1} = 1628.85(\text{元}).$$

到期后累计还款额度为 1628.85×360=586386 元。

```
clc, clear, format long g
Q = 300000; r = 0.051 /12; N = 360;
x = round((1+r)^N*Q*r/((1+r)^N-1), 2)
s = x*N  % 总还款额
format   % 恢复到短小数的显示格式
```

例 8.2(续例 6.18) 再论美国人口增长模型。以 $\Delta t=10$ 年作为一个时间间隔步长,记 x_k 为 $t=k$ 时的人口数量(单位:百万),考察从 $t=k$ 到 $t=k+1$ 时段内人口的变化量。若假设美国人口增长服从 Logistic 规律,则可建立如下所示的差分方程模型:

$$x_{k+1}-x_k = r(1-sx_k)x_k\Delta t, \tag{8.2}$$

式中:r 为美国人口的固有增长率;s 为阻滞系数。

因而建立如下的差分方程模型:

$$\begin{cases} x_{k+1} = (1+10r-10srx_k)x_k = \alpha x_k + \beta x_k^2,\ k=0,1,\cdots, \\ x_0 = 3.9. \end{cases} \tag{8.3}$$

式中:$\alpha=1+10r$;$\beta=-10rs<0$。

该模型是一个非线性一阶差分方程。下面使用线性最小二乘法拟合模型式(8.3)中的未知参数 α 和 β。

记已知的 22 个人口数据分别为 $x_k(k=0,1,\cdots,21)$,用 $k=0,1,\cdots,21$ 分别表示 1790 年、1800 年、…、2000 年。把已知的 22 个数据代入式(8.3)中的第一式,得到关于 α,β 的超定线性方程组

$$\begin{bmatrix} x_0 & x_0^2 \\ x_1 & x_1^2 \\ \vdots & \vdots \\ x_{20} & x_{20}^2 \end{bmatrix}\begin{bmatrix} \alpha \\ \beta \end{bmatrix} = \begin{bmatrix} x_1 \\ x_2 \\ \vdots \\ x_{21} \end{bmatrix},$$

解之，得到 α,β 的最小二乘估计值

$$\hat{\alpha}=1.2095,\ \hat{\beta}=-0.0004,$$

2010 年人口的预测值为 307.6809 百万。

```
clc, clear, a=readmatrix('data6_18.txt');
x=a([2:2:6],:)'; x=x(~isnan(x));
A = [x(1:end-1), x(1:end-1).^2];     % 构造线性方程组系数矩阵
cs = pinv(A) * x(2:end)              % 求最小二乘解
y2010 = [x(end), x(end)^2] * cs      % 求 2010 年的预测值
```

例 8.3(续例 6.2) 目标跟踪问题。

问题分析

把导弹与乙舰看作两个运动的质点 $P(x(t),y(t))$ 和 $Q(\tilde{x}(t),\tilde{y}(t))$，则该问题就变成两个质点随时间的运动问题。

基本假设

(1) 忽略潮流对乙舰运动的阻尼作用，始终假定导弹和乙舰以恒定速度运动。

(2) 导弹运动方向自始至终都指向乙舰，即任意时刻导弹运动轨迹曲线的切线与 P、Q 两点之间的割线重合。

模型建立

首先把时间等间距离散化为一系列时刻：

$$t_0<t_1<t_2<\cdots<t_k<\cdots,$$

式中：$\Delta t=t_{k+1}-t_k$ 为等时间步长。

记 u 为导弹运行的速度，则 $u=5v_0$。进一步地，记 $P_k(x_k,y_k)$ 为质点 P 在 $t=t_k$ 时刻的位置，则 Q 点位置是 $Q_k=(1,v_0t_k)$，如图 8.1 所示，从点 P_k 到 Q_k 构成的割线向量 $\overrightarrow{P_kQ_k}$ 为

$$\overrightarrow{P_kQ_k}=(1-x_k,v_0t_k-y_k),$$

式中：$x_k=x(t_k)$；$y_k=y(t_k)$。

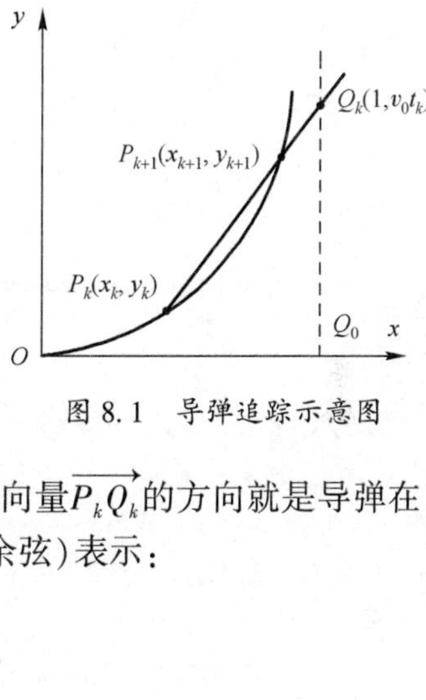

图 8.1 导弹追踪示意图

由基本假设(2)可知，P 点的运动方向始终指向 Q，故向量 $\overrightarrow{P_kQ_k}$ 的方向就是导弹在 $t=t_k$ 时刻运动的方向，其方向向量可由如下单位向量(方向余弦)表示：

$$\boldsymbol{e}^{(k)}=(e_1^{(k)},e_2^{(k)})=\frac{\overrightarrow{P_kQ_k}}{\|\overrightarrow{P_kQ_k}\|},$$

其中

$$\|\overrightarrow{P_kQ_k}\|=\sqrt{(1-x_k)^2+(v_0t_k-y_k)^2},$$

$$e_1^{(k)}=\frac{1-x_k}{\sqrt{(1-x_k)^2+(v_0t_k-y_k)^2}},$$

$$e_2^{(k)}=\frac{v_0t_k-y_k}{\sqrt{(1-x_k)^2+(v_0t_k-y_k)^2}}.$$

以时间从 t_k 到 t_{k+1} 作为一个微元，当运动时间从 t_k 变为 t_{k+1} 时，在这个微小的时间单

元内，假定导弹质点的运动方向不变，则在 $t=t_{k+1}=t_0+(k+1)\Delta t$ 时刻，P 点的位置为 $P_{k+1}(x_{k+1},y_{k+1})$，满足

$$\begin{cases}x_{k+1}=x_k+ue_1^{(k)}\Delta t,\\ y_{k+1}=y_k+ue_2^{(k)}\Delta t,\\ x_0=0,\quad y_0=0,\end{cases} \tag{8.4}$$

式中：$u=5v_0$ 是导弹的运行速度；$ue_1^{(k)}$ 为导弹的速度向量在 x 轴方向的投影分量；$ue_2^{(k)}$ 为导弹的速度向量在 y 轴方向的投影分量；x_0,y_0 为导弹的初始位置。

这是一个关于参变量（时间 Δt）的差分方程组，令 $k=0,1,2,\cdots$，即可求出在一系列离散时间点上的导弹位置。

模型求解

取 $v_0=1,\Delta t=0.00005$，计算结果如图 8.2 所示，即乙舰大约行驶到 $y=0.2084$ 处时被击中，经过的时间大约为 0.2084。

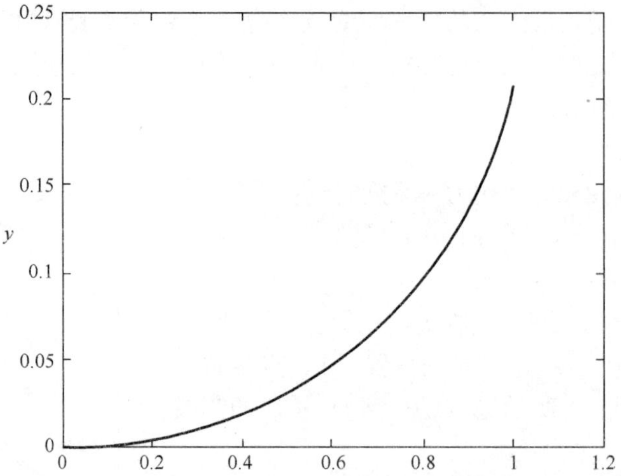

图 8.2 导弹追踪计算结果

```
clc, clear
v = 1; u = 5 * v; h = 0.00005
x = 0; y = 0; t = 0;                        % 设置导弹初始位置和时间
plot(x, y, '.'), hold on
while x <= 0.99999
    pq = [1-x, v*t-y];
    x = x + u * pq(1)/norm(pq) * h;
    y = y + u * pq(2)/norm(pq) * h;
    t = t + h; plot(x, y, '.')
end
x, y                                        % 显示击中时的导弹位置
xlabel('$x$', 'Interpreter', 'latex')
ylabel('$y$', 'Interpreter', 'latex', 'Rotation', 0)
```

例 8.4 商品销售量预测。某商品前 5 年的销售量见表 8.1。现希望根据前 5 年的统计数据预测第 6 年起该商品在各季度中的销售量。

表 8.1 前 5 年销售数据表

	第 1 年	第 2 年	第 3 年	第 4 年	第 5 年
第 1 季度	11	12	13	15	16
第 2 季度	16	18	20	24	25
第 3 季度	25	26	27	30	32
第 4 季度	12	14	15	15	17

从表 8.1 可以看出，该商品在前 5 年相同季节里的销售量呈增长趋势，而在同一年中销售量先增后减，第 1 季度的销售量最小而第 3 季度的销售量最大。预测该商品以后的销售情况，根据本例中数据的特征，可以用回归分析方法按季度建立 4 个经验公式，分别用来预测以后各年同一季度的销售量。例如，如认为第 1 季度的销售量大体按线性增长，可设销售量 $y_t^{(1)}=at+b$，由如下 Matlab 程序：

```
x=[[1:5]',ones(5,1)];
y=[11 12 13 15 16]';
z=x\y
```

求得 $a=z(1)=1.3, b=z(2)=9.5$。

根据 $y_t^{(1)}=1.3t+9.5$，预测第 6 年起第 1 季度的销售量为 $y_6^{(1)}=17.3, y_7^{(1)}=18.6, \cdots$。由于数据少，用回归分析效果不一定好。

如认为销售量并非逐年等量增长而是按前一年或前几年同期销售量的一定比例增长的，则可建立相应的差分方程模型。仍以第 1 季度为例，简单起见，不再引入上标，以 y_t 表示第 t 年第 1 季度的销售量，建立形式如下的差分公式：

$$y_t=a_1y_{t-1}+a_2,$$

或

$$y_t=a_1y_{t-1}+a_2y_{t-2}+a_3$$

等。

上述差分方程中的系数不一定能使所有统计数据吻合，较为合理的办法是用最小二乘法求一组总体吻合较好的数据。以建立二阶差分方程 $y_t=a_1y_{t-1}+a_2y_{t-2}+a_3$ 为例，选取 a_1,a_2,a_3 使得对于已知观测数据 $y_t(t=1,2,3,4,5)$，使

$$\sum_{t=3}^{5}\left[y_t-(a_1y_{t-1}+a_2y_{t-2}+a_3)\right]^2$$

达到最小。编写 Matlab 程序如下：

```
y0=[11 12 13 15 16]';
y=y0(3:5);x=[y0(2:4),y0(1:3),ones(3,1)];
z=x\y
```

求得 $a_1=z(1)=-1, a_2=z(2)=3, a_3=z(3)=-8$。即所求二阶差分方程为

$$y_t=-y_{t-1}+3y_{t-2}-8.$$

虽然这一差分方程恰好使所有统计数据吻合，但这只是一个巧合。根据这一方程，可迭代求出以后各年第 1 季度销售量的预测值 $y_6=21, y_7=19, \cdots\cdots$。

上述为预测各年第 1 季度销售量而建立的二阶差分方程，虽然其结果与前 5 年第 1 季度的统计数据完全吻合，但用于预测时预测值与事实不符。凭直觉，第 6 年估计值明显

偏高，第 7 年销售量预测值甚至小于第 6 年。稍作分析不难看出，如分别对每一季度建立一个差分方程，则根据统计数据拟合出的系数可能会相差甚大，但对同一种商品，这种差异应当是微小的，故应根据统计数据建立一个共用于各个季度的差分方程。为此，将季度编号为 $t=1,2,\cdots,20$，令 $y_t=a_1y_{t-4}+a_2$ 或 $y_t=a_1y_{t-4}+a_2y_{t-8}+a_3$ 等，利用全体数据来拟合，求拟合得最好的系数。以二阶差分方程为例，求 a_1,a_2,a_3 使得

$$Q(a_1,a_2,a_3)=\sum_{t=9}^{20}\left[y_t-(a_1y_{t-4}+a_2y_{t-8}+a_3)\right]^2$$

达到最小，计算得 $a_1=z(1)=0.8737$，$a_2=z(2)=0.1941$，$a_3=z(3)=0.6957$，故求得二阶差分方程

$$y_t=0.8737y_{t-4}+0.1941y_{t-8}+0.6957,$$

根据此式迭代，可求得第 6 年和第 7 年第 1 季度销售量的预测值为

$$y_{21}=17.5869,\ y_{25}=19.1676.$$

还是较为可信的。

计算的 Matlab 程序如下：

```
y0=[11 16 25 12 12 18 26 14 13 20 27 15 15 24 30 15 16 25 32 17]';
y=y0(9:20); x=[y0(5:16),y0(1:12),ones(12,1)];
z=x\y
for t=21:25
    y0(t)=z(1)*y0(t-4)+z(2)*y0(t-8)+z(3);
end
yhat=y0([21,25])   %提取 t=21,25 时的预测值
```

例 8.5 养老保险。某保险公司的一份材料指出，在每月交费 200 元至 59 岁年底，60 岁开始领取养老金的约定下，男子若 25 岁起投保，届时月养老金 2282 元；假定人的寿命为 75 岁，试求出保险公司为了兑现保险责任，每月至少应有多少投资收益率？

解 设 r 表示保险金的投资月收益率，缴费期间月缴费额为 p 元，领养老金期间月领取额为 q 元，缴费的月数为 N，到 75 岁时领取养老金的月数为 M，投保人在投保后第 k 个月所交保险费及收益的累计总额为 F_k，那么容易得到数学模型为分段表示的差分方程

$$F_{k+1}=F_k(1+r)+p,\quad k=0,1,\cdots,N-1,$$
$$F_{k+1}=F_k(1+r)-q,\quad k=N,N+1,\cdots,M-1,$$

这里 $p=200$，$q=2282$，$N=420$，$M=600$。

可推出差分方程的解（这里 $F_0=F_M=0$）为

$$F_k=\left[(1+r)^k-1\right]\frac{p}{r},\ k=0,1,2,\cdots,N, \tag{8.5}$$

$$F_k=\frac{q}{r}\left[1-(1+r)^{k-M}\right],\ k=N+1,\cdots,M, \tag{8.6}$$

由式(8.5)和式(8.6)得

$$F_N=\left[(1+r)^N-1\right]\frac{p}{r},$$

$$F_{N+1}=\frac{q}{r}\left[1-(1+r)^{N+1-M}\right],$$

由于 $F_{N+1}=F_N(1+r)-q$，因此得

$$\frac{q}{r}[1-(1+r)^{N+1-M}]=[(1+r)^N-1]\frac{p}{r}(1+r)-q,$$

化简得

$$(1+r)^M-\left(1+\frac{q}{p}\right)(1+r)^{M-N}+\frac{q}{p}=0,$$

记 $x=1+r$,代入数据得

$$x^{600}-12.41x^{180}+11.41=0.$$

利用 Matlab 程序,求得 $x=1.0049$,因而投资收益率 $r=0.49\%$。

计算的 Matlab 程序如下:

```
clc, clear
M=600; N=420; p=200; q=2282;
eq=@(x) x^M-(1+q/p)*x^(M-N)+q/p;
x=fzero(eq,[1.0001,1.5])
```

8.2 差分方程的基本概念和理论

1. 基本概念

定义 8.1 称形如

$$y_{n+k}+a_1y_{n+k-1}+a_2y_{n+k-2}+\cdots+a_ky_n=0 \tag{8.7}$$

的差分方程为 k 阶常系数线性齐次差分方程,其中 $a_i(1\leqslant i\leqslant k)$ 为常数,$a_k\neq 0,k\geqslant 1$。

定义 8.2 称方程

$$\lambda^k+a_1\lambda^{k-1}+\cdots+a_{k-1}\lambda+a_k=0 \tag{8.8}$$

为差分方程(8.7)的特征方程,方程的根称为差分方程(8.7)的特征根。

定义 8.3 称形如

$$y_{n+k}+a_1y_{n+k-1}+a_2y_{n+k-2}+\cdots+a_ky_n=f(n) \tag{8.9}$$

的差分方程为 k 阶常系数线性非齐次差分方程,其中 $a_i(1\leqslant i\leqslant k)$ 为常数,$a_k\neq 0,k\geqslant 1$,$f(n)\neq 0$。

定理 8.1 若 k 阶差分方程(8.7)的特征方程(8.8)有 k 个互异的特征根 $\lambda_1,\lambda_2,\cdots,\lambda_k$,则

$$y_n=c_1\lambda_1^n+c_2\lambda_2^n+\cdots+c_k\lambda_k^n \tag{8.10}$$

是差分方程(8.7)的一个通解,其中 $c_1,c_2,\cdots,c_k$ 为任意常数。

进一步地,若给定一组初始条件:

$$y_0=u_0,y_1=u_1,\cdots,y_{k-1}=u_{k-1},$$

则利用待定系数法,可以确定差分方程满足初始条件的特解。

定理 8.2 若 k 阶差分方程(8.7)的特征方程(8.8)有 t 个互异的特征根 $\lambda_1,\lambda_2,\cdots,\lambda_t$,重数依次为 $m_1,m_2,\cdots,m_t$,其中 $m_1+m_2+\cdots+m_t=k$,则差分方程的通解为

$$y_n=\sum_{j=1}^{m_1}c_{1j}n^{j-1}\lambda_1^n+\sum_{j=1}^{m_2}c_{2j}n^{j-1}\lambda_2^n+\cdots+\sum_{j=1}^{m_t}c_{tj}n^{j-1}\lambda_t^n. \tag{8.11}$$

定理 8.3 k 阶常系数非齐次差分方程(8.9)的通解 y_n 等于对应齐次差分方程的通解加上非齐次差分方程的特解,即

$$y_n=\tilde{y}_n+y_n^*,\tag{8.12}$$

式中：$\tilde{y}_n$ 为对应齐次差分方程的通解；y_n^* 为对应非齐次差分方程的特解。

2. 差分方程的平衡点及稳定性

1）一阶线性方程的平衡点及稳定性

考虑一阶线性常系数差分方程，一般形式为

$$y_{k+1}+ay_k=b,\ k=0,1,2,\cdots,\tag{8.13}$$

式中：a,b 为常数。

称 y^* 为方程(8.13)的平衡点，如果满足 $y^*+ay^*=b$。求解得 $y^*=\frac{b}{1+a}$。

当 $k\to\infty$ 时，若 $y_k\to y^*$，则平衡点 y^* 是稳定的，否则 y^* 是不稳定的。

为了理解平衡点的稳定性，可以用变量代换方法将方程(8.13)的平衡点的稳定性问题转换为

$$y_{k+1}+ay_k=0,\ k=0,1,2,\cdots\tag{8.14}$$

的平衡点 $y^*=0$ 的稳定性问题。而对于方程(8.14)，其解可由递推公式直接给出：

$$y_k=(-a)^k y_0,\ k=1,2,3,\cdots,$$

所以当且仅当 $|a|<1$ 时，方程(8.14)的平衡点才是稳定的（从而方程(8.13)的平衡点是稳定的）。

2）一阶线性常系数差分方程组的平衡点及稳定性

对于 n 维向量 $\boldsymbol{y}(k)$ 和 $n\times n$ 常数矩阵 $\boldsymbol{A}$ 构成的一阶线性常系数齐次差分方程组

$$\boldsymbol{y}(k+1)+\boldsymbol{A}\boldsymbol{y}(k)=0,\ k=0,1,2,\cdots,\tag{8.15}$$

其平衡点 $\boldsymbol{y}^*=0$ 稳定的条件是 $\boldsymbol{A}$ 的所有特征根均有 $|\lambda_i|<1(i=1,2,\cdots,n)$，即均在复平面上的单位圆内。

对于 n 维向量 $\boldsymbol{y}(k)$ 和 $n\times n$ 常数矩阵 $\boldsymbol{A}$ 构成的一阶线性常系数非齐次差分方程组

$$\boldsymbol{y}(k+1)+\boldsymbol{A}\boldsymbol{y}(k)=\boldsymbol{B},\ k=0,1,2,\cdots,\tag{8.16}$$

其平衡点为 $\boldsymbol{y}^*=(\boldsymbol{E}+\boldsymbol{A})^{-1}\boldsymbol{B}$，其中 $\boldsymbol{E}$ 为 n 阶单位方阵。其稳定性条件与齐次方程(8.15)相同，即 $\boldsymbol{A}$ 的所有特征根均有 $|\lambda_i|<1(i=1,2,\cdots,n)$。

3）二阶线性常系数差分方程的平衡点及稳定性

考察二阶线性常系数齐次差分方程

$$y_{k+2}+a_1y_{k+1}+a_2y_k=0\tag{8.17}$$

的平衡点（$y^*=0$）的稳定性。

方程(8.17)的特征方程为

$$\lambda^2+a_1\lambda+a_2=0,$$

记它的特征根为 λ_1,λ_2，则方程(8.17)的通解可表示为

$$y_k=c_1\lambda_1^k+c_2\lambda_2^k,\tag{8.18}$$

式中：c_1,c_2 为待定常数，由两个初始条件的值确定。

由式(8.18)很容易就可以得到，当且仅当

$$|\lambda_1|<1,|\lambda_2|<1$$

时，方程(8.17)的平衡点才是稳定的。

与一阶线性方程一样，非齐次方程

$$y_{k+2}+a_1y_{k+1}+a_2y_k=b$$

的平衡点的稳定性条件和方程(8.17)相同。

上述结果可以推广到 n 阶线性常系数差分方程的平衡点及其稳定性问题。即平衡点稳定的充要条件是其特征方程的根 λ_i 均有 $|\lambda_i|<1(i=1,2,\cdots,n)$。

4) 一阶非线性差分方程

考察一阶非线性差分方程

$$y_{k+1}=f(y_k), \tag{8.19}$$

式中:$f(y_k)$为已知函数。其平衡点 y^* 由代数方程 $y^*=f(y^*)$解出。

现分析 y^* 的稳定性。将方程的右端在 y^* 点作泰勒多项式展开,只取一阶导数项,则式(8.19)可近似为

$$y_{k+1}\approx f(y^*)+f'(y^*)(y_k-y^*), \tag{8.20}$$

故 y^* 也是近似齐次线性差分方程(8.20)的平衡点。从而由一阶齐次线性差分方程的平衡点稳定性理论可知,y^* 稳定的充要条件为 $|f'(y^*)|<1$。

8.3 莱斯利(Leslie)种群模型

莱斯利模型是研究动物种群数量增长的重要模型,这一模型研究了种群中雌性动物的年龄分布和数量增长的规律。

在某动物种群中,仅考察雌性动物的年龄和数量。设雌性动物的最大生存年龄为 L(单位:年或其他时间单位),把$[0,L]$等分为 n 个年龄组,每一年龄组的长度为 L/n,n 个年龄组分别为

$$\left[0,\frac{L}{n}\right),\ \left[\frac{L}{n},\frac{2L}{n}\right),\cdots,\left[\frac{(n-1)}{n}L,L\right].$$

设第 i 个年龄组的生育率为 a_i,存活率为 $b_i(i=1,2,\cdots,n)$,a_i,b_i 均为常数,且 $a_i\geqslant0$ $(i=1,2,\cdots,n)$,$0<b_i\leqslant1(i=1,2,\cdots,n-1)$。同时,设至少有一个 $a_i>0(1\leqslant i\leqslant n)$,即至少有一个年龄组的雌性动物具有生育能力。

利用统计资料可获得基年$(t=0)$该种群在各年龄组的雌性动物数量,记为 $x_i^{(0)}(i=1,2,\cdots,n)$,为 $t=0$ 时第 i 年龄组雌性动物的数量,就得到初始时刻种群数量分布向量:

$$\boldsymbol{x}^{(0)}=[x_1^{(0)},x_2^{(0)},\cdots,x_n^{(0)}]^{\mathrm{T}}.$$

如果以年龄组的间隔$\dfrac{L}{n}$作为时间单位,记 $t_1=\dfrac{L}{n},t_2=\dfrac{2L}{n},\cdots,t_k=\dfrac{kL}{n},\cdots$,在 t_k 时第 i 年龄组雌性动物的数量为 $x_i^{(k)}(i=1,2,\cdots,n)$,$t_k$ 时各年龄组种群数量分布向量为

$$\boldsymbol{x}^{(k)}=[x_1^{(k)},x_2^{(k)},\cdots,x_n^{(k)}]^{\mathrm{T}},\ k=0,1,2,\cdots. \tag{8.21}$$

随着时间的变化,由于出生、死亡以及年龄的增长,该种群中每一个年龄组的雌性动物数量都将发生变化。实际上,在 t_k 时刻,种群中第 1 个年龄组的雌性动物数量应等于在 t_{k-1}和 t_k 之间出生的所有雌性幼体的总和,即

$$x_1^{(k)}=a_1x_1^{(k-1)}+a_2x_2^{(k-1)}+\cdots+a_nx_n^{(k-1)}. \tag{8.22}$$

同时,在 t_k 时刻,第 $i+1$ 个年龄组$(i=1,2,\cdots,n-1)$中雌性动物的数量应等于在 t_{k-1}时刻第 i 个年龄组中雌性动物数量 $x_i^{(k-1)}$ 乘存活率 b_i,即

$$x_{i+1}^{(k)}=b_i x_i^{(k-1)}\ (i=1,2,\cdots,n-1).\tag{8.23}$$

综合上述分析,由式(8.22)和式(8.23)可得到在 t_k 和 t_{k-1} 时各年龄组中雌性动物数量间的关系:

$$\begin{cases}x_1^{(k)}=a_1x_1^{(k-1)}+a_2x_2^{(k-1)}+\cdots+a_nx_n^{(k-1)},\\ x_2^{(k)}=b_1x_1^{(k-1)},\\ x_3^{(k)}=\qquad b_2x_2^{(k-1)},\\ \vdots\\ x_n^{(k)}=\qquad\qquad b_{n-1}x_{n-1}^{(k-1)}.\end{cases}\tag{8.24}$$

记矩阵

$$\boldsymbol{L}=\begin{bmatrix}a_1 & a_2 & \cdots & a_{n-1} & a_n\\ b_1 & 0 & \cdots & 0 & 0\\ 0 & b_2 & \cdots & 0 & 0\\ \vdots & \vdots & \ddots & \vdots & \vdots\\ 0 & 0 & \cdots & b_{n-1} & 0\end{bmatrix},$$

则式(8.24)可写成

$$\boldsymbol{x}^{(k)}=\boldsymbol{L}\boldsymbol{x}^{(k-1)},\ k=1,2,3,\cdots,\tag{8.25}$$

式中:$\boldsymbol{L}$ 为莱斯利矩阵。

由式(8.25)可得 $\boldsymbol{x}^{(1)}=\boldsymbol{L}\boldsymbol{x}^{(0)}$,$\boldsymbol{x}^{(2)}=\boldsymbol{L}\boldsymbol{x}^{(1)}=\boldsymbol{L}^2\boldsymbol{x}^{(0)}$,$\cdots$,一般有

$$\boldsymbol{x}^{(k)}=\boldsymbol{L}\boldsymbol{x}^{(k-1)}=\boldsymbol{L}^k\boldsymbol{x}^{(0)},\ k=1,2,3,\cdots.$$

若已知初始时种群数量分布向量 $\boldsymbol{x}^{(0)}$,则可以推算任一时刻 t_k 该种群数量分布向量,并以此对该种群的总量进行科学的分析。

例 8.6 某种雌性动物的最大生存年龄为 15 年,以 5 年为一间隔,把这一动物种群分为三个年龄组[0,5),[5,10),[10,15],利用统计资料,已知 $a_1=0,a_2=4,a_3=3;b_1=0.5,b_2=0.25$。在初始时刻 $t=0$ 时,三个年龄组的雌性动物个数分别为 500,1000,500,则初始种群数量分布向量和莱斯利矩阵分别为

$$\boldsymbol{x}^{(0)}=[500,1000,500]^{\mathrm{T}},\ \boldsymbol{L}=\begin{bmatrix}0 & 4 & 3\\ 0.5 & 0 & 0\\ 0 & 0.25 & 0\end{bmatrix}.$$

于是

$$\boldsymbol{x}^{(1)}=\boldsymbol{L}\boldsymbol{x}^{(0)}=\begin{bmatrix}0 & 4 & 3\\ 0.5 & 0 & 0\\ 0 & 0.25 & 0\end{bmatrix}\begin{bmatrix}500\\ 1000\\ 500\end{bmatrix}=\begin{bmatrix}5500\\ 250\\ 250\end{bmatrix},$$

$$\boldsymbol{x}^{(2)}=\boldsymbol{L}\boldsymbol{x}^{(1)}=\begin{bmatrix}0 & 4 & 3\\ 0.5 & 0 & 0\\ 0 & 0.25 & 0\end{bmatrix}\begin{bmatrix}5500\\ 250\\ 250\end{bmatrix}=\begin{bmatrix}1750\\ 2750\\ 62.5\end{bmatrix},$$

$$\boldsymbol{x}^{(3)}=\boldsymbol{L}\boldsymbol{x}^{(2)}=\begin{bmatrix}0 & 4 & 3\\ 0.5 & 0 & 0\\ 0 & 0.25 & 0\end{bmatrix}\begin{bmatrix}1750\\ 2750\\ 62.5\end{bmatrix}=\begin{bmatrix}11187.5\\ 875\\ 687.5\end{bmatrix}.$$

为了分析当 $k\to\infty$ 时,该动物种群数量分布向量的特点,先求出矩阵 $\boldsymbol{L}$ 的特征值与特征向量,为此计算 $\boldsymbol{L}$ 的特征多项式

$$|\lambda\boldsymbol{E}-\boldsymbol{L}|=\begin{vmatrix}\lambda & -4 & -3\\ -0.5 & \lambda & 0\\ 0 & -0.25 & \lambda\end{vmatrix}=\left(\lambda-\frac{3}{2}\right)\left(\lambda^2+\frac{3}{2}\lambda+\frac{1}{4}\right),$$

可得 $\boldsymbol{L}$ 的特征值 $\lambda_1=\dfrac{3}{2},\lambda_2=\dfrac{-3+\sqrt{5}}{4},\lambda_3=\dfrac{-3-\sqrt{5}}{4}$,不难看出 λ_1 是矩阵 $\boldsymbol{L}$ 的唯一正特征值,且$\lambda_1>|\lambda_2|,\lambda_1>|\lambda_3|$。$\boldsymbol{L}$ 有 3 个互异特征值,因此矩阵 $\boldsymbol{L}$ 可相似对角化。

设矩阵 $\boldsymbol{L}$ 属于特征值 $\lambda_i(i=1,2,3)$ 的特征向量为 $\boldsymbol{\alpha}_i$。不难计算 $\boldsymbol{L}$ 属于特征值 $\lambda_1=\dfrac{3}{2}$ 的特征向量为 $\boldsymbol{\alpha}_1=[18,6,1]^{\mathrm{T}}$,记矩阵 $\boldsymbol{P}=[\boldsymbol{\alpha}_1,\boldsymbol{\alpha}_2,\boldsymbol{\alpha}_3]$,$\boldsymbol{\Lambda}=\mathrm{diag}(\lambda_1,\lambda_2,\lambda_3)$,则

$$\boldsymbol{P}^{-1}\boldsymbol{L}\boldsymbol{P}=\boldsymbol{\Lambda}\quad 或\quad \boldsymbol{L}=\boldsymbol{P}\boldsymbol{\Lambda}\boldsymbol{P}^{-1}.$$

$\boldsymbol{L}^k=\boldsymbol{P}\boldsymbol{\Lambda}^k\boldsymbol{P}^{-1}$,于是

$$\boldsymbol{x}^{(k)}=\boldsymbol{L}^k\boldsymbol{x}^{(0)}=\boldsymbol{P}\boldsymbol{\Lambda}^k\boldsymbol{P}^{-1}\boldsymbol{x}^{(0)}=\lambda_1^k\boldsymbol{P}\begin{bmatrix}1 & 0 & 0\\ 0 & (\lambda_2/\lambda_1)^k & 0\\ 0 & 0 & (\lambda_3/\lambda_1)^k\end{bmatrix}\boldsymbol{P}^{-1}\boldsymbol{x}^{(0)},$$

即

$$\frac{1}{\lambda_1^k}\boldsymbol{x}^{(k)}=\boldsymbol{P}\begin{bmatrix}1 & 0 & 0\\ 0 & (\lambda_2/\lambda_1)^k & 0\\ 0 & 0 & (\lambda_3/\lambda_1)^k\end{bmatrix}\boldsymbol{P}^{-1}\boldsymbol{x}^{(0)}.$$

因为 $\left|\dfrac{\lambda_2}{\lambda_1}\right|<1,\left|\dfrac{\lambda_3}{\lambda_1}\right|<1$,所以

$$\lim_{k\to\infty}\frac{1}{\lambda_1^k}\boldsymbol{x}^{(k)}=\boldsymbol{P}\mathrm{diag}(1,0,0)\boldsymbol{P}^{-1}\boldsymbol{x}^{(0)}.\tag{8.26}$$

记列向量 $\boldsymbol{P}^{-1}\boldsymbol{x}^{(0)}$ 的第一个元素为 c(常数),则式(8.26)可化为

$$\lim_{k\to\infty}\frac{1}{\lambda_1^k}\boldsymbol{x}^{(k)}=[\boldsymbol{\alpha}_1,\boldsymbol{\alpha}_2,\boldsymbol{\alpha}_3]\begin{bmatrix}c\\0\\0\end{bmatrix}=c\boldsymbol{\alpha}_1,$$

于是,当 k 充分大时,近似地有

$$\boldsymbol{x}^{(k)}=c\lambda_1^k\boldsymbol{\alpha}_1=c\left(\frac{3}{2}\right)^k\begin{bmatrix}18\\6\\1\end{bmatrix},$$

其中 $c=\dfrac{2250}{19}$。

这一结果说明,当时间充分长,这种动物中雌性的年龄分布将趋于稳定,即 3 个年龄组的数量比为 18:6:1。并由此可近似得到在 t_k 时刻种群中雌性动物的总量,从而对整个种群的总量进行估计。

莱斯利模型在分析动物种群的年龄分布和总量增长方面有广泛应用,这一模型也可

应用于人口增长的年龄分布问题。

计算的 Matlab 程序如下：

```
clc, clear, syms k positive integer
X0 = [500; 1000; 500];
L = [0,4,3;0.5,0,0;0,0.25,0];
L = sym(L);                    % 转换为符号矩阵
X1 = L * X0, X2 = L * X1, X3 = L * X2
p = charpoly(L)                % 计算特征多项式
r = roots(p)                   % 计算符号特征值
[P, D] = eig(L)                % 计算符号特征向量和特征值
XL = P * diag([1,0,0]) * inv(P) * X0
tc = inv(P) * X0; c = tc(1)
```

8.4 应用案例：最优捕鱼策略

例 8.7 最优捕鱼策略（本题选自 1996 年全国大学生数学建模竞赛 A 题）。

生态学表明，对可再生资源的开发策略应在可持续收获的前提下追求最大经济效益。考虑某种鱼具有 4 个年龄组：1 龄鱼，2 龄鱼，3 龄鱼，4 龄鱼。该鱼类在每年后 4 个月季节性集中产卵繁殖。而按规定，捕捞作业只允许在前 8 个月进行，每年投入的捕捞能力固定不变，单位时间捕捞量与各年龄组鱼群条数的比例称为捕捞强度系数。使用只能捕捞 3、4 龄鱼的 13mm 网眼的拉网，其两个捕捞强度系数比为 0.42∶1。渔业上称这种捕捞方式为固定努力量捕捞。鱼群本身有如下数据：

（1）各年龄组鱼的自然死亡率为 0.8（1/年），其平均质量（单位：g）分别为 5.07，11.55，17.86，22.99。

（2）1 龄鱼和 2 龄鱼不产卵。产卵期间，平均每条 4 龄鱼产卵量为 1.109×10^5（个），3 龄鱼为其 1/2。

（3）卵孵化的成活率为 $1.22\times10^{11}/(1.22\times10^{11}+n)$（$n$ 为产卵总量）。

要求通过建模回答如何才能实现可持续捕获（即每年开始捕捞时渔场中各年龄组鱼群不变），并在此前提下得到最高收获量。

问题分析

这是一个分年龄结构的种群预测问题，因此以一年为一个考察周期，研究各年龄组种群的年内变化。在一个研究周期内，依据条件，1 龄鱼和 2 龄鱼没有捕捞，只有自然死亡；3 龄鱼与 4 龄鱼的变化受两个因素制约，即自然死亡和被捕捞。如把当年内剩余的 3 龄鱼与 4 龄鱼产卵孵化后成活的鱼视为 0 龄鱼，则下一个年度自然转化为 1 龄鱼。

基本假设

（1）把渔场看作一个封闭的生态系统，只考虑鱼群的捕捞与自然繁殖的变化，忽略种群的迁移。

（2）各年龄的鱼群全年任何时候都会发生自然死亡，死亡率相同。

（3）捕捞作业集中在前 8 个月，产卵孵化过程集中在后 4 个月完成，不妨假设产卵集中在 9 月初集中完成，其后时间为自然孵化过程。成活的幼鱼在下一年度初自然转化为

1 龄鱼,其他各年龄鱼未被捕捞和未自然死亡的,下一年度初自然转化为高一级年龄组。

(4) 考虑到鱼群死亡率较高,不妨假定 4 龄以上的鱼全部自然死亡,即该类种群的自然寿命为 4 龄。

主要符号

记第 t 年年初各年龄鱼的鱼群数量构成的鱼群向量为

$$\boldsymbol{x}(t)=[x_1(t),x_2(t),x_3(t),x_4(t)]^{\mathrm{T}}.$$

进一步地,记

d 为年自然死亡率,c 为年自然存活率,由已知 $d=0.8$(1/年),$c=1-d=0.2$(1/年)。

α 为鱼群的月自然死亡率,则利用复利计算的思想和已知条件,有

$$(1-\alpha)^{12}=1-0.8=0.2,$$

求解上式得 $\alpha=0.1255$。

k_3,k_4 为单位时间内 3 龄鱼和 4 龄鱼的捕捞强度系数,由已知 $k_3:k_4=0.42:1$,即 $k_3=0.42k_4$。方便起见,记 $k_4=k$,则 $k_3=0.42k$。

β 为卵孵化成活率,由已知条件,$\beta=1.22\times10^{11}/(1.22\times10^{11}+n)$,$n$ 为产卵总量(单位:个)。

m 为 4 龄鱼的平均产卵量,$m=1.109\times10^5$(个),3 龄鱼为其 1/2。

$\boldsymbol{w}=[w_1,w_2,w_3,w_4]^{\mathrm{T}}$ 为各年龄组鱼的平均质量向量(单位:g),即

$$\boldsymbol{w}=[5.07,11.55,17.86,22.99]^{\mathrm{T}}.$$

模型建立

以一年为一个研究周期,以 1 个月为一个离散时间单位,即 $\Delta t=1/12$,则当月月末种群数量等于下月初的种群数量,而当年年底剩余的 i 龄鱼的数量等于下年度年初 $i+1$ 龄鱼的种群数量。

(1) 对 1 龄鱼和 2 龄鱼而言,其种群年内变化只受自然死亡影响,至年底剩余量全部转化为下年初的 2 龄鱼和 3 龄鱼,于是有

$$\begin{cases}x_2(t+1)=(1-\alpha)^{12}x_1(t),\\x_3(t+1)=(1-\alpha)^{12}x_2(t).\end{cases}\tag{8.27}$$

(2) 对 3 龄鱼和 4 龄鱼而言,由于该种群在每年的前 8 个月为捕捞期,而后 4 个月为产卵孵化期,因此整个种群数量变化的研究应分为两个阶段。

① 第一阶段:捕捞期。

$i(i=3,4)$龄鱼在当年前 8 个月的存活率分别为

第 1 个月初存活率:$(1-\alpha-k_i)^0$;

第 2 个月初存活率:$(1-\alpha-k_i)^1$;

⋮

第 8 个月初存活率:$(1-\alpha-k_i)^7$。

在固定努力量捕捞的生产策略下,累计捕捞量(质量):

$$\begin{aligned}z&=\sum_{j=1}^{8}k_3(1-\alpha-k_3)^{j-1}x_3(t)w_3+\sum_{j=1}^{8}k_4(1-\alpha-k_4)^{j-1}x_4(t)w_4\\&=\frac{k_3w_3[1-(1-\alpha-k_3)^8]}{\alpha+k_3}x_3(t)+\frac{k_4w_4[1-(1-\alpha-k_4)^8]}{\alpha+k_4}x_4(t).\end{aligned}\tag{8.28}$$

② 第二阶段：产卵孵化期。

9~12 月为产卵孵化期，不妨假定 8 月底剩余下来的 3 龄鱼和 4 龄鱼在 9 月初集中产卵。则由假设，产卵总量为

$$n=\frac{m}{2}(1-\alpha-k_3)^8x_3(t)+m(1-\alpha-k_4)^8x_4(t). \tag{8.29}$$

由已知条件，卵孵化成活的总量为 βn，转至下年初全部变为 1 龄鱼，因此有

$$x_1(t+1)=\beta n=\beta\frac{m}{2}(1-\alpha-k_3)^8x_3(t)+\beta m(1-\alpha-k_4)^8x_4(t). \tag{8.30}$$

在后 4 个月，3 龄鱼和 4 龄鱼的种群数量变化只有自然死亡，根据假设，至年末剩余下来的 3 龄鱼全部转化为下年初的 4 龄鱼，而剩余下来的 4 龄鱼至年底则全部死亡，因此

$$x_4(t+1)=(1-\alpha-k_3)^8(1-\alpha)^4x_3(t). \tag{8.31}$$

联立式(8.27)、式(8.30)和式(8.31)，可得该种群问题的差分方程组模型：

$$\begin{cases}x_1(t+1)=\beta n=\beta\dfrac{m}{2}(1-\alpha-k_3)^8x_3(t)+\beta m(1-\alpha-k_4)^8x_4(t),\\ x_2(t+1)=(1-\alpha)^{12}x_1(t),\\ x_3(t+1)=(1-\alpha)^{12}x_2(t),\\ x_4(t+1)=(1-\alpha-k_3)^8(1-\alpha)^4x_3(t).\end{cases} \tag{8.32}$$

若记

$$\boldsymbol{P}=\begin{bmatrix}0 & 0 & \dfrac{\beta m}{2}(1-\alpha-k_3)^8 & \beta m(1-\alpha-k_4)^8\\ (1-\alpha)^{12} & 0 & 0 & 0\\ 0 & (1-\alpha)^{12} & 0 & 0\\ 0 & 0 & (1-\alpha-k_3)^8(1-\alpha)^4 & 0\end{bmatrix},$$

于是差分方程组(8.32)可以改写成如下矩阵形式：

$$\boldsymbol{x}(t+1)=\boldsymbol{P}\boldsymbol{x}(t). \tag{8.33}$$

所谓可持续捕获策略，就是在每年的年初渔场的种群数量基本不变，也就是求差分方程组(8.33)的平衡解 $\boldsymbol{x}^*=[x_1^*,x_2^*,x_3^*,x_4^*]^{\mathrm{T}}$，使得

$$\boldsymbol{x}^*=\boldsymbol{P}\boldsymbol{x}^*.$$

综上分析，所研究的渔场追求在经过一定时间的可持续捕捞策略，并且达到稳定的状态下，获得最大生产量。因此数学模型描述为

决策变量

固定努力量，即 k 值。

目标函数

$$\max z=\frac{0.42kw_3[1-(1-\alpha-0.42k)^8]}{\alpha+0.42k}x_3^*+\frac{kw_4[1-(1-\alpha-k)^8]}{\alpha+k}x_4^*. \tag{8.34}$$

约束条件

$$\boldsymbol{x}^*=\boldsymbol{P}\boldsymbol{x}^*. \tag{8.35}$$

直接用 Matlab 求解上面非线性规划问题时，得到的局部最优解是不稳定的，运行结

果见程序 ex8_7_2. m。下面使用搜索算法求解上述问题。

由差分方程稳定性理论知，差分方程组(8. 33)的平衡解稳定的充要条件为：对 $\boldsymbol{P}$ 的所有特征根 λ_i，有 $|\lambda_i|<1(i=1,2,3,4)$。

直接求解式(8. 35)中 $\boldsymbol{P}$ 的特征值需要利用行列式的概念，实际求解时由于矩阵 $\boldsymbol{P}$ 第一行元素中分母含有 n，而它是包含未知解 x_3^*，x_4^* 的线性组合，因此实施起来有一定困难。这里，我们采用直接法计算。事实上，由约束条件易知

$$x_4^*=(1-\alpha-0.42k)^8(1-\alpha)^4x_3^*,x_3^*=(1-\alpha)^{12}x_2^*,x_2^*=(1-\alpha)^{12}x_1^*,$$

直接可以推导出

$$x_3^*=(1-\alpha)^{24}x_1^*,\ x_4^*=(1-\alpha-0.42k)^8(1-\alpha)^{28}x_1^*, \tag{8.36}$$

把式(8. 36)代入式(8. 29)可得

$$n=m(1-\alpha-0.42k)^8(1-\alpha)^{24}\left[\frac{1}{2}+(1-\alpha-k)^8(1-\alpha)^4\right]x_1^*, \tag{8.37}$$

把式(8. 37)代入 $x_1^*=\dfrac{1.22\times10^{11}}{1.22\times10^{11}+n}n$ 中，整理得

$$x_1^*=1.22\times10^{11}\left(1-\frac{1}{m(1-\alpha-0.42k)^8(1-\alpha)^{24}\left[\frac{1}{2}+(1-\alpha-k)^8(1-\alpha)^4\right]}\right). \tag{8.38}$$

把式(8. 38)代入式(8. 36)中，进而再代入目标函数式(8. 34)中，即可将目标函数转化为关于变量 k 的非线性表达式。利用 Matlab 编程，采用遍历方法计算 k 值与 z 值的关系，得最优月捕捞强度系数为：4 龄鱼 $k_4=k=0.778$，3 龄鱼 $k_3=0.42k=0.3268$，在可持续最佳捕捞下，可获得的稳定的最大生产量为 5.9415×10^{10}(g) = 59415(t)，渔场中各年龄组鱼群数

$$x^*=[1.1521\times10^{11},2.3042\times10^{10},4.6084\times10^9,2.1830\times10^7]^{\mathrm{T}}.$$

捕捞生产量与月捕捞强度系数 $k_4=k$ 之间的变化关系如图 8. 3 所示。

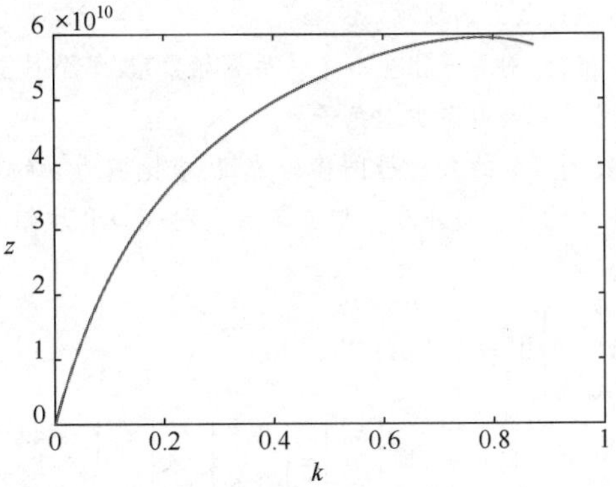

图 8. 3　稳定生产策略下捕捞强度与年捕捞量之间的关系

由于 $\alpha=0.1255$，用计算机遍历时，k 的取值范围为[0,0. 874]，步长变化为 0. 001。

```
clc, clear, close all, format long g
a = 1 - 0.2^(1/12); m = 1.109 * 10 ^5
```

```
w3 = 17.86; w4 = 22.99
X=[]; Z=[]; N=[]; K = 0:0.001:0.874;
for k = K
    x1 = 1.22*10^11*(1-1/(m*(1-a-0.42*k)^8*(1-a)^24* ...
        (1/2+(1-a-k)^8*(1-a)^4)));
    x2 = (1-a)^12*x1; x3 = (1-a)^12*x2;
    x4 = (1-a-0.42*k)^8*(1-a)^4*x3;
    X = [X, [x1;x2;x3;x4]];
    n = m*(1-a-0.42*k)^8*(1-a)^24*(1/2+(1-a-k)^8*(1-a)^4)*x1;
    N = [N, n];
    z = 0.42*k*w3*(1-(1-a-0.42*k)^8)/(a+0.42*k)*x3+ ...
       k*w4*(1-(1-a-k)^8)/(a+k)*x4;
    Z = [Z, z];
end
[mz, ind] = max(Z)
k4 = K(ind), k3 = 0.42 * k4     %最优捕捞强度
xx = X(:,ind)                   %各年龄组的鱼群数
plot(K, Z); xlabel('$k$','Interpreter','Latex')
ylabel('$z$','Interpreter','Latex','Rotation',0)
```

注 8.1 模型假设中假定该种群的鱼龄寿命为 4 龄,如果取消这一假设,即假定 4 龄以上的鱼体重不再增长,仍为 4 龄鱼,则需要重新修改模型,修改后重新计算模型的结果,留给读者作为习题。

习 题 8

8.1 求斐波那契(Fibonacci)数列的通项。

斐波那契在 13 世纪初提出,一对兔子出生一个月后开始繁殖,每个月出生一对新生兔子,假定兔子只繁殖,没有死亡,问第 k 个月月初会有多少对兔子。

8.2 在某国家,每年有比例为 p 的农村居民移居城镇,有比例为 q 的城镇居民移居农村。假设该国总人数不变,且上述人口迁移的规律也不变。把 n 年后农村人口和城镇人口占总人口的比例依次记为 x_n 和 $y_n(x_n+y_n=1)$。

(1) 求关系式 $\begin{bmatrix} x_{n+1} \\ y_{n+1} \end{bmatrix} = \boldsymbol{A}\begin{bmatrix} x_n \\ y_n \end{bmatrix}$ 中的矩阵 $\boldsymbol{A}$;

(2) 设目前农村人口与城镇人口相等,即 $\begin{bmatrix} x_0 \\ y_0 \end{bmatrix} = \begin{bmatrix} 0.5 \\ 0.5 \end{bmatrix}$,求 $\begin{bmatrix} x_n \\ y_n \end{bmatrix}$。

8.3 例 8.7 中,假定 4 龄以上的鱼体重不再增长,仍为 4 龄鱼,请重新修改模型并给出计算结果。

8.4 某家庭考虑购买住宅,总价为 60 万元,按开发商要求需首付 20 万元,剩余款项可申请银行贷款。假定贷款期限为 30 年,月利率为 0.36%,建立模型测算等额还款时的月还款额。

8.5 有一块一定面积的草场放牧羊群,管理者要估计草场能放牧多少羊,每年保留多少母羊羔,夏季要贮藏多少草供冬季之用。

为解决这些问题,调查了如下的背景资料:

(1) 本地环境下这一品种草的日生长率如表 8.2 所列。

表 8.2　各季节草的生长率

季　节	冬	春	夏	秋
日生长率/(g/m^2)	0	3	7	4

(2) 羊的繁殖率。通常母羊每年产 1~3 只羊羔,5 岁后被卖掉。为保持羊群的规模可以买进羊羔,或者保留一定数量的母羊。每只母羊的平均繁殖率如表 8.3 所列。

表 8.3　母羊的平均繁殖率

年　龄	0~1	1~2	2~3	3~4	4~5
产羊羔数	0	1.8	2.4	2.0	1.8

(3) 羊的存活率。不同年龄的母羊的自然存活率(指存活一年)如表 8.4 所列。

表 8.4　母羊的平均自然存活率

年　龄	1~2	2~3	3~4
存活率	0.98	0.95	0.80

(4) 草的需求量。母羊和羊羔在各个季节每天需要草的数量(单位:kg)如表 8.5 所列。

表 8.5　母羊和羊羔每天草的平均需求量

季节	冬	春	夏	秋
母羊	2.10	2.40	1.15	1.35
羊羔	0	1.00	1.65	0

注:只关心羊的数量,而不管它们的质量。一般在春季产羊羔,秋季将全部公羊和一部分母羊卖掉,保持羊群数量不变。

第9章　支持向量机

支持向量机是数据挖掘中的一项新技术，是借助最优化方法来解决机器学习问题的新工具，最初由 V. Vapnik 等提出，近几年来在其理论研究和算法实现等方面都取得了很大的进展，开始成为克服“维数灾难”和“过学习”等困难的强有力手段，其理论基础和实现途径的基本框架都已形成。

支持向量机(Support Vector Machine, SVM)在模式识别等领域获得了广泛的应用。其主要思想是找到一个超平面，使得它能够尽可能多地将两类数据点正确分开，同时使分开的两类数据点距离分类面最远，如图 9.1(b)所示。

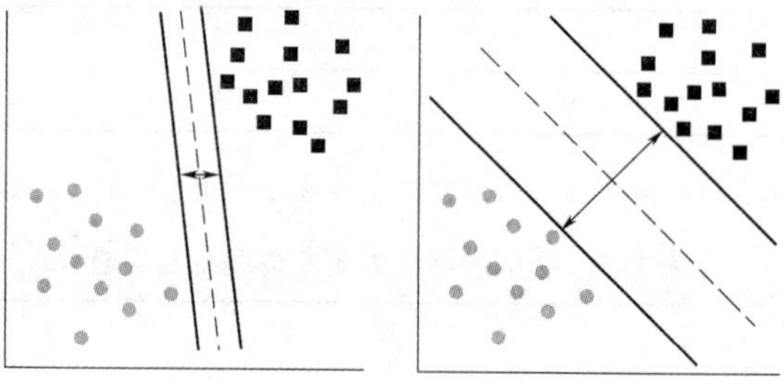

图 9.1　最佳超平面示意图

(a) 一般超平面；(b) 最佳超平面。

9.1　支持向量分类机的基本原理

根据给定的训练集

$$T=\{[\boldsymbol{a}_1,y_1],[\boldsymbol{a}_2,y_2],\cdots,[\boldsymbol{a}_l,y_l]\}\in(\Omega\times Y)^l,$$

式中：$\boldsymbol{a}_i\in\Omega=\mathbf{R}^n$；$\Omega$ 称为输入空间，输入空间中的每一个点 $\boldsymbol{a}_i$ 由 n 个属性特征组成；$y_i\in Y=\{-1,1\}$，$i=1,2,\cdots,l$。

寻找 $\mathbf{R}^n$ 上的一个实值函数 $g(\boldsymbol{x})$，以便用分类函数

$$f(\boldsymbol{x})=\mathrm{sign}(g(\boldsymbol{x}))$$

推断任意一个模式 $\boldsymbol{x}$ 相对应的 y 值的问题为分类问题。

9.1.1　线性可分支持向量分类机

考虑训练集 T，若 $\exists\boldsymbol{\omega}\in\mathbf{R}^n$，$b\in\mathbf{R}$ 和正数 ε，使得对所有使 $y_i=1$ 的 $\boldsymbol{a}_i$ 有 $(\boldsymbol{\omega}\cdot\boldsymbol{a}_i)+b\geqslant\varepsilon$（这里$(\boldsymbol{\omega}\cdot\boldsymbol{a}_i)$表示向量 $\boldsymbol{\omega}$ 和 $\boldsymbol{a}_i$ 的内积），而对所有使 $y_i=-1$ 的 $\boldsymbol{a}_i$ 有 $(\boldsymbol{\omega}\cdot\boldsymbol{a}_i)+b\leqslant-\varepsilon$，则称训练集 T 线性可分，称相应的分类问题是线性可分的。

记两类样本集分别为

$$M^{+}=\{\boldsymbol{a}_i \mid y_i=1,[\boldsymbol{a}_i,y_i]\in T\},M^{-}=\{\boldsymbol{a}_i \mid y_i=-1,[\boldsymbol{a}_i,y_i]\in T\}.$$

定义 M^{+}的凸包 $\mathrm{conv}(M^{+})$为

$$\mathrm{conv}(M^{+})=\left\{\boldsymbol{a}=\sum_{j=1}^{N_{+}}\lambda_j\boldsymbol{a}_j \mid \sum_{j=1}^{N_{+}}\lambda_j=1,\quad \lambda_j\geqslant 0,j=1,2,\cdots,N_{+};\quad \boldsymbol{a}_j\in M^{+}\right\},$$

M^{-}的凸包 $\mathrm{conv}(M^{-})$为

$$\mathrm{conv}(M^{-})=\left\{\boldsymbol{a}=\sum_{j=1}^{N_{-}}\lambda_j\boldsymbol{a}_j \mid \sum_{j=1}^{N_{-}}\lambda_j=1,\quad \lambda_j\geqslant 0,j=1,2,\cdots,N^{-};\quad \boldsymbol{a}_j\in M^{-}\right\}.$$

式中:N_{+}为+1 类样本集 M^{+}中样本点的个数;N_{-}为-1 类样本集 M^{-}中样本点的个数。

定理 9.1 给出了训练集 T 线性可分与两类样本集凸包之间的关系。

定理 9.1 训练集 T 线性可分的充要条件是,T 的两类样本集 M^{+}和 M^{-}的凸包相离,如图 9.2 所示。

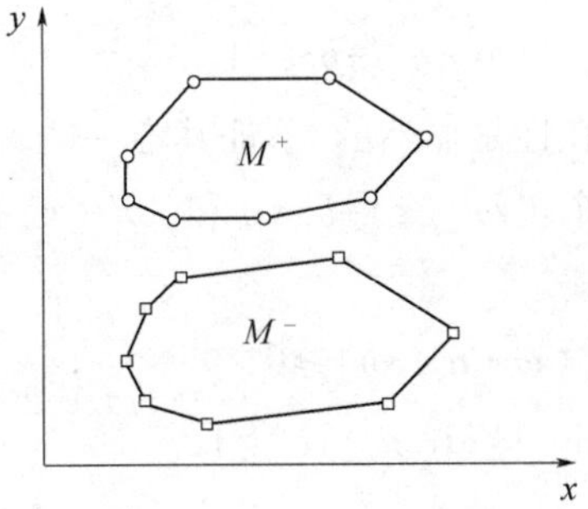

图 9.2 训练集 T 线性可分时两类样本点集的凸包

证明 (1) 必要性。若 T 是线性可分的,则存在超平面 $H=\{\boldsymbol{x}\in\mathbf{R}^n \mid (\boldsymbol{\omega}\cdot\boldsymbol{x})+b=0\}$ 和 $\varepsilon>0$,使得

$$(\boldsymbol{\omega}\cdot\boldsymbol{a}_i)+b\geqslant\varepsilon,\ \forall\boldsymbol{a}_i\in M^{+}\text{且}(\boldsymbol{\omega}\cdot\boldsymbol{a}'_j)+b\leqslant-\varepsilon,\ \forall\boldsymbol{a}'_j\in M^{-}.$$

而正类点集凸包中的任意一点 $\boldsymbol{x}$ 和负类点集凸包中的任意一点 $\boldsymbol{x}'$可分别表示为

$$\boldsymbol{x}=\sum_{i=1}^{N_{+}}\alpha_i\boldsymbol{a}_i\text{ 和 }\boldsymbol{x}'=\sum_{j=1}^{N_{-}}\beta_j\boldsymbol{a}'_j,$$

式中:$\alpha_i\geqslant 0,\beta_j\geqslant 0$ 且 $\sum_{i=1}^{N_{+}}\alpha_i=1,\sum_{j=1}^{N_{-}}\beta_j=1$。

于是,得

$$(\boldsymbol{\omega}\cdot\boldsymbol{x})+b=\left(\boldsymbol{\omega}\cdot\sum_{i=1}^{N_{+}}\alpha_i\boldsymbol{a}_i\right)+b=\sum_{i=1}^{N_{+}}\alpha_i[(\boldsymbol{\omega}\cdot\boldsymbol{a}_i)+b]\geqslant\varepsilon\sum_{i=1}^{N_{+}}\alpha_i=\varepsilon>0,$$

$$(\boldsymbol{\omega}\cdot\boldsymbol{x}')+b=\left(\boldsymbol{\omega}\cdot\sum_{j=1}^{N_{-}}\beta_j\boldsymbol{a}'_j\right)+b=\sum_{j=1}^{N_{-}}\beta_j[(\boldsymbol{\omega}\cdot\boldsymbol{a}'_j)+b]\leqslant-\varepsilon\sum_{j=1}^{N_{-}}\beta_j=-\varepsilon<0.$$

由此可见,正负两类点集的凸包位于超平面$(\boldsymbol{\omega}\cdot\boldsymbol{x})+b=0$ 的两侧,故两个凸包相离。

(2) 充分性。设两类点集 M^{+},M^{-}的凸包相离。因为两个凸包都是闭凸集,且有界,根据凸集强分离定理,可知存在一个超平面 $H=\{\boldsymbol{x}\in\mathbf{R}^n \mid (\boldsymbol{\omega}\cdot\boldsymbol{x})+b=0\}$ 强分离这两个凸包,即存在正数 $\varepsilon>0$,使得对 M^{+},M^{-}凸包中的任意点 $\boldsymbol{x}$ 和 $\boldsymbol{x}'$分别有

$$(\boldsymbol{\omega}\cdot\boldsymbol{x})+b\geqslant\varepsilon,$$
$$(\boldsymbol{\omega}\cdot\boldsymbol{x}')+b\leqslant-\varepsilon.$$

显然,特别地,对于任意的 $\boldsymbol{x}\in M^{+}$,有 $(\boldsymbol{\omega}\cdot\boldsymbol{x})+b\geqslant\varepsilon$,对于任意的 $\boldsymbol{x}'\subset M^{-}$,有 $(\boldsymbol{\omega}\cdot\boldsymbol{x}')+b\leqslant-\varepsilon$,由训练集线性可分的定义可知 T 是线性可分的。

定义 9.1 空间 $\mathbf{R}^n$ 中超平面都可以写为 $(\boldsymbol{\omega}\cdot\boldsymbol{x})+b=0$ 的形式,参数 $(\boldsymbol{\omega},b)$ 乘以任意一个非零常数后得到的是同一个超平面,定义满足条件

$$\begin{cases}y_i[(\boldsymbol{\omega}\cdot\boldsymbol{a}_i)+b]\geqslant0,\\ \min\limits_{i=1,\cdots,l}|(\boldsymbol{\omega}\cdot\boldsymbol{a}_i)+b|=1,\end{cases}\quad i=1,2,\cdots,l$$

的超平面为训练集 T 的规范超平面。

定理 9.2 当训练集 T 为线性可分时,存在唯一的规范超平面 $(\boldsymbol{\omega}\cdot\boldsymbol{x})+b=0$,使得

$$\begin{cases}(\boldsymbol{\omega}\cdot\boldsymbol{a}_i)+b\geqslant1, & y_i=1,\\ (\boldsymbol{\omega}\cdot\boldsymbol{a}_i)+b\leqslant-1, & y_i=-1.\end{cases}\tag{9.1}$$

证明 规范超平面的存在性是显然的,下证其唯一性。

假设其规范超平面有两个:$(\boldsymbol{\omega}'\cdot\boldsymbol{x})+b'=0$ 和 $(\boldsymbol{\omega}''\cdot\boldsymbol{x})+b''=0$。由于规范超平面满足条件

$$\begin{cases}y_i[(\boldsymbol{\omega}\cdot\boldsymbol{a}_i)+b]\geqslant0,\\ \min\limits_{i=1,\cdots,l}|(\boldsymbol{\omega}\cdot\boldsymbol{a}_i)+b|=1,\end{cases}\quad i=1,2,\cdots,l$$

因此由第二个条件可知

$$\boldsymbol{\omega}'=\boldsymbol{\omega}'',b'=b'',$$

或者

$$\boldsymbol{\omega}'=-\boldsymbol{\omega}'',b'=-b''.$$

第一个条件说明 $\boldsymbol{\omega}'=-\boldsymbol{\omega}'',b'=-b''$ 不可能成立,故唯一性得证。

定义 9.2 式(9.1)中满足 $(\boldsymbol{\omega}\cdot\boldsymbol{a}_i)+b=\pm1$ 成立的 $\boldsymbol{a}_i$ 称为普通支持向量。

对于线性可分的情况来说,只有普通支持向量在建立分类超平面的时候起到了作用,它们通常只占样本集很小的一部分,故而也说明支持向量具有稀疏性。对于 $y_i=1$ 类的样本点,其与规范超平面的间隔为

$$\min_{y_i=1}\frac{|(\boldsymbol{\omega}\cdot\boldsymbol{a}_i)+b|}{\|\boldsymbol{\omega}\|}=\frac{1}{\|\boldsymbol{\omega}\|},$$

对于 $y_i=-1$ 类的样本点,其与规范超平面的间隔为

$$\min_{y_i=-1}\frac{|(\boldsymbol{\omega}\cdot\boldsymbol{a}_i)+b|}{\|\boldsymbol{\omega}\|}=\frac{1}{\|\boldsymbol{\omega}\|},$$

则普通支持向量间的间隔为 $\frac{2}{\|\boldsymbol{\omega}\|}$。

最优超平面即意味着最大化 $\frac{2}{\|\boldsymbol{\omega}\|}$,如图 9.3 所示,$(\boldsymbol{\omega}\cdot\boldsymbol{x})+b=\pm1$ 称为分类边界,于是寻找最优超平面的问题可以转化为如下的二次规划问题:

$$
\begin{aligned}
&\min \quad \frac{1}{2}\|\boldsymbol{\omega}\|^2, \\
&\text{s. t.} \quad y_i[(\boldsymbol{\omega}\cdot \boldsymbol{a}_i)+b]\geqslant 1, \quad i=1,\cdots,l.
\end{aligned} \tag{9.2}
$$

该问题的特点是目标函数$\frac{1}{2}\|\boldsymbol{\omega}\|^2$是$\boldsymbol{\omega}$的凸函数,并且约束条件都是线性的。

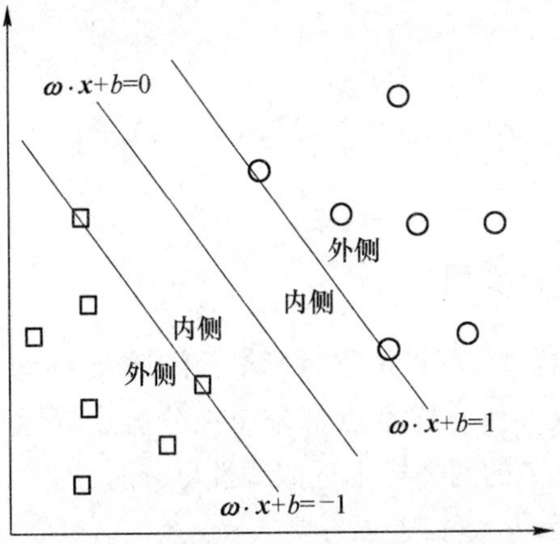

图 9.3　线性可分支持向量分类机

引入拉格朗日函数

$$
L(\boldsymbol{\omega},b,\boldsymbol{\alpha})=\frac{1}{2}\|\boldsymbol{\omega}\|^2+\sum_{i=1}^{l}\alpha_i\{1-y_i[(\boldsymbol{\omega}\cdot\boldsymbol{a}_i)+b]\},
$$

式中:$\boldsymbol{\alpha}=[\alpha_1\cdots,\alpha_l]^{\mathrm{T}}\in\mathbf{R}^{l+}$为拉格朗日乘子。

根据对偶的定义,通过对原问题中各变量的偏导置零,得

$$
\frac{\partial L}{\partial \boldsymbol{\omega}}=0 \;\Rightarrow\; \boldsymbol{\omega}=\sum_{i=1}^{l}\alpha_i y_i \boldsymbol{a}_i,
$$

$$
\frac{\partial L}{\partial b}=0 \;\Rightarrow\; \sum_{i=1}^{l}\alpha_i y_i=0,
$$

代入拉格朗日函数化为原问题的拉格朗日对偶问题:

$$
\begin{aligned}
&\max_{\boldsymbol{\alpha}} \quad -\frac{1}{2}\sum_{i=1}^{l}\sum_{j=1}^{l}y_i y_j\alpha_i\alpha_j(\boldsymbol{a}_i\cdot\boldsymbol{a}_j)+\sum_{i=1}^{l}\alpha_i, \\
&\text{s. t.}\begin{cases}\sum_{i=1}^{l}y_i\alpha_i=0, \\ \alpha_i\geqslant 0, i=1,2,\cdots,l.\end{cases}
\end{aligned} \tag{9.3}
$$

求解上述最优化问题,得到最优解$\boldsymbol{\alpha}^*=[\alpha_1^*,\alpha_2^*,\cdots,\alpha_l^*]^{\mathrm{T}}$,计算

$$
\boldsymbol{\omega}^*=\sum_{i=1}^{l}\alpha_i^* y_i\boldsymbol{a}_i,
$$

由 KKT 互补条件知

$$
\alpha_i^*\{1-y_i[(\boldsymbol{\omega}^*\cdot\boldsymbol{a}_i)+b^*]\}=0,
$$

可得只有当$\boldsymbol{a}_i$为支持向量时,对应的α_i^*才为正,否则皆为 0。选择$\boldsymbol{\alpha}^*$的一个正分量

α_j^*,并以此计算

$$b^* = y_j - \sum_{i=1}^{l} y_i \alpha_i^* (\boldsymbol{a}_i \cdot \boldsymbol{a}_j),$$

于是构造分类超平面$(\boldsymbol{\omega}^* \cdot \boldsymbol{x}) + b^* = 0$,并由此求得决策函数

$$g(\boldsymbol{x}) = \sum_{i=1}^{l} \alpha_i^* y_i (\boldsymbol{a}_i \cdot \boldsymbol{x}) + b^*,$$

得到分类函数

$$f(\boldsymbol{x}) = \operatorname{sign}\left[\sum_{i=1}^{l} \alpha_i^* y_i (\boldsymbol{a}_i \cdot \boldsymbol{x}) + b^*\right], \tag{9.4}$$

从而对未知样本进行分类。

9.1.2 线性支持向量分类机

当训练集 T 的两类样本线性可分时,除了普通支持向量分布在两个分类边界$(\boldsymbol{\omega} \cdot \boldsymbol{x}) + b = \pm 1$ 上外,其余的所有样本点都分布在分类边界以外。此时构造的超平面是硬间隔超平面。当训练集 T 的两类样本近似线性可分时,即允许存在不满足约束条件

$$y_i[(\boldsymbol{\omega} \cdot \boldsymbol{a}_i) + b] \geqslant 1$$

的样本点后,仍然能继续使用超平面进行划分。只是这时要对间隔进行"软化",构造软间隔超平面。简言之就是在两个分类边界$(\boldsymbol{\omega} \cdot \boldsymbol{x}) + b = \pm 1$ 之间允许出现样本点,这类样本点称为边界支持向量。显然两类样本点集的凸包是相交的,只是相交的部分较小。线性支持向量分类机如图 9.4 所示。

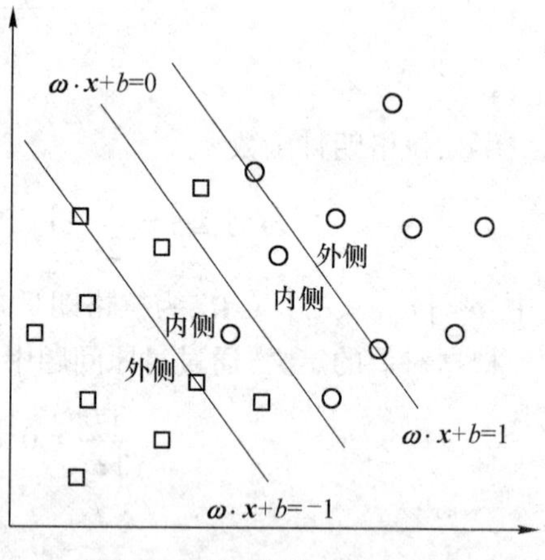

图 9.4 线性支持向量分类机

软化的方法是通过引入松弛变量

$$\xi_i \geqslant 0, i = 1, 2, \cdots, l,$$

得到"软化"的约束条件

$$y_i[(\boldsymbol{\omega} \cdot \boldsymbol{a}_i) + b] \geqslant 1 - \xi_i, \quad i = 1, 2, \cdots, l.$$

当 ξ_i 充分大时,样本点总是满足上述的约束条件,但是也要设法避免 ξ_i 取太大的值,为此要在目标函数中对它进行惩罚,得到如下的二次规划问题:

$$\begin{aligned} &\min \quad \frac{1}{2}\|\boldsymbol{\omega}\|^2 + C\sum_{i=1}^{l}\xi_i, \\ &\text{s.t.} \begin{cases} y_i((\boldsymbol{\omega} \cdot \boldsymbol{a}_i) + b) \geqslant 1 - \xi_i, \\ \xi_i \geqslant 0, \quad i = 1, 2, \cdots, l. \end{cases} \end{aligned} \tag{9.5}$$

式中:$C>0$ 为一个惩罚参数,其拉格朗日函数为

$$L(\boldsymbol{\omega}, b, \boldsymbol{\xi}, \boldsymbol{\alpha}, \boldsymbol{\gamma}) = \frac{1}{2}\|\boldsymbol{\omega}\|^2 + C\sum_{i=1}^{l}\xi_i - \sum_{i=1}^{l}\alpha_i\{y_i[(\boldsymbol{\omega} \cdot \boldsymbol{a}_i) + b] - 1 + \xi_i\} - \sum_{i=1}^{l}\gamma_i\xi_i,$$

式中:$\gamma_i \geqslant 0, \xi_i \geqslant 0$。原问题的对偶问题如下:

$$\max_{\boldsymbol{\alpha}} -\frac{1}{2}\sum_{i=1}^{l}\sum_{j=1}^{l} y_i y_j \alpha_i \alpha_j (\boldsymbol{a}_i \cdot \boldsymbol{a}_j) + \sum_{i=1}^{l}\alpha_i,$$
$$\text{s. t.} \begin{cases} \sum_{i=1}^{l} y_i \alpha_i = 0, \\ 0 \leqslant \alpha_i \leqslant C, i = 1,2,\cdots,l. \end{cases} \tag{9.6}$$

求解上述最优化问题,得到最优解 $\boldsymbol{\alpha}^* = [\alpha_1^*, \alpha_2^*, \cdots, \alpha_l^*]^{\mathrm{T}}$,计算

$$\boldsymbol{\omega}^* = \sum_{i=1}^{l} \alpha_i^* y_i \boldsymbol{a}_i,$$

选择 $\boldsymbol{\alpha}^*$ 的一个正分量 $0<\alpha_j^*<C$,并以此计算

$$b^* = y_j - \sum_{i=1}^{l} y_i \alpha_i^* (\boldsymbol{a}_i \cdot \boldsymbol{a}_j).$$

于是构造分类超平面 $(\boldsymbol{\omega}^* \cdot \boldsymbol{x})+b^*=0$,并由此求得分类函数

$$f(\boldsymbol{x}) = \operatorname{sign}\left[\sum_{i=1}^{l} \alpha_i^* y_i (\boldsymbol{a}_i \cdot \boldsymbol{x}) + b^*\right].$$

从而对未知样本进行分类,可见当 $C=\infty$ 时,就等价于线性可分的情形。

9.1.3 可分支持向量分类机

当训练集 T 的两类样本点集重合的区域很大时,上述用来处理线性可分问题的线性支持向量分类机就不适用了,可分支持向量分类机给出了解决这种问题的一种有效途径。通过引进从输入空间 Ω 到另一个高维的 Hilbert 空间 H 的变换 $\boldsymbol{x}\to\varphi(\boldsymbol{x})$,将原输入空间 Ω 的训练集

$$T=\{[\boldsymbol{a}_1, y_1], [\boldsymbol{a}_2, y_2], \cdots, [\boldsymbol{a}_l, y_l]\} \in (\Omega \times Y)^l,$$

转化为 Hilbert 空间 H 中新的训练集

$$\widetilde{T}=\{[\widetilde{\boldsymbol{a}}_1, y_1], [\widetilde{\boldsymbol{a}}_2, y_2], \cdots, [\widetilde{\boldsymbol{a}}_l, y_l]\} = \{[\varphi(\boldsymbol{a}_1), y_1], [\varphi(\boldsymbol{a}_2), y_2], \cdots, [\varphi(\boldsymbol{a}_l), y_l]\},$$

使其在 Hilbert 空间 H 中线性可分,Hilbert 空间 H 也称为特征空间。然后在空间 H 中求得超平面 $[\boldsymbol{\omega} \cdot \varphi(\boldsymbol{x})]+b=0$,这个超平面可以硬性划分训练集 $\widetilde{T}$,于是原问题转化为如下的二次规划问题:

$$\min \quad \frac{1}{2}\|\boldsymbol{\omega}\|^2,$$
$$\text{s. t.} \quad y_i\{[\boldsymbol{\omega} \cdot \varphi(\boldsymbol{a}_i)]+b\} \geqslant 1, \quad i=1,2,\cdots,l.$$

采用核函数 K 满足

$$K(\boldsymbol{a}_i, \boldsymbol{a}_j) = [\varphi(\boldsymbol{a}_i) \cdot \varphi(\boldsymbol{a}_j)],$$

将避免在高维特征空间进行复杂的运算,不同的核函数形成不同的算法。主要的核函数有如下几类:

线性内核函数 $K(\boldsymbol{a}_i, \boldsymbol{a}_j) = (\boldsymbol{a}_i \cdot \boldsymbol{a}_j)$;

多项式核函数 $K(\boldsymbol{a}_i, \boldsymbol{a}_j) = [(\boldsymbol{a}_i \cdot \boldsymbol{a}_j)+1]^q$;

径向基核函数 $K(\boldsymbol{a}_i, \boldsymbol{a}_j) = \exp\left\{-\dfrac{\|\boldsymbol{a}_i-\boldsymbol{a}_j\|^2}{\sigma^2}\right\}$;

S 形内核函数 $K(\boldsymbol{a}_i,\boldsymbol{a}_j)=\tanh[v(\boldsymbol{a}_i\cdot\boldsymbol{a}_j)+c]$；

傅里叶核函数 $K(\boldsymbol{a}_i,\boldsymbol{a}_j)=\sum\limits_{k=1}^{n}\dfrac{1-q^2}{2[1-2q\cos(a_{ik}-a_{jk})+q^2]}$。

同样可以得到其拉格朗日对偶问题如下：

$$\max_{\boldsymbol{\alpha}}\quad -\frac{1}{2}\sum_{i=1}^{l}\sum_{j=1}^{l}y_iy_j\alpha_i\alpha_jK(\boldsymbol{a}_i,\boldsymbol{a}_j)+\sum_{i=1}^{l}\alpha_i,$$

$$\text{s. t.}\begin{cases}\sum\limits_{i=1}^{l}y_i\alpha_i=0,\\ \alpha_i\geqslant 0,i=1,2,\cdots,l.\end{cases}$$

若 K 是正定核，则对偶问题是一个凸二次规划问题，必定有解。求解上述最优化问题，得到最优解 $\boldsymbol{\alpha}^*=[\alpha_1^*,\alpha_2^*,\cdots,\alpha_l^*]^{\mathrm{T}}$，选择 $\boldsymbol{\alpha}^*$ 的一个正分量 α_j^*，并以此计算

$$b^*=y_j-\sum_{i=1}^{l}y_i\alpha_i^*K(\boldsymbol{a}_i,\boldsymbol{a}_j),$$

构造分类函数

$$f(\boldsymbol{x})=\operatorname{sign}\left[\sum_{i=1}^{l}y_i\alpha_i^*K(\boldsymbol{a}_i,\boldsymbol{x})+b^*\right],$$

从而对未知样本进行分类。

9.1.4 C-支持向量分类机

当映射到高维 H 空间的训练集不能被硬性划分时，需要对约束条件进行软化。结合 9.1.2 节和 9.1.3 节中所述，得到如下的模型：

$$\begin{gathered}\max_{\boldsymbol{\alpha}}\quad -\frac{1}{2}\sum_{i=1}^{l}\sum_{j=1}^{l}y_iy_j\alpha_i\alpha_jK(\boldsymbol{a}_i,\boldsymbol{a}_j)+\sum_{i=1}^{l}\alpha_i,\\ \text{s. t.}\begin{cases}\sum\limits_{i=1}^{l}y_i\alpha_i=0,\\ 0\leqslant\alpha_i\leqslant C,i=1,2,\cdots,l.\end{cases}\end{gathered}\tag{9.7}$$

得到最优解 $\boldsymbol{\alpha}^*=[\alpha_1^*,\alpha_2^*,\cdots,\alpha_l^*]^{\mathrm{T}}$，选择 $\boldsymbol{\alpha}^*$ 的一个正分量 $0<\alpha_j^*<C$，并以此计算

$$b^*=y_j-\sum_{i=1}^{l}y_i\alpha_i^*K(\boldsymbol{a}_i,\boldsymbol{a}_j),$$

构造决策函数

$$g(\boldsymbol{x})=\sum_{i=1}^{l}y_i\alpha_i^*K(\boldsymbol{a}_i,\boldsymbol{x})+b^*,$$

构造分类函数

$$f(\boldsymbol{x})=\operatorname{sign}\left[\sum_{i=1}^{l}y_i\alpha_i^*K(\boldsymbol{a}_i,\boldsymbol{x})+b^*\right],$$

从而对未知样本进行分类。

当输入空间中两类样本点的分布区域严重重合时，选择合适的核函数及其参数，可以使映射到特征空间的每一类样本点的分布区域更为集中，降低两类样本点分布区域的混

合程度,从而加强特征空间中两类样本集"线性可分"的程度,以达到提高分类的精度和泛化性能的目的。但是就核函数及其参数的选取问题,目前尚无理论依据,同样的实验数据,采用不同的核函数,其精度往往相差很大,即便是对于相同的核函数,选取的参数不同,分类的精度也会有较大的差别。在实际应用过程中,往往针对具体的问题多次仿真试验,找到适合该问题的核函数,并决定其最佳参数。

下述定理给出了支持向量与拉格朗日乘子之间的关系。

定理 9.3 对偶问题式(9.7)的最优解为 $\boldsymbol{\alpha}^*=[\alpha_1^*,\alpha_2^*,\cdots,\alpha_l^*]^{\mathrm{T}}$,使得每个样本点 $\boldsymbol{a}_i$ 满足优化问题的 KKT 条件为

$$\alpha_i^*=0\Rightarrow y_i g(\boldsymbol{a}_i)>1,$$
$$0<\alpha_i^*<C\Rightarrow y_i g(\boldsymbol{a}_i)=1,$$
$$\alpha_i^*=C\Rightarrow y_i g(\boldsymbol{a}_i)<1,$$

式中:$0<\alpha_i^*<C$,所对应的 $\boldsymbol{a}_i$ 就是普通支持向量(记作 NSV),位于分类间隔的边界 $g(\boldsymbol{x})=\pm1$ 上,有 $|g(\boldsymbol{a}_i)|=1$;$\alpha_i^*=C$ 所对应的 $\boldsymbol{a}_i$ 就是边界支持向量(记作 BSV),代表了所有的错分样本点,位于分类间隔内部,有 $|g(\boldsymbol{a}_i)|<1$。BSV ∪ NSV 就是支持向量集。

9.2 支持向量机的 Matlab 命令及应用例子

下面通过例子说明 Matlab 中支持向量机的有关函数使用方法。

例 9.1 1991 年全国各省、自治区、直辖市城镇居民月平均消费情况见表 9.1,序号为1~20的省份为第 1 类,记为 G_1;序号为 21~27 的省份为第 2 类,记为 G_2。考察下列指标:

x_1 为人均粮食支出(元/人);

x_2 为人均副食支出(元/人);

x_3 为人均烟酒茶支出(元/人);

x_4 为人均文化娱乐支出(元/人);

x_5 为人均衣着商品支出(元/人);

x_6 为人均日用品支出(元/人);

x_7 为人均燃料支出(元/人);

x_8 为人均非商品支出(元/人)。

试判别西藏、上海、北京应归属哪一类。

表 9.1 1991 年全国 30 个省、自治区、直辖市城镇居民月平均消费

序号	省(自治区、直辖市)名	类型	x_1	x_2	x_3	x_4	x_5	x_6	x_7	x_8
1	山西	1	8.35	23.53	7.51	8.62	17.42	10.00	1.04	11.21
2	内蒙古	1	9.25	23.75	6.61	9.19	17.77	10.48	1.72	10.51
3	吉林	1	8.19	30.50	4.72	9.78	16.28	7.60	2.52	10.32
4	黑龙江	1	7.73	29.20	5.42	9.43	19.29	8.49	2.52	10.00

（续）

序号	省(自治区、直辖市)名	类型	x_1	x_2	x_3	x_4	x_5	x_6	x_7	x_8
5	河南	1	9.42	27.93	8.20	8.14	16.17	9.42	1.55	9.76
6	甘肃	1	9.16	27.98	9.01	9.32	15.99	9.10	1.82	11.35
7	青海	1	10.06	28.64	10.52	10.05	16.18	8.39	1.96	10.81
8	河北	1	9.09	28.12	7.40	9.62	17.26	11.12	2.49	12.65
9	陕西	1	9.41	28.20	5.77	10.80	16.36	11.56	1.53	12.17
10	宁夏	1	8.70	28.12	7.21	10.53	19.45	13.30	1.66	11.96
11	新疆	1	6.93	29.85	4.54	9.49	16.62	10.65	1.88	13.61
12	湖北	1	8.67	36.05	7.31	7.75	16.67	11.68	2.38	12.88
13	云南	1	9.98	37.69	7.01	8.94	16.15	11.08	0.83	11.67
14	湖南	1	6.77	38.69	6.01	8.82	14.79	11.44	1.74	13.23
15	安徽	1	8.14	37.75	9.61	8.49	13.15	9.76	1.28	11.28
16	贵州	1	7.67	35.71	8.04	8.31	15.13	7.76	1.41	13.25
17	辽宁	1	7.90	39.77	8.49	12.94	19.27	11.05	2.04	13.29
18	四川	1	7.18	40.91	7.32	8.94	17.60	12.75	1.14	14.80
19	山东	1	8.82	33.70	7.59	10.98	18.82	14.73	1.78	10.10
20	江西	1	6.25	35.02	4.72	6.28	10.03	7.15	1.93	10.39
21	福建	2	10.60	52.41	7.70	9.98	12.53	11.70	2.31	14.69
22	广西	2	7.27	52.65	3.84	9.16	13.03	15.26	1.98	14.57
23	海南	2	13.45	55.85	5.50	7.45	9.55	9.52	2.21	16.30
24	天津	2	10.85	44.68	7.32	14.51	17.13	12.08	1.26	11.57
25	江苏	2	7.21	45.79	7.66	10.36	16.56	12.86	2.25	11.69
26	浙江	2	7.68	50.37	11.35	13.30	19.25	14.59	2.75	14.87
27	北京	2	7.78	48.44	8.00	20.51	22.12	15.73	1.15	16.61
28	西藏	待判	7.94	39.65	20.97	20.82	22.52	12.41	1.75	7.90
29	上海	待判	8.28	64.34	8.00	22.22	20.06	15.12	0.72	22.89
30	广东	待判	12.47	76.39	5.52	11.24	14.52	22.00	5.46	25.50

解 用 $i=1,2,\cdots,30$ 分别表示 30 个省市或自治区，第 i 个省（自治区或直辖市）的第 j 个指标的取值为 a_{ij}。$y_i=1$ 表示第 1 类，$y_i=-1$ 表示第 2 类。

计算得已知 27 个样本点的均值向量

$$\boldsymbol{\mu}=[\mu_1,\mu_2,\cdots,\mu_8]$$
$$=[8.6115,36.7148,7.1993,10.0626,16.3174,11.0833,1.8196,12.4274],$$

27 个样本点的标准差向量

$$\boldsymbol{\sigma}=[\sigma_1,\sigma_2,\cdots,\sigma_8]$$
$$=[1.5246,9.4167,1.7835,2.7343,2.8225,2.3437,0.5102,1.9307].$$

对所有样本点数据利用如下公式进行标准化处理：

$$\widetilde{a}_{ij}=\frac{a_{ij}-\mu_j}{\sigma_j},i=1,2,\cdots,30;j=1,2,\cdots,8.$$

对应地,称

$$\widetilde{x}_j=\frac{x_j-\mu_j}{s_j},j=1,2,\cdots,8$$

为标准化指标变量。记 $\widetilde{\boldsymbol{x}}=[\widetilde{x}_1,\widetilde{x}_2,\cdots,\widetilde{x}_8]^{\mathrm{T}}$。

记标准化后的 27 个已分类样本点数据行向量为 $\boldsymbol{b}_i=[\widetilde{a}_{i1},\widetilde{a}_{i2},\cdots,\widetilde{a}_{i8}],i=1,2,\cdots,27$。利用线性内核函数的支持向量机模型进行分类,求得支持向量为

$$\boldsymbol{b}_{14},\boldsymbol{b}_{15},\boldsymbol{b}_{17},\boldsymbol{b}_{19},\boldsymbol{b}_{24},\boldsymbol{b}_{25},\boldsymbol{b}_{26},\boldsymbol{b}_{27},$$

线性分类函数为

$$\begin{aligned}c(\widetilde{\boldsymbol{x}})&=\sum_i\beta_iK(\boldsymbol{b}_i,\widetilde{\boldsymbol{x}})+b\\&=0.3077K(\boldsymbol{b}_{14},\widetilde{\boldsymbol{x}})+0.0339K(\boldsymbol{b}_{15},\widetilde{\boldsymbol{x}})+0.7041K(\boldsymbol{b}_{17},\widetilde{\boldsymbol{x}})+0.4736K(\boldsymbol{b}_{19},\widetilde{\boldsymbol{x}})\\&\quad+0.4054K(\boldsymbol{b}_{24},\widetilde{\boldsymbol{x}})+1.0000K(\boldsymbol{b}_{25},\widetilde{\boldsymbol{x}})+0.0225K(\boldsymbol{b}_{26},\widetilde{\boldsymbol{x}})+0.0914K(\boldsymbol{b}_{27},\widetilde{\boldsymbol{x}})+1.0810,\end{aligned}$$

其中:$\widetilde{\boldsymbol{x}}=[\widetilde{x}_1,\cdots,\widetilde{x}_8]$,$K(\boldsymbol{b}_i,\widetilde{\boldsymbol{x}})=(\boldsymbol{b}_i\cdot\widetilde{\boldsymbol{x}})$。

当 $c(\widetilde{\boldsymbol{x}})\geqslant0$,$\widetilde{x}$ 属于第 1 类;当 $c(\widetilde{\boldsymbol{x}})<0$,$\widetilde{x}$ 属于第 2 类。

用分类函数判别,得到西藏属于总体 G_1,即属于低消费类型;上海、广东皆属于总体 G_2,即属于高消费类型。

所有已知样本点回代分类函数皆正确,故误判率为 0。

计算的 Matlab 程序如下:

```
clc, clear
a=readmatrix('data9_1.txt');
c=a([1:27],:); x=a([28:end],:);              %提取已分类和待分类的数据
mu=mean(c), sig=std(c)                       %求已知样本点的均值和标准差
d=(c-mu)./sig;                               %利用矩阵广播,对已知样本点数据标准化
xx=(x-mu)./sig;                              %待分类数据标准化
group=[ones(20,1); -ones(7,1)];              %已知样本点的类别标号
s=fitcsvm(d,group)                           %训练支持向量机分类器
sv_index=find(s.IsSupportVector)             %返回支持向量的标号
beta=s.Alpha                                 %返回分类函数的权系数
bb=s.Bias                                    %返回分类函数的常数项
check=predict(s,d)                           %验证已知样本点
err_rate=1-sum(group==check)/length(group)   %计算已知样本点的错判率
solution=predict(s,xx)                       %对待判样本点进行分类
```

9.3 乳腺癌的诊断

9.3.1 问题的提出

乳腺肿瘤通过穿刺采样进行分析可以确定其为良性或恶性。医学研究发现乳腺肿

瘤病灶组织的细胞核显微图像的 10 个量化特征与该肿瘤的性质有密切的关系：细胞核直径、质地、周长、面积、光滑度、紧密度、凹陷度、凹陷点数、对称度、断裂度。现试图根据已获得的实验数据建立起一种诊断乳腺肿瘤是良性还是恶性的方法。数据来自确诊的 500 个病例，每个病例的一组数据包括采样组织中各细胞核的这 10 个特征量的平均值、标准差和最坏值共 30 个数据，并将这种方法用于另外 69 名已做穿刺采样分析的患者。

这个问题实际上属于模式识别问题。什么是模式呢？广义地说，在自然界中可以观察的事物，如果能够区别它们是否相同或是否相似，都可以称之为模式。人们为了掌握客观事物，按事物相似的程度组成类别。模式识别的作用和目的就在于面对某一具体事物时将其正确地归入某一类别。

模式识别的方法很多，除了支持向量机外还有数理统计方法等方法。

9.3.2 支持向量机的分类模型

记 $x_1,x_2,\cdots,x_{30}$ 分别表示 30 个指标变量，已知观测样本为 $[\boldsymbol{a}_i,y_i]$（$i=1,2,\cdots,n$，这里 $n=500$），其中 $\boldsymbol{a}_i\in\mathbf{R}^{30}$，$y_i=1$ 为良性肿瘤，$y_i=-1$ 为恶性肿瘤。

首先进行线性分类，即要找一个最优分类面 $(\boldsymbol{\omega}\cdot\boldsymbol{x})+b=0$，其中 $\boldsymbol{x}=[x_1,x_2,\cdots,x_{30}]$，$\boldsymbol{\omega}\in\mathbf{R}^{30}$，$b\in\mathbf{R}$，$\boldsymbol{\omega}$，$b$ 待定，满足如下条件：

$$\begin{cases}(\boldsymbol{\omega}\cdot\boldsymbol{a}_i)+b\geqslant 1, & y_i=1,\\ (\boldsymbol{\omega}\cdot\boldsymbol{a}_i)+b\leqslant -1, & y_i=-1,\end{cases}$$

即有 $y_i[(\boldsymbol{\omega}\cdot\boldsymbol{a}_i)+b]\geqslant 1$，$i=1,2,\cdots,n$，其中，满足方程 $(\boldsymbol{\omega}\cdot\boldsymbol{a}_i)+b=\pm 1$ 的样本为支持向量。

要使两类总体到分类面的距离最大，则有

$$\max\ \frac{2}{\|\boldsymbol{\omega}\|}\Rightarrow\min\ \frac{1}{2}\|\boldsymbol{\omega}\|^2,$$

于是建立 SVM 的如下数学模型。

1. 模型 1

$$\min\quad \frac{1}{2}\|\boldsymbol{\omega}\|^2,$$
$$\text{s.t.}\quad y_i[(\boldsymbol{\omega}\cdot\boldsymbol{a}_i)+b]\geqslant 1,\ i=1,2,\cdots,n.$$

求得最优值对应的 $\boldsymbol{\omega}^*$，b^*，可得分类函数

$$g(\boldsymbol{x})=\mathrm{sign}[(\boldsymbol{\omega}^*\cdot\boldsymbol{x})+b^*].$$

模型 1 是一个二次规划模型，为了利用 Matlab 求解模型 1，下面把模型 1 化为其对偶问题。

定义广义 Lagrange 函数

$$L(\boldsymbol{\omega},\boldsymbol{\alpha})=\frac{1}{2}\|\boldsymbol{\omega}\|^2+\sum_{i=1}^{n}\alpha_i\{1-y_i[(\boldsymbol{\omega}\cdot\boldsymbol{a}_i)+b]\},$$

式中：$\boldsymbol{\alpha}=[\alpha_1,\alpha_2,\cdots,\alpha_n]^{\mathrm{T}}\in\mathbf{R}^{n+}$。

由 KKT 互补条件，通过对 $\boldsymbol{\omega}$ 和 b 求偏导可得

$$\frac{\partial L}{\partial \boldsymbol{\omega}}=\boldsymbol{\omega}-\sum_{i=1}^{n}\alpha_i y_i \boldsymbol{a}_i=0,$$

$$\frac{\partial L}{\partial b}=\sum_{i=1}^{n}\alpha_i y_i=0,$$

得 $\boldsymbol{\omega}=\sum_{i=1}^{n}\alpha_i y_i \boldsymbol{a}_i$, $\sum_{i=1}^{n}\alpha_i y_i=0$,代入原始 Lagrange 函数得

$$L=\sum_{i=1}^{n}\alpha_i-\frac{1}{2}\sum_{i=1}^{n}\sum_{j=1}^{n}\alpha_i\alpha_j y_i y_j(\boldsymbol{a}_i\cdot\boldsymbol{a}_j).$$

于是模型 1 可以化为模型 2。

2. 模型 2

$$\max\quad \sum_{i=1}^{n}\alpha_i-\frac{1}{2}\sum_{i=1}^{n}\sum_{j=1}^{n}\alpha_i\alpha_j y_i y_j(\boldsymbol{a}_i\cdot\boldsymbol{a}_j),$$

$$\text{s. t.}\begin{cases}\sum_{i=1}^{n}\alpha_i y_i=0,\\ 0\leqslant\alpha_i,i=1,2,\cdots,n.\end{cases}$$

解此二次规划得到最优解 $\boldsymbol{\alpha}^*$,从而得权重向量 $\boldsymbol{\omega}^*=\sum_{i=1}^{n}\alpha_i^* y_i\boldsymbol{a}_i$。

由 KKT 互补条件知

$$\alpha_i^*\{1-y_i[(\boldsymbol{\omega}^*\cdot\boldsymbol{a}_i)+b^*]\}=0,$$

这意味着仅仅是支持向量 $\boldsymbol{a}_i$ 使得 α_i^* 为正,所有其他样本对应的 α_i^* 均为 0。选择 $\boldsymbol{\alpha}^*$ 的一个正分量 α_j^*,并以此计算

$$b^*=y_j-\sum_{i=1}^{n}y_i\alpha_i^*(\boldsymbol{a}_i\cdot\boldsymbol{a}_j).$$

最终的分类函数表达式如下:

$$g(\boldsymbol{x})=\text{sign}\left[\sum_{i=1}^{n}\alpha_i^* y_i(\boldsymbol{a}_i\cdot\boldsymbol{x})+b^*\right].\tag{9.8}$$

实际上,模型 2 中的$(\boldsymbol{a}_i\cdot\boldsymbol{a}_j)$是核函数的线性形式。非线性核函数可以将原样本空间线性不可分的向量转化到高维特征空间中线性可分的向量。

将模型 2 换成一般的核函数 $K(\boldsymbol{x},\boldsymbol{y})$,可得一般的模型。

3. 模型 3

$$\max\quad \sum_{i=1}^{n}\alpha_i-\frac{1}{2}\sum_{i=1}^{n}\sum_{j=1}^{n}\alpha_i\alpha_j y_i y_j K(\boldsymbol{a}_i,\boldsymbol{a}_j),$$

$$\text{s. t.}\begin{cases}\sum_{i=1}^{n}\alpha_i y_i=0,\\ 0\leqslant\alpha_i,i=1,2,\cdots,n.\end{cases}$$

分类函数表达式为

$$g(\boldsymbol{x})=\text{sign}\left[\sum_{i=1}^{n}\alpha_i^* y_i K(\boldsymbol{a}_i,\boldsymbol{x})+b^*\right].\tag{9.9}$$

9.3.3 分类模型的求解

第 $i(i=1,2,\cdots,569)$ 个样本点的第 $j(j=1,\cdots,30)$ 个指标的取值记为 a_{ij}。

对于给定的500个训练样本，首先计算它们的均值向量 $\boldsymbol{\mu}=[\mu_1,\cdots,\mu_{30}]$ 和标准差向量 $\boldsymbol{\sigma}=[\sigma_1,\sigma_2,\cdots,\sigma_{30}]$，对所有样本点数据利用如下公式进行标准化处理：

$$\tilde{a}_{ij}=\frac{a_{ij}-\mu_j}{\sigma_j}, i=1,\cdots,569; j=1,2,\cdots,30.$$

对应地，称

$$\tilde{x}_j=\frac{x_j-\mu_j}{s_j}, j=1,2,\cdots,30$$

为标准化指标变量。记 $\tilde{\boldsymbol{x}}=[\tilde{x}_1,\tilde{x}_2,\cdots,\tilde{x}_{30}]^{\mathrm{T}}$。

记标准化后的500个已分类样本点数据行向量为 $\boldsymbol{b}_i=[\tilde{a}_{i1},\tilde{a}_{i2},\cdots,\tilde{a}_{i,30}], i=1,2,\cdots,500$。利用高斯核函数的支持向量机模型进行分类，记支持向量为 $\boldsymbol{b}_i(i\in I)$。

分类函数为

$$c(\tilde{\boldsymbol{x}})=\sum_{i\in I}\beta_i K(\boldsymbol{b}_i,\tilde{\boldsymbol{x}})+b, \tag{9.10}$$

式中：$\tilde{\boldsymbol{x}}=[\tilde{x}_1,\tilde{x}_2,\cdots,\tilde{x}_{30}]$。

当 $c(\tilde{\boldsymbol{x}})\geqslant 0$，$\tilde{\boldsymbol{x}}$ 属于第1类，即良性肿瘤；当 $c(\tilde{\boldsymbol{x}})<0$，$\tilde{\boldsymbol{x}}$ 属于第-1类，即恶性肿瘤。

所有已知样本点回代的误判率为1%。

把69个测试样本 $\boldsymbol{b}_j, j=501,502,\cdots,569$，代入分类函数(9.10)，按如下规则分类：

$c(\boldsymbol{b}_j)\geqslant 0$，第 j 个样本点为良性肿瘤；

$c(\boldsymbol{b}_j)<0$，第 j 个样本点为恶性肿瘤。

求解结果见表9.2。

表9.2 分类结果

良性										恶性					
1	3	7	8	9	11	12	14	15	16	2	4	5	6	10	13
19	20	21	23	24	25	26	27	28	29	17	18	22	34	36	37
30	31	32	33	35	38	39	40	41	43	42	63	64	65	66	67
44	45	46	47	48	49	50	51	52	53	68					
54	55	56	57	58	59	60	61	62	69						

注：这里的数字代表病例序号。

计算的Matlab程序如下：

```
%原始数据cancerdata.txt可在网上下载,数据中的B替换成1,M替换成-1,X替换成2,删除了分割符*,替换后的数据命名成cancerdata2.txt,本程序进行了数据标准化
clc,clear
a=load('cancerdata2.txt');
a(:,1)=[];                              %删除第一列病例号
gind=find(a(:,1)==1);                   %读出良性肿瘤的序号
```

```
bind=find(a(:,1)==-1);                    % 读出恶性肿瘤的序号
group(gind,1)=1; group(bind,1)=-1; % 已知样本点的类别标号
train0=a([1:500],[2:end]);               % 提出已知样本点的数据
mu=mean(train0), sig=std(train0)  % 求已知样本点的均值和标准差
train=(train0-mu)./sig;                  % 利用矩阵广播对已知样本点数据标准化
xa0=a([501:569],[2:end]);                % 提出待分类数据
xa=(xa0-mu)./sig;                         % 待分类数据标准化
s=fitcsvm(train',group,'Standardize',true,'KernelFunction','rbf',...
    'KernelScale','auto');
sv_index=find(s.IsSupportVector')  % 返回支持向量的标号
beta=s.Alpha'                             % 返回分类函数的权系数
b=s.Bias                                  % 返回分类函数的常数项
check=predict(s,train);                  % 验证已知样本点
err_rate=1-sum(group==check)/length(group)     % 计算错判率
solution=predict(s,xa)                   % 进行待判样本点分类
sg=find(solution==1)                     % 求待判样本点中的良性编号
sb=find(solution==-1)                    % 求待判样本点中的恶性编号
```

注:该问题没有使用线性内核函数进行分类,由于线性内核函数的错判率略微高点。

习 题 9

9.1 蠓虫分类问题:生物学家试图对两种蠓虫(Af 与 Apf)进行鉴别,依据的资料是触角和翅膀的长度,已经测得了 9 支 Af 和 6 支 Apf 的数据如下:

Af:(1.24,1.27),(1.36,1.74),(1.38,1.64),(1.38,1.82),(1.38,1.90),(1.40,1.70),(1.48,1.82),(1.54,1.82),(1.56,2.08)

Apf:(1.14,1.82),(1.18,1.96),(1.20,1.86),(1.26,2.00),(1.28,2.00),(1.30,1.96)

现在的问题是:

(1) 根据如上资料,制订一种方法,以正确地区分两类蠓虫。

(2) 对触角和翼长分别为(1.24,1.80)、(1.28,1.84)与(1.40,2.04)的三个标本,用所得到的方法加以识别。

9.2 考虑下面的优化问题:

$$\min \|\boldsymbol{\omega}\|^2 + c_1 \sum_{i=1}^{n} \xi_i + c_2 \sum_{i=1}^{n} \xi_i^2,$$

$$\text{s.t.} \quad \begin{cases} y_i[(\boldsymbol{\omega} \cdot \boldsymbol{a}_i) + b] \geqslant 1 - \xi_i, i = 1,2,\cdots,n, \\ \xi_i \geqslant 0, i = 1,2,\cdots,n. \end{cases}$$

讨论参数 c_1 和 c_2 变化产生的影响,导出对偶表示形式。

第10章　多元分析

多元分析(Multivariate Analysis)是多变量的统计分析方法，是数理统计中应用广泛的一个重要分支，其内容庞杂，视角独特，方法多样，深受工程技术人员的青睐，在很多工程领域有着广泛应用，并在应用中不断完善和创新。

10.1　聚类分析

将认识对象进行分类是人类认识世界的一种重要方法，比如有关世界时间进程的研究，就形成了历史学，有关世界空间地域的研究，就形成了地理学。又如在生物学中，为了研究生物的演变，需要对生物进行分类，生物学家根据各种生物的特征，将它们归属于不同的界、门、纲、目、科、属、种。事实上，分门别类地对事物进行研究，要远比在一个混杂多变的集合中研究更清晰、明了和细致，这是因为同一类事物会具有更多的近似特性。在企业的经营管理中，为了确定其目标市场，首先要进行市场细分。因为无论一个企业多么庞大和成功，它也无法满足整个市场的各种需求。而市场细分，可以帮助企业找到适合自己特色并使企业具有竞争力的分市场，将其作为自己的重点开发目标。

通常，人们可以凭经验和专业知识来实现分类。而聚类分析(Cluster Analysis)作为一种定量方法，将从数据分析的角度，给出一个更准确、细致的分类工具。

聚类分析又称群分析，是对多个样本(或指标)进行定量分类的一种多元统计分析方法。对样本进行分类称为Q型聚类分析，对指标进行分类称为R型聚类分析。

10.1.1　Q型聚类分析

1. 样本的相似性度量

要用数量化的方法对事物进行分类，就必须用数量化的方法描述事物之间的相似程度。一个事物常常需要用多个变量来刻画。如果对于一群有待分类的样本点需用p个变量描述，则每个样本点可以看成是$\mathbf{R}^p$空间中的一个点。因此，很自然地想到可以用距离来度量样本点间的相似程度。

记Ω是样本点集，距离$d(\cdot,\cdot)$是$\Omega\times\Omega\to\mathbf{R}^+$的一个函数，满足条件：

(1) $d(\boldsymbol{x},\boldsymbol{y})\geqslant 0, x,y\in\Omega$。

(2) $d(\boldsymbol{x},\boldsymbol{y})=0$当且仅当$x=y$。

(3) $d(\boldsymbol{x},\boldsymbol{y})=d(\boldsymbol{y},\boldsymbol{x}),\boldsymbol{x},\boldsymbol{y}\in\Omega$。

(4) $d(\boldsymbol{x},\boldsymbol{y})\leqslant d(\boldsymbol{x},z)+d(z,\boldsymbol{y}),\boldsymbol{x},\boldsymbol{y},z\in\Omega$。

这一距离的定义是我们所熟知的，它满足正定性、对称性和三角不等式。在聚类分析中，对于定量变量，最常用的是闵氏(Minkowski)距离，即

$$d_q(\boldsymbol{x},\boldsymbol{y}) = \left[\sum_{k=1}^{p} |x_k - y_k|^q\right]^{\frac{1}{q}}, q > 0,$$

式中：$\boldsymbol{x}=[x_1,x_2,\cdots,x_p]^{\mathrm{T}}$；$\boldsymbol{y}=[y_1,y_2,\cdots,y_p]^{\mathrm{T}}$。当 $q=1,2$ 或 $q\to+\infty$ 时，分别得到：

（1）绝对值距离

$$d_1(\boldsymbol{x},\boldsymbol{y}) = \sum_{k=1}^{p} |x_k - y_k|. \tag{10.1}$$

（2）欧几里得距离

$$d_2(\boldsymbol{x},\boldsymbol{y}) = \left[\sum_{k=1}^{p} |x_k - y_k|^2\right]^{\frac{1}{2}}. \tag{10.2}$$

（3）切比雪夫（Chebyshev）距离

$$d_\infty(\boldsymbol{x},\boldsymbol{y}) = \max_{1\leqslant k\leqslant p} |x_k - y_k|. \tag{10.3}$$

在闵氏距离中，最常用的是欧几里得距离，它的主要优点是当坐标轴进行正交旋转时，欧几里得距离是保持不变的。因此，如果对原坐标系进行平移和旋转变换，则变换后样本点间的距离和变换前完全相同。

值得注意的是在采用闵氏距离时，一定要采用相同量纲的变量。当变量的量纲不同，测量值变异范围相差悬殊时，建议首先进行数据的标准化处理，然后再计算距离。在采用闵氏距离时，还应尽可能地避免变量的多重相关性（Multicollinearity）。多重相关性所造成的信息重叠，会片面强调某些变量的重要性。针对闵氏距离的这些缺点，一种改进的距离是马氏距离。

（4）马氏（Mahalanobis）距离

$$d(\boldsymbol{x},\boldsymbol{y}) = \sqrt{(\boldsymbol{x}-\boldsymbol{y})^{\mathrm{T}}\boldsymbol{\Sigma}^{-1}(\boldsymbol{x}-\boldsymbol{y})}, \tag{10.4}$$

式中：$\boldsymbol{x},\boldsymbol{y}$ 为来自 p 维总体 Z 的样本观测值；$\boldsymbol{\Sigma}$ 为 Z 的协方差矩阵，实际中 $\boldsymbol{\Sigma}$ 往往是未知的，常常需要用样本协方差来估计。

马氏距离对一切线性变换是不变的，故不受量纲的影响。

此外，还可采用样本相关系数、夹角余弦和其他关联性度量作为相似性度量。近年来随着数据挖掘研究的深入，这方面的新方法层出不穷。

2. 类与类间的相似性度量

如果有两个样本类 G_1 和 G_2，可以用下面的一系列方法度量它们之间的距离。

（1）最短距离法（Nearest Neighbor or Single Linkage Method）：

$$D(G_1,G_2) = \min_{\substack{\boldsymbol{x}_i\in G_1\\ \boldsymbol{y}_j\in G_2}} \{d(\boldsymbol{x}_i,\boldsymbol{y}_j)\}, \tag{10.5}$$

它的直观意义为两个类中最近两点间的距离。

（2）最长距离法（Farthest Neighbor or Complete Linkage Method）：

$$D(G_1,G_2) = \max_{\substack{\boldsymbol{x}_i\in G_1\\ \boldsymbol{y}_j\in G_2}} \{d(\boldsymbol{x}_i,\boldsymbol{y}_j)\}, \tag{10.6}$$

它的直观意义为两个类中最远两点间的距离。

（3）重心法（Centroid Method）：

$$D(G_1,G_2) = d(\bar{\boldsymbol{x}},\bar{\boldsymbol{y}}), \tag{10.7}$$

式中：$\bar{x},\bar{y}$ 分别为 G_1,G_2 的重心。

(4) 类平均法(Group Average Method)：

$$D(G_1,G_2)=\frac{1}{n_1n_2}\sum_{x_i\in G_1}\sum_{x_j\in G_2}d(\boldsymbol{x}_i,\boldsymbol{x}_j), \tag{10.8}$$

它等于 G_1,G_2 中两两样本点距离的平均，n_1,n_2 分别为 G_1,G_2 中的样本点个数。

(5) 离差平方和法(Sum of Squares Method)：

若记

$$D_1=\sum_{x_i\in G_1}(\boldsymbol{x}_i-\bar{\boldsymbol{x}}_1)^{\mathrm{T}}(\boldsymbol{x}_i-\bar{\boldsymbol{x}}_1),D_2=\sum_{x_j\in G_2}(\boldsymbol{x}_j-\bar{\boldsymbol{x}}_2)^{\mathrm{T}}(\boldsymbol{x}_j-\bar{\boldsymbol{x}}_2),$$

$$D_{12}=\sum_{x_k\in G_1\cup G_2}(\boldsymbol{x}_k-\bar{\boldsymbol{x}})^{\mathrm{T}}(\boldsymbol{x}_k-\bar{\boldsymbol{x}}),$$

式中

$$\bar{\boldsymbol{x}}_1=\frac{1}{n_1}\sum_{x_i\in G_1}\boldsymbol{x}_i,\bar{\boldsymbol{x}}_2=\frac{1}{n_2}\sum_{x_j\in G_2}\boldsymbol{x}_j,\bar{\boldsymbol{x}}=\frac{1}{n_1+n_2}\sum_{x_k\in G_1\cup G_2}\boldsymbol{x}_k,$$

则定义

$$D(G_1,G_2)=D_{12}-D_1-D_2. \tag{10.9}$$

事实上，若 G_1,G_2 内部点与点距离很小，则它们能很好地各自聚为一类，并且这两类又能够充分分离(即 D_{12} 很大)，这时必然有 $D=D_{12}-D_1-D_2$ 很大。因此，按定义可以认为，两类 G_1,G_2 之间的距离很大。离差平方和法最初是由 Ward 在 1936 年提出，后经 Orloci 等在 1976 年发展起来的，故又称为 Ward 方法。

3. 聚类图

Q 型聚类结果可由一个聚类图展示出来。

例如，在平面上有 7 个点 $w_1,w_2,\cdots,w_7$(图 10.1(a))，可以用聚类图(图 10.1(b))来表示聚类结果。

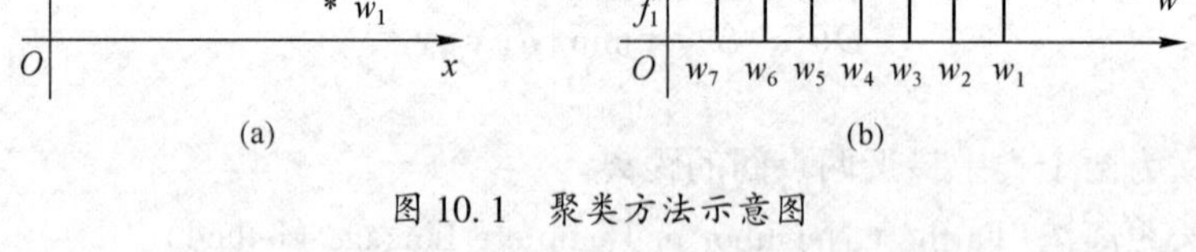

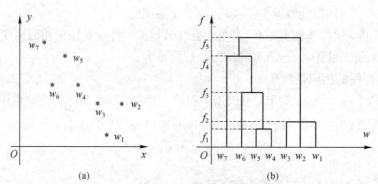

图 10.1　聚类方法示意图

(a) 散点图；(b) 聚类图。

记 $\Omega=\{w_1,w_2,\cdots,w_7\}$，聚类结果如下：当距离值为 f_5 时，分为一类，即

$$G_1=\{w_1,w_2,w_3,w_4,w_5,w_6,w_7\};$$

当距离值为 f_4 时，分为两类，即

$$G_1=\{w_1,w_2,w_3\},G_2=\{w_4,w_5,w_6,w_7\};$$

当距离值为 f_3 时，分为三类，即

$$G_1=\{w_1,w_2,w_3\},G_2=\{w_4,w_5,w_6\},G_3=\{w_7\};$$

当距离值为 f_2 时，分为四类，即

$$G_1=\{w_1,w_2,w_3\},G_2=\{w_4,w_5\},G_3=\{w_6\},G_4=\{w_7\};$$

当距离值为 f_1 时，分为六类，即

$$G_1=\{w_4,w_5\},G_2=\{w_1\},G_3=\{w_2\},G_4=\{w_3\},G_5=\{w_6\},G_6=\{w_7\};$$

当距离小于 f_1 时，分为七类，每一个点自成一类。

怎样才能生成这样的聚类图呢？设 $\Omega=\{w_1,w_2,\cdots,w_7\}$，步骤如下：

(1) 计算 n 个样本点两两之间的距离 $\{d_{ij}\}$，记为矩阵 $\boldsymbol{D}=(d_{ij})_{n\times n}$。

(2) 首先构造 n 个类，每一个类中只包含一个样本点，每一类的平台高度均为 0。

(3) 合并距离最近的两类为新类，并且以这两类间的距离值作为聚类图中的平台高度。

(4) 计算新类与当前各类的距离，若类的个数已经等于 1，转入步骤(5)，否则回到步骤(3)。

(5) 画聚类图。

(6) 决定类的个数和类。

显而易见，这种系统归类过程与计算类和类之间的距离有关，采用不同的距离定义，有可能得出不同的聚类结果。

4. 最短距离法的聚类举例

如果使用最短距离法来测量类与类之间的距离，即称其为系统聚类法中的最短距离法（又称最近邻法），由 Florek 等于 1951 年和 Sneath 于 1957 年引入。下面举例说明最短距离法的计算步骤。

例 10.1 设有 5 个销售员 w_1,w_2,w_3,w_4,w_5，他们的销售业绩由二维变量 (v_1,v_2) 描述，见表 10.1。

表 10.1 销售员业绩表

销售员	v_1（销售量）/百件	v_2（回收款项）/万元
w_1	1	0
w_2	1	1
w_3	3	2
w_4	4	3
w_5	2	5

记销售员 $w_i(i=1,2,3,4,5)$ 的销售业绩为 (v_{i1},v_{i2})。使用绝对值距离来测量点与点之间的距离，使用最短距离法来测量类与类之间的距离，即

$$d(w_i,w_j)=\sum_{k=1}^{2}|v_{ik}-v_{jk}|,D(G_p,G_q)=\min_{\substack{w_i\in G_p\\ w_j\in G_q}}\{d(w_i,w_j)\}.$$

由距离公式 $d(\cdot,\cdot)$，可以算出距离矩阵

$$
\begin{array}{c} \\ w_1 \\ w_2 \\ w_3 \\ w_4 \\ w_5 \end{array}
\begin{array}{c} \begin{matrix} w_1 & w_2 & w_3 & w_4 & w_5 \end{matrix} \\ \begin{bmatrix} 0 & 1 & 4 & 6 & 6 \\ & 0 & 3 & 5 & 5 \\ & & 0 & 2 & 4 \\ & & & 0 & 4 \\ & & & & 0 \end{bmatrix} \end{array}.
$$

第一步,所有的元素自成一类 $H_1=\{w_1,w_2,w_3,w_4,w_5\}$。每一个类的平台高度为0,显然,这时 $D(G_p,G_q)=d(w_p,w_q)$。

第二步,取新类的平台高度为1,把 w_1,w_2 合成一个新类 h_6,此时的分类情况是

$$H_2=\{h_6,w_3,w_4,w_5\}.$$

第三步,取新类的平台高度为2,把 w_3,w_4 合成一个新类 h_7,此时的分类情况是

$$H_3=\{h_6,h_7,w_5\}.$$

第四步,取新类的平台高度为3,把 h_6,h_7 合成一个新类 h_8,此时的分类情况是

$$H_4=\{h_8,w_5\}.$$

第五步,取新类的平台高度为4,把 h_8,w_5 合成一个新类 h_9,此时的分类情况是

$$H_5=\{h_9\}.$$

这样,h_9 已把所有的样本点聚为一类,因此,可以转到画聚类图步骤。画出聚类图(图 10.2(a)),这是一颗二叉树,如图 10.2(b)所示。

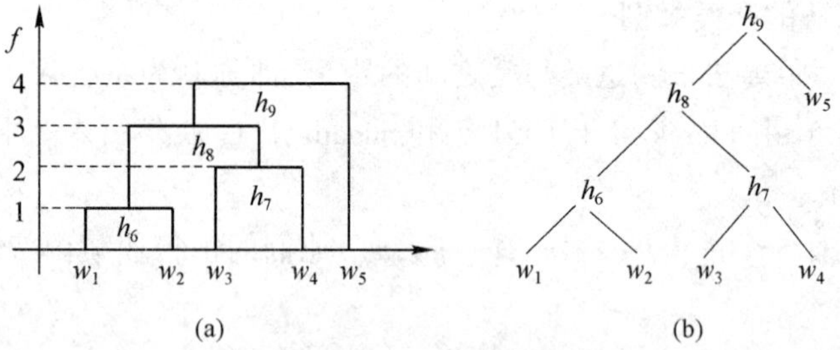

图 10.2 最短距离法

(a) 聚类图; (b) 二叉树图。

有了聚类图,就可以按要求进行分类。可以看出,在这5个推销员中 w_5 的工作成绩最佳,w_3,w_4 的工作成绩较好,而 w_1,w_2 的工作成绩较差。

计算的 Matlab 程序如下:

```
clc,clear
a=[1,0;1,1;3,2;4,3;2,5];
[m,n]=size(a);
d=zeros(m);
d=mandist(a');          %mandist 求矩阵列向量组之间的两两绝对值距离
d=tril(d);              %截取下三角元素
nd=nonzeros(d);         %去掉d中的零元素,非零元素按列排列
nd=unique(nd)           %去掉重复的非零元素
```

```
for i=1:m-1
    nd_min=min(nd);
    [row,col]=find(d==nd_min);tm=union(row,col);  % row 和 col 归为一类
    tm=reshape(tm,1,length(tm));                  % 把数组 tm 变成行向量
    fprintf('第%d次合成,平台高度为%d时的分类结果为:%s\n',...
        i,nd_min,int2str(tm));
    nd(nd==nd_min)=[];                            % 删除已经归类的元素
    if length(nd)==0
        break
    end
end
```

或者使用 Matlab 统计工具箱的相关命令,编写如下程序:

```
clc,clear
a=[1,0;1,1;3,2;4,3;2,5];
z=linkage(a,'single','cityblock')           % 产生等级聚类树
dendrogram(z)                               % 画聚类图
T=cluster(z,'maxclust',3)                   % 把对象划分成 3 类
for i=1 :3
    tm=find(T==i);                          % 求第 i 类的对象
    fprintf('第%d类的有%s\n',i,int2str(tm));  % 显示分类结果
end
```

5. Matlab 聚类分析的相关命令

Matlab 中聚类分析相关命令的使用说明如下。

1) pdist

Y=pdist(X)计算 $m \times p$ 矩阵 X(看作 m 个 p 维行向量)中两两行对象间的欧几里得距离。对于有 m 个对象组成的数据集,共有 $(m-1) \cdot m/2$ 个两两对象组合。

输出 Y 是包含距离信息的长度为 $(m-1) \cdot m/2$ 的行向量。可用 squareform 函数将此行向量转换为方阵,这样可使矩阵中的元素(i,j)对应原始数据集中对象 i 和 j 间的距离。

Y=pdist(X,metric)中用 metric 指定的方法计算矩阵 X 中对象间的距离。metric 可取表 10.2 中的特征字符串值。

表 10.2 metric 取值及含义

字符串	含义	字符串	含义
'euclidean'	欧几里得距离(默认)	'hamming'	海明距离(Hamming 距离)
'seuclidean'	标准欧几里得距离	custom distance function	自定义函数距离
'cityblock'	绝对值距离	'cosine'	1-两个向量夹角的余弦
'minkowski'	闵氏距离	'correlation'	1-样本的相关系数
'chebychev'	切比雪夫距离	'spearman'	1-样本的 Spearman 秩相关系数
'mahalanobis'	马氏距离	'jaccard'	1- Jaccard 系数

注:“-”表示减号

Y=pdist(X,'minkowski',k)用闵氏距离计算矩阵 X 中对象间的距离。k 为闵氏距离计算用到的指数值,默认为 2。

2) linkage

Z=linkage(Y)使用最短距离算法生成具有层次结构的聚类树。输入矩阵 Y 为 pdist 函数输出的 $(m-1)\cdot m/2$ 维距离行向量。

Z=linkage(Y, method)使用由 method 指定的算法计算生成聚类树。method 可取表 10.3 中的特征字符串值。

表 10.3 method 取值及含义

字符串	含 义	字符串	含 义
'single'	最短距离(默认)	'median'	赋权重心距离
'average'	无权平均距离	'ward'	离差平方和方法(Ward 方法)
'centroid'	重心距离	'weighted'	赋权平均距离
'complete'	最大距离		

输出 Z 为包含聚类树信息的 $(m-1)\times3$ 矩阵。聚类树上的叶节点为原始数据集中的对象,由 $1\sim m$。它们是单元素的类,级别更高的类都由它们生成。对应于 Z 中第 j 行每个新生成的类,其索引为 $m+j$,其中 m 为初始叶节点的数量。

第 1 列和第 2 列,即 Z(:,[1:2])包含了被两两行连接生成一个新类的所有对象的索引。生成的新类索引为 $m+j$。共有 $m-1$ 个级别更高的类,它们对应于聚类树中的内部节点。

第 3 列 Z(:,3)包含了相应的在类中的两两行对象间的连接距离。

linkage 也可以直接使用 $m\times p$ 原始数据矩阵 X 进行聚类,其调用格式为

```
Z=linkage(X, method, metric)
```

其中,method 取表 10.3 中的字符串,metric 取表 10.2 中的字符串。

3) cluster

T = cluster(Z,'cutoff',c) 从连接输出(linkage)中创建聚类。cutoff 为定义 cluster 函数如何生成聚类的阈值,其不同的值含义如表 10.4 所列。

表 10.4 cutoff 取值及含义

cutoff 取值	含 义
0<cutoff<2	cutoff 作为不一致系数的阈值。不一致系数对聚类树中对象间的差异进行了量化。如果一个连接的不一致系数大于阈值,则 cluster 函数将其作为聚类分组的边界
2<=cutoff	cutoff 作为包含在聚类树中的最大分类数

T = cluster(Z,'cutoff',c,'depth',d) 从连接输出(linkage)中创建聚类。参数 depth 指定了聚类树中的层数,进行不一致系数计算时要用到。不一致系数将聚类树中两对象的连接与相邻的连接进行比较。详细说明见函数 inconsistent。当参数 depth 被指定时,cutoff 通常作为不一致系数阈值。

输出 T 为大小为 m 的向量,它用数字对每个对象所属的类进行标识。为了找到包含在类 i 中的来自原始数据集的对象,可用 find(T==i)查找。

4) zsore(X)

对数据矩阵进行标准化处理,处理方式为

$$\tilde{x}_{ij}=\frac{x_{ij}-\bar{x}_j}{s_j},$$

式中:$\bar{x}_j, s_j$ 为矩阵 $\boldsymbol{X}=(x_{ij})_{m\times n}$ 每一列的均值和标准差。

5) H=dendrogram(Z,P)

由 linkage 产生的数据矩阵 Z 画聚类树状图。P 是节点数,默认值是 30。

6) T=clusterdata(X,cutoff)

将矩阵 X 的数据分类。X 为 $m\times p$ 矩阵,被看做 m 个 p 维行向量。它与以下两个命令等价:

```
Z=linkage(X)
T=cluster(Z,cutoff)
```

7) squareform

将 pdist 的输出转换为方阵。

10.1.2 R 型聚类法

在实际工作中,变量聚类法的应用也是十分重要的。在系统分析或评估过程中,为避免遗漏某些重要因素,往往在一开始选取指标时,尽可能多地考虑所有的相关因素。而这样做的结果,则是变量过多,变量间的相关度高,给系统分析与建模带来很大的不便。因此,人们常常希望能研究变量间的相似关系,按照变量的相似关系把它们聚合成若干类,进而找出影响系统的主要因素。

1. 变量相似性度量

在对变量进行聚类分析时,首先要确定变量的相似性度量,常用的变量相似性度量有两种。

(1) 相关系数。记变量 x_j 的取值 $[x_{1j},x_{2j},\cdots,x_{mj}]^{\mathrm{T}}\in\mathbf{R}^m(j=1,2,\cdots,p)$。则可以用两变量 x_j 与 x_k 的样本相关系数作为它们的相似性度量,即

$$r_{jk}=\frac{\sum_{i=1}^{m}(x_{ij}-\bar{x}_j)(x_{ik}-\bar{x}_k)}{\left[\sum_{i=1}^{m}(x_{ij}-\bar{x}_j)^2\sum_{i=1}^{m}(x_{ik}-\bar{x}_k)^2\right]^{\frac{1}{2}}},\ j,k=1,2,\cdots,p, \tag{10.10}$$

式中:$\bar{x}_j=\frac{1}{m}\sum_{i=1}^{m}x_{ij}$。

在对变量进行聚类分析时,利用相关系数矩阵 $\mathbf{R}=(r_{ij})_{p\times p}$ 是最多的。

(2) 夹角余弦。也可以直接利用两变量 x_j 与 x_k 的夹角余弦 r_{jk} 来定义它们的相似性度量,有

$$r_{jk}=\frac{\sum_{i=1}^{m}x_{ij}x_{ik}}{\left(\sum_{i=1}^{m}x_{ij}^2\sum_{i=1}^{m}x_{ik}^2\right)^{\frac{1}{2}}},\ j,k=1,2,\cdots,p. \tag{10.11}$$

各种定义的相似度量均应具有以下两个性质：

① $|r_{jk}| \leqslant 1$，对于一切 j,k；

② $r_{jk}=r_{kj}$，对于一切 j,k。

$|r_{jk}|$越接近 1，x_j 与 x_k 越相关或越相似。$|r_{jk}|$越接近 0，x_j 与 x_k 的相似性越弱。

2. 变量聚类法

类似于样本集合聚类分析中最常用的最短距离法、最长距离法等，变量聚类法采用了与系统聚类法相同的思路和过程。在变量聚类问题中，常用的有最长距离法、最短距离法等。

（1）最长距离法。在最长距离法中，定义两类变量的距离为

$$R(G_1,G_2)=\max_{\substack{x_j \in G_1 \\ x_k \in G_2}}\{d_{jk}\}, \tag{10.12}$$

式中：$d_{jk}=1-|r_{jk}|$ 或 $d_{jk}^2=1-r_{jk}^2$，这时，$R(G_1,G_2)$ 与两类中相似性最小的两变量间的相似性度量值有关。

（2）最短距离法。在最短距离法中，定义两类变量的距离为

$$R(G_1,G_2)=\min_{\substack{x_j \in G_1 \\ x_k \in G_2}}\{d_{jk}\}, \tag{10.13}$$

式中：$d_{jk}=1-|r_{jk}|$ 或 $d_{jk}^2=1-r_{jk}^2$，这时，$R(G_1,G_2)$ 与两类中相似性最大的两个变量间的相似性度量值有关。

例 10.2 服装标准制定中的变量聚类法。

在服装标准制定中，对某地成年女子的各部位尺寸进行了统计，通过 14 个部位的测量资料，获得各因素之间的相关系数表（表 10.5）。

表 10.5 成年女子各部位相关系数

	x_1	x_2	x_3	x_4	x_5	x_6	x_7	x_8	x_9	x_{10}	x_{11}	x_{12}	x_{13}	x_{14}
x_1	1													
x_2	0.366	1												
x_3	0.242	0.233	1											
x_4	0.28	0.194	0.59	1										
x_5	0.36	0.324	0.476	0.435	1									
x_6	0.282	0.262	0.483	0.47	0.452	1								
x_7	0.245	0.265	0.54	0.478	0.535	0.663	1							
x_8	0.448	0.345	0.452	0.404	0.431	0.322	0.266	1						
x_9	0.486	0.367	0.365	0.357	0.429	0.283	0.287	0.82	1					
x_{10}	0.648	0.662	0.216	0.032	0.429	0.283	0.263	0.527	0.547	1				
x_{11}	0.689	0.671	0.243	0.313	0.43	0.302	0.294	0.52	0.558	0.957	1			
x_{12}	0.486	0.636	0.174	0.243	0.375	0.296	0.255	0.403	0.417	0.857	0.852	1		
x_{13}	0.133	0.153	0.732	0.477	0.339	0.392	0.446	0.266	0.241	0.054	0.099	0.055	1	
x_{14}	0.376	0.252	0.676	0.581	0.441	0.447	0.44	0.424	0.372	0.363	0.376	0.321	0.627	1

其中，x_1 为上身长，x_2 为手臂长，x_3 为胸围，x_4 为颈围，x_5 为总肩围，x_6 为总胸宽，x_7 为后背宽，x_8 为前腰节高，x_9 为后腰节高，x_{10} 为全身长，x_{11} 为身高，x_{12} 为下身长，x_{13} 为腰围，x_{14}

为臀围。用最长距离法对这 14 个变量进行系统聚类,聚类结果如图 10.3 所示。

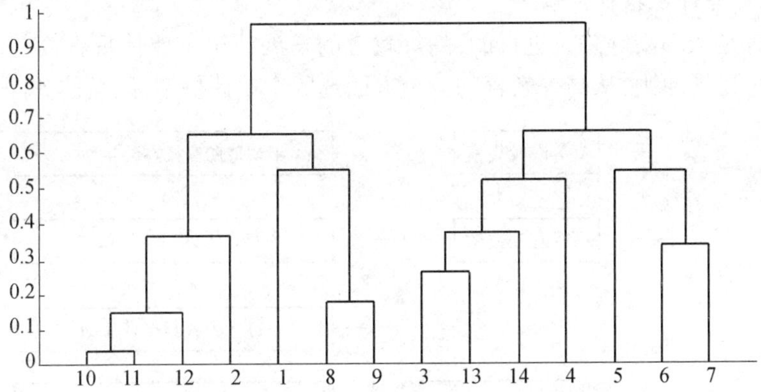

图 10.3　成年女子 14 个部位指标的聚类图

计算的 Matlab 程序如下:

```
clc, clear, close all
a=readmatrix('data10_2.txt');  a(isnan(a))=0;
d=1-abs(a);                          %进行数据变换,把相关系数转化为距离
d=tril(d);                           %提出 d 矩阵的下三角部分
b=nonzeros(d);                       %去掉 d 中的零元素
b=b';                                %化成行向量
z=linkage(b,'complete');             %按最长距离法聚类
y=cluster(z,'maxclust',2)            %把变量划分成两类
ind1=find(y==1);ind1=ind1'           %显示第一类对应的变量标号
ind2=find(y==2);ind2=ind2'           %显示第二类对应的变量标号
h=dendrogram(z);                     %画聚类图
set(h,'Color','k','LineWidth',1.3) %把聚类图线的颜色改成黑色,线宽加粗
```

通过聚类图,可以看出,人体的变量大体可以分为两类:一类是反映人高矮的变量,如上身长、手臂长、前腰节高、后腰节高、全身长、身高、下身长;另一类是反映人体胖瘦的变量,如胸围、颈围、总肩围、总胸宽、后背宽、腰围、臀围。

10.1.3　聚类分析案例——我国各地区普通高等教育发展状况分析

本案例运用 Q 型和 R 型聚类分析方法对我国各地区普通高等教育的发展状况进行分析。

1. 案例研究背景

近年来,我国普通高等教育得到了迅速发展,为国家培养了大批人才。但由于我国各地区经济发展水平不均衡,加之高等院校原有布局使各地区高等教育发展的起点不一致,因而各地区普通高等教育的发展水平存在一定的差异,不同的地区具有不同的特点。对我国各地区普通高等教育的发展状况进行聚类分析,明确各类地区普通高等教育发展状况的差异与特点,有利于管理和决策部门从宏观上把握我国普通高等教育的整体发展现状,分类制定相关政策,更好地指导和规划我国高教事业的整体健康发展。

2. 案例研究过程

1）建立综合评价指标体系

高等教育是依赖高等院校进行的，高等教育的发展状况主要体现在高等院校的相关方面。遵循可比性原则，从高等教育的五个方面选取十项评价指标，具体如图 10.4 所示。

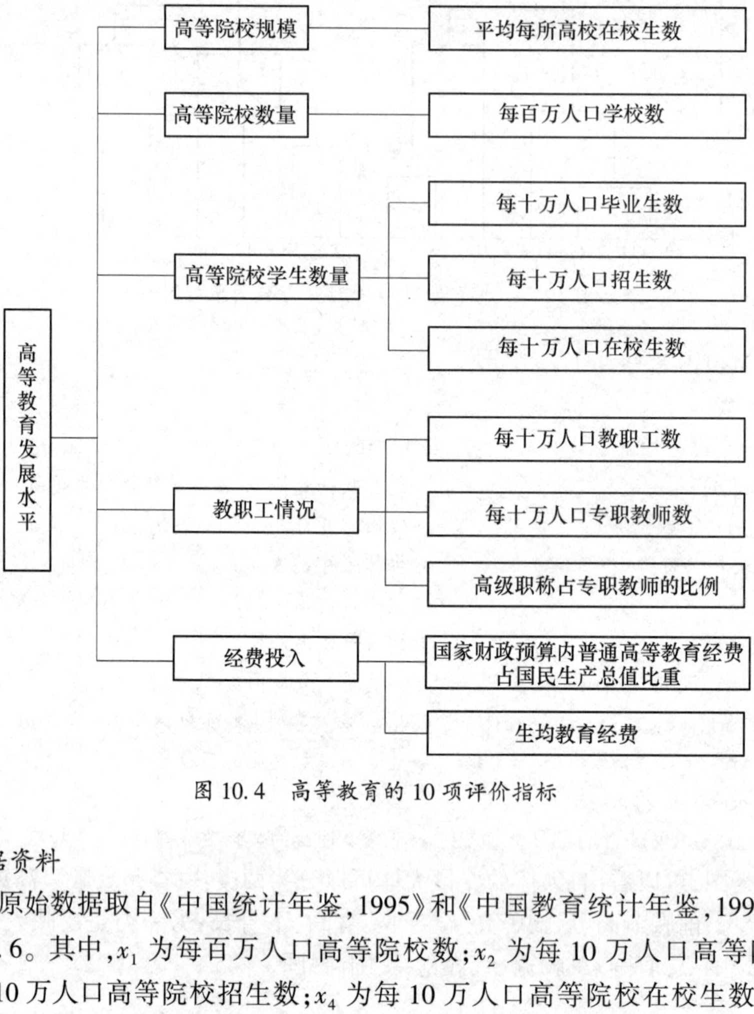

图 10.4 高等教育的 10 项评价指标

2）数据资料

指标的原始数据取自《中国统计年鉴，1995》和《中国教育统计年鉴，1995》，10 项指标值见表10.6。其中，x_1 为每百万人口高等院校数；x_2 为每 10 万人口高等院校毕业生数；x_3 为每 10 万人口高等院校招生数；x_4 为每 10 万人口高等院校在校生数；x_5 为每 10 万人口高等院校教职工数；x_6 为每 10 万人口高等院校专职教师数；x_7 为高级职称占专职教师的比例；x_8 为平均每所高等院校的在校生数；x_9 为国家财政预算内普通高教经费占国内生产总值的比例；x_{10}为生均教育经费。

表 10.6 我国各地区普通高等教育发展状况数据

地区	x_1	x_2	x_3	x_4	x_5	x_6	x_7	x_8	x_9	x_{10}
北京	5.96	310	461	1557	931	319	44.36	2615	2.20	13631
上海	3.39	234	308	1035	498	161	35.02	3052	0.90	12665
天津	2.35	157	229	713	295	109	38.40	3031	0.86	9385
陕西	1.35	81	111	364	150	58	30.45	2699	1.22	7881
辽宁	1.50	88	128	421	144	58	34.30	2808	0.54	7733

(续)

地区	x_1	x_2	x_3	x_4	x_5	x_6	x_7	x_8	x_9	x_{10}
吉林	1.67	86	120	370	153	58	33.53	2215	0.76	7480
黑龙江	1.17	63	93	296	117	44	35.22	2528	0.58	8570
湖北	1.05	67	92	297	115	43	32.89	2835	0.66	7262
江苏	0.95	64	94	287	102	39	31.54	3008	0.39	7786
广东	0.69	39	71	205	61	24	34.50	2988	0.37	11355
四川	0.56	40	57	177	61	23	32.62	3149	0.55	7693
山东	0.57	58	64	181	57	22	32.95	3202	0.28	6805
甘肃	0.71	42	62	190	66	26	28.13	2657	0.73	7282
湖南	0.74	42	61	194	61	24	33.06	2618	0.47	6477
浙江	0.86	42	71	204	66	26	29.94	2363	0.25	7704
新疆	1.29	47	73	265	114	46	25.93	2060	0.37	5719
福建	1.04	53	71	218	63	26	29.01	2099	0.29	7106
山西	0.85	53	65	218	76	30	25.63	2555	0.43	5580
河北	0.81	43	66	188	61	23	29.82	2313	0.31	5704
安徽	0.59	35	47	146	46	20	32.83	2488	0.33	5628
云南	0.66	36	40	130	44	19	28.55	1974	0.48	9106
江西	0.77	43	63	194	67	23	28.81	2515	0.34	4085
海南	0.70	33	51	165	47	18	27.34	2344	0.28	7928
内蒙古	0.84	43	48	171	65	29	27.65	2032	0.32	5581
西藏	1.69	26	45	137	75	33	12.10	810	1.00	14199
河南	0.55	32	46	130	44	17	28.41	2341	0.30	5714
广西	0.60	28	43	129	39	17	31.93	2146	0.24	5139
宁夏	1.39	48	62	208	77	34	22.70	1500	0.42	5377
贵州	0.64	23	32	93	37	16	28.12	1469	0.34	5415
青海	1.48	38	46	151	63	30	17.87	1024	0.38	7368

3) R 型聚类分析

定性考察反映高等教育发展状况的 5 个方面 10 项评价指标,可以看出,某些指标之间可能存在较强的相关性。比如每 10 万人口高等院校毕业生数、每 10 万人口高等院校招生数与每 10 万人口高等院校在校生数之间可能存在较强的相关性,每 10 万人口高等院校教职工数和每 10 万人口高等院校专职教师数之间可能存在较强的相关性。为了验证这种想法,运用 Matlab 软件计算 10 个指标之间的相关系数,相关系数矩阵如表 10.7 所列。

表 10.7 相关系数矩阵

	x_1	x_2	x_3	x_4	x_5	x_6	x_7	x_8	x_9	x_{10}
x_1	1.0000	0.9434	0.9528	0.9591	0.9746	0.9798	0.4065	0.0663	0.8680	0.6609
x_2	0.9434	1.0000	0.9946	0.9946	0.9743	0.9702	0.6136	0.3500	0.8039	0.5998
x_3	0.9528	0.9946	1.0000	0.9987	0.9831	0.9807	0.6261	0.3445	0.8231	0.6171
x_4	0.9591	0.9946	0.9987	1.0000	0.9878	0.9856	0.6096	0.3256	0.8276	0.6124
x_5	0.9746	0.9743	0.9831	0.9878	1.0000	0.9986	0.5599	0.2411	0.8590	0.6174

（续）

	x_1	x_2	x_3	x_4	x_5	x_6	x_7	x_8	x_9	x_{10}
x_6	0.9798	0.9702	0.9807	0.9856	0.9986	1.0000	0.5500	0.2222	0.8691	0.6164
x_7	0.4065	0.6136	0.6261	0.6096	0.5599	0.5500	1.0000	0.7789	0.3655	0.1510
x_8	0.0663	0.3500	0.3445	0.3256	0.2411	0.2222	0.7789	1.0000	0.1122	0.0482
x_9	0.8680	0.8039	0.8231	0.8276	0.8590	0.8691	0.3655	0.1122	1.0000	0.6833
x_{10}	0.6609	0.5998	0.6171	0.6124	0.6174	0.6164	0.1510	0.0482	0.6833	1.0000

可以看出某些指标之间确实存在很强的相关性，因此可以考虑从这些指标中选取几个有代表性的指标进行聚类分析。为此，把 10 个指标根据其相关性进行 R 型聚类，再从每个类中选取代表性的指标。首先对每个变量（指标）的数据分别进行标准化处理。变量间相近性度量采用相关系数，类间相似性度量的计算选用类平均法。聚类树型图如图 10.5所示。

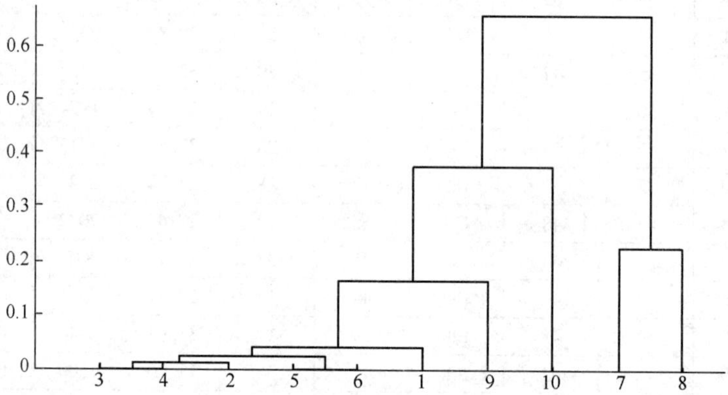

图 10.5　指标聚类树型图

计算的 Matlab 程序如下：

```
clc, clear, close all
a=readmatrix('anli10_1.txt');
b=zscore(a);                                %数据标准化
r=corrcoef(b)                               %计算相关系数矩阵
%d=tril(1-r); d=nonzeros(d)';               %另外一种计算距离方法
z=linkage(b','average','correlation');      %按类平均法聚类
h=dendrogram(z);                            %画聚类图
set(h,'Color','k','LineWidth',1.3)          %把聚类图线的颜色改成黑色,线宽加粗
T=cluster(z,'maxclust',6)                   %把变量划分成6类
fori=1:6
    tm=find(T==i);                          %求第i类的对象
    fprintf('第%d类的有%s\n',i,int2str(tm')); %显示分类结果
end
```

从聚类图 10.5 中可以看出，每 10 万人口高等院校招生数、每 10 万人口高等院校在校生数、每 10 万人口高等院校教职工数、每 10 万人口高等院校专职教师数、每 10 万人口

高等院校毕业生数5个指标之间有较大的相关性，最先被聚到一起。如果将10个指标分为6类，其他5个指标各自为一类。这样就从10个指标中选定了6个分析指标。

x_1 为每百万人口高等院校数；

x_2 为每10万人口高等院校毕业生数；

x_7 为高级职称占专职教师的比例；

x_8 为平均每所高等院校的在校生数；

x_9 为国家财政预算内普通高教经费占国内生产总值的比例；

x_{10}为生均教育经费。

可以根据这6个指标对30个地区进行聚类分析。

4）Q型聚类分析

根据这6个指标对30个地区进行聚类分析。首先对每个变量的数据分别进行标准化处理，样本间相似性采用欧几里得距离度量，类间距离的计算选用类平均法。聚类树形图如图10.6所示。

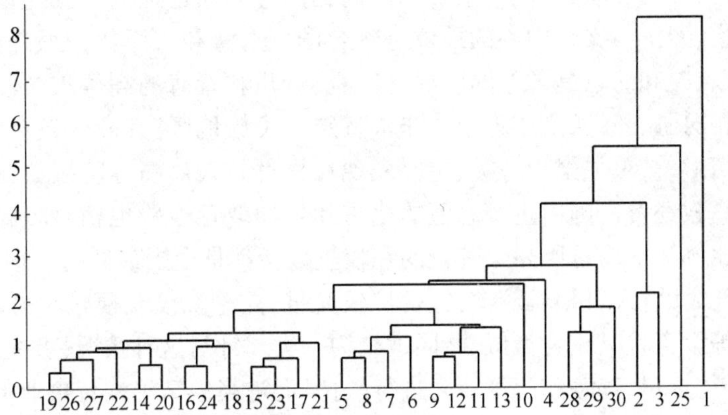

图10.6　各地区聚类树形图

计算的Matlab程序如下：

```
clc,clear, close all
a =readmatrix('anli10_1.txt');
a(:,[3:6])=[];                % 删除数据矩阵的第3列~第6列,即使用变量1,2,7,8,9,10
b=zscore(a);                  % 数据标准化
z=linkage(b,'average');       % 按类平均法聚类
h=dendrogram(z);              % 画聚类图
set(h,'Color','k','LineWidth',1.3)           % 把聚类图线的颜色改成黑色,线宽加粗
for k=3:5
    fprintf('划分成%d类的结果如下:\n',k)
    T=cluster(z,'maxclust',k);               % 把样本点划分成k类
    for i=1:k
      tm=find(T==i);                         % 求第i类的对象
      fprintf('第%d类的有%s\n',i,int2str(tm')); % 显示分类结果
    end
```

```
    fprintf('*********************************** \n');
end
```

3. 案例研究结果

各地区高等教育发展状况存在较大的差异,高教资源的地区分布很不均衡。根据各地区高等教育发展状况把30个地区分为三类,结果如下。

第一类为北京;第二类为西藏;第三类为其他地区。

根据各地区高等教育发展状况把30个地区分为四类,结果如下。

第一类为北京;第二类为西藏;第三类为上海、天津;第四类为其他地区。

根据各地区高等教育发展状况把30个地区分为五类,结果如下。

第一类为北京;第二类为西藏;第三类为上海、天津;第四类为宁夏、贵州、青海;第五类为其他地区。

从以上结果结合聚类图中的合并距离可以看出,北京的高等教育状况与其他地区相比有非常大的不同,主要表现在每百万人口的学校数量和每10万人口的学生数量以及国家财政预算内普通高教经费占国内生产总值的比例等方面远远高于其他地区,这与北京作为全国的政治、经济与文化中心的地位是吻合的。上海和天津作为另外两个较早的直辖市,高等教育状况和北京是类似的状况。宁夏、贵州和青海的高等教育状况极为类似,高等教育资源相对匮乏。西藏作为一个非常特殊的民族地区,其高等教育状况具有和其他地区不同的情形,被单独聚为一类,主要表现在每百万人口高等院校数比较高,国家财政预算内普通高教经费占国内生产总值的比重和生均教育经费也相对较高,而高级职称占专职教师的比例与平均每所高等院校的在校生数又都是全国最低的。这正是西藏高等教育状况的特殊之处:人口相对较少,经费比较充足,高等院校规模较小,师资力量薄弱。其他地区的高等教育状况较为类似,共同被聚为一类。针对这种情况,有关部门可以采取相应措施对宁夏、贵州、青海和西藏地区进行扶持,促进当地高等教育事业的发展。

10.2 主成分分析

主成分分析(Principal Component Analysis)是1901年Pearson针对非随机变量引入的,1933年Hotelling将此方法推广到随机向量的情形,主成分分析和聚类分析有很大的不同,它有严格的数学理论作基础。

主成分分析的主要目的是希望用较少的变量去解释原来资料中的大部分变异,将我们手中许多相关性很高的变量转化成彼此相互独立或不相关的变量。通常是选出比原始变量个数少,能解释大部分资料中的变异的几个新变量,即所谓主成分,并用以解释资料的综合性指标。由此可见,主成分分析实际上是一种降维方法。

10.2.1 基本思想及方法

如果用$x_1,x_2,\cdots,x_p$表示p门课程,$c_1,c_2,\cdots,c_p$表示各门课程的权重,那么加权之和是

$$s=c_1x_1+c_2x_2+\cdots+c_px_p, \tag{10.14}$$

我们希望选择适当的权重能更好地区分学生的成绩。每个学生都对应一个这样的综合成

绩,记为 $s_1,s_2,\cdots,s_n$,n 为学生人数。如果这些值很分散,就表明区分得好,即是说,需要寻找这样的加权,能使 $s_1,s_2,\cdots,s_n$ 尽可能的分散,下面来看它的统计定义。

设 $X_1,X_2,\cdots,X_p$ 表示以 $x_1,x_2,\cdots,x_p$ 为样本观测值的随机变量,如果能找到 c_1,$c_2,\cdots,c_p$,使得

$$\mathrm{Var}(c_1X_1+c_2X_2+\cdots+c_pX_p) \tag{10.15}$$

的值达到最大,则由于方差反映了数据差异的程度,也就表明我们抓住了这 p 个变量的最大变异。当然,式(10.15)必须加上某种限制,否则权值可选择无穷大而没有意义,通常规定

$$c_1^2+c_2^2+\cdots+c_p^2=1, \tag{10.16}$$

在此约束下,求式(10.15)的最优解。这个解是 p-维空间的一个单位向量,它代表一个"方向",就是常说的主成分方向。

一个主成分不足以代表原来的 p 个变量,因此需要寻找第二个乃至第三个、第四个主成分,第二个主成分不应该再包含第一个主成分的信息,统计上的描述就是让这两个主成分的协方差为0,几何上就是这两个主成分的方向正交。具体确定各个主成分的方法如下。

设 Z_i 表示第 i 个主成分,$i=1,2,\cdots,p$,可设

$$\begin{cases} Z_1=c_{11}X_1+c_{12}X_2+\cdots+c_{1p}X_p, \\ Z_2=c_{21}X_1+c_{22}X_2+\cdots+c_{2p}X_p, \\ \qquad\vdots \\ Z_p=c_{p1}X_1+c_{p2}X_2+\cdots+c_{pp}X_p, \end{cases} \tag{10.17}$$

式中:对每一个 i,均有 $c_{i1}^2+c_{i2}^2+\cdots+c_{ip}^2=1$,且 $[c_{11},c_{12},\cdots,c_{1p}]$ 使得 $\mathrm{Var}(Z_1)$ 的值达到最大;$[c_{21},c_{22},\cdots,c_{2p}]$ 不仅垂直于 $[c_{11},c_{12},\cdots,c_{1p}]$,而且使 $\mathrm{Var}(Z_2)$ 的值达到最大;$[c_{31},c_{32},\cdots,c_{3p}]$ 同时垂直于 $[c_{11},c_{12},\cdots,c_{1p}]$ 和 $[c_{21},c_{22},\cdots,c_{2p}]$,并使 $\mathrm{Var}(Z_3)$ 的值达到最大;以此类推可得全部 p 个主成分,这项工作手工计算是很烦琐的,但借助于计算机很容易完成。剩下的是如何确定主成分的个数,总结在下面几个注意事项中。

(1) 主成分分析的结果受量纲的影响,由于各变量的单位可能不一样,如果各自改变量纲,则结果会不一样,这是主成分分析的最大问题。回归分析是不存在这种情况的,所以实际中可以先把各变量的数据标准化,然后使用协方差矩阵或相关系数矩阵进行分析。

(2) 使方差达到最大的主成分分析不用转轴(统计软件常把主成分分析和因子分析放在一起,后者往往需要转轴,使用时应注意)。

(3) 主成分的保留。用相关系数矩阵求主成分时,Kaiser 主张对特征值小于 1 的主成分予以放弃(这也是 SPSS 软件的默认值)。

(4) 在实际研究中,由于主成分的目的是降维,减少变量的个数,故一般选取少量的主成分(不超过 6 个),只要它们能解释变异的 70%~80%(称累积贡献率)即可。

10.2.2 特征值因子的筛选

设有 p 个指标变量 $x_1,x_2,\cdots,x_p$,它在第 i 次试验中的取值为

$$a_{i1},a_{i2},\cdots,a_{ip},\ i=1,2,\cdots,n,$$

将它们写成矩阵形式为

$$A=\begin{bmatrix} a_{11} & a_{12} & \cdots & a_{1p} \\ a_{21} & a_{22} & \cdots & a_{2p} \\ \vdots & \vdots & \ddots & \vdots \\ a_{n1} & a_{n2} & \cdots & a_{np} \end{bmatrix}, \tag{10.18}$$

矩阵 $\boldsymbol{A}$ 称为设计阵。

实际中确定式(10.17)中的系数就是采用矩阵 $\boldsymbol{A}^{\mathrm{T}}\boldsymbol{A}$ 的特征向量。因此,剩下的问题仅仅是将 $\boldsymbol{A}^{\mathrm{T}}\boldsymbol{A}$ 的特征值按由大到小的次序排列之后,如何筛选这些特征值。一个实用的方法是删去后面的 $p-r$ 个特征值 $\lambda_{r+1},\lambda_{r+2},\cdots,\lambda_p$,这些删去的特征值之和小于整个特征值之和 $\sum\limits_{i=1}^{p}\lambda_i$ 的 15%,换句话说,余下的特征值所占的比重(定义为累积贡献率)将超过 85%,当然这不是一种严格的规定,近年来文献中关于这方面的讨论很多,有很多比较成熟的方法,这里不一一介绍。

注:使用 $\tilde{x}_i=(x_i-\mu_i)/\sigma_i$ 对数据进行标准化后,得到的标准化数据矩阵记为 $\widetilde{\boldsymbol{A}}$,由于 $x_1,x_2,\cdots,x_p$ 的相关系数矩阵 $\boldsymbol{R}=\widetilde{\boldsymbol{A}}^{\mathrm{T}}\widetilde{\boldsymbol{A}}/(n-1)$,在主成分分析中只需计算相关系数矩阵 $\boldsymbol{R}$ 的特征值和特征向量即可。

单纯考虑累积贡献率有时是不够的,还需要考虑选择的主成分对原始变量的贡献值,用相关系数的平方和来表示,如果选取的主成分为 $z_1,z_2,\cdots,z_r$,则它们对原变量 x_i 的贡献值为

$$\rho_i=\sum_{j=1}^{r}r^2(z_j,x_i), \tag{10.19}$$

式中:$r(z_j,x_i)$ 为 z_j 与 x_i 的相关系数。

例 10.3 设 $\boldsymbol{x}=[x_1,x_2,x_3]^{\mathrm{T}}$,且

$$\boldsymbol{A}^{\mathrm{T}}\boldsymbol{A}=\begin{bmatrix} 1 & -2 & 0 \\ -2 & 5 & 0 \\ 0 & 0 & 0.2 \end{bmatrix},$$

则可算得 $\lambda_1=5.8284,\lambda_2=0.2,\lambda_3=0.1716$,如果我们仅取第一个主成分,则由于其累积贡献率已经达到 94.01%,似乎很理想了,但进一步计算主成分对原变量的贡献值,容易发现

$$\rho_3=r^2(z_1,x_3)=0,$$

可见,第一个主成分对第三个变量的贡献值为 0,这是因为 x_3 和 x_1,x_2 都不相关。由于在第一个主成分中不包含 x_3 的信息,这时只选择一个主成分就不够了,需要再取第二个主成分。

例 10.4 研究纽约股票市场上五种股票的周回升率。这里,周回升率=(本星期五市场收盘价-上星期五市场收盘价)/上星期五市场收盘价。从 1975 年 1 月到 1976 年 12 月,对这 5 种股票作了 100 组独立观测。因为随着一般经济状况的变化,股票有集聚的趋势,因此,不同股票周回升率是彼此相关的。

设 $x_1,x_2,\cdots,x_5$ 分别为 5 种股票的周回升率,则从数据算得

$$\bar{\boldsymbol{x}}^{\mathrm{T}}=[0.0054,0.0048,0.0057,0.0063,0.0037],$$

$$
\boldsymbol{R}=\begin{bmatrix}1.000 & 0.577 & 0.509 & 0.387 & 0.462\\ 0.577 & 1.000 & 0.599 & 0.389 & 0.322\\ 0.509 & 0.599 & 1.000 & 0.436 & 0.426\\ 0.387 & 0.389 & 0.436 & 1.000 & 0.523\\ 0.462 & 0.322 & 0.426 & 0.523 & 1.000\end{bmatrix}.
$$

式中:$\boldsymbol{R}$ 为相关系数矩阵。$\boldsymbol{R}$ 的 5 个特征值分别为

$$
\lambda_1=2.857,\lambda_2=0.809,\lambda_3=0.540,\lambda_4=0.452,\lambda_5=0.343,
$$

λ_1 和 λ_2 对应的标准正交特征向量为

$$
\boldsymbol{\eta}_1^{\mathrm{T}}=[0.464,0.457,0.470,0.421,0.421],
$$

$$
\boldsymbol{\eta}_2^{\mathrm{T}}=[0.240,0.509,0.260,-0.526,-0.582].
$$

标准化变量的前两个主成分为

$$
z_1=0.464\tilde{x}_1+0.457\tilde{x}_2+0.470\tilde{x}_3+0.421\tilde{x}_4+0.421\tilde{x}_5,
$$

$$
z_2=0.240\tilde{x}_1+0.509\tilde{x}_2+0.260\tilde{x}_3-0.526\tilde{x}_4-0.582\tilde{x}_5,
$$

它们的累积贡献率为

$$
\frac{\lambda_1+\lambda_2}{\sum_{i=1}^{5}\lambda_i}\times 100\%=73\%.
$$

这两个主成分具有重要的实际意义,第一主成分大约等于这 5 种股票周回升率和的一个常数倍,通常称为股票市场主成分,简称市场主成分;第二主成分代表化学股票(在 z_2 中系数为正的 3 种股票都是化学工业上市企业)和石油股票(在 z_2 中系数为负的 2 种股票恰好都为石油板块的上市企业)的一个对照,称为工业主成分。这说明,这些股票周回升率的大部分变差来自市场活动和与它不相关的工业活动。关于股票价格的这个结论与经典的证券理论吻合。至于其他主成分解释较为困难,很可能表示每种股票自身的变差,好在它们的贡献率很少,可以忽略不计。

10.2.3 主成分回归分析

主成分回归分析是为了克服最小二乘(LS)估计在数据矩阵 $\boldsymbol{A}$ 存在多重共线性时表现出的不稳定性而提出的。

主成分回归分析采用的方法是将原来的回归自变量变换到另一组变量,即主成分,选择其中一部分重要的主成分作为新的自变量,丢弃了一部分影响不大的自变量,实际上达到了降维的目的,然后用最小二乘法对选取主成分后的模型参数进行估计,最后再变换回原来的变量求出参数的估计。

例 10.5 Hald 水泥问题,考察含 4 种化学成分

$x_1=3CaO\cdot Al_2O_3$ 的含量(%),$x_2=3CaO\cdot SiO_2$ 的含量(%),

$x_3=4CaO\cdot Al_2O_3\cdot Fe_2O_3$ 的含量(%),$x_4=2CaO\cdot SiO_2$ 的含量(%)

的某种水泥,每克水泥所释放出的热量(卡)y 与这 4 种成分含量之间的关系数据共 13 组,见表 10.8。对数据实施标准化得到数据矩阵 $\tilde{\boldsymbol{A}}$,则 $\tilde{\boldsymbol{A}}^{\mathrm{T}}\tilde{\boldsymbol{A}}/12$ 就是样本相关系数阵(表 10.9)。

表 10.8 Hald 水泥

序号	x_1	x_2	x_3	x_4	y	序号	x_1	x_2	x_3	x_4	y
1	7	26	6	60	78.5	8	1	31	22	44	72.5
2	1	29	15	52	74.3	9	2	54	18	22	93.1
3	11	56	8	20	104.3	10	21	47	4	26	115.9
4	11	31	8	47	87.6	11	1	40	23	34	83.8
5	7	52	6	33	95.9	12	11	66	9	12	113.3
6	11	55	9	22	109.2	13	10	68	8	12	109.4
7	3	71	17	6	102.7						

表 10.9 Hald 水泥数据的样本相关系数阵

	x_1	x_2	x_3	x_4
x_1	1	0.2286	-0.8241	-0.2454
x_2	0.2286	1	-0.1392	-0.9730
x_3	-0.8241	-0.1392	1	0.0295
x_4	-0.2454	-0.9730	0.0295	1

相关系数阵的 4 个特征值依次为 2.2357，1.5761，0.1866，0.0016。最后一个特征值接近 0，前三个特征值之和所占比例(累积贡献率)达到 0.999594。于是略去第 4 个主成分。其他三个保留的特征值对应的三个特征向量分别为

$$\boldsymbol{\eta}_1^{\mathrm{T}}=[0.476,0.5639,-0.3941,-0.5479],$$
$$\boldsymbol{\eta}_2^{\mathrm{T}}=[-0.509,0.4139,0.605,-0.4512],$$
$$\boldsymbol{\eta}_3^{\mathrm{T}}=[0.6755,-0.3144,0.6377,-0.1954],$$

即取前三个主成分，分别为

$$z_1=0.476\tilde{x}_1+0.5639\tilde{x}_2-0.3941\tilde{x}_3-0.5479\tilde{x}_4,$$
$$z_2=-0.509\tilde{x}_1+0.4139\tilde{x}_2+0.605\tilde{x}_3-0.4512\tilde{x}_4,$$
$$z_3=0.6755\tilde{x}_1-0.3144\tilde{x}_2+0.6377\tilde{x}_3-0.1954\tilde{x}_4.$$

对 Hald 数据直接作线性回归得经验回归方程

$$\hat{y}=62.4054+1.5511x_1+0.5102x_2+0.1019x_3-0.1441x_4. \tag{10.20}$$

作主成分回归分析，得到回归方程

$$\hat{y}=0.6570z_1+0.0083z_2+0.3028z_3,$$

化成标准化变量的回归方程为

$$\hat{y}=0.5130\tilde{x}_1+0.2787\tilde{x}_2-0.0608\tilde{x}_3-0.4229\tilde{x}_4,$$

恢复到原始的自变量，得到主成分回归方程

$$\hat{y}=85.7433+1.3119x_1+0.2694x_2-0.1428x_3-0.3801x_4. \tag{10.21}$$

式(10.20)和式(10.21)的区别在于后者具有更小的均方误差，因而更稳定。此外，前者所有系数都无法通过显著性检验。

计算的 Matlab 程序如下：

```
clc,clear
a=readmatrix('data10_5.txt'); [m,n]=size(a);
```

```
x0=a(:,[1:n-1]); y0=a(:,n);
hg1=[ones(m,1),x0]\y0;  % 计算普通最小二乘法回归系数
hg1=hg1'         % 变成行向量显示回归系数,其中第 1 个分量是常数项,其他按 x1,…,xn 排序
fprintf('y=% f',hg1(1));  % 开始显示普通最小二乘法回归结果
for i=2:n
    if hg1(i)>0
      fprintf('+% f * x% d',hg1(i),i-1);
    else
      fprintf('% f * x% d',hg1(i),i-1)
    end
end
fprintf('\n')
r=corrcoef(x0)              % 计算相关系数矩阵
xd=zscore(x0);              % 对设计矩阵进行标准化处理
yd=zscore(y0);              % 对 y0 进行标准化处理
[vec,lamda,rate]=pcacov(r)  % vec 为 r 的特征向量,lamda 为 r 的特征值,rate 为各个
主成分的贡献率
contr=cumsum(rate)          % 计算累积贡献率,第 i 个分量表示前 i 个主成分的贡献率
df=xd * vec;                % 计算所有主成分的得分
num=input('请选项主成分的个数:')    % 通过累积贡献率交互式选择主成分的个数
hg21=df(:,[1:num])\yd  % 主成分变量的回归系数,这里由于数据标准化,回归方程的常数项为 0
hg22=vec(:,1:num) * hg21           % 标准化变量的回归方程系数
hg23=[mean(y0)-std(y0) * mean(x0)./std(x0) * hg22, std(y0) * hg22'./std(x0)]
% 计算原始变量回归方程的系数
fprintf('y=% f',hg23(1));          % 开始显示主成分回归结果
for i=2:n
    if hg23(i)>0
       fprintf('+% f * x% d',hg23(i),i-1);
    else
       fprintf('% f * x% d',hg23(i),i-1);
    end
end
fprintf('\n')
% 下面计算两种回归分析的剩余标准差
rmse1=sqrt(sum((hg1(1)+x0 * hg1(2:end)'-y0).^2)/(m-n-1))    % 拟合了 n+1 个参数
rmse2=sqrt(sum((hg23(1)+x0 * hg23(2:end)'-y0).^2)/(m-num))  % 拟合了 num 个参数
```

10.2.4 主成分分析案例——我国各地区普通高等教育发展水平综合评价

主成分分析试图在力保数据信息丢失最少的原则下,对多变量的截面数据表进行最佳综合简化,也就是说,对高维变量空间进行降维处理。本案例运用主成分分析方法综合评价我国各地区普通高等教育的发展水平。

问题与 10.1.3 节中的问题相同,这里就不重复叙述了。

1. 主成分分析法的步骤

下面介绍用主成分分析法进行评价的步骤。

(1) 对原始数据进行标准化处理。假设进行主成分分析的指标变量有 m 个,分别为 $x_1,x_2,\cdots,x_m$,共有 n 个评价对象,第 i 个评价对象的第 j 个指标的取值为 a_{ij}。将各指标值 a_{ij}转换成标准化指标值 $\tilde{a}_{ij}$,有

$$\tilde{a}_{ij}=\frac{a_{ij}-\mu_j}{s_j},\ i=1,2,\cdots,n;\ j=1,2,\cdots,m,$$

式中:$\mu_j=\frac{1}{n}\sum_{i=1}^{n}a_{ij}$;$s_j=\sqrt{\frac{1}{n-1}\sum_{i=1}^{n}(a_{ij}-\mu_j)^2}$,$j=1,2,\cdots,m$,即 μ_j,s_j 为第 j 个指标的样本均值和样本标准差。

对应地,称

$$\tilde{x}_j=\frac{x_j-\mu_j}{s_j},\ j=1,2,\cdots,m,$$

为标准化指标变量。

(2) 计算相关系数矩阵 $\boldsymbol{R}$。相关系数矩阵 $\boldsymbol{R}=(r_{ij})_{m\times m}$,有

$$r_{ij}=\frac{\sum_{k=1}^{n}\tilde{a}_{ki}\cdot\tilde{a}_{kj}}{n-1},i,j=1,2,\cdots,m,$$

式中:$r_{ii}=1$,$r_{ij}=r_{ji}$,r_{ij}为第 i 个指标与第 j 个指标的相关系数。

(3) 计算特征值和特征向量。计算相关系数矩阵 $\boldsymbol{R}$ 的特征值 $\lambda_1\geqslant\lambda_2\geqslant\cdots\geqslant\lambda_m\geqslant0$,及对应的标准正交特征向量 $\boldsymbol{u}_1,\boldsymbol{u}_2,\cdots,\boldsymbol{u}_m$,其中 $\boldsymbol{u}_j=[u_{1j},u_{2j},\cdots,u_{mj}]^{\mathrm{T}}$,由特征向量组成 m 个新的指标变量:

$$\begin{aligned}
y_1&=u_{11}\tilde{x}_1+u_{21}\tilde{x}_2+\cdots+u_{m1}\tilde{x}_m,\\
y_2&=u_{12}\tilde{x}_1+u_{22}\tilde{x}_2+\cdots+u_{m2}\tilde{x}_m,\\
&\vdots\\
y_m&=u_{1m}\tilde{x}_1+u_{2m}\tilde{x}_2+\cdots+u_{mm}\tilde{x}_m,
\end{aligned}$$

式中:y_1 为第 1 主成分;y_2 为第 2 主成分,……;y_m 为第 m 主成分。

(4) 选择 $p(p\leqslant m)$个主成分,计算综合评价值。

① 计算特征值 $\lambda_j(j=1,2,\cdots,m)$的信息贡献率和累积贡献率。称

$$b_j=\frac{\lambda_j}{\sum_{k=1}^{m}\lambda_k},\ j=1,2,\cdots,m$$

为主成分 y_j 的信息贡献率,同时,有

$$\alpha_p=\frac{\sum_{k=1}^{p}\lambda_k}{\sum_{k=1}^{m}\lambda_k}$$

为主成分 $y_1,y_2,\cdots,y_p$ 的累积贡献率。当 α_p 接近于 1(一般取 $\alpha_p=0.85,0.90,0.95$)时,

则选择前 p 个指标变量 $y_1,y_2,\cdots,y_p$ 作为 p 个主成分,代替原来 m 个指标变量,从而可对 p 个主成分进行综合分析。

② 计算综合得分:

$$Z=\sum_{j=1}^{p} b_j y_j,$$

式中:b_j 为第 j 个主成分的信息贡献率,根据综合得分值就可进行评价。

2. 基于主成分分析法的综合评价

定性考察反映高等教育发展状况的 5 个方面 10 项评价指标,可以看出,某些指标之间可能存在较强的相关性。比如每 10 万人口高等院校毕业生数、每 10 万人口高等院校招生数与每 10 万人口高等院校在校生数之间可能存在较强的相关性,每 10 万人口高等院校教职工数和每 10 万人口高等院校专职教师数之间可能存在较强的相关性。为了验证这种想法,计算 10 个指标之间的相关系数。

可以看出某些指标之间确实存在很强的相关性,如果直接用这些指标进行综合评价,则必然造成信息的重叠,影响评价结果的客观性。主成分分析方法可以把多个指标转化为少数几个不相关的综合指标,因此,可以考虑利用主成分进行综合评价。

利用 Matlab 软件对 10 个评价指标进行主成分分析,相关系数矩阵的前几个特征值及其贡献率见表 10.10。

表 10.10　主成分分析结果

序号	特征值	贡献率	累积贡献率	序号	特征值	贡献率	累积贡献率
1	7.5022	0.7502	0.7502	4	0.2064	0.0206	0.9822
2	1.577	0.1577	0.9079	5	0.145	0.0145	0.9967
3	0.5362	0.0536	0.9615	6	0.0222	0.0022	0.9989

可以看出,前两个特征值的累积贡献率就达到 90%以上,主成分分析效果很好。下面选取前 4 个主成分(累积贡献率达到 98%)进行综合评价。前 4 个特征值对应的特征向量见表10.11。

表 10.11　标准化变量的前 4 个主成分对应的特征向量

	$\tilde{x}_1$	$\tilde{x}_2$	$\tilde{x}_3$	$\tilde{x}_4$	$\tilde{x}_5$	$\tilde{x}_6$	$\tilde{x}_7$	$\tilde{x}_8$	$\tilde{x}_9$	$\tilde{x}_{10}$
1	0.3497	0.3590	0.3623	0.3623	0.3605	0.3602	0.2241	0.1201	0.3192	0.2452
2	-0.1972	0.0343	0.0291	0.0138	-0.0507	-0.0646	0.5826	0.7021	-0.1941	-0.2865
3	-0.1639	-0.1084	-0.0900	-0.1128	-0.1534	-0.1645	-0.0397	0.3577	0.1204	0.8637
4	-0.1022	-0.2266	-0.1692	-0.1607	-0.0442	-0.0032	0.0812	0.0702	0.8999	-0.2457

由此可得 4 个主成分分别为

$$y_1=0.3497\tilde{x}_1+0.359\tilde{x}_2+\cdots+0.2452\tilde{x}_{10},$$
$$y_2=-0.1972\tilde{x}_1+0.0343\tilde{x}_2+\cdots-0.286\tilde{x}_{10},$$
$$y_3=-0.1639\tilde{x}_1-0.1084\tilde{x}_2+\cdots+0.8637\tilde{x}_{10},$$
$$y_4=-0.1022\tilde{x}_1-0.2266\tilde{x}_2+\cdots-0.2457\tilde{x}_{10}.$$

从主成分的系数可以看出,第一主成分主要反映了前 6 个指标(学校数、学生数和教师数方面)的信息,第二主成分主要反映了高校规模和教师中高级职称的比例,第三主成分主要反映了生均教育经费,第四主成分主要反映了国家财政预算内普通高教经费占国内生产总值的比重。把各地区原始 10 个指标的标准化数据代入 4 个主成分的表达式,就可以得到各地区的 4 个主成分值。

分别以 4 个主成分的贡献率为权重,构建主成分综合评价模型,即

$$Z=0.7502y_1+0.1577y_2+0.0536y_3+0.0206y_4.$$

把各地区的 4 个主成分值代入上式,可以得到各地区高教发展水平的综合评价值以及排序结果,见表 10.12。

表 10.12　排名和综合评价结果

地区	北京	上海	天津	陕西	辽宁	吉林	黑龙江	湖北
名次	1	2	3	4	5	6	7	8
综合评价值	8.6043	4.4738	2.7881	0.8119	0.7621	0.5884	0.2971	0.2455
地区	江苏	广东	四川	山东	甘肃	湖南	浙江	新疆
名次	9	10	11	12	13	14	15	16
综合评价值	0.0581	0.0058	-0.2680	-0.3645	-0.4879	-0.5065	-0.7016	-0.7428
地区	福建	山西	河北	安徽	云南	江西	海南	内蒙古
名次	17	18	19	20	21	22	23	24
综合评价值	-0.7697	-0.7965	-0.8895	-0.8917	-0.9557	-0.9610	-1.0147	-1.1246
地区	西藏	河南	广西	宁夏	贵州	青海		
名次	25	26	27	28	29	30		
综合评价值	-1.1470	-1.2059	-1.2250	-1.2513	-1.6514	-1.6800		

计算的 Matlab 程序如下:

```
clc,clear
a=readmatrix('anli10_1.txt');
b=zscore(a);                        %数据标准化
r=corrcoef(b);                      %计算相关系数矩阵
%下面直接使用标准化数据进行主成分分析,vec 为 r 的特征向量,即主成分的系数
[vec,score,lambda]=pca(b)           %score 为主成分的得分,lambda 为 r 的特征值
rate=lambda/sum(lambda)             %计算各个主成分的贡献率
contr=cumsum(rate)                  %计算累积贡献率
num=4;                              %num 为选取的主成分的个数
df=score(:,1:num);                  %提出各个主成分的得分
tf=df*rate(1:num);                  %计算综合得分
[stf,ind]=sort(tf,'descend');       %把得分按照从高到低的次序排列
stf=stf', ind=ind'
```

3. 结论

各地区高等教育发展水平存在较大的差异,高教资源的地区分布很不均衡。北京、上海、天津等地区高等教育发展水平遥遥领先,主要表现在每 100 万人口的学校数量和每10

万人口的教师数量、学生数量以及国家财政预算内普通高教经费占国内生产总值的比重等方面。陕西和东北三省高等教育发展水平也比较高。贵州、广西、河南、安徽等地区高等教育发展水平比较落后,这些地区的高等教育发展需要政策和资金的扶持。值得一提的是西藏、新疆、甘肃等经济不发达地区的高等教育发展水平居于中上游水平,可能是人口等因素造成的。

10.3 因子分析

因子分析(Factor Analysis)是由英国心理学家 Spearman 在 1904 年提出来的,他成功地解决了智力测验得分的统计分析,长期以来,教育心理学家不断丰富、发展了因子分析理论和方法,并应用这一方法在行为科学领域进行了广泛的研究。它通过研究众多变量之间的内部依赖关系,探求观测数据中的基本结构,并用少数几个假想变量来表示其基本的数据结构。这几个假想变量能够反映原来众多变量的主要信息。原始的变量是可观测的显在变量,而假想变量是不可观测的潜在变量,称为因子。

因子分析可以看成主成分分析的推广,它也是多元统计分析中常用的一种降维方式,因子分析所涉及的计算与主成分分析也很类似,但差别也是很明显的:

(1) 主成分分析把方差划分为不同的正交成分,而因子分析则把方差划归为不同的起因因子。

(2) 主成分分析仅仅是变量变换,而因子分析需要构造因子模型。

(3) 主成分分析中原始变量的线性组合表示新的综合变量,即主成分。因子分析中潜在的假想变量和随机影响变量的线性组合表示原始变量。

因子分析与回归分析不同,因子分析中的因子是一个比较抽象的概念,而回归变量有非常明确的实际意义。

因子分析有确定的模型,观察数据在模型中被分解为公共因子、特殊因子和误差三部分。初学因子分析的最大困难在于理解它的模型。先看如下几个例子。

例 10.6 为了解学生的知识和能力,对学生进行了抽样命题考试,考题包括的面很广,但总体来讲可归结为学生的语文水平、数学推导、艺术修养、历史知识、生活知识 5 个方面,我们把每一个方面称为一个(公共)因子,显然每个学生的成绩均可由这 5 个因子来确定,即可设想第 i 个学生考试的分数 X_i 能用这五个公共因子 $F_1,F_2,\cdots,F_5$ 的线性组合表示出来,即

$$X_i=\mu_i+\alpha_{i1}F_1+\alpha_{i2}F_2+\cdots+\alpha_{i5}F_5+\varepsilon_i,\ i=1,2,\cdots,N, \tag{10.22}$$

线性组合系数 $\alpha_{i1},\alpha_{i2},\cdots,\alpha_{i5}$ 称为因子载荷(Loadings),它分别表示第 i 个学生在这五个因子方面的能力;μ_i 是总平均,ε_i 是第 i 个学生的能力和知识不能被这五个因子包含的部分,称为特殊因子,常假定 $\varepsilon_i\sim N(0,\sigma_i^2)$,不难发现,这个模型与回归模型在形式上是很相似的,但这里 $F_1,F_2,\cdots,F_5$ 的值却是未知的,有关参数的意义也有很大的差异。

因子分析的首要任务就是估计因子载荷 α_{ij} 和方差 σ_i^2,然后给因子 F_i 一个合理的解释,若难以进行合理的解释,则需要进一步作因子旋转,希望旋转后能发现比较合理的解释。

例 10.7 诊断时,医生检测了病人的 5 个生理指标:收缩压、舒张压、心跳间隔、呼吸

间隔和舌下温度。但依据生理学知识，这 5 个指标是受植物神经支配的，植物神经又分为交感神经和副交感神经，因此这 5 个指标可用交感神经和副交感神经两个公共因子来确定，从而也构成了因子模型。

例 10.8 Holjinger 和 Swineford 在芝加哥郊区对 145 名七、八年级学生进行了 24 个心理测验，通过因子分析，这 24 个心理指标被归结为 4 个公共因子，即词语因子、速度因子、推理因子和记忆因子。

特别需要说明的是这里的因子和试验设计里的因子(或因素)是不同的，它比较抽象和概括，往往是不可以单独测量的。

10.3.1 因子分析模型

1. 数学模型

设 p 个变量 $X_i(i=1,2,\cdots,p)$ 可以表示为

$$X_i=\mu_i+\alpha_{i1}F_1+\cdots+\alpha_{im}F_m+\varepsilon_i, m\leqslant p, \tag{10.23}$$

或

$$\begin{bmatrix} X_1 \\ X_2 \\ \vdots \\ X_p \end{bmatrix}=\begin{bmatrix} \mu_1 \\ \mu_2 \\ \vdots \\ \mu_p \end{bmatrix}+\begin{bmatrix} \alpha_{11} & \alpha_{12} & \cdots & \alpha_{1m} \\ \alpha_{21} & \alpha_{22} & \cdots & \alpha_{2m} \\ \vdots & \vdots & \ddots & \vdots \\ \alpha_{p1} & \alpha_{p2} & \cdots & \alpha_{pm} \end{bmatrix}\begin{bmatrix} F_1 \\ F_2 \\ \vdots \\ F_m \end{bmatrix}+\begin{bmatrix} \varepsilon_1 \\ \varepsilon_2 \\ \vdots \\ \varepsilon_p \end{bmatrix},$$

或

$$\boldsymbol{X}-\boldsymbol{\mu}=\boldsymbol{\Lambda}\boldsymbol{F}+\boldsymbol{\varepsilon}, \tag{10.24}$$

式中

$$\boldsymbol{X}=\begin{bmatrix} X_1 \\ X_2 \\ \vdots \\ X_p \end{bmatrix}, \boldsymbol{\mu}=\begin{bmatrix} \mu_1 \\ \mu_2 \\ \vdots \\ \mu_p \end{bmatrix}, \boldsymbol{\Lambda}=\begin{bmatrix} \alpha_{11} & \alpha_{12} & \cdots & \alpha_{1m} \\ \alpha_{21} & \alpha_{22} & \cdots & \alpha_{2m} \\ \vdots & \vdots & \ddots & \vdots \\ \alpha_{p1} & \alpha_{p2} & \cdots & \alpha_{pm} \end{bmatrix}, \boldsymbol{F}=\begin{bmatrix} F_1 \\ F_2 \\ \vdots \\ F_p \end{bmatrix}, \boldsymbol{\varepsilon}=\begin{bmatrix} \varepsilon_1 \\ \varepsilon_2 \\ \vdots \\ \varepsilon_p \end{bmatrix}.$$

$F_1,F_2,\cdots,F_p$ 为公共因子，是不可观测的变量，它们的系数称为载荷因子。ε_i 是特殊因子，是不能被前 m 个公共因子包含的部分。并且满足

$$E(\boldsymbol{F})=0, E(\boldsymbol{\varepsilon})=0, \mathrm{Cov}(\boldsymbol{F})=\boldsymbol{I}_m,$$

$$D(\boldsymbol{\varepsilon})=\mathrm{Cov}(\boldsymbol{\varepsilon})=\mathrm{diag}(\sigma_1^2,\sigma_2^2,\cdots,\sigma_m^2), \mathrm{Cov}(\boldsymbol{F},\boldsymbol{\varepsilon})=0.$$

2. 因子分析模型的性质

(1) 原始变量 $\boldsymbol{X}$ 的协方差矩阵的分解。由 $\boldsymbol{X}-\boldsymbol{\mu}=\boldsymbol{\Lambda}\boldsymbol{F}+\boldsymbol{\varepsilon}$，得 $\mathrm{Cov}(\boldsymbol{X}-\boldsymbol{\mu})=\boldsymbol{\Lambda}\mathrm{Cov}(\boldsymbol{F})\boldsymbol{\Lambda}^{\mathrm{T}}+\mathrm{Cov}(\boldsymbol{\varepsilon})$，即

$$\mathrm{Cov}(\boldsymbol{X})=\boldsymbol{\Lambda}\boldsymbol{\Lambda}^{\mathrm{T}}+\mathrm{diag}(\sigma_1^2,\sigma_2^2,\cdots,\sigma_m^2). \tag{10.25}$$

$\sigma_1^2,\sigma_2^2,\cdots,\sigma_m^2$ 的值越小，则公共因子共享的成分越多。

(2) 载荷矩阵不是唯一的。设 $\boldsymbol{T}$ 为一个 $p\times p$ 的正交矩阵，令 $\widetilde{\boldsymbol{\Lambda}}=\boldsymbol{\Lambda}\boldsymbol{T}, \widetilde{\boldsymbol{F}}=\boldsymbol{T}^{\mathrm{T}}\boldsymbol{F}$，则模型可以表示为

$$\boldsymbol{X}=\boldsymbol{\mu}+\widetilde{\boldsymbol{\Lambda}}\widetilde{\boldsymbol{F}}+\boldsymbol{\varepsilon}.$$

3. 因子载荷矩阵的几个统计性质

1）因子载荷 α_{ij} 的统计意义

因子载荷 α_{ij} 是第 i 个变量与第 j 个公共因子的相关系数，反映了第 i 个变量与第 j 个公共因子的相关重要性。绝对值越大，相关的密切程度越高。

2）变量共同度的统计意义

变量 X_i 的共同度是因子载荷矩阵的第 i 行的元素的平方和，记为 $h_i^2=\sum_{j=1}^{m}\alpha_{ij}^2$。

对式(10.23)两边求方差，得

$$\mathrm{Var}(X_i)=\alpha_{i1}^2\mathrm{Var}(F_1)+\cdots+\alpha_{im}^2\mathrm{Var}(F_m)+\mathrm{Var}(\varepsilon_i),$$

即

$$1=\sum_{j=1}^{m}\alpha_{ij}^2+\sigma_i^2,$$

式中：特殊因子的方差 $\sigma_i^2(i=1,2,\cdots,p)$ 称为特殊方差。

可以看出所有的公共因子和特殊因子对变量 X_i 的贡献为 1。如果 $\sum_{j=1}^{m}\alpha_{ij}^2$ 非常靠近 1，σ_i^2 非常小，则因子分析的效果好，从原变量空间到公共因子空间的转化效果好。

3）公共因子 F_j 方差贡献的统计意义

因子载荷矩阵中各列元素的平方和

$$S_j=\sum_{i=1}^{p}\alpha_{ij}^2, \tag{10.26}$$

称为 $F_j(j=1,2,\cdots,m)$ 对所有的 X_i 的方差贡献和，用于衡量 F_j 的相对重要性。

因子分析的一个基本问题是如何估计因子载荷，亦即如何求解因子模型式(10.23)。下面介绍常用的因子载荷矩阵的估计方法。

10.3.2 因子载荷矩阵的估计方法

1. 主成分分析法

设 $\lambda_1\geqslant\lambda_2\geqslant\cdots\geqslant\lambda_p$ 为样本相关系数矩阵 $\boldsymbol{R}$ 的特征值，$\boldsymbol{\eta}_1,\boldsymbol{\eta}_2,\cdots,\boldsymbol{\eta}_p$ 为相应的标准正交化特征向量。设 $m<p$，则因子载荷矩阵 $\boldsymbol{\Lambda}$ 为

$$\boldsymbol{\Lambda}=[\sqrt{\lambda_1}\boldsymbol{\eta}_1,\sqrt{\lambda_2}\boldsymbol{\eta}_2,\cdots,\sqrt{\lambda_m}\boldsymbol{\eta}_m], \tag{10.27}$$

特殊因子的方差用 $\boldsymbol{R}-\boldsymbol{\Lambda}\boldsymbol{\Lambda}^{\mathrm{T}}$ 的对角元来估计，即

$$\sigma_i^2=1-\sum_{j=1}^{m}\alpha_{ij}^2. \tag{10.28}$$

例 10.9（续例 10.4） 考虑样本相关系数矩阵 $\boldsymbol{R}$ 的前两个样本主成分，对 $m=1$ 和 $m=2$，因子分析主成分解见表 10.13，对 $m=2$，残差矩阵 $\boldsymbol{R}-\boldsymbol{\Lambda}\boldsymbol{\Lambda}^{\mathrm{T}}-\mathrm{Cov}(\boldsymbol{\varepsilon})$ 为

$$\begin{bmatrix} 0 & -0.1274 & -0.1643 & -0.0689 & 0.0173 \\ -0.1274 & 0 & -0.1223 & 0.0553 & 0.0118 \\ -0.1643 & -0.1234 & 0 & -0.0193 & -0.0171 \\ -0.0689 & 0.0553 & -0.0193 & 0 & -0.2317 \\ 0.0173 & 0.0118 & -0.0171 & -0.2317 & 0 \end{bmatrix}.$$

表 10.13　因子分析主成分解

变量	一个因子		两个因子		
	因子载荷估计 F_1	特殊方差	因子载荷估计		特殊方差
			F_1	F_2	
1	0.7836	0.3860	0.7836	-0.2162	0.3393
2	0.7726	0.4031	0.7726	-0.4581	0.1932
3	0.7947	0.3685	0.7947	-0.2343	0.3136
4	0.7123	0.4926	0.7123	0.4729	0.2690
5	0.7119	0.4931	0.7119	0.5235	0.2191
累积贡献	0.571342		0.571342	0.733175	

由这两个因子解释的总方差比一个因子大很多。然而,对 $m=2$,残差矩阵负元素较多,这表明 $\boldsymbol{\Lambda\Lambda}^{\mathrm{T}}$ 产生的数比 $\boldsymbol{R}$ 中对应元素(相关系数)要大。

第一个因子 F_1 代表了一般经济条件,称为市场因子,所有股票在这个因子上的载荷都比较大,且大致相等,第二个因子是化学股和石油股的一个对照,两者分别有比较大的负、正载荷。可见,F_2 使不同的工业部门的股票产生差异,通常称为工业因子。归纳起来,有如下结论:股票回升率由一般经济条件、工业部门活动和各公司本身特殊活动三部分决定,这与例 10.4 的结论基本一致。

计算的 Matlab 程序如下:

```
clc,clear
r=[1.000 0.577 0.509 0.387 0.462
   0.577 1.000 0.599 0.389 0.322
   0.509 0.599 1.000 0.436 0.426
   0.387 0.389 0.436 1.000 0.523
   0.462 0.322 0.426 0.523 1.000];
%下面利用相关系数阵求主成分解,vec 的列为 r 的特征向量,即主成分系数
[vec,val,rate]=pcacov(r);    %val 为 r 的特征值,rate 为各个主成分的贡献率
a=vec.*sqrt(val')            %构造全部因子的载荷矩阵,见(10.27)式
a1=a(:,1)                    %提出一个因子的载荷矩阵
tcha1=diag(r-a1*a1')         %计算一个因子的特殊方差
a2=a(:,[1,2])                %提出两个因子的载荷矩阵
tcha2=diag(r-a2*a2')         %计算两个因子的特殊方差
ccha2=r-a2*a2'-diag(tcha2)   %求两个因子时的残差矩阵
con=cumsum(rate)             %求累积贡献率
```

2. 主因子法

主因子方法是对主成分方法的修正,假定首先对变量进行标准化变换,则

$$R=\Lambda\Lambda^{\mathrm{T}}+D,$$

$D=\mathrm{diag}\{\sigma_1^2,\sigma_2^2,\cdots,\sigma_m^2\}$。

记

$$R^*=\Lambda\Lambda^{\mathrm{T}}=R-D,$$

式中：R^* 为约相关系数矩阵，R^* 对角线上的元素是 h_i^2。

在实际应用中，特殊因子的方差一般都是未知的，可以通过一组样本来估计。估计的方法有如下几种：

(1) 取 $\hat{h}_i^2=1$，在这种情况下主因子解与主成分解等价。

(2) 取 $\hat{h}_i^2=\max\limits_{j\neq i}|r_{ij}|$，这意味着取 X_i 与其余的 X_j 的简单相关系数的绝对值最大者。

记

$$R^*=R-D=\begin{bmatrix}\hat{h}_1^2 & r_{12} & \cdots & r_{1p}\\ r_{21} & \hat{h}_2^2 & \cdots & r_{2p}\\ \vdots & \vdots & \ddots & \vdots\\ r_{p1} & r_{p2} & \cdots & \hat{h}_p^2\end{bmatrix},$$

直接求 R^* 的前 p 个特征值 $\lambda_1^*\geqslant\lambda_2^*\geqslant\cdots\geqslant\lambda_p^*$，和对应的正交特征向量 $u_1^*,u_2^*,\cdots,u_p^*$，得到如下的因子载荷矩阵：

$$\Lambda=[\sqrt{\lambda_1^*}u_1^*\quad\sqrt{\lambda_2^*}u_2^*\quad\cdots\quad\sqrt{\lambda_p^*}u_p^*].$$

3. 最大似然估计法

数学理论这里就不介绍了，Matlab 工具箱求因子载荷矩阵使用的是最大似然估计法，命令是 factoran。

下面给出各种求因子载荷矩阵的例子。

例 10.10 假定某地固定资产投资率为 x_1，通货膨胀率为 x_2，失业率为 x_3，相关系数矩阵为

$$\begin{bmatrix}1 & 1/5 & -1/5\\ 1/5 & 1 & -2/5\\ -1/5 & -2/5 & 1\end{bmatrix}$$

试用主成分分析法求因子分析模型。

解 特征值为 $\lambda_1=1.5464,\lambda_2=0.8536,\lambda_3=0.6$，对应的标准正交特征向量为

$$u_1=\begin{bmatrix}0.4597\\0.628\\-0.628\end{bmatrix},u_2=\begin{bmatrix}0.8881\\-0.3251\\0.3251\end{bmatrix},u_3=\begin{bmatrix}0\\0.7071\\0.7071\end{bmatrix}.$$

载荷矩阵为

$$\Lambda=[\sqrt{\lambda_1}u_1\quad\sqrt{\lambda_2}u_2\quad\sqrt{\lambda_3}u_3]=\begin{bmatrix}0.5717 & 0.8205 & 0\\ 0.7809 & -0.3003 & 0.5477\\ -0.7809 & 0.3003 & 0.5477\end{bmatrix}.$$

$$x_1 = 0.5717F_1 + 0.8205F_2,$$
$$x_2 = 0.7809F_1 - 0.3003F_2 + 0.5477F_3,$$
$$x_3 = -0.7809F_1 + 0.3003F_2 + 0.5477F_3.$$

可取前两个因子 F_1 和 F_2 为公共因子，第一公共因子 F_1 为物价因子，对 $\boldsymbol{X}$ 的贡献为 1.5464，第二公共因子 F_2 为投资因子，对 $\boldsymbol{X}$ 的贡献为 0.8536。共同度分别为 1、0.7、0.7。

计算的 Matlab 程序如下：

```
clc,clear
r=[1 1/5 -1/5;1/5 1 -2/5;-1/5 -2/5 1];
%下面利用相关系数矩阵求主成分解,vec 的列为 r 的特征向量,即主成分的系数
[vec,val,con]=pcacov(r)              %val 为 r 的特征值,con 为各个主成分的贡献率
num=input('请选择公共因子的个数:');    %交互式选取主因子的个数
a=vec.*sqrt(val')                    %利用矩阵广播,计算因子载荷矩阵
aa=a(:,1:num)                        %提出 num 个主因子的载荷矩阵
s1=sum(aa.^2)                        %计算对 X 的贡献,实际上等于对应的特征值
s2=sum(aa.^2,2)                      %计算共同度
```

例 10.11（续例 10.10） 试用主因子分析法求因子载荷矩阵。

解 假定用 $\hat{h}_i^2 = \max\limits_{j\neq i} |r_{ij}|$ 代替初始的 h_i^2。则有 $h_1^2 = \dfrac{1}{5}, h_2^2 = \dfrac{2}{5}, h_3^2 = \dfrac{2}{5}$。

$$\boldsymbol{R}^* = \begin{bmatrix} 1/5 & 1/5 & -1/5 \\ 1/5 & 2/5 & -2/5 \\ -1/5 & -2/5 & 2/5 \end{bmatrix},$$

$\boldsymbol{R}^*$ 的特征值为 $\lambda_1 = 0.9123, \lambda_2 = 0.0877, \lambda_3 = 0$。非零特征值对应的标准正交特征向量为

$$\boldsymbol{u}_1 = \begin{bmatrix} 0.369 \\ 0.6572 \\ -0.6572 \end{bmatrix}, \boldsymbol{u}_2 = \begin{bmatrix} 0.9294 \\ -0.261 \\ 0.261 \end{bmatrix}.$$

取两个主因子，求得因子载荷矩阵

$$\boldsymbol{\Lambda} = \begin{bmatrix} 0.3525 & 0.2752 \\ 0.6277 & -0.0773 \\ -0.6277 & 0.0773 \end{bmatrix}.$$

计算的 Matlab 程序如下：

```
clc,clear
r=[1 1/5 -1/5;1/5 1 -2/5;-1/5 -2/5 1];
n=size(r,1); rt=abs(r);          %求矩阵 r 所有元素的绝对值
rt(1:n+1:n^2)=0;                 %把 rt 矩阵的对角线元素换成 0
rstar=r;                         %R*初始化
rstar(1:n+1:n^2)=max(rt');       %把矩阵 rstar 的对角线元素换成 rt 矩阵各行的最大值
```

```
% 下面利用 R * 矩阵求主因子解,vec 的列为矩阵 rstar 的特征向量
[vec,val,rate]=pcacov(rstar) % val 为 rstar 的特征值,rate 为各个主成分的贡献率
a=vec.*sqrt(val')                      % 计算因子载荷矩阵
num=input('请选择公共因子的个数:');   % 交互式选取主因子的个数
aa=a(:,1:num)                          % 提出 num 个因子的载荷矩阵
s1=sum(aa.^2)                          % 计算对 X 的贡献
s2=sum(aa.^2,2)                        % 计算共同度
```

例 10.12（续例 10.10） 试用最大似然估计法求因子载荷矩阵。

解 利用 Matlab 工具箱,用最大似然估计法,只能求得一个主因子,对应的因子载荷矩阵为

$$\boldsymbol{\Lambda}=[0.3162,0.6325,-0.6325]^{\mathrm{T}}.$$

计算的 Matlab 程序如下:

```
clc,clear
r=[1 1/5 -1/5;1/5 1 -2/5;-1/5 -2/5 1];
[Lambda,Psi] = factoran(r,1,'Xtype','cov') % Lambda 返回的是因子载荷矩阵,Psi 返回
的是特殊方差
```

从上面的 3 个例子可以看出,使用不同的估计方法,得到的因子载荷矩阵是不同的,但提出的第一公共因子都是一样的,都是物价因子。

10.3.3 因子旋转(正交变换)

建立因子分析数学模型的目的不仅是要找出公共因子以及对变量进行分组,更重要的是要知道每个公共因子的含义,以便进行进一步的分析,如果每个公共因子的含义不清,则不便于进行实际背景的解释。由于因子载荷矩阵是不唯一的,所以应该对因子载荷矩阵进行旋转。目的是使因子载荷矩阵的结构简化,使载荷矩阵每列或行的元素平方值向 0 和 1 两极分化。有三种主要的正交旋转法:方差最大法、四次方最大法和等量最大法。

(1) 方差最大法。方差最大法从简化因子载荷矩阵的每一列出发,使和每个因子有关的载荷的平方的方差最大。当只有少数几个变量在某个因子上有较高的载荷时,对因子的解释最简单。方差最大的直观意义是希望通过因子旋转后,使每个因子上的载荷尽量拉开距离,一部分的载荷趋于±1,另一部分趋于 0。

(2) 四次方最大旋转。四次方最大旋转是从简化载荷矩阵的行出发,通过旋转初始因子,使每个变量只在一个因子上有较高的载荷,而在其他的因子上有尽可能低的载荷。当每个变量只在一个因子上有非零的载荷时,因子解释是最简单的。四次方最大法是使因子载荷矩阵中每一行的因子载荷平方的方差达到最大。

(3) 等量最大法。等量最大法是把四次方最大法和方差最大法结合起来,求它们的加权平均最大。

对两个因子的载荷矩阵

$$\boldsymbol{\Lambda}=(\alpha_{ij})_{p\times 2},i=1,2,\cdots,p;\ j=1,2,$$

取正交矩阵

$$T=\begin{bmatrix}\cos\phi & -\sin\phi\\ \sin\phi & \cos\phi\end{bmatrix},$$

这是逆时针旋转,如作顺时针旋转,只需将矩阵 T 副对角线上的两个元素对换即可。并记$\widetilde{\Lambda}=\Lambda T$ 为旋转因子载荷矩阵,此时模型(10.24)变为

$$X-\mu=\widetilde{\Lambda}(T^{\mathrm{T}}F)+\varepsilon,$$

同时公共因子 F 也随之变为 $T^{\mathrm{T}}F$,现在希望通过旋转,使因子的含义更加明确。

当公共因子数 $m>2$ 时,可以每次考虑不同的两个因子的旋转,从 m 个因子中每次选两个旋转,共有 $m(m-1)/2$ 种选择,这样共有 $m(m-1)/2$ 次旋转,做完这 $m(m-1)/2$ 次旋转就算完成了一个循环,然后可以重新开始第二个循环,直到每个因子的含义都比较明确为止。

例 10.13 设某三个变量的样本相关系数矩阵为

$$R=\begin{bmatrix}1 & -1/3 & 2/3\\ -1/3 & 1 & 0\\ 2/3 & 0 & 1\end{bmatrix},$$

试从 R 出发,作因子分析。

解 (1) 求 R 的特征值及其相应的特征向量。由特征方程 $\det(R-\lambda I)=0$ 可得三个特征值,依大小次序记为 $\lambda_1=1.7454,\lambda_2=1,\lambda_3=0.2546$,由于前面两个特征值的累积方差贡献率已达 91.51%,因而只要取两个主因子即可。下面给出了前两个特征值对应的标准正交特征向量:

$$\eta_1=[0.7071,-0.3162,0.6325]^{\mathrm{T}},$$
$$\eta_2=[0,0.8944,0.4472]^{\mathrm{T}}.$$

(2) 求因子载荷矩阵 Λ_1。由式(10.27)即可算出

$$\Lambda_1=\begin{bmatrix}0.9342 & 0\\ -0.4178 & 0.8944\\ 0.8355 & 0.4472\end{bmatrix}.$$

(3) 对载荷矩阵 Λ_1 作正交旋转。对载荷矩阵 Λ_1 作正交旋转,使得到的矩阵 $\Lambda_2=\Lambda_1 T$的方差和最大。计算结果为

$$T=\begin{bmatrix}0.9320 & -0.3625\\ 0.3625 & 0.9320\end{bmatrix},\Lambda_2=\begin{bmatrix}0.8706 & -0.3386\\ -0.0651 & 0.9850\\ 0.9408 & 0.1139\end{bmatrix}.$$

求解的 Matlab 程序如下:

```
clc,clear
r=[1 -1/3 2/3;-1/3 1 0;2/3 0 1];
%下面利用相关系数矩阵求主成分解,vec 的列为 r 的特征向量,即主成分的系数
[vec,val,rate]=pcacov(r)   %val 为 r 的特征值,rate 为各个主成分的贡献率
a=vec.*sqrt(val')          %构造全部因子的载荷矩阵,见(10.27)式
num=2;                     %选择两个主因子
[aa,t]=rotatefactors(a(:,1:num),'Method','varimax') %对载荷矩阵进行旋转,其中 aa
```

为旋转载荷矩阵,t 为变换的正交矩阵

例 10.14 在一项关于消费者爱好的研究中,随机邀请一些顾客对某种新食品进行评价,共有 5 项指标(变量 1 为味道,2 为价格,3 为风味,4 为适于快餐,5 为能量补充),均采用 7 级打分法,它们的相关系数矩阵

$$\boldsymbol{R}=\begin{bmatrix}1 & 0.02 & 0.96 & 0.42 & 0.01\\0.02 & 1 & 0.13 & 0.71 & 0.85\\0.96 & 0.13 & 1 & 0.5 & 0.11\\0.42 & 0.71 & 0.5 & 1 & 0.79\\0.01 & 0.85 & 0.11 & 0.79 & 1\end{bmatrix}.$$

从相关系数矩阵 $\boldsymbol{R}$ 可以看出,变量 1 和 3,2 和 5 各成一组,而变量 4 似乎更接近(2,5)组,于是可以期望,因子模型可以取两个、至多三个公共因子。

$\boldsymbol{R}$ 的前两个特征值为 2.8531 和 1.8063,其余三个均小于 1,这两个公共因子对样本方差的累计贡献率为 0.9319,于是,选 $m=2$,因子载荷、贡献率和特殊方差的估计列入表 10.14 中。

表 10.14 因子分析表

	变量因子载荷估计		旋转因子载荷估计		共同度	特殊方差
	F_1	F_2	$\boldsymbol{T}^{\mathrm{T}}F_1$	$\boldsymbol{T}^{\mathrm{T}}F_2$		(未旋转)
1	0.5599	0.8161	0.0198	0.9895	0.9795	0.0205
2	0.7773	-0.5242	0.9374	-0.0113	0.8789	0.1211
3	0.6453	0.7479	0.1286	0.9795	0.9759	0.0241
4	0.9391	-0.1049	0.8425	0.4280	0.8929	0.1071
5	0.7982	-0.5432	0.9654	-0.0157	0.9322	0.0678
特征值	2.85311	1.8063				
累积贡献	0.5706	0.9319				

因为 $\boldsymbol{\Lambda\Lambda}^{\mathrm{T}}+\mathrm{Cov}(\boldsymbol{\varepsilon})$ 与 $\boldsymbol{R}$ 比较接近,所以从直观上,可以认为两个因子的模型给出了数据较好的拟合。另一方面,五个共同度都比较大,表明这两个公共因子确实解释了每个变量方差的绝大部分。

很明显,变量 2,4,5 在 $\boldsymbol{T}^{\mathrm{T}}F_1$ 上有大载荷,而在 $\boldsymbol{T}^{\mathrm{T}}F_2$ 上的载荷较小或可忽略。相反,变量 1,3 在 $\boldsymbol{T}^{\mathrm{T}}F_2$ 上有大载荷,而在 $\boldsymbol{T}^{\mathrm{T}}F_1$ 上的载荷却是可以忽略。因此,我们有理由称 $\boldsymbol{T}^{\mathrm{T}}F_1$ 为营养因子,$\boldsymbol{T}^{\mathrm{T}}F_2$ 为滋味因子。旋转的效果一目了然。

计算的 Matlab 程序如下:

```
clc,clear
r=[1 0.02 0.96 0.42 0.01; 0.02 1 0.13 0.71 0.85; 0.96 0.13 1 0.5 0.11
0.42 0.71 0.5 1 0.79; 0.01 0.85 0.11 0.79 1];
[vec,val,rate]=pcacov(r)
a=vec.*sqrt(val')              %计算全部因子的载荷矩阵,见(10.27)式
```

```
num=2;                              % num 为因子的个数
a1=a(:,[1:num])                     % 提出两个因子的载荷矩阵
tcha=diag(r-a1 * a1')               % 因子的特殊方差
gtd1=sum(a1.^2,2)                   % 求因子载荷矩阵 a1 的共同度
con=cumsum(rate(1:num))             % 求累积贡献率
[B,T]=rotatefactors(a1,'Method','varimax')  % B 为旋转因子载荷矩阵,T 为正交矩阵
gtd2=sum(B.^2,2)                    % 求因子载荷矩阵 B 的共同度
w=[sum(a1.^2), sum(B.^2)]           % 分别计算两个因子载荷矩阵对应的方差贡献
```

在因子分析中,人们一般关注的重点是估计因子模型的参数,即载荷矩阵,有时公共因子的估计(即所谓因子得分)也是需要的,因子得分可以用于模型诊断,也可以作下一步分析的原始数据。需要指出的是,因子得分的计算并不是通常意义下的参数估计,它是对不可观测的随机变量 F_i 取值的估计。通常可以用加权最小二乘法和回归法来估计因子得分。

10.3.4 因子得分

1. 因子得分的概念

前面主要解决了用公共因子的线性组合来表示一组观测变量的有关问题。如果要使用这些因子做其他的研究,比如把得到的因子作为自变量来做回归分析,对样本进行分类或评价,就需要对公共因子进行测度,即给出公共因子的值。

因子分析的数学模型为

$$\begin{bmatrix} X_1 \\ X_2 \\ \vdots \\ X_p \end{bmatrix} = \begin{bmatrix} \mu_1 \\ \mu_2 \\ \vdots \\ \mu_p \end{bmatrix} + \begin{bmatrix} \alpha_{11} & \alpha_{12} & \cdots & \alpha_{1m} \\ \alpha_{21} & \alpha_{22} & \cdots & \alpha_{2m} \\ \vdots & \vdots & \ddots & \vdots \\ \alpha_{p1} & \alpha_{p2} & \cdots & \alpha_{pm} \end{bmatrix} \begin{bmatrix} F_1 \\ F_2 \\ \vdots \\ F_m \end{bmatrix} + \begin{bmatrix} \varepsilon_1 \\ \varepsilon_2 \\ \vdots \\ \varepsilon_p \end{bmatrix}.$$

原变量被表示为公共因子的线性组合,当载荷矩阵旋转之后,公共因子可以做出解释,通常的情况下,我们还想反过来把公共因子表示为原变量的线性组合。

因子得分函数

$$F_j = c_j + \beta_{j1} X_1 + \cdots + \beta_{jp} X_p, j = 1, 2, \cdots, m,$$

可见,要求得每个因子的得分,必须求得分函数的系数,而由于 $p>m$,所以不能得到精确的得分,只能通过估计。

2. 巴特莱特因子得分(加权最小二乘法)

把 $X_i-\mu_i$ 看作因变量,把因子载荷矩阵

$$\begin{bmatrix} \alpha_{11} & \alpha_{12} & \cdots & \alpha_{1m} \\ \alpha_{21} & \alpha_{22} & \cdots & \alpha_{2m} \\ \vdots & \vdots & \ddots & \vdots \\ \alpha_{p1} & \alpha_{p2} & \cdots & \alpha_{pm} \end{bmatrix}$$

看成自变量的观测。

$$\begin{cases} X_1-\mu_1=\alpha_{11}F_1+\alpha_{12}F_2+\cdots+\alpha_{1m}F_m+\varepsilon_1, \\ X_2-\mu_2=\alpha_{21}F_1+\alpha_{22}F_2+\cdots+\alpha_{2m}F_m+\varepsilon_2, \\ \qquad\qquad\vdots \\ X_p-\mu_p=\alpha_{p1}F_1+\alpha_{p2}F_2+\cdots+\alpha_{pm}F_m+\varepsilon_p. \end{cases}$$

由于特殊因子的方差相异,所以用加权最小二乘法求得分,使

$$\sum_{i=1}^{p}[(X_i-\mu_i)-(\alpha_{i1}\hat{F}_1+\alpha_{i2}\hat{F}_2+\cdots+\alpha_{im}\hat{F}_m)]^2/\sigma_i^2$$

最小的$\hat{F}_1,\hat{F}_2,\cdots,\hat{F}_m$是相应的因子得分。

用矩阵表达有

$$\boldsymbol{X}-\boldsymbol{\mu}=\boldsymbol{\Lambda F}+\boldsymbol{\varepsilon},$$

则要使

$$(\boldsymbol{X}-\boldsymbol{\mu}-\boldsymbol{\Lambda F})^{\mathrm{T}}\boldsymbol{D}^{-1}(\boldsymbol{X}-\boldsymbol{\mu}-\boldsymbol{\Lambda F}) \tag{10.29}$$

达到最小,其中$\boldsymbol{D}=\mathrm{diag}\{\sigma_1^2,\sigma_2^2,\cdots,\sigma_p^2\}$,使式(10.29)取得最小值的$\boldsymbol{F}$是相应的因子得分。

计算得

$$\hat{\boldsymbol{F}}=(\boldsymbol{\Lambda}^{\mathrm{T}}\boldsymbol{D}^{-1}\boldsymbol{\Lambda})^{-1}\boldsymbol{\Lambda}^{\mathrm{T}}\boldsymbol{D}^{-1}(\boldsymbol{X}-\boldsymbol{\mu}).$$

3. 回归方法

下面简单介绍回归方法的思想。

不妨设

$$\begin{bmatrix} X_1 \\ X_2 \\ \vdots \\ X_p \end{bmatrix}=\begin{bmatrix} \alpha_{11} & \alpha_{12} & \cdots & \alpha_{1m} \\ \alpha_{21} & \alpha_{22} & \cdots & \alpha_{2m} \\ \vdots & \vdots & \ddots & \vdots \\ \alpha_{p1} & \alpha_{p2} & \cdots & \alpha_{pm} \end{bmatrix}\begin{bmatrix} F_1 \\ F_2 \\ \vdots \\ F_m \end{bmatrix}+\begin{bmatrix} \varepsilon_1 \\ \varepsilon_2 \\ \vdots \\ \varepsilon_p \end{bmatrix},$$

因子得分函数

$$\hat{F}_j=\beta_{j1}X_1+\beta_{j2}X_2+\cdots+\beta_{jp}X_p,j=1,2,\cdots,m.$$

由于

$$\begin{aligned} \alpha_{ij}=\gamma_{X_iF_j}&=E(X_iF_j)=E[X_i(\beta_{j1}X_1+\beta_{j2}X_2+\cdots+\beta_{jp}X_p)] \\ &=\beta_{j1}\gamma_{i1}+\beta_{j2}\gamma_{i2}+\cdots+\beta_{jp}\gamma_{ip}=[\gamma_{i1},\gamma_{i2},\cdots,\gamma_{ip}]\begin{bmatrix} \beta_{j1} \\ \beta_{j2} \\ \vdots \\ \beta_{jp} \end{bmatrix}, \end{aligned}$$

因此,有

$$\begin{bmatrix} \gamma_{11} & \gamma_{12} & \cdots & \gamma_{1p} \\ \gamma_{21} & \gamma_{22} & \cdots & \gamma_{2p} \\ \vdots & \vdots & \ddots & \vdots \\ \gamma_{p1} & \gamma_{p2} & \cdots & \gamma_{pp} \end{bmatrix}\begin{bmatrix} \beta_{j1} \\ \beta_{j2} \\ \vdots \\ \beta_{jp} \end{bmatrix}=\begin{bmatrix} \alpha_{1j} \\ \alpha_{2j} \\ \vdots \\ \alpha_{pj} \end{bmatrix},j=1,2,\cdots,m.$$

式中

$$\begin{bmatrix}\gamma_{11} & \gamma_{12} & \cdots & \gamma_{1p}\\ \gamma_{21} & \gamma_{22} & & \gamma_{2p}\\ \vdots & \vdots & \ddots & \vdots\\ \gamma_{p1} & \gamma_{p2} & \cdots & \gamma_{pp}\end{bmatrix},\begin{bmatrix}\beta_{j1}\\ \beta_{j2}\\ \vdots\\ \beta_{jp}\end{bmatrix},\begin{bmatrix}\alpha_{1j}\\ \alpha_{2j}\\ \vdots\\ \alpha_{pj}\end{bmatrix}$$

分别为原始变量的相关系数矩阵、第 j 个因子得分函数的系数和载荷矩阵的第 j 列。

用矩阵表示,有

$$\begin{bmatrix}\beta_{11} & \beta_{21} & \cdots & \beta_{m1}\\ \beta_{12} & \beta_{22} & \cdots & \beta_{m2}\\ \vdots & \vdots & \ddots & \vdots\\ \beta_{1p} & \beta_{2p} & \cdots & \beta_{mp}\end{bmatrix}=\boldsymbol{R}^{-1}\boldsymbol{\Lambda}.$$

因此,因子得分的估计为

$$\hat{\boldsymbol{F}}=(\hat{F}_{ij})_{n\times m}=\boldsymbol{X}_0\boldsymbol{R}^{-1}\boldsymbol{\Lambda},$$

式中:$\hat{F}_{ij}$为第 i 个样本点对第 j 个因子 F_j 得分的估计值;$\boldsymbol{X}_0$ 为 $n\times m$ 的原始数据矩阵。

10.3.5 因子分析的步骤及与主成分分析的对比

1. 因子分析的步骤

(1) 选择分析的变量。用定性分析和定量分析的方法选择变量,因子分析的前提条件是观测变量间有较强的相关性,因为如果变量之间无相关性或相关性较小,它们之间就不会有共享因子,所以原始变量间应该有较强的相关性。

(2) 计算所选原始变量的相关系数矩阵。相关系数矩阵描述了原始变量之间的相关关系。这可以帮助判断原始变量之间是否存在相关关系,这对因子分析是非常重要的,因为如果所选变量之间无关系,作因子分析就是不恰当的。并且,相关系数矩阵是估计因子结构的基础。

(3) 提出公共因子。这一步要确定因子求解的方法和因子的个数。需要根据研究者的设计方案以及有关的经验或知识事先确定。因子个数的确定可以根据因子方差的大小。只取方差大于1(或特征值大于1)的那些因子,因为方差小于1的因子其贡献可能很小;按照因子的累计方差贡献率来确定,一般认为要达到60%才能符合要求。

(4) 因子旋转。有时提出的因子很难解释,需要通过坐标变换使每个原始变量在尽可能少的因子之间有密切的关系,这样因子解的实际含义更容易解释,并为每个潜在因子赋予有实际含义的名字。

(5) 计算因子得分。求出各样本的因子得分,有了因子得分值,就可以在许多分析中使用这些因子,例如以因子做聚类分析的变量,做回归分析中的回归因子。

2. 主成分分析法与因子分析法数学模型的异同比较

1) 相同点

在以下几方面是相同的:指标的标准化,相关系数矩阵及其特征值和特征向量,用累计贡献率确定主成分、因子个数 m,综合主成分的分析评价、综合因子的分析评价。

2）不同点

不同之处见表 10.15。

表 10.15　主成分分析与因子分析法的不同点

主成分分析数学模型	因子分析的一种数学模型
$F_i=a_{i1}x_1+a_{i2}x_2+\cdots+a_{ip}x_p=\boldsymbol{a}_i^{\mathrm{T}}\boldsymbol{x}, i=1,2,\cdots,m$	$x_j=b_{j1}F_1+b_{j2}F_2+\cdots+b_{jm}F_m+\varepsilon_j$, $j=1,2,\cdots,p$
$\boldsymbol{A}=(a_{ij})_{p\times m}=[\boldsymbol{a}_1,\boldsymbol{a}_2,\cdots,\boldsymbol{a}_m]$，$\boldsymbol{R}\boldsymbol{a}_i=\lambda_i\boldsymbol{a}_i$，$\boldsymbol{R}$ 为相关系数矩阵，$\lambda_i,\boldsymbol{a}_i$ 是相应的特征值和单位特征向量，$\lambda_1\geqslant\lambda_2\geqslant\cdots\geqslant\lambda_p\geqslant0$	因子载荷矩阵 $\boldsymbol{B}=(b_{ij})_{p\times m}=\hat{\boldsymbol{B}}\boldsymbol{C}$，$\hat{\boldsymbol{B}}=[\sqrt{\lambda_1}\boldsymbol{a}_1,\sqrt{\lambda_2}\boldsymbol{a}_2,\cdots,\sqrt{\lambda_m}\boldsymbol{a}_m]$ 为初等因子载荷矩阵（λ_i,a_i 同左），$\boldsymbol{C}$ 为正交旋转矩阵
$\boldsymbol{A}^{\mathrm{T}}\boldsymbol{A}=\boldsymbol{I}$（$\boldsymbol{A}$ 为正交矩阵）	$\boldsymbol{B}^{\mathrm{T}}\boldsymbol{B}\neq\boldsymbol{I}$（$\boldsymbol{B}$ 为非正交阵）
用 $\boldsymbol{A}$ 的第 i 列绝对值大的对应变量对 F_i 命名	将 $\boldsymbol{B}$ 的第 j 列绝对值大的对应变量归为 F_j 一类并由此对 F_j 命名
$\lambda_1,\lambda_2,\cdots,\lambda_m$ 互不相同时，a_{ij}唯一	相关系数 $r_{X_iF_j}=b_{ij}$不是唯一的
协方差 $\mathrm{Cov}(F_i,F_j)=\lambda_i\delta_{ij}$，$\delta_{ij}=\begin{cases}1,i\neq j,\\0,i=j\end{cases}$	协方差 $\mathrm{Cov}(F_i,F_j)=\delta_{ij}$，$\delta_{ij}=\begin{cases}1,i\neq j,\\0,i=j\end{cases}$
λ_i（特征值）为主成分 F_i 的方差	$S_i=\sum\limits_{k=1}^{p}b_{ki}^2$ 为 F_i 对 $\boldsymbol{x}$ 的贡献未必等于 λ_i
主成分 F_j 是由 $\boldsymbol{x}$ 确定的	因子 F_i 是不可观测的
主成分函数$[F_1,F_2,\cdots,F_m]^{\mathrm{T}}=\boldsymbol{A}^{\mathrm{T}}\boldsymbol{x}$	因子得分函数$[F_1,F_2,\cdots,F_m]=\boldsymbol{x}\boldsymbol{R}^{-1}\boldsymbol{B}$
主成分 F_i 中 $\boldsymbol{x}$ 的系数平方和 $\sum\limits_{k=1}^{p}a_{ki}^2=1$，无特殊因子	$\sum\limits_{i=1}^{m}b_{ji}^2+\sigma_j^2=h_j^2+\sigma_j^2=1$，$h_j^2$ 称为共同度，σ_j^2 称为特殊方差
综合主成分函数 $F=\sum\limits_{i=1}^{m}(\lambda_i/p)F_i$，其中 $p=\sum\limits_{i=1}^{m}\lambda_i$	综合因子得分函数 $F=\sum\limits_{i=1}^{m}(S_i/p)F_i$，其中 $p=\sum\limits_{i=1}^{m}S_i$

10.3.6　因子分析案例

1. 我国上市公司赢利能力与资本结构的实证分析

已知上市公司的数据见表 10.16。

表 10.16　上市公司数据

公司	销售净利率 x_1	资产净利率 x_2	净资产收益率 x_3	销售毛利率 x_4	资产负债率 y
歌华有线	43.31	7.39	8.73	54.89	15.35
五粮液	17.11	12.13	17.29	44.25	29.69
用友软件	21.11	6.03	7	89.37	13.82
太太药业	29.55	8.62	10.13	73	14.88
浙江阳光	11	8.41	11.83	25.22	25.49
烟台万华	17.63	13.86	15.41	36.44	10.03

(续)

公司	销售净利率 x_1	资产净利率 x_2	净资产收益率 x_3	销售毛利率 x_4	资产负债率 y
方正科技	2.73	4.22	17.16	9.96	74.12
红河光明	29.11	5.44	6.09	56.26	9.85
贵州茅台	20.29	9.48	12.97	82.23	26.73
中铁二局	3.99	4.64	9.35	13.04	50.19
红星发展	22.65	11.13	14.3	50.51	21.59
伊利股份	4.43	7.3	14.36	29.04	44.74
青岛海尔	5.4	8.9	12.53	65.5	23.27
湖北宜化	7.06	2.79	5.24	19.79	40.68
雅戈尔	19.82	10.53	18.55	42.04	37.19
福建南纸	7.26	2.99	6.99	22.72	56.58

试用因子分析法对上述企业进行综合评价。

1）对原始数据进行标准化处理

进行因子分析的指标变量有4个，分别为 x_1,x_2,x_3,x_4，共有16个评价对象，第 i 个评价对象的第 j 个指标的取值为 a_{ij}，$i=1,2,\cdots,16;j=1,2,3,4$。将各指标值 a_{ij} 转换成标准化指标值 $\tilde{a}_{ij}$，有

$$\tilde{a}_{ij}=\frac{a_{ij}-\bar{\mu}_j}{s_j},i=1,2,\cdots,16;j=1,2,3,4,$$

式中：$\bar{\mu}_j=\frac{1}{16}\sum_{i=1}^{16}a_{ij};s_j=\sqrt{\frac{1}{16-1}\sum_{i=1}^{16}(a_{ij}-\bar{\mu}_j)^2}$，即 $\bar{\mu}_j,s_j$ 为第 j 个指标的样本均值和样本标准差。

对应地，称

$$\tilde{x}_j=\frac{x_j-\bar{\mu}_j}{s_j},\ j=1,2,3,4$$

为标准化指标变量。

2）计算相关系数矩阵 $\boldsymbol{R}$

相关系数矩阵 $\boldsymbol{R}=(r_{ij})_{4\times4}$，有

$$r_{ij}=\frac{\sum_{k=1}^{16}\tilde{a}_{ki}\cdot\tilde{a}_{kj}}{16-1},i,j=1,2,3,4,$$

式中：$r_{ii}=1;r_{ij}=r_{ji}$，r_{ij} 为第 i 个指标与第 j 个指标的相关系数。

3）计算初等载荷矩阵

计算相关系数矩阵 $\boldsymbol{R}$ 的特征值 $\lambda_1\geqslant\cdots\geqslant\lambda_4\geqslant0$，及对应的标准正交化特征向量 $\boldsymbol{u}_1$，$\boldsymbol{u}_2,\boldsymbol{u}_3,\boldsymbol{u}_4$，其中 $\boldsymbol{u}_j=[u_{1j},u_{2j},u_{3j},u_{4j}]^{\mathrm{T}}$，初等载荷矩阵

$$\boldsymbol{\Lambda}_1=[\sqrt{\lambda_1}\boldsymbol{u}_1,\sqrt{\lambda_2}\boldsymbol{u}_2,\sqrt{\lambda_3}\boldsymbol{u}_3,\sqrt{\lambda_4}\boldsymbol{u}_4].$$

4）选择 $m(m\leqslant4)$ 个主因子

根据初等载荷矩阵，计算各个公共因子的贡献率，并选择 m 个主因子。对提取的因

子载荷矩阵进行旋转，得到矩阵 $\boldsymbol{\Lambda}_2=\boldsymbol{\Lambda}_1^{(m)}\boldsymbol{T}$（其中 $\boldsymbol{\Lambda}_1^{(m)}$ 为 $\boldsymbol{\Lambda}_1$ 的前 m 列，$\boldsymbol{T}$ 为正交矩阵），构造因子模型

$$\begin{cases}\tilde{x}_1=\alpha_{11}F_1+\alpha_{12}F_2+\cdots+\alpha_{1m}F_m,\\ \tilde{x}_2=\alpha_{21}F_1+\alpha_{22}F_2+\cdots+\alpha_{2m}F_m,\\ \tilde{x}_3=\alpha_{31}F_1+\alpha_{32}F_2+\cdots+\alpha_{3m}F_m,\\ \tilde{x}_4=\alpha_{41}F_1+\alpha_{42}F_2+\cdots+\alpha_{4m}F_m,\end{cases}$$

式中

$$\boldsymbol{\Lambda}_2=\begin{bmatrix}\alpha_{11} & \cdots & \alpha_{1m}\\ \vdots & \ddots & \vdots\\ \alpha_{41} & \cdots & \alpha_{4m}\end{bmatrix}.$$

本例选取两个主因子，第一公共因子 F_1 为销售利润因子，第二公共因子 F_2 为资产收益因子。利用 Matlab 程序计算得到旋转后的因子贡献及贡献率见表 10.17、因子载荷阵见表 10.18。

表 10.17　贡献率数据

因子	贡献	贡献率	累计贡献率
1	1.7794	0.4449	0.4449
2	1.6673	0.4168	0.8617

表 10.18　旋转因子分析表

指 标	主因子 1	主因子 2
销售净利率	0.893	0.0082
资产净利率	0.372	0.8854
净资产收益率	-0.2302	0.9386
销售毛利率	0.8892	0.0494

5）计算因子得分，并进行综合评价

用回归方法求单个因子得分函数

$$\hat{F}_j=\beta_{j1}\tilde{x}_1+\beta_{j2}\tilde{x}_2+\beta_{j3}\tilde{x}_3+\beta_{j4}\tilde{x}_4,\ j=1,2.$$

记第 i 个样本点对第 j 个因子 F_j 得分的估计值

$$\hat{F}_{ij}=\beta_{j1}\tilde{a}_{i1}+\beta_{j2}\tilde{a}_{i2}+\beta_{j3}\tilde{a}_{i3}+\beta_{j4}\tilde{a}_{i4},\ i=1,2,\cdots,16;\ j=1,2.$$

则有

$$\begin{bmatrix}\beta_{11} & \beta_{21}\\ \vdots & \vdots\\ \beta_{14} & \beta_{24}\end{bmatrix}=\boldsymbol{R}^{-1}\boldsymbol{\Lambda}_2,$$

且

$$\hat{\boldsymbol{F}}=(\hat{F}_{ij})_{16\times 2}=\boldsymbol{X}_0\boldsymbol{R}^{-1}\boldsymbol{\Lambda}_2,$$

式中：$\boldsymbol{X}_0=(\tilde{a}_{ij})_{16\times 4}$ 为原始数据的标准化数据矩阵；$\boldsymbol{R}$ 为相关系数矩阵；$\boldsymbol{\Lambda}_2$ 为上一步骤中得到的载荷矩阵。

计算得各个因子得分函数为

$$F_1=0.506\tilde{x}_1+0.1615\tilde{x}_2-0.1831\tilde{x}_3+0.5015\tilde{x}_4,$$
$$F_2=-0.045\tilde{x}_1+0.5151\tilde{x}_2+0.581\tilde{x}_3-0.0199\tilde{x}_4.$$

利用综合因子得分公式

$$F=\frac{44.49F_1+41.68F_2}{86.17},$$

计算出16家上市公司赢利能力的综合得分见表10.19。

表10.19　上市公司综合排名表

排名	1	2	3	4	5	6	7	8
F_1	0.0315	0.0025	0.9789	0.4558	-0.0563	1.2791	1.5159	1.2477
F_2	1.4691	1.4477	0.3959	0.8548	1.3577	-0.1564	-0.5814	-0.9729
F	0.7269	0.7016	0.6969	0.6488	0.6277	0.5847	0.5014	0.1735
公司	烟台万华	五粮液	贵州茅台	红星发展	雅戈尔	太太药业	歌华有线	用友软件
排名	9	10	11	12	13	14	15	16
F_1	-0.0351	0.9313	-0.6094	-0.9859	-1.7266	-1.2509	-0.8872	-0.891
F_2	0.3166	-1.1949	0.1544	0.3468	0.2639	-0.7424	-1.1091	-1.2403
F	0.135	-0.0972	-0.2399	-0.3412	-0.7637	-1.0049	-1.1091	-1.2403
公司	青岛海尔	红河光明	浙江阳光	伊利股份	方正科技	中铁二局	福建南纸	湖北宜化

通过相关分析,得出赢利能力 F 与资产负债率 y 之间的相关系数为-0.6987,这表明两者存在中度相关关系。因子分析法的回归方程为

$$F=0.8290-0.0268y,$$

回归方程在显著性水平0.05的情况下,通过了假设检验。

计算的Matlab程序如下:

```
clc,clear
a = readmatrix('anli10_3.txt'); n=size(a,1);
x=a(:,[1:4]); y=a(:,5);            % 分别提出自变量x1...x4和因变量y的值
x=zscore(x);                       % 数据标准化
r=corrcoef(x)                      % 求相关系数矩阵
[vec,val,con1]=pcacov(r)           % 进行主成分分析的相关计算
a=vec.*sqrt(val')                  % 求初等载荷矩阵
num=input('请选择主因子的个数:');  % 交互式选择主因子的个数
am=a(:,[1:num]);                   % 提出num个主因子的载荷矩阵
[bm,t]=rotatefactors(am,'method','varimax')  % am旋转变换,bm为旋转后的载荷阵
bt=[bm,a(:,[num+1:end])];          % 旋转后的载荷阵,前两个旋转,后面不旋转
con2=sum(bt.^2)                    % 计算因子贡献
check=[con1/100,con2'/sum(con2)]   % 未旋转和旋转后的贡献率对照
rate=con2(1:num)/sum(con2)         % 计算因子贡献率
coef=inv(r)*bm                     % 计算得分函数的系数
score=x*coef                       % 计算各个因子的得分
```

```
weight=rate/sum(rate)                        % 计算得分的权重
Tscore=score*weight'                         % 对各因子的得分进行加权求和,即求各企业综合得分
[STscore,ind]=sort(Tscore,'descend')     % 对企业进行排序
display=[score(ind,:)';STscore';ind']      % 显示排序结果
[ccoef,p]=corrcoef([Tscore,y])             % 计算 F 与资产负债的相关系数
md=fitlm(y,Tscore)                           % 计算 F 与资产负债的方程
```

2. 生育率的影响因素分析

生育率受社会、经济、文化、计划生育政策等很多因素影响,但这些因素对生育率的影响并不是完全独立的,而是交织在一起,如果直接用选定的变量对生育率进行多元回归分析,最终结果往往只能保留两三个变量,其他变量的信息就损失了。因此,考虑用因子分析的方法,找出变量间的数据结构,在信息损失最少的情况下用新生成的因子对生育率进行分析。

选择的变量有多子率、综合节育率、初中以上文化程度比例、城镇人口比例、人均国民收入。表 10.20 是 1990 年中国 30 个省(自治区、直辖市)的数据。

表 10.20 生育率有关数据

多子率/%	综合节育率/%	初中以上文化程度比例/%	人均国民收入/元	城镇人口比例/%
0.94	89.89	64.51	3577	73.08
2.58	92.32	55.41	2981	68.65
13.46	90.71	38.2	1148	19.08
12.46	90.04	45.12	1124	27.68
8.94	90.46	41.83	1080	36.12
2.8	90.17	50.64	2011	50.86
8.91	91.43	46.32	1383	42.65
8.82	90.78	47.33	1628	47.17
0.8	91.47	62.36	4822	66.23
5.94	90.31	40.85	1696	21.24
2.6	92.42	35.14	1717	32.81
7.07	87.97	29.51	933	17.9
14.44	88.71	29.04	1313	21.36
15.24	89.43	31.05	943	20.4
3.16	90.21	37.85	1372	27.34
9.04	88.76	39.71	880	15.52
12.02	87.28	38.76	1248	28.91
11.15	89.13	36.33	976	18.23
22.46	87.72	38.38	1845	36.77

（续）

多子率/%	综合节育率/%	初中以上文化程度比例/%	人均国民收入/元	城镇人口比例/%
24.34	81.86	31.07	798	15.1
33.21	83.79	39.44	1193	24.05
4.78	90.57	31.26	903	20.25
21.56	86	22.38	654	19.93
14.09	80.86	21.49	956	14.72
32.31	87.6	7.7	865	12.59
11.18	89.71	41.01	930	21.49
13.8	86.33	29.69	938	22.04
25.34	81.56	31.3	1100	27.35
20.84	81.45	34.59	1024	25.82
39.6	64.9	38.47	1374	31.91

计算得到特征值与各因子的贡献见表 10.21。

表 10.21　特征值与各因子的贡献

特征值	3.2492	1.2145	0.2516	0.1841	0.1006
贡献率	0.6498	0.2429	0.0503	0.0368	0.0201
累积贡献率	0.6498	0.8927	0.9431	0.9799	1

我们选择两个主因子。因子载荷等估计见表 10.22。

表 10.22　因子分析表

变量	因子载荷估计		旋转因子载荷估计		旋转后得分函数		共同度
	F_1	F_2	$\boldsymbol{T}^{\mathrm{T}}F_1$	$\boldsymbol{T}^{\mathrm{T}}F_2$	因子 1	因子 2	
1	-0.7606	-0.5532	-0.3532	0.8716	0.0421	0.5104	0.8845
2	0.5690	-0.7666	0.0777	0.9515	-0.185	0.6284	0.9114
3	0.8918	0.2537	0.8912	0.2561	0.3434	0.0322	0.8598
4	0.8707	0.3462	0.9221	0.1664	0.3781	0.1003	0.8779
5	0.8908	0.3696	0.9515	0.1571	0.3936	0.1134	0.9301
可解释方差	3.2492	1.2145	2.6806	1.7831			

在这个例子中得到了两个因子，第一个因子是社会经济发展水平因子，第二个因子是计划生育因子。有了因子得分值后，就可以利用因子为变量，进行其他的统计分析。

计算的 Matlab 程序如下：

```
clc,clear, d1 = readmatrix('anli10_4.txt');
d2=zscore(d1);                    %数据标准化
r=cov(d2);                        %求标准化数据的协方差阵,即求相关系数矩阵
```

```
[vec,val,con]=pcacov(r)              % 进行主成分分析的相关计算
cr=cumsum(val)/sum(val)              % 计算累积贡献率
a=vec.*sqrt(val')                    % 求初等载荷矩阵
num=input('请选择主因子的个数:');    % 交互式选择主因子的个数
am=a(:,[1:num]);                     % 提出 num 个主因子的载荷矩阵
[b,t]=rotatefactors(am,'method','varimax')  % 旋转变换,b 为旋转后的载荷阵
bt=[b,a(:,[num+1:end])];             % 旋转后全部因子的载荷矩阵
degree=sum(b.^2,2)                   % 计算共同度
contr=sum(bt.^2)                     % 计算因子贡献
rate=contr(1:num)/sum(contr)         % 计算因子贡献率
coef=inv(r)*b                        % 计算得分函数的系数
```

可以直接使用 factoran 进行因子分析,该命令使用的是最大似然估计法求因子载荷矩阵,该命令要求主因子的个数要远远小于变量的个数,计算结果与其他方法差异较大,其他方法的计算结果和统计软件 spss 计算结果是一样的。

最大似然法的计算结果见表 10.23。

表 10.23　最大似然法的因子分析表

变量	因子载荷估计		共同度	变量	因子载荷估计		共同度
	F_1	F_2			F_1	F_2	
1	-0.31	-0.9481	0.995	4	0.8706	0.1929	0.7951
2	0.1258	0.7568	0.5885	5	0.9718	0.1592	0.9697
3	0.8222	0.3022	0.7674	可解释方差	2.4903	1.6254	

计算的 Matlab 程序如下:

```
clc,clear,d=readmatrix('anli10_4.txt');
num=input('请选择主因子的个数:');          % 交互式选择主因子的个数
[lambda,psi,T,stats,F]=factoran(d,num,'Rotate','varimax','Scores','regression')
% lambda 返回的是因子载荷矩阵,psi 返回的是特殊方差,T 返回的是旋转正交矩阵,stats 返回的是一些统计量,F 返回的是因子得分矩阵
gtd=1-psi                                  % 计算共同度
contr=sum(lambda.^2)                       % 计算可解释方差
```

10.4　判别分析

判别分析(Discriminant Analysis)是根据所研究的个体的观测指标来推断该个体所属类型的一种统计方法,在自然科学和社会科学的研究中经常会碰到这种统计问题。例如,在地质找矿中要根据某异常点的地质结构、化探和物探的各项指标来判断该异常点属于哪一种矿化类型;医生要根据某人的各项化验指标的结果来判断属于什么病症;调查某地区的土地生产率、劳动生产率、人均收入、费用水平、农村工业比例等指标,确定该地区属于哪一种经济类型地区等。该方法起源于 1921 年 Pearson 的种族相似系数法,1936 年

Fisher 提出线性判别函数,并形成把一个样本归类到两个总体之一的判别法。

判别问题用统计的语言来表达,就是已有 q 个总体 $X_1,X_2,\cdots,X_q$,它们的分布函数分别为 $F_1(\boldsymbol{x}),F_2(\boldsymbol{x}),\cdots,F_q(\boldsymbol{x})$,每个 $F_i(\boldsymbol{x})$ 都是 p 维函数。对于给定的样本 $\boldsymbol{x}$,要判断它来自哪一个总体。当然,应该要求判别准则在某种意义下是最优的,如错判的概率最小或错判的损失最小等。下面仅介绍最基本的几种判别方法,即距离判别、Bayes 判别和Fisher 判别。

10.4.1 距离判别

距离判别是简单、直观的一种判别方法,该方法适用于连续型随机变量的判别类,对变量的概率分布没有什么限制。

1. Mahalanobis 距离的概念

通常定义的距离是欧几里得距离。但在统计分析与计算中,欧几里得距离就不适用了。如图 10.7 所示,为简单起见,考虑一维 $p=1$ 的情况。设 $X\sim N(0,1)$,$Y\sim N(4,2^2)$。从图 10.7 来看,A 点距 X 的均值 $\mu_1=0$ 较近,距 Y 的均值 $\mu_2=4$ 较远。但从概率角度来分析问题,情况并非如此。经计算,A 点的 x 值为 1.66,也就是说,A 点距 $\mu_1=0$ 是 $1.66\sigma_1$,而 A 点距 $\mu_2=4$ 却只有 $1.17\sigma_2$,因此,应该认为 A 点距 μ_2 更近。

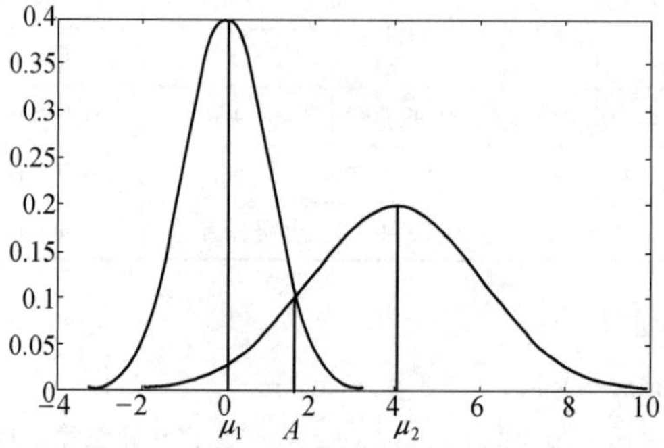

图 10.7 不同均值、方差的正态分布

定义 10.1 设 $\boldsymbol{x},\boldsymbol{y}$ 是从均值为 $\boldsymbol{\mu}$,协方差为 $\boldsymbol{\Sigma}$ 的总体 A 中抽取的样本,则总体 A 内两点 $\boldsymbol{x}$ 与 $\boldsymbol{y}$ 的 Mahalanobis 距离(简称马氏距离)定义为

$$d(\boldsymbol{x},\boldsymbol{y})=\sqrt{(\boldsymbol{x}-\boldsymbol{y})^{\mathrm{T}}\boldsymbol{\Sigma}^{-1}(\boldsymbol{x}-\boldsymbol{y})},$$

定义样本 $\boldsymbol{x}$ 与总体 A 的马氏距离为

$$d(\boldsymbol{x},A)=\sqrt{(\boldsymbol{x}-\boldsymbol{\mu})^{\mathrm{T}}\boldsymbol{\Sigma}^{-1}(\boldsymbol{x}-\boldsymbol{\mu})}.$$

2. 距离判别的判别准则和判别函数

在这里讨论两个总体的距离判别,分协方差相同和协方差不同两种情况进行讨论。

设总体 A 和 B 的均值向量分别为 $\boldsymbol{\mu}_1$ 和 $\boldsymbol{\mu}_2$,协方差阵分别为 $\boldsymbol{\Sigma}_1$ 和 $\boldsymbol{\Sigma}_2$,今给一个样本 $\boldsymbol{x}$,要判断 $\boldsymbol{x}$ 来自哪一个总体。

首先考虑协方差相同,即

$$\boldsymbol{\mu}_1\neq\boldsymbol{\mu}_2,\boldsymbol{\Sigma}_1=\boldsymbol{\Sigma}_2=\boldsymbol{\Sigma}.$$

要判断 $\boldsymbol{x}$ 来自哪一个总体,需要计算 $\boldsymbol{x}$ 到总体 A 和 B Mahalanobis 距离 $d(\boldsymbol{x},A)$ 和

$d(\boldsymbol{x},B)$，然后进行比较，若 $d(\boldsymbol{x},A)\leqslant d(\boldsymbol{x},B)$，则判定 $\boldsymbol{x}$ 属于 A；否则判定 $\boldsymbol{x}$ 来自 B。由此得到如下判别准则：

$$\boldsymbol{x}\in\begin{cases}A, d(\boldsymbol{x},A)\leqslant d(\boldsymbol{x},B),\\ B, d(\boldsymbol{x},A)>d(\boldsymbol{x},B).\end{cases}$$

现在引进判别函数的表达式，考察 $d^2(\boldsymbol{x},A)$ 与 $d^2(\boldsymbol{x},B)$ 之间的关系，有

$$\begin{aligned}d^2(\boldsymbol{x},B)-d^2(\boldsymbol{x},A)&=(\boldsymbol{x}-\boldsymbol{\mu}_2)^{\mathrm{T}}\boldsymbol{\Sigma}^{-1}(\boldsymbol{x}-\boldsymbol{\mu}_2)-(\boldsymbol{x}-\boldsymbol{\mu}_1)^{\mathrm{T}}\boldsymbol{\Sigma}^{-1}(\boldsymbol{x}-\boldsymbol{\mu}_1)\\&=2(\boldsymbol{x}-\bar{\boldsymbol{\mu}})^{\mathrm{T}}\boldsymbol{\Sigma}^{-1}(\boldsymbol{\mu}_1-\boldsymbol{\mu}_2),\end{aligned}$$

式中：$\bar{\boldsymbol{\mu}}=\dfrac{\boldsymbol{\mu}_1+\boldsymbol{\mu}_2}{2}$。

令

$$w(\boldsymbol{x})=(\boldsymbol{x}-\bar{\boldsymbol{\mu}})^{\mathrm{T}}\boldsymbol{\Sigma}^{-1}(\boldsymbol{\mu}_1-\boldsymbol{\mu}_2), \tag{10.30}$$

称 $w(\boldsymbol{x})$ 为两总体距离的判别函数，因此判别准则变为

$$\boldsymbol{x}\in\begin{cases}A, w(\boldsymbol{x})\geqslant 0,\\ B, w(\boldsymbol{x})<0.\end{cases}$$

在实际计算中，总体的均值与协方差阵是未知的，因此总体的均值与协方差需要用样本的均值与协方差来代替，设 $\boldsymbol{x}_1^{(1)},\boldsymbol{x}_2^{(1)},\cdots,\boldsymbol{x}_{n_1}^{(1)}$ 是来自总体 A 的 n_1 个样本点，$\boldsymbol{x}_1^{(2)},\boldsymbol{x}_2^{(2)},\cdots,\boldsymbol{x}_{n_2}^{(2)}$ 是来自总体 B 的 n_2 个样本点，则样本的均值与协方差为

$$\hat{\boldsymbol{\mu}}_i=\bar{\boldsymbol{x}}^{(i)}=\frac{1}{n_i}\sum_{j=1}^{n_i}\boldsymbol{x}_j^{(i)}, i=1,2, \tag{10.31}$$

$$\hat{\boldsymbol{\Sigma}}=\frac{1}{n_1+n_2-2}\sum_{i=1}^{2}\sum_{j=1}^{n_i}(\boldsymbol{x}_j^{(i)}-\bar{\boldsymbol{x}}^{(i)})(\boldsymbol{x}_j^{(i)}-\bar{\boldsymbol{x}}^{(i)})^{\mathrm{T}}=\frac{1}{n_1+n_2-2}(\boldsymbol{S}_1+\boldsymbol{S}_2), \tag{10.32}$$

式中

$$\boldsymbol{S}_i=\sum_{j=1}^{n_i}(\boldsymbol{x}_j^{(i)}-\bar{\boldsymbol{x}}^{(i)})(\boldsymbol{x}_j^{(i)}-\bar{\boldsymbol{x}}^{(i)})^{\mathrm{T}}, i=1,2.$$

对于待测样本 $\boldsymbol{x}$，其判别函数定义为

$$\hat{w}(\boldsymbol{x})=(\boldsymbol{x}-\bar{\boldsymbol{x}})^{\mathrm{T}}\hat{\boldsymbol{\Sigma}}^{-1}(\bar{\boldsymbol{x}}^{(1)}-\bar{\boldsymbol{x}}^{(2)}),$$

式中

$$\bar{\boldsymbol{x}}=\frac{\bar{\boldsymbol{x}}^{(1)}+\bar{\boldsymbol{x}}^{(2)}}{2},$$

其判别准则为

$$\boldsymbol{x}\in\begin{cases}A, \hat{w}(\boldsymbol{x})\geqslant 0,\\ B, \hat{w}(\boldsymbol{x})<0.\end{cases}$$

再考虑协方差不同的情况，即

$$\boldsymbol{\mu}_1\neq\boldsymbol{\mu}_2, \boldsymbol{\Sigma}_1\neq\boldsymbol{\Sigma}_2,$$

对于样本 $\boldsymbol{x}$，在方差不同的情况下，判别函数为

$$w(\boldsymbol{x})=(\boldsymbol{x}-\boldsymbol{\mu}_2)^{\mathrm{T}}\boldsymbol{\Sigma}_2^{-1}(\boldsymbol{x}-\boldsymbol{\mu}_2)-(\boldsymbol{x}-\boldsymbol{\mu}_1)^{\mathrm{T}}\boldsymbol{\Sigma}_1^{-1}(\boldsymbol{x}-\boldsymbol{\mu}_1).$$

与前面讨论的情况相同，在实际计算中总体的均值与协方差是未知的，同样需要用样

本的均值与协方差来代替。因此,对于待测样本 $\boldsymbol{x}$,判别函数定义为

$$\hat{w}(\boldsymbol{x})=(\boldsymbol{x}-\bar{\boldsymbol{x}}^{(2)})^{\mathrm{T}}\hat{\boldsymbol{\Sigma}}_2^{-1}(\boldsymbol{x}-\bar{\boldsymbol{x}}^{(2)})-(\boldsymbol{x}-\bar{\boldsymbol{x}}^{(1)})^{\mathrm{T}}\hat{\boldsymbol{\Sigma}}_1^{-1}(\boldsymbol{x}-\bar{\boldsymbol{x}}^{(1)}),$$

式中

$$\hat{\boldsymbol{\Sigma}}_i=\frac{1}{n_i-1}\sum_{j=1}^{n_i}(\boldsymbol{x}_j^{(i)}-\bar{\boldsymbol{x}}^{(i)})(\boldsymbol{x}_j^{(i)}-\bar{\boldsymbol{x}}^{(i)})^{\mathrm{T}}=\frac{1}{n_i-1}\boldsymbol{S}_i,i=1,2.$$

10.4.2 Fisher 判别

Fisher 判别的基本思想是投影,即将表面上不易分类的数据通过投影到某个方向上,使得投影类与类之间得以分离的一种判别方法。

仅考虑两总体的情况,设两个 p 维总体为 X_1,X_2,且都有二阶矩存在。Fisher 的判别思想是变换多元观测 $\boldsymbol{x}$ 到一元观测 y,使得由总体 X_1,X_2 产生的 y 尽可能地分离开来。

设在 p 维的情况下,$\boldsymbol{x}$ 的线性组合 $y=\boldsymbol{a}^{\mathrm{T}}\boldsymbol{x}$,其中 $\boldsymbol{a}$ 为 p 维实向量。设 X_1,X_2 的均值向量分别为 $\boldsymbol{\mu}_1,\boldsymbol{\mu}_2$(均为 p 维),且有公共的协方差矩阵 $\boldsymbol{\Sigma}$($\boldsymbol{\Sigma}>0$)。那么线性组合 $y=\boldsymbol{a}^{\mathrm{T}}\boldsymbol{x}$ 的均值为

$$\mu_{y_1}=E(y|y=\boldsymbol{a}^{\mathrm{T}}\boldsymbol{x},\boldsymbol{x}\in X_1)=\boldsymbol{a}^{\mathrm{T}}\boldsymbol{\mu}_1,$$
$$\mu_{y_2}=E(y|y=\boldsymbol{a}^{\mathrm{T}}\boldsymbol{x},\boldsymbol{x}\in X_2)=\boldsymbol{a}^{\mathrm{T}}\boldsymbol{\mu}_2,$$

其方差为

$$\sigma_y^2=\mathrm{Var}(y)=\boldsymbol{a}^{\mathrm{T}}\boldsymbol{\Sigma}\boldsymbol{a},$$

考虑比

$$\frac{(\mu_{y_1}-\mu_{y_2})^2}{\sigma_y^2}=\frac{[\boldsymbol{a}^{\mathrm{T}}(\boldsymbol{\mu}_1-\boldsymbol{\mu}_2)]^2}{\boldsymbol{a}^{\mathrm{T}}\boldsymbol{\Sigma}\boldsymbol{a}}=\frac{(\boldsymbol{a}^{\mathrm{T}}\boldsymbol{\delta})^2}{\boldsymbol{a}^{\mathrm{T}}\boldsymbol{\Sigma}\boldsymbol{a}},\tag{10.33}$$

式中:$\boldsymbol{\delta}=\boldsymbol{\mu}_1-\boldsymbol{\mu}_2$ 为两总体均值向量差,根据 Fisher 的思想,要选择 $\boldsymbol{a}$ 使得式(10.33)达到最大。

定理 10.1 $\boldsymbol{x}$ 为 p 维随机变量,设 $y=\boldsymbol{a}^{\mathrm{T}}\boldsymbol{x}$,当选取 $\boldsymbol{a}=c\boldsymbol{\Sigma}^{-1}\boldsymbol{\delta}$,$c\neq0$ 且为常数时,式(10.33)达到最大。

特别当 $c=1$ 时,线性函数

$$y=\boldsymbol{a}^{\mathrm{T}}\boldsymbol{x}=(\boldsymbol{\mu}_1-\boldsymbol{\mu}_2)^{\mathrm{T}}\boldsymbol{\Sigma}^{-1}\boldsymbol{x}$$

称为 Fisher 线性判别函数,令

$$K=\frac{1}{2}(\mu_{y_1}+\mu_{y_2})=\frac{1}{2}(\boldsymbol{a}^{\mathrm{T}}\boldsymbol{\mu}_1+\boldsymbol{a}^{\mathrm{T}}\boldsymbol{\mu}_2)=\frac{1}{2}(\boldsymbol{\mu}_1-\boldsymbol{\mu}_2)^{\mathrm{T}}\boldsymbol{\Sigma}^{-1}(\boldsymbol{\mu}_1+\boldsymbol{\mu}_2).$$

定理 10.2 利用上面的记号,取 $\boldsymbol{a}^{\mathrm{T}}=(\boldsymbol{\mu}_1-\boldsymbol{\mu}_2)^{\mathrm{T}}\boldsymbol{\Sigma}^{-1}$,则有

$$\mu_{y_1}-K>0,\mu_{y_2}-K<0.$$

由定理 10.2 得到如下的 Fisher 判别规则:

$$\begin{cases}\boldsymbol{x}\in X_1,\text{当 }\boldsymbol{x}\text{ 使得}(\boldsymbol{\mu}_1-\boldsymbol{\mu}_2)^{\mathrm{T}}\boldsymbol{\Sigma}^{-1}\boldsymbol{x}\geqslant K,\\ \boldsymbol{x}\in X_2,\text{当 }\boldsymbol{x}\text{ 使得}(\boldsymbol{\mu}_1-\boldsymbol{\mu}_2)^{\mathrm{T}}\boldsymbol{\Sigma}^{-1}\boldsymbol{x}<K.\end{cases}$$

定义判别函数

$$W(\boldsymbol{x})=(\boldsymbol{\mu}_1-\boldsymbol{\mu}_2)^{\mathrm{T}}\boldsymbol{\Sigma}^{-1}\boldsymbol{x}-K=\left[\boldsymbol{x}-\frac{1}{2}(\boldsymbol{\mu}_1+\boldsymbol{\mu}_2)\right]^{\mathrm{T}}\boldsymbol{\Sigma}^{-1}(\boldsymbol{\mu}_1-\boldsymbol{\mu}_2), \tag{10.34}$$

则判别规则可改写成

$$\begin{cases}\boldsymbol{x}\in X_1, \text{当 } \boldsymbol{x} \text{ 使得 } W(\boldsymbol{x})\geqslant 0,\\ \boldsymbol{x}\in X_2, \text{当 } \boldsymbol{x} \text{ 使得 } W(\boldsymbol{x})<0.\end{cases}$$

当总体的参数未知时,用样本对$\boldsymbol{\mu}_1$,$\boldsymbol{\mu}_2$及$\boldsymbol{\Sigma}$进行估计,注意到这里的Fisher判别与距离判别一样不需要知道总体的分布类型,但两总体的均值向量必须有显著的差异才行,否则判别无意义。

10.4.3 Bayes 判别

Bayes 判别和 Bayes 估计的思想方法是一样的,即假定对研究的对象已经有一定的认识,这种认识常用先验概率来描述。当取得一个样本后,就可以用样本来修正已有的先验概率分布,得出后验概率分布,再通过后验概率分布进行各种统计推断。

1. 误判概率与误判损失

设有两个总体 X_1 和 X_2,根据某一个判别规则,将实际上为 X_1 的个体判为 X_2 或者将实际上为 X_2 的个体判为 X_1 的概率就是误判概率,一个好的判别规则应该使误判概率最小。除此之外还有一个误判损失问题或者说误判产生的花费(Cost)问题,如把 X_1 的个体误判到 X_2 的损失比 X_2 的个体误判到 X_1 严重得多,则人们在作前一种判断时就要特别谨慎。例如在药品检验中,把有毒的样品判为无毒的后果比把无毒样品判为有毒严重得多,因此一个好的判别规则还必须使误判损失最小。

为了说明问题,仍以两个总体的情况来讨论。设所考虑的两个总体 X_1 与 X_2 分别具有密度函数$f_1(\boldsymbol{x})$与$f_2(\boldsymbol{x})$,其中$\boldsymbol{x}$为p维向量。记Ω为$\boldsymbol{x}$的所有可能观测值的全体,称它为样本空间,R_1 为根据我们的规则要判为 X_1 的那些 $\boldsymbol{x}$ 的全体,而 $R_2=\Omega-R_1$ 是要判为 X_2 的那些 $\boldsymbol{x}$ 的全体。显然 R_1 与 R_2 互斥完备。某样本实际是来自 X_1,但被判为 X_2 的概率为

$$P(2\mid 1)=P(\boldsymbol{x}\in R_2\mid X_1)=\int\cdots\int_{R_2} f_1(\boldsymbol{x})\,\mathrm{d}\boldsymbol{x},$$

来自 X_2,但被判为 X_1 的概率为

$$P(1\mid 2)=P(\boldsymbol{x}\in R_1\mid X_2)=\int\cdots\int_{R_1} f_2(\boldsymbol{x})\,\mathrm{d}\boldsymbol{x}.$$

类似地,来自 X_1 被判为 X_1 的概率,来自 X_2 被判为 X_2 的概率分别为

$$P(1\mid 1)=P(\boldsymbol{x}\in R_1\mid X_1)=\int\cdots\int_{R_1} f_1(\boldsymbol{x})\,\mathrm{d}\boldsymbol{x},$$

$$P(2\mid 2)=P(\boldsymbol{x}\in R_2\mid X_2)=\int\cdots\int_{R_2} f_2(\boldsymbol{x})\,\mathrm{d}\boldsymbol{x}.$$

又设 p_1,p_2 分别表示总体 X_1 和 X_2 的先验概率,且 $p_1+p_2=1$,于是

P(正确地判为 X_1)$=P$(来自 X_1,被判为 X_1)$=P(\boldsymbol{x}\in R_1\mid X_1)\cdot P(X_1)=P(1\mid 1)\cdot p_1$,

P(误判到 X_1)$=P$(来自 X_2,被判为 X_1)$=P(\boldsymbol{x}\in R_1\mid X_2)\cdot P(X_2)=P(1\mid 2)\cdot p_2$。

类似地,有

$$P(\text{正确地判为 } X_2) = P(2 \mid 2) \cdot p_2,$$
$$P(\text{误判到 } X_2) = P(2 \mid 1) \cdot p_1.$$

设 $L(1 \mid 2)$ 表示来自 X_2 误判为 X_1 引起的损失，$L(2 \mid 1)$ 表示来自 X_1 误判为 X_2 引起的损失，并规定 $L(1 \mid 1) = L(2 \mid 2) = 0$。

将上述的误判概率与误判损失结合起来，定义平均误判损失(Expected Cost of Misclassification, ECM)如下：

$$\mathrm{ECM}(R_1, R_2) = L(2 \mid 1) P(2 \mid 1) p_1 + L(1 \mid 2) P(1 \mid 2) p_2, \tag{10.35}$$

一个合理的判别规则应使 ECM 达到极小。

2. 两总体的 Bayes 判别

由上面叙述，要选择样本空间 Ω 的一个划分 R_1 和 $R_2 = \Omega - R_1$ 使得平均损失式(10.35)达到极小。

定理 10.3 极小化平均误判损失式(10.35)的区域 R_1 和 R_2 为

$$R_1 = \left\{ \boldsymbol{x} : \frac{f_1(\boldsymbol{x})}{f_2(\boldsymbol{x})} \geqslant \frac{L(1 \mid 2)}{L(2 \mid 1)} \cdot \frac{p_2}{p_1} \right\},$$

$$R_2 = \left\{ \boldsymbol{x} : \frac{f_1(\boldsymbol{x})}{f_2(\boldsymbol{x})} < \frac{L(1 \mid 2)}{L(2 \mid 1)} \cdot \frac{p_2}{p_1} \right\}.$$

注：当 $\dfrac{f_1(\boldsymbol{x})}{f_2(\boldsymbol{x})} = \dfrac{L(1 \mid 2)}{L(2 \mid 1)} \cdot \dfrac{p_2}{p_1}$ 时，即 $\boldsymbol{x}$ 为边界点，它可归入 R_1, R_2 的任何一个，为了方便就将它归入 R_1。

由上述定理，得到两总体的 Bayes 判别准则：

$$\begin{cases} \boldsymbol{x} \in X_1, \text{当 } \boldsymbol{x} \text{ 使得 } \dfrac{f_1(\boldsymbol{x})}{f_2(\boldsymbol{x})} \geqslant \dfrac{L(1 \mid 2)}{L(2 \mid 1)} \cdot \dfrac{p_2}{p_1}, \\ \boldsymbol{x} \in X_2, \text{当 } \boldsymbol{x} \text{ 使得 } \dfrac{f_1(\boldsymbol{x})}{f_2(\boldsymbol{x})} < \dfrac{L(1 \mid 2)}{L(2 \mid 1)} \cdot \dfrac{p_2}{p_1}. \end{cases} \tag{10.36}$$

应用此准则时仅需要计算：

(1) 新样本点 $\boldsymbol{x}_0 = [x_{01}, x_{02}, \cdots, x_{0p}]^{\mathrm{T}}$ 的密度函数比 $f_1(\boldsymbol{x}_0)/f_2(\boldsymbol{x}_0)$。

(2) 损失比 $L(1 \mid 2)/L(2 \mid 1)$。

(3) 先验概率比 p_2/p_1。

损失和先验概率以比值的形式出现是很重要的，因为确定两种损失的比值(或两总体的先验概率的比值)往往比确定损失本身(或先验概率本身)来得容易。下面列举式(10.36)的三种特殊情况。

(1) 当 $p_2/p_1 = 1$ 时，有

$$\begin{cases} \boldsymbol{x} \in X_1, \text{当 } \boldsymbol{x} \text{ 使得 } \dfrac{f_1(\boldsymbol{x})}{f_2(\boldsymbol{x})} \geqslant \dfrac{L(1 \mid 2)}{L(2 \mid 1)}, \\ \boldsymbol{x} \in X_2, \text{当 } \boldsymbol{x} \text{ 使得 } \dfrac{f_1(\boldsymbol{x})}{f_2(\boldsymbol{x})} < \dfrac{L(1 \mid 2)}{L(2 \mid 1)}. \end{cases} \tag{10.37}$$

(2) 当 $L(1 \mid 2)/L(2 \mid 1) = 1$ 时，有

$$
\begin{cases}
\boldsymbol{x}\in X_1, \text{当 } \boldsymbol{x} \text{ 使得 } \dfrac{f_1(\boldsymbol{x})}{f_2(\boldsymbol{x})} \geqslant \dfrac{p_2}{p_1}, \\
\boldsymbol{x}\in X_2, \text{当 } \boldsymbol{x} \text{ 使得 } \dfrac{f_1(\boldsymbol{x})}{f_2(\boldsymbol{x})} < \dfrac{p_2}{p_1}.
\end{cases}
\tag{10.38}
$$

(3) 当 $p_1/p_2=L(1\mid 2)/L(2\mid 1)=1$ 时,有

$$
\begin{cases}
\boldsymbol{x}\in X_1, \text{当 } \boldsymbol{x} \text{ 使得 } \dfrac{f_1(\boldsymbol{x})}{f_2(\boldsymbol{x})} \geqslant 1, \\
\boldsymbol{x}\in X_2, \text{当 } \boldsymbol{x} \text{ 使得 } \dfrac{f_1(\boldsymbol{x})}{f_2(\boldsymbol{x})} < 1.
\end{cases}
\tag{10.39}
$$

对于具体问题,如果先验概率或者其比值都难以确定,此时就利用规则式(10.37);同样,如误判损失或者其比值都是难以确定,此时就利用规则式(10.38);如果上述两者都难以确定则利用规则式(10.39),这种情况是一种无可奈何的办法,当然判别也变得很简单,若 $f_1(\boldsymbol{x})\geqslant f_2(\boldsymbol{x})$,则判 $\boldsymbol{x}\in X_1$,否则判 $\boldsymbol{x}\in X_2$。

将上述的两总体 Bayes 判别应用于正态总体 $X_i \sim N_p(\boldsymbol{\mu}_i, \boldsymbol{\Sigma}_i)$ $(i=1,2)$,分两种情况讨论。

(1) $\boldsymbol{\Sigma}_1=\boldsymbol{\Sigma}_2=\boldsymbol{\Sigma}$,$\boldsymbol{\Sigma}$ 正定,此时 X_i 的密度为

$$
f_i(\boldsymbol{x}) = (2\pi)^{-p/2}\,|\boldsymbol{\Sigma}|^{-1/2}\exp\left[-\frac{1}{2}(\boldsymbol{x}-\boldsymbol{\mu}_i)^{\mathrm{T}}\boldsymbol{\Sigma}^{-1}(\boldsymbol{x}-\boldsymbol{\mu}_i)\right].
\tag{10.40}
$$

定理 10.4 设总体 $X_i \sim N_p(\boldsymbol{\mu}_i, \boldsymbol{\Sigma})$ $(i=1,2)$,其中 $\boldsymbol{\Sigma}$ 正定,则使平均误判损失极小的划分为

$$
\begin{cases}
R_1 = \{\boldsymbol{x}: W(\boldsymbol{x})\geqslant \beta\}, \\
R_2 = \{\boldsymbol{x}: W(\boldsymbol{x}) < \beta\},
\end{cases}
\tag{10.41}
$$

式中

$$
W(\boldsymbol{x}) = \left[\boldsymbol{x}-\frac{1}{2}(\boldsymbol{\mu}_1+\boldsymbol{\mu}_2)\right]^{\mathrm{T}}\boldsymbol{\Sigma}^{-1}(\boldsymbol{\mu}_1-\boldsymbol{\mu}_2),
\tag{10.42}
$$

$$
\beta = \ln\frac{L(1\mid 2)\cdot p_2}{L(2\mid 1)\cdot p_1}.
\tag{10.43}
$$

不难发现式(10.42)的 $W(\boldsymbol{x})$ 与 Fisher 判别和马氏距离判别的线性判别函数式(10.34)、式(10.30)是一致的。判别规则也只是判别限不一样。

如果总体的 $\boldsymbol{\mu}_1$,$\boldsymbol{\mu}_2$ 和 $\boldsymbol{\Sigma}$ 未知,用式(10.31)和式(10.32),算出总体样本的 $\hat{\boldsymbol{\mu}}_1$,$\hat{\boldsymbol{\mu}}_2$ 和 $\hat{\boldsymbol{\Sigma}}$,来代替 $\boldsymbol{\mu}_1$,$\boldsymbol{\mu}_2$ 和 $\boldsymbol{\Sigma}$,得到的判别函数

$$
W(\boldsymbol{x}) = \left[\boldsymbol{x}-\frac{1}{2}(\hat{\boldsymbol{\mu}}_1+\hat{\boldsymbol{\mu}}_2)\right]^{\mathrm{T}}\hat{\boldsymbol{\Sigma}}^{-1}(\hat{\boldsymbol{\mu}}_1-\hat{\boldsymbol{\mu}}_2)
\tag{10.44}
$$

称为 Anderson 线性判别函数,判别的规则为

$$
\begin{cases}
\boldsymbol{x}\in X_1, \text{当 } \boldsymbol{x} \text{ 使得 } W(\boldsymbol{x})\geqslant \beta, \\
\boldsymbol{x}\in X_2, \text{当 } \boldsymbol{x} \text{ 使得 } W(\boldsymbol{x}) < \beta,
\end{cases}
\tag{10.45}
$$

式中:β 由式(10.43)所决定。

这里应该指出，总体参数用其估计来代替，所得到的规则，仅仅只是最优（在平均误判损失达到极小的意义下）规则的一个估计，这时对于一个具体问题来讲，并没有把握说所得到的规则能够使平均误判损失达到最小，但当样本的容量充分大时，估计 $\hat{\boldsymbol{\mu}}_1,\hat{\boldsymbol{\mu}}_2,\hat{\boldsymbol{\Sigma}}$ 分别和 $\boldsymbol{\mu}_1,\boldsymbol{\mu}_2,\boldsymbol{\Sigma}$ 很接近，因此有理由认为“样本”判别规则的性质会很好。

（2）$\boldsymbol{\Sigma}_1\neq\boldsymbol{\Sigma}_2$（$\boldsymbol{\Sigma}_1,\boldsymbol{\Sigma}_2$ 正定）。由于误判损失极小化的划分依赖于密度函数之比 $f_1(\boldsymbol{x})/f_2(\boldsymbol{x})$ 或等价于它的对数 $\ln[f_1(\boldsymbol{x})/f_2(\boldsymbol{x})]$，把协方差矩阵不等的两个多元正态密度代入这个比值后，包含 $|\boldsymbol{\Sigma}_i|^{1/2}(i=1,2)$ 的因子不能消去，而且 $f_i(\boldsymbol{x})$ 的指数部分也不能组合成简单表达式，因此，$\boldsymbol{\Sigma}_1\neq\boldsymbol{\Sigma}_2$ 时，由定理 10.3 可得判别区域

$$\begin{cases}R_1=\{\boldsymbol{x}:W(\boldsymbol{x})\geqslant K\},\\R_2=\{\boldsymbol{x}:W(\boldsymbol{x})<K\},\end{cases}\tag{10.46}$$

式中

$$W(\boldsymbol{x})=-\frac{1}{2}\boldsymbol{x}^{\mathrm{T}}(\boldsymbol{\Sigma}_1^{-1}-\boldsymbol{\Sigma}_2^{-1})\boldsymbol{x}+(\boldsymbol{\mu}_1^{\mathrm{T}}\boldsymbol{\Sigma}_1^{-1}-\boldsymbol{\mu}_2^{\mathrm{T}}\boldsymbol{\Sigma}_2^{-1})\boldsymbol{x},\tag{10.47}$$

$$K=\ln\left(\frac{L(1\mid 2)p_2}{L(2\mid 1)p_1}\right)+\frac{1}{2}\ln\frac{|\boldsymbol{\Sigma}_1|}{|\boldsymbol{\Sigma}_2|}+\frac{1}{2}(\boldsymbol{\mu}_1^{\mathrm{T}}\boldsymbol{\Sigma}_1^{-1}\boldsymbol{\mu}_1-\boldsymbol{\mu}_2^{\mathrm{T}}\boldsymbol{\Sigma}_2^{-1}\boldsymbol{\mu}_2).\tag{10.48}$$

显然，判别函数 $W(\boldsymbol{x})$ 是关于 $\boldsymbol{x}$ 的二次函数，它比 $\boldsymbol{\Sigma}_1=\boldsymbol{\Sigma}_2$ 时的情况复杂得多。如果 $\boldsymbol{\mu}_i,\boldsymbol{\Sigma}_i(i=1,2)$ 未知，仍可采用其估计来代替。

例 10.15 表 10.24 是某气象站预报有无春旱的实际资料，x_1 与 x_2 都是综合预报因子（气象含义从略），有春旱的是 6 个年份的资料，无春旱的是 8 个年份的资料，它们的先验概率分别用 6/14 和 8/14 来估计，并设误判损失相等，试建立 Anderson 线性判别函数。

表 10.24 某气象站有无春旱的资料

序号		1	2	3	4	5	6	7	8
有春旱	x_1	24.8	24.1	26.6	23.5	25.5	27.4		
	x_2	-2.0	-2.4	-3.0	-1.9	-2.1	-3.1		
	$W(x_1,x_2)$	3.0156	2.8796	10.0929	-0.0322	4.8098	12.0961		
无春旱	x_1	22.1	21.6	22.0	22.8	22.7	21.5	22.1	21.4
	x_2	-0.7	-1.4	-0.8	-1.6	-1.5	-1.0	-1.2	-1.3
	$W(x_1,x_2)$	-6.9371	-5.6602	-6.8144	-2.4897	-3.0303	-7.1957	-5.2788	-6.4097

由表 10.24 的数据计算，得

$$\hat{\boldsymbol{\mu}}_1=[25.3167,\quad -2.4167]^{\mathrm{T}},\hat{\boldsymbol{\mu}}_2=[22.0250,\quad -1.1875]^{\mathrm{T}},$$

$$\hat{\boldsymbol{\Sigma}}=\begin{bmatrix}1.0819 & -0.3109\\-0.3109 & 0.1748\end{bmatrix},\beta=\ln\frac{p_2}{p_1}=0.2877.$$

将上述计算结果代入 Anderson 线性判别函数，得

$$W(\boldsymbol{x})=W(x_1,x_2)=2.0893x_1-3.3165x_2-55.4331.$$

判别限为 0.288，将表 10.23 的数据代入 $W(\boldsymbol{x})$，计算的结果填在表 10.24 中 $W(x_1,x_2)$ 相应的栏目中，错判的只有一个，即春旱中的第 4 号，与历史资料的拟合率达 93%。

计算的 Matlab 程序如下：

```
clc,clear
a=[24.8  24.1  26.6 23.5  25.5 27.4
-2.0 -2.4  -3.0  -1.9  -2.1  -3.1]';
b=[22.1 21.6  22.0 22.8  22.7  21.5  22.1  21.4
-0.7  -1.4  -0.8  -1.6  -1.5  -1.0  -1.2  -1.3]';
n1=6;n2=8;
mu1=mean(a),mu2=mean(b)              % 计算两个总体样本的均值向量,注意得到的是行向量
sig1=cov(a);sig2=cov(b);             % 计算两个总体样本的协方差矩阵
sig=((n1-1)*sig1+(n2-1)*sig2)/(n1+n2-2)  % 计算两总体公共协方差阵的估计
beta=log(8/6)
syms x [1,2]                         % 定义符号行向量[x1,x2],x后面必须加空格
wx=(x-0.5*(mu1+mu2))*inv(sig)*(mu1-mu2)'; % 构造判别函数
wx=vpa(wx,6)                              % 显示判别函数
ahat=subs(wx,x,{a(:,1),a(:,2)})';         % 计算总体1样本的判别函数值
bhat=subs(wx,x,{b(:,1),b(:,2)})';         % 计算总体2样本的判别函数值
ahat=vpa(ahat,6),bhat=vpa(bhat,6)         % 显示6位数字的符号数
sol1=(double(ahat)>=beta),  sol2=(double(bhat)<beta)  % 回代,计算误判
```

回代结果是春旱中有一个样本点误判。

下面编写 $\boldsymbol{\Sigma}_1 \neq \boldsymbol{\Sigma}_2$ 情形下的 Matlab 程序:

```
clc,clear
p1=6/14;p2=8/14;
a=[24.8  24.1  26.6  23.5  25.5  27.4
-2.0  -2.4  -3.0  -1.9  -2.1  -3.1]';
b=[22.1  21.6  22.0  22.8  22.7  21.5  22.1  21.4
-0.7  -1.4  -0.8  -1.6  -1.5  -1.0  -1.2  -1.3]';
n1=6;n2=8;
mu1=mean(a),mu2=mean(b)              % 计算两个总体样本的均值向量,注意得到的是行向量
cov1=cov(a);cov2=cov(b);             % 计算两个总体样本的协方差矩阵
k=log(p2/p1)+0.5*log(det(cov1)/det(cov2))+...
    0.5*(mu1*inv(cov1)*mu1'-mu2*inv(cov2)*mu2')    % 计算K值
syms x [1,2]                                       % 定义符号行向量[x1,x2]
wx=-0.5*x*(inv(cov1)-inv(cov2))*x.'+(mu1*inv(cov1)-mu2*inv(cov2))*x.';
wx=simplify(wx);                                   % 化简判别函数
wx=vpa(wx,6);
ahat=subs(wx,x,{a(:,1),a(:,2)})';                  % 计算总体1样本的判别函数值
bhat=subs(wx,x,{b(:,1),b(:,2)})';                  % 计算总体2样本的判别函数值
ahat=vpa(ahat,6),bhat=vpa(bhat,6)                  % 显示6位数字的符号数
sol1=(double(ahat)>=k),sol2=(double(bhat)<k)       % 回代,计算误判
```

分类正确率为100%。

或者直接利用 Matlab 工具箱中的分类函数 classify 用其他方法进行分类,程序如下:

```
clc,clear
p1=6/14;p2=8/14;
```

```
a=[24.8  24.1  26.6  23.5  25.5  27.4
-2.0  -2.4  -3.0  -1.9  -2.1  -3.1]';
b=[22.1  21.6  22.0  22.8  22.7  21.5  22.1  21.4
-0.7  -1.4  -0.8  -1.6  -1.5  -1.0  -1.2  -1.3]';
n1=6;n2=8;
train=[a;b];                                        % train 为已知样本
group=[ones(n1,1);2*ones(n2,1)];                    % 已知样本类别标识
prior=[p1; p2];                                     % 已知样本的先验概率
sample=train; % sample 一般为未知样本,这里是准备回代检验误判
[x1,y1]=classify(sample,train,group,'linear',prior)    % 线性分类
[x2,y2]=classify(sample,train,group,'quadratic',prior) % 二次分类
% 函数 classify 的第二个返回值为误判率
```

计算结果是,线性判别的误判率是 7.14%,二次判别的误判率为 0。

10.4.4 应用举例

例 10.16 某种产品的生产厂家有 12 家,其中 7 家的产品受消费者欢迎,属于畅销品,定义为 1 类;5 家的产品不大受消费者欢迎,属于滞销品,定义为 2 类。将 12 家的产品的式样,包装和耐久性进行了评估后,得分资料见表 10.25。

表 10.25 生产厂家的数据

厂家	1	2	3	4	5	6	7	8	9	10	11	12	13	14	15
式样	9	7	8	8	9	8	7	4	3	6	2	1	6	8	2
包装	8	6	7	5	9	9	5	4	6	3	4	2	4	1	4
耐久性	7	6	8	5	3	7	6	4	6	3	5	2	5	3	5
类别	1	1	1	1	1	1	1	2	2	2	2	2	待判	待判	待判

今有 3 家新的厂家,得分分别为[6,4,5],[8,1,3],[2,4,5],试对 3 个新厂家进行分类。

利用如下的 Matlab 程序:

```
clc,clear
a=[9  7  8  8  9  8  7  4  3  6  2  1  6  8  2
   8  6  7  5  9  9  5  4  6  3  4  2  4  1  4
   7  6  8  5  3  7  6  4  6  3  5  2  5  3  5];
train=a(:,[1:12])';                     % 提出已知样本点数据,这里进行了矩阵转置
sample=a(:,[13:end])';                  % 提出待判样本点数据
group=[ones(7,1);2*ones(5,1)];          % 已知样本的分类
[x1,y1]=classify(sample,train,group,'mahalanobis') % 马氏距离分类
[x2,y2]=classify(sample,train,group,'linear')      % 线性分类
[x3,y3]=classify(sample,train,group,'quadratic')   % 二次分类
% 函数 classify 的第二个返回值为误判率
```

求得利用马氏距离、线性分类和二次分类方法都把厂家 1,2 分在第 1 类,厂家 3 分在第 2 类。误判率都为 0。

10.5 典型相关分析

10.5.1 典型相关分析(Canonical Correlation Analysis)的基本思想

通常情况下,为了研究两组变量

$$[x_1,x_2,\cdots,x_p],[y_1,y_2,\cdots,y_q]$$

的相关关系,可以用最原始的方法,分别计算两组变量之间的全部相关系数,一共有 pq 个简单相关系数,这样既烦琐又不能抓住问题的本质。如果能够采用类似于主成分的思想,分别找出两组变量的各自的某个线性组合,讨论线性组合之间的相关关系,则更简捷。

首先分别在每组变量中找出第一对线性组合,使其具有最大相关性,即

$$\begin{cases} u_1=\alpha_{11}x_1+\alpha_{21}x_2+\cdots+\alpha_{p1}x_p, \\ v_1=\beta_{11}y_1+\beta_{21}y_2+\cdots+\beta_{q1}y_q. \end{cases}$$

然后在每组变量中找出第二对线性组合,使其分别与本组内的第一对线性组合不相关,第二对线性组合本身具有次大的相关性,有

$$\begin{cases} u_2=\alpha_{12}x_1+\alpha_{22}x_2+\cdots+\alpha_{p2}x_p, \\ v_2=\beta_{12}y_1+\beta_{22}y_2+\cdots+\beta_{q2}y_q. \end{cases}$$

u_2 与 u_1、v_2 与 v_1 不相关,但 u_2 和 v_2 相关。如此继续下去,直至进行到 r 步,两组变量的相关性被提取完为止,可以得到 r 组变量,这里 $r\leqslant\min(p,q)$。

10.5.2 典型相关的数学描述

研究两组随机变量之间的相关关系,可用复相关系数(也称全相关系数)。1936 年 Hotelling 将简单相关系数推广到多个随机变量与多个随机变量之间的相关关系的讨论中,提出了典型相关分析。

实际问题中,需要考虑两组变量之间的相关关系的问题很多,例如,考虑几种主要产品的价格(作为第一组变量)和相应这些产品的销售量(作为第二组变量)之间的相关关系;考虑投资性变量(如劳动者人数、货物周转量、生产建设投资等)与国民收入变量(如工农业国民收入、运输业国民收入、建筑业国民收入等)之间的相关关系等。

复相关系数描述两组随机变量 $\boldsymbol{X}=[x_1,x_2,\cdots,x_p]^{\mathrm{T}}$ 与 $\boldsymbol{Y}=[y_1,y_2,\cdots,y_p]^{\mathrm{T}}$ 之间的相关程度。其思想是先将每一组随机变量作线性组合,成为两个随机变量

$$u=\boldsymbol{\rho}^{\mathrm{T}}\boldsymbol{X}=\sum_{i=1}^{p}\rho_i x_i,v=\boldsymbol{\gamma}^{\mathrm{T}}\boldsymbol{Y}=\sum_{j=1}^{q}\gamma_j y_j, \tag{10.49}$$

再研究 u 与 v 的相关系数。由于 u,v 与投影向量 $\boldsymbol{\rho},\boldsymbol{\gamma}$ 有关,所以 r_{uv} 与 $\boldsymbol{\rho},\boldsymbol{\gamma}$ 有关,$r_{uv}=r_{uv}(\boldsymbol{\rho},\boldsymbol{\gamma})$。取在 $\boldsymbol{\rho}^{\mathrm{T}}\boldsymbol{\Sigma}_{XX}\boldsymbol{\rho}=1$ 和 $\boldsymbol{\gamma}^{\mathrm{T}}\boldsymbol{\Sigma}_{YY}\boldsymbol{\gamma}=1$ 的条件下使 r_{uv} 达到最大的 $\boldsymbol{\rho},\boldsymbol{\gamma}$ 作为投影向量,这样得到的相关系数为复相关系数

$$r_{uv}=\max_{\substack{\boldsymbol{\rho}^{\mathrm{T}}\boldsymbol{\Sigma}_{XX}\boldsymbol{\rho}=1\\ \boldsymbol{\gamma}^{\mathrm{T}}\boldsymbol{\Sigma}_{YY}\boldsymbol{\gamma}=1}} r_{uv}(\boldsymbol{\rho},\boldsymbol{\gamma}). \tag{10.50}$$

将两组变量的协方差矩阵分块得

$$\operatorname{Cov}\begin{bmatrix}\boldsymbol{X}\\ \boldsymbol{Y}\end{bmatrix}=\begin{bmatrix}\operatorname{Var}(\boldsymbol{X}) & \operatorname{Cov}(\boldsymbol{X},\boldsymbol{Y})\\ \operatorname{Cov}(\boldsymbol{Y},\boldsymbol{X}) & \operatorname{Var}(\boldsymbol{Y})\end{bmatrix}=\begin{bmatrix}\boldsymbol{\Sigma}_{XX} & \boldsymbol{\Sigma}_{XY}\\ \boldsymbol{\Sigma}_{YX} & \boldsymbol{\Sigma}_{YY}\end{bmatrix}, \tag{10.51}$$

此时

$$r_{uv}=\frac{\operatorname{Cov}(\boldsymbol{\rho}^{\mathrm{T}}\boldsymbol{X},\boldsymbol{\gamma}^{\mathrm{T}}\boldsymbol{Y})}{\sqrt{D(\boldsymbol{\rho}^{\mathrm{T}}\boldsymbol{X})}\sqrt{D(\boldsymbol{\gamma}^{\mathrm{T}}\boldsymbol{Y})}}=\frac{\boldsymbol{\rho}^{\mathrm{T}}\boldsymbol{\Sigma}_{XY}\boldsymbol{\gamma}}{\sqrt{\boldsymbol{\rho}^{\mathrm{T}}\boldsymbol{\Sigma}_{XX}\boldsymbol{\rho}}\sqrt{\boldsymbol{\gamma}^{\mathrm{T}}\boldsymbol{\Sigma}_{YY}\boldsymbol{\gamma}}}=\boldsymbol{\rho}^{\mathrm{T}}\boldsymbol{\Sigma}_{XY}\boldsymbol{\gamma}, \tag{10.52}$$

因此问题转化为在 $\boldsymbol{\rho}^{\mathrm{T}}\boldsymbol{\Sigma}_{XX}\boldsymbol{\rho}=1$ 和 $\boldsymbol{\gamma}^{\mathrm{T}}\boldsymbol{\Sigma}_{YY}\boldsymbol{\gamma}=1$ 的条件下求 $\boldsymbol{\rho}^{\mathrm{T}}\boldsymbol{\Sigma}_{XY}\boldsymbol{\gamma}$ 的极大值。

根据条件极值的求法引入拉格朗日乘数,可将问题转化为求

$$S(\boldsymbol{\rho},\boldsymbol{\gamma})=\boldsymbol{\rho}^{\mathrm{T}}\boldsymbol{\Sigma}_{XY}\boldsymbol{\gamma}-\frac{\lambda}{2}(\boldsymbol{\rho}^{\mathrm{T}}\boldsymbol{\Sigma}_{XX}\boldsymbol{\rho}-1)-\frac{\omega}{2}(\boldsymbol{\gamma}^{\mathrm{T}}\boldsymbol{\Sigma}_{YY}\boldsymbol{\gamma}-1) \tag{10.53}$$

的极大值,其中 λ,ω 是拉格朗日乘数。

由极值的必要条件得方程组

$$\begin{cases}\dfrac{\partial S}{\partial \boldsymbol{\rho}}=\boldsymbol{\Sigma}_{XY}\boldsymbol{\gamma}-\lambda\boldsymbol{\Sigma}_{XX}\boldsymbol{\rho}=0,\\ \dfrac{\partial S}{\partial \boldsymbol{\gamma}}=\boldsymbol{\Sigma}_{YX}\boldsymbol{\rho}-\omega\boldsymbol{\Sigma}_{YY}\boldsymbol{\gamma}=0,\end{cases} \tag{10.54}$$

将上二式分别左乘 $\boldsymbol{\rho}^{\mathrm{T}}$ 与 $\boldsymbol{\gamma}^{\mathrm{T}}$,得

$$\begin{cases}\boldsymbol{\rho}^{\mathrm{T}}\boldsymbol{\Sigma}_{XY}\boldsymbol{\gamma}=\lambda\boldsymbol{\rho}^{\mathrm{T}}\boldsymbol{\Sigma}_{XX}\boldsymbol{\rho}=\lambda,\\ \boldsymbol{\gamma}^{\mathrm{T}}\boldsymbol{\Sigma}_{YX}\boldsymbol{\rho}=\omega\boldsymbol{\gamma}^{\mathrm{T}}\boldsymbol{\Sigma}_{YY}\boldsymbol{\gamma}=\omega,\end{cases} \tag{10.55}$$

注意 $\boldsymbol{\Sigma}_{XY}=\boldsymbol{\Sigma}_{YX}^{\mathrm{T}}$,所以

$$\lambda=\omega=\boldsymbol{\rho}^{\mathrm{T}}\boldsymbol{\Sigma}_{XY}\boldsymbol{\gamma}, \tag{10.56}$$

代入方程组(10.54),得

$$\begin{cases}\boldsymbol{\Sigma}_{XY}\boldsymbol{\gamma}-\lambda\boldsymbol{\Sigma}_{XX}\boldsymbol{\rho}=0,\\ \boldsymbol{\Sigma}_{YX}\boldsymbol{\rho}-\lambda\boldsymbol{\Sigma}_{YY}\boldsymbol{\gamma}=0,\end{cases} \tag{10.57}$$

以 $\boldsymbol{\Sigma}_{YY}^{-1}$左乘方程组(10.57)第二式,得 $\lambda\boldsymbol{\gamma}=\boldsymbol{\Sigma}_{YY}^{-1}\boldsymbol{\Sigma}_{YX}\boldsymbol{\rho}$,所以

$$\boldsymbol{\gamma}=\frac{1}{\lambda}\boldsymbol{\Sigma}_{YY}^{-1}\boldsymbol{\Sigma}_{YX}\boldsymbol{\rho},$$

代入方程组(10.57)第一式,得

$$(\boldsymbol{\Sigma}_{XY}\boldsymbol{\Sigma}_{YY}^{-1}\boldsymbol{\Sigma}_{YX}-\lambda^2\boldsymbol{\Sigma}_{XX})\boldsymbol{\rho}=0. \tag{10.58}$$

同理,得

$$(\boldsymbol{\Sigma}_{YX}\boldsymbol{\Sigma}_{XX}^{-1}\boldsymbol{\Sigma}_{XY}-\lambda^2\boldsymbol{\Sigma}_{YY})\boldsymbol{\gamma}=0. \tag{10.59}$$

记

$$\boldsymbol{M}_1=\boldsymbol{\Sigma}_{XX}^{-1}\boldsymbol{\Sigma}_{XY}\boldsymbol{\Sigma}_{YY}^{-1}\boldsymbol{\Sigma}_{YX},\ \boldsymbol{M}_2=\boldsymbol{\Sigma}_{YY}^{-1}\boldsymbol{\Sigma}_{YX}\boldsymbol{\Sigma}_{XX}^{-1}\boldsymbol{\Sigma}_{XY}, \tag{10.60}$$

得

$$\boldsymbol{M}_1\boldsymbol{\rho}=\lambda^2\boldsymbol{\rho},\ \boldsymbol{M}_2\boldsymbol{\gamma}=\lambda^2\boldsymbol{\gamma}, \tag{10.61}$$

说明 λ^2 既是 $\boldsymbol{M}_1$ 又是 $\boldsymbol{M}_2$ 的特征值,$\boldsymbol{\rho},\boldsymbol{\gamma}$ 就是其相应于 $\boldsymbol{M}_1$ 和 $\boldsymbol{M}_2$ 的特征向量。$\boldsymbol{M}_1$ 和 $\boldsymbol{M}_2$ 的特征值非负,均在[0,1]上,非零特征值的个数等于 $\min(p,q)$,不妨设为 q。

设 $\boldsymbol{M}_1\boldsymbol{\rho}=\lambda^2\boldsymbol{\rho}$ 的特征值排序为 $\lambda_1^2\geqslant\lambda_2^2\geqslant\cdots\geqslant\lambda_q^2$,其余 $p-q$ 个特征值为 0,称 $\lambda_1,\lambda_2,\cdots,\lambda_q$ 为典型相关系数。相应地,从 $\boldsymbol{M}_1\boldsymbol{\rho}=\lambda^2\boldsymbol{\rho}$ 解出的特征向量为 $\boldsymbol{\rho}^{(1)},\boldsymbol{\rho}^{(2)},\cdots,\boldsymbol{\rho}^{(q)}$,

从 $\boldsymbol{M}_2\boldsymbol{\gamma}=\lambda^2\boldsymbol{\gamma}$ 解出的特征向量为 $\boldsymbol{\gamma}^{(1)},\boldsymbol{\gamma}^{(2)},\cdots,\boldsymbol{\gamma}^{(q)}$，从而可得 q 对线性组合

$$u_i=\boldsymbol{\rho}^{(i)\mathrm{T}}\boldsymbol{X},v_i=\boldsymbol{\gamma}^{(i)\mathrm{T}}\boldsymbol{Y},i=1,2,\cdots,q, \tag{10.62}$$

称每一对变量为典型变量。求典型相关系数和典型变量归结为求 $\boldsymbol{M}_1$ 和 $\boldsymbol{M}_2$ 的特征值和特征向量。

还可以证明，当 $i\neq j$ 时，有

$$\mathrm{Cov}(u_i,u_j)=\mathrm{Cov}(\boldsymbol{\rho}^{(i)\mathrm{T}}\boldsymbol{X},\boldsymbol{\rho}^{(j)\mathrm{T}}\boldsymbol{X})=\boldsymbol{\rho}^{(i)\mathrm{T}}\boldsymbol{\Sigma}_{XX}\boldsymbol{\rho}^{(j)}=0, \tag{10.63}$$

$$\mathrm{Cov}(v_i,v_j)=\mathrm{Cov}(\boldsymbol{\gamma}^{(i)\mathrm{T}}\boldsymbol{Y},\boldsymbol{\gamma}^{(j)\mathrm{T}}\boldsymbol{Y})=\boldsymbol{\gamma}^{(i)\mathrm{T}}\boldsymbol{\Sigma}_{YY}\boldsymbol{\gamma}^{(j)}=0, \tag{10.64}$$

表示一切典型变量都是不相关的，并且其方差为 1，即

$$\mathrm{Cov}(u_i,u_j)=\delta_{ij}, \tag{10.65}$$

$$\mathrm{Cov}(v_i,v_j)=\delta_{ij}, \tag{10.66}$$

式中

$$\delta_{ij}=\begin{cases}1,i=j,\\0,i\neq j.\end{cases} \tag{10.67}$$

$\boldsymbol{X}$ 与 $\boldsymbol{Y}$ 的同一对典型变量 u_i 和 v_i 之间的相关系数为 $\boldsymbol{\lambda}_i$，不同对的典型变量 u_i 和 $v_j(i\neq j)$ 之间不相关，也即协方差为 0，即

$$\mathrm{Cov}(u_i,v_j)=\begin{cases}\lambda_i,i=j,\\0,i\neq j.\end{cases} \tag{10.68}$$

当总体的均值向量 $\boldsymbol{\mu}$ 和协差阵 $\boldsymbol{\Sigma}$ 未知时，无法求总体的典型相关系数和典型变量，因而需要给出样本的典型相关系数和典型变量。

设 $\boldsymbol{X}_{(1)},\boldsymbol{X}_{(2)},\cdots,\boldsymbol{X}_{(n)}$ 和 $\boldsymbol{Y}_{(1)},\boldsymbol{Y}_{(2)},\cdots,\boldsymbol{Y}_{(n)}$ 为来自总体容量为 n 的样本，这时协方差阵的无偏估计为

$$\hat{\boldsymbol{\Sigma}}_{XX}=\frac{1}{n-1}\sum_{i=1}^{n}(\boldsymbol{X}_{(i)}-\overline{\boldsymbol{X}})(\boldsymbol{X}_{(i)}-\overline{\boldsymbol{X}})^{\mathrm{T}}, \tag{10.69}$$

$$\hat{\boldsymbol{\Sigma}}_{YY}=\frac{1}{n-1}\sum_{i=1}^{n}(\boldsymbol{Y}_{(i)}-\overline{\boldsymbol{Y}})(\boldsymbol{Y}_{(i)}-\overline{\boldsymbol{Y}})^{\mathrm{T}}, \tag{10.70}$$

$$\hat{\boldsymbol{\Sigma}}_{XY}=\hat{\boldsymbol{\Sigma}}_{YX}^{\mathrm{T}}=\frac{1}{n-1}\sum_{i=1}^{n}(\boldsymbol{X}_{(i)}-\overline{\boldsymbol{X}})(\boldsymbol{Y}_{(i)}-\overline{\boldsymbol{Y}})^{\mathrm{T}}, \tag{10.71}$$

式中：$\overline{X}=\frac{1}{n}\sum_{i=1}^{n}\boldsymbol{X}_{(i)}$；$\overline{\boldsymbol{Y}}=\frac{1}{n}\sum_{i=1}^{n}\boldsymbol{Y}_{(i)}$。

用 $\hat{\boldsymbol{\Sigma}}$ 代替 $\boldsymbol{\Sigma}$ 并按式(10.60)和式(10.61)求出 $\hat{\lambda}_i$ 和 $\hat{\boldsymbol{\rho}}^{(i)},\hat{\boldsymbol{\gamma}}^{(i)}$，称 $\hat{\lambda}_i$ 为样本典型相关系数，称 $\hat{u}_i=\hat{\boldsymbol{\rho}}^{(i)\mathrm{T}}\boldsymbol{X},\hat{v}_i=\hat{\boldsymbol{\gamma}}^{(i)\mathrm{T}}\boldsymbol{Y}(i=1,2,\cdots,q)$ 为样本的典型变量。

计算时也可从样本的相关系数矩阵出发求样本的典型相关系数和典型变量，将相关系数矩阵 $\boldsymbol{R}$ 取代协方差阵，计算过程是一样的。

如果复相关系数中的一个变量是一维的，那么也可以称为偏相关系数。偏相关系数是描述一个随机变量 y 与多个随机变量(一组随机变量) $\boldsymbol{X}=[x_1,x_2,\cdots,x_p]^{\mathrm{T}}$ 之间的关系。其思想是先将那一组随机变量作线性组合，成为一个随机变量

$$u=\boldsymbol{c}^{\mathrm{T}}\boldsymbol{X}=\sum_{i=1}^{p}c_ix_i, \tag{10.72}$$

再研究 y 与 u 的相关系数。由于 u 与投影向量 $\boldsymbol{c}$ 有关，所以 r_{yu} 与 $\boldsymbol{c}$ 有关，$r_{yu}=r_{yu}(\boldsymbol{c})$。我们取在 $\boldsymbol{c}^{\mathrm{T}}\boldsymbol{\Sigma}_{XX}\boldsymbol{c}=1$ 的条件下使 r_{yu} 达到最大的 c 作为投影向量，得到的相关系数为偏相关系数

$$r_{yu}=\max_{\boldsymbol{c}^{\mathrm{T}}\boldsymbol{\Sigma}_{XX}\boldsymbol{c}=1} r_{yu}(\boldsymbol{c}). \tag{10.73}$$

其余推导、计算过程与复相关系数类似。

10.5.3 原始变量与典型变量之间的相关性

1. 原始变量与典型变量之间的相关系数

设原始变量相关系数矩阵

$$\boldsymbol{R}=\begin{bmatrix}\boldsymbol{R}_{11} & \boldsymbol{R}_{12}\\ \boldsymbol{R}_{21} & \boldsymbol{R}_{22}\end{bmatrix},$$

$\boldsymbol{X}$ 典型变量系数矩阵

$$\boldsymbol{\Lambda}=[\boldsymbol{\rho}^{(1)},\quad \boldsymbol{\rho}^{(2)},\quad \cdots,\quad \boldsymbol{\rho}^{(s)}]_{p\times s}=\begin{bmatrix}\alpha_{11} & \alpha_{12} & \cdots & \alpha_{1s}\\ \alpha_{21} & \alpha_{22} & \cdots & \alpha_{2s}\\ \vdots & \vdots & \ddots & \vdots\\ \alpha_{p1} & \alpha_{p2} & \cdots & \alpha_{ps}\end{bmatrix},$$

$\boldsymbol{Y}$ 典型变量系数矩阵

$$\boldsymbol{\Gamma}=[\boldsymbol{\gamma}^{(1)},\quad \boldsymbol{\gamma}^{(2)},\quad \cdots,\quad \boldsymbol{\gamma}^{(s)}]_{q\times s}=\begin{bmatrix}\beta_{11} & \beta_{12} & \cdots & \beta_{1s}\\ \beta_{21} & \beta_{22} & \cdots & \beta_{2s}\\ \vdots & \vdots & \ddots & \vdots\\ \beta_{q1} & \beta_{q2} & \cdots & \beta_{qs}\end{bmatrix},$$

则有

$$\mathrm{Cov}(x_i,u_j)=\mathrm{Cov}(x_i,\sum_{k=1}^{p}\alpha_{kj}x_k)=\sum_{k=1}^{p}\alpha_{kj}\mathrm{Cov}(x_i,x_k),j=1,2,\cdots,s,$$

x_i 与 u_j 的相关系数

$$r(x_i,u_j)=\sum_{k=1}^{p}\alpha_{kj}\mathrm{Cov}(x_i,x_k)/\sqrt{D(x_i)},j=1,2,\cdots,s.$$

同理，得

$$r(x_i,v_j)=\sum_{k=1}^{q}\beta_{kj}\mathrm{Cov}(x_i,y_k)/\sqrt{D(x_i)},j=1,2,\cdots,s,$$

$$r(y_i,u_j)=\sum_{k=1}^{p}\alpha_{kj}\mathrm{Cov}(y_i,x_k)/\sqrt{D(y_i)},j=1,2,\cdots,s,$$

$$r(y_i,v_j)=\sum_{k=1}^{q}\beta_{kj}\mathrm{Cov}(y_i,y_k)/\sqrt{D(y_i)},j=1,2,\cdots,s.$$

2. 各组原始变量被典型变量所解释的方差

$\boldsymbol{X}$ 组原始变量被 u_i 解释的方差比例为

$$m_{u_i}=\sum_{k=1}^{p}r^2(u_i,x_k)/p.$$

$\boldsymbol{X}$ 组原始变量被 v_i 解释的方差比例为

$$m_{v_i} = \sum_{k=1}^{p} r^2(v_i, x_k)/p.$$

$\boldsymbol{Y}$ 组原始变量被 u_i 解释的方差比例为

$$n_{u_i} = \sum_{k=1}^{q} r^2(u_i, y_k)/q.$$

$\boldsymbol{Y}$ 组原始变量被 v_i 解释的方差比例为

$$n_{v_i} = \sum_{k=1}^{q} r^2(v_i, y_k)/q.$$

10.5.4 典型相关系数的检验

在实际应用中，总体的协方差矩阵常常是未知的，类似于其他的统计分析方法，需要从总体中抽出一个样本，根据样本对总体的协方差或相关系数矩阵进行估计，然后利用估计得到的协方差或相关系数矩阵进行分析。由于估计中抽样误差的存在，所以估计以后还需要进行有关的假设检验。

1. 计算样本的协方差阵

假设有 $\boldsymbol{X}$ 组和 $\boldsymbol{Y}$ 组变量，样本容量为 n，观测值矩阵为

$$\begin{bmatrix} a_{11} & \cdots & a_{1p} & b_{11} & \cdots & b_{1q} \\ a_{21} & \cdots & a_{2p} & b_{21} & \cdots & b_{2q} \\ \vdots & \ddots & \vdots & \vdots & \ddots & \vdots \\ a_{n1} & \cdots & a_{np} & b_{n1} & \cdots & b_{nq} \end{bmatrix}_{n\times(p+q)},$$

对应的标准化数据矩阵为

$$\boldsymbol{C} = \begin{bmatrix} \dfrac{a_{11}-\bar{x}_1}{\sigma_x^1} & \cdots & \dfrac{a_{1p}-\bar{x}_p}{\sigma_x^p} & \dfrac{b_{11}-\bar{y}_1}{\sigma_y^1} & \cdots & \dfrac{b_{1q}-\bar{y}_q}{\sigma_y^q} \\ \dfrac{a_{21}-\bar{x}_1}{\sigma_x^1} & \cdots & \dfrac{a_{2p}-\bar{x}_p}{\sigma_x^p} & \dfrac{b_{21}-\bar{y}_1}{\sigma_y^1} & \cdots & \dfrac{b_{2q}-\bar{y}_q}{\sigma_y^q} \\ \vdots & \ddots & \vdots & \vdots & \ddots & \vdots \\ \dfrac{a_{n1}-\bar{x}_1}{\sigma_x^1} & \cdots & \dfrac{a_{np}-\bar{x}_p}{\sigma_x^p} & \dfrac{b_{n1}-\bar{y}_1}{\sigma_y^1} & \cdots & \dfrac{b_{nq}-\bar{y}_q}{\sigma_y^q} \end{bmatrix}_{n\times(p+q)},$$

样本的协方差

$$\hat{\boldsymbol{\Sigma}} = \frac{1}{n-1}\boldsymbol{C}^{\mathrm{T}}\boldsymbol{C} = \begin{bmatrix} \hat{\boldsymbol{\Sigma}}_{XX} & \hat{\boldsymbol{\Sigma}}_{XY} \\ \hat{\boldsymbol{\Sigma}}_{YX} & \hat{\boldsymbol{\Sigma}}_{YY} \end{bmatrix}.$$

2. 整体检验（$\boldsymbol{H_0}:\boldsymbol{\Sigma}_{XY}=\boldsymbol{0}$；$\boldsymbol{H_1}:\boldsymbol{\Sigma}_{XY}\neq\boldsymbol{0}$）

$$H_0: \lambda_1 = \lambda_2 = \cdots = \lambda_s = 0,\ s = \min(p, q),$$

$$H_1: \lambda_i (i = 1, 2, \cdots, s) \text{ 中至少有一个非零}.$$

记

$$\Lambda_1=\frac{|\hat{\boldsymbol{\Sigma}}|}{|\hat{\boldsymbol{\Sigma}}_{XX}||\hat{\boldsymbol{\Sigma}}_{YY}|},$$

计算,得

$$\Lambda_1 = |\boldsymbol{I}_p - \hat{\boldsymbol{\Sigma}}_{XX}^{-1}\hat{\boldsymbol{\Sigma}}_{XY}\hat{\boldsymbol{\Sigma}}_{YY}^{-1}\hat{\boldsymbol{\Sigma}}_{YX}| = \prod_{i=1}^{s}(1-\lambda_i^2).$$

在原假设为真的情况下,检验的统计量

$$Q_1=-\left[n-1-\frac{1}{2}(p+q+1)\right]\ln\Lambda_1$$

近似服从自由度为 pq 的 χ^2 分布。在给定的显著水平 α 下,如果 $Q_1\geqslant\chi_\alpha^2(pq)$,则拒绝原假设,认为至少第一对典型变量之间的相关性显著。

3. 部分总体典型相关系数为零的检验

$$H_0:\lambda_2=\lambda_3=\cdots=\lambda_s=0,H_1:\lambda_2,\lambda_3,\cdots,\lambda_s\text{ 至少有一个非零}.$$

若原假设 H_0 被接受,则认为只有第一对典型变量是有用的;若原假设 H_0 被拒绝,则认为第二对典型变量也是有用的,并进一步检验假设

$$H_0:\lambda_3=\lambda_4=\cdots=\lambda_s=0,H_1:\lambda_3,\lambda_4,\cdots,\lambda_s\text{ 至少有一个非零}.$$

如此进行下去,直至对某个 k

$$H_0:\lambda_k=\lambda_{k+1}=\cdots=\lambda_s=0,H_1:\lambda_k,\lambda_{k+1},\cdots,\lambda_s\text{ 至少有一个非零}.$$

记

$$\Lambda_k = \prod_{i=k}^{s}(1-\lambda_i^2),$$

在原假设为真的情况下,检验的统计量

$$Q=-\left[n-k-\frac{1}{2}(p+q+1)\right]\ln\Lambda_k$$

近似服从自由度为 $(p-k+1)(q-k+1)$ 的 χ^2 分布。在给定的显著水平 α 下,如果 $Q\geqslant\chi_\alpha^2[(p-k+1)(q-k+1)]$,则拒绝原假设,认为至少第 k 对典型变量之间的相关性显著。

10.5.5 典型相关分析案例

1. 职业满意度典型相关分析

某调查公司从一个大型零售公司随机调查了 784 人,测量了 5 个职业特性指标和 7 个职业满意度变量,有关的变量见表 10.26。讨论两组指标之间是否相联系。

表 10.26 指标变量表

X 组	x_1——用户反馈, x_2——任务重要性, x_3——任务多样性, x_4——任务特殊性, x_5——自主性
Y 组	y_1——主管满意度, y_2——事业前景满意度, y_3——财政满意度, y_4——工作强度满意度 y_5——公司地位满意度, y_6——工作满意度, y_7——总体满意度

相关系数矩阵数据见表 10.27。

表 10.27 相关系数矩阵数据

	x_1	x_2	x_3	x_4	x_5	y_1	y_2	y_3	y_4	y_5	y_6	y_7
x_1	1.00	0.49	0.53	0.49	0.51	0.33	0.32	0.20	0.19	0.30	0.37	0.21
x_2	0.49	1.00	0.57	0.46	0.53	0.30	0.21	0.16	0.08	0.27	0.35	0.20
x_3	0.53	0.57	1.00	0.48	0.57	0.31	0.23	0.14	0.07	0.24	0.37	0.18
x_4	0.49	0.46	0.48	1.00	0.57	0.24	0.22	0.12	0.19	0.21	0.29	0.16
x_5	0.51	0.53	0.57	0.57	1.00	0.38	0.32	0.17	0.23	0.32	0.36	0.27
y_1	0.33	0.30	0.31	0.24	0.38	1.00	0.43	0.27	0.24	0.34	0.37	0.40
y_2	0.32	0.21	0.23	0.22	0.32	0.43	1.00	0.33	0.26	0.54	0.32	0.58
y_3	0.20	0.16	0.14	0.12	0.17	0.27	0.33	1.00	0.25	0.46	0.29	0.45
y_4	0.19	0.08	0.07	0.19	0.23	0.24	0.26	0.25	1.00	0.28	0.30	0.27
y_5	0.30	0.27	0.24	0.21	0.32	0.34	0.54	0.46	0.28	1.00	0.35	0.59
y_6	0.37	0.35	0.37	0.29	0.36	0.37	0.32	0.29	0.30	0.35	1.00	0.31
y_7	0.21	0.20	0.18	0.16	0.27	0.40	0.58	0.45	0.27	0.59	0.31	1.00

一些计算结果的数据见表 10.28~表 10.31。

表 10.28 ***X*** 组的典型变量

	u_1	u_2	u_3	u_4	u_5
x_1	0.421704	−0.34285	0.857665	−0.78841	0.030843
x_2	0.195106	0.668299	−0.44343	−0.26913	0.983229
x_3	0.167613	0.853156	0.259213	0.468757	−0.91414
x_4	−0.02289	−0.35607	0.423106	1.042324	0.524367
x_5	0.459656	−0.72872	−0.97991	−0.16817	−0.43924

表 10.29 原始变量与本组典型变量之间的相关系数

	u_1	u_2	u_3	u_4	u_5
x_1	0.829349	−0.10934	0.48534	−0.24687	0.061056
x_2	0.730368	0.436584	−0.20014	0.002084	0.485692
x_3	0.753343	0.466088	0.105568	0.301958	−0.33603
x_4	0.615952	−0.22251	0.205263	0.661353	0.302609
x_5	0.860623	−0.26604	−0.38859	0.148424	−0.12457
y_1	0.756411	0.044607	0.339474	0.129367	−0.33702
y_2	0.643884	0.358163	−0.17172	0.352983	−0.33353
y_3	0.387242	0.037277	−0.17673	0.53477	0.414847
y_4	0.377162	0.791935	−0.00536	−0.28865	0.334077
y_5	0.653234	0.108391	0.209182	0.437648	0.434613
y_6	0.803986	−0.2416	−0.23477	−0.40522	0.196419
y_7	0.502422	0.162848	0.4933	0.188958	0.067761

表 10.30 原始变量与对应组典型变量之间的相关系数

	v_1	v_2	v_3	v_4	v_5
x_1	0.459216	0.025848	−0.05785	0.017831	0.003497
x_2	0.404409	−0.10321	0.023854	−0.00015	0.027816
x_3	0.417131	−0.11019	−0.01258	−0.02181	−0.01924
x_4	0.341056	0.052602	−0.02446	−0.04777	0.01733
x_5	0.476532	0.062893	0.046315	−0.01072	−0.00713
	u_1	u_2	u_3	u_4	u_5
y_1	0.41883	−0.01055	−0.04046	−0.00934	−0.0193
y_2	0.356523	−0.08467	0.020466	−0.0255	−0.0191
y_3	0.214418	−0.00881	0.021064	−0.03863	0.023758
y_4	0.208837	−0.18722	0.000639	0.020849	0.019133
y_5	0.3617	−0.02562	−0.02493	−0.03161	0.02489
y_6	0.445172	0.057116	0.027981	0.029268	0.011249
y_7	0.278194	−0.0385	−0.05879	−0.01365	0.003881

表 10.31 典型相关系数

1	2	3	4	5
0.5537	0.2364	0.1192	0.0722	0.0573

可以看出，所有五个表示职业特性的变量与 u_1 有大致相同的相关系数，u_1 视为形容职业特性的指标。第一对典型变量的第二个成员 v_1 与 y_1, y_2, y_5, y_6 有较大的相关系数，说明 v_1 主要代表了主管满意度、事业前景满意度、公司地位满意度和工种满意度、而 u_1 和 v_1 之间的相关系数为 0.5537。

u_1 和 v_1 解释的本组原始变量的比率

$$m_{u_1}=0.5818, n_{v_1}=0.3721.$$

X 组的原始变量被 $u_1 \sim u_5$ 解释了 100%，**Y** 组的原始变量被 $v_1 \sim v_5$ 解释了 80.3%。

计算的 Matlab 程序如下：

```
clc,clear
r=readmatrix('anli10_5_1.txt');              % 读入相关系数矩阵
n1=5;n2=7;num=min(n1,n2);
s1=r([1:n1],[1:n1]);                         % 提出 X 与 X 的相关系数
s12=r([1:n1],[n1+1:end]);                    % 提出 X 与 Y 的相关系数
s21=s12';                                    % 提出 Y 与 X 的相关系数
s2=r([n1+1:end],[n1+1:end]);                 % 提出 Y 与 Y 的相关系数
m1=inv(s1)*s12*inv(s2)*s21;                  % 计算矩阵 M1,式(10.60)
m2=inv(s2)*s21*inv(s1)*s12;                  % 计算矩阵 M2,式(10.60)
```

```
[vec1,val1]=eig(m1);                        % 求 M 1 的特征向量和特征值
for i=1:n1
    vec1(:,i)=vec1(:,i)/sqrt(vec1(:,i)'*s1*vec1(:,i));
    % 特征向量归一化,满足 a's1a=1
    vec1(:,i)=vec1(:,i)*sign(sum(vec1(:,i)));
    % 特征向量乘±1,保证所有分量和为正
end
val1=sqrt(diag(val1));                      % 计算特征值的平方根
[val1,ind1]=sort(val1,'descend');           % 按照从大到小排列
a=vec1(:,ind1(1:num))                       % 取出 X 组的系数阵
dcoef1=val1(1:num)                          % 提出典型相关系数
flag=1;                                     % 把计算结果写到 Excel 中的行计数变量
writematrix(a,'anli10_5_2.xlsx','Sheet',1,'Range','A1')     % 把计算结果写到
Excel 文件中去
flag=n1+2; str=char(['A',int2str(flag)]);  % str 为 Excel 中写数据的起始位置
writematrix(dcoef1','anli10_5_2.xlsx','Sheet',1,'Range', str)
[vec2,val2]=eig(m2);
for i=1:n2
    vec2(:,i)=vec2(:,i)/sqrt(vec2(:,i)'*s2*vec2(:,i));
    vec2(:,i)=vec2(:,i)*sign(sum(vec2(:,i)));
end
val2=sqrt(diag(val2));                      % 计算特征值的平方根
[val2,ind2]=sort(val2,'descend');           % 按照从大到小排列
b=vec2(:,ind2(1:num))                       % 取出 Y 组的系数阵
dcoef2=val2(1:num)                          % 提出典型相关系数
flag=flag+2; str=char(['A',int2str(flag)]);
writematrix(b,'anli10_5_2.xlsx','Sheet',1,'Range',str)
flag=flag+n2+1; str=char(['A',int2str(flag)]);
writematrix(dcoef2','anli10_5_2.xlsx','Sheet',1,'Range',str)
x_u_r=s1*a                                  % x,u 的相关系数
y_v_r=s2*b                                  % y,v 的相关系数
x_v_r=s12*b                                 % x,v 的相关系数
y_u_r=s21*a                                 % y,u 的相关系数
flag=flag+2; str=char(['A',int2str(flag)]);
writematrix(x_u_r,'anli10_5_2.xlsx','Sheet',1,'Range',str)
flag=flag+n1+1; str=char(['A',int2str(flag)]);
writematrix(y_v_r,'anli10_5_2.xlsx','Sheet',1,'Range',str)
flag=flag+n2+1; str=char(['A',int2str(flag)]);
writematrix(x_v_r,'anli10_5_2.xlsx','Sheet',1,'Range',str)
flag=flag+n1+1; str=char(['A',int2str(flag)]);
writematrix(y_u_r,'anli10_5_2.xlsx','Sheet',1,'Range',str)
mu=sum(x_u_r.^2)/n1                         % X 组原始变量被 u_i 解释的方差比例
mv=sum(x_v_r.^2)/n1                         % X 组原始变量被 v_i 解释的方差比例
```

```
nu=sum(y_u_r.^2)/n2                           %Y 组原始变量被 u_i 解释的方差比例
nv=sum(y_v_r.^2)/n2                           %Y 组原始变量被 v_i 解释的方差比例
fprintf('X 组的原始变量被 u1~u%d 解释的比例为%f\n',num,sum(mu));
fprintf('Y 组的原始变量被 v1~v%d 解释的比例为%f\n',num,sum(nv));
```

2. 中国城市竞争力与基础设施的典型相关分析

1）导言

随着经济全球化和我国加入 WTO,作为区域中心的城市在区域经济发展中的作用越来越重要,城市间的竞争也愈演愈烈,许多有识之士甚至断言,21 世纪,国家之间、区域之间、国际企业之间的竞争将突出地表现为城市层面上的竞争。因此,为了应对新的经济社会环境,积极探索影响城市竞争力的因素,研究提高城市综合实力的方法,充分发挥其集聚与扩散作用,以进一步带动整个区域经济建设,已成为一项重要的战略课题,城市竞争力研究已受到学术界的高度重视。钟卫东和张伟(2002)分析了城市竞争力评价中存在的问题,应用综合指数修正法构建城市竞争力的三级评价指标体系,并提出了纵横因子评价法;徐康宁(2002)提出建立测度城市竞争力指标体系的四个原则和三级指标共确定了 69 个具体指标;沈正平、马晓冬、戴先杰和翟仁祥(2002)构建了测度城市竞争力的指标体系,并用因子分析、聚类分析等方法对新亚欧大陆桥经济带 25 个样本城市的竞争力进行了评价;倪鹏飞(2002)提出城市竞争力与基础设施竞争力假说,并运用主成分分析和模糊曲线分析法进行了分析检验;此外,郝寿义、成起宏(1999)、上海社会科学院(2001)、唐礼智(2001)和宁越敏(2002)等都对城市竞争力问题作了探索。但通过查阅上述文献发现,现有成果在城市竞争力评价方法上尚存在一些缺陷和不足,有许多问题需要进一步探讨。下面将典型相关分析方法引入到城市竞争力评价问题中,对城市竞争力与城市基础设施的相关性进行实证分析,并据此提出相应的政策建议。

2）典型相关分析法的基本思想

统计分析中,我们用简单相关系数反映两个变量之间的线性相关关系。1936 年,Hotelling将线性相关性推广到两组变量的讨论中,提出了典型相关分析方法。它的基本思想是仿照主成分分析法中把多变量与多变量之间的相关化为两个变量之间相关的做法,首先在每组变量内部找出具有最大相关性的一对线性组合,然后在每组变量内找出第二对线性组合,使其本身具有最大的相关性,并分别与第一对线性组合不相关。如此下去,直到两组变量内各变量之间的相关性被提取完毕为止。有了这些最大相关的线性组合,则讨论两组变量之间的相关,就转化为研究这些线性组合的最大相关,从而减少了研究变量的个数。下面介绍典型相关分析的过程。

假设有两组随机变量 $\boldsymbol{X}=[x_1,x_2,\cdots,x_p]^{\mathrm{T}}$,$\boldsymbol{Y}=[y_1,y_2,\cdots,y_q]^{\mathrm{T}}$,$\boldsymbol{C}$ 为 $p+q$ 维总体的 n 次标准化观测数据阵,有

$$\boldsymbol{C}=\begin{bmatrix} a_{11} & \cdots & a_{1p} & b_{11} & \cdots & b_{1q} \\ a_{21} & \cdots & a_{2p} & b_{21} & \cdots & b_{2q} \\ \vdots & \ddots & \vdots & \vdots & \ddots & \vdots \\ a_{n1} & \cdots & a_{np} & b_{n1} & \cdots & b_{nq} \end{bmatrix}.$$

第一步，计算相关系数阵 $\boldsymbol{R}$，并将 $\boldsymbol{R}$ 剖分为 $\boldsymbol{R}=\begin{bmatrix}\boldsymbol{R}_{11} & \boldsymbol{R}_{12}\\ \boldsymbol{R}_{21} & \boldsymbol{R}_{22}\end{bmatrix}$，其中 $\boldsymbol{R}_{11}$ 和 $\boldsymbol{R}_{22}$ 分别为第一组变量和第二组变量的相关系数阵，$\boldsymbol{R}_{12}=\boldsymbol{R}_{21}^{\mathrm{T}}$ 为第一组与第二组变量的相关系数阵。

第二步，求典型相关系数及典型变量。首先求 $M_1=\boldsymbol{R}_{11}^{-1}\boldsymbol{R}_{12}\boldsymbol{R}_{22}^{-1}\boldsymbol{R}_{21}$ 的特征值 λ_i^2，特征向量 $\boldsymbol{\rho}^{(i)}$；$M_2=\boldsymbol{R}_{22}^{-1}\boldsymbol{R}_{21}\boldsymbol{R}_{11}^{-1}\boldsymbol{R}_{12}$ 的特征值 λ_j^2，特征向量 $\boldsymbol{\gamma}^{(j)}$。则典型变量为

$$u_1=\boldsymbol{\rho}^{(1)\mathrm{T}}\boldsymbol{X},v_1=\boldsymbol{\gamma}^{(1)\mathrm{T}}\boldsymbol{Y},\cdots,u_s=\boldsymbol{\rho}^{(s)\mathrm{T}}\boldsymbol{X},v_s=\boldsymbol{\gamma}^{(s)\mathrm{T}}\boldsymbol{Y},s=\min(p,q),$$

记 $\boldsymbol{U}=[u_1,u_2,\cdots,u_s]^{\mathrm{T}}$，$\boldsymbol{V}=[v_1,v_2,\cdots,v_s]^{\mathrm{T}}$。

第三步，典型相关系数 λ_i 的显著性检验。

第四步，典型结构与典型冗余分析。

典型结构指原始变量与典型变量之间的相关系数阵 $R(\boldsymbol{X},\boldsymbol{U})$，$R(\boldsymbol{X},\boldsymbol{V})$，$R(\boldsymbol{Y},\boldsymbol{U})$，$R(\boldsymbol{Y},\boldsymbol{V})$，据此可以计算任一个典型变量 u_k 或 v_k 解释本组变量 $\boldsymbol{X}$（或 $\boldsymbol{Y}$）总变差的百分比 $R_{\mathrm{d}}(\boldsymbol{X};u_k)$（或 $R_{\mathrm{d}}(\boldsymbol{Y};v_k)$）。同时可求得前 s 个典型变量 $u_1,u_2,\cdots,u_s$（或 $v_1,v_2,\cdots,v_s$）解释本组变量 $\boldsymbol{X}$（或 $\boldsymbol{Y}$）总变差的累计百分比 $R_{\mathrm{d}}(\boldsymbol{X};u_1,u_2,\cdots,u_s)$ 或 $R_{\mathrm{d}}(\boldsymbol{Y};v_1,v_2,\cdots,v_s)$。

典型冗余分析用来研究典型变量解释另一组变量总变差百分比的问题。第二组典型变量 v_k 解释第一组变量 $\boldsymbol{X}$ 总变差的百分比 $R_{\mathrm{d}}(\boldsymbol{X};v_k)$（或第一组中典型变量解释的变差被第二组中典型变量重复解释的百分比）简称为第一组典型变量的冗余测度；第一组典型变量 u_k 解释第二组变量 $\boldsymbol{Y}$ 总变差的百分比 $R_{\mathrm{d}}(\boldsymbol{Y};u_k)$（或第二组中典型变量解释的变差被第一组中典型变量重复解释的百分比）简称为第二组典型变量的冗余测度。冗余测度的大小表示这对典型变量能够对另一组变差相互解释的程度大小。

3）城市竞争力与基础设施关系的典型相关分析

（1）城市竞争力指标与基础设施指标。

城市竞争力主要取决于产业经济效益、对外开放程度、基础设施、市民素质、政府管理及环境质量等因素。城市基础设施是以物质形态为特征的城市基础结构系统，是指城市可利用的各种设施及质量，包括交通、通信、能源动力系统，住房储备，文、卫、科教机构和设施等。基础设施是城市经济、社会活动的基本载体，它的规模、类型、水平直接影响着城市产业的发展和价值体系的形成，因此，基础设施竞争力是城市竞争力的重要组成部分，对提高城市竞争力非常重要。

我们选取了从不同的角度表现城市竞争力的四个关键性指标，构建了城市竞争力指标体系：市场占有率、GDP 增长率、劳动生产率和居民人均收入。城市基础设施指标体系主要包含 6 个指标：对外设施指数（由城市货运量和客运量指标综合构成），对内基本设施指数（由城市能源、交通、道路、住房等具体指标综合而成），每百人拥有电话机数，技术性设施指数（是城市现代交通、通信、信息设施的综合指数，由港口个数、机场等级、高速公路、高速铁路、地铁个数、光缆线路数等加权综合构成），文化设施指数（由公共藏书量、文化馆数量、影剧院数量等指标加权综合构成），卫生设施指数（由医院个数、万人医院床位数综合构成）。

我们选取了 20 个最具有代表性的城市，城市名称和竞争力、基础设施各项指标数据如表 10.32、表 10.33 所列。

表 10.32 城市竞争力表现要素得分

城市	劳动生产率 y_1	市场占有率 y_2/%	居民人均收入 y_3/元	长期经济增长率 y_4/%	城市	劳动生产率 y_1	市场占有有率 y_2/%	居民人均收入 y_3/元	长期经济增长率 y_4/%
上海	45623.05	2.5	8439	16.27	青岛	33334.62	0.63	6222	11.63
深圳	52256.67	1.3	18579	21.5	武汉	24633.27	0.59	5573	16.39
广州	46551.87	1.13	10445	11.92	温州	39258.78	−0.69	9034	22.43
北京	28146.76	1.38	7813	15	福州	38201.47	−0.34	7083	18.53
厦门	38670.43	0.12	8980	26.71	重庆	16524.32	0.44	5323	12.22
天津	26316.96	1.37	6609	11.07	成都	31855.63	−0.02	6019	11.88
大连	45330.53	0.56	6070	12.4	宁波	22528.8	−0.16	9069	15.7
杭州	45853.89	0.28	7896	13.93	石家庄	21831.94	−0.15	5497	13.56
南京	35964.64	0.74	6497	8.97	西安	19966.36	−0.15	5344	12.43
珠海	55832.61	−0.12	13149	9.22	哈尔滨	19225.71	−0.16	4233	10.16

数据来源:倪鹏飞,等.《城市竞争力蓝皮书:中国城市竞争力报告 NO.1》.北京:社会科学出版社,2003.

表 10.33 城市基础设施构成要素得分

城市	对外设施指数 x_1	对内设施指数 x_2	每百人电话数 x_3	技术设施指数 x_4	文化设施指数 x_5	卫生设施指数 x_6	城市	对外设施指数 x_1	对内设施指数 x_2	每百人电话数 x_3	技术设施指数 x_4	文化设施指数 x_5	卫生设施指数 x_6
上海	1.03	0.42	50	2.15	1.23	1.64	青岛	0.01	−0.14	24	0.37	−0.4	−0.49
深圳	1.34	0.13	131	0.33	−0.27	−0.64	武汉	0.02	−0.47	28	0.03	0.15	0.26
广州	1.07	0.4	48	1.31	0.49	0.09	温州	−0.47	0.03	45	−0.76	−0.46	−0.75
北京	−0.43	0.19	20	0.87	3.57	1.8	福州	−0.45	−0.2	34	−0.45	−0.34	−0.52
厦门	−0.53	0.25	32	−0.09	−0.33	−0.84	重庆	0.72	−0.83	13	0.05	−0.09	0.56
天津	−0.11	0.07	27	0.68	−0.12	0.87	成都	0.37	−0.54	21	−0.11	−0.24	−0.02
大连	0.35	0.06	31	0.28	−0.3	−0.16	宁波	0.01	0.38	40	−0.17	−0.4	−0.71
杭州	−0.5	0.27	38	−0.78	−0.12	1.61	石家庄	−0.81	−0.49	22	−0.38	−0.21	−0.59
南京	0.31	0.25	43	0.49	−0.09	−0.06	西安	−0.24	−0.91	18	−0.05	−0.27	0.61
珠海	−0.28	0.84	37	−0.79	−0.49	−0.98	哈尔滨	−0.53	−0.77	27	−0.45	−0.18	1.08

数据来源:倪鹏飞,等.《城市竞争力蓝皮书:中国城市竞争力报告 *NO.1*》.北京:社会科学出版社,2003.

(2)城市竞争力与基础设施的典型相关分析。

将上述经过整理的指标数据利用 Matlab 软件的 canoncorr 函数进行处理,得出如下结果。

① 典型相关系数及其检验。典型相关系数及其检验如表 10.34 所列。

表 10.34 典型相关系数

序号	1	2	3	4
典型相关系数	0.9601	0.9499	0.6470	0.3571

由表 10.34 可知，前两个典型相关系数均较高，表明相应典型变量之间密切相关。但要确定典型变量相关性的显著程度，尚需进行相关系数的χ^2统计量检验，具体做法是：比较统计量χ^2计算值与临界值的大小，据比较结果判定典型变量相关性的显著程度，其结果如表 10.35 所列。

表 10.35　相关系数检验表

序号	自由度	χ^2 计算值	χ^2 临界值(显著水平 0.05)	序号	自由度	χ^2 计算值	χ^2 临界值(显著水平 0.05)
1	24	74.9775	3.7608×10^{-7}	3	8	9.2942	0.3181
2	15	40.8284	3.3963×10^{-4}	4	3	2.0579	0.5605

从表 10.35 看，这四对典型变量均通过了χ^2统计量检验，表明相应典型变量之间相关关系显著，能够用城市基础设施变量组来解释城市竞争力变量组。

② 典型相关模型。鉴于原始变量的计量单位不同，不宜直接比较，本文采用标准化的典型系数，给出典型相关模型，如表 10.36 所列，表中的$x_i^*(i=1,2,\cdots,6)$和$y_j^*(j=1,2,3,4)$是标准化变量。

表 10.36　典型相关模型

1	$u_1=0.1535x_1^*+0.3423x_2^*+0.4913x_3^*+0.3372x_4^*+0.1149x_5^*+0.1419x_6^*$ $v_1=0.1395y_1^*+0.7185y_2^*+0.427y_3^*+0.0285y_4^*$
2	$u_2=-0.2134x_1^*-0.2637x_2^*-0.3953x_3^*+0.869x_4^*-0.2429x_5^*+0.3856x_6^*$ $v_2=0.1322y_1^*-0.7361y_2^*+0.772y_3^*+0.0059y_4^*$

由表 10.36 第一组典型相关方程可知，基础设施方面的主要因素是x_2,x_3,x_4(典型系数分别为 0.3423,0.4913,0.3372)，说明基础设施中影响城市竞争力的主要因素是对内设施指数(x_2)、每百人电话数(x_3)和技术设施指数(x_4)；城市竞争力的第一典型变量v_1与y_2呈高度相关，说明在城市竞争力中，市场占有率(y_2)占有主要地位。根据第二组典型相关方程，x_4(技术设施指数)是基础设施方面的主要因素，而居民人均收入(y_3)是反映城市竞争力的一个重要指标。由于第一组典型变量占有信息量比重较大，所以总体上基础设施方面的主要因素按重要程度依次是x_3,x_2,x_4，反映城市竞争力的主要指标是y_2,y_3。

③ 典型结构。结构分析是依据原始变量与典型变量之间的相关系数给出的，如表 10.37所列。

表 10.37　结构分析(相关系数)

	u_1	u_2	v_1	v_2
x_1	0.7145	0.0945	0.686	−0.0897
x_2	0.6373	−0.3442	0.6119	0.327
x_3	0.7190	−0.5426	0.6903	0.5154
x_4	0.7232	0.6320	0.6944	−0.6004
x_5	0.4102	0.4688	0.3938	−0.4453
x_6	0.1968	0.7252	0.189	−0.6889

	v_1	v_2	u_1	u_2
y_1	0.6292	0.4974	0.6041	−0.4725
y_2	0.8475	−0.5295	0.8137	0.503
y_3	0.6991	0.7024	0.6712	−0.6672
y_4	0.1693	0.3887	0.1625	−0.3693

由表 10.37 知，x_1, x_2, x_3, x_4 与“基础设施组”的第一典型变量 u_1 均呈高度相关，说明对外设施、对内设施、每百人电话数和技术设施在反映城市基础设施方面占有主导地位，其中又以技术设施居于首位。x_4 与基础设施组的第二典型变量和竞争力组的第一典型变量都呈高度相关。“竞争力组”的第一典型变量 v_1 与 y_2 的相关系数均较高，体现了 y_2 在反映城市竞争力中占有主导地位。y_3 与 v_1 呈较高相关，与 v_2 呈高相关，但 v_2 凝聚的信息量有限，因而 y_3 在“竞争力”中的贡献低于 y_2。由于第一对典型变量之间的高度相关，导致“基础设施组”中四个主要变量与“竞争力组”中的第一典型变量呈高度相关；而“竞争力组”中的 y_2 则与“影响组”的第一典型变量也呈高度相关。这种一致性从数量上体现了“基础设施组”对“竞争力组”的本质影响作用，与指标的实际经济联系非常吻合，说明典型相关分析结果具有较高的可信度。

值得一提的是，与线性回归模型不同，相关系数与典型系数可以有不同的符号。如基础设施方面的 u_2 与 x_5 相关系数为正值(0.4688)，而典型系数却为负值(-0.2429)。由于出现这种反号的情况，因此称 x_5 为抑制变量(Suppressor)。由表 10.37的相关系数还可以看出，“影响组”的第一典型变量 u_1 对 y_2(市场占有率)有相当高的预测能力，相关系数为 0.8137，而对 y_4(长期经济增长率)预测能力较差，相关系数仅为 0.1625。

④ 典型冗余分析与解释能力。典型相关系数的平方的实际意义是一对典型变量之间的共享方差在两个典型变量各自方差中的比例。

典型冗余分析用来表示各典型变量对原始变量组整体的变差解释程度，分为组内变差解释和组间变差解释，典型冗余分析的结果见表 10.38 和表 10.39。

表 10.38　被典型变量解释的 **X** 组原始变量的方差

被本组的典型变量解释			典型相关系数平方	被对方 **Y** 组典型变量解释		
	比例	累计比例			比例	累积比例
u_1	0.3606	0.3606	0.9218	v_1	0.3324	0.3324
u_2	0.2612	0.6218	0.9024	v_2	0.2357	0.5681
u_3	0.0631	0.6849	0.4186	v_3	0.0264	0.5945
u_4	0.0795	0.7644	0.1275	v_4	0.0101	0.6046

表 10.39　被典型变量解释的 **Y** 组原始变量的方差

被本组的典型变量解释			典型相关系数平方	被对方 **X** 组典型变量解释		
	比例	累计比例			比例	累积比例
v_1	0.4079	0.4079	0.9218	u_1	0.3760	0.3760
v_2	0.2930	0.7009	0.9024	u_2	0.2644	0.6404
v_3	0.1549	0.8558	0.4186	u_3	0.0648	0.7053
v_4	0.1442	1.0000	0.1275	u_4	0.0184	0.7237

从表 10.38 和表 10.39 可以看出，两对典型变量 u_1、u_2 和 v_1、v_2 均较好地预测了对应的那组变量，而且交互解释能力也较强。来自城市“竞争力组”的方差被“基础设施组”典型变量 u_1、u_2 解释的比例和为 64.04%；来自“基础设施组”的方差被“竞争力组”典型变

量 v_1、v_2 解释的方差比例和为 56.81%。城市竞争力变量组被其自身及其对立典型变量解释的百分比、基础设施变量组被其自身及其对立典型变量解释的百分比均较高，尤其是第一对典型变量具有较高的解释百分比，反映两者之间较高的相关性。

4) 城市竞争力与基础设施关系的经济分析

根据城市竞争力与基础设施关系的典型相关分析结果，城市竞争力与基础设施之间的关系可从下列三个方面进行阐述。

(1) 市场占有率是决定城市竞争力水平的首要指标，每百人电话数、设施指数和技术设施指数是影响城市竞争力的主要基础设施变量。

市场占有率是企业竞争力大小的最直接表现，它反映一个城市的产品在全部城市产品市场中的份额，反映了一个城市创造价值的相对规模。根据典型系数的大小可知，影响市场占有率的最主要因素是每百人电话数。每百人电话数是城市现代交通、通信、信息设施的综合指数，技术设施指标由港口个数、机场等级、高速公路、高速铁路、地铁个数、光缆线路数加权而成，是一个主客观结合指标，它代表了一个城市的物流和信息流传播水平和扩散速度。第一典型变量显示，城市竞争力中的市场占有率与基础设施关系最密切，影响一个城市市场占有率的基础设施因素主要是交通和信息设施，这也是与信息时代的发展相一致的。因此，第一典型变量真实地反映了城市竞争力与基础设施之间的本质联系，它将市场占有率从竞争力中提取出来，强调了信息基础设施建设对提升城市竞争力的重要性。

(2) 城市居民人均收入是反映城市竞争力的另外一个重要变量。

城市居民人均收入和长期经济增长率综合反映了城市在域内和域外创造价值的状况。城市居民人均收入是城市创造价值在其域内成员收益上的直接反映，而城市吸引、占领、争夺、控制资源和市场创造价值的能力、潜力及持续性决定于 GDP 的长期增长，即 GDP 增长率反映了城市价值扩展的速度和潜力。因此，居民人均收入可以综合反映出一个城市吸引、控制资源和创造市场价值的能力和潜力。基础设施建设中的对内设施指数通过城市能源、交通、道路、住房和卫生设施条件等影响并制约着城市吸引、利用资源并创造价值的能力和水平。现在城市的竞争不再是自然资源的单一竞争，人才竞争已成为竞争的主要对象和核心，占有人才便控制了城市竞争的制高点，也就决定了城市创造价值的能力和潜力。而城市能源是价值创造的基础，交通、道路、住房及卫生设施等决定着城市利用资源和对人才的吸引力。因此，城市基础设施中的对内设施建设对提升城市竞争力具有重要作用。第二对典型变量还说明，对外设施指数，对内设施指数和每百人电话数与居民人均收入和长期经济增长率反方向增长，设施和电话方面的投资在一定程度上影响了城市利用资源、创造价值的水平。因为设施和电话投资必然要占用城市有限的人力、物力资源，短时期内会影响城市居民人均收入水平和 GDP 的增长。

(3) 劳动生产率在我国城市竞争力中的作用尚不明显。

从以上典型分析结果可以得出，目前我国劳动生产率在城市竞争力中的重要作用尚不明显，这可能源于两个原因：一是我国各城市的劳动生产率低，对城市竞争力的贡献率不高；二是城市基础设施建设与劳动生产率之间的相关度不高。但相关研究成果显示，中国目前的劳动生产率并不低，不能否认劳动生产率在城市竞争力中的作用，如果这一结论成立，则对这一问题唯一的解释就是城市基础设施建设与劳动生产率的关联度不高。

计算的 Matlab 程序如下：

```
clc,clear
x=readmatrix('anli10_6.xlsx');                    % 读入表单 Sheet1 中的数据 x
y=readmatrix('anli10_6.xlsx', 'Sheet', 2);   % 读入 Sheet2 中的数据 y
p=size(x,2);q=size(y,2);
x=zscore(x);y=zscore(y);                              % 标准化数据
n=size(x,1);                                                 % 观测数据的个数
% 下面做典型相关分析,a1,b1 返回的是典型变量的系数,r 返回的是典型相关系数
% u1,v1 返回的是典型变量的值,stats 返回的是假设检验的一些统计量的值
[a1,b1,r,u1,v1,stats]=canoncorr(x,y)
% 下面修正 a1,b1 每一列的正负号,使得 a,b 每一列的系数和为正
% 对应的,典型变量取值的正负号也要修正
a=a1.*sign(sum(a1))
b=b1.*sign(sum(b1))
u=u1.*sign(sum(a1))
v=v1.*sign(sum(b1))
x_u_r=x'*u/(n-1)                      % 计算 x,u 的相关系数
y_v_r=y'*v/(n-1)                      % 计算 y,v 的相关系数
x_v_r=x'*v/(n-1)                      % 计算 x,v 的相关系数
y_u_r=y'*u/(n-1)                      % 计算 y,u 的相关系数
ux=sum(x_u_r.^2)/p                    % x 组原始变量被 u_i 解释的方差比例
ux_cum=cumsum(ux)                     % x 组原始变量被 u_i 解释的方差累积比例
vx=sum(x_v_r.^2)/p                    % x 组原始变量被 v_i 解释的方差比例
vx_cum=cumsum(vx)                     % x 组原始变量被 v_i 解释的方差累积比例
vy=sum(y_v_r.^2)/q                    % y 组原始变量被 v_i 解释的方差比例
vy_cum=cumsum(vy)                     % y 组原始变量被 v_i 解释的方差累积比例
uy=sum(y_u_r.^2)/q                    % y 组原始变量被 u_i 解释的方差比例
uy_cum=cumsum(uy)                     % y 组原始变量被 u_i 解释的方差累积比例
val=r.^2                              % 典型相关系数的平方,M1 或 M2 矩阵的非零特征值
```

10.6 对应分析

10.6.1 对应分析简介

对应分析(Correspondence Analysis)是在 R 型和 Q 型因子分析基础上发展起来的多元统计分析方法,又称为 R-Q 型因子分析。

因子分析是用少数几个公共因子去提出研究对象的绝大部分信息,既减少了因子的数目,又把握住了研究对象的相互关系。在因子分析中根据研究对象的不同,分为 R 型和 Q 型,当研究变量的相互关系时采用 R 型因子分析,研究样品间相互关系时则采用 Q 型因子分析。但无论是 R 型或 Q 型都未能很好地揭示变量和样品间的双重关系。另一方面,当样品容量 n 很大(如 $n>1000$),进行 Q 型因子分析时,计算 n 阶方阵的特征值和

特征向量对于微型计算机而言,其容量和速度都是难以胜任的。还有进行数据处理时,为了将数量级相差很大的变量进行比较,常常先对变量作标准化处理,然而这种标准化处理对样品就不好进行了,换言之,这种标准化处理对于变量和样品是非对等的,这会给寻找 R 型和 Q 型之间的联系带来一定的困难。

针对上述问题,在 20 世纪 70 年代初,法国统计学家 Benzecri 提出了对应分析方法。这个方法是在因子分析的基础上发展起来的,它对原始数据采用适当的标度方法,把 R 型和 Q 型分析结合起来,同时得到两方面的结果——在同一因子平面上对变量和样品一起进行分类,从而揭示所研究的样品和变量间的内在联系。

对应分析由 R 型因子分析的结果,可以很容易地得到 Q 型因子分析的结果,不仅克服了样品量大时作 Q 型因子分析所带来的计算上的困难,而且把 R 型和 Q 型因子分析统一起来,把样品点和变量点同时反映到相同的因子轴上,这就便于对研究的对象进行解释和推断。

由于 R 型因子分析和 Q 型因子分析都是反映一个整体的不同侧面,因此它们之间一定存在内在的联系。对应分析的基本思想就是通过对应变换后的标准化矩阵 $\boldsymbol{B}$ 将两者有机地结合起来。

具体地说,首先给出变量间的协方差阵 $\boldsymbol{S}_{\mathrm{R}}=\boldsymbol{B}^{\mathrm{T}}\boldsymbol{B}$ 和样品间的协方差阵 $\boldsymbol{S}_{\mathrm{Q}}=\boldsymbol{B}\boldsymbol{B}^{\mathrm{T}}$,由于 $\boldsymbol{B}^{\mathrm{T}}\boldsymbol{B}$ 和 $\boldsymbol{B}\boldsymbol{B}^{\mathrm{T}}$ 有相同的非零特征值,记为 $\lambda_1 \geqslant \lambda_2 \geqslant \cdots \geqslant \lambda_m > 0$,如果 $\boldsymbol{S}_{\mathrm{R}}$ 对应于特征值 λ_i 的标准化特征向量为 $\boldsymbol{\eta}_i$,则 $\boldsymbol{S}_{\mathrm{Q}}$ 对应于特征值 λ_i 的标准化特征向量为

$$\gamma_i=\frac{1}{\sqrt{\lambda_i}}\boldsymbol{B}\boldsymbol{\eta}_i,$$

由此可以很方便地由 R 型因子分析而得到 Q 型因子分析的结果。

由 $\boldsymbol{S}_{\mathrm{R}}$ 的特征值和特征向量即可写出 R 型因子分析的因子载荷矩阵(记为 $\boldsymbol{A}_{\mathrm{R}}$)和 Q 型因子分析的因子载荷矩阵(记为 $\boldsymbol{A}_{\mathrm{Q}}$)

$$\boldsymbol{A}_{\mathrm{R}}=[\sqrt{\lambda_1}\boldsymbol{\eta}_1,\sqrt{\lambda_2}\boldsymbol{\eta}_2,\cdots,\sqrt{\lambda_m}\boldsymbol{\eta}_m]=\begin{bmatrix} v_{11}\sqrt{\lambda_1} & v_{12}\sqrt{\lambda_2} & \cdots & v_{1m}\sqrt{\lambda_m} \\ v_{21}\sqrt{\lambda_1} & v_{22}\sqrt{\lambda_2} & \cdots & v_{2m}\sqrt{\lambda_m} \\ \vdots & \vdots & \ddots & \vdots \\ v_{p1}\sqrt{\lambda_1} & v_{p2}\sqrt{\lambda_2} & \cdots & v_{pm}\sqrt{\lambda_m} \end{bmatrix},$$

$$\boldsymbol{A}_{\mathrm{Q}}=[\sqrt{\lambda_1}\boldsymbol{\gamma}_1,\sqrt{\lambda_2}\boldsymbol{\gamma}_2,\cdots,\sqrt{\lambda_m}\boldsymbol{\gamma}_m]=\begin{bmatrix} u_{11}\sqrt{\lambda_1} & u_{12}\sqrt{\lambda_2} & \cdots & u_{1m}\sqrt{\lambda_m} \\ u_{21}\sqrt{\lambda_1} & u_{22}\sqrt{\lambda_2} & \cdots & u_{2m}\sqrt{\lambda_m} \\ \vdots & \vdots & \ddots & \vdots \\ u_{n1}\sqrt{\lambda_1} & u_{n2}\sqrt{\lambda_2} & \cdots & u_{nm}\sqrt{\lambda_m} \end{bmatrix}.$$

由于 $\boldsymbol{S}_{\mathrm{R}}$ 和 $\boldsymbol{S}_{\mathrm{Q}}$ 具有相同的非零特征值,而这些特征值又正是各个公共因子的方差,因此可以用相同的因子轴同时表示变量点和样品点,即把变量点和样品点同时反映在具有相同坐标轴的因子平面上,以便对变量点和样品点一起考虑进行分类。

10.6.2 对应分析的原理

1. 对应分析的数据变换方法

设有 n 个样品,每个样品观测 p 个指标,原始数据阵为

$$
\boldsymbol{A}=\begin{bmatrix} a_{11} & a_{12} & \cdots & a_{1p} \\ a_{21} & a_{22} & \cdots & a_{2p} \\ \vdots & \vdots & \ddots & \vdots \\ a_{n1} & a_{n2} & \cdots & a_{np} \end{bmatrix}
$$

为了消除量纲或数量级的差异，经常对变量进行标准化处理，如标准化变换、极差标准化变换等，这些变换对变量和样品是不对称的。这种不对称性是导致变量和样品之间关系复杂化的主要原因。在对应分析中，采用数据的变换方法即可克服这种不对称性（假设所有数据 $a_{ij}>0$，否则对所有数据同加一适当常数，便会满足以上要求）。数据变换方法的具体步骤如下。

（1）化数据矩阵为规格化的“概率”矩阵 $\boldsymbol{P}$，令

$$
\boldsymbol{P}=\frac{1}{T}\boldsymbol{A}=(p_{ij})_{n\times p}, \tag{10.74}
$$

式中：$T=\sum_{i=1}^{n}\sum_{j=1}^{p}a_{ij}$；$p_{ij}=\frac{1}{T}a_{ij}(i=1,2,\cdots,n;j=1,2,\cdots,p)$。

不难看出 $0\leqslant p_{ij}\leqslant 1$，且 $\sum_{i=1}^{n}\sum_{j=1}^{p}p_{ij}=1$。因而 p_{ij} 可理解为数据 a_{ij} 出现的“概率”，并称 $\boldsymbol{P}$ 为对应阵。

记 $p_{\cdot j}=\sum_{i=1}^{n}p_{ij}$ 可理解为第 j 个变量的边缘概率（$j=1,2,\cdots,p$）；$p_{i\cdot}=\sum_{j=1}^{p}p_{ij}$ 可理解为第 i 个样品的边缘概率（$i=1,2,\cdots,n$）。

记

$$
\boldsymbol{r}=\begin{bmatrix} p_{1\cdot} \\ \vdots \\ p_{n\cdot} \end{bmatrix},\boldsymbol{c}=\begin{bmatrix} p_{\cdot 1} \\ \vdots \\ p_{\cdot p} \end{bmatrix},
$$

则

$$
\boldsymbol{r}=\boldsymbol{P}\boldsymbol{1}_p,\boldsymbol{c}=\boldsymbol{P}^{\mathrm{T}}\boldsymbol{1}_n, \tag{10.75}
$$

式中：$\boldsymbol{1}_p=[1,1,\cdots,1]^{\mathrm{T}}$ 为元素全为 1 的 p 维常向量。

（2）进行数据的对应变换，令

$$
\boldsymbol{B}=(b_{ij})_{n\times p},
$$

式中

$$
b_{ij}=\frac{p_{ij}-p_{i\cdot}p_{\cdot j}}{\sqrt{p_{i\cdot}p_{\cdot j}}}=\frac{a_{ij}-a_{i\cdot}a_{\cdot j}/T}{\sqrt{a_{i\cdot}a_{\cdot j}}},i=1,2,\cdots,n;j=1,2,\cdots,p, \tag{10.76}
$$

其中：$a_{i\cdot}=\sum_{j=1}^{p}a_{ij}$；$a_{\cdot j}=\sum_{i=1}^{n}a_{ij}$。

（3）计算有关矩阵，记

$$
\boldsymbol{S}_{\mathrm{R}}=\boldsymbol{B}^{\mathrm{T}}\boldsymbol{B},\boldsymbol{S}_{\mathrm{Q}}=\boldsymbol{B}\boldsymbol{B}^{\mathrm{T}},
$$

考虑 R 型因子分析时应用 $\boldsymbol{S}_{\mathrm{R}}$，考虑 Q 型因子分析时应用 $\boldsymbol{S}_{\mathrm{Q}}$。

如果把所研究的 p 个变量看成一个属性变量的 p 个类目，而把 n 个样品看成另一个属性变量的 n 个类目，这时原始数据阵 $\boldsymbol{A}$ 就可以看成一张由观测得到的频数表或计数

表。首先由双向频数表 $\boldsymbol{A}$ 矩阵得到对应阵

$$\boldsymbol{P}=(p_{ij}),p_{ij}=\frac{1}{T}a_{ij},i=1,2,\cdots,n;j=1,2,\cdots,p.$$

设 $n>p$，且 $\mathrm{rank}(\boldsymbol{P})=p$。下面从代数学角度由对应阵 P 来导出数据对应变换的公式。

引理 10.1 数据标准化矩阵

$$\boldsymbol{B}=\boldsymbol{D}_r^{-1/2}(\boldsymbol{P}-\boldsymbol{r}\boldsymbol{c}^{\mathrm{T}})\boldsymbol{D}_c^{-1/2}, \tag{10.77}$$

式中：$\boldsymbol{D}_r=\mathrm{diag}(p_{1\cdot},p_{2\cdot},\cdots,p_{n\cdot})$，$\boldsymbol{D}_c=\mathrm{diag}(p_{\cdot 1},p_{\cdot 2},\cdots,p_{\cdot p})$，这里 $\mathrm{diag}(p_{1\cdot},p_{2\cdot},\cdots,p_{n\cdot})$ 表示对角线元素为 $p_{1\cdot},p_{2\cdot},\cdots,p_{n\cdot}$ 的对角矩阵。

证明 (1) 对 $\boldsymbol{P}$ 中心化，令

$$\tilde{p}_{ij}=p_{ij}-p_{i\cdot}p_{\cdot j}=p_{ij}-m_{ij}/T,$$

式中：$m_{ij}=\dfrac{a_{i\cdot}a_{\cdot j}}{T}=Tp_{i\cdot}p_{\cdot j}$ 是假定行和列两个属性变量不相关时在第 (i,j) 单元上的期望频数值。

记 $\tilde{\boldsymbol{P}}=(\tilde{p}_{ij})_{n\times p}$，由式(10.75)得

$$\tilde{\boldsymbol{P}}=\boldsymbol{P}-\boldsymbol{r}\boldsymbol{c}^{\mathrm{T}}, \tag{10.78}$$

因为 $\tilde{\boldsymbol{P}}1_p=\boldsymbol{P}\boldsymbol{1}_p-\boldsymbol{r}\boldsymbol{c}^{\mathrm{T}}\boldsymbol{1}_p=\boldsymbol{r}-\boldsymbol{r}=0$，所以 $\mathrm{rank}(\tilde{\boldsymbol{P}})\leqslant p-1$。

(2) 对 $\tilde{\boldsymbol{P}}$ 标准化，令

$$\boldsymbol{D}_r^{-1/2}\tilde{\boldsymbol{P}}\boldsymbol{D}_c^{-1/2}\overset{\mathrm{def}}{=}(\tilde{b}_{ij})_{n\times p},$$

式中

$$\tilde{b}_{ij}=\frac{p_{ij}-p_{i\cdot}p_{\cdot j}}{\sqrt{p_{i\cdot}p_{\cdot j}}}=\frac{a_{ij}-a_{i\cdot}a_{\cdot j}/T}{\sqrt{a_{i\cdot}a_{\cdot j}}}=b_{ij},$$

故经对应变换后所得到的新数据矩阵 $\boldsymbol{B}$，可以看成是由对应阵 $\boldsymbol{P}$ 经中心化和标准化后得到的矩阵。

设用于检验行与列两个属性变量是否不相关的 χ^2 统计量为

$$\chi^2=\sum_{i=1}^{n}\sum_{j=1}^{p}\frac{(a_{ij}-m_{ij})^2}{m_{ij}}=\sum_{i=1}^{n}\sum_{j=1}^{p}\chi_{ij}^2, \tag{10.79}$$

式中：χ_{ij}^2 为第 (i,j) 单元在检验行与列两个属性变量是否不相关时对总 χ^2 统计量的贡献，有

$$\chi_{ij}^2=\frac{(a_{ij}-m_{ij})^2}{m_{ij}}=Tb_{ij}^2,$$

故 $\chi^2=T\sum\limits_{i=1}^{n}\sum\limits_{j=1}^{p}b_{ij}^2=T\mathrm{tr}(\boldsymbol{B}^{\mathrm{T}}\boldsymbol{B})=T\mathrm{tr}(\boldsymbol{S}_{\mathrm{R}})=T\mathrm{tr}(\boldsymbol{S}_{\mathrm{Q}})$。

2. 对应分析的原理和依据

将原始数据阵 $\boldsymbol{A}$ 变换为 $\boldsymbol{B}$ 矩阵后，记 $\boldsymbol{S}_{\mathrm{R}}=\boldsymbol{B}^{\mathrm{T}}\boldsymbol{B}$ 和 $\boldsymbol{S}_{\mathrm{Q}}=\boldsymbol{B}\boldsymbol{B}^{\mathrm{T}}$。$\boldsymbol{S}_{\mathrm{R}}$ 和 $\boldsymbol{S}_{\mathrm{Q}}$ 这两个矩阵存在明显的简单的对应关系，而且将原始数据 a_{ij} 变换为 b_{ij} 后，b_{ij} 关于 i,j 是对等的，即 b_{ij} 对变量和样品是对等的。

为了进一步研究 R 型与 Q 型因子分析，我们利用矩阵代数的一些结论。

引理 10.2 设 $\boldsymbol{S}_{\mathrm{R}}=\boldsymbol{B}^{\mathrm{T}}\boldsymbol{B}$，$\boldsymbol{S}_{\mathrm{Q}}=\boldsymbol{B}\boldsymbol{B}^{\mathrm{T}}$，则 $\boldsymbol{S}_{\mathrm{R}}$ 和 $\boldsymbol{S}_{\mathrm{Q}}$ 的非零特征值相同。

引理 10.3 若 $\boldsymbol{\eta}$ 是 $\boldsymbol{B}^{\mathrm{T}}\boldsymbol{B}$ 相应于特征值 λ 的特征向量,则 $\boldsymbol{\gamma}=\boldsymbol{B}\boldsymbol{\eta}$ 是 $\boldsymbol{B}\boldsymbol{B}^{\mathrm{T}}$ 相应于特征值 λ 的特征向量。

定义 10.2(矩阵的奇异值分解) 设 $\boldsymbol{B}$ 为 $n\times p$ 矩阵,且

$$\operatorname{rank}(\boldsymbol{B})=m\leqslant\min(n-1,p-1),$$

$\boldsymbol{B}^{\mathrm{T}}\boldsymbol{B}$ 的非零特征值为 $\lambda_1\geqslant\lambda_2\geqslant\cdots\geqslant\lambda_m>0$,令 $d_i=\sqrt{\lambda_i}\,(i=1,2,\cdots,m)$,则称 d_i 为 $\boldsymbol{B}$ 的奇异值。如果存在分解式

$$\boldsymbol{B}=\boldsymbol{U}\boldsymbol{\Lambda}\boldsymbol{V}^{\mathrm{T}},\tag{10.80}$$

式中:$\boldsymbol{U}$ 为 $n\times n$ 正交矩阵;$\boldsymbol{V}$ 为 $p\times p$ 正交矩阵;$\boldsymbol{\Lambda}=\begin{bmatrix}\boldsymbol{\Lambda}_m & \boldsymbol{0}\\ \boldsymbol{0} & \boldsymbol{0}\end{bmatrix}$,这里 $\boldsymbol{\Lambda}_m=\operatorname{diag}(d_1,d_2,\cdots,d_m)$,则称分解式 $\boldsymbol{B}=\boldsymbol{U}\boldsymbol{\Lambda}\boldsymbol{V}^{\mathrm{T}}$ 为矩阵 $\boldsymbol{B}$ 的奇异值分解。

记

$$\boldsymbol{U}=[\boldsymbol{U}_1\ \vdots\ \boldsymbol{U}_2],\boldsymbol{V}=[\boldsymbol{V}_1\ \vdots\ \boldsymbol{V}_2],\boldsymbol{\Lambda}_m=\operatorname{diag}(d_1,d_2,\cdots,d_m),$$

式中:$\boldsymbol{U}_1$ 为 $n\times m$ 的列正交矩阵;$\boldsymbol{V}_1$ 为 $p\times m$ 的列正交矩阵。则奇异值分解式(10.80)等价于

$$\boldsymbol{B}=\boldsymbol{U}_1\boldsymbol{\Lambda}_m\boldsymbol{V}_1^{\mathrm{T}}.\tag{10.81}$$

引理 10.4 任意非零矩阵 $\boldsymbol{B}$ 的奇异值分解必存在。

引理 10.4 的证明就是具体求出矩阵 $\boldsymbol{B}$ 的奇异值分解式(见参考文献[55])。从证明过程中可以看出:列正交矩阵 $\boldsymbol{V}_1$ 的 m 个列向量分别是 $\boldsymbol{B}^{\mathrm{T}}\boldsymbol{B}$ 的非零特征值 $\lambda_1,\lambda_2,\cdots,\lambda_m$ 对应的特征向量;而列正交矩阵 $\boldsymbol{U}_1$ 的 m 个列向量分别是 $\boldsymbol{B}\boldsymbol{B}^{\mathrm{T}}$ 的非零特征值 $\lambda_1,\lambda_2,\cdots,\lambda_m$ 对应的特征向量,且 $\boldsymbol{U}_1=\boldsymbol{B}\boldsymbol{V}_1\boldsymbol{\Lambda}_m^{-1}$。

矩阵代数的这几个结论建立了因子分析中 R 型与 Q 型的关系。借助引理 10.2 和引理 10.3,从 R 型因子分析出发可以直接得到 Q 型因子分析的结果。

由于 $\boldsymbol{S}_{\mathrm{R}}$ 与 $\boldsymbol{S}_{\mathrm{Q}}$ 有相同的非零特征值,而这些非零特征值又表示各个公共因子所提供的方差,因此变量空间 R^p 中的第一公共因子、第二公共因子、……、第 m 个公共因子,它们与样本空间 R^n 中对应的各个公共因子在总方差中所占的百分比全部相同。

从几何的意义上看,即 R^n 中诸样品点与 R^n 中各因子轴的距离平方和,以及 R^p 中诸变量点与 R^p 中相对应的各因子轴的距离平方和是完全相同的。因此可以把变量点和样品点同时反映在同一因子轴所确定的平面上(即取同一个坐标系),根据接近程度,可以对变量点和样品点同时考虑进行分类。

3. 对应分析的计算步骤

对应分析的具体计算步骤如下:

(1)由原始数据阵 $\boldsymbol{A}$ 出发计算对应阵 $\boldsymbol{P}$ 和对应变换后的新数据阵 $\boldsymbol{B}$,计算公式见式(10.74)和式(10.76)(或式(10.77))。

(2) 计算行轮廓分布(或行形象分布),记

$$\boldsymbol{R}=\left(\frac{a_{ij}}{a_{i\cdot}}\right)_{n\times p}=\left(\frac{p_{ij}}{p_{i\cdot}}\right)_{n\times p}=\boldsymbol{D}_r^{-1}\boldsymbol{P}\overset{\text{def}}{=}\begin{bmatrix}\boldsymbol{R}_1^{\mathrm{T}}\\ \boldsymbol{R}_2^{\mathrm{T}}\\ \vdots\\ \boldsymbol{R}_n^{\mathrm{T}}\end{bmatrix},$$

$\boldsymbol{R}$ 矩阵由 $\boldsymbol{A}$ 矩阵(或对应阵 $\boldsymbol{P}$)的每一行除以行和得到,其目的在于消除行点(即样品点)出现“概率”不同的影响。

记 $N(\boldsymbol{R})=\{\boldsymbol{R}_i,i=1,2,\cdots,n\}$,$N(\boldsymbol{R})$ 表示 n 个行形象组成的 p 维空间的点集,则点集 $N(\boldsymbol{R})$ 的重心(每个样品点以 $p_{i\cdot}$ 为权重)为

$$\sum_{i=1}^{n} p_{i\cdot}R_i=\sum_{i=1}^{n} p_{i\cdot}\begin{bmatrix}\dfrac{p_{i1}}{p_{i\cdot}}\\ \dfrac{p_{i2}}{p_{i\cdot}}\\ \vdots\\ \dfrac{p_{ip}}{p_{i\cdot}}\end{bmatrix}=\begin{bmatrix}\sum_{i=1}^{n}p_{i1}\\ \sum_{i=1}^{n}p_{i2}\\ \vdots\\ \sum_{i=1}^{n}p_{ip}\end{bmatrix}=\begin{bmatrix}p_{\cdot 1}\\ p_{\cdot 2}\\ \vdots\\ p_{\cdot p}\end{bmatrix}=\boldsymbol{c},$$

由式(10.75)可知,$\boldsymbol{c}$ 是 p 个列向量的边缘分布。

(3) 计算列轮廓分布(或列形象分布),记

$$\boldsymbol{C}=\left(\frac{a_{ij}}{a_{\cdot j}}\right)_{n\times p}=\left(\frac{p_{ij}}{p_{\cdot j}}\right)_{n\times p}=\boldsymbol{PD}_c^{-1}\overset{\text{def}}{=}[\boldsymbol{C}_1,\boldsymbol{C}_2,\cdots,\boldsymbol{C}_p],$$

$\boldsymbol{C}$ 矩阵由 $\boldsymbol{A}$ 矩阵(或对应矩阵 $\boldsymbol{P}$)的每一列除以列和得到,其目的在于消除列点(即变量点)出现“概率”不同的影响。

(4) 计算总惯量和 χ^2 统计量,第 k 个与第 l 个样品间的加权平方距离(或称 χ^2 距离)为

$$D^2(k,l)=\sum_{j=1}^{p}\left(\frac{p_{kj}}{p_{k\cdot}}-\frac{p_{lj}}{p_{l\cdot}}\right)^2\bigg/p_{\cdot j}=(\boldsymbol{R}_k-\boldsymbol{R}_l)^{\mathrm{T}}\boldsymbol{D}_c^{-1}(\boldsymbol{R}_k-\boldsymbol{R}_l),$$

把 n 个样品点(即行点)到重心 $\boldsymbol{c}$ 的加权平方距离的总和定义为行形象点集 $N(\boldsymbol{R})$ 的总惯量

$$\begin{aligned}Q&=\sum_{i=1}^{n}p_{i\cdot}D^2(i,\boldsymbol{c})=\sum_{i=1}^{n}p_{i\cdot}\sum_{j=1}^{p}\frac{1}{p_{\cdot j}}\left(\frac{p_{ij}}{p_{i\cdot}}-p_{\cdot j}\right)^2\\&=\sum_{i=1}^{n}\sum_{j=1}^{p}\frac{p_{i\cdot}}{p_{\cdot j}}\frac{(p_{ij}-p_{i\cdot}p_{\cdot j})^2}{p_{i\cdot}^2}=\sum_{i=1}^{n}\sum_{j=1}^{p}\frac{(p_{ij}-p_{i\cdot}p_{\cdot j})^2}{p_{i\cdot}p_{\cdot j}}=\sum_{i=1}^{n}\sum_{j=1}^{p}b_{ij}^2=\frac{\chi^2}{T},\end{aligned}\tag{10.82}$$

式中:χ^2 统计量是检验行点和列点是否互不相关的检验统计量,其计算公式见式(10.79)。

(5) 对标准化后的新数据阵 $\boldsymbol{B}$ 作奇异值分解,由式(10.81)知

$$\boldsymbol{B}=\boldsymbol{U}_1\boldsymbol{\Lambda}_m V_1^{\mathrm{T}},m=\mathrm{rank}(\boldsymbol{B})\leqslant\min(n-1,p-1),$$

式中

$$\boldsymbol{\Lambda}_m=\mathrm{diag}(d_1,d_2,\cdots,d_m),\boldsymbol{V}_1^{\mathrm{T}}\boldsymbol{V}_1=\boldsymbol{I}_m,\boldsymbol{U}_1^{\mathrm{T}}\boldsymbol{U}_1=\boldsymbol{I}_m,$$

即 $\boldsymbol{V}_1,\boldsymbol{U}_1$ 分别为 $p\times m$ 和 $n\times m$ 列正交矩阵,求 $\boldsymbol{B}$ 的奇异值分解式其实是通过求 $\boldsymbol{S}_{\mathrm{R}}=\boldsymbol{B}^{\mathrm{T}}\boldsymbol{B}$ 矩阵的特征值和标准化特征向量得到。设特征值为 $\lambda_1\geqslant\lambda_2\geqslant\cdots\geqslant\lambda_m>0$,相应标准化特征向量为 $\boldsymbol{\eta}_1,\boldsymbol{\eta}_2,\cdots,\boldsymbol{\eta}_m$。在实际应用中常按累积贡献率

$$\frac{\lambda_1+\lambda_2+\cdots+\lambda_l}{\lambda_1+\cdots+\lambda_l+\cdots+\lambda_m}\geqslant 0.80(\text{或 }0.70,0.85)$$

确定所取公共因子个数 $l(l\leqslant m)$，$\boldsymbol{B}$ 的奇异值 $d_j=\sqrt{\lambda_j}(j=1,2,\cdots,m)$。以下仍用 m 表示选定的因子个数。

(6) 计算行轮廓的坐标 $\boldsymbol{G}$ 和列轮廓的坐标 $\boldsymbol{F}$。令 $\boldsymbol{\alpha}_i=\boldsymbol{D}_c^{-1/2}\boldsymbol{\eta}_i$，则 $\boldsymbol{\alpha}_i^{\mathrm{T}}\boldsymbol{D}_c\boldsymbol{\alpha}_i=1(i=1,2,\cdots,m)$。R 型因子分析的“因子载荷矩阵”(或列轮廓坐标)为

$$\boldsymbol{F}=[d_1\boldsymbol{\alpha}_1,d_2\boldsymbol{\alpha}_2,\cdots,d_m\boldsymbol{\alpha}_m]=\boldsymbol{D}_c^{-1/2}\boldsymbol{V}_1\boldsymbol{\Lambda}_m=\begin{bmatrix}\frac{d_1}{\sqrt{p_{\cdot 1}}}v_{11} & \frac{d_2}{\sqrt{p_{\cdot 1}}}v_{12} & \cdots & \frac{d_m}{\sqrt{p_{\cdot 1}}}v_{1m}\\ \frac{d_1}{\sqrt{p_{\cdot 2}}}v_{21} & \frac{d_2}{\sqrt{p_{\cdot 2}}}v_{22} & \cdots & \frac{d_m}{\sqrt{p_{\cdot 2}}}v_{2m}\\ \vdots & \vdots & \ddots & \vdots\\ \frac{d_1}{\sqrt{p_{\cdot p}}}v_{p1} & \frac{d_2}{\sqrt{p_{\cdot p}}}v_{p2} & \cdots & \frac{d_m}{\sqrt{p_{\cdot p}}}v_{pm}\end{bmatrix},$$

式中：$\boldsymbol{D}_c^{-1/2}$ 为 p 阶矩阵；$\boldsymbol{V}_1$ 为 $p\times m$ 矩阵，有

$$\boldsymbol{V}_1=[\boldsymbol{\eta}_1,\boldsymbol{\eta}_2,\cdots,\boldsymbol{\eta}_m]=\begin{bmatrix}v_{11} & v_{12} & \cdots & v_{1m}\\ v_{21} & v_{22} & \cdots & v_{2m}\\ \vdots & \vdots & \ddots & \vdots\\ v_{p1} & v_{p2} & \cdots & v_{pm}\end{bmatrix}.$$

令 $\boldsymbol{\beta}_i=\boldsymbol{D}_r^{-1/2}\boldsymbol{\gamma}_i$，则 $\boldsymbol{\beta}_i^{\mathrm{T}}\boldsymbol{D}_r\boldsymbol{\beta}_i=1(i=1,2,\cdots,m)$。Q 型因子分析的“因子载荷矩阵”(或行轮廓坐标)为

$$\boldsymbol{G}=[d_1\boldsymbol{\gamma}_1,d_2\boldsymbol{\gamma}_2,\cdots,d_m\boldsymbol{\gamma}_m]=\boldsymbol{D}_r^{-1/2}\boldsymbol{U}_1\boldsymbol{\Lambda}_m$$

$$=\begin{bmatrix}\frac{d_1}{\sqrt{p_{1\cdot}}}u_{11} & \frac{d_2}{\sqrt{p_{1\cdot}}}u_{12} & \cdots & \frac{d_m}{\sqrt{p_{1\cdot}}}u_{1m}\\ \frac{d_1}{\sqrt{p_{2\cdot}}}u_{21} & \frac{d_2}{\sqrt{p_{2\cdot}}}u_{22} & \cdots & \frac{d_m}{\sqrt{p_{2\cdot}}}u_{2m}\\ \vdots & \vdots & \ddots & \vdots\\ \frac{d_1}{\sqrt{p_{n\cdot}}}u_{n1} & \frac{d_2}{\sqrt{p_{n\cdot}}}u_{n2} & \cdots & \frac{d_m}{\sqrt{p_{n\cdot}}}u_{nm}\end{bmatrix},$$

式中：$\boldsymbol{D}_r^{-1/2}$ 为 n 阶矩阵；$\boldsymbol{U}_1$ 为 $n\times m$ 矩阵，有

$$\boldsymbol{U}_1=[\boldsymbol{\gamma}_1,\boldsymbol{\gamma}_2,\cdots,\boldsymbol{\gamma}_m]=\begin{bmatrix}u_{11} & u_{12} & \cdots & u_{1m}\\ u_{21} & u_{22} & \cdots & u_{2m}\\ \vdots & \vdots & \ddots & \vdots\\ u_{n1} & u_{n2} & \cdots & u_{nm}\end{bmatrix}.$$

常把 $\boldsymbol{\alpha}_i$ 或 $\boldsymbol{\beta}_i(i=1,2,\cdots,m)$ 称为加权意义下有单位长度的特征向量。

注：行轮廓的坐标 $\boldsymbol{G}$ 和列轮廓的坐标 $\boldsymbol{F}$ 的定义与 Q 型和 R 型因子载荷矩阵稍有差别。$\boldsymbol{G}$ 的前两列包含了数据最优二维表示中的各对行点(样品点)的坐标，而 $\boldsymbol{F}$ 的前两列则包含了数据最优二维表示中的各对列点(变量点)的坐标。

(7) 在相同二维平面上用行轮廓的坐标 $\boldsymbol{G}$ 和列轮廓的坐标 $\boldsymbol{F}$(取 $m=2$)绘制出点的

平面图。也就是把 n 个行点(样品点)和 p 个列点(变量点)在同一个平面坐标系中绘制出来,对一组行点或一组列点,二维图中的欧几里德距离与原始数据中各行(或列)轮廓之间的加权距离是相对应的。但需注意的是,对应行轮廓的点与对应列轮廓的点之间没有直接的距离关系。

(8) 求总惯量 Q 和 χ^2 统计量的分解式。由式(10.82)可知

$$Q=\sum_{i=1}^{n}\sum_{j=1}^{p}b_{ij}^2=\mathrm{tr}(\boldsymbol{B}^{\mathrm{T}}\boldsymbol{B})=\sum_{i=1}^{m}\lambda_i=\sum_{i=1}^{m}d_i^2, \tag{10.83}$$

其中:$\lambda_i(i=1,2,\cdots,m)$ 是 $\boldsymbol{B}^{\mathrm{T}}\boldsymbol{B}$ 的特征值,称为第 i 个主惯量;$d_i=\sqrt{\lambda_i}\,(i=1,2,\cdots,m)$ 是 $\boldsymbol{B}$ 的奇异值。式(10.83)给出了 Q 的分解式,第 i 个因子($i=1,2,\cdots,m$)轴末端的惯量 $Q_i=d_i^2$。相应地,有

$$\chi^2=TQ=T\sum_{i=1}^{m}d_i^2, \tag{10.84}$$

即总 χ^2 统计量的分解式。

(9) 对样品点和变量点进行分类,并结合专业知识进行成因解释。

10.6.3 应用例子

对应分析处理的数据可以是二维频数表(或称双向列联表),或者是两个或多个属性变量的原始类目响应数据。

对应分析是列联表的一类加权主成分分析,它用于寻求列联表的行和列之间联系的低维图形表示法。每一行或每一列用单元频数确定的欧几里德空间中的一个点表示。

例 10.17 表 10.40 的数据是美国在 1973—1978 年间授予哲学博士学位的数目(美国人口调查局,1979 年)。试用对应分析方法分析该组数据。

表 10.40 美国于 1973—1978 年间授予哲学博士学位的数目

学科 \ 年	1973	1974	1975	1976	1977	1978
L(生命科学)	4489	4303	4402	4350	4266	4361
P(物理学)	4101	3800	3749	3572	3410	3234
S(社会学)	3354	3286	3344	3278	3137	3008
B(行为科学)	2444	2587	2749	2878	2960	3049
E(工程学)	3338	3144	2959	2791	2641	2432
M(数学)	1222	1196	1149	1003	959	959

解 如果把年度和学科作为两个属性变量,年度考虑 1973—1978 年这 6 年的情况(6 个类目),学科也考虑 6 种学科,那么表 10.40 是一张两个属性变量的列联表。

利用 Matlab 对表 10.40 的数据进行对应分析,可得出行形象(或称行剖面)、惯量(Inertia)和 χ^2(ChiSquare,中文有时用“卡方”)分解,以及行和列的坐标等。计算结果见表 10.41~表 10.44。

表 10.41　行轮廓分布阵 $\boldsymbol{R}$

	1973	1974	1975	1976	1977	1978
L(生命科学)	0.171526	0.164419	0.168201	0.166215	0.163005	0.166635
P(物理学)	0.187551	0.173786	0.171453	0.163359	0.15595	0.147901
S(社会学)	0.172824	0.16932	0.172309	0.168908	0.161643	0.154996
B(行为科学)	0.146637	0.155217	0.164937	0.172677	0.177596	0.182936
E(工程学)	0.192892	0.181682	0.170991	0.161283	0.152615	0.140537
M(数学)	0.188348	0.18434	0.177096	0.154593	0.147811	0.147811

表 10.42　惯量和 χ^2(卡方)分解

奇异值	主惯量	卡方	贡献率	累积贡献率
0.058451	0.003416	368.6531	0.960393	0.960393
0.008608	7.41E-05	7.994719	0.020827	0.981221
0.00694	4.82E-05	5.196983	0.013539	0.99476
0.004143	1.72E-05	1.85184	0.004824	0.999584
0.001217	1.48E-06	0.159738	0.000416	1

注:奇异值的个数 $m=\min\{n-1,p-1\}$,Matlab 计算中的最后一个奇异值近似为 0,舍去

总 χ^2 统计量等于 383.8563,该值是中心化的列联表($\widetilde{\boldsymbol{P}}$)的全部 5 维中行和列之间相关性的度量,它的最大维数 5(或坐标轴)是行数和列数的最小值减 1。即总 χ^2 统计量就是检验两个属性变量是否互不相关时的检验统计量,这里它的自由度为 25。在总 χ^2 或总惯量的 96%以上可用第一维说明,也就是说,行和列的类目之间的联系实质上可用一维表示。

表 10.43　行坐标

	L(生命科学)	P(物理学)	S(社会学)	B(行为科学)	E(工程学)	M(数学)
第一维	0.0258	-0.0413	0.0014	0.1100	-0.0704	-0.0639
第二维	0.0081	-0.0024	-0.0114	-0.0013	-0.0037	0.0228

由表 10.43 可以看出,第一维显示 6 门学科(样品)授予博士学位数目的变化方向;同时也可看出,在第一维中坐标最大的样品点(0.1100)所对应的学科是“行为科学”,该学科授予博士学位的数目是随年度的变化而上升的;“生命科学”和“社会科学”变化不大;而另外三个学科授予博士学位的数目是随年度的变化而下降的。

表 10.44　列坐标

	1973	1974	1975	1976	1977	1978
第一维	-0.0840	-0.0509	-0.0148	0.0242	0.0512	0.0864
第二维	0.0033	0.0029	0.0008	-0.0129	-0.0082	0.0143

由表 10.44 可以看出,第一维显示出 6 个年度(变量)授予博士学位的数目随年份的增加而递增的变化方向。

图 10.8 给出了行、列坐标的散布图。从散布图可看出，由表示学科的行点沿横轴——第一维方向上的排列显示出，随年度变化授予的博士学位数目从最大（表示“行为科学”的 B）减少到最小（表示“工程学”的 E）的学科排列次序。图 10.8 给出了授予的博士学位数目依赖于学科变化的变化率。

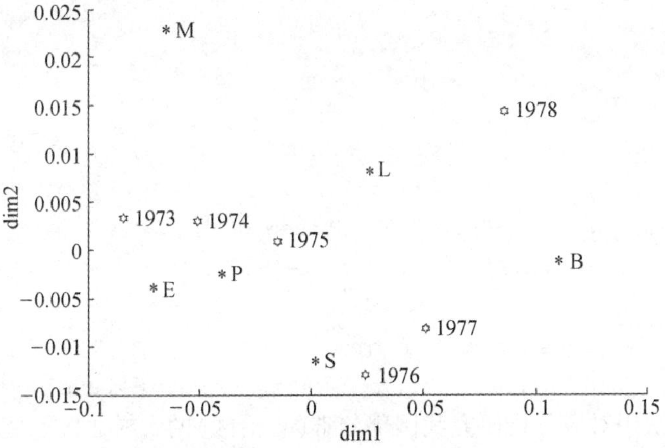

图 10.8　行点和列点的散布图

由图 10.8、表 10.43 和表 10.44 可看出，6 个行点和 6 个列点可以分为三类：第一类包括“行为科学（B）”，它在 1978 年授予的博士学位数目的比例最大；第二类包括“社会学（S）”和“生命科学（L）”，它们在 1975—1977 年授予的博士学位数目的比例都是随年度下降；第三类包括“物理学（P）”“工程学（E）”和“数学（M）”，它们在 1973 年和 1974 年授予的博士学位数目的比例最大。

计算的 Matlab 程序如下：

```
clc, clear, close all, format long g
a=readmatrix('data10_17_1.txt');
T=sum(sum(a)); P=a/T;                 % 计算对应矩阵 P
r=sum(P,2), c=sum(P)                  % 计算边缘分布
Row_prifile=a./sum(a,2)               % 计算行轮廓分布阵
B=(P-r*c)./sqrt((r*c));               % 计算标准化数据 B
[u,s,v]= svd(B,'econ')                % 对标准化后的数据阵 B 作奇异值分解
w=sign(sum(v))                        % 用于修改特征向量的±1 行向量
% 使得 v 中的每一个列向量的分量和大于 0
ub=u.*w                               % 修改特征向量的正负号
vb=v.*w                               % 修改特征向量的正负号
lamda=diag(s).^2                      % 计算 B'*B 的特征值,即计算惯量
ksi=T*(lamda)                         % 计算卡方统计量的分解
T_ksi=sum(ksi)                        % 计算总卡方统计量
con_rate=lamda/sum(lamda)             % 计算贡献率
cum_rate=cumsum(con_rate)             % 计算累积贡献率
beta=diag(r.^(-1/2))*ub;              % 求加权特征向量
G=beta*s                              % 求行轮廓坐标
```

```
alpha=diag(c.^(-1/2))*vb;      %求加权特征向量
F=alpha*s                      %求列轮廓坐标F
num=size(G,1);
rang=minmax(G(:,1)');          %坐标的取值范围
delta=(rang(2)-rang(1))/(8*num);  %画图的标注位置调整量
ch='LPSBEM';
hold on
for i=1:num
    plot(G(i,1),G(i,2),'*','Color','k','LineWidth',1.3) %画行点散布图
    text(G(i,1)+delta,G(i,2),ch(i))                     %对行点进行标注
    plot(F(i,1),F(i,2),'H','Color','k','LineWidth',1.3) %画列点散布图
    text(F(i,1)+delta,F(i,2),int2str(i+1972))           %对列点进行标注
end
xlabel('dim1'), ylabel('dim2'), format
writematrix([diag(s),lamda,ksi,con_rate,cum_rate],'data10_17_2.xlsx')
```

例 10.18 试用对应分析研究我国部分省(自治区)的农村居民家庭人均消费支出结构。选取7个变量:A为食品支出比例,B为衣着支出比例,C为居住支出比例,D为家庭设备及服务支出比例,E为医疗保健支出比例,F为交通和通信支出比例,G为文教娱乐、日用品及服务支出比例。考察的地区(即样品)有10个:山西、内蒙古、吉林、辽宁、黑龙江、海南、四川、贵州、甘肃、青海(原始数据见表10.45)。

表10.45 中国10个省(自治区)农村居民家庭人均消费支出数据

地区	A	B	C	D	E	F	G
1 山西	0.583910	0.111480	0.092473	0.050073	0.038193	0.018803	0.079946
2 内蒙古	0.581218	0.081315	0.112380	0.042396	0.043280	0.040004	0.083339
3 辽宁	0.565036	0.100121	0.123970	0.041121	0.043429	0.031328	0.078919
4 吉林	0.530918	0.105360	0.116952	0.045064	0.043735	0.038508	0.095256
5 黑龙江	0.555201	0.096500	0.143498	0.037566	0.052111	0.026267	0.072829
6 海南	0.654952	0.047852	0.095238	0.047945	0.022134	0.018519	0.096844
7 四川	0.640012	0.061680	0.116677	0.048471	0.033529	0.017439	0.072043
8 贵州	0.725239	0.056362	0.073262	0.044388	0.016366	0.015720	0.057261
9 甘肃	0.678630	0.058043	0.088316	0.038100	0.039794	0.015167	0.067999
10 青海	0.665913	0.088508	0.096899	0.038191	0.039275	0.019243	0.033801

解 数据表10.45中列变量(A,B,C,D,E,F,G)是消费支出的几个指标,可以理解为属性变量"消费支出"的几个水平(或类目)。表10.45中的样品(行变量)是几个不同的地区,可理解为属性变量"地区"的几个不同水平(或类目)。

表10.46和图10.9给出了计算的主要结果。

表 10.46　惯量和χ^2(卡方)分解

奇异值	主惯量	卡方	贡献率	累积贡献率
0.131610	0.017321	0.170306	0.655946	0.655946
0.069681	0.004855	0.04774	0.183872	0.839818
0.048169	0.00232	0.022814	0.087868	0.927686
0.035818	0.001283	0.012614	0.048585	0.976271
0.022939	0.000526	0.005174	0.019927	0.996198
0.010020	0.000100	0.000987	0.003802	1

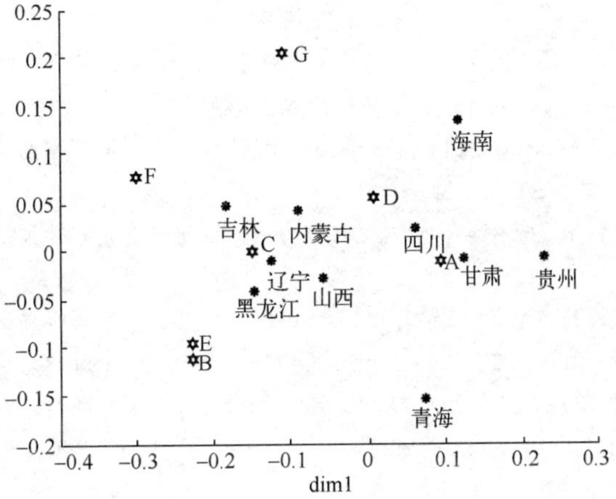

图 10.9　行点和列点的散布图

总χ^2统计量等于 0.2596,总χ^2统计量的 83.98%用前两维即可说明,它表示行点和列点之间的关系用二维表示就足够了。

在图 10.9 中,给出 10 个样品点和 7 个变量点(用 A、B、C、D、E、F、G 表示)在相同坐标系上绘制的散布图。从图中可以看出,样品点和变量点可以分为两类;第一类包括变量点 B、C、E、F、G 和样品点山西、内蒙古、辽宁、吉林、黑龙江;第二类包括变量点 A,D 和样品点海南、四川、贵州、甘肃、青海。

在第一类中,变量为衣着(B)、居住(C)、医疗保健(E)、交通和通信(F)、文教娱乐、日用品及服务(G)的支出分别占总支出的比例;地区有山西、内蒙古、辽宁、吉林、黑龙江,它们位于我国的东部和北部地区,说明这 5 个地区的消费支出结构相似。在第二类中,变量为食品(A)、家庭设备及服务(D)的支出分别占总支出的比例;地区有海南、四川、贵州、甘肃、青海,它们位于我国的南部和西部地区,说明这 5 个地区的消费支出结构相似。

计算的 Matlab 程序如下:

```
clc, clear,close all
a=readmatrix('data10_18_1.txt');
T=sum(sum(a));P=a/T;          % 计算对应矩阵 P
```

```
r=sum(P,2), c=sum(P)          % 计算边缘分布
Row_prifile=a./sum(a,2)       % 利用矩阵广播计算行轮廓分布阵
B=(P-r*c)./sqrt((r*c));       % 计算标准化数据阵 B
[u,s,v]=svd(B,'econ')         % 对标准化后的数据阵 B 作奇异值分解
lamda=diag(s).^2              % 计算 B'*B 的特征值,即计算主惯量
ksi=T*(lamda)                 % 计算卡方统计量的分解
T_ksi=sum(ksi)                % 计算总卡方统计量
con_rate=lamda/sum(lamda)     % 计算贡献率
cum_rate=cumsum(con_rate)     % 计算累积贡献率
beta=diag(r.^(-1/2))*u;       % 求加权特征向量
G=beta*s                      % 求行轮廓坐标
alpha=diag(c.^(-1/2))*v;      % 求加权特征向量
F=alpha*s                     % 求列轮廓坐标 F
num1=size(G,1);               % 样本点的个数
rang=minmax(G(:,[1,2])');     % 坐标的取值范围
delta=(rang(:,2)-rang(:,1))/(5*num1);             % 画图的标注位置调整量
ch={'A', 'B', 'C', 'D', 'E', 'F', 'G'};
yb={'山西','内蒙古','辽宁','吉林','黑龙江','海南','四川','贵州','甘肃','青海'};
hold on
plot(G(:,1),G(:,2),'*','Color','k','LineWidth',1.3) % 画行点散布图
text(G(:,1)-delta(1),G(:,2)-3*delta(2),yb)         % 对行点进行标注
plot(F(:,1),F(:,2),'H','Color','k','LineWidth',1.3) % 画列点散布图
text(F(:,1)+delta(1),F(:,2),ch)                     % 对列点进行标注
xlabel('dim1'), ylabel('dim2')
writematrix([diag(s),lamda,ksi,con_rate,cum_rate],'data10_18_2.xlsx')
ind1=find(G(:,1)>0);                                % 根据行坐标第一维进行分类
rowclass=yb(ind1)                                   % 提出第一类样本点
ind2=find(F(:,1)>0);                                % 根据列坐标第一维进行分类
colclass=ch(ind2)                                   % 提出第一类变量
```

10.6.4 对应分析在品牌定位研究中的应用研究

对应分析(Correspondence Analysis)是研究变量间相互关系的有效方法,通过对交叉列表(Cross- table)结构的研究,揭示变量不同水平间的对应关系,是市场研究中经常用到的统计技术。

1. 基本原理

假定某产品有 n 个品牌,形象评价用语 p 个,以 a_{ij}表示“认为第 i 个品牌具有第 j 形象”的人数,以 $a_{i\cdot}$ 表示评价第 i 个品牌的总人数,$a_{\cdot j}$表示回答第 j 个形象的总人数($i=1,2,\cdots,n;j=1,2,\cdots,p$),即 $a_{i\cdot}=\sum\limits_{j=1}^{p}a_{ij},a_{\cdot j}=\sum\limits_{i=1}^{n}a_{ij}$。记 $\boldsymbol{A}=(a_{ij})_{n\times p}$。

首先把数据阵 $\boldsymbol{A}$ 化为规格化的“概率”矩阵 $\boldsymbol{P}$,记 $\boldsymbol{P}=(p_{ij})_{n\times p}$,其中 $p_{ij}=a_{ij}/T$,$T=\sum\limits_{i=1}^{n}\sum\limits_{j=1}^{p}a_{ij}$。再对数据进行对应变换,令 $\boldsymbol{B}=(b_{ij})_{n\times p}$,其中

$$b_{ij}=\frac{p_{ij}-p_{i.}p_{.j}}{\sqrt{p_{i.}p_{.j}}}=\frac{a_{ij}-a_{i.}a_{.j}/T}{\sqrt{a_{i.}a_{.j}}},i=1,2,\cdots,n;j=1,2,\cdots,p.$$

对 $\boldsymbol{B}$ 进行奇异值分解，$\boldsymbol{B}=\boldsymbol{U\Lambda V}^{\mathrm{T}}$，其中 $\boldsymbol{U}$ 为 $n\times n$ 正交矩阵，$\boldsymbol{V}$ 为 $p\times p$ 正交矩阵，$\boldsymbol{\Lambda}=\begin{bmatrix}\boldsymbol{\Lambda}_m & \boldsymbol{0}\\ \boldsymbol{0} & \boldsymbol{0}\end{bmatrix}$，这里 $\boldsymbol{\Lambda}_m=\mathrm{diag}(d_1,d_2,\cdots,d_m)$，其中 $d_i(i=1,2,\cdots,m)$ 为 $\boldsymbol{B}$ 的奇异值。

记 $\boldsymbol{U}=[\boldsymbol{U}_1 \vdots \boldsymbol{U}_2]$，$\boldsymbol{V}=[\boldsymbol{V}_1 \vdots \boldsymbol{V}_2]$，其中 $\boldsymbol{U}_1$ 为 $n\times m$ 的列正交矩阵，$\boldsymbol{V}_1$ 为 $p\times m$ 的列正交矩阵，则 $\boldsymbol{B}$ 的奇异值分解式等价于 $\boldsymbol{B}=\boldsymbol{U}_1\boldsymbol{\Lambda}_m\boldsymbol{V}_1^{\mathrm{T}}$。

记 $\boldsymbol{D}_r=\mathrm{diag}(p_{1.},p_{2.},\cdots,p_{n.})$，$\boldsymbol{D}_c=\mathrm{diag}(p_{.1},p_{.2},\cdots,p_{.p})$，其中 $p_{i.}=\sum_{j=1}^{p}p_{ij}$，$p_{.j}=\sum_{i=1}^{n}p_{ij}$。则列轮廓的坐标为 $\boldsymbol{F}=\boldsymbol{D}_c^{-1/2}\boldsymbol{V}_1\boldsymbol{\Lambda}_m$，行轮廓的坐标为 $\boldsymbol{G}=\boldsymbol{D}_r^{-1/2}\boldsymbol{U}_1\boldsymbol{\Lambda}_m$。

最后通过贡献率的比较确定需截取的维数，形成对应分析图。

2. 应用案例

受某家电企业的委托，调查公司在全国 10 个大城市进行了入户调查，重点检测 5 个空调品牌的形象特征，形象空间包括少男、少女、白领等 8 个形象指标。

1）基础资料整理

对应分析需要将品牌指标与形象指标数据按交叉列表的方式整理，数据整理结果见表 10.47。

表 10.47　10 城市调研基础数据

品牌	形象空间								
	少男	少女	白领	工人	农民	士兵	主管	教授	行和
A	543	342	453	609	261	360	243	183	2994
B	245	785	630	597	311	233	108	69	2978
C	300	200	489	740	365	324	327	228	2973
D	401	396	395	693	350	309	263	143	2950
E	147	117	410	726	366	447	329	420	2962
列和	1636	1840	2377	3365	1653	1673	1270	1043	14857

2）计算惯量，确定维数

惯量（Inertia）实际上就是 $B^{\mathrm{T}}B$ 的特征值，表示相应维数对各类别的解释量，最大维数 $m=\min\{n-1,p-1\}$，本例最多可以产生 4 个维数。从计算结果（表 10.48）可见，第一维数的解释量达 75%，前 2 个维数的解释量已达 95%。

表 10.48　各维数的惯量、奇异值、贡献率

维数	奇异值	惯量	贡献率	累积贡献率
1	0.289722	0.083939	0.749920	0.749920
2	0.149634	0.022390	0.200039	0.949959
3	0.064019	0.004098	0.036616	0.986575
4	0.038764	0.001503	0.013425	1

选取几个维数对结果进行分析,需结合实际情况,一般解释量累积达 85%以上即可获得较好的分析效果,故本例取两个维数即可。

3) 计算行坐标和列坐标

行坐标和列坐标的计算结果见表 10.49 和表 10.50。

表 10.49 行坐标

坐标 \ 品牌	A	B	C	D	E
第一维	-0.0267	-0.4790	0.1644	-0.0559	0.3992
第二维	-0.2231	0.1590	0.0064	0.0946	0.1663

表 10.50 列坐标

坐标 \ 形象	少男	少女	白领	工人	农民	士兵	主管	教授
第一维	-0.0975	-0.6147	-0.1334	0.0724	0.0639	0.1923	0.3049	0.5269
第二维	-0.3986	0.1062	0.0753	0.0188	0.0673	-0.001	-0.049	0.1601

在图 10.10 中,给出 5 个样品点和 8 个形象指标在相同坐标系上绘制的散布图。从图中可以非常直观地反映出品牌 A 是“少男”,品牌 B 是“少女”,品牌 C 是“士兵”,品牌 D 是“工人”,品牌 E 是“教授”。

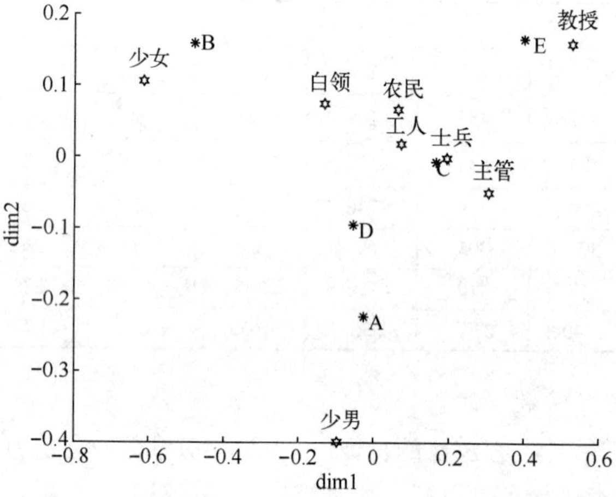

图 10.10 行点和列点的散布图

4) 补充

由于品牌与形象指标在同一坐标系下,可以借助欧几里德距离公式从数量的角度度量品牌与形象的密切程度,计算结果见表 10.51。从中可见,品牌 A 的形象主要是“少年”,品牌 B 的形象主要是“少女”,品牌 C 的形象主要是“士兵”,品牌 D 的形象主要是“工人”,品牌 E 的形象主要是教授。

表 10.51　各品牌与各形象间的距离

形象 / 品牌	少男	少年	白领	工人	农民	士兵	主管	教授
A	0.1893	0.674	0.317	0.2617	0.3041	0.3119	0.3745	0.6733
B	0.6756	0.1456	0.3556	0.569	0.5507	0.6902	0.8111	1.006
C	0.4716	0.7872	0.3088	0.0954	0.1246	0.0285	0.1468	0.399
D	0.3069	0.5938	0.1867	0.1712	0.2013	0.2653	0.3636	0.636
E	0.7522	1.01569	0.5403	0.3586	0.3496	0.266	0.235	0.1279

计算的 Matlab 程序如下：

```
clc, clear, close all, a=readmatrix('anli10_7.txt');
a_i_dot=sum(a,2)                                %计算行和
a_dot_j=sum(a)                                  %计算列和
T=sum(a_i_dot)                                  %计算数据的总和
P=a/T;                                          %计算对应矩阵 P
r=sum(P,2), c=sum(P)                            %计算边缘分布
Row_prifile=a./sum(a,2)                         %计算行轮廓分布阵
B=(P-r*c)./sqrt((r*c));                         %计算标准化数据阵 B
[u,s,v]=svd(B,'econ')                           %对标准化后的数据阵 B 作奇异值分解
lamda=diag(s).^2                                %计算 B'*B 的特征值,即计算惯量
ksi=T*(lamda)                                   %计算卡方统计量的分解
T_ksi=sum(ksi)                                  %计算总卡方统计量
con_rate=lamda/sum(lamda)                       %计算贡献率
cum_rate=cumsum(con_rate)                       %计算累积贡献率
beta=diag(r.^(-1/2))*u;                         %求加权特征向量
G=beta*s                                        %求行轮廓坐标 G
alpha=diag(c.^(-1/2))*v;                        %求加权特征向量
F=alpha*s                                       %求列轮廓坐标 F
num1=size(G,1);                                 %样本点的个数
rang=minmax(G(:,[1 2])');                       %行坐标的取值范围
delta=(rang(:,2)-rang(:,1))/(4*num1);           %画图的标注位置调整量
chrow={'A', 'B', 'C', 'D', 'E'};
strcol={'少男','少女','白领','工人','农民','士兵','主管','教授'};
hold on
plot(G(:,1),G(:,2),'*','Color','k','LineWidth',1.3)  %画行点散布图
text(G(:,1),G(:,2)-delta(2),chrow)                  %对行点进行标注
plot(F(:,1),F(:,2),'H','Color','k','LineWidth',1.3)  %画列点散布图
text(F(:,1)-delta(1),F(:,2)+1.2*delta(2),strcol) %对列点进行标注
xlabel('dim1'), ylabel('dim2')
writematrix([diag(s),lamda,ksi,con_rate,cum_rate],'anli10_7_2.xlsx')
dd=dist(G(:,1:2),F(:,1:2)')      %计算两个矩阵对应行与列之间的距离
```

10.7 多维标度法

10.7.1 引例

在实际中往往会碰到这样的问题：有 n 个由多个指标（变量）反映的客体，但反映客体的指标个数是多少不清楚，甚至指标本身是什么也是模糊的，更谈不上直接测量或观察它，所能知道的仅是这 n 个客体之间的某种距离（不一定是通常的欧几里得距离）或者某种相似性，我们希望仅由这种距离或者相似性给出的信息出发，在较低维的欧几里得空间把这 n 个客体（作为几何点）的图形描绘出来，从而尽可能揭示这 n 个客体之间的真实结构关系，这就是多维标度法所要研究的问题。

一个经典的例子是利用城市之间的距离来绘制地图。

例 10.19 表 10.52 列出了通过测量得到的英国 12 个城市之间公路长度的数据。由于公路不是平直的，所以它们还不是城市之间的最短距离，只可以看作是这些城市之间的近似距离，我们希望利用这些距离数据画一张平面地图，标出这 12 个城市的位置，使之尽量接近表中所给出的距离数据，从而反映它们的真实地理位置。

表 10.52 英国 12 城市之间的公路距离 （单位：mi，1mi = 1.6093km）

	1	2	3	4	5	6	7	8	9	10	11	12
1	0											
2	244	0										
3	218	350	0									
4	284	77	369	0								
5	197	164	347	242	0							
6	312	444	94	463	441	0						
7	215	221	150	236	279	245	0					
8	469	583	251	598	598	169	380	0				
9	166	242	116	257	269	210	55	349	0			
10	212	53	298	72	170	392	168	531	190	0		
11	253	325	57	340	359	143	117	264	91	273	0	
12	270	168	284	164	277	378	143	514	173	111	256	0

注：1—阿伯瑞斯吹，2—布莱顿，3—卡里斯尔，4—多佛，5—爱塞特，6—格拉斯哥，7—赫尔，8—印威内斯，9—里兹，10—伦敦，11—纽加塞耳，12—挪利其

10.7.2 经典的多维标度法

1. 距离阵

这里研究的距离不限于通常的欧几里得距离。首先对距离的意义加以拓广，给出如下的距离阵定义。

定义 10.3 一个 $n\times n$ 阶矩阵 $\boldsymbol{D}=(d_{ij})$，如果满足

(1) $\boldsymbol{D}^{\mathrm{T}}=\boldsymbol{D}$。

(2) $d_{ij}\geqslant 0, d_{ii}=0, i,j=1,2,\cdots,n$。

则称 $\boldsymbol{D}$ 为距离阵，d_{ij} 称为第 i 个点与第 j 个点间的距离。

表 10.52 就是一个距离阵。

有了一个距离阵 $\boldsymbol{D}=(d_{ij})$，多维标度法的目的就是要确定数 k，并且在 k 维空间 $\mathbf{R}^k$ 中求 n 个点 $\boldsymbol{e}_1,\boldsymbol{e}_2,\cdots,\boldsymbol{e}_n$，其中 $\boldsymbol{e}_i=[x_{i1},x_{i2},\cdots,x_{ik}]^{\mathrm{T}}$，使得这 n 个点的欧几里得距离与距离阵中的相应值在某种意义下尽量接近。即如果用 $\hat{\boldsymbol{D}}=(\hat{d}_{ij})$ 记求得的 n 个点的距离阵，则要求在某种意义下，$\hat{\boldsymbol{D}}$ 和 $\boldsymbol{D}$ 尽量接近。在实际中，为了使求得的结果易于解释，通常取 $k=1,2,3$。

下面给出多维标度法解的概念。

设按某种要求求得的 n 个点为 $\boldsymbol{e}_1,\boldsymbol{e}_2,\cdots,\boldsymbol{e}_n$，并写成矩阵形式 $\boldsymbol{X}=[\boldsymbol{e}_1,\boldsymbol{e}_2,\cdots,\boldsymbol{e}_n]^{\mathrm{T}}$，则称 $\boldsymbol{X}$ 为 $\boldsymbol{D}$ 的一个解（或叫多维标度解）。在多维标度法中，形象地称 $\boldsymbol{X}$ 为距离阵 $\boldsymbol{D}$ 的一个拟合构图（Configuration），由这 n 个点之间的欧几里得距离构成的距离阵称为 $\boldsymbol{D}$ 的拟合距离阵。所谓拟合构图，其含义是有了这 n 个点的坐标，可以在 R^k 中画出图来，使得它们的距离阵 $\hat{\boldsymbol{D}}$ 和原始的 n 个客体的距离阵 $\boldsymbol{D}$ 接近，并可给出原始 n 个客体关系的一个有含义的解释。特别地，如果 $\hat{\boldsymbol{D}}=\boldsymbol{D}$，则称 $\boldsymbol{X}$ 为 $\boldsymbol{D}$ 的一个构图。

由于求解的 n 个点仅仅要求它们的相对欧几里得距离和 $\boldsymbol{D}$ 接近，即只要求它们的相对位置确定而与它们在 $\mathbf{R}^k$ 中的绝对位置无关，所以所求得的解不唯一。

根据以上距离阵的定义，并不是任何距离阵 $\boldsymbol{D}$ 都真实地存在一个欧几里得空间 $\mathbf{R}^k$ 和其中的 n 个点，使得 n 个点之间的距离阵等于 $\boldsymbol{D}$。于是，一个距离阵并不一定都有通常距离的含义。为了把有通常含义和没有通常含义的距离阵区别开来，我们引进欧几里得型距离阵和非欧几里得型距离阵的概念。

2. 欧几里得距离阵

定义 10.4 对于一个 $n\times n$ 距离阵 $\boldsymbol{D}=(d_{ij})$，如果存在某个正整数 p 和 R^p 中的 n 个点 $\boldsymbol{e}_1,\boldsymbol{e}_2,\cdots,\boldsymbol{e}_n$，使得

$$d_{ij}^2=(\boldsymbol{e}_i-\boldsymbol{e}_j)^{\mathrm{T}}(\boldsymbol{e}_i-\boldsymbol{e}_j), i,j=1,2,\cdots,n, \tag{10.85}$$

则称 $\boldsymbol{D}$ 为欧几里得距离阵。

为了叙述问题方便，先引进几个记号。设 $\boldsymbol{D}=(d_{ij})$ 为一个距离阵，令

$$\begin{cases}\boldsymbol{A}=(a_{ij}), \quad a_{ij}=-\dfrac{1}{2}d_{ij}^2, \\ \boldsymbol{B}=\boldsymbol{HAH}, \quad 其中\ \boldsymbol{H}=\boldsymbol{I}_n-\dfrac{1}{n}\boldsymbol{E}_n,\end{cases} \tag{10.86}$$

式中：$\boldsymbol{I}_n$ 为 n 阶单位阵；$\boldsymbol{E}_n=\begin{bmatrix}1 & \cdots & 1\\ \vdots & \ddots & \vdots\\ 1 & \cdots & 1\end{bmatrix}_{n\times n}$。

对 $\boldsymbol{B}$ 计算主成分。如果是实际问题，按空间维数 1,2,3，主成分个数应分别取 $k=1,2,3$。这些主成分的对应分量就是所求的点的坐标。当然，坐标解并不唯一，平移或旋转不改变距离，仍然是解。也可以将其他的距离或相似系数改造成欧几里得距离，来反求其坐标。

3. 多维标度的经典解

下面给出求经典解的步骤。

(1) 由距离阵 $\boldsymbol{D}$ 构造矩阵 $\boldsymbol{A}=(a_{ij})=\left(-\frac{1}{2}d_{ij}^2\right)$。

(2) 作出矩阵 $\boldsymbol{B}=\boldsymbol{HAH}$，其中 $\boldsymbol{H}=\boldsymbol{I}_n-\frac{1}{n}\boldsymbol{E}_n$。

(3) 求出 $\boldsymbol{B}$ 的 k 个最大特征值 $\lambda_1\geqslant\lambda_2\geqslant\cdots\geqslant\lambda_k$，和对应的正交特征向量 $\boldsymbol{\alpha}_1,\cdots,\boldsymbol{\alpha}_k$，并且满足规格化条件 $\boldsymbol{\alpha}_i^{\mathrm{T}}\boldsymbol{\alpha}_i=\lambda_i, i=1,2,\cdots,k$。

需要注意的是，这里关于 k 的选取有两种方法：一种是事先指定，例如 $k=1,2,3$；另一种是考虑前 k 个特征值在全体特征值中所占的比例，这时需将所有特征值 $\lambda_1\geqslant\cdots\geqslant\lambda_n$ 求出。如果 λ_i 都非负，说明 $\boldsymbol{B}$ 为半正定矩阵，从而 $\boldsymbol{D}$ 为欧几里得距离阵，则依据

$$\varphi=\frac{\lambda_1+\lambda_2+\cdots+\lambda_k}{\lambda_1+\lambda_2+\cdots+\lambda_n}\geqslant\varphi_0 \tag{10.87}$$

确定上式成立的最小 k 值，其中 φ_0 为预先给定的百分数（即变差贡献比例）。如果 λ_i 中有负值，表明 $\boldsymbol{D}$ 不是欧几里得距离阵，这时用

$$\varphi=\frac{\lambda_1+\lambda_2+\cdots+\lambda_k}{|\lambda_1|+|\lambda_2|+\cdots+|\lambda_n|}\geqslant\varphi_0 \tag{10.88}$$

求出最小的 k 值，但必要求 $\lambda_1\geqslant\lambda_2\geqslant\cdots\geqslant\lambda_k>0$，否则必须减少 φ_0 的值以减少个数 k。

(4) 将所求得的特征向量顺序排成一个 $n\times k$ 矩阵 $\hat{\boldsymbol{X}}=[\boldsymbol{\alpha}_1,\boldsymbol{\alpha}_2,\cdots,\boldsymbol{\alpha}_k]$，则 $\hat{\boldsymbol{X}}$ 就是 $\boldsymbol{D}$ 的一个拟合构图，或者说 $\hat{\boldsymbol{X}}$ 的行向量 $\boldsymbol{e}_i^{\mathrm{T}}=[x_{i1},x_{i2},\cdots,x_{ik}], i=1,2,\cdots,n$，对应的点 $P_1,P_2,\cdots,P_n$ 是 $\boldsymbol{D}$ 的拟合构图点。这一 k 维拟合图称为经典解 k 维拟合构图（简称经典解）。

例 10.20 设 7×7 阶距离阵

$$\boldsymbol{D}=\begin{bmatrix}0 & 1 & \sqrt{3} & 2 & \sqrt{3} & 1 & 1\\ & 0 & 1 & \sqrt{3} & 2 & \sqrt{3} & 1\\ & & 0 & 1 & \sqrt{3} & 2 & 1\\ & & & 0 & 1 & \sqrt{3} & 1\\ & & & & 0 & 1 & 1\\ & & & & & 0 & 1\\ & & & & & & 0\end{bmatrix},$$

求 $\boldsymbol{D}$ 的经典解。

解 编写如下的 Matlab 程序：

```
clc, clear, close all
D=[0, 1, sqrt(3), 2, sqrt(3), 1, 1; zeros(1,2),1, sqrt(3), 2, sqrt(3), 1
  zeros(1,3),1, sqrt(3), 2, 1;zeros(1,4), 1, sqrt(3), 1
  zeros(1,5), 1, 1; zeros(1,6), 1; zeros(1,7)]         % 原始距离矩阵的上三角元素
d=D+D';                                                 % 构造完整的距离矩阵
[y,eigvals]=cmdscale(d) % 求经典解,d 可以为实对称矩阵或 pdist 函数的行向量输出
plot(y(:,1),y(:,2),'o','Color','k','LineWidth',1.3)     % 画出点的坐标
% 下面通过特征值和特征向量求经典解
A=-d.^2/2;                                              % 构造 A 矩阵
n=size(A,1);H=eye(n)-ones(n)/n;                         % 构造 H 矩阵
B=H*A*H;                                                % 构造 B 矩阵
[vec1,val1]=eig(B);        % 求 B 矩阵的特征向量 vec1 和特征值 val1
[val2,ind]=sort(diag(val1),'descend')                   % 把特征按从大到小排列
vec2=vec1(:,ind)                                        % 相应地把特征向量也重新排序
vec3=orth(vec2(:,[1,2]));                               % 构造正交特征向量
point=vec3.*sqrt(val2(1:2)')                            % 利用矩阵广播求点的坐标
hold on
plot(point(:,1),point(:,2),'D','Color','k','LineWidth',1.3)    % 验证不一致
theta=0.485;                                            % 旋转的角度
T=[cos(theta),-sin(theta);sin(theta),cos(theta)];
Tpoint=point*T;                                         % 把解进行正交变换
plot(Tpoint(:,1),Tpoint(:,2),'+','Color','k','LineWidth',1.3)  % 验证一致
legend({'Matlab 命令 cmdscale 求得的解','按照算法求得的一个解',...
'正交变换后得到的与 cmdscale 相同的解'},'Location','best')
```

求得 **B** 矩阵的特征值为

$$\lambda_1=\lambda_2=3,\lambda_3=\cdots=\lambda_7=0,$$

求得的 7 个点刚好为边长为 1 的正六边形的 6 个顶点和中心。求解结果如图 10.11 所示。

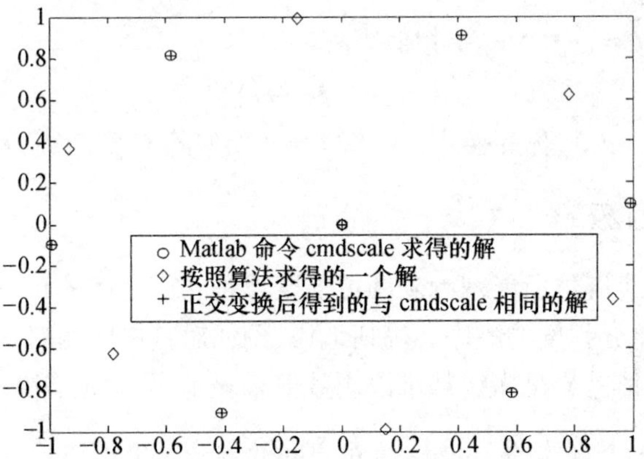

图 10.11　多维标度分析求解结果图

例 10.21（续例 10.19） 求例 10.19 的经典解。

解 编写 Matlab 程序如下：

```
clc, clear, close all
d =readmatrix('data10_21.txt'); d(isnan(d))=0;
d=nonzeros(d)';                    % 按照列顺序提出矩阵 d 中的非零元素,再化成行向量
cities={'1. 阿伯瑞斯吹','2. 布莱顿','3. 卡里斯尔','4. 多佛','5. 爱塞特',...
'6. 格拉斯哥','7. 赫尔','8. 印威内斯','9. 里兹','10. 伦敦',...
'11. 纽加塞耳','12. 挪利其'}                                  % 构造细胞数组
[y,eigvals]=cmdscale(d)                                       % 求经典解
plot(y(:,1),y(:,2),'o','Color','k','LineWidth',1.5)           % 画出点的坐标
text(y(:,1)-18,y(:,2)-12,cities);                             % 对点进行标注
```

求解结果如图 10.12 所示。

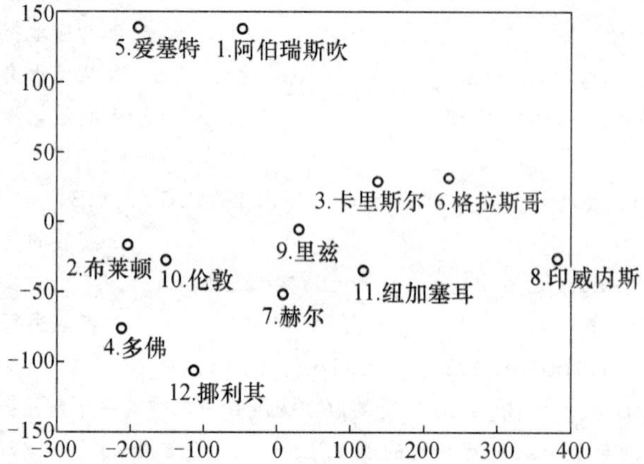

图 10.12 数据的多维标度分析

4. 相似阵情形

有时已知的不是 n 个客体之间的某种距离，而是已知 n 个客体之间的某种相似性，即已知的是一个相似矩阵。

定义 10.5 设 $\boldsymbol{C}=(c_{ij})$ 为一个相似矩阵，令

$$d_{ij}=(c_{ii}-2c_{ij}+c_{jj})^{1/2}, \tag{10.89}$$

得到一个距离阵 $\boldsymbol{D}=(d_{ij})$，称变换式(10.89)为从相似阵 $\boldsymbol{C}$ 到距离 $\boldsymbol{D}$ 的标准变换。

10.7.3 非度量方法

在实际中，对 n 个客体所能观测到的可能既不是它们之间的距离也不是相似系数，而只是它们之间某种差异程度的顺序。确切地说，例如对其中的两对客体 i 和 j，s 和 t，每对之间都有差异，但具体差异是多少都难以用数值来表示，只知道 i 和 j 的差异要比 s 和 t 的差异大。这样对于 n 个客体的 $\frac{1}{2}n(n-1)$ 对之间的差异程度可以排一个序，即

$$d_{i_1j_1}\leqslant d_{i_2j_2}\leqslant\cdots\leqslant d_{i_mj_m}, m=\frac{1}{2}n(n-1), \tag{10.90}$$

式中：$d_{i_r j_r}$为客体 i_r 和 j_r 之间的差异，数学上，可以赋予每个 $d_{i_r j_r}$ 一个数值，但数值大小本身没有什么含义，仅是为了标明式(10.90)中的顺序而用的。

我们希望仅从 n 个客体之间的这种差异顺序出发找出一个拟合构图 $\boldsymbol{X}$ 来反映这 n 个客体之间的结构关系。这就是非度量多维标度所要解决的问题。

在多维标度方法中，使用 Stress 度量拟合精度，Stress 的一种定义如下：

$$\text{Stress} = \left[\frac{\sum\limits_{1\leqslant i<j\leqslant n}(\hat{\delta}_{ij}^2 - d_{ij}^2)^2}{\sum\limits_{1\leqslant i<j\leqslant n}(\hat{\delta}_{ij}^2)^2}\right]^{\frac{1}{2}},$$

式中：$\hat{\delta}_{ij}$为拟合后的两点间的距离，Matlab 和 SPSS 等软件会直接给出该检验值。

Matlab 中的非度量方法的多维标度分析的命令是 mdscale。

拓展阅读材料

方群，邵晓，郭定荣，舰艇编队信息融合中模糊 C-均值算法改进研究[J]. 舰船电子工程，32(8)：50-51，92，2012.

习　题　10

10.1　表 10.53 是 1999 年中国省(自治区、直辖市)的城市规模结构特征的一些数据，试通过聚类分析将这些省(自治区、直辖市)进行分类。

表 10.53　城市规模结构特征数据

省(自治区、直辖市)	城市规模/万人	城市首位度	城市指数	基尼系数	城市规模中位值/万人
京津冀	699.70	1.4371	0.9364	0.7804	10.880
山西	179.46	1.8982	1.0006	0.5870	11.780
内蒙古	111.13	1.4180	0.6772	0.5158	17.775
辽宁	389.60	1.9182	0.8541	0.5762	26.320
吉林	211.34	1.7880	1.0798	0.4569	19.705
黑龙江	259.00	2.3059	0.3417	0.5076	23.480
苏沪	923.19	3.7350	2.0572	0.6208	22.160
浙江	139.29	1.8712	0.8858	0.4536	12.670
安徽	102.78	1.2333	0.5326	0.3798	27.375
福建	108.50	1.7291	0.9325	0.4687	11.120
江西	129.20	3.2454	1.1935	0.4519	17.080
山东	173.35	1.0018	0.4296	0.4503	21.215
河南	151.54	1.4927	0.6775	0.4738	13.940
湖北	434.46	7.1328	2.4413	0.5282	19.190
湖南	139.29	2.3501	0.8360	0.4890	14.250

（续）

省(自治区、直辖市)	城市规模/万人	城市首位度	城市指数	基尼系数	城市规模中位值/万人
广东	336.54	3.5407	1.3863	0.4020	22.195
广西	96.12	1.2288	0.6382	0.5000	14.340
海南	45.43	2.1915	0.8648	0.4136	8.730
川渝	365.01	1.6801	1.1486	0.5720	18.615
云南	146.00	6.6333	2.3785	0.5359	12.250
贵州	136.22	2.8279	1.2918	0.5984	10.470
西藏	11.79	4.1514	1.1798	0.6118	7.315
陕西	244.04	5.1194	1.9682	0.6287	17.800
甘肃	145.49	4.7515	1.9366	0.5806	11.650
青海	61.36	8.2695	0.8598	0.8098	7.420
宁夏	47.60	1.5078	0.9587	0.4843	9.730
新疆	128.67	3.8535	1.6216	0.4901	14.470

10.2 表10.54是我国1984—2000年宏观投资的一些数据，试利用主成分分析对投资效益进行分析和排序。

表10.54　1984—2000年宏观投资效益主要指标

年份	投资效果系数（无时滞）	投资效果系数（时滞一年）	全社会固定资产交付使用率	建设项目投产率	基建房屋竣工率
1984	0.71	0.49	0.41	0.51	0.46
1985	0.40	0.49	0.44	0.57	0.50
1986	0.55	0.56	0.48	0.53	0.49
1987	0.62	0.93	0.38	0.53	0.47
1988	0.45	0.42	0.41	0.54	0.47
1989	0.36	0.37	0.46	0.54	0.48
1990	0.55	0.68	0.42	0.54	0.46
1991	0.62	0.90	0.38	0.56	0.46
1992	0.61	0.99	0.33	0.57	0.43
1993	0.71	0.93	0.35	0.66	0.44
1994	0.59	0.69	0.36	0.57	0.48
1995	0.41	0.47	0.40	0.54	0.48
1996	0.26	0.29	0.43	0.57	0.48
1997	0.14	0.16	0.43	0.55	0.47
1998	0.12	0.13	0.45	0.59	0.54
1999	0.22	0.25	0.44	0.58	0.52
2000	0.71	0.49	0.41	0.51	0.46

10.3 表 10.55 资料为 25 名健康人的 7 项生化检验结果,7 项生化检验指标依次命名为 x_1, x_2,…,x_7,请对该资料进行因子分析。

表 10.55 检验数据

x_1	x_2	x_3	x_4	x_5	x_6	x_7
3.76	3.66	0.54	5.28	9.77	13.74	4.78
8.59	4.99	1.34	10.02	7.5	10.16	2.13
6.22	6.14	4.52	9.84	2.17	2.73	1.09
7.57	7.28	7.07	12.66	1.79	2.1	0.82
9.03	7.08	2.59	11.76	4.54	6.22	1.28
5.51	3.98	1.3	6.92	5.33	7.3	2.4
3.27	0.62	0.44	3.36	7.63	8.84	8.39
8.74	7	3.31	11.68	3.53	4.76	1.12
9.64	9.49	1.03	13.57	13.13	18.52	2.35
9.73	1.33	1	9.87	9.87	11.06	3.7
8.59	2.98	1.17	9.17	7.85	9.91	2.62
7.12	5.49	3.68	9.72	2.64	3.43	1.19
4.69	3.01	2.17	5.98	2.76	3.55	2.01
5.51	1.34	1.27	5.81	4.57	5.38	3.43
1.66	1.61	1.57	2.8	1.78	2.09	3.72
5.9	5.76	1.55	8.84	5.4	7.5	1.97
9.84	9.27	1.51	13.6	9.02	12.67	1.75
8.39	4.92	2.54	10.05	3.96	5.24	1.43
4.94	4.38	1.03	6.68	6.49	9.06	2.81
7.23	2.3	1.77	7.79	4.39	5.37	2.27
9.46	7.31	1.04	12	11.58	16.18	2.42
9.55	5.35	4.25	11.74	2.77	3.51	1.05
4.94	4.52	4.5	8.07	1.79	2.1	1.29
8.21	3.08	2.42	9.1	3.75	4.66	1.72
9.41	6.44	5.11	12.5	2.45	3.1	0.91

10.4 为了了解家庭的特征与其消费模式之间的关系。调查了 70 个家庭的下面两组变量:

x_1:每年去餐馆就餐的频率;

x_2:每年外出看电影的频率。

y_1:户主的年龄;

y_2:家庭的年收入;

y_3:户主受教育程度。

已知相关系数矩阵见表 10.56,试对两组变量之间的相关性进行典型相关分析。

表 10.56 相关系数矩阵

	x_1	x_2	y_1	y_2	y_3
x_1	1	0.8	0.26	0.67	0.34
x_2	0.8	1	0.33	0.59	0.34
y_1	0.26	0.33	1	0.37	0.21
y_2	0.67	0.59	0.37	1	0.35
y_3	0.34	0.34	0.21	0.35	1

10.5 近年来我国淡水湖水质富营养化的污染日趋严重，如何对湖泊水质的富营养化进行综合评价与治理是摆在我们面前的一项重要任务。表 10.57 和表 10.58 分别为我国 5 个湖泊的实测数据和湖泊水质评价标准。

表 10.57 全国 5 个主要湖泊评价参数的实测数据

湖泊 \ 评价参数	总磷/(mg/L)	耗氧量/(mg/L)	透明度/L	总氮/(mg/L)
杭州西湖	130	10.3	0.35	2.76
武汉东湖	105	10.7	0.4	2.0
青海湖	20	1.4	4.5	0.22
巢湖	30	6.26	0.25	1.67
滇池	20	10.13	0.5	0.23

表 10.58 湖泊水质评价标准

评价参数	极贫营养	贫营养	中营养	富营养	极富营养
总磷	<1	4	23	110	>660
耗氧量	<0.09	0.36	1.8	7.1	>27.1
透明度	>37	12	2.4	0.55	<0.17
总氮	<0.02	0.06	0.31	1.2	>4.6

(1) 试利用以上数据，分析总磷、耗氧量、透明度和总氮这 4 种指标对湖泊水质富营养化所起的作用。

(2) 对上述 5 个湖泊的水质进行综合评估，确定水质等级。

10.6 表 10.59 是我国 16 个地区农民 1982 年支出情况的抽样调查的汇总资料，每个地区都调查了反映每人平均生活消费支出情况的 6 个指标：食品(x_1)，衣着(x_2)，燃料(x_3)，住房(x_4)，生活用品及其他(x_5)，文化生活服务支出(x_6)。

表 10.59 16 个地区农民生活水平的调查数据 (单位:元)

地区	x_1	x_2	x_3	x_4	x_5	x_6
北京	190.33	43.77	9.73	60.54	49.01	9.04
天津	135.20	36.40	10.47	44.16	36.49	3.94
河北	95.21	22.83	9.30	22.44	22.81	2.80
山西	104.78	25.11	6.40	9.89	18.17	3.25

(续)

地区	x_1	x_2	x_3	x_4	x_5	x_6
内蒙古	128.41	27.63	8.94	12.58	23.99	3.27
辽宁	145.68	32.83	17.79	27.29	39.09	3.47
吉林	159.37	33.38	18.37	11.81	25.29	5.22
黑龙江	116.22	29.57	13.24	13.76	21.75	6.04
上海	221.11	38.64	12.53	115.65	50.82	5.89
江苏	144.98	29.12	11.67	42.60	27.30	5.74
浙江	169.92	32.75	12.72	47.12	34.35	5.00
安徽	153.11	23.09	15.62	23.54	18.18	6.39
福建	144.92	21.26	16.96	19.52	21.75	6.73
江西	140.54	21.50	17.64	19.19	15.97	4.94
山东	115.84	30.26	12.20	33.61	33.77	3.85
河南	101.18	23.26	8.46	20.20	20.50	4.30

(1) 试用对应分析方法对所考察的6项指标和16个地区进行分类。

(2) 用R型因子分析方法(参数估计方法用主成分法)分析该组数据;并与(1)的结果比较。

(3) 用聚类分析方法分析该组数据;与(1)、(2)的结果比较。

10.7 表10.60的数据是10种不同可乐软包装饮料的品牌的相似阵(0表示相同,100表示完全不同),试用多维标度法对其进行处理。

表10.60 可乐软包装饮料数据

品牌 \ 品牌	1	2	3	4	5	6	7	8	9	10
1. Diet Pepsi	0									
2. Riet-Rite	34	0								
3. Yukon	79	54	0							
4. Dr. Pepper	86	56	70	0						
5. Shasta	76	30	51	66	0					
6. Coca-Cola	63	40	37	90	35	0				
7. Ciet Dr. Pepper	57	86	77	50	76	77	0			
8. Tab	62	80	71	88	67	54	66	0		
9. Papsi-Cola	65	23	69	66	22	35	76	71	0	
10. Diet-Rite	26	60	70	89	63	67	59	33	59	0

10.8 下面是关于摩托车的一个调查,共有20种车的数据,其中考察了5个变量:

(1) 发动机大小,用1、2、3、4、5来代表。

(2) 汽罐容量,用1、2、3来相对描述。

(3) 费油率,用1、2、3、4来相对描述。

(4) 质量,用1、2、3、4、5来描述。

(5) 产地,0表示北美生产,1表示其余产地。

试用多维标度法来处理表 10.61 中的数据,并对结果进行解释。

表 10.61　摩托车性能数据

车类型	发动机大小	汽罐容量	费油率	质量	产地
Pontiac Paris	5	3	4	5	0
Honda Civic	1	1	1	1	1
Buick Century	4	2	4	3	0
Subaru GL	1	1	1	2	1
Volvo 740GLE	2	1	2	3	1
Plymouth Caragel	2	1	2	3	0
Honda Accord	1	1	2	2	1
Chev Camaro	3	2	3	4	0
Plymouth Horizon	2	1	2	2	0
Chrvsler Davtona	2	1	2	3	0
Cadillac Fleetw	4	3	4	5	0
Ford Mustang	5	3	4	4	0
Toyota Celica	2	1	2	2	1
Ford Escort	1	1	2	2	0
Toyota Tercel	1	1	1	1	1
Toyota Camry	2	1	1	2	1
Mercury Capri	5	3	4	4	0
Toyota Cressida	3	2	3	4	1
Nissan 300ZX	3	2	4	4	1
Nissan Maxima	3	2	4	4	1

第 11 章　偏最小二乘回归分析

在实际问题中,经常遇到需要研究两组多重相关变量间的相互依赖关系,并研究用一组变量(常称为自变量或预测变量)去预测另一组变量(常称为因变量或响应变量),除了最小二乘准则下的经典多元线性回归分析(MLR),提取自变量组主成分的主成分回归分析(PCR)等方法外,还有近年发展起来的偏最小二乘(PLS)回归方法。

偏最小二乘回归提供一种多对多线性回归建模的方法,特别当两组变量的个数很多,且都存在多重相关性,而观测数据的数量(样本量)又较少时,用偏最小二乘回归建立的模型具有传统的经典回归分析等方法所没有的优点。

偏最小二乘回归分析在建模过程中集中了主成分分析、典型相关分析和线性回归分析方法的特点,因此在分析结果中,除了可以提供一个更为合理的回归模型外,还可以同时完成一些类似于主成分分析和典型相关分析的研究内容,提供一些更丰富、深入的信息。

本章介绍偏最小二乘回归分析的建模方法;通过例子从预测角度对所建立的回归模型进行比较。

11.1　偏最小二乘回归分析概述

考虑 p 个因变量 $y_1,y_2,\cdots,y_p$ 与 m 个自变量 $x_1,x_2,\cdots,x_m$ 的建模问题。偏最小二乘回归的基本做法是首先在自变量集中提出第一成分 u_1(u_1 是 $x_1,x_2,\cdots,x_m$ 的线性组合,且尽可能多地提取原自变量集中的变异信息);同时在因变量集中也提取第一成分 v_1,并要求 u_1 与 v_1 相关程度达到最大。然后建立因变量 $y_1,y_2,\cdots,y_p$ 与 u_1 的回归方程,如果回归方程已达到满意的精度,则算法中止。否则继续第二对成分的提取,直到能达到满意的精度为止。若最终对自变量集提取 r 个成分 $u_1,u_2,\cdots,u_r$,则偏最小二乘回归将通过建立 $y_1,y_2,\cdots,y_p$ 与 $u_1,u_2,\cdots,u_r$ 的回归方程,然后再表示为 $y_1,y_2,\cdots,y_p$ 与原自变量的回归方程式,即偏最小二乘回归方程式。

方便起见,不妨假定 p 个因变量 $y_1,y_2,\cdots,y_p$ 与 m 个自变量 $x_1,x_2,\cdots,x_m$ 均为标准化变量。自变量组和因变量组的 n 次标准化观测数据矩阵分别记为

$$\boldsymbol{A}=\begin{bmatrix} a_{11} & \cdots & a_{1m} \\ \vdots & \ddots & \vdots \\ a_{n1} & \cdots & a_{nm} \end{bmatrix},\boldsymbol{B}=\begin{bmatrix} b_{11} & \cdots & b_{1p} \\ \vdots & \ddots & \vdots \\ b_{n1} & \cdots & b_{np} \end{bmatrix}.$$

下面介绍偏最小二乘回归分析建模的具体步骤。

(1) 分别提取两变量组的第一对成分,并使之相关性达到最大。假设从两组变量分别提出第一对成分为 u_1 和 v_1,u_1 是自变量集 $\boldsymbol{X}=[x_1,x_2,\cdots,x_m]^{\mathrm{T}}$ 的线性组合 $u_1=\alpha_{11}x_1+\alpha_{12}x_2+\cdots+\alpha_{1m}x_m=\boldsymbol{\rho}^{(1)\mathrm{T}}\boldsymbol{X}$,$v_1$ 是因变量集 $\boldsymbol{Y}=[y_1,y_2,\cdots,y_p]^{\mathrm{T}}$ 的线性组合 $v_1=\beta_{11}y_1+\beta_{12}y_2+\cdots+$

$\beta_{1p}y_p=\boldsymbol{\gamma}^{(1)\mathrm{T}}\boldsymbol{Y}$。为了回归分析的需要，要求：

① u_1 和 v_1 各自尽可能多地提取所在变量组的变异信息；

② u_1 和 v_1 的相关程度达到最大。

由两组变量集的标准化观测数据矩阵 $\boldsymbol{A}$ 和 $\boldsymbol{B}$，可以计算第一对成分的得分向量，记为 $\hat{\boldsymbol{u}}_1$ 和 $\hat{\boldsymbol{v}}_1$

$$\hat{\boldsymbol{u}}_1=\boldsymbol{A}\boldsymbol{\rho}^{(1)}=\begin{bmatrix} a_{11} & \cdots & a_{1m} \\ \vdots & \ddots & \vdots \\ a_{n1} & \cdots & a_{nm} \end{bmatrix}\begin{bmatrix} \alpha_{11} \\ \vdots \\ \alpha_{1m} \end{bmatrix}, \tag{11.1}$$

$$\hat{\boldsymbol{v}}_1=\boldsymbol{B}\boldsymbol{\gamma}^{(1)}=\begin{bmatrix} b_{11} & \cdots & b_{1p} \\ \vdots & \ddots & \vdots \\ b_{n1} & \cdots & b_{np} \end{bmatrix}\begin{bmatrix} \beta_{11} \\ \vdots \\ \beta_{1p} \end{bmatrix}. \tag{11.2}$$

第一对成分 u_1 和 v_1 的协方差 $\mathrm{Cov}(u_1,v_1)$ 可用第一对成分的得分向量 $\hat{\boldsymbol{u}}_1$ 和 $\hat{\boldsymbol{v}}_1$ 的内积来计算。故而以上两个要求可化为数学上的条件极值问题

$$\max(\hat{\boldsymbol{u}}_1\cdot\hat{\boldsymbol{v}}_1)=(\boldsymbol{A}\boldsymbol{\rho}^{(1)}\cdot\boldsymbol{B}\boldsymbol{\gamma}^{(1)})=\boldsymbol{\rho}^{(1)\mathrm{T}}\boldsymbol{A}^{\mathrm{T}}\boldsymbol{B}\boldsymbol{\gamma}^{(1)},$$

$$\text{s. t.}\begin{cases}\boldsymbol{\rho}^{(1)\mathrm{T}}\boldsymbol{\rho}^{(1)}=\|\boldsymbol{\rho}^{(1)}\|^2=1,\\ \boldsymbol{\gamma}^{(1)\mathrm{T}}\boldsymbol{\gamma}^{(1)}=\|\boldsymbol{\gamma}^{(1)}\|^2=1.\end{cases} \tag{11.3}$$

利用拉格朗日乘数法，问题化为求单位向量 $\boldsymbol{\rho}^{(1)}$ 和 $\boldsymbol{\gamma}^{(1)}$，使 $\theta_1=\boldsymbol{\rho}^{(1)\mathrm{T}}\boldsymbol{A}^{\mathrm{T}}\boldsymbol{B}\boldsymbol{\gamma}^{(1)}$ 达到最大。问题的求解只需通过计算 $m\times m$ 矩阵 $\boldsymbol{M}=\boldsymbol{A}^{\mathrm{T}}\boldsymbol{B}\boldsymbol{B}^{\mathrm{T}}\boldsymbol{A}$ 的特征值和特征向量，且 $\boldsymbol{M}$ 的最大特征值为 θ_1^2，相应的单位特征向量就是所求的解 $\boldsymbol{\rho}^{(1)}$，而 $\boldsymbol{\gamma}^{(1)}$ 可由 $\boldsymbol{\rho}^{(1)}$ 计算得到，即

$$\boldsymbol{\gamma}^{(1)}=\frac{1}{\theta_1}\boldsymbol{B}^{\mathrm{T}}\boldsymbol{A}\boldsymbol{\rho}^{(1)}. \tag{11.4}$$

(2) 建立 $y_1,y_2,\cdots,y_p$ 对 u_1 的回归方程及 $x_1,x_2,\cdots,x_m$ 对 u_1 的回归方程。假定回归模型为

$$\begin{cases}\boldsymbol{A}=\hat{\boldsymbol{u}}_1\boldsymbol{\sigma}^{(1)\mathrm{T}}+\boldsymbol{A}_1,\\ \boldsymbol{B}=\hat{\boldsymbol{u}}_1\boldsymbol{\tau}^{(1)\mathrm{T}}+\boldsymbol{B}_1,\end{cases} \tag{11.5}$$

式中：$\boldsymbol{\sigma}^{(1)}=[\sigma_{11},\sigma_{12},\cdots,\sigma_{1m}]^{\mathrm{T}}$，$\boldsymbol{\tau}^{(1)}=[\tau_{11},\tau_{12},\cdots,\tau_{1p}]^{\mathrm{T}}$ 分别为多对一的回归模型中的参数向量；$\boldsymbol{A}_1$ 和 $\boldsymbol{B}_1$ 是残差阵。

回归系数向量 $\boldsymbol{\sigma}^{(1)}$，$\boldsymbol{\tau}^{(1)}$ 的最小二乘估计为

$$\begin{cases}\boldsymbol{\sigma}^{(1)}=\boldsymbol{A}^{\mathrm{T}}\hat{\boldsymbol{u}}_1/\|\hat{\boldsymbol{u}}_1\|^2,\\ \boldsymbol{\tau}^{(1)}=\boldsymbol{B}^{\mathrm{T}}\hat{\boldsymbol{u}}_1/\|\hat{\boldsymbol{u}}_1\|^2,\end{cases} \tag{11.6}$$

称 $\boldsymbol{\sigma}^{(1)}$，$\boldsymbol{\tau}^{(1)}$ 为模型效应负荷量。

(3) 用残差阵 $\boldsymbol{A}_1$ 和 $\boldsymbol{B}_1$ 代替 $\boldsymbol{A}$ 和 $\boldsymbol{B}$，重复以上步骤。记 $\hat{\boldsymbol{A}}=\hat{\boldsymbol{u}}_1\boldsymbol{\sigma}^{(1)\mathrm{T}}$，$\hat{\boldsymbol{B}}=\hat{\boldsymbol{u}}_1\boldsymbol{\tau}^{(1)\mathrm{T}}$，则残差阵 $\boldsymbol{A}_1=\boldsymbol{A}-\hat{\boldsymbol{A}}$，$\boldsymbol{B}_1=\boldsymbol{B}-\hat{\boldsymbol{B}}$。如果残差阵 $\boldsymbol{B}_1$ 中元素的绝对值近似为 0，则认为用第一个成分建立的回归方程精度已满足需要了，可以停止抽取成分。否则用残差阵 $\boldsymbol{A}_1$ 和 $\boldsymbol{B}_1$ 代替 $\boldsymbol{A}$ 和 $\boldsymbol{B}$ 重复以上步骤，即得

$$\boldsymbol{\rho}^{(2)}=[\alpha_{21},\alpha_{22},\cdots,\alpha_{2m}]^{\mathrm{T}},\boldsymbol{\gamma}^{(2)}=[\beta_{21},\beta_{22},\cdots,\beta_{2p}]^{\mathrm{T}},$$

而 $\hat{\boldsymbol{u}}_2=\boldsymbol{A}_1\boldsymbol{\rho}^{(2)}$，$\hat{\boldsymbol{v}}_2=\boldsymbol{B}_1\boldsymbol{\gamma}^{(2)}$ 为第二对成分的得分向量，且

$$\boldsymbol{\sigma}^{(2)}=\boldsymbol{A}_1^{\mathrm{T}}\hat{\boldsymbol{u}}_2/\|\hat{\boldsymbol{u}}_2\|^2,\boldsymbol{\tau}^{(2)}=\boldsymbol{B}_1^{\mathrm{T}}\hat{\boldsymbol{u}}_2/\|\hat{\boldsymbol{u}}_2\|^2$$

分别为 $\boldsymbol{X},\boldsymbol{Y}$ 的第二对成分的负荷量。这时有

$$\begin{cases}\boldsymbol{A}=\hat{\boldsymbol{u}}_1\boldsymbol{\sigma}^{(1)\mathrm{T}}+\hat{\boldsymbol{u}}_2\boldsymbol{\sigma}^{(2)\mathrm{T}}+\boldsymbol{A}_2,\\ \boldsymbol{B}=\hat{\boldsymbol{u}}_1\boldsymbol{\tau}^{(1)\mathrm{T}}+\hat{\boldsymbol{u}}_2\boldsymbol{\tau}^{(2)\mathrm{T}}+\boldsymbol{B}_2.\end{cases}$$

(4) 设 $n\times m$ 数据阵 $\boldsymbol{A}$ 的秩为 $r\leqslant\min(n-1,m)$,则存在 r 个成分 $u_1,u_2,\cdots,u_r$,使得

$$\begin{cases}\boldsymbol{A}=\hat{\boldsymbol{u}}_1\boldsymbol{\sigma}^{(1)\mathrm{T}}+\cdots+\hat{\boldsymbol{u}}_r\boldsymbol{\sigma}^{(r)\mathrm{T}}+\boldsymbol{A}_r,\\ \boldsymbol{B}=\hat{\boldsymbol{u}}_1\boldsymbol{\tau}^{(1)\mathrm{T}}+\cdots+\hat{\boldsymbol{u}}_r\boldsymbol{\tau}^{(r)\mathrm{T}}+\boldsymbol{B}_r.\end{cases}\tag{11.7}$$

把 $u_k=\alpha_{k1}x_1+\alpha_{k2}x_2+\cdots+\alpha_{km}x_m(k=1,2,\cdots,r)$,代入 $\boldsymbol{Y}=u_1\boldsymbol{\tau}^{(1)}+u_2\boldsymbol{\tau}^{(2)}+\cdots+u_r\boldsymbol{\tau}^{(r)}$,即得 p 个因变量的偏最小二乘回归方程式为

$$y_j=c_{j1}x_1+c_{j2}x_2+\cdots+c_{jm}x_m,j=1,2,\cdots,p.\tag{11.8}$$

(5) 交叉有效性检验。一般情况下,偏最小二乘法并不需要选用存在的 r 个成分 $u_1,u_2,\cdots,u_r$ 来建立回归方程,而像主成分分析一样,只选用前 l 个成分($l\leqslant r$),即可得到预测能力较好的回归模型。对于建模所需提取的成分个数 l,可以通过交叉有效性检验来确定。

每次舍去第 i 个观测数据($i=1,2,\cdots,n$),对余下的 $n-1$ 个观测数据用偏最小二乘回归方法建模,并考虑抽取 $h(h\leqslant r)$ 个成分后拟合的回归方程,然后把舍去的自变量组第 i 个观测数据代入所拟合的回归方程式,得到 $y_j(j=1,2,\cdots,p)$ 在第 i 个观测点上的预测值 $\hat{b}_{(i)j}(h)$。对 $i=1,2,\cdots,n$ 重复以上的验证,即得抽取 h 个成分时第 j 个因变量 $y_j(j=1,2,\cdots,p)$ 的预测误差平方和为

$$\mathrm{PRESS}_j(h)=\sum_{i=1}^{n}[b_{ij}-\hat{b}_{(i)j}(h)]^2,j=1,2,\cdots,p,$$

$\boldsymbol{Y}=[y_1,y_2,\cdots,y_p]^{\mathrm{T}}$ 的预测误差平方和为

$$\mathrm{PRESS}(h)=\sum_{j=1}^{p}\mathrm{PRESS}_j(h).$$

另外,再采用所有的样本点,拟合含 h 个成分的回归方程。这时,记第 i 个样本点的预测值为 $\hat{b}_{ij}(h)$,则可以定义 y_j 的误差平方和为

$$\mathrm{SS}_j(h)=\sum_{i=1}^{n}[b_{ij}-\hat{b}_{ij}(h)]^2,$$

定义 Y 的误差平方和为

$$\mathrm{SS}(h)=\sum_{j=1}^{p}\mathrm{SS}_j(h).$$

当 PRESS(h)达到最小值时,对应的 h 即为所求的成分个数 l。通常,总有 PRESS(h)大于 SS(h),而 SS(h)则小于 SS($h-1$)。因此,在提取成分时,总希望比值 PRESS(h)/SS($h-1$)越小越好;一般可设定限制值为 0.05,即当

$$\mathrm{PRESS}(h)/\mathrm{SS}(h-1)\leqslant(1-0.05)^2=0.95^2$$

时,增加成分 u_h 有利于模型精度的提高。或者反过来说,当

$$\mathrm{PRESS}(h)/\mathrm{SS}(h-1)>0.95^2$$

时,就认为增加新的成分 u_h 对减少方程的预测误差无明显的改善作用。

为此,定义交叉有效性为 $Q_h^2=1-\text{PRESS}(h)/\text{SS}(h-1)$,这样,在建模的每一步计算结束前,均进行交叉有效性检验,如果在第 h 步有 $Q_h^2<1-0.95^2=0.0975$,则模型达到精度要求,可停止提取成分;若 $Q_h^2\geqslant 0.0975$,则表示第 h 步提取的 u_h 成分的边际贡献显著,应继续第 $h+1$ 步计算。

11.2 Matlab 偏最小二乘回归命令 plsregress

Matlab 工具箱中偏最小二乘回归命令 plsregress 的使用格式为

```
[XL,YL,XS,YS,BETA,PCTVAR,MSE,stats] = plsregress (X,Y,ncomp)
```

其中:X 为 $n\times m$ 的自变量数据矩阵,每一行对应一个观测,每一列对应一个变量;Y 为 $n\times p$ 的因变量数据矩阵,每一行对应一个观测,每一列对应一个变量;ncomp 为成分的个数,ncomp 的默认值为 min(n-1,m)。返回值 XL 为对应于 $\boldsymbol{\sigma}^{(i)}$ 的 $m\times$ncomp 的负荷量矩阵,它的每一行为对应于式(11.7)的第一式的回归表达式;YL 为对应于 $\boldsymbol{\tau}^{(i)}$ 的 $p\times$ncomp 矩阵,它的每一行为对应于式(11.7)的第二式的回归表达式;XS 是对应于 $\hat{\boldsymbol{u}}_i$ 的得分矩阵,Matlab 工具箱中对应于式(11.3)的特征向量 $\boldsymbol{\rho}^{(i)}$ 不是取为单位向量,$\boldsymbol{\rho}^{(i)}$ 取为使得每个 $\hat{\boldsymbol{u}}_i$ 对应的得分向量是单位向量,且不同的得分向量是正交的;YS 是对应于 $\hat{\boldsymbol{v}}_i$ 的得分矩阵,它的每一列不是单位向量,列与列之间也不正交;BETA 的每一列为对应于式(11.8)的回归表达式;PCTVAR 是一个两行矩阵,第一行的每个元素对应着自变量提出成分的贡献率,第二行的每个元素对应着因变量提出成分的贡献率;MSE 是一个两行矩阵,第一行的第 j 个元素对应着自变量与它的前 $j-1$ 个提出成分之间回归方程的剩余标准差,第二行的第 j 元素对应着因变量与它的前 $j-1$ 个提出成分之间回归方程的剩余标准差;stats 返回 4 个值,其中返回值 stats. W 的每一列对应着特征向量 $\boldsymbol{\rho}^{(i)}$,这里的特征向量不是单位向量。

11.3 案 例 分 析

例 11.1 本例采用兰纳胡德(Linnerud)给出的关于体能训练的数据进行偏最小二乘回归建模。在这个数据系统中被测的样本点,是某健身俱乐部的 20 位中年男子。被测变量分为两组。第一组是身体特征指标 $\boldsymbol{X}$,包括体重、腰围、脉搏。第二组变量是训练结果指标 $\boldsymbol{Y}$,包括单杠、弯曲、跳高。原始数据见表 11.1。

表 11.1 体能训练数据

序号	体重(x_1)	腰围(x_2)	脉搏(x_3)	单杠(y_1)	弯曲(y_2)	跳高(y_3)
1	191	36	50	5	162	60
2	189	37	52	2	110	60
3	193	38	58	12	101	101
4	162	35	62	12	105	37
5	189	35	46	13	155	58
6	182	36	56	4	101	42

（续）

序号	体重(x_1)	腰围(x_2)	脉搏(x_3)	单杠(y_1)	弯曲(y_2)	跳高(y_3)
7	211	38	56	8	101	38
8	167	34	60	6	125	40
9	176	31	74	15	200	40
10	154	33	56	17	251	250
11	169	34	50	17	120	38
12	166	33	52	13	210	115
13	154	34	64	14	215	105
14	247	46	50	1	50	50
15	193	36	46	6	70	31
16	202	37	62	12	210	120
17	176	37	54	4	60	25
18	157	32	52	11	230	80
19	156	33	54	15	225	73
20	138	33	68	2	110	43
均值 标准差	178.6 24.6905	35.4 3.202	56.1 7.2104	9.45 5.2863	145.55 62.5666	70.3 51.2775

解　x_1,x_2,x_3 分别表示自变量指标体重、腰围、脉搏，y_1,y_2,y_3 分别表示因变量指标单杠、弯曲、跳高，自变量的观测数据矩阵记为 $\boldsymbol{A}=(a_{ij})_{20\times 3}$，因变量的观测数据矩阵记为 $\boldsymbol{B}=(b_{ij})_{20\times 3}$。

（1）数据标准化。将各指标值 a_{ij} 转换成标准化指标值 $\tilde{a}_{ij}$，有

$$\tilde{a}_{ij}=\frac{a_{ij}-\mu_j^{(1)}}{s_j^{(1)}},i=1,2,\cdots,20,j=1,2,3,$$

式中：$\mu_j^{(1)}=\frac{1}{20}\sum_{i=1}^{20}a_{ij}$；$s_j^{(1)}=\sqrt{\frac{1}{20-1}\sum_{i=1}^{20}(a_{ij}-\mu_j^{(1)})^2}$，$j=1,2,3$，即 $\mu_j^{(1)}$，$s_j^{(1)}$ 为第 j 个自变量 x_j 的样本均值和样本标准差。

对应地，称

$$\tilde{x}_j=\frac{x_j-\mu_j^{(1)}}{s_j^{(1)}},j=1,2,3$$

为标准化指标变量。

类似地，将 b_{ij} 转换成标准化指标值 $\tilde{b}_{ij}$，有

$$\tilde{b}_{ij}=\frac{b_{ij}-\mu_j^{(2)}}{s_j^{(2)}},i=1,2,\cdots,20,j=1,2,3,$$

式中：$\mu_j^{(2)}=\frac{1}{20}\sum_{i=1}^{20}b_{ij}$；$s_j^{(2)}=\sqrt{\frac{1}{20-1}\sum_{i=1}^{20}(b_{ij}-\mu_j^{(2)})^2}$，$j=1,2,3$，即 $\mu_j^{(2)}$，$s_j^{(2)}$ 为第 j 个因变量 y_j 的样本均值和样本标准差。

对应地，称

$$\tilde{y}_j=\frac{y_j-\mu_j^{(2)}}{s_j^{(2)}},j=1,2,3$$

为对应的标准化变量。

(2) 求相关系数矩阵。表11.2给出了这6个变量的简单相关系数矩阵。从相关系数矩阵可以看出，体重与腰围是正相关的；体重、腰围与脉搏负相关；而单杠、弯曲与跳高是正相关的。从两组变量间的关系看，单杠、弯曲和跳高的训练成绩与体重、腰围负相关，与脉搏正相关。

表11.2 相关系数矩阵

	体重(x_1)	腰围(x_2)	脉搏(x_3)	单杠(y_1)	弯曲(y_2)	跳高(y_3)
体重(x_1)	1	0.8702	−0.3658	−0.3897	−0.4931	−0.2263
腰围(x_2)	0.8702	1	−0.3529	−0.5522	−0.6456	−0.1915
脉搏(x_3)	−0.3658	−0.3529	1	0.1506	0.225	0.0349
单杠(y_1)	−0.3897	−0.5522	0.1506	1	0.6957	0.4958
弯曲(y_2)	−0.4931	−0.6456	0.225	0.6957	1	0.6692
跳高(y_3)	−0.2263	−0.1915	0.0349	0.4958	0.6692	1

(3) 分别提出自变量组和因变量组的成分。使用Matlab软件，求得的各对成分分别为

$$\begin{cases}u_1=-0.0951\tilde{x}_1-0.1244\tilde{x}_2+0.0385\tilde{x}_3,\\v_1=2.1191\tilde{y}_1+2.5809\tilde{y}_2+0.8869\tilde{y}_3,\end{cases}$$

$$\begin{cases}u_2=-0.1279\tilde{x}_1+0.2429\tilde{x}_2+0.2202\tilde{x}_3,\\v_2=-0.8054\tilde{y}_1-0.1171\tilde{y}_2-0.5486\tilde{y}_3,\end{cases}$$

$$\begin{cases}u_3=-0.4416\tilde{x}_1+0.3790\tilde{x}_2-0.1055\tilde{x}_3,\\v_3=-0.7781\tilde{y}_1-0.1987\tilde{y}_2+0.0381\tilde{y}_3。\end{cases}$$

前两个成分解释自变量的比率为92.13%，只要取两对成分即可。

(4) 求两个成分对时，标准化指标变量与成分变量之间的回归方程。求得自变量组和因变量组与 u_1,u_2 之间的回归方程分别为

$$\begin{aligned}\tilde{x}_1&=-4.1306u_1+0.0558u_2,\\\tilde{x}_2&=-4.1933u_1+1.0239u_2,\\\tilde{x}_3&=2.2264u_1+3.4441u_2,\\\tilde{y}_1&=2.1191u_1-0.9714u_2,\\\tilde{y}_2&=2.5809u_1-0.8398u_2,\\\tilde{y}_3&=0.8869u_1-0.1877u_2.\end{aligned}$$

(5) 求因变量组与自变量组之间的回归方程。把步骤(3)中成分 u_i 代入步骤(4)中 $\tilde{y}_i$ 的回归方程，得到标准化指标变量之间的回归方程

$$\tilde{y}_1=-0.0773\tilde{x}_1-0.4995\tilde{x}_2-0.1323\tilde{x}_3,$$
$$\tilde{y}_2=-0.1380\tilde{x}_1-0.5250\tilde{x}_2-0.0855\tilde{x}_3,$$
$$\tilde{y}_3=-0.0603\tilde{x}_1-0.1559\tilde{x}_2-0.0072\tilde{x}_3.$$

将标准化变量$\tilde{y}_j,\tilde{x}_j(j=1,2,3)$分别还原成原始变量 y_j,x_j,得到回归方程

$$y_1=47.0375-0.0165x_1-0.8246x_2-0.0970x_3,$$
$$y_2=612.7674-0.3497x_1-10.2576x_2-0.7422x_3,$$
$$y_3=183.9130-0.1253x_1-2.4964x_2-0.0510x_3.$$

(6) 模型的解释与检验。为了更直观、迅速地观察各个自变量在解释 $y_j(j=1,2,3)$ 时的边际作用,可以绘制回归系数图,如图 11.1 所示。这个图是针对标准化数据的回归方程的。

从回归系数图中可以立刻观察到,腰围变量在解释三个回归方程时起到了极为重要的作用。然而,与单杠及弯曲相比,跳高成绩的回归方程显然不够理想,三个自变量对它的解释能力均很低。

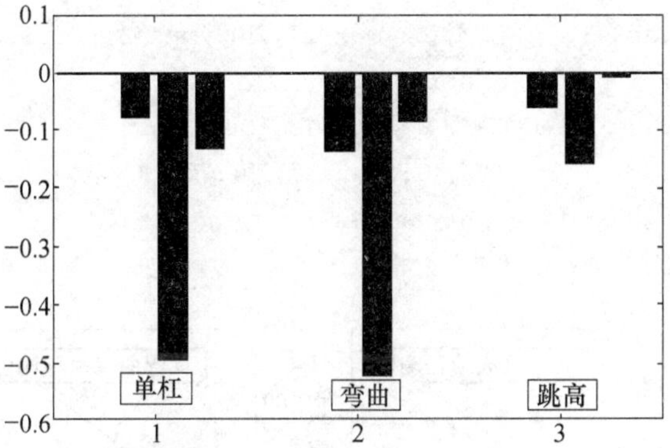

图 11.1　回归系数的直方图

为了考察这三个回归方程的模型精度,我们以$(\hat{y}_{ij},y_{ij})$为坐标值,对所有的样本点绘制预测图。$\hat{y}_{ij}$是第 j 个因变量在第 i 个样本点(y_{ij})的预测值。在这个预测图上,如果所有点都能在图的对角线附近均匀分布,则方程的拟合值与原值差异很小,这个方程的拟合效果就是令人满意的。体能训练的预测图如图 11.2 所示。

计算和画图的 Matlab 程序如下:

```
clc,clear, ab0=load('data11_1.txt');
mu=mean(ab0),sig=std(ab0)          %求均值和标准差
rr=corrcoef(ab0)                   %求相关系数矩阵
ab=zscore(ab0);                    %数据标准化
a=ab(:,[1:3]);b=ab(:,[4:end]);     %提出标准化后的自变量和因变量数据
[XL,YL,XS,YS,BETA,PCTVAR,MSE,stats] =plsregress(a,b)
contr=cumsum(PCTVAR,2)             %求累积贡献率
xw=a\XS %求自变量提出成分系数,每列对应一个成分,这里 xw 等于 stats.W
yw=b\YS                            %求因变量提出成分的系数
ncomp=input('请根据 PCTVAR 的值确定提出成分对的个数 ncomp=');
```

```
[XL2,YL2,XS2,YS2,BETA2,PCTVAR2,MSE2,stats2] =plsregress(a,b,ncomp)
n=size(a,2); m=size(b,2);            % n 是自变量的个数,m 是因变量的个数
% 原始数据回归方程的常数项
beta3(1,:)=mu(n+1:end)-mu(1:n)./sig(1:n)*BETA2([2:end],:).*sig(n+1:end);
% 计算原始变量 x1,…,xn 的系数,每一列是一个回归方程
beta3([2:n+1],:)=(1./sig(1:n))'*sig(n+1:end).*BETA2([2:end],:)
bar(BETA2','k')                      % 画直方图
% 求 y1,…,ym 的预测值
yhat=(beta3(1,:)+ab0(:,[1:n])*beta3([2:end],:)
ymax=max([yhat;ab0(:,[n+1:end])]); % 求预测值和观测值的最大值
% 下面画 y1,y2,y3 的预测图,并画直线 y=x
figure, subplot(2,2,1)
plot(yhat(:,1),ab0(:,n+1),'*',[0:ymax(1)],[0:ymax(1)],'Color','k')
legend('单杠成绩','Location','northwest')
xlabel('预测数据'), ylabel('观测数据'), subplot(2,2,2)
plot(yhat(:,2),ab0(:,n+2),'O',[0:ymax(2)],[0:ymax(2)],'Color','k')
legend('弯曲成绩','Location','northwest')
xlabel('预测数据'), ylabel('观测数据'), subplot(2,2,3)
plot(yhat(:,3),ab0(:,end),'H',[0:ymax(3)],[0:ymax(3)],'Color','k')
legend('跳高成绩','Location','northwest')
xlabel('预测数据'), ylabel('观测数据')
```

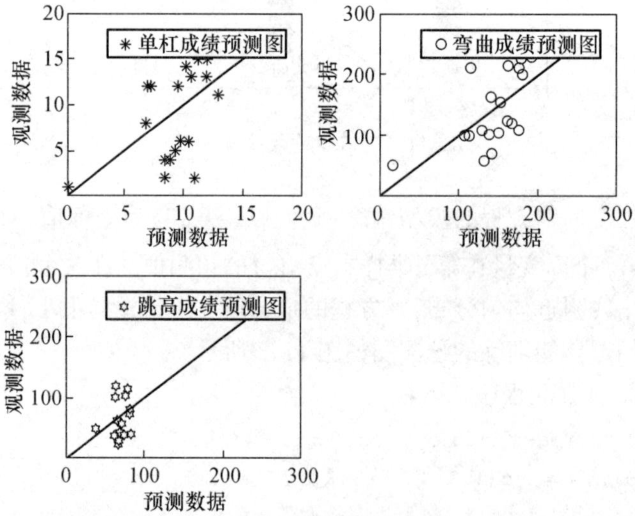

图 11.2 体能训练预测图

例 11.2 交通运输业和旅游业是相关行业,两者之间存在密切的关系。一方面,旅游业是综合产业,它的发展会带动交通运输等产业的发展,交通客运的客源主力正是旅游者。另一方面,交通运输业对旅游业有着重要影响。第一,交通运输是发展旅游业的前提和命脉。交通运输作为旅游业"行、游、住、食、购、娱"六要素中的"行",是旅游业发展的硬件基础,旅游地只有注重交通运输建设,具备良好的可进入性,旅游人数才会逐年增加,

旅游业才能得到发展。第二,交通运输是旅游业中旅游收入和旅游创收的重要来源。第三,交通运输业影响旅游者的旅游意愿。交通运输业的发展状况、价格、服务质量、便利程度等都会影响人们的旅游意愿,从而影响旅游业的发展。交通运输的建设布局和运力投入,可以调节旅游业的发展规模。但旅游业与交通运输业存在着相辅相成、相互制约的关系。交通的阻塞问题已经成为旅游业发展的瓶颈。

为研究交通运输业与旅游业之间的关系,我们选择了客运量指标及旅游业相关指标。客运量指标选择了铁路客运量 y_1、公路客运量 y_2、水运客运量 y_3 和民航客运量 y_4 四个指标。为反映旅游业的发展情况,我们选择了旅行社数 x_1(个)、旅行社从业人员 x_2(人)、入境旅游人数 x_3(万人次)、国内居民出境人数 x_4(万人次)、国内旅游人数 x_5(亿人次)、国际旅游外汇收入 x_6(亿美元)和国内旅游收入 x_7(亿元)7 个指标。指标数据见表 11.3,来源于《中国统计年鉴》,数据区间为 1996—2006 年。拟运用偏最小二乘法分析这些变量之间的关系。

表 11.3 指标数据表

x_1	x_2	x_3	x_4	x_5	x_6	x_7	y_1	y_2	y_3	y_4
4252	87555	5112.75	758.82	6.39	102	1638.38	94796	301122110	22895	5555
4986	94829	5758.79	817.54	6.44	120.74	2112.7	93308	1204583	22573	5630
6222	100448	6347.84	842.56	6.945	126.02	2391.18	95085	1257332	20545	5755
7326	108830	7279.56	923.24	7.19	140.99	2831.92	100164	1269004	19151	6094
8993	164336	8344.39	1047.26	7.44	162.24	3175.54	105073	1347392	19386	6722
10532	192408	8901.29	1213.44	7.84	177.92	3522.36	105155	1402798	18645	7524
11552	229147	9790.83	1660.23	8.78	203.85	3878.36	105606	1475257	18693	8594
13361	249802	9166.21	2022.19	8.7	174.06	3442.27	97260	1464335	17142	8759
14927	246219	10903.8218	2885	11.02	257.39	4710.71	111764	1624526	19040	12123
16245	248919	12029.23	3102.63	12.12	292.96	5285.86	115583	1697381	20227	13827
18475	293318	12494.21	3452.36	13.94	339.49	6229.74	125655.7958	1860487	22047	15967.8448

解 (1) 数据标准化。这里数据的量纲和数量级差异很大,首先进行数据标准化。

(2) 建立偏最小二乘回归模型。利用 Matlab 软件的计算结果,可以发现,最终只需选取前两对成分,对自变量组的解释比率为 98.55%,对因变量组的解释比率为 72.64%。这说明效果是不错的。

标准化变量的偏最小二乘回归方程为

$$\tilde{y}_1 = 0.0103\,\tilde{x}_1 - 0.1019\,\tilde{x}_2 - 0.0034\,\tilde{x}_3 + 0.2559\tilde{x}_4 + 0.3404\,\tilde{x}_5 + 0.2785\,\tilde{x}_6 + 0.1607\,\tilde{x}_7,$$

$$\tilde{y}_2 = -0.2845\,\tilde{x}_1 - 0.4648\,\tilde{x}_2 - 0.3146\,\tilde{x}_3 + 0.1645\tilde{x}_4 + 0.3065\,\tilde{x}_5 + 0.1885\,\tilde{x}_6 - 0.0262\,\tilde{x}_7,$$

$$\tilde{y}_3 = -0.6418\,\tilde{x}_1 - 1.1426\,\tilde{x}_2 - 0.7213\,\tilde{x}_3 + 0.5789\,\tilde{x}_4 + 0.9702\,\tilde{x}_5 + 0.6517\,\tilde{x}_6 + 0.0677\,\tilde{x}_7,$$

$$\tilde{y}_4 = 0.0034\,\tilde{x}_1 - 0.1211\,\tilde{x}_2 - 0.0121\,\tilde{x}_3 + 0.2774\tilde{x}_4 + 0.3713\,\tilde{x}_5 + 0.3022\,\tilde{x}_6 + 0.1708\,\tilde{x}_7.$$

最终得到的偏最小二乘回归方程为

$$\begin{aligned} y_1 = {} & 79424.4109 + 0.0218x_1 - 0.0136x_2 - 0.0139x_3 + 2.5378x_4 + 1363.7331x_5 \\ & + 36.6921x_6 + 1.1572x_7, \end{aligned}$$

$$y_2=129900688.8451-5414.9287x_1-557.4809x_2-11510.3590x_3 +14707.6028x_4+11070274.6617x_5+223847.8474x_6-1700.6600x_7,$$

$$y_3=21077.0402-0.2465x_1-0.0277x_2-0.5328x_3+1.0447x_4 +707.4398x_5+15.6215x_6+0.0887x_7,$$

$$y_4=-767.8584+0.0026x_1-0.0058x_2-0.0177x_3+0.9929x_4 +536.9458x_5+14.3677x_6+0.4438x_7.$$

计算的 Matlab 程序如下：

```
clc, clear,format long g       % 长小数的显示方式
ab0=load('data11_2.txt');
mu=mean(ab0);sig=std(ab0); % 求均值和标准差
ab=zscore(ab0);                % 数据标准化
a=ab(:,[1:7]);b=ab(:,[8:end]);
ncomp=2;                       % 试着选择成分的对数
[XL,YL,XS,YS,BETA,PCTVAR,MSE,stats]=plsregress(a,b,ncomp)
contr=cumsum(PCTVAR,2)          % 求累积贡献率
n=size(a,2); m=size(b,2);      % n 是自变量的个数,m 是因变量的个数
% 原始数据回归方程的常数项
BETA2(1,:)=mu(n+1:end)-mu(1:n)./sig(1:n)*BETA([2:end],:).*sig(n+1:end);
% 计算原始变量 x1,…,xn 的系数,每一列是一个回归方程
BETA2([2:n+1],:)=(1./sig(1:n))'*sig(n+1:end).*BETA([2:end],:)
format                          % 恢复到短小数的显示方式
```

拓展阅读材料

[1] 徐哲，刘荣．偏最小二乘回归法在武器装备研制费用估算中的应用．数学的实践与认识．2005, 35(3):152-158.

[2] 尹鹏达,赵丽娜,朱文旭,等．基于偏最小二乘回归的填充型烤烟优化施肥研究．中国烟草科学,2011, 32(4):61-65.

习　题　11

11.1　考察的指标(因变量)y 表示原辛烷值,自变量 x_1 表示直接蒸馏成分,x_2 表示重整汽油,x_3 表示原油热裂化油,x_4 表示原油催化裂化油,x_5 表示聚合物,x_6 表示烷基化物,x_7 表示天然香精。7 个变量表示 7 个成分含量的比例(满足 $x_1+x_2+\cdots+x_7=1$)。表 11.4 给出了 12 种混合物中 7 种成分和 y 的数据。试用偏最小二乘方法建立 y 与 $x_1,x_2,\cdots,x_7$ 的回归方程,用于确定 7 种构成元素 $x_1,x_2,\cdots,x_7$ 对 y 的影响。

表 11.4　化工试验的原始数据

序号	x_1	x_2	x_3	x_4	x_5	x_6	x_7	y
1	0	0.23	0	0	0	0.74	0.03	98.7
2	0	0.1	0	0	0.12	0.74	0.04	97.8

（续）

序号	x_1	x_2	x_3	x_4	x_5	x_6	x_7	y
3	0	0	0	0.1	0.12	0.74	0.04	96.6
4	0	0.49	0	0	0.12	0.37	0.02	92.0
5	0	0	0	0.62	0.12	0.18	0.08	86.6
6	0	0.62	0	0	0	0.37	0.01	91.2
7	0.17	0.27	0.1	0.38	0	0	0.08	81.9
8	0.17	0.19	0.1	0.38	0.02	0.06	0.08	83.1
9	0.17	0.21	0.1	0.38	0	0.06	0.08	82.4
10	0.17	0.15	0.1	0.38	0.02	0.1	0.08	83.2
11	0.21	0.36	0.12	0.25	0	0	0.06	81.4
12	0	0	0	0.55	0	0.37	0.08	88.1

11.2 试对表 11.5 的 38 名学生的体质和运动能力数据，用偏最小二乘法建立 5 个运动能力指标与 7 个体质变量的回归方程。

表 11.5 学生体质与运动能力数据

序号	体质情况							运动能力				
	x_1	x_2	x_3	x_4	x_5	x_6	x_7	y_1	y_2	y_3	y_4	y_5
1	46	55	126	51	75.0	25	72	6.8	489	27	8	360
2	52	55	95	42	81.2	18	50	7.2	464	30	5	348
3	46	69	107	38	98.0	18	74	6.8	430	32	9	386
4	49	50	105	48	97.6	16	60	6.8	362	26	6	331
5	42	55	90	46	66.5	2	68	7.2	453	23	11	391
6	48	61	106	43	78.0	25	58	7.0	405	29	7	389
7	49	60	100	49	90.6	15	60	7.0	420	21	10	379
8	48	63	122	52	56.0	17	68	7.0	466	28	2	362
9	45	55	105	48	76.0	15	61	6.8	415	24	6	386
10	48	64	120	38	60.2	20	62	7.0	413	28	7	398
11	49	52	100	42	53.4	6	42	7.4	404	23	6	400
12	47	62	100	34	61.2	10	62	7.2	427	25	7	407
13	41	51	101	53	62.4	5	60	8.0	372	25	3	409
14	52	55	125	43	86.3	5	62	6.8	496	30	10	350
15	45	52	94	50	51.4	20	65	7.6	394	24	3	399
16	49	57	110	47	72.3	19	45	7.0	446	30	11	337
17	53	65	112	47	90.4	15	75	6.6	420	30	12	357
18	47	57	95	47	72.3	9	64	6.6	447	25	4	447
19	48	60	120	47	86.4	12	62	6.8	398	28	11	381
20	49	55	113	41	84.1	15	60	7.0	398	27	4	387

（续）

序号	体质情况							运动能力				
	x_1	x_2	x_3	x_4	x_5	x_6	x_7	y_1	y_2	y_3	y_4	y_5
21	48	69	128	42	47.9	20	63	7.0	485	30	7	350
22	42	57	122	46	54.2	15	63	7.2	400	28	6	388
23	54	64	155	51	71.4	19	61	6.9	511	33	12	298
24	53	63	120	42	56.6	8	53	7.5	430	29	4	353
25	42	71	138	44	65.2	17	55	7.0	487	29	9	370
26	46	66	120	45	62.2	22	68	7.4	470	28	7	360
27	45	56	91	29	66.2	18	51	7.9	380	26	5	358
28	50	60	120	42	56.6	8	57	6.8	460	32	5	348
29	42	51	126	50	50.0	13	57	7.7	398	27	2	383
30	48	50	115	41	52.9	6	39	7.4	415	28	6	314
31	42	52	140	48	56.3	15	60	6.9	470	27	11	348
32	48	67	105	39	69.2	23	60	7.6	450	28	10	326
33	49	74	151	49	54.2	20	58	7.0	500	30	12	330
34	47	55	113	40	71.4	19	64	7.6	410	29	7	331
35	49	74	120	53	54.5	22	59	6.9	500	33	21	348
36	44	52	110	37	54.9	14	57	7.5	400	29	2	421
37	52	66	130	47	45.9	14	45	6.8	505	28	11	355
38	48	68	100	45	53.6	23	70	7.2	522	28	9	352

第 12 章　现代优化算法

现代优化算法是 20 世纪 80 年代初兴起的启发式算法。这些算法包括禁忌搜索(Tabu Search)、模拟退火(Simulated Annealing)、遗传算法(Genetic Algorithms)、人工神经网络(Neural Networks)。它们主要用于解决大量的实际应用问题。目前,这些算法在理论和实际应用方面得到了较大的发展。无论这些算法是怎样产生的,它们都有一个共同的目标——求 NP-hard 组合优化问题的全局最优解。虽然有这些目标,但 NP-hard 理论限制它们只能以启发式的算法去求解实际问题。

启发式算法包含的算法很多,例如解决复杂优化问题的蚁群算法(Ant Colony Algorithms)。有些启发式算法是根据实际问题而产生的,如解空间分解、解空间的限制等;另一类算法是集成算法,这些算法是诸多启发式算法的合成。

现代优化算法解决组合优化问题,如 TSP(Traveling Salesman Problem)问题、QAP(Quadratic Assignment Problem)问题、JSP(Job-shop Scheduling Problem)问题等,效果很好。

12.1　模拟退火算法

12.1.1　算法简介

模拟退火算法得益于材料统计力学的研究成果。统计力学表明材料中粒子的不同结构对应于粒子的不同能量水平。在高温条件下,粒子的能量较高,可以自由运动和重新排列。在低温条件下,粒子能量较低。如果从高温开始,非常缓慢地降温(这个过程被称为退火),粒子就可以在每个温度下达到热平衡。当系统完全被冷却时,最终形成处于低能状态的晶体。

如果用粒子的能量定义材料的状态,Metropolis 算法用一个简单的数学模型描述了退火过程。假设材料在状态 i 之下的能量为 $E(i)$,那么材料在温度 T 时从状态 i 进入状态 j 就遵循如下规律:

(1) 如果 $E(j) \leqslant E(i)$,则接受该状态被转换。

(2) 如果 $E(j) > E(i)$,则状态转换以如下概率被接受:

$$\mathrm{e}^{\frac{E(i)-E(j)}{KT}},$$

式中:K 为物理学中的玻耳兹曼常数;T 为材料温度。

在某一个特定温度下,进行了充分的转换之后,材料将达到热平衡。这时材料处于状态 i 的概率满足玻耳兹曼分布

$$P_T(X=i)=\frac{\mathrm{e}^{-\frac{E(i)}{KT}}}{\sum\limits_{j\in S}\mathrm{e}^{-\frac{E(j)}{KT}}},$$

式中：X 为材料当前状态的随机变量；S 为状态空间集合。

显然

$$\lim_{T \to \infty} \frac{e^{-\frac{E(i)}{KT}}}{\sum_{j \in S} e^{-\frac{E(j)}{KT}}} = \frac{1}{|S|},$$

式中：$|S|$ 为集合 S 中状态的数量。

这表明所有状态在高温下具有相同的概率。而当温度下降时，有

$$\lim_{T \to 0} \frac{e^{-\frac{E(i)-E_{\min}}{KT}}}{\sum_{j \in S} e^{-\frac{E(j)-E_{\min}}{KT}}} = \lim_{T \to 0} \frac{e^{-\frac{E(i)-E_{\min}}{KT}}}{\sum_{j \in S_{\min}} e^{-\frac{E(j)-E_{\min}}{KT}} + \sum_{j \notin S_{\min}} e^{-\frac{E(j)-E_{\min}}{KT}}}$$

$$= \lim_{T \to 0} \frac{e^{-\frac{E(i)-E_{\min}}{KT}}}{\sum_{j \in S_{\min}} e^{-\frac{E(j)-E_{\min}}{KT}}} = \begin{cases} \frac{1}{|S_{\min}|}, & i \in S_{\min}, \\ 0, & \text{其他}. \end{cases}$$

式中：$E_{\min} = \min_{j \in S} E(j)$ 且 $S_{\min} = \{i \mid E(i) = E_{\min}\}$。

上式表明当温度降至很低时，材料会以很大概率进入最小能量状态。

假定要解决的问题是一个寻找最小值的优化问题。将物理学中模拟退火的思想应用于优化问题就可以得到模拟退火寻优方法。

考虑这样一个组合优化问题：优化函数为 $f: x \to \mathbf{R}^+$，其中 $x \in S$，它表示优化问题的一个可行解，$\mathbf{R}^+ = \{y \mid y \in \mathbf{R}, y \geqslant 0\}$，$S$ 表示函数的定义域。$N(x) \subseteq S$ 表示 x 的一个邻域集合。

首先给定一个初始温度 T_0 和该优化问题的一个初始解 $x(0)$，并由 $x(0)$ 生成下一个解 $x' \in N(x(0))$，是否接受 x' 作为一个新解 $x(1)$ 依赖于如下概率：

$$P(x(0) \to x') = \begin{cases} 1, & f(x') < f(x(0)), \\ e^{-\frac{f(x')-f(x(0))}{T_0}}, & \text{其他}. \end{cases}$$

换句话说，如果生成的解 x' 的函数值比前一个解的函数值更小，则接受 $x(1) = x'$ 作为一个新解，否则以概率 $e^{-\frac{f(x')-f(x(0))}{T_0}}$ 接受 x' 作为一个新解。

泛泛地说，对于某一个温度 T_i 和该优化问题的一个解 $x(k)$，可以生成 x'。接受 x' 作为下一个新解 $x(k+1)$ 的概率为

$$P(x(k) \to x') = \begin{cases} 1, & f(x') < f(x(k)), \\ e^{-\frac{f(x')-f(x(k))}{T_i}}, & \text{其他}. \end{cases} \tag{12.1}$$

在温度 T_i 下，经过很多次的转移之后，降低温度 T_i，得到 $T_{i+1} < T_i$。在 T_{i+1} 下重复上述过程。因此整个优化过程就是不断寻找新解和缓慢降温的交替过程。最终的解是对该问题寻优的结果。

注意到在每个 T_i 下，所得到的一个新状态 $x(k+1)$ 完全依赖于前一个状态 $x(k)$，和前面的状态 $x(0), x(1), \cdots, x(k-1)$ 无关，因此这是一个马尔可夫过程。使用马尔可夫过程对上述模拟退火的步骤进行分析，结果表明从任何一个状态 $x(k)$ 生成 x' 的概率，在 $N(x(k))$ 中是均匀分布的，且新状态 x' 被接受的概率满足式(12.1)，那么经过有限次的

转换,在温度 T_i 下的平衡态 x_i 的分布由下式给出:

$$P_i(T_i)=\frac{\mathrm{e}^{-\frac{f(x_i)}{T_i}}}{\sum_{j\in S}\mathrm{e}^{-\frac{f(x_j)}{T_i}}},\tag{12.2}$$

当温度 T 降为 0 时,x_i 的分布为

$$P_i^*=\begin{cases}\dfrac{1}{|S_{\min}|}, & x_i\in S_{\min},\\ 0, & \text{其他},\end{cases}$$

并且

$$\sum_{x_i\in S_{\min}}P_i^*=1.$$

这说明如果温度下降十分缓慢,而在每个温度都有足够多次的状态转移,使之在每一个温度下达到热平衡,则全局最优解将以概率 1 被找到。因此可以说模拟退火算法可以找到全局最优解。

在模拟退火算法中应注意以下问题:

(1) 理论上,降温过程要足够缓慢,要使得在每一温度下达到热平衡。在计算机实现中,如果降温速度过缓,所得到的解的性能会较为令人满意,但是算法会太慢,相对于简单的搜索算法不具有明显优势。如果降温速度过快,则很可能最终得不到全局最优解。因此使用时要综合考虑解的性能和算法速度,在两者之间采取一种折中。

(2) 要确定在每一温度下状态转换的结束准则。实际操作可以考虑当连续 m 次的转换过程没有使状态发生变化时结束该温度下的状态转换。最终温度的确定可以提前定为一个较小的值 T_e,或连续几个温度下转换过程没有使状态发生变化算法就结束。

(3) 选择初始温度和确定某个可行解的邻域的方法也要恰当。

12.1.2 应用举例

例 12.1 已知 100 个目标的经度、纬度如表 12.1 所列。

表 12.1 经度和纬度数据表

经度	纬度	经度	纬度	经度	纬度	经度	纬度
53.7121	15.3046	51.1758	0.0322	46.3253	28.2753	30.3313	6.9348
56.5432	21.4188	10.8198	16.2529	22.7891	23.1045	10.1584	12.4819
20.1050	15.4562	1.9451	0.2057	26.4951	22.1221	31.4847	8.9640
26.2418	18.1760	44.0356	13.5401	28.9836	25.9879	38.4722	20.1731
28.2694	29.0011	32.1910	5.8699	36.4863	29.7284	0.9718	28.1477
8.9586	24.6635	16.5618	23.6143	10.5597	15.1178	50.2111	10.2944
8.1519	9.5325	22.1075	18.5569	0.1215	18.8726	48.2077	16.8889
31.9499	17.6309	0.7732	0.4656	47.4134	23.7783	41.8671	3.5667
43.5474	3.9061	53.3524	26.7256	30.8165	13.4595	27.7133	5.0706
23.9222	7.6306	51.9612	22.8511	12.7938	15.7307	4.9568	8.3669

（续）

经度	纬度	经度	纬度	经度	纬度	经度	纬度
21.5051	24.0909	15.2548	27.2111	6.2070	5.1442	49.2430	16.7044
17.1168	20.0354	34.1688	22.7571	9.4402	3.9200	11.5812	14.5677
52.1181	0.4088	9.5559	11.4219	24.4509	6.5634	26.7213	28.5667
37.5848	16.8474	35.6619	9.9333	24.4654	3.1644	0.7775	6.9576
14.4703	13.6368	19.8660	15.1224	3.1616	4.2428	18.5245	14.3598
58.6849	27.1485	39.5168	16.9371	56.5089	13.7090	52.5211	15.7957
38.4300	8.4648	51.8181	23.0159	8.9983	23.6440	50.1156	23.7816
13.7909	1.9510	34.0574	23.3960	23.0624	8.4319	19.9857	5.7902
40.8801	14.2978	58.8289	14.5229	18.6635	6.7436	52.8423	27.2880
39.9494	29.5114	47.5099	24.0664	10.1121	27.2662	28.7812	27.6659
8.0831	27.6705	9.1556	14.1304	53.7989	0.2199	33.6490	0.3980
1.3496	16.8359	49.9816	6.0828	19.3635	17.6622	36.9545	23.0265
15.7320	19.5697	11.5118	17.3884	44.0398	16.2635	39.7139	28.4203
6.9909	23.1804	38.3392	19.9950	24.6543	19.6057	36.9980	24.3992
4.1591	3.1853	40.1400	20.3030	23.9876	9.4030	41.1084	27.7149

我方有一个基地，经度和纬度为(70,40)。假设我方飞机的速度为1000km/h。我方派一架飞机从基地出发，侦察完所有目标，再返回原来的基地。在每一目标点的侦察时间不计，求该架飞机所花费的时间(假设我方飞机巡航时间可以充分长)。

这是一个旅行商问题。给我方基地编号为1，目标依次编号为2,3,…,101，最后我方基地再重复编号为102(这样便于程序中计算)。距离矩阵 $\boldsymbol{D}=(d_{ij})_{102\times102}$，其中 d_{ij} 表示 i,j 两点的距离，$i,j=1,2,\cdots,102$，这里 $\boldsymbol{D}$ 为实对称矩阵。则问题是求一个从点1出发，走遍所有中间点，到达点102的一个最短路径。

上面问题中给定的是地理坐标(经度和纬度)，必须求两点间的实际距离。设 A,B 两点的地理坐标分别为 (x_1,y_1)，(x_2,y_2)，过 A,B 两点的大圆的劣弧长即为两点的实际距离。以地心为坐标原点 O，以赤道平面为 XOY 平面，以0度经线圈所在的平面为 XOZ 平面建立三维直角坐标系。则 A,B 两点的直角坐标分别为

$$A(R\cos x_1\cos y_1,R\sin x_1\cos y_1,R\sin y_1),$$
$$B(R\cos x_2\cos y_2,R\sin x_2\cos y_2,R\sin y_2),$$

式中：$R=6370\text{km}$ 为地球半径。

A,B 两点的实际距离

$$d=R\arccos\left(\frac{OA\cdot OB}{|OA|\cdot|OB|}\right),$$

化简，得

$$d=R\arccos[\cos(x_1-x_2)\cos y_1\cos y_2+\sin y_1\sin y_2].$$

求解的模拟退火算法描述如下：

(1) 解空间。解空间 $\boldsymbol{S}$ 可表示为 $\{1,2,\cdots,102\}$ 的所有固定起点和终点的循环排列集合，即

$\boldsymbol{S}=\{(\pi_1,\pi_2,\cdots,\pi_{102})\mid\pi_1=1,(\pi_2,\pi_3,\cdots,\pi_{101})$ 为 $\{2,3,\cdots,101\}$ 的循环排列 $,\pi_{102}=102\}$，其中：每一个循环排列表示侦察 100 个目标的一个回路，$\pi_i=j$ 表示在第 $i-1$ 次侦察目标 j，初始解可选为 $(1,2,\cdots,102)$，这里先使用蒙特卡洛方法求得一个较好的初始解。

（2）目标函数。目标函数（或称代价函数）为侦察所有目标的路径长度。要求

$$\min f(\pi_1,\pi_2,\cdots,\pi_{102})=\sum_{i=1}^{101} d_{\pi_i\pi_{i+1}},$$

而一次迭代由下列三步构成。

（3）新解的产生。设上一步迭代的解为 $\pi_1\cdots\pi_{u-1}\pi_u\pi_{u+1}\cdots\pi_{v-1}\pi_v\pi_{v+1}\cdots\pi_{w-1}\pi_w\pi_{w+1}\cdots\pi_{102}$。

① 2 变换法。任选序号 u,v，交换 u 与 v 之间的顺序，变成逆序，此时的新路径为

$$\pi_1\cdots\pi_{u-1}\pi_v\pi_{v-1}\cdots\pi_{u+1}\pi_u\pi_{v+1}\cdots\pi_{102}.$$

② 3 变换法。任选序号 u,v 和 w，将 u 和 v 之间的路径插到 w 之后，对应的新路径为

$$\pi_1\cdots\pi_{u-1}\pi_{v+1}\cdots\pi_w\pi_u\cdots\pi_v\pi_{w+1}\cdots\pi_{102}.$$

（4）代价函数差。对于 2 变换法，路径差可表示为

$$\Delta f=(d_{\pi_{u-1}\pi_v}+d_{\pi_u\pi_{v+1}})-(d_{\pi_{u-1}\pi_u}+d_{\pi_v\pi_{v+1}}).$$

（5）接受准则。

$$P=\begin{cases}1, & \Delta f<0,\\ \exp(-\Delta f/T), & \Delta f\geqslant 0.\end{cases}$$

如果 $\Delta f<0$，则接受新的路径；否则，以概率 $\exp(-\Delta f/T)$ 接受新的路径，即用计算机产生一个 $[0,1]$ 区间上均匀分布的随机数 rand，若 rand $\leqslant\exp(-\Delta f/T)$ 则接受。

（6）降温。利用选定的降温系数 α 进行降温，取新的温度 T 为 αT（这里 T 为上一步迭代的温度），这里选定 $\alpha=0.999$。

（7）结束条件。用选定的终止温度 $e=10^{-30}$，判断退火过程是否结束。若 $T<e$，则算法结束，输出当前状态。

编写 Matlab 程序如下：

```
clc, clear, close all
sj0=load('data12_1.txt');
x=sj0(:,[1:2:8]); x=x(:);
y=sj0(:,[2:2:8]); y=y(:);
sj=[x y]; d1=[70,40];
xy=[d1;sj;d1]; sj=xy*pi/180;        %角度化成弧度
d=zeros(102);                        %距离矩阵 d 初始化
for i=1:101
    for j=i+1:102
          d(i,j)=6370*acos(cos(sj(i,1)-sj(j,1))*cos(sj(i,2))*...
                 cos(sj(j,2))+sin(sj(i,2))*sin(sj(j,2)));
    end
end
d=d+d';
path=[];long=inf;                    %巡航路径及长度初始化
for j=1:1000                         %求较好的初始解
     path0=[1 1+randperm(100),102]; temp=0;
```

```
    for i=1:101
        temp=temp+d(path0(i),path0(i+1));
    end
    if temp<long
        path=path0; long=temp;
    end
end
e=0.1^30;L=20000;at=0.999;T=1;
for k=1:L                                    % 退火过程
    c=2+floor(100 * rand(1,2));   % 产生新解
    c=sort(c); c1=c(1);c2=c(2);
    % 计算代价函数值的增量
    df=d(path(c1-1),path(c2))+d(path(c1),path(c2+1))-...
        d(path(c1-1),path(c1))-d(path(c2),path(c2+1));
    if df<0                                  % 接受准则
        path=[path(1:c1-1),path(c2:-1:c1),path(c2+1:102)];
        long=long+df;
    elseif exp(-df/T)>=rand
        path=[path(1:c1-1),path(c2:-1:c1),path(c2+1:102)];
        long=long+df;
    end
    T=T * at;
    if T<e
        break;
    end
end
path, long                                   % 输出巡航路径及路径长度
xx=xy(path,1); yy=xy(path,2);
plot(xx,yy,'-*')                             % 画出巡航路径
```

计算结果为44h左右。其中的一个巡航路径如图12.1所示。

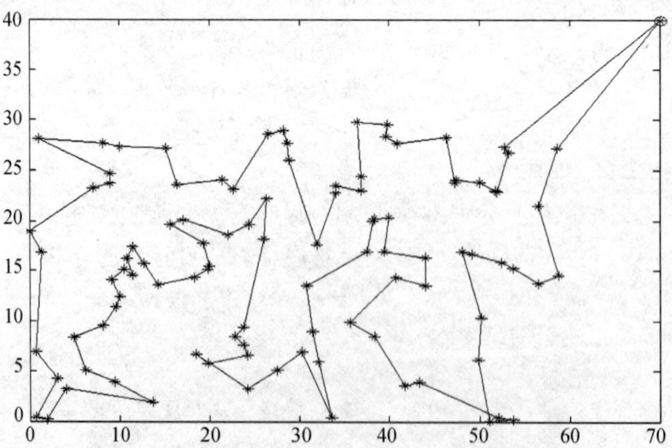

图 12.1　模拟退火算法求得的巡航路径示意图

12.2 遗传算法

12.2.1 遗传算法简介

遗传算法(Genetic Algorithms,GA)是一种基于自然选择原理和自然遗传机制的搜索(寻优)算法,它是模拟自然界中的生命进化机制,在人工系统中实现特定目标的优化。遗传算法的实质是通过群体搜索技术,根据适者生存的原则逐代进化,最终得到最优解或准最优解。它必须做以下操作:初始群体的产生、求每一个体的适应度、根据适者生存的原则选择优良个体、被选出的优良个体两两配对,通过随机交叉其染色体的基因并随机变异某些染色体的基因生成下一代群体,按此方法使群体逐代进化,直到满足进化终止条件。其实现方法如下:

(1) 根据具体问题确定可行解域,确定一种编码方法,能用数值串或字符串表示可行解域的每一解。

(2) 对每一解应有一个度量好坏的依据,它用一函数表示,叫做适应度函数,一般由目标函数构成。

(3) 确定进化参数:群体规模 M、交叉概率 p_c、变异概率 p_m、进化终止条件。

为便于计算,一般来说,每一代群体的个体数目都取相等。群体规模越大,越容易找到最优解,但由于受到计算机的运算能力的限制,群体规模越大,计算所需要的时间也相应地增加。进化终止条件指的是当进化到什么时候结束,它可以设定到某一代进化结束,也可以根据找出近似最优解是否满足精度要求来确定。表 12.2 列出了生物遗传概念在遗传算法中的对应关系。

表 12.2 生物遗传概念在遗传算法中的对应关系

生物遗传概念	遗传算法中的作用
适者生存	算法停止时,最优目标值的可行解有最大的可能被留住
个体	可行解
染色体	可行解的编码
基因	可行解中每一分量的特征
适应性	适应度函数值
种群	根据适应度函数值选取的一组可行解
交配	通过交配原则产生一组新可行解的过程
变异	编码的某一分量发生变化的过程

12.2.2 模型及算法

用遗传算法研究 12.1.2 节中的问题。

求解的遗传算法的参数设定如下:

种群大小 $M=50$;最大代数 $G=100$;

交叉概率 $p_c=1$,交叉概率为 1 能保证种群的充分进化;

变异概率 $p_m=0.1$，一般而言，变异发生的可能性较小。

1. 编码策略

采用十进制编码，用随机数列 $\omega_1\omega_2\cdots\omega_{102}$ 作为染色体，其中 $0\leqslant\omega_i\leqslant 1(i=2,3,\cdots,101)$，$\omega_1=0$，$\omega_{102}=1$；每一个随机数列都和种群中的一个个体相对应，例如，9 目标问题的一个染色体为

$$[0.23,0.82,0.45,0.74,0.87,0.11,0.56,0.69,0.78],$$

式中：编码位置 i 为目标 i，位置 i 的随机数表示目标 i 在巡回中的顺序。

将这些随机数按升序排列得到如下巡回：

$$6-1-3-7-8-4-9-2-5.$$

2. 初始种群

先利用经典的近似算法——改良圈算法求得一个较好的初始种群。

对于随机产生的初始圈

$$C=\pi_1\cdots\pi_{u-1}\pi_u\pi_{u+1}\cdots\pi_{v-1}\pi_v\pi_{v+1}\cdots\pi_{102},2\leqslant u<v\leqslant 101,2\leqslant\pi_u<\pi_v\leqslant 101,$$

交换 u 与 v 之间的顺序，此时的新路径为

$$\pi_1\cdots\pi_{u-1}\pi_v\pi_{v-1}\cdots\pi_{u+1}\pi_u\pi_{v+1}\cdots\pi_{102}.$$

记 $\Delta f=(d_{\pi_{u-1}\pi_v}+d_{\pi_u\pi_{v+1}})-(d_{\pi_{u-1}\pi_u}+d_{\pi_v\pi_{v+1}})$，若 $\Delta f<0$，则以新路经修改旧路径，直到不能修改为止，就得到一个比较好的可行解。

直到产生 M 个可行解，并把这 M 个可行解转换成染色体编码。

3. 目标函数

目标函数为侦察所有目标的路径长度，适应度函数就取为目标函数。要求

$$\min f(\pi_1,\pi_2,\cdots,\pi_{102})=\sum_{i=1}^{101}d_{\pi_i\pi_{i+1}}.$$

4. 交叉操作

交叉操作采用单点交叉。对于选定的两个父代个体 $f_1=\omega_1\omega_2\cdots\omega_{102}$，$f_2=\omega'_1\omega'_2\cdots\omega'_{102}$，随机地选取第 t 个基因处为交叉点，则经过交叉运算后得到的子代个体为 s_1 和 s_2，s_1 的基因由 f_1 的前 t 个基因和 f_2 的后 $102-t$ 个基因构成，s_2 的基因由 f_2 的前 t 个基因和 f_1 的后 $102-t$ 个基因构成，例如：

$$f_1=[0,0.14,0.25,0.27,\mid 0.29,0.54,\cdots,0.19,1],$$
$$f_2=[0,0.23,0.44,0.56,\mid 0.74,0.21,\cdots,0.24,1],$$

设交叉点为第四个基因处，则

$$s_1=[0,0.14,0.25,0.27,\mid 0.74,0.21,\cdots,0.24,1],$$
$$s_2=[0,0.23,0.44,0.56,\mid 0.29,0.54,\cdots,0.19,1].$$

交叉操作的方式有很多种选择，应该尽可能选取好的交叉方式，保证子代能继承父代的优良特性。同时这里的交叉操作也蕴含了变异操作。

5. 变异操作

变异也是实现群体多样性的一种手段，同时也是全局寻优的保证。按照给定的变异率，对选定变异的个体，随机地取三个整数，满足 $1<u<v<w<102$，把 u,v 之间(包括 u 和 v)的基因段插到 w 后面。

6. 选择

采用确定性的选择策略，也就是在父代种群和子代种群中选择目标函数值最小的 M 个个体进化到下一代，这样可以保证父代的优良特性被保存下来。

计算的 Matlab 程序如下：

```
clc,clear, close all
sj0=load('data12_1.txt');
x=sj0(:,1:2:8); x=x(:);
y=sj0(:,2:2:8); y=y(:);
sj=[x y]; d1=[70,40];
xy=[d1;sj;d1]; sj=xy*pi/180;       %单位化成弧度
d=zeros(102);                       %距离矩阵 d 的初始值
for i=1:101
       for j=i+1:102
            d(i,j)=6370*acos(cos(sj(i,1)-sj(j,1))*cos(sj(i,2))*...
                   cos(sj(j,2))+sin(sj(i,2))*sin(sj(j,2)));
       end
end
d=d+d'; w=50; g=100;                %w 为种群的个数,g 为进化的代数
for k=1:w                           %通过改良圈算法选取初始种群
       c=randperm(100);             %产生 1,…,100 的一个全排列
       c1=[1,c+1,102];              %生成初始解
       for t=1:102                  %该层循环是修改圈
          flag=0;                   %修改圈退出标志
          for m=1:100
                for n=m+2:101
                    if d(c1(m),c1(n))+d(c1(m+1),c1(n+1))<…
                              d(c1(m),c1(m+1))+d(c1(n),c1(n+1))
                         c1(m+1:n)=c1(n:-1:m+1);  flag=1; %修改圈
                    end
                end
          end
          if flag==0
                J(k,c1)=1:102; break   %记录下较好的解并退出当前层循环
          end
       end
  end
  J(:,1)=0; J=J/102;                %把整数序列转换成[0,1]区间上实数即染色体编码
  for k=1:g                         %该层循环进行遗传算法的操作
       A=J;                         %交配产生子代 A 的初始染色体
       c=randperm(w);               %产生下面交叉操作的染色体对
       for i=1:2:w
          F=2+floor(100*rand(1));   %产生交叉操作的地址
```

```
            temp=A(c(i),[F:102]);                    % 中间变量的保存值
            A(c(i),[F:102])=A(c(i+1),[F:102]); % 交叉操作
            A(c(i+1),F:102)=temp;
        end
        by=[];                                   % 为了防止下面产生空地址,这里先初始化
        while ~length(by)
            by=find(rand(1,w)<0.1);              % 产生变异操作的地址
        end
        B=A(by,:);                               % 产生变异操作的初始染色体
        for j=1:length(by)
            bw=sort(2+floor(100*rand(1,3))); % 产生变异操作的 3 个地址
            % 交换位置
            B(j,:)=B(j,[1:bw(1)-1,bw(2)+1:bw(3),bw(1):bw(2),bw(3)+1:102]);
        end
        G=[J;A;B];                               % 父代和子代种群合在一起
        [SG,ind1]=sort(G,2);                     % 把染色体翻译成 1,…,102 的序列 ind1
        num=size(G,1); long=zeros(1,num);        % 路径长度的初始值
        for j=1:num
            for i=1:101
                long(j)=long(j)+d(ind1(j,i),ind1(j,i+1)); % 计算每条路径长度
            end
        end
        [slong,ind2]=sort(long);                 % 对路径长度按照从小到大排序
        J=G(ind2(1:w),:);                        % 精选前 w 个较短的路径对应的染色体
end
path=ind1(ind2(1),:),flong=slong(1)              % 解的路径及路径长度
xx=xy(path,1);yy=xy(path,2);
plot(xx,yy,'-o')                                 % 画出路径
```

计算结果为 40h 左右。其中的一个巡航路径如图 12.2 所示。

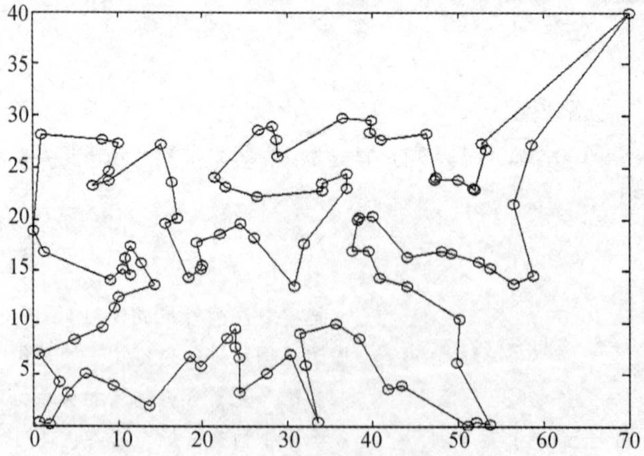

图 12.2 遗传算法求得的巡航路径示意图

12.3 改进的遗传算法

12.3.1 引言

无人机航路规划问题实际上是一个组合优化问题,是优化理论中的 NP-hard 问题。因为其解空间不连续,解邻域表达困难,所以难以用通常的算法求解。遗传算法作为现代优化算法之一,其主要特点是对非线性极值问题能以概率 1 跳出局部最优解,找到全局最优解。而遗传算法这种跳出局部最优、寻找全局最优的特性都基于算法中的交叉和变异。在传统遗传算法的结构中,变异操作在交叉操作基础上进行,强调的是交叉作用,认为变异只是一个生物学背景机制。在具体交叉操作中,人们通常采用单点交叉(段交叉)、多点交叉与均匀交叉,其中单点交叉是指随机地在基因序列中选择一个断点,然后交换双亲上断点右端的所有染色体。在变异操作中,变异算子一般是用 Guassian 分布的随机变异来实现[46,47]。近年来,也有学者尝试用 Cauchy 分布的随机序列来实现变异[48],希望通过 Cauchy 分布宽大的两翼特性实现更大范围的变异,以利于找到全局最优解。Rudolph 从理论上分析了采用 Cauchy 分布随机变异进化算法的局部收敛性[49]。Chellapilla 进一步把二者结合起来[50],采用两种分布的线性叠加,但仿真结果显示,算法改进效果并不十分明显。文献[51]将生物进化看成是随机性加上反馈,并指出其中的随机性主要由系统的内在因素所引起,而不是由外部环境的随机扰动造成的。而混沌系统在其混沌域中表现为随机性,它是确定系统内部随机性的反映,不同于外在的随机特性。本节根据以上特点对基于求解航路规划的遗传算法进行改进,首先将变异操作从交叉操作中分离出来,使其成为独立的并列于交叉的寻优操作,在具体遗传操作中,混沌与遗传操作联系在一起,在交叉操作中,以“门当户对”原则进行个体的配对,利用混沌序列确定交叉点,实行强度最弱的单点交叉,以确保算法收敛精度,削弱和避免寻优抖振问题;在变异操作中,利用混沌序列对染色体中多个基因进行变异,以避免算法早熟。

下面研究 12.1.2 节中同样的问题。

12.3.2 模型及算法

与标准的遗传算法相比,本节做了如下的两点改进。

1. 交叉操作

本节的交叉操作采用改进型交叉。首先以“门当户对”原则,对父代个体进行配对,即对父代以适应度函数(目标函数)值进行排序,目标函数值小的与小的配对,目标函数值大的与大的配对。然后利用混沌序列确定交叉点的位置,最后对确定的交叉项进行交叉。例如(Ω_1,Ω_2)配对,它们的染色体分别是 $\Omega_1=\omega_1^1\omega_2^1\cdots\omega_{102}^1$,$\Omega_2=\omega_1^2\omega_2^2\cdots\omega_{102}^2$,采用 Logistic 混沌序列 $x(n+1)=4x(n)[1-x(n)]$ 产生一个 2~101 之间的正整数,具体步骤如下:

取一个(0,1)区间上的随机数作为初始值,然后利用 $x(n+1)=4x(n)[1-x(n)]$ 迭代适当次(这里 50 次)产生 1 个(0,1)区间上的混沌值,再把这个值乘以 100 并加上 2,最后取整即可。假如这个数为 33,那么以此作为交叉点对(Ω_1,Ω_2)染色体中相应的基因进行

单点交叉,得到新的染色体(Ω'_1,Ω'_2),即

$$\Omega'_1=\omega_1^1\omega_2^1\omega_3^1\omega_4^1\omega_5^1\cdots\omega_{33}^2\omega_{34}^1\cdots\omega_{60}^1\omega_{61}^1\cdots,$$

$$\Omega'_2=\omega_1^2\omega_2^2\omega_3^2\omega_4^2\omega_5^2\cdots\omega_{33}^1\omega_{34}^2\cdots\omega_{60}^2\omega_{61}^2\cdots.$$

很明显,这种单点交叉对原来的解改动很小,这可以削弱避免遗传算法在组合优化应用中产生的寻优抖振问题,可以提高算法收敛精度。

2. 变异操作

变异也是实现群体多样性的一种手段,是跳出局部最优,全局寻优的重要保证。这里变异算子设计如下:首先根据给定的变异率(本节选为0.05),随机地取两个在2~101之间的整数,对这两个数对应位置的基因进行变异,变异时利用混沌序列把这两个位置的基因换成新的基因值,从而得到新的染色体。

在仿真试验中,本节对航路规划问题分别利用单点交叉和换位变异结合的遗传算法,多点交叉和移位变异结合的遗传算法与本节中提出的改进算法进行求解比较。表12.3是各种算法种群规模($M=50$)和迭代次数($G=100$)都相同时连续20次求解的平均值(km),算法平均运算时间(s)。

表12.3 算法性能比较表

指　　标	单点交叉算法	多点交叉算法	文中改进算法
平均航路距离/km	41572	40416	39849
算法执行时间/s	0.28	0.31	0.14

本节从算法结构到具体的遗传操作都进行了改进,其中变异操作从交叉操作中分离出来,使得遗传算法也可以通过并行计算实现,提高算法实现效率。改进后的算法分别采用变化强度不同的交叉操作和变异操作,其中交叉操作采用强度最弱的单点交叉,保证了算法收敛精度,削弱和避免了算法因交叉强度大而产生的寻优抖振问题。当然,单一的单点交叉很容易使算法早熟,采用较大强度的多个基因变异正好解决了早熟问题。从仿真结果可以看到改进后的算法效果较为明显。

计算的Matlab程序如下

```
tic                                           %计时开始
clc,clear, close all
sj0=load('data12_1.txt');
x=sj0(:,1:2:8); x=x(:);
y=sj0(:,2:2:8); y=y(:);
sj=[x y]; d1=[70,40];
xy=[d1;sj;d1]; sj=xy*pi/180;                  %单位化成弧度
d=zeros(102);                                 %距离矩阵d的初始值
for i=1:101
    for j=i+1:102
        d(i,j)=6370*acos(cos(sj(i,1)-sj(j,1))*cos(sj(i,2))*...
            cos(sj(j,2))+sin(sj(i,2))*sin(sj(j,2)));
    end
end
```

```
d=d+d'; w=50; g=100;                    %w为种群的个数,g为进化的代数
rand('state',sum(clock));               %初始化随机数发生器
for k=1:w                               %通过改良圈算法选取初始种群
    c=randperm(100);                    %产生1,…,100的一个全排列
    c1=[1,c+1,102];                     %生成初始解
    for t=1:102                         %该层循环是修改圈
        flag=0;                         %修改圈退出标志
        for m=1:100
            for n=m+2:101
                if d(c1(m),c1(n))+d(c1(m+1),c1(n+1))<...
                        d(c1(m),c1(m+1))+d(c1(n),c1(n+1))
                    c1(m+1:n)=c1(n:-1:m+1);  flag=1;  %修改圈
                end
            end
        end
        if flag==0
            J(k,c1)=1:102; break  %记录下较好的解并退出当前层循环
        end
    end
end
J(:,1)=0; J=J/102;                  %把整数序列转换成[0,1]区间上实数即染色体编码
for k=1:g                           %该层循环进行遗传算法的操作
    A=J;                            %交配产生子代A的初始染色体
    for i=1:2:w
        ch1=rand;                   %混沌序列的初始值
        for j=1:50
            ch1(j)=4*ch1*(1-ch1);   %产生混沌序列
        end
        ch1=2+floor(100*ch1);       %产生交叉操作的地址
        temp=A(i,ch1);              %中间变量的保存值
        A(i,ch1)=A(i+1,ch1);        %交叉操作
        A(i+1,ch1)=temp;
    end
    by=[];                          %为了防止下面产生空地址,这里先初始化
    while ~length(by)
        by=find(rand(1,w)<0.05);    %产生变异操作的地址
    end
    num1=length(by); B=J(by,:);     %产生变异操作的初始染色体
    ch2=rand;                       %产生混沌序列的初始值
    for t=2:2*num1
        ch2(t)=4*ch2(t-1)*(1-ch2(t-1));  %产生混沌序列
    end
    for j=1:num1
```

```
        bw=sort(2+floor(100*rand(1,2)));   % 产生变异操作的 2 个地址
        B(j,bw)=ch2([j,j+1]);              % bw 处的两个基因发生了变异
    end
    G=[J;A;B];                             % 父代和子代种群合在一起
    [SG,ind1]=sort(G,2);                   % 把染色体翻译成 1,…,102 的序列 ind1
    num2=size(G,1); long=zeros(1,num2);    % 路径长度的初始值
    for j=1:num2
        for i=1:101
            long(j)=long(j)+d(ind1(j,i),ind1(j,i+1));   % 计算每条路径长度
        end
    end
    [slong,ind2]=sort(long);               % 对路径长度按照从小到大排序
    J=G(ind2(1:w),:);                      % 精选前 w 个较短的路径对应的染色体
end
path=ind1(ind2(1),:),flong=slong(1)        % 解的路径及路径长度
toc                                        % 计时结束
xx=xy(path,1);yy=xy(path,2);
plot(xx,yy,'-o')                           % 画出路径
```

12.4 Matlab 遗传算法函数

1. 遗传算法使用规则

遗传算法是一种基于自然选择、生物进化过程来求解问题的方法。在每一步中,遗传算法随机地从当前种群中选择若干个体作为父辈,并且使用它们产生下一代的子种群。在连续若干代之后,种群朝着优化解的方向进化。可以用遗传算法来求解各种不适宜用标准算法求解的优化问题,包括目标函数不连续、不可微、随机或高度非线性的问题。

遗传算法在每一步使用下列三类规则从当前种群来创建下一代:

(1) 选择规则(Selection Rules):选择对下一代种群有贡献的个体(称为父辈)。

(2) 交叉规则(Crossover Rules):将两个父辈结合起来构成下一代的子辈种群。

(3) 变异规则(Mutation Rules):施加随机变化用父辈个体来构成子辈。

遗传算法与标准优化算法主要在两个方面有所不同,它们的比较情况归纳于表 12.4 中。

表 12.4 遗传算法与标准优化算法比较

标准算法	遗传算法
每次迭代产生一个单点,点的序列逼近一个优化解	每次迭代产生一个种群,种群逼近一个优化解
通过确定性的计算在该序列中选择下一个点	通过随机进化选择计算来选择下一代种群

2. 遗传算法函数

遗传算法函数 ga 调用格式如下:

```
[x, fval]=ga(fun,nvars,A,b,Aeq,beq,LB,UB,nonlcon,options)
```

其中:fun 是目标函数,nvars 是目标函数中独立变量的个数,options 是一个包含遗传算法选项参数的数据结构,其他参数的含义与非线性规划 fmincon 中的参数相同。

返回值 x 为所求函数的局部极小点,这里 x 为行向量,fval 为目标函数的极小值。

例 12.1 求下列问题的解

$$\max f(x)=2x_1+3x_1^2+3x_2+x_2^2+x_3,$$

$$\text{s.t.}\quad\begin{cases}x_1+2x_1^2+x_2+2x_2^2+x_3\leqslant 10,\\ x_1+x_1^2+x_2+x_2^2-x_3\leqslant 50,\\ 2x_1+x_1^2+2x_2+x_3\leqslant 40,\\ x_1^2+x_3=2,\\ x_1+2x_2\geqslant 1,\\ x_1\geqslant 0,\quad x_2,x_3\text{ 不约束}.\end{cases}$$

解 遗传算法程序的运行结果每一次都是不一样的,要运行多次,找一个最好的结果。

```
clc, clear
a=[-1 -2 0;-1 0 0];b=[-1;0];                        %两个线性约束条件
[x,y]=ga(@obj,3,a,b,[],[],[],[],@constr);           %调用遗传算法函数
x, y=-y

function y=obj(x);                                  %定义目标函数,其中 x 为行向量
c1 = [2 3 1]; c2 = [3 1 0];
y = c1*x' + c2*x'.^2; y=-y;                         %ga 中目标函数极小化
end

function [f,g]=constr(x);                           %定义约束条件函数
f=[x(1)+2*x(1)^2+x(2)+2*x(2)^2+x(3)-10
     x(1)+x(1)^2+x(2)+x(2)^2-x(3)-50
     2*x(1)+x(1)^2+2*x(2)+x(3)-40];
g=x(1)^2+x(3)-2;
end
```

拓展阅读材料

何艳萍,张安,刘海燕. 基于 Voronoi 图与蚁群算法的 UCAV 航路规划. 电光与控制,2009, 16(11): 22-24, 54.

习　题　12

12.1 用遗传算法求解下列非线性规划问题:

$$\min\quad f(x)=(x_1-2)^2+(x_2-1)^2,$$

$$\text{s.t.}\quad\begin{cases}x_1-2x_2+1\geqslant 0,\\ \dfrac{x_1^2}{4}-x_2^2+1\geqslant 0.\end{cases}$$

12.2 学生面试问题

高校自主招生是高考改革中的一项新生事物，现在仍处于探索阶段。某高校拟在全面衡量考生的高中学习成绩及综合表现后再采用专家面试的方式决定录取与否。该校在今年自主招生中，经过初选合格进入面试的考生有 N 人，拟聘请老师 M 人。每位学生要分别接受 4 位老师（简称该学生的"面试组"）的单独面试。面试时，各位老师独立地对考生提问并根据其回答问题的情况给出评分。由于这是一项主观性很强的评价工作，老师的专业可能不同，他们的提问内容、提问方式以及评分习惯也会有较大差异，因此面试同一位考生的"面试组"的具体组成不同会对录取结果产生一定影响。为了保证面试工作的公平性，组织者提出如下要求：

（1）每位老师面试的学生数量应尽量均衡；

（2）面试不同考生的"面试组"成员不能完全相同；

（3）两个考生的"面试组"中有两位或三位老师相同的情形尽量少；

（4）被任意两位老师面试的两个学生集合中出现相同学生的人数尽量少。

请回答如下问题：

问题一：设考生数 N 已知，在满足要求（2）的情形下，说明聘请老师数 M 至少分别应为多大，才能做到任两位学生的"面试组"都没有两位以及三位面试老师相同的情形。

问题二：请根据（1）~（4）的要求建立学生与面试老师之间合理的分配模型，并就 $N=379$，$M=24$ 的情形给出具体的分配方案（每位老师面试哪些学生）及该方案满足（1）~（4）这些要求的情况。

问题三：假设面试老师中理科与文科的老师各占一半，并且要求每位学生接受两位文科与两位理科老师的面试，请在此假设下分别回答问题一与问题二。

问题四：请讨论考生与面试老师之间分配的均匀性和面试公平性的关系。为了保证面试的公平性，除了组织者提出的要求外，还有哪些重要因素需要考虑？试给出新的分配方案或建议。

12.3 用遗传算法求解下列非线性整数规划：

$$\min \quad z=x_1^2+x_2^2+3x_3^2+4x_4^2+2x_5^2-8x_1-2x_2-3x_3-x_4-2x_5,$$

$$\text{s.t.} \quad \begin{cases} 0\leqslant x_i\leqslant 99, \text{ 且 } x_i \text{ 为整数}, i=1,2,\cdots,5, \\ x_1+x_2+x_3+x_4+x_5\leqslant 400, \\ x_1+2x_2+2x_3+x_4+6x_5\leqslant 800, \\ 2x_1+x_2+6x_3\leqslant 200, \\ x_3+x_4+5x_5\leqslant 200. \end{cases}$$

第 13 章　数字图像处理

数字图像处理是一门迅速发展的新兴学科，发展的历史并不长。由于图像是视觉的基础，而视觉又是人类重要的感知手段，故数字图像成为心理学、生理学、计算机科学等诸多方面学者研究视觉感知的有效工具。随着计算机的发展，以及应用领域的不断加深和扩展，数字图像处理技术已取得长足的进展，出现了许多有关的新理论、新方法、新算法、新手段和新设备，并在军事、公安、航空、航天、遥感、医学、通信、自动控制、天气预报以及教育、娱乐、管理等方面得到广泛的应用。所以，数字图像处理是一门实用的学科，已成为电子信息、计算机科学及其相关专业的一个热门研究课题，相应的图像处理技术也是一门重要的课程，是一门多学科交叉、理论性和实践性都很强的综合性课程。

数字图像处理是计算机和电子学科的重要组成部分，是模式识别和人工智能理论的中心研究内容。数字图像处理的内容包括：数字图像处理的基本概念、数字图像显示、点运算、代数运算和几何运算等概念；二维傅里叶变换、离散余弦变换、离散图像变换的基本原理与方法；图像的增强方法，包括空间域方法和变换域方法；图像恢复和重建基本原理与方法；图像压缩编码的基本原理等。

13.1　数字图像概述

13.1.1　图像的基本概念

图像因其表现方式的不同分为连续图像和离散图像两大类。

连续图像是指在二维坐标系中连续变化的图像，即图像的像点是无限稠密的，同时具有灰度值（即图像从暗到亮的变化值）。连续图像的典型代表是由光学透镜系统获取的图像，如人物照片和景物照片等，有时又称为模拟图像。

离散图像是指用一个数字序列表示的图像。该阵列中的每个元素是数字图像的一个最小单位，称为像素。像素是组成图像的基本元素，是按照某种规律编成系列二进制数码（0 和 1）来表示图像上每个点的信息，因此又称为数字图像。

以一个我们身边的简单例子来说，用胶片记录下来的照片就是连续图像，而用数码相机拍摄下来的图像是离散图像。

13.1.2　图像的数字化采样

由于目前的计算机只能处理数字信号，我们得到的照片、图纸等原始信息都是连续的模拟信号，必须将连续的图像信息转化为数字形式。可以把图像看作是一个连续变化的函数，图像上各点的灰度是所在位置的函数，这就要经过数字化的采样与量化。下面简单介绍图像数字化采样的方法。

图像采样就是按照图像空间的坐标测量该位置上像素的灰度值。方法如下:对连续图像$f(x,y)$进行等间隔采样,在(x,y)平面上,将图像分成均匀的小网格,每个小网格的位置可以用整数坐标表示,于是采样值就对应了这个位置上网格的灰度值。若采样结果每行像素为M个,每列像素为N个,则整幅图像对应于一个$M\times N$数字矩阵。这样就获得了数字图像中关于像素的两个属性:位置和灰度。位置由采样点的两个坐标确定,也就对应了网格行和列;而灰度表明了该像素的明暗程度。

把模拟图像在空间上离散化为像素后,各个像素点的灰度值仍是连续量,接着就需要把像素的灰度值进行量化,把每个像素的光强度进行数字化,也就是将$f(x,y)$的值划分成若干个灰度等级。

一幅图像经过采样和量化后便可以得到一幅数字图像。通常可以用一个矩阵来表示(图 13.1)。

$$f(x,y)=\begin{bmatrix} f(0,0) & f(0,1) & \cdots & f(0,N-1) \\ f(1,0) & f(1,1) & \cdots & f(1,N-1) \\ \vdots & \vdots & \ddots & \vdots \\ f(M-1,0) & f(M-1,1) & \cdots & f(M-1,N-1) \end{bmatrix}$$

图 13.1 数字图像的矩阵表示

一幅数字图像在 Matlab 中可以很自然地表示成矩阵

$$\boldsymbol{g}=\begin{bmatrix} g(1,1) & g(1,2) & \cdots & g(1,N) \\ g(2,1) & g(2,2) & \cdots & g(2,N) \\ \vdots & \vdots & \ddots & \vdots \\ g(M,1) & g(M,2) & \cdots & g(M,N) \end{bmatrix},$$

式中:$g(x+1,y+1)=f(x,y)$,$x=0,1,\cdots,M-1$,$y=0,1,\cdots,N-1$。

矩阵中的元素称为像素。每一个像素都有x和y两个坐标,表示其在图像中的位置。另外还有一个值,称灰度值,对应于原始模拟图像在该点处的亮度。量化后的灰度值代表了相应的色彩浓淡程度,以 256 色灰度等级的数字图像为例,一般由 8 比特(即一个字节)表示灰度值,由 0~255 对应于由黑到白的颜色变化。对只有黑白二值采用一个比特表示的特定二值图像,就可以用 0 和 1 来表示黑白两色。

将连续灰度值量化为对应灰度级的具体量化方法有两类,即等间隔量化与非等间隔量化。根据一幅图像具体的灰度值分布的概率密度函数来进行量化,但是由于灰度值分布的概率函数因图而异,不可能找到一个普遍适用于各种不同图像的最佳非等间隔量化公式,因此,在实际应用中一般都采用等间隔量化来进行量化。

13.1.3 数据类

虽然我们处理的是整数坐标,但 Matlab 中的像素值本身并不是整数。表 13.1 列出了 Matlab 和图像处理工具箱为表示像素值所支持的各种数据类。表中的前 8 项称为数值数据类，第 9 项称为字符类，最后一项称为逻辑数据类。

表 13.1　数据类

名称	描述	名称	描述
double	双精度浮点数，范围为[-10^{308},10^{308}]	int16	有符号 16 比特整数，范围为[-32768,32767]
uint8	无符号 8 比特整数，范围为[0,255]	int32	有符号 32 比特整数，范围为[-2147483648,2147483647]
uint16	无符号 16 比特整数，范围为[0,65535]	single	单精度浮点数，范围为[-10^{38},10^{38}]
uint32	无符号 32 比特整数，范围为[0,4294967295]	char	字符
int8	有符号 8 比特整数，范围为[-128,127]	logical	值为 0 或 1

13.1.4　图像类型

在计算机中，按照颜色和灰度的多少可以将图像分为二值图像、灰度图像、索引图像和真彩色 RGB 图像四种基本类型。目前，大多数图像处理软件都支持这四种类型的图像。

1. 二值图像

一幅二值图像的二维矩阵仅由 0、1 两个值构成，“0”代表黑色，“1”代表白色。由于每一像素（矩阵中每一元素）取值仅有 0、1 两种可能，所以计算机中二值图像的数据类型通常为 1 个二进制位。二值图像通常用于文字、线条图的扫描识别（OCR）和掩膜图像的存储。

二值图像在 Matlab 中是一个取值只有 0 和 1 的逻辑数组。因而，一个取值只有 0 和 1 的 uint8 类数组，在 Matlab 中并不认为是二值图像。使用 logical 函数可以把数值数组转换为二值数组。因此，若 A 是一个由 0 和 1 构成的数值数组，则可使用如下语句创建一个逻辑数组 B：

```
B=logical(A),
```

若 A 中含有除了 0 和 1 之外的其他元素，则使用 logical 函数就可以将所有非零的量变换为逻辑 1，而将所有的 0 值变换为逻辑 0。

2. 灰度图像

灰度图像矩阵元素的整数取值范围通常为[0,255]。因此其数据类型一般为 8 位无符号整数（uint8），这就是人们经常提到的 256 灰度图像。“0”表示纯黑色，“255”表示纯白色，中间的整数数字从小到大表示由黑到白的过渡色。若灰度图像的像素是 uint16 类，则它的整数取值范围为[0,65535]。若图像是 double 类，则像素的取值就是浮点数。规定双精度型归一化灰度图像的取值范围是[0,1]，0 代表黑色，1 代表白色，0~1 之间的小数表示不同的灰度等级。二值图像可以看成是灰度图像的一个特例。

3. RGB 彩色图像

一幅 RGB 图像就是彩色像素的一个 $m \times n \times 3$ 数组，其中每一个彩色像素点都是在特定空间位置的彩色图像相对应的红、绿、蓝三个分量。RGB 也可以看成是一个由三幅灰度图像形成的“堆”，当将其送到彩色监视器的红、绿、蓝输入端时，便在屏幕上产生了一幅彩色图像。按照惯例,形成一幅 RGB 彩色图像的三个图像常称为红、绿或蓝分量图像。分量图像的数据类决定了它们的取值范围。若一幅 RGB 图像的数据类是 double,则它的取值范围就是[0,1]。类似地,uint8 类或 uint16 类 RGB 图像的取值范围分别是[0,255]或[0,65535]。

4. 索引图像

索引图像有两个分量,即数据矩阵 X 和彩色映射矩阵 map。矩阵 map 是一个大小为 $m\times3$ 且由范围在[0,1]之间的浮点值构成的 double 类数组。map 的长度 m 同它所定义的颜色数目相等。map 的每一行都定义单色的红、绿、蓝三个分量。索引图像将像素的亮度值"直接映射"到彩色值。每个像素的颜色由对应矩阵 X 的值作为指向 map 的一个指针决定。若 X 属 double 类,则其小于等于 1 的所有分量都指向 map 的第 1 行,所有大于 1 且小于等于 2 的分量都指向第 2 行,依次类推。若 X 为 uint8 类或 uint16 类图像,则所有等于 0 的分量都指向 map 的第 1 行,所有等于 1 的分量都指向第 2 行,依次类推。

13.1.5 数据类与图像类型间的转换

在 Matlab 图像处理工具箱中,数据类与图像类型间的转换是非常频繁的。工具箱中提供了数据类之间进行转换的函数见表 13.2。

表 13.2 数据类之间的转换函数

名 称	将输入转换为	有效的输入图像数据类
im2uint8	uint8	logical,uint8,uint16 和 double
im2uint16	uint16	logical,uint8,uint16 和 double
mat2gray	double,范围为[0,1]	double
im2double	double	logical,uint8,uint16 和 double

图像类型之间的转换函数有 ind2gray,gray2ind;rgb2ind,ind2rgb;ntsc2rgb,rgb2ntsc 等。可以使用 imtool 命令查看一个图像文件的信息。

13.2 亮度变换与空间滤波

这里的空间指的是图像平面本身,在空间域(简称空域)内处理图像的方法是直接对图像的像素进行处理。当处理单色(灰度)图像时,"亮度"和"灰度"这两个术语是可以相互换用的。当处理彩色图像时,亮度用来表示某个彩色空间中的一个彩色图像分量。本节讨论的空域处理的表达式为

$$g(x,y)=T[f(x,y)], \tag{13.1}$$

式中:$f(x,y)$ 为输入图像;$g(x,y)$ 为输出(处理后)图像;T 为对图像 f 进行处理的操作符,定义在点(x,y)的指定邻域内,此外,T 还可以对一组图像进行处理,例如为降低噪声而让 K 幅图像相加。

Matlab 中函数 imadjust 是对图像进行亮度变换的工具。其语法为

```
g=imadjust(f,[low_in; high_in],[low_out; high_out],gamma),
```

此函数将图像 f 中的亮度值映射到 g 中的新值,即将 low_in 至 high_in 之间的值映射到 low_out 至 high_out 之间的值。参数 gamma 为调节权重,若 gamma(或分量,彩色图片 gamma 为三维行向量)小于 1,则映射被加权至更高(更亮)的输出值;若 gamma(或分量)大于 1,则映射被加权至更低(更暗)的输出值。

例 13.1 图像翻转。

```
f=imread('tu1.bmp');                    % 读原图像
g=imadjust(f,[0; 1],[1; 0]);            % 进行图像翻转
subplot(1,2,1), imshow(f)               % 显示原图像
subplot(1,2,2), imshow(g)               % 显示翻转图像
```

图 13.2 中同时显示了原图像和翻转图像,可以作比较。

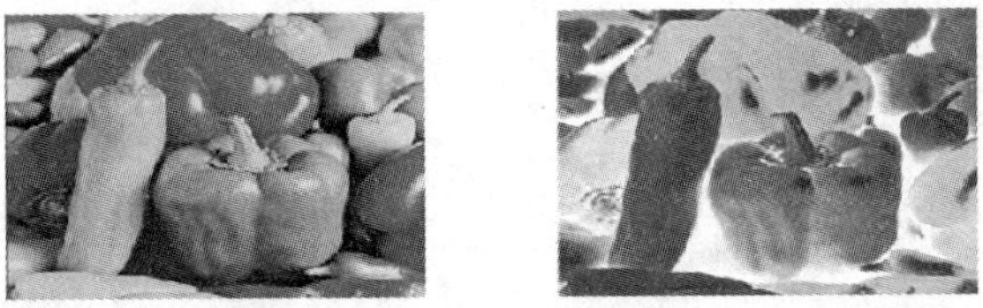

图 13.2 原图像与翻转图像

13.2.1 线性空间滤波器

下面讨论线性滤波技术。使用拉普拉斯滤波器增强图像的基本公式为

$$g(x,y)=f(x,y)+c\,\nabla^2 f(x,y),$$

式中:$f(x,y)$为输入的退化图像;$g(x,y)$为输出的增强图像;c 取 1 或 -1(具体选择见下文)。

拉普拉斯算子定义为

$$\nabla^2 f(x,y)=\frac{\partial^2 f(x,y)}{\partial x^2}+\frac{\partial^2 f(x,y)}{\partial y^2}.$$

对于离散的数字图像,二阶导数用如下的近似:

$$\frac{\partial^2 f(x,y)}{\partial x^2}=f(x+1,y)+f(x-1,y)-2f(x,y),$$

$$\frac{\partial^2 f(x,y)}{\partial y^2}=f(x,y+1)+f(x,y-1)-2f(x,y).$$

因而有

$$\nabla^2 f(x,y)=f(x+1,y)+f(x-1,y)+f(x,y+1)+f(x,y-1)-4f(x,y). \tag{13.2}$$

从式(13.2)易见,拉普拉斯算子∇^2 对图像f的作用就相当于如下矩阵 $\boldsymbol{T}_1$ 与f相乘:

$$\boldsymbol{T}_1=\begin{bmatrix}0 & 1 & 0\\ 1 & -4 & 1\\ 0 & 1 & 0\end{bmatrix}. \tag{13.3}$$

称 $\boldsymbol{T}_1$ 为滤波器、掩模、滤波掩模、核、模板或窗口。还可以用如下的矩阵 $\boldsymbol{T}_2$ 近似拉普拉斯算子:

$$
\boldsymbol{T}_2=\begin{bmatrix}1 & 1 & 1\\ 1 & -8 & 1\\ 1 & 1 & 1\end{bmatrix}, \tag{13.4}
$$

该矩阵更逼近二阶导数,因此对图像的改善作用更好。上文中 c 的选取依赖于形如式(13.3)、式(13.4)的近似矩阵。当这些近似矩阵中心元素(如式(13.3)中的-4,式(13.4)中的-8)为负时,$c=-1$,反之 $c=1$。

可以选取其他的拉普拉斯近似矩阵。Matlab 中函数 fspecial('laplacian', α)用于实现一个更为常见的拉普拉斯算子掩模

$$
\begin{bmatrix}\dfrac{\alpha}{1+\alpha} & \dfrac{1-\alpha}{1+\alpha} & \dfrac{\alpha}{1+\alpha}\\ \dfrac{1-\alpha}{1+\alpha} & \dfrac{-4}{1+\alpha} & \dfrac{1-\alpha}{1+\alpha}\\ \dfrac{\alpha}{1+\alpha} & \dfrac{1-\alpha}{1+\alpha} & \dfrac{\alpha}{1+\alpha}\end{bmatrix}. \tag{13.5}
$$

13.2.2 图像恢复实例

利用 Matlab 中的图像处理工具箱可以方便地进行图像修复。

例 13.2 模糊图像修复。

```
f=imread('tu2.bmp');              % 读取原图像
h1=fspecial('laplacian',0);       % 式(13.3)的滤波器,等价于式(13.5)中参数为 0
g1=f-imfilter(f,h1);              % 中心为-4,c=-1,即从原图像中减去拉普拉斯算子处理的
结果
h2=[1 1 1; 1 -8 1; 1 1 1];        % 式(13.4)的滤波器
g2=f-imfilter(f,h2);              % 中心为-8,c=-1
subplot(1,3,1),imshow(f)          % 显示原图像
subplot(1,3,2),imshow(g1)         % 显示滤波器(13.3)修复的图像
subplot(1,3,3),imshow(g2)         % 显示滤波器(13.4)修复的图像
```

线性拉普拉斯滤波器对模糊图像具有很好的修复效果。图 13.3 给出了原始图像及利用滤波器(13.3)和滤波器(13.4)修复的图像。

(a) (b) (c)

图 13.3 原图像及滤波效果图像

(a) 原图像;(b) 滤波器(13.3)的滤波图像;(c) 滤波器(13.4)的滤波图像。

13.2.3 非线性空间滤波器

Matlab 中非线性空间滤波的一个工具是函数 ordfilt2,它可以生成统计排序滤波器。其响应是基于对图像邻域中所包含的像素进行排序,然后使用排序结果确定的值来替代邻域中的中心像素的值。函数 ordfilt2 的语法为

```
g=ordfilt2(f, order, domain),
```

该函数生成输出图像 g 的方式如下:使用邻域的一组排序元素中的第 order 个元素来替代 f 中的每个元素,而该邻域则由 domain 中的非零元素指定。

统计学术语中,最小滤波器(一组排序元素中的第一个样本值),称为第 0 个百分位,它可以使用语法

```
g=ordfilt2(f,1,ones(m,n))
```

来实现。同样,第 100 个百分位指的就是一组排序元素中的最后一个样本值,即第 mn 个样本,它可以使用语法

```
g=ordilt2(f,m*n,ones(m,n))
```

实现。

数字图像处理中最著名的统计排序滤波器是中值滤波器,它对应的是第 50 个百分位。可以使用

```
g=ordfilt2(f,median(1:m*n),ones(m,n))
```

来创建中值滤波器。基于实际应用的重要性,工具箱提供了一个二维中值滤波函数

```
g=medfilt2(f,[m,n]),
```

数组[m,n]定义一个大小为 $m\times n$ 的邻域,中值就在该邻域上计算。该函数的默认形式为

```
g=medfilts(f),
```

它使用一个大小为 3×3 的邻域来计算中值,并用 0 来填充输入图像的边界。

例 13.3 中值滤波。

```
f=imread('Lena.bmp');                      % 读原图像
f1=imnoise(f,'salt & pepper',0.02);        % 加椒盐噪声
g=medfilt2(f1);                            % 进行中值滤波
subplot(1,3,1),imshow(f),title('原图像')
subplot(1,3,2),imshow(f1),title('被椒盐噪声污染的图像')
subplot(1,3,3),imshow(g),title('中值滤波图像')
```

图 13.4 给出了原图像、被椒盐噪声污染的图像及滤波后的图像。

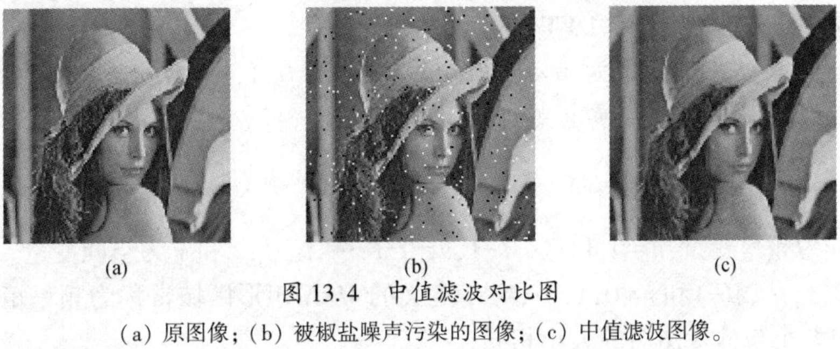

(a) (b) (c)

图 13.4 中值滤波对比图

(a) 原图像;(b) 被椒盐噪声污染的图像;(c) 中值滤波图像。

13.3 频域变换

为了快速有效地对图像进行处理和分析,如进行图像增强、图像分析、图像复原、图像压缩等,常需要将原定义在图像空间的图像以某种形式转换到频域空间,并利用频域空间的特有性质方便地进行一定的加工,最后再转换回图像空间,以得到所需要的效果。

13.3.1 傅里叶变换

傅里叶变换是对线性系统进行分析的一个有力工具,它将图像从空域变换到频域,使我们能够把傅里叶变换的理论同其物理解释相结合,将有助于解决大多数图像处理的问题。

1. 二维连续傅里叶变换

二维傅里叶变换的定义为

$$F(u,v)=\int_{-\infty}^{+\infty}\int_{-\infty}^{+\infty}f(x,y)\mathrm{e}^{-\mathrm{j}ux}\mathrm{e}^{-\mathrm{j}vy}\mathrm{d}x\mathrm{d}y,\tag{13.6}$$

式中:j 为虚数单位;u 和 v 为频率变量,其单位是弧度/采样单位;$F(u,v)$ 通常称为 $f(x,y)$ 的频率表示。

$F(u,v)$ 是复值函数,在 u 和 v 上都是周期的,且周期为 2π。因为其具有周期性,所以通常只显示 $-\pi\leqslant u,v\leqslant\pi$ 的范围。注意 $F(0,0)$ 是 $f(x,y)$ 的所有值之和,因此,$F(0,0)$ 通常称为傅里叶变换的恒定分量或 DC 分量(DC 表示直流)。如果 $f(x,y)$ 是一幅图像,则 $F(u,v)$ 是它的谱。

定义二维傅里叶变换的频谱、相位谱和功率谱(频谱密度)如下:

$$|F(u,v)|=\sqrt{R^2(u,v)+I^2(u,v)},$$

$$\Phi(u,v)=\arctan[I(u,v)/R(u,v)],$$

$$P(u,v)=|F(u,v)|^2=R^2(u,v)+I^2(u,v),$$

式中:$R(u,v)$ 和 $I(u,v)$ 分别为 $F(u,v)$ 的实部和虚部。

二维傅里叶逆变换定义为

$$f(x,y)=\frac{1}{4\pi^2}\int_{-\infty}^{+\infty}\int_{-\infty}^{+\infty}F(u,v)\mathrm{e}^{\mathrm{j}ux}\mathrm{e}^{\mathrm{j}vy}\mathrm{d}u\mathrm{d}v.\tag{13.7}$$

2. 二维离散傅里叶变换(DFT)

令 $f(x,y)$ 表示一幅大小为 $M\times N$ 的图像,其中 $x=0,1,\cdots,M-1$ 和 $y=0,1,\cdots,N-1$,$f(x,y)$ 的二维离散傅里叶变换定义如下:

$$F(u,v)=\sum_{x=0}^{M-1}\sum_{y=0}^{N-1}f(x,y)\mathrm{e}^{-\mathrm{j}2\pi(ux/M+vy/N)},\tag{13.8}$$

式中:u 和 v 为频率变量,$u=0,1,\cdots,M-1$,$v=0,1,\cdots,N-1$;x 和 y 为空间变量。

由 $u=0,1,\cdots,M-1$ 和 $v=0,1,\cdots,N-1$ 定义的 $M\times N$ 矩形区域常称为频率矩形。显然,频率矩形的大小与输入图像的大小相同。

二维离散傅里叶逆变换由下式给出：

$$f(x,y)=\frac{1}{MN}\sum_{u=0}^{M-1}\sum_{v=0}^{N-1}F(u,v)\mathrm{e}^{\mathrm{j}2\pi(ux/M+vy/N)},\tag{13.9}$$

其中：$x=0,1,\cdots,M-1$ 和 $y=0,1,\cdots,N-1$。因此，给定 $F(u,v)$，我们可以借助于 DFT 逆变换得到 $f(x,y)$。在这个等式中，$F(u,v)$ 的值有时称为傅里叶系数。

$F(0,0)$ 称为傅里叶变换的直流（DC）分量，不难看出，$F(0,0)$ 等于 $f(x,y)$ 的平均值的 MN 倍。$F(u,v)$ 满足

$$F(u,v)=F(u+M,v)=F(u,v+N)=F(u+M,v+N),$$

即 DFT 在 u 和 v 方向上都是周期的，周期由 M 和 N 决定。周期性也是 DFT 逆变换的一个重要属性，有

$$f(x,y)=f(x+M,y)=f(x,y+N)=f(x+M,y+N),$$

可以简单地认为这是 DFT 及其逆变换的一个数学特性。还应牢记的是，DFT 实现仅计算一个周期。

3. 基于离散傅里叶变换的频域滤波

在频域中滤波首先计算输入图像的傅里叶变换 $F(u,v)$，然后用滤波器 $H(u,v)$ 对 $F(u,v)$ 作变换，最后对其得到的变换结果作傅里叶逆变换就得到频域滤波后的图像。具体到离散情况，主要包括以下 5 个步骤：

（1）用 $(-1)^{x+y}$ 乘以输入图像进行中心变换，得

$$f_{\mathrm{c}}(x,y)=(-1)^{x+y}f(x,y).$$

（2）计算图像 $f_{\mathrm{c}}(x,y)$ 的离散傅里叶变换，即

$$F(u,v)=\sum_{x=0}^{M-1}\sum_{y=0}^{N-1}f_{\mathrm{c}}(x,y)\mathrm{e}^{-\mathrm{j}2\pi(ux/M+vy/N)}.$$

（3）用滤波器 $H(u,v)$ 作用 $F(u,v)$，得

$$G(u,v)=H(u,v)F(u,v).$$

（4）计算 $G(u,v)$ 的离散傅里叶逆变换，并取实部，得

$$g_{\mathrm{p}}(x,y)=\mathrm{real}\{F^{-1}[G(u,v)]\}.$$

（5）用 $(-1)^{x+y}$ 乘以 $g_{\mathrm{p}}(x,y)$ 得到中心还原滤波图像为

$$g(x,y)=(-1)^{x+y}g_{\mathrm{p}}(x,y).$$

理想低通滤波器具有传递函数

$$H(u,v)=\begin{cases}1,D(u,v)\leqslant D_0,\\0,D(u,v)>D_0,\end{cases}$$

式中：D_0 为指定的非负数；$D(u,v)$ 为点 (u,v) 到滤波器中心的距离。

$D(u,v)=D_0$ 的轨迹为一个圆。注意，若滤波器 H 乘以一幅图像的傅里叶变换，我们会发现理想低通滤波器切断（乘以 0）了圆外 F 的所有分量，而圆上和圆内的点不变（乘以 1）。虽然这个滤波器不能使用电子元件来模拟实现，但通常用来解释折叠误差等问题。

n 阶巴特沃兹低通滤波器（在距离原点 D_0 处出现截止频率）的传递函数为

$$H(u,v)=\frac{1}{1+[D(u,v)/D_0]^{2n}},$$

与理想低通滤波器不同的是，巴特沃兹低通滤波器的传递函数并不是在 D_0 处突然不连

续。对于具有平滑传递函数的滤波器，通常要定义一个截止频率，在该点处 $H(u,v)$ 会降低为其最大值的某个给定比例。

高斯低通滤波器的传递函数为

$$H(u,v)=e^{-\frac{D^2(u,v)}{2\sigma^2}},$$

式中：σ 为标准差。

通过令 $\sigma=D_0$，可以根据截止参数 D_0 得到表达式

$$H(u,v)=e^{-\frac{D^2(u,v)}{2D_0^2}}.$$

下面给出一个低通滤波器的例子。

例 13.4 一阶巴特沃兹低通滤波器。

取截止频率 $D_0=15$，原图像和一阶巴特沃兹滤波后的图像如图 13.5 所示。

(a) (b)

图 13.5 原图像和低通滤波后的图像对比图

(a) 原图像；(b) 低通滤波后的图像。

计算的 Matlab 程序如下：

```
clc, clear
cm=imread('cameraman.tif');          % 读入 Matlab 的内置图像文件 cameraman.tif
[n,m]=size(cm);                      % 计算图像的维数
cf=fft2(cm);                         % 进行傅里叶变换
cf=fftshift(cf);                     % 进行中心变换
u=[-floor(m/2):floor((m-1)/2)];      % 水平频率
v=[-floor(n/2):floor((n-1)/2)];      % 垂直频率
[uu,vv]=meshgrid(u,v);               % 频域平面上的网格节点
bl=1./(1+(sqrt(uu.^2+vv.^2)/15).^2);    % 构造一阶巴特沃兹低通滤波器
cfl=bl.*cf;                          % 逐点相乘,进行低通滤波
cml=real(ifft2(cfl));                % 进行傅里叶逆变换,并取实部
% cml=ifftshift(cml);
cml=uint8(cml);                      % 必须进行数据格式转换
subplot(1,2,1), imshow(cm)           % 显示原图像
subplot(1,2,2), imshow(cml)          % 显示滤波后的图像
```

13.3.2 离散余弦变换

DCT(Discrete Cosine Transform)变换的全称是离散余弦变换，是图像处理中经常使用

的变换算法。通过 DCT 变换可以将图像空间域上的信息变换到频率域上，它较好地利用了人类视觉系统的特点。

对于一个 $M\times N$ 图像 $f(x,y)$ 的二维 DCT 变换定义为

$$F(u,v)=\alpha(u)\beta(v)\sum_{x=0}^{M-1}\sum_{y=0}^{N-1}f(x,y)\cos\frac{(2x+1)u\pi}{2M}\cos\frac{(2y+1)v\pi}{2N},\qquad(13.10)$$

其逆变换为

$$f(x,y)=\sum_{u=0}^{M-1}\sum_{v=0}^{N-1}\alpha(u)\beta(v)F(u,v)\cos\frac{(2x+1)u\pi}{2M}\cos\frac{(2y+1)v\pi}{2N},\qquad(13.11)$$

式中：$x,u=0,1,\cdots,M-1$；$y,v=0,1,\cdots,N-1$；而且

$$\alpha(u)=\begin{cases}\dfrac{1}{\sqrt{M}},u=0,\\ \sqrt{\dfrac{2}{M}},u=1,\cdots,M-1,\end{cases}$$

$$\beta(v)=\begin{cases}\dfrac{1}{\sqrt{N}},v=0,\\ \sqrt{\dfrac{2}{N}},v=1,\cdots,N-1.\end{cases}$$

令变换核函数

$$h(x,y,u,v)=\alpha(u)\beta(v)\cos\frac{(2x+1)u\pi}{2M}\cos\frac{(2y+1)v\pi}{2N},$$

则 DCT 变换公式又可写为

$$F(u,v)=\sum_{x=0}^{M-1}\sum_{y=0}^{N-1}f(x,y)h(x,y,u,v),u=0,1,\cdots,M-1;\ v=0,1,\cdots,N-1.$$

DCT 逆变换公式写为

$$f(x,y)=\sum_{u=0}^{M-1}\sum_{v=0}^{N-1}F(u,v)h(x,y,u,v),x=0,1,\cdots,M-1;y=0,1,\cdots,N-1.$$

式中：u,v 为 DCT 变换矩阵内某个数值的坐标位置；$F(u,v)$ 为 DCT 变换后矩阵内的某个值；x,y 为数据矩阵内某个数值的坐标位置；$f(x,y)$ 为图像矩阵内的某个数据。

DCT 变换相当于将图像分解到一组不同的空间频率上，$\alpha(u)$ 和 $\beta(v)$ 即为每一个对应的空间频率成分在原图像中所占的比重；而逆变换则是一个将这些不同空间频率上的分量合成为原图像的过程，变换系数 $\alpha(u)$ 和 $\beta(v)$ 在这个精确、完全的重构过程中规定了各频率成分所占分量的大小。

DCT 变换的实现有两种方法，一种是基于快速傅里叶变换（FFT）的算法，这是通过工具箱提供的 dct2 函数实现的；另一种是 DCT 变换矩阵（Transform Matrix）方法。变换矩阵方法非常适合做 8×8 或 16×16 的图像块的 DCT 变换，工具箱提供了 dctmtx 函数来计算变换矩阵。一个 $M\times M$ 的 DCT 变换矩阵 $\boldsymbol{T}=(T_{pq})_{M\times M}$ 定义为

$$T_{pq}=\begin{cases}\dfrac{1}{\sqrt{M}}, p=0, q=0,1,\cdots,M-1,\\ \sqrt{\dfrac{2}{M}}\cos\dfrac{\pi(2q+1)p}{2M}, p=1,2,\cdots,M-1, q=0,1,\cdots,M-1.\end{cases}$$

对于一个 $M\times M$ 的矩阵 $\boldsymbol{A}$,$\boldsymbol{TA}$ 是一个 $M\times M$ 矩阵,它的每一列是矩阵 $\boldsymbol{A}$ 的对应列的一维 DCT 变换,$\boldsymbol{A}$ 的二维 DCT 变换可以由 $\boldsymbol{B}=\boldsymbol{TAT}^{\mathrm{T}}$ 计算;由于 $\boldsymbol{T}$ 是实正交矩阵,它的逆阵等于它的转置矩阵,因此 $\boldsymbol{B}$ 的二维逆 DCT 变换可以由 $\boldsymbol{T}^{\mathrm{T}}\boldsymbol{BT}$ 给出。

由式(13.11)可知,原始图像 f 可表示为一系列函数:

$$\sum_{u=0}^{M-1}\sum_{v=0}^{N-1}\alpha(u)\beta(v)\cos\frac{(2x+1)u\pi}{2M}\cos\frac{(2y+1)v\pi}{2N},$$

式中:$x=0,1,\cdots,M-1$,$y=0,1,\cdots,N-1$ 的加权组合,这组函数就是 DCT 基函数。

例 13.5 DCT 变换基函数。

图 13.6 是用图像方式显示 8×8DCT 基函数矩阵。水平频率从左到右依次变大,垂直频率从上往下依次变大。

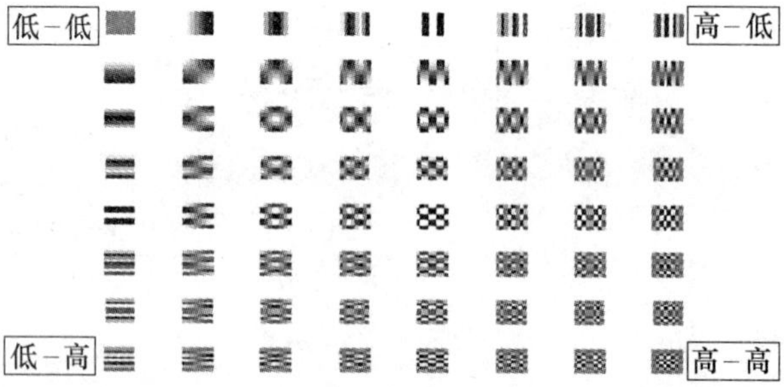

图 13.6 DCT 变换的 8×8 基函数

画图的 Matlab 程序如下:

```
clc, clear, T=dctmtx(8);                %8×8 的 DCT 变换矩阵
colormap('gray');                       %设置颜色映射矩阵
for m =1:8
    for n =1:8
        subplot(8,8,(m-1)*8+n);
        Y=zeros(8); Y(m,n)=1;           %8×8 矩阵中只有一个元素为 1,其余元素都为 0
        X = T'*Y*T;                     %作逆 DCT 变换
        imagesc(X);                     %显示图像
        axis square                     %画图区域是方形
        axis off                        %不显示轴线和标号
    end
end
```

在下面的例子中,计算输入图像的 8×8 子块的二维 DCT 变换,由于图像的能量主要集中在低频区域,在每个子块中,只利用 64 个 DCT 系数中的 10 个低频系数,其余都置为 0。然后用每个子块的二维 DCT 逆变换重构图像,从而实现对图像的压缩,在这里使用了

变换矩阵方法。原始图像和经压缩—解压后的图像分别如图 13.7(a)和图 13.7(b)所示。

(a)

(b)

图 13.7　灰度图像压缩对比图

(a) 原图像；(b) 压缩—解压后的图像。

例 13.6　灰度图像压缩。

```
I = imread('cameraman.tif');            % cameraman.tif 是 Matlab 自带的图像文件
I = im2double(I);                       % 数据转换成 double 类型
T = dctmtx(8);                          % T 为 8×8 的 DCT 变换矩阵
% 定义正 DCT 变换的匿名函数,这里 block_struct 是 Matlab 内置的结构变量
dct = @(block_struct) T * block_struct.data * T';
B = blockproc(I,[8 8],dct);             % 作正 DCT 变换
mask = [1 1 1 1 0 0 0 0
        1 1 1 0 0 0 0 0
        1 1 0 0 0 0 0 0
        1 0 0 0 0 0 0 0
        0 0 0 0 0 0 0 0
        0 0 0 0 0 0 0 0
        0 0 0 0 0 0 0 0
        0 0 0 0 0 0 0 0];               % 给出掩膜矩阵
% 提取低频系数
B2 = blockproc(B,[8 8],@(block_struct) mask .* block_struct.data);
% 定义 DCT 逆变换的匿名函数
invdct = @(block_struct) T' * block_struct.data * T;
I2 = blockproc(B2,[8 8],invdct);        % 作逆 DCT 变换
subplot(1,2,1), imshow(I)               % 显示原图像
subplot(1,2,2), imshow(I2)              % 显示变换后的图像
```

例 13.7　用 DCT 变换对 RGB 彩色图像做压缩。

```
clc, clear
f0=imread('tu7_1.bmp');             % 读入图像
f1=double(f0);                      % 数据转换成 double 类型
for k=1:3
    g(:,:,k)=dct2(f1(:,:,k));       % 对 R,G,B 各个分量分别作离散余弦变换
end
```

```
g(abs(g)<0.1)=0;              % 把 DCT 系数小于 0.1 的变成 0
for k=1:3
    f2(:,:,k)=idct2(g(:,:,k)); % 作 DCT 逆变换
end
f2=uint8(f2);                 % 把数据转换成 uint8 格式
imwrite(f2,'tu7_2.bmp');      % 把 f2 保存成 bmp 文件
subplot(1,2,1),imshow(f0)
subplot(1,2,2),imshow(f2)
```

对于通常的图像来说，大多数的 DCT 系数的值非常接近于 0，如果舍弃这些接近于 0 的值，则在重构图像时并不会带来图像画面质量的显著下降。所以利用 DCT 进行图像压缩可以节约大量的存储空间。图 13.8 给出了一幅原始图像和经压缩—解压后的图像。

(a) (b)

图 13.8 彩色图像压缩对比图

(a) 原始图像；(b) 压缩—解压后的图像。

13.3.3 图像保真度和质量

在图像压缩中为增加压缩率有时会放弃一些图像细节或其他不太重要的内容。在这种情况下常常需要有对信息损失的测度以描述解码图像相对于原始图像的偏离程度，这些测度一般称为保真度（逼真度）准则。常用的保真度准则可分为以下两大类。

1. 客观保真度准则

当所损失的信息量可用编码输入图与解码输出图的函数表示时，可以说它是基于客观保真度准则的。最常用的一个准则是输入图和输出图之间的均方根误差。令 $f(x,y)$ 代表输入图，$\hat{f}(x,y)$ 代表对 $f(x,y)$ 先压缩后解压得到的 $f(x,y)$ 的近似，对任意 x 和 y，$f(x,y)$ 和 $\hat{f}(x,y)$ 之间的误差定义为

$$e(x,y)=\hat{f}(x,y)-f(x,y),$$

如两幅图尺寸均为 $M\times N$，则它们之间的总误差为

$$\sum_{x=0}^{M-1}\sum_{y=0}^{N-1}|\hat{f}(x,y)-f(x,y)|,$$

$f(x,y)$ 和 $\hat{f}(x,y)$ 之间的均方根误差 e_{rms} 为

$$e_{\mathrm{rms}}=\left\{\frac{1}{MN}\sum_{x=0}^{M-1}\sum_{y=0}^{N-1}[\hat{f}(x,y)-f(x,y)]^2\right\}^{\frac{1}{2}}. \tag{13.12}$$

另一个客观保真度准则是均方信噪比(Signal-to-Noise Ratio, SNR)。如果将$\hat{f}(x,y)$看作原始图$f(x,y)$和噪声信号$e(x,y)$的和,那么输出图的均方根信噪比为

$$\mathrm{SNR}_{\mathrm{rms}} = \sqrt{\sum_{x=0}^{M-1}\sum_{y=0}^{N-1}\hat{f}^2(x,y) \Big/ \sum_{x=0}^{M-1}\sum_{y=0}^{N-1}[\hat{f}(x,y) - f(x,y)]^2}. \tag{13.13}$$

实际使用中常将SNR归一化并用分贝(dB)表示,令

$$\bar{f} = \frac{1}{MN}\sum_{x=0}^{M-1}\sum_{y=0}^{N-1}f(x,y),$$

则有

$$\mathrm{SNR} = 10\ln\left\{\frac{\sum_{x=0}^{M-1}\sum_{y=0}^{N-1}[f(x,y) - \bar{f}]^2}{\sum_{x=0}^{M-1}\sum_{y=0}^{N-1}[\hat{f}(x,y) - f(x,y)]^2}\right\}. \tag{13.14}$$

如果令$f_{\max} = \max\{f(x,y), x=0,1,\cdots,M-1; y=0,1,\cdots,N-1\}$,则可得到峰值信噪比

$$\mathrm{PSNR} = 10\ln\left[\frac{f_{\max}^2}{\frac{1}{MN}\sum_{x=0}^{M-1}\sum_{y=0}^{N-1}[\hat{f}(x,y) - f(x,y)]^2}\right]. \tag{13.15}$$

均方根误差e_{rms}越小,峰值信噪比PSNR越大,处理的图像质量越好。

2. 主观保真度准则

尽管客观保真度准则提供了一种简单和方便的评估信息损失的方法,但很多图像是供人看的。在这种情况下,用主观的方法来测量图像的质量常更为合适。一种常用的方法是对一组(常超过20个)精心挑选的观察者展示一幅典型的图像并将他们对该图的评价综合平均起来以得到一个统计的质量评价结果。

评价也可通过将$\hat{f}(x,y)$和$f(x,y)$比较并按照某种相对的尺度进行。如果观察者将$\hat{f}(x,y)$和$f(x,y)$逐个进行对比,则可以得到相对的质量分。例如,可用{-3,-2,-1,0,1,2,3}代表主观评价{很差,较差,稍差,相同,稍好,较好,很好}。

主观保真度准则使用起来比较困难。

13.4 数字图像的水印防伪

随着数字技术的发展,Internet应用日益广泛,数字媒体因其数字特征极易被复制、篡改、非法传播以及蓄意攻击,其版权保护已日益引起人们的关注。因此,研究新形势下行之有效的版权保护和认证技术具有深远的理论意义和广泛的应用价值。

数字水印技术,是指在数字化的数据内容中嵌入不明显的记号,从而达到版权保护或认证的目的。被嵌入的记号通常是不可见或不可察觉的,但是通过一些计算操作可以被检测或被提取。因此,数字图像的内嵌水印必须具有下列特点:

(1) 透明性:水印后图像不能有视觉质量的下降,与原始图像对比,很难发现二者的差别。

(2) 鲁棒性:加入图像中的水印必须能够承受施加于图像的变换操作(如加入噪声、滤波、有损压缩、重采样、D/A或A/D转换等),不会因变换处理而丢失,水印信息经检验

提取后应清晰可辨。

(3) 安全性:数字水印应能抵抗各种蓄意的攻击,必须能够唯一地标志原始图像的相关信息,任何第三方都不能伪造他人的水印图像。

在过去的十多年里,数字水印技术的研究取得了诸多成就。而针对图像水印技术的研究,主要体现在空间域和频率域两个层面上,所谓空间域水印,就是将水印信息嵌入到载体图像的空间域特性上,如图像像素的最低有效位。而频率域水印技术,又称为变换域水印技术,是将水印信息嵌入到载体图像的变换域系数等特征上,如在图像的 DFT 、DCT 或小波变换系数上嵌入水印信息。

13.4.1 基于矩阵奇异值分解的数字水印算法

1. 矩阵的奇异值分解(SVD)与图像矩阵的能量

矩阵的奇异值分解变换是一种正交变换,它可以将矩阵对角化。我们知道任何一个矩阵都有它的奇异值分解,对于奇异值分解可用下面的定理来描述。

定理 13.1 设 $\boldsymbol{A}$ 是一个秩为 r 的 $m\times n$ 矩阵,则存在正交矩阵 $\boldsymbol{U}$ 和 $\boldsymbol{V}$,使得

$$\boldsymbol{U}^{\mathrm{T}}\boldsymbol{A}\boldsymbol{V}=\begin{bmatrix}\boldsymbol{\Sigma} & \boldsymbol{0}\\ \boldsymbol{0} & \boldsymbol{0}\end{bmatrix}, \tag{13.16}$$

式中:$\boldsymbol{\Sigma}=\mathrm{diag}\{\sigma_1,\sigma_2,\cdots,\sigma_r\}$,这里 $\sigma_1\geqslant\sigma_2\geqslant\cdots\geqslant\sigma_r>0$,$\sigma_1^2,\sigma_2^2,\cdots,\sigma_r^2$ 是矩阵 $\boldsymbol{A}^{\mathrm{T}}\boldsymbol{A}$ 对应的正特征值。称

$$\boldsymbol{A}=\boldsymbol{U}\begin{bmatrix}\boldsymbol{\Sigma} & \boldsymbol{0}\\ \boldsymbol{0} & \boldsymbol{0}\end{bmatrix}\boldsymbol{V}^{\mathrm{T}} \tag{13.17}$$

为 $\boldsymbol{A}$ 的奇异值分解,$\sigma_i(i=1,2,\cdots,r)$ 称为 $\boldsymbol{A}$ 的奇异值。

矩阵 $\boldsymbol{A}$ 的 F(Frobenius)范数定义为

$$\|\boldsymbol{A}\|_{\mathrm{F}}^2=\mathrm{tr}(\boldsymbol{A}^{\mathrm{T}}\boldsymbol{A})=\sum_{i=1}^{m}\sum_{j=1}^{n}a_{ij}^2, \tag{13.18}$$

由于

$$\mathrm{tr}(\boldsymbol{A}^{\mathrm{T}}\boldsymbol{A})=\mathrm{tr}\left(\boldsymbol{V}\begin{bmatrix}\boldsymbol{\Sigma} & \boldsymbol{0}\\ \boldsymbol{0} & \boldsymbol{0}\end{bmatrix}^{\mathrm{T}}\boldsymbol{U}^{\mathrm{T}}\boldsymbol{U}\begin{bmatrix}\boldsymbol{\Sigma} & \boldsymbol{0}\\ \boldsymbol{0} & \boldsymbol{0}\end{bmatrix}\boldsymbol{V}^{\mathrm{T}}\right)=\mathrm{tr}\left(\boldsymbol{V}\begin{bmatrix}\boldsymbol{\Sigma}^2 & \boldsymbol{0}\\ \boldsymbol{0} & \boldsymbol{0}\end{bmatrix}\boldsymbol{V}^{\mathrm{T}}\right)=\sum_{i=1}^{r}\sigma_i^2,$$

所以

$$\|\boldsymbol{A}\|_{\mathrm{F}}^2=\sum_{i=1}^{r}\sigma_i^2. \tag{13.19}$$

式(13.19)表明矩阵 F 范数的平方等于矩阵的所有奇异值的平方和。对于一幅图像,通常用图像矩阵的 F 范数来衡量图像的能量,所以图像的主要能量集中在矩阵那些数值较大的奇异值上。

例 13.8 图像的奇异值分解。

为了说明一幅图像矩阵的奇异值与图像能量的对应关系,我们以图像 Lena 为例(图 13.9(a)),对图像矩阵进行奇异值分解,得到其奇异值的分布如图 13.10 所示。

可以看出,矩阵的最大奇异值和最小奇异值相差很大。最大的奇异值为 30908,而最小的为 0.0028,接近于 0。在所有的 256 个奇异值中,如果只保留其中最大的 20 个,得到的压缩图像如图 13.9(b)所示,在质量上它虽然与原图像有一定差异,但是基本上能反映

(a)

(b)

图 13.9 奇异值压缩图像对比图

(a) 原 Lena 图像；(b) 只保留 20 个奇异值的 Lena 图像。

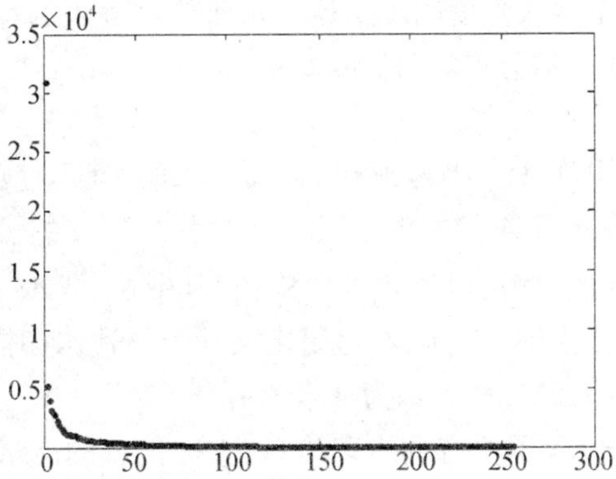

图 13.10 Lena 图像的奇异值分布情况

其真实面貌和特性，损失掉的这部分能量或信息都集中在那些被忽略的较小的奇异值当中。

计算的 Matlab 程序如下：

```
f=imread('Lena.bmp');
f=double(f);                 % uint8 类型数据无法作奇异值分解,必须转换成 double 类型
[u,s,v]=svd(f);              % 进行奇异值分解,这里 s 为对角矩阵
s=diag(s);                   % 提出对角矩阵的对角线元素,得到一个向量
smax=max(s), smin=min(s)     % 求最大奇异值和最小奇异值
s1=s; s1(21:end)=0;          % 只保留前 20 个大的奇异值,其他奇异值置 0
s1=diag(s1);                 % 把向量变成对角矩阵
g=u*s1*v';                   % 计算压缩以后的图像矩阵
g=uint8(g);                  % 必须转换成原数据类,即转换成 uint8 格式
imwrite(g,'Lena2.bmp')       % 把压缩后的图像矩阵保存成 bmp 文件
subplot(1,2,1), imshow('Lena.bmp')      % 显示原图像
subplot(1,2,2), imshow(g)               % 显示压缩后的图像
figure, plot(s,'.','Color','k')         % 画出奇异值对应的点
```

由于在实际应用中，图像总是带有一定噪声的，也就是说待分解的图像矩阵一般都是扰动的，因此了解噪声对矩阵奇异值的影响具有重要意义。Weyl 在 1912 年给出了受噪声扰动的矩阵奇异值与未受噪声扰动的奇异值之差的一个上界，它充分证明了矩阵奇异

值分解的稳定性。这个性质可用如下定理来描述。

定理 13.2(Weyl 定理)　设 $\boldsymbol{A}$ 为一个大小为 $m\times n$ 的矩阵,$\boldsymbol{B}=\boldsymbol{A}+\boldsymbol{\delta}$,$\boldsymbol{\delta}$ 是矩阵 $\boldsymbol{A}$ 的一个扰动,假设矩阵 $\boldsymbol{A}$、$\boldsymbol{B}$ 的奇异值分别为 $\sigma_1^{(1)}>\sigma_2^{(1)}>\cdots>\sigma_r^{(1)}$ 和 $\sigma_1^{(2)}>\sigma_2^{(2)}>\cdots>\sigma_r^{(2)}$,$\sigma^*$ 是矩阵 $\boldsymbol{\delta}$ 的最大奇异值,则有 $|\sigma_i^{(1)}-\sigma_i^{(2)}|<\|\boldsymbol{\delta}\|_2=\sigma^*$,其中 $\|\cdot\|_2$ 表示 2-范数。

由 Weyl 定理可知,当图像被施加小的扰动时图像矩阵的奇异值的变化不会超过扰动矩阵的最大奇异值,因此基于矩阵奇异值分解的数字水印算法具有很好的稳定性,能够有效地抵御噪声对水印信息的干扰。

由上述矩阵奇异值分解的性质可知,图像矩阵奇异值分解的稳定性非常好。当图像加入小的扰动时,其矩阵奇异值的变化不超过扰动矩阵的最大奇异值。基于矩阵奇异值分解的数字水印算法正是将想要嵌入的水印信息嵌入到图像矩阵的奇异值中,如果在嵌入水印的过程中选择一个嵌入强度因子来控制水印信息嵌入的程度,那么当嵌入强度因子足够小时,图像在视觉上不会产生明显的变化。

2. 水印嵌入

设一幅图像对应的矩阵 $\boldsymbol{A}$ 大小为 $M\times N$,需要嵌入的水印对应的矩阵 $\boldsymbol{W}$ 大小为 $m\times n$,自然地有 $M>m$,$N>n$。在矩阵 $\boldsymbol{A}$ 的左上角取一个大小为 $m\times n$ 的子块 $\boldsymbol{A}_0$。

首先对 $\boldsymbol{A}_0$ 进行奇异值分解,得到 $\boldsymbol{A}_0=\boldsymbol{U}_1\boldsymbol{S}_1\boldsymbol{V}_1^{\mathrm{T}}$,其中 $\boldsymbol{S}_1$ 是 $\boldsymbol{A}_0$ 的奇异值矩阵。我们的目标就是将水印 $\boldsymbol{W}$ 嵌入到矩阵 $\boldsymbol{S}_1$ 中,在这里定义一个描述水印嵌入过程的参数 a,称为嵌入强度因子,则水印嵌入的过程表示为 $\boldsymbol{A}_1=\boldsymbol{S}_1+a\boldsymbol{W}$。

可以看出,矩阵 $\boldsymbol{A}_1$ 包含了所有的水印信息,水印信息的能量反映在 $\boldsymbol{A}_1$ 的奇异值当中。对 $\boldsymbol{A}_1$ 进行奇异值分解,得到 $\boldsymbol{A}_1=\boldsymbol{U}_2\boldsymbol{S}_2\boldsymbol{V}_2^{\mathrm{T}}$,则 $\boldsymbol{S}_2$ 反映了嵌入水印的图像的全部信息,由此得到子块 $\boldsymbol{A}_0$ 嵌入水印后的图像子块 $\boldsymbol{A}_2=\boldsymbol{U}_1\boldsymbol{S}_2\boldsymbol{V}_1^{\mathrm{T}}$,这样就完成了水印的嵌入。

上述水印嵌入算法的基本过程可以表示为

$$\boldsymbol{A}_0=\boldsymbol{U}_1\boldsymbol{S}_1\boldsymbol{V}_1^{\mathrm{T}}, \tag{13.20}$$

$$\boldsymbol{A}_1=\boldsymbol{S}_1+a\boldsymbol{W}, \tag{13.21}$$

$$\boldsymbol{A}_1=\boldsymbol{U}_2\boldsymbol{S}_2\boldsymbol{V}_2^{\mathrm{T}}, \tag{13.22}$$

$$\boldsymbol{A}_2=\boldsymbol{U}_1\boldsymbol{S}_2\boldsymbol{V}_1^{\mathrm{T}}. \tag{13.23}$$

在上面的公式中,矩阵 $\boldsymbol{U}_1,\boldsymbol{U}_2,\boldsymbol{V}_1,\boldsymbol{V}_2$ 都是正交矩阵。对一个矩阵进行正交变换后它的奇异值保持不变,因此矩阵 $\boldsymbol{A}_2$ 与 $\boldsymbol{A}_1$ 有相同的奇异值。设 $\sigma_i(\boldsymbol{A}_0)$ 为矩阵 $\boldsymbol{A}_0$ 的第 i 个奇异值,$i=1,2,\cdots,r$,通过 Weyl 定理可得原图像矩阵子块和嵌入水印后图像矩阵子块的奇异值之间的如下关系:

$$\begin{aligned}|\sigma_i(\boldsymbol{A}_0)-\sigma_i(\boldsymbol{A}_2)|&=|\sigma_i(\boldsymbol{S}_1)-\sigma_i(\boldsymbol{A}_1)|=|\sigma_i(\boldsymbol{S}_1)-\sigma_i(\boldsymbol{S}_1+a\boldsymbol{W})|\\&\leqslant\|\boldsymbol{S}_1-(\boldsymbol{S}_1+a\boldsymbol{W})\|_2=\|a\boldsymbol{W}\|_2=a\|\boldsymbol{W}\|_2.\end{aligned}$$

嵌入强度因子 a 的含义在上式中一目了然,它衡量了水印对原图像的扰动情况。在水印嵌入时,选择合适的嵌入强度因子是十分重要的。小的嵌入强度因子有利于水印的透明性,但嵌入的水印信息容易受到外界噪声的干扰,如果噪声强度足够大,则可能使水印信息被噪声淹没而完全丢失,导致提取水印时无法得到水印的全部信息。大的嵌入强度因子有利于增强算法的鲁棒性,即使在噪声较强的情况下水印信息也不会受到很大的影响,但是过大的嵌入强度因子可能对原矩阵的奇异值产生较大的影响,有可能破坏水印的透明性,影响图像的质量。因此,在水印嵌入时要选择适当的嵌入强度因子使得水印图像的不可觉察性与鲁棒性达到最佳。

3. 水印提取

水印提取是上述水印嵌入过程的逆过程。在水印提取时,假设得到的是受扰动的图像矩阵 $\boldsymbol{A}_2^*$,首先对 $\boldsymbol{A}_2^*$ 进行奇异值分解,有

$$\boldsymbol{A}_2^* = \boldsymbol{U}_3 \boldsymbol{S}_2^* \boldsymbol{V}_3^{\mathrm{T}}, \tag{13.24}$$

由此得到包含有全部水印信息的奇异值矩阵 $\boldsymbol{S}_2^*$,然后利用水印嵌入时的矩阵 $\boldsymbol{U}_2, \boldsymbol{V}_2$,得到

$$\boldsymbol{A}_1^* = \boldsymbol{U}_2 \boldsymbol{S}_2^* \boldsymbol{V}_2^{\mathrm{T}}, \tag{13.25}$$

由上述水印嵌入的算法,得

$$\boldsymbol{W}^* = \frac{1}{a}(\boldsymbol{A}_1^* - \boldsymbol{S}_1). \tag{13.26}$$

这样就得到了水印的信息 $\boldsymbol{W}^*$,其中 a 为水印嵌入时所用的嵌入强度因子,$\boldsymbol{S}_1$ 为原图像 $\boldsymbol{A}_0$ 的奇异值矩阵。

例 13.9 水印嵌入与提取。

以图 13.11(a)中图像作为载体图像,图 13.11(b)中图像作为水印图像,选择嵌入强度因子为 $a=0.05$,由于我们选取的是彩色图片,计算时分别对 R、G、B 层做奇异值分解。嵌入水印后的图像如图 13.11(c)所示。

(a) (b) (c)

图 13.11 原图像与嵌入水印的对比图像

(a) 载体图像; (b) 水印图像; (c) 嵌入水印后的图像。

比较图 13.11(a)和图 13.11(c)可知,在嵌入强度因子较小时对图像的扰动很少,图像没有明显的变化。

为了考察算法的稳定性,将得到的嵌入了水印的图像引入一定的高斯噪声后再提出水印,并对提出的水印图像进行中值滤波。被噪声污染的嵌入水印图像如图 13.12(a)所示,提取的水印图像如图 13.12(b)所示,可以看出,此时较小的扰动并没有导致水印信息的丢失,所以这种基于奇异值分解的数字水印算法确实具有较强的鲁棒性。

计算的 Matlab 程序如下:

```
clc, clear, close all
A=imread('tu9_1.bmp');                %读入载体文件
W=imread('tu9_2.bmp');                %读入水印文件
[m1,m2,m3]=size(W);                   %给出矩阵 W 的维数
A0=A([1:m1],[1:m2],:);                %在矩阵 A 的左上角选取与 W 同样大小的子块
```

(a)

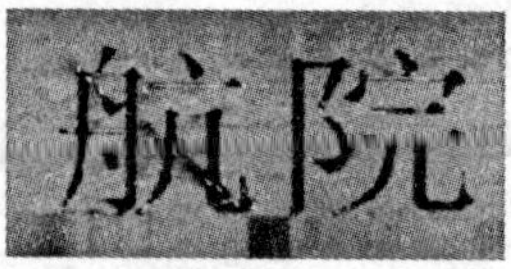

(b)

图 13.12 引入高斯噪声的水印提出

(a) 引入高斯噪声的合成图像；(b) 引入高斯噪声后提取的水印。

```
A0=double(A0); W=double(W);           % 进行数据类型转换
a=0.05;                               % 嵌入强度因子为 0.05
for i=1:3
    [U1{i},S1{i},V1{i}]=svd(A0(:,:,i)); % 对载体 R、G、B 层分别进行奇异值分解
    A1(:,:,i)=S1{i}+a*W(:,:,i);       % 计算 A1 矩阵
    [U2{i},S2{i},V2{i}]=svd(A1(:,:,i));  % 对 A1 的各层进行奇异值分解
    A2(:,:,i)=U1{i}*S2{i}*V1{i}';     % 计算 A2 矩阵
end
AW=A;                                 % 整体水印合成图片初始化
AW([1:m1],[1:m2],:)=A2;               % 左上角替换成水印合成子块,水印嵌入完成
AW=uint8(AW); W=uint8(W);             % 变换回原来的数据类型
subplot(1,3,1), imshow(A)             % 显示载体图片
subplot(1,3,2), imshow(W)             % 显示水印图片
subplot(1,3,3), imshow(AW)            % 显示嵌入水印的合成图片
% 以下是水印的提出
AWstar=imnoise(AW,'gaussian',0,0.01);         % 加入高斯噪声
A2star=AWstar([1:m1],[1:m2],:);               % 提出子块
A2star=double(A2star);                        % 进行数据类型转换
for i=1:3
    [U3{i},S2star{i},V3{i}]=svd(A2star(:,:,i));   % 奇异值分解
    A1star(:,:,i)=U2{i}*S2star{i}*V2{i}'; % 计算 A1*
    Wstar(:,:,i)=(A1star(:,:,i)-S1{i})/a;   % 计算 W*
end
for i=1:3
    Wstar(:,:,i)=medfilt2(Wstar(:,:,i));      % 对提取水印的 R、G、B 层进行中值滤波
end
Wstar=uint8(Wstar);                           % 进行类型转换
figure, subplot(1,2,1), imshow(AWstar)        % 显示被噪声污染的合成图片
subplot(1,2,2), imshow(Wstar)                 % 显示提出的水印图片
```

13.4.2 基于 DCT 变换的水印算法

在图像的 DCT 系数上嵌入水印信息具有诸多优势，首先，DCT 变换是实数域变换，对实系数的处理更加方便，且不会使相位信息发生改变。第二，DCT 变换是有损图像压缩

JPEG 的核心,基于 DCT 变换的图像水印将兼容 JPEG 图像压缩。最后,图像的频域系数反映了能量分布,DCT 变换后图像能量集中在图像的低频部分,即 DCT 图像中不为 0 的系数大部分集中在一起(左上角),因此编码效率很高,将水印信息嵌入图像的中频系数上具有较好的鲁棒性。

1. 水印嵌入算法

水印嵌入算法是通过调整载体图像子块的中频 DCT 系数的大小来实现对水印信息的编码嵌入。算法描述如下:

(1) 读取原始载体图像 $\boldsymbol{A}$,对 $\boldsymbol{A}$ 进行 8×8 分块,并对每块图像进行 DCT 变换。

(2) 在 8×8 的子块中,中频系数的掩模矩阵取为

$$\boldsymbol{H}=\begin{bmatrix}0&0&0&0&1&1&0&0\\0&0&0&1&1&0&0&0\\0&0&1&1&0&0&0&0\\0&1&1&0&0&0&0&0\\1&1&0&0&0&0&0&0\\1&0&0&0&0&0&0&0\\0&0&0&0&0&0&0&0\\0&0&0&0&0&0&0&0\end{bmatrix},$$

每个子块的中频系数总共有 11 个位置。每个子块的中频位置可以嵌入 11 个像素点的亮度值,对应地,将水印图像按照 11 个像素点一组进行分块,水印图像的最后一个分块如果不足 11 个像素点,则通过把亮度值置 0 进行扩充。

对载体图像 DCT 系数进行修改,有

$$g_i'=g_i+\alpha f_i,i=1,2,\cdots,11, \tag{13.27}$$

式中:g_i 为载体图像中频系数的 DCT 值;g_i' 为变换后的 DCT 值;α 为水印嵌入的强度,这里取 $\alpha=0.05$;f_i 为对应位置的水印图像的灰度值(或亮度值)。

(3) 对修改后的 DCT 矩阵进行 DCT 逆变换,得到嵌入了水印的合成图像。

2. 水印提取算法

水印提取是水印嵌入的逆过程,具体算法描述如下:

(1) 计算合成图像和原始载体图像的差图像 $\Delta\boldsymbol{A}$。

(2) 对差图像 $\Delta\boldsymbol{A}$ 进行 8×8 分块,并对每个小块作 DCT 变换。

(3) 从 DCT 小块中提取可能的水印序列

$$f_i=(g_i'-g_i)/\alpha,i=1,2,\cdots,11.$$

(4) 用下列函数计算可能的水印 $\boldsymbol{W}$ 和原嵌入水印 $\boldsymbol{W}^*$ 的相关性:

$$C(\boldsymbol{W}^*,\boldsymbol{W})=\sum_{i=0}^{L-1}(f_i^*f_i)\Big/\sqrt{\sum_{i=0}^{L-1}f_i^2}, \tag{13.28}$$

式中:f_i 和 f_i^* 分别为图像 $\boldsymbol{W}$ 和 $\boldsymbol{W}^*$ 的灰度值(或亮度值);L 为像素点的个数。

根据相似性的值就可以判断图像中是否含有水印,从而达到版权保护的目的。判定准则为,事先设定一个阈值 T,若 $C(\boldsymbol{W}^*,\boldsymbol{W})>T$,则可以判定被测图像中含有水印,否则没有水印。在选择阈值时,既要考虑误检也要考虑虚警。

例 13.10 基于 DCT 变换的水印嵌入和提取。

以图 13.13(a)中图像作为载体图像,图 13.13(b)中图像作为水印图像,选择嵌入强度因子为 $\alpha=0.05$。嵌入水印后的合成图像如图 13.14(a)所示,提取的水印图像如图 13.14(b)所示。

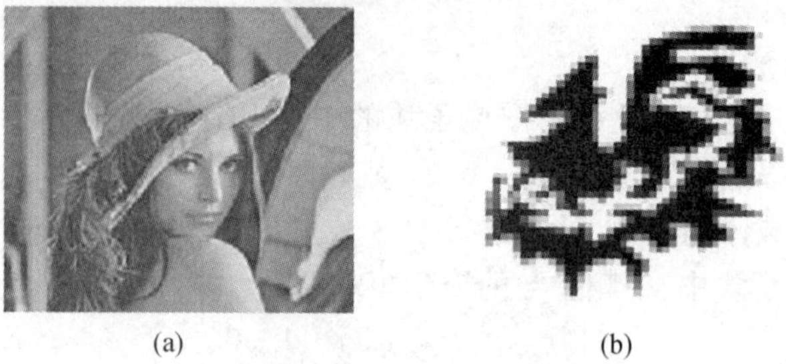

图 13.13 载体图像与水印图像

(a) 载体图像;(b) 水印图像。

图 13.14 水印合成图像与提取的水印图像

(a) 水印合成图像;(b) 提取的水印图像。

计算的 Matlab 程序如下:

```
clc, clear, close all
a=imread('Lena.bmp');          % 读入载体图像,图像的长和高都必须化成 8 的整数倍
[M1,N1]=size(a);               % 计算载体图像的大小
a=im2double(a);                % 数据转换成 double 类型
knum1=M1/8; knum2=N1/8;        % 把载体图像划分成 8×8 的子块,高和长方向划分的块数
b0=imread('tu10.bmp');         % 读入水印图像
b=im2double(b0);               % 数据转换成 double 类型
subplot(1,2,1), imshow(a)      % 显示载体图像
subplot(1,2,2), imshow(b)      % 显示水印图像
mask1=[1 1 1 1 0 0 0 0
       1 1 1 0 0 0 0 0
       1 1 0 0 0 0 0 0
       1 0 0 0 0 0 0 0
       0 0 0 0 0 0 0 0
       0 0 0 0 0 0 0 0
       0 0 0 0 0 0 0 0
       0 0 0 0 0 0 0 0];       % 给出低频的掩膜矩阵
ind1=find(mask1==1);           % 低频系数的位置
```

```
mask2=[0 0 0 0 1 1 0 0
       0 0 0 1 1 0 0 0
       0 0 1 1 0 0 0 0
       0 1 1 0 0 0 0 0
       1 1 0 0 0 0 0 0
       1 0 0 0 0 0 0 0
       0 0 0 0 0 0 0 0
       0 0 0 0 0 0 0 0];              %给出中频的掩膜矩阵
ind2=find(mask2==1);                  %中频系数的位置,总共11个
[M2,N2]=size(b);                      %计算水印图像的大小
L=M2*N2;                              %计算水印图像的像素个数
knum3=ceil(M2*N2/11);                 %水印图像按照11个元素1块,分的块数
b=b(:); b(L+1:11*knum3)=0;            %水印图像数据变成列向量,后面不足1块的元素补0
T=dctmtx(8);                          %给出8×8的DCT变换矩阵
ab=zeros(M1,N1);                      %合成图像的初值
k=0;                                  %嵌入水印块计数器的初值
for i=0:knum1-1                       %该两层循环进行水印嵌入
    for j=0:knum2-1
        xa=a([8*i+1:8*i+8],[8*j+1:8*j+8]);   %提取载体图像的子块
        ya=T*xa*T';                          %载体图像子块作DCT变换
        coef1=(mask1+mask2).*ya;             %提取中低频系数,作为合成子块初值
        if k<knum3
            %在中频系数上嵌入水印子块的信息
            coef1(ind2)=coef1(ind2)+0.05*b(11*k+1:11*k+11);
        end
        %对合成子块进行逆DCT变换
        ab([8*i+1:8*i+8],[8*j+1:8*j+8])=T'*coef1*T;
        k=k+1;
    end
end
acha=ab-a;                                   %提取合成图像和原图像的差图像
k=0; tb=zeros(11*knum3,1);                   %提取水印图像的初值
for i=0:knum1-1                              %该两层循环进行水印提取
    for j=0:knum2-1
        xa2=acha([8*i+1:8*i+8],[8*j+1:8*j+8]);   %提取差图像的子块
        ya2=T*xa2*T';                            %差图像子块作DCT变换
        coef2=mask2.*ya2;                        %提取差图像中频DCT系数
        if k<knum3
            tb(11*k+1:11*k+11)=20*coef2(ind2);   %提取水印图像的像素值
        end
        k=k+1;
    end
end
```

```
tb(L+1:end)=[];                            % 把水印图像列向量的后面补的 0 删除
tb=reshape(tb,[M2,N2]);                    % 把列向量变成矩阵
figure, subplot(1,2,1), imshow(ab)         % 显示水印合成图像
subplot(1,2,2), imshow(tb)                 % 显示提取的水印图像
```

13.5 图像的加密和隐藏

13.5.1 问题的提出

当今时代,信息网络技术在全世界范围内得到了迅猛发展,它极大方便了人们之间的通信和交流。借助于计算机网络,人们可以方便、快捷地将数字信息(如数字化音乐、图像、影视等方面的作品)传到世界各地,而且这种复制和传送几乎可以无损地进行。但是,这样的数据传输并不能保证信息的隐秘性,因此保证网络上传送的信息的安全性便成为一个具有重要意义的问题,国内外的一些学者在不断探索信息的隐秘传输,并取得较为丰硕的成果。

信息隐藏技术是利用人类感觉器官的不敏感(感觉冗余),以及多媒体数字信号本身存在的冗余(数据特性冗余),将秘密信息隐藏于掩护体(载体)中,不被觉察到或不易被注意到,而且不影响载体的感觉效果,以此来达到隐秘传输秘密信息的目的。

例 13.11 现有两幅图片,为了保密,需要将图 13.15(a)所示的图像进行加密,然后隐藏在图 13.15(b)所示的图像之中,供将来进行传输。

(a)

(b)

图 13.15 保密图片和载体图片

(a) 保密图片;(b) 载体图片。

13.5.2 加密算法

图像加密有很多方法,下面利用 Hénon 混沌序列打乱图像矩阵的行序和列序。Hénon 混沌序列为

$$\begin{cases} x_{n+1}=1-\alpha x_n^2+y_n, \\ y_{n+1}=\beta x_n, \end{cases} \tag{13.29}$$

式中:$\alpha=1.4$;$\beta=0.3$。

设保密图像 $\boldsymbol{A}$ 的大小为 $M_1 \times N_1$，载体图像的大小为 $M_2 \times N_2$，为了方便处理，利用 Matlab 软件把载体图像处理成与保密图片同样的大小。记 $L=\max\{M_1, N_1\}$，不妨设 $L=N_1$，使用密钥 key=-0.400001 作为混沌序列式(13.29)的初始值 x_0, y_0，生成两个长度为 L 的混沌序列 X_L 和 Y_L，截取 X_L 的前 M_1 个分量，并把得到的子序列按照从小到大的次序排列，利用该子序列的排序地址打乱保密图像矩阵 $\boldsymbol{A}$ 的行序；同样地，把混沌序列 Y_L 按照从小到大的次序排列，利用该序列的排序地址打乱保密图像矩阵 $\boldsymbol{A}$ 的列序。

图 13.15(a)图像加密以后得到的图像如图 13.16 所示。

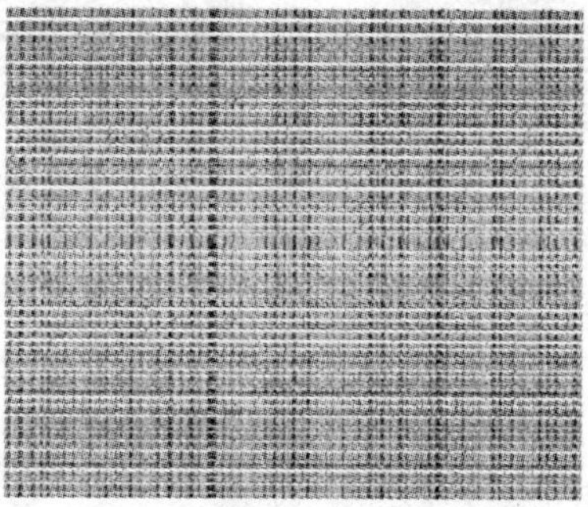

图 13.16　保密图像加密后得到的图像

13.5.3　图像的隐藏

上面讲过的水印算法可以用于图像隐藏，这里不再重复介绍。下面给出基于空域 LSB 的图像隐藏算法的基本思路。

对于 uint8 格式的灰度图像，每个像素点有 256 个灰度级别，可以用 8 位二进制码来表示。把它从高到低分成 8 个位平面，每个平面均可以用二值图像来形象表示。由于人的视觉对低位平面不敏感，所以可以利用低 4 位进行信息隐藏。

对于 LSB 嵌入算法，下面简单举例。载体图像的像素值 $f(x,y)=146$，其二进制码为 1 0 0 1 0 0 1 0，需把它的低 4 位置 0，可以用二进制码 1 1 1 1 0 0 0 0 进行按位与运算，即可得

$$f'(x,y)=10010000.$$

加密图像的像素值 $g(x,y)=234$，其二进制码为 1 1 1 0 1 0 1 0，同样与二进制码 1 1 1 1 0 0 0 0 进行按位与运算，在转换为十进制后除以 16，相当于二进制码向右移 4 位，得

$$g'(x,y)=00001110,$$

合成的像素值

$$I(x,y)=f'(x,y)+g'(x,y),$$

将 $I(x,y)$ 转换为十进制数为 160。像素值 160 既包含载体图像的信息，又包含加密图像的信息，即把加密图像嵌入到了载体图像中。

使用 Matlab 软件很容易实现上述有关的运算，Matlab 中位操作的命令有 bitand、bitor、bitset、bitget。

13.5.4 仿真结果

利用空域 LSB 隐藏算法，把加密后的图像隐藏到载体图像中，最终嵌入加密图像的合成图像效果如图 13.17(b)所示。保密图像的提出过程就是上面隐藏和加密的逆过程，从合成图像中提出的保密图像效果如图 13.17(a)所示。

(a)

(b)

图 13.17 合成图像及提取的保密图像

(a) 提取的保密图像；(b) 嵌入加密图像的合成图像。

计算的 Matlab 程序如下：

```
clc, clear
a=imread('tu11_1.bmp'); ws1=size(a);      % 读入保密图像,并计算维数
b=imread('tu11_2.bmp'); ws2=size(b);      % 读入载体图像,并计算维数
nb=imresize(b,ws1(1:2));                  % 把载体图像变换成与保密图像同样大小
key=-0.400001;                            % 给出密钥,即混沌序列的初始值
L=max(ws1); x(1)=key; y(1)=key; alpha=1.4; beta=0.3;
for i=1:L-1                               % 生成两个混沌序列
    x(i+1)=1-alpha*x(i)^2+y(i); y(i+1)=beta*x(i);
end
x(ws1(1)+1:end)=[];                       % 删除 x 后面一部分元素
[sx,ind1]=sort(x); [sy,ind2]=sort(y);     % 对混沌序列从小到大排序
ea(ind1,ind2,:)=a;    % 打乱保密图像的行序和列序,生成加密图像矩阵 ea
imshow(ea)                      % 显示保密图像加密后得到的图像
nb2=bitand(nb,240);   % 载体图像与 11110000((二进制)=240(十进制))逐位与运算
ea2=bitand(ea,240);             % 加密图像与 11110000 逐位与运算
ea2=ea2/16;                     % 加密图像高 4 位移到低 4 位
da=bitor(nb2,ea2);              % 把加密图像嵌入载体图像的低 4 位,构造合成图像
da2=bitand(da,15)*16;           % 这里 15(十进制)=00001111,提取加密图像的高 4 位
da3=da2(ind1,ind2,:);           % 对加密图像进行解密
figure, subplot(1,2,1), imshow(da3)   % 显示提取的保密图像
subplot(1,2,2),imshow(da)       % 显示嵌入加密图像的合成图像
```

拓展阅读材料

[1] Alasdair McAndrew. An Introduction to Digital Image Processing with Matlab Notes for SCM2511 Image Processing 1. School of Computer Science and Mathematics, Victoria University of Technology.

习 题 13

13.1 找一个二值图像的 tif 文件,再找一个灰度图像的 tif 文件,看看它们的文件头有什么区别。

13.2 使用一幅真实图像作为输入,连续旋转图像,每次 30°。给出旋转 12 次后的结果并与原输入图像进行对比。

13.3 考虑一幅有不同宽度的竖条的图像,编写程序实现如表 13.3 所列的模板进行平滑(再将结果除以 16)。

表 13.3 模板数据

1	2	1
2	4	2
1	2	1

13.4 编程把一幅 bmp 格式的图像保存成 jpg 格式的图像。

13.5 编程先将一幅灰度图像用 3×3 平均滤波器平滑一次,再进行如下增强:

$$g(x,y)=\begin{cases}G[f(x,y)], & G[f(x,y)]\geqslant T,\\ f(x,y), & \text{其他}.\end{cases}$$

式中:$G[f(x,y)]$为$f(x,y)$在(x,y)处的梯度;T为非负的阈值。

(1) 比较原始图像和增强图像,看哪些地方得到了增强;

(2) 改变阈值 T 的数值,看对增强效果有哪些影响。

13.6 计算图片文件 ti13_6.bmp 给出的两个圆 A,B 的圆心。

13.7 生成一个 10 个数据的随机向量,绘制对应的柱状图,并把画出的图形保存为 jpg 文件。

第 14 章　综合评价与决策方法

评价方法大体上可分为两类,其主要区别在确定权重的方法上。一类是主观赋权法,多数采取综合咨询评分确定权重,如综合指数法、模糊综合评判法、层次分析法、功效系数法等。另一类是客观赋权,根据各指标间相关关系或各指标值变异程度来确定权数,如主成分分析法、因子分析法、理想解法(也称 TOPSIS 法)等。目前国内外综合评价方法有数十种之多,其中主要使用的评价方法有主成分分析法、因子分析法、TOPSIS 法、秩和比法、灰色关联法、熵权法、层次分析法、模糊评价法、物元分析法、聚类分析法、价值工程法、神经网络法等。

14.1　理想解法

目前已有许多解决多属性决策的排序法,如理想点法、简单线性加权法、加权平方和法、主成分分析法、功效系数法、可能满意度法、交叉增援矩阵法等。本节介绍多属性决策问题的理想解法,理想解法亦称为 TOPSIS 法,是一种有效的多指标评价方法。这种方法通过构造评价问题的正理想解和负理想解,即各指标的最优解和最劣解,通过计算每个方案到理想方案的相对贴近度,即靠近正理想解和远离负理想解的程度,来对方案进行排序,从而选出最优方案。

14.1.1　方法和原理

设多属性决策方案集为 $\boldsymbol{D}=\{d_1,d_2,\cdots,d_m\}$,衡量方案优劣的属性变量为 $x_1,x_2,\cdots,x_n$,这时方案集 $\boldsymbol{D}$ 中的每个方案 $d_i(i=1,2,\cdots,m)$ 的 n 个属性值构成的向量是 $[a_{i1},a_{i2},\cdots,a_{in}]$,它作为 n 维空间中的一个点,能唯一地表征方案 d_i。

正理想解 $\boldsymbol{C}^*$ 是一个方案集 $\boldsymbol{D}$ 中并不存在的虚拟的最佳方案,它的每个属性值都是决策矩阵中该属性的最优值;而负理想解 $\boldsymbol{C}^0$ 则是虚拟的最差方案,它的每个属性值都是决策矩阵中该属性的最差值。在 n 维空间中,将方案集 $\boldsymbol{D}$ 中的各备选方案 d_i 与正理想解 $\boldsymbol{C}^*$ 和负理想解 $\boldsymbol{C}^0$ 的距离进行比较,既靠近正理想解又远离负理想解的方案就是方案集 $\boldsymbol{D}$ 中的最优方案;并可以据此排定方案集 $\boldsymbol{D}$ 中各备选方案的优先序。

用理想解法求解多属性决策问题的概念简单,只要在属性空间定义适当的距离测度就能计算备选方案与理想解的距离。TOPSIS 法所用的是欧几里得距离。至于既用正理想解又用负理想解是因为在仅仅使用正理想解时有时会出现某两个备选方案与正理想解的距离相同的情况,为了区分这两个方案的优劣,引入负理想解并计算这两个方案与负理想解的距离,与正理想解的距离相同的方案离负理想解远者为优。

14.1.2 TOPSIS 法的算法步骤

TOPSIS 法的具体算法步骤如下：

(1) 用向量规划化的方法求得规范决策矩阵。设多属性决策问题的决策矩阵 $\boldsymbol{A}=(a_{ij})_{m\times n}$，规范化决策矩阵 $\boldsymbol{B}=(b_{ij})_{m\times n}$，其中

$$b_{ij}=a_{ij}\Big/\sqrt{\sum_{i=1}^{m}a_{ij}^{2}},\ i=1,2,\cdots,m;\ j=1,2,\cdots,n. \tag{14.1}$$

(2) 构造加权规范阵 $\boldsymbol{C}=(c_{ij})_{m\times n}$。设由决策人给定各属性的权重向量为 $\boldsymbol{w}=[w_1,w_2,\cdots,w_n]^{\mathrm{T}}$，则

$$c_{ij}=w_j\cdot b_{ij},i=1,2,\cdots,m;\ j=1,2,\cdots,n. \tag{14.2}$$

(3) 确定正理想解 $\boldsymbol{C}^*$ 和负理想解 $\boldsymbol{C}^0$。设正理想解 $\boldsymbol{C}^*$ 的第 j 个属性值为 c_j^*，负理想解 $\boldsymbol{C}^0$ 第 j 个属性值为 c_j^0，则

$$\text{正理想解}:c_j^*=\begin{cases}\max\limits_i c_{ij},x_j\ \text{为效益型属性},\\ \min\limits_i c_{ij},x_j\ \text{为成本型属性},\end{cases}\quad j=1,2,\cdots,n, \tag{14.3}$$

$$\text{负理想解}:c_j^0=\begin{cases}\min\limits_i c_{ij},x_j\ \text{为效益型属性},\\ \max\limits_i c_{ij},x_j\ \text{为成本型属性},\end{cases}\quad j=1,2,\cdots,n. \tag{14.4}$$

(4) 计算各方案到正理想解与负理想解的距离。备选方案 d_i 到正理想解的距离为

$$s_i^*=\sqrt{\sum_{j=1}^{n}(c_{ij}-c_j^*)^2},i=1,2,\cdots,m; \tag{14.5}$$

备选方案 d_i 到负理想解的距离为

$$s_i^0=\sqrt{\sum_{j=1}^{n}(c_{ij}-c_j^0)^2},i=1,2,\cdots,m. \tag{14.6}$$

(5) 计算各方案的排序指标值(即综合评价指数)，即

$$f_i^*=s_i^0/(s_i^0+s_i^*),i=1,2,\cdots,m. \tag{14.7}$$

(6) 按 f_i^* 由大到小排列方案的优劣次序。

14.1.3 示例

例 14.1 研究生院试评估。

为了客观地评价我国研究生教育的实际状况和各研究生院的教学质量，国务院学位委员会办公室组织过一次研究生院的评估。为了取得经验，先选 5 所研究生院，收集有关数据资料进行了试评估，表 14.1 是所给出的部分数据。

表 14.1 研究生院试评估的部分数据

j / i	人均专著 x_1 /(本/人)	生师比 x_2	科研经费 x_3 /(万元/年)	逾期毕业率 x_4 /%
1	0.1	5	5000	4.7
2	0.2	6	6000	5.6

（续）

j / i	人均专著 x_1 /(本/人)	生师比 x_2	科研经费 x_3 /(万元/年)	逾期毕业率 x_4 /%
3	0.4	7	7000	6.7
4	0.9	10	10000	2.3
5	1.2	2	400	1.8

解　第一步，数据预处理。

数据的预处理又称属性值的规范化。

属性具有多种类型，包括效益型、成本型和区间型等。这三种属性，效益型属性越大越好，成本型属性越小越好，区间型属性是在某个区间最佳。

在进行决策时，一般要进行属性值的规范化，主要有如下三个作用：①属性值有多种类型，上述三种属性放在同一个表中不便于直接从数值大小判断方案的优劣，因此需要对数据进行预处理，必须在综合评价之前将属性的类型作一致化处理，使得表中任一属性下性能越优的方案变换后的属性值越大。②无量纲化，多属性决策与评估的困难之一是属性间的不可公度性，即在属性值表中的每一列数值具有不同的单位（量纲）。即使对同一属性，采用不同的计量单位，表中的数值也就不同。在用各种多属性决策方法进行分析评价时，需要排除量纲的选用对决策或评估结果的影响，这就是无量纲化。③归一化，属性值表中不同指标的属性值的数值大小差别很大，为了直观，更为了便于采用各种多属性决策与评估方法进行评价，需要把属性值表中的数值归一化，即把表中数值均变换到[0,1]区间上。

此外，还可在属性规范时用非线性变换或其他办法，来解决或部分解决某些目标的达到程度与属性值之间的非线性关系，以及目标间的不完全补偿性。常用的属性规范化方法有以下几种。

(1) 线性变换。原始的决策矩阵为 $\boldsymbol{A}=(a_{ij})_{m\times n}$，变换后的决策矩阵记为 $\boldsymbol{B}=(b_{ij})_{m\times n}$，$i=1,2,\cdots,m;j=1,2,\cdots,n$。设 $a_j^{\max}$ 是决策矩阵第 j 列中的最大值，$a_j^{\min}$ 是决策矩阵第 j 列中的最小值。若 x_j 为效益型属性，则

$$b_{ij}=a_{ij}/a_j^{\max}. \tag{14.8}$$

采用式(14.8)进行属性规范化时，经过变换的最差属性值不一定为 0，最优属性值为 1。

若 x_j 为成本型属性，则

$$b_{ij}=1-a_{ij}/a_j^{\max}. \tag{14.9}$$

采用式(14.9)进行属性规范时，经过变换的最优属性值不一定为 1，最差属性值为 0。

(2) 标准 0-1 变换。为了使每个属性变换后的最优值为 1 且最差值为 0，可以进行标准 0-1 变换。对效益型属性 x_j，令

$$b_{ij}=\frac{a_{ij}-a_j^{\min}}{a_j^{\max}-a_j^{\min}}, \tag{14.10}$$

对成本型属性 x_j，令

$$b_{ij}=\frac{a_j^{\max}-a_{ij}}{a_j^{\max}-a_j^{\min}}. \tag{14.11}$$

(3) 区间型属性的变换。有些属性既非效益型又非成本型,如生师比。显然这种属性不能采用前面介绍的两种方法处理。

设给定的最优属性区间为$[a_j^0,a_j^*]$,a'_j 为无法容忍下限,a''_j 为无法容忍上限,则

$$b_{ij}=\begin{cases}1-(a_j^0-a_{ij})/(a_j^0-a'_j), & a'_j\leqslant a_{ij}<a_j^0,\\ 1, & a_j^0\leqslant a_{ij}\leqslant a_j^*,\\ 1-(a_{ij}-a_j^*)/(a''_j-a_j^*), & a_j^*<a_{ij}\leqslant a''_j,\\ 0, & \text{其他}.\end{cases} \tag{14.12}$$

变换后的属性值 b_{ij}与原属性值 a_{ij}之间的函数图形为一般梯形。当属性值最优区间的上下限相等时,最优区间退化为一个点时,函数图形退化为三角形。

设研究生院的生师比最优区间为[5,6],$a'_2=2$,$a''_2=12$。表 14.1 的属性 2 的数据处理结果见表 14.2。

表 14.2　表 14.1 的属性 2 的数据处理

i \ j	生师比 x_2	处理后的生师比	i \ j	生师比 x_2	处理后的生师比
1	5	1	4	10	0.3333
2	6	1	5	2	0
3	7	0.8333			

计算的 Matlab 程序如下:

```
clc, clear
x2 =@ (qujian,lb,ub,x)(1-(qujian(1)-x)./(qujian(1)-lb)).* ...
(x>=lb& x<qujian(1))+(x>=qujian(1) & x<=qujian(2))+...
(1-(x-qujian(2))./(ub-qujian(2))).* (x>qujian(2) & x<=ub);
% 上述语句定义变换的匿名函数,语句太长,使用了两个续行符
qujian=[5,6]; lb=2; ub=12;    % 最优区间,无法容忍下界和上界
x2data=[5 6 7 10 2]';         % x2 属性值
y2=x2(qujian,lb,ub,x2data)    % 调用匿名函数,进行数据变换
```

(4) 向量规范化。

无论成本型属性还是效益型属性,向量规范化均用下式进行变换:

$$b_{ij}=a_{ij}\Big/\sqrt{\sum_{i=1}^{m}a_{ij}^2},i=1,2,\cdots,m,j=1,2,\cdots,n. \tag{14.13}$$

它与前面介绍的几种变换不同,从变换后属性值的大小上无法分辨属性值的优劣。它的最大特点是,规范化后,各方案的同一属性值的平方和为 1,因此常用于计算各方案与某种虚拟方案(如正理想点或负理想点)的欧几里得距离的场合。

(5) 标准化处理。在实际问题中,不同变量的测量单位往往是不一样的。为了消除

变量的量纲效应,使每个变量都具有同等的表现力,数据分析中常对数据进行标准化处理,即

$$b_{ij}=\frac{a_{ij}-\mu_j}{s_j}, i=1,2,\cdots,m, j=1,2,\cdots,n, \tag{14.14}$$

式中:$\mu_j=\frac{1}{m}\sum_{i=1}^{m}a_{ij}, s_j=\sqrt{\frac{1}{m-1}\sum_{i=1}^{m}(a_{ij}-\mu_j)^2}, j=1,2,\cdots,n$。

表 14.1 中的数据经标准化处理后的结果见表 14.3。

表 14.3　表 14.1 数据经标准化的属性值表

i \ j	人均专著 x_1	生师比 x_2	科研经费 x_3	逾期毕业率 x_4
1	-0.9741	-0.3430	-0.1946	0.2274
2	-0.7623	0	0.0916	0.6537
3	-0.3388	0.3430	0.3777	1.1747
4	0.7200	1.3720	1.2362	-0.9095
5	1.3553	-1.3720	-1.5109	-1.1463

计算的 Matlab 程序如下:

```
x=[0.1  5   5000    4.7
   0.2  6   6000    5.6
   0.4  7   7000    6.7
   0.9  10  10000   2.3
   1.2  2   400     1.8];
y=zscore(x)
```

首先对表 14.1 中属性 2 的数据进行最优值为给定区间的变换。然后对属性值进行向量规范化,计算结果见表 14.4。

表 14.4　表 14.1 的数据经规范化后的属性值

i \ j	人均专著 x_1	生师比 x_2	科研经费 x_3	逾期毕业率 x_4
1	0.0638	0.597	0.3449	0.4546
2	0.1275	0.597	0.4139	0.5417
3	0.2550	0.4975	0.4829	0.6481
4	0.5738	0.199	0.6898	0.2225
5	0.7651	0	0.0276	0.1741

第二步,设权向量为 $\boldsymbol{w}=[0.2,0.3,0.4,0.1]$,得加权的向量规范化属性矩阵见表 14.5。

表 14.5　表 14.1 的数据经规范化后的加权属性值

i \ j	人均专著 x_1	生师比 x_2	科研经费 x_3	逾期毕业率 x_4
1	0.0128	0.1791	0.1380	0.0455
2	0.0255	0.1791	0.1656	0.0542
3	0.0510	0.1493	0.1931	0.0648
4	0.1148	0.0597	0.2759	0.0222
5	0.1530	0	0.0110	0.0174

第三步，由表 14.5 和式(14.3)、式(14.4)，得

正理想解　$C^* = [0.1530, 0.1791, 0.2759, 0.0174]$，

负理想解　$C^0 = [0.0128, 0, 0.0110, 0.0648]$.

第四步，分别用式(14.5)和式(14.6)求各方案到正理想解的距离 s_i^* 和负理想解的距离 s_i^0，列于表 14.6。

表 14.6　距离值及综合指标值

	s_i^*	s_i^0	f_i^*		s_i^*	s_i^0	f_i^*
1	0.1987	0.2204	0.5258	4	0.1255	0.2932	0.7003
2	0.1726	0.2371	0.5787	5	0.3198	0.1481	0.3165
3	0.1428	0.2385	0.6255				

第五步，计算排序指标值 f_i^*(表 14.6)，由 f_i^* 值的大小可确定各方案的从优到劣的次序为 4,3,2,1,5。

求解的 Matlab 程序如下：

```
clc, clear
a=[0.1   5  5000  4.7
   0.2  6  6000  5.6
   0.4  7  7000  6.7
   0.9  10 10000  2.3
   1.2  2  400   1.8];
[m,n]=size(a);
x2=@(qujian,lb,ub,x)(1-(qujian(1)-x)./(qujian(1)-lb)).*...
(x>=lb & x<qujian(1))+(x>=qujian(1) & x<=qujian(2))+...
(1-(x-qujian(2))./(ub-qujian(2))).*(x>qujian(2) & x<=ub);
qujian=[5,6]; lb=2; ub=12;
a(:,2)=x2(qujian,lb,ub,a(:,2));         %对属性2进行变换
b=a./vecnorm(a)                          %利用矩阵广播进行向量规范化
w=[0.2 0.3 0.4 0.1];
c=b.*w;                                  %利用矩阵广播求加权矩阵
Cstar=max(c);                            %求正理想解
Cstar(4)=min(c(:,4))                     %属性4为成本型的
```

```
C0=min(c);                          % 求负理想解
C0(4)=max(c(:,4))                   % 属性 4 为成本型的
Sstar=vecnorm(c-Cstar,2,2)          % 逐行计算 2 范数即到正理想解的距离
S0=vecnorm(c-C0,2,2)                % 逐行计算 2 范数即到负理想解的距离
f=S0./(Sstar+S0)
[sf,ind]=sort(f,'descend')          % 求排序结果
```

14.2 模糊综合评判法

随着知识经济时代的到来,人才资源已成为企业最重要的战略要素之一,对其进行考核评价是现代企业人力资源管理的一项重要内容。

人事考核需要从多个方面对员工做出客观全面的评价,因而实际上属于多目标决策问题。对于那些决策系统运行机制清楚、决策信息完全、决策目标明确且易于量化的多目标决策问题,已经有很多方法能够较好地解决。但是,在人事考核中存在大量具有模糊性的概念,这种模糊性或不确定性不是由于事件发生的条件难以控制而导致的,而是由于事件本身的概念不明确所引起的。这就使得很多考核指标都难以直接量化。在评判实施过程中,评判者又容易受经验、人际关系等主观因素的影响,因此对人才的综合素质评判往往带有一定的模糊性与经验性。

这里说明如何在人事考核中运用模糊综合评判,从而为企业员工职务升迁、评先晋级、聘用等提供重要依据,促进人事管理的规范化和科学化,提高人事管理的工作效率。

14.2.1 一级模糊综合评判在人事考核中的应用

在对企业员工进行考核时,由于考核的目的、考核对象、考核范围等的不同,考核的具体内容也会有所差别。有的考核涉及的指标较少,有些考核又包含了非常全面且丰富的内容,需要涉及很多指标。鉴于这种情况,企业可以根据需要,在指标个数较少的考核中,运用一级模糊综合评判,而在问题较为复杂、指标较多时,运用多层次模糊综合评判,以提高精度。

一级模糊综合评判模型的建立,主要包括以下步骤。

(1) 确定因素集。对员工的表现,需要从多个方面进行综合评判,如员工的工作业绩、工作态度、沟通能力、政治表现等。所有这些因素构成了评价指标体系集合,即因素集,记为

$$U=\{u_1,u_2,\cdots,u_n\}.$$

(2) 确定评语集。由于每个指标的评价值不同,因此往往会形成不同的等级。如对工作业绩的评价有好、较好、中等、较差、很差等。由各种不同决断构成的集合称为评语集,记为

$$V=\{v_1,v_2,\cdots,v_m\}.$$

(3) 确定各因素的权重。一般情况下,因素集中的各因素在综合评价中所起的作用是不相同的,综合评价结果不仅与各因素的评价有关,而且在很大程度上还依赖于各因素对综合评价所起的作用,这就需要确定一个各因素之间的权重分配,它是 U 上的一个模

糊向量,记为

$$A=[a_1,a_2,\cdots,a_n],$$

式中:a_i 为第 i 个因素的权重,且满足 $\sum_{i=1}^{n} a_i = 1$。

确定权重的方法很多, 如 Delphi 法、加权平均法、众人评估法等。

(4) 确定模糊综合判断矩阵。对指标 u_i 来说,对各个评语的隶属度为 V 上的模糊子集。对指标 u_i 的评判记为

$$R_i=[r_{i1},r_{i2},\cdots,r_{im}],$$

各指标的模糊综合判断矩阵为

$$R=\begin{bmatrix} r_{11} & r_{12} & \cdots & r_{1m} \\ r_{21} & r_{22} & \cdots & r_{2m} \\ \vdots & \vdots & \ddots & \vdots \\ r_{n1} & r_{n2} & \cdots & r_{nm} \end{bmatrix},$$

它是一个从 U 到 V 的模糊关系矩阵。

(5) 综合评判。如果有一个从 U 到 V 的模糊关系 $R=(r_{ij})_{n\times m}$,那么利用 R 就可以得到一个模糊变换

$$T_R:F(U)\to F(V),$$

由此变换,就可得到综合评判结果 $B=A\cdot R$。

综合后的评判可看作是 V 上的模糊向量,记为 $B=[b_1,b_2,\cdots,b_m]$。

例 14.2 某单位对员工的年终综合评定。

解 (1) 取因素集 $U=\{$政治表现 u_1,工作能力 u_2,工作态度 u_3,工作成绩 $u_4\}$。

(2) 取评语集 $V=\{$优秀 v_1,良好 v_2,一般 v_3,较差 v_4,差 $v_5\}$。

(3) 确定各因素的权重向量 $A=[0.25,0.2,0.25,0.3]$。

(4) 确定模糊综合评判矩阵,对每个因素 u_i 做出评价。

① u_1 比如由群众评议打分来确定:

$$R_1=[0.1,0.5,0.4,0,0].$$

上式表示,参与打分的群众中,有10%的人认为政治表现优秀,50%的人认为政治表现良好,40%的人认为政治表现一般,认为政治表现较差或差的人数为0。用同样方法对其他因素进行评价。

② u_2,u_3 由部门领导打分来确定:

$$R_2=[0.2,0.5,0.2,0.1,0],R_3=[0.2,0.5,0.3,0,0].$$

③ u_4 由单位考核组成员打分来确定:

$$R_4=[0.2,0.6,0.2,0,0].$$

以 R_i 为第 i 行构成评价矩阵

$$R=\begin{bmatrix} 0.1 & 0.5 & 0.4 & 0 & 0 \\ 0.2 & 0.5 & 0.2 & 0.1 & 0 \\ 0.2 & 0.5 & 0.3 & 0 & 0 \\ 0.2 & 0.6 & 0.2 & 0 & 0 \end{bmatrix},$$

它是从因素集 U 到评语集 V 的一个模糊关系矩阵。

(5) 模糊综合评判。进行矩阵合成运算：

$$D=A\cdot R=[0.25,0.2,0.25,0.3]\cdot\begin{bmatrix}0.1&0.5&0.4&0&0\\0.2&0.5&0.2&0.1&0\\0.2&0.5&0.3&0&0\\0.2&0.6&0.2&0&0\end{bmatrix}$$

$$=[0.175,0.53,0.275,0.02,0].$$

取数值最大的评语作为综合评判结果,则评判结果为“良好”。

14.2.2 多层次模糊综合评判在人事考核中的应用

对于一些复杂的系统,如人事考核中涉及的指标较多时,需要考虑的因素很多,这时如果仍用一级模糊综合评判,则会出现两个方面的问题:一是因素过多,它们的权数分配难以确定;另一方面,即使确定了权分配,由于需要满足归一化条件,每个因素的权值都小,对这种系统,可以采用多层次模糊综合评判方法。对于人事考核而言,采用二级系统就足以解决问题了,如果实际中要划分更多的层次,那么可以用二级模糊综合评判的方法类推。

下面介绍一下二级模糊综合评判法模型建立的步骤。

第一步,将因素集 $U=\{u_1,u_2,\cdots,u_n\}$ 按某种属性分成 s 个子因素集 $U_1,U_2,\cdots,U_s$,其中 $U_i=\{u_{i1},u_{i2},\cdots,u_{in_i}\}$,$i=1,2,\cdots,s$,且满足

① $n_1+n_2+\cdots+n_s=n$;

② $U_1\cup U_2\cup\cdots\cup U_s=U$;

③ 对任意的 $i\neq j$,$U_i\cap U_j=\Phi$。

第二步,对每一个因素集 U_i,分别做出综合评判。设 $V=\{v_1,v_2,\cdots,v_m\}$ 为评语集,U_i 中各因素相对于 V 的权重分配是

$$A_i=[a_{i1},a_{i2},\cdots,a_{in_i}].$$

若 $\widetilde{R}_i$ 为单因素评判矩阵,则得到一级评判向量

$$B_i=A_i\cdot\widetilde{R}_i=[b_{i1},b_{i2},\cdots,b_{im}],i=1,2,\cdots,s.$$

第三步,将每个 U_i 看作一个因素,记为

$$K=\{\widetilde{u}_1,\widetilde{u}_2,\cdots,\widetilde{u}_s\}.$$

这样,K 又是一个因素集,K 的单因素评判矩阵为

$$R=\begin{bmatrix}B_1\\B_2\\\vdots\\B_s\end{bmatrix}=\begin{bmatrix}b_{11}&b_{12}&\cdots&b_{1m}\\b_{21}&b_{22}&\cdots&b_{2m}\\\vdots&\vdots&\ddots&\vdots\\b_{s1}&b_{s2}&\cdots&b_{sm}\end{bmatrix}.$$

每个 U_i 作为 U 的一部分,反映了 U 的某种属性,可以按它们的重要性给出权重分配 $A=[a_1,a_2,\cdots,a_s]$,于是得到二级评判向量

$$B=A\cdot R=[b_1,b_2,\cdots,b_m].$$

如果每个子因素集 $U_i(i=1,2,\cdots,s)$ 含有较多的因素,则可将 U_i 再进行划分,于是有三级评判模型,甚至四级、五级模型等。

例 14.3 某部门员工的年终评定。

关于考核的具体操作过程,以对一名员工的考核为例。如表 14.7 所列,根据该部门工作人员的工作性质,将 18 个指标分成工作绩效(U_1)、工作态度(U_2)、工作能力(U_3)和学习特长(U_4)这 4 个子因素集。

表 14.7 员工考核指标体系及考核表

一级指标	二级指标	评价				
		优秀	良好	一般	较差	差
工作绩效	工作量	0.8	0.15	0.05	0	0
	工作效率	0.2	0.6	0.1	0.1	0
	工作质量	0.5	0.4	0.1	0	0
	计划性	0.1	0.3	0.5	0.05	0.05
工作态度	责任感	0.3	0.5	0.15	0.05	0
	团队精神	0.2	0.2	0.4	0.1	0.1
	学习态度	0.4	0.4	0.1	0.1	0
	工作主动性	0.1	0.3	0.3	0.2	0.1
	满意度	0.3	0.2	0.2	0.2	0.1
工作能力	创新能力	0.1	0.3	0.5	0.1	0
	自我管理能力	0.2	0.3	0.3	0.1	0.1
	沟通能力	0.2	0.3	0.35	0.15	0
	协调能力	0.1	0.3	0.4	0.1	0.1
	执行能力	0.1	0.4	0.3	0.1	0.1
学习特长	勤情评价	0.3	0.4	0.2	0.1	0
	技能提高	0.1	0.4	0.3	0.1	0.1
	培训参与	0.2	0.3	0.4	0.1	0
	工作提案	0.4	0.3	0.2	0.1	0

请专家设定指标权重,一级指标权重为

$$\boldsymbol{A}=[0.4,0.3,0.2,0.1].$$

二级指标权重为

$$\boldsymbol{A}_1=[0.2,0.3,0.3,0.2],$$
$$\boldsymbol{A}_2=[0.3,0.2,0.1,0.2,0.2],$$
$$\boldsymbol{A}_3=[0.1,0.2,0.3,0.2,0.2],$$
$$\boldsymbol{A}_4=[0.3,0.2,0.2,0.3].$$

对各个子因素集进行一级模糊综合评判得到

$$\boldsymbol{B}_1=\boldsymbol{A}_1\cdot\boldsymbol{R}_1=[0.39,0.39,0.17,0.04,0.01],$$
$$\boldsymbol{B}_2=\boldsymbol{A}_2\cdot\boldsymbol{R}_2=[0.25,0.33,0.235,0.125,0.06],$$
$$\boldsymbol{B}_3=\boldsymbol{A}_3\cdot\boldsymbol{R}_3=[0.15,0.32,0.355,0.115,0.06],$$
$$\boldsymbol{B}_4=\boldsymbol{A}_4\cdot\boldsymbol{R}_4=[0.27,0.35,0.26,0.1,0.02].$$

这样，二级综合评判为

$$\boldsymbol{B}=\boldsymbol{A}\cdot\boldsymbol{R}=[0.4,0.3,0.2,0.1]\cdot\begin{bmatrix}0.39 & 0.39 & 0.17 & 0.04 & 0.01\\0.25 & 0.33 & 0.235 & 0.125 & 0.06\\0.15 & 0.32 & 0.355 & 0.115 & 0.06\\0.27 & 0.35 & 0.26 & 0.1 & 0.02\end{bmatrix}$$

$$=[0.288,0.354,0.2355,0.0865,0.036].$$

计算的 Matlab 程序如下：

```
clc, clear
a=load('data14_3.txt');
w=[0.4 0.3 0.2 0.1];
w1=[0.2 0.3 0.3 0.2];
w2=[0.3 0.2 0.1 0.2 0.2];
w3=[0.1 0.2 0.3 0.2 0.2];
w4=[0.3 0.2 0.2 0.3];
b(1,:)=w1*a([1:4],:);
b(2,:)=w2*a([5:9],:);
b(3,:)=w3*a([10:14],:);
b(4,:)=w4*a([15:end],:)
c=w*b
```

根据最大隶属度原则，认为对该员工的评价为良好。同理可对该部门其他员工进行考核。

以上说明了如何用一级综合模糊评判和多层次综合模糊评判来解决企业中的人事考评问题，该方法在实践中取得了良好的效果。经典数学在人事考核的应用中显现出了很大的局限性，而模糊分析很好地将定性分析和定量分析结合起来，为人事考核工作的量化提供了一个新的思路。

14.3 数据包络分析

1978 年 A. Charnes, W. W. Cooper 和 E. Rhodes 给出了评价多个决策单元(Decision Making Units, DMU)相对有效性的数据包络分析方法(Data Envelopment Analysis, DEA)。

目前，数据包络分析是评价具有多指标输入和多指标输出系统的较为有效的方法。

14.3.1 相对有效评价问题

例 14.4(多指标评价问题) 某市教育局需要对六所重点中学进行评价，其相应的指标如表 14.8 所列。表 14.8 中的生均投入和非低收入家庭百分比是输入指标，生均写作得分和生均科技得分是输出指标。请根据这些指标，评价哪些学校是相对有效的。

表 14.8　评价指标数据表

学 校	A	B	C	D	E	F
生均投入/(百元/年)	89.39	86.25	108.13	106.38	62.40	47.19
非低收入家庭百分比/%	64.3	99	99.6	96	96.2	79.9
生均写作得分/分	25.2	28.2	29.4	26.4	27.2	25.2
生均科技得分/分	223	287	317	291	295	222

为求解例 14.4,先对表 14.8 作简单的分析。

学校 C 的两项输出指标都是最高的,达到 29.4 和 317,应该说,学校 C 是最有效的。但从另一方面来看,对它的投入也是最高的,达到 108.13 和 99.6,因此,它的效率也可能是最低的。究竟如何评价这六所学校呢? 这还需要仔细的分析。

这是一个多指标输入和多指标输出的问题,对于这类评价问题,A. Charnes, W. W. Cooper 和 E. Rhodes 建立了评价决策单元相对有效性的 C^2R 模型。

14.3.2 数据包络分析的 C^2R 模型

数据包络分析有多种模型,其中 C^2R(由 Charnes, Cooper 和 Rhodes 三位作者的第一个英文字母命名)的建模思路清晰、模型形式简单、理论完善。

设有 m 个评价对象,每个评价对象都有 n 种投入和 s 种产出,设 $a_{ij}(i=1,2,\cdots,m,j=1,2,\cdots,n)$ 表示第 i 个评价对象的第 j 种投入量,$b_{ik}(i=1,2,\cdots,m,k=1,2,\cdots,s)$ 表示第 i 个评价对象的第 k 种产出量,$u_j(j=1,2,\cdots,n)$ 表示第 j 种投入的权值,$v_k(k=1,2,\cdots,s)$ 表示第 k 种产出的权值。

向量 $\boldsymbol{\alpha}_i,\boldsymbol{\beta}_i(i=1,2,\cdots,m)$ 分别表示评价对象 i 的输入和输出向量,$\boldsymbol{u}$ 和 $\boldsymbol{v}$ 分别表示输入、输出权值向量,则 $\boldsymbol{\alpha}_i=[a_{i1},a_{i2},\cdots,a_{in}]^{\mathrm{T}}$,$\boldsymbol{\beta}_i=[b_{i1},b_{i2},\cdots,b_{is}]^{\mathrm{T}}$,$\boldsymbol{u}=[u_1,u_2,\cdots,u_n]^{\mathrm{T}}$,$\boldsymbol{v}=[v_1,v_2,\cdots,v_s]^{\mathrm{T}}$。

定义评价对象 i 的效率评价指数为

$$h_i=(\boldsymbol{\beta}_i^{\mathrm{T}}\boldsymbol{v})/(\boldsymbol{\alpha}_i^{\mathrm{T}}\boldsymbol{u}),\ i=1,2,\cdots,m.$$

评价对象 i_0 效率的数学模型为

$$\max \frac{\boldsymbol{\beta}_{i_0}^{\mathrm{T}}\boldsymbol{v}}{\boldsymbol{\alpha}_{i_0}^{\mathrm{T}}\boldsymbol{u}},$$

$$\text{s.t.}\begin{cases}\dfrac{\boldsymbol{\beta}_i^{\mathrm{T}}\boldsymbol{v}}{\boldsymbol{\alpha}_i^{\mathrm{T}}\boldsymbol{u}}\leqslant 1, & i=1,2,\cdots,m,\\ \boldsymbol{u}\geqslant 0,\boldsymbol{v}\geqslant 0,\ \boldsymbol{u}\neq 0,\boldsymbol{v}\neq 0.\end{cases}\tag{14.15}$$

通过 Charnes-Cooper 变换:$\boldsymbol{\omega}=t\boldsymbol{u},\boldsymbol{\mu}=t\boldsymbol{v},t=\dfrac{1}{\boldsymbol{\alpha}_{i_0}^{\mathrm{T}}\boldsymbol{u}}$,可以将模型变换为等价的线性规划问题

$$\max\ V_{i_0}=\boldsymbol{\beta}_{i_0}^{\mathrm{T}}\boldsymbol{\mu},$$

$$\text{s.t.}\begin{cases}\boldsymbol{\alpha}_i^{\mathrm{T}}\boldsymbol{\omega}-\boldsymbol{\beta}_i^{\mathrm{T}}\boldsymbol{\mu}\geqslant 0, & i=1,2,\cdots,m,\\ \boldsymbol{\alpha}_{i_0}^{\mathrm{T}}\boldsymbol{\omega}=1,\\ \boldsymbol{\omega}\geqslant 0,\ \boldsymbol{\mu}\geqslant 0.\end{cases}\tag{14.16}$$

可以证明,模型(14.15)与模型(14.16)是等价的。

对于 C^2R 模型(14.16),有如下定义:

定义 14.1 若线性规划问题(14.16)的最优目标值 $V_{i_0}-1$,则称评价对象 i_0 是弱 DEA 有效的。

定义 14.2 若线性规划问题(14.16)存在最优解 $\boldsymbol{\omega}^*>0,\boldsymbol{\mu}^*>0$,并且其最优目标值 $V_{i_0}=1$,则称评价对象 i_0 是 DEA 有效的。

从上述定义可以看出,所谓 DEA 有效,就是指那些评价对象,它们的投入产出比达到最大。因此,可以用 DEA 方法来对评价对象进行评价。

14.3.3 C^2R 模型的求解

从上面的模型可以看到,求解 C^2R 模型,需要求解若干个线性规划,这一点可以用 Matlab 软件完成。

运用 C^2R 模型(14.16)求解例 14.4 的 Matlab 程序如下:

```
clc, clear, m=2; n=6;
d=load('data14_4.txt');
a=d([1,2],:)'; b=d([3,4],:)';
prob=optimproblem('ObjectiveSense','max');
u=optimvar('u',m,'LowerBound',0);
v=optimvar('v',m,'LowerBound',0);          %列向量
prob.Constraints.con1 = a*u>=b*v;
for j=1:n
    fprintf('第%d个学校计算结果如下:\n',j)
    prob.Objective=b(j,:)*v;
    prob.Constraints.con2 = a(j,:)*u==1;
    [sol,fval]=solve(prob)
    su=sol.u, sv=sol.v                      %显示最优解
end
```

运行上述程序,得到 6 个最优目标值:

$$1,0.9096,0.9635,0.9143,1,1.$$

因此,学校 A,E,F 是 DEA 有效的。

14.3.4 数据包络分析案例

1. 导言

数据包络分析(Data Envelopment Analysis, DEA)是著名运筹学家 A. Charnes 和 W. W. Copper 等以“相对效率”概念为基础,根据多指标投入和多指标产出对相同类型的单位(部门)进行相对有效性或效益评价的一种系统分析方法。它是处理多目标决策问题的好方法。它应用数学规划模型计算比较决策单元之间的相对效率,对评价对象做出评价。

DEA 特别适用于具有多输入多输出的复杂系统,这主要体现在以下几点:

(1) DEA 以决策单位各输入/输出的权重为变量,从最有利于决策单元的角度进行

评价,从而避免了确定各指标在优先意义下的权重。

(2) 假定每个输入都关联到一个或者多个输出,而且输入/输出之间确实存在某种关系,使用 DEA 方法则不必确定这种关系的显式表达式。

DEA 最突出的优点是无须任何权重假设,每一个输入/输出的权重不是根据评价者的主观认定,而是由决策单元的实际数据求得的最优权重。因此,DEA 方法排除了很多主观因素,具有很强的客观性。

DEA 是以相对效率概念为基础,以凸分析和线性规划为工具的一种评价方法。这种方法结构简单,使用比较方便。自从 1978 年提出第一个 DEA 模型——C^2R 模型并用于评价部门间的相对有效性以来,DEA 方法不断得到完善并在实际中被广泛应用,诸如被应用到技术进步、技术创新、资源配置、金融投资等各个领域,特别是在对非单纯盈利的公共服务部门,如学校、医院,某些文化设施等的评价方面被认为是一个有效的方法。现在,有关的理论研究不断深入,应用领域日益广泛。应用 DEA 方法评价部门的相对有效性的优势地位,是其他方法所不能取代的。或者说,它对社会经济系统多投入和多产出相对有效性评价,是独具优势的。

我们把城市的可持续发展系统(某一时间或某一时段)视作 DEA 中的一个决策单元,它具有特定的输入/输出,在将输入转化成输出的过程中,努力实现系统的可持续发展目标。

2. 案例

例 14.5 利用 DEA 方法对天津市的可持续发展进行评价。在这里选取较具代表性的指标作为输入变量和输出变量,见表 14.9。

表 14.9 各决策单元输入、输出指标值

序号	决策单元	政府财政收入占 GDP 的比例/%	环保投资占 GDP 的比例/%	每千人科技人员数/人	人均 GDP /元	城市环境质量指数
1	1990	14.40	0.65	31.30	3621.00	0.00
2	1991	16.90	0.72	32.20	3943.00	0.09
3	1992	15.53	0.72	31.87	4086.67	0.07
4	1993	15.40	0.76	32.23	4904.67	0.13
5	1994	14.17	0.76	32.40	6311.67	0.37
6	1995	13.33	0.69	30.77	8173.33	0.59
7	1996	12.83	0.61	29.23	10236.00	0.51
8	1997	13.00	0.63	28.20	12094.33	0.44
9	1998	13.40	0.75	28.80	13603.33	0.58
10	1999	14.00	0.84	29.10	14841.00	1.00

输入变量:政府财政收入占 GDP 的比例、环保投资占 GDP 的比例、每千人科技人员数。输出变量:经济发展(用人均 GDP 表示)、环境发展(用城市环境质量指数表示)。

计算的 Matlab 程序如下

```
clc, clear, m=3; n=10; s=2;
d=load('data14_5.txt');
```

```
a=d(:,[1:3]); b=d(:,[4,5]);
prob=optimproblem('ObjectiveSense','max');
u=optimvar('u',m,'LowerBound',0);
v=optimvar('v',s,'LowerBound',0); %列向量
prob.Constraints.con1 = a*u>=b*v;
for j=1:n
    fprintf('第%d年计算结果如下:\n',j+1989)
    prob.Objective=b(j,:)*v;
    prob.Constraints.con2 = a(j,:)*u==1;
    [sol,fval]=solve(prob)
    su=sol.u, sv=sol.v  %显示最优解
end
```

计算结果见表 14.10,最优目标值用 θ 表示。显而易见,该市在 20 世纪 90 年代的发展是朝着可持续方向前进的。

表 14.10 用 DEA 方法对天津市可持续发展的相对评价结果

年份	θ	结 论	年份	θ	结 论
1990	0.2902	非 DEA 有效	1995	0.7183	非 DEA 有效,规模收益递增
1991	0.2854	非 DEA 有效,规模收益递减	1996	0.9069	非 DEA 有效,规模收益递增
1992	0.2968	非 DEA 有效,规模收益递增	1997	1	DEA 有效,规模收益递增
1993	0.3425	非 DEA 有效,规模收益递增	1998	1	DEA 有效,规模收益不变
1994	0.4595	非 DEA 有效,规模收益递增	1999	1	DEA 有效,规模收益不变

14.4 灰色关联分析法

灰色关联度分析具体步骤如下:

(1) 确定比较数列和参考数列。设评价对象有 m 个,评价指标变量有 n 个,每个指标变量 $x_j(j=1,2,\cdots,n)$ 都是效益型指标变量。比较数列为

$$a_i=\{a_i(j)\mid j=1,2,\cdots,n\},i=1,2,\cdots,m,$$

式中:$a_i(j)$ 是第 i 个评价对象关于第 j 个指标变量 x_j 的取值。

参考数列为 $a_0=\{a_0(j)\mid j=1,2,\cdots,n\}$,一般取 $a_0(j)=\max\limits_{1\leqslant i\leqslant m}\{a_i(j)\}$,即参考数列相当于一个虚拟的最好评价对象的各指标值。

(2) 确定各指标对应的权重。可用下面的熵权法等方法确定各指标对应的权重 $\boldsymbol{w}=[w_1,w_2,\cdots,w_n]$,其中 $w_j,j=1,2,\cdots,n$ 为第 j 个评价指标对应的权重。

(3) 计算灰色关联系数:

$$\xi_i(j)=\frac{\min\limits_{1\leqslant s\leqslant m}\min\limits_{1\leqslant t\leqslant n}|a_0(t)-a_s(t)|+\rho\max\limits_{1\leqslant s\leqslant m}\max\limits_{1\leqslant t\leqslant n}|a_0(t)-a_s(t)|}{|a_0(j)-a_i(j)|+\rho\max\limits_{1\leqslant s\leqslant m}\max\limits_{1\leqslant t\leqslant n}|a_0(t)-a_s(t)|},i=1,2,\cdots,m,j=1,2,\cdots,n.$$

$\xi_i(j)$ 为比较数列 a_i 对参考数列 a_0 在第 j 个指标上的关联系数,其中 $\rho\in[0,1]$ 为分辨系数。其中,$\min\limits_{1\leqslant s\leqslant m}\min\limits_{1\leqslant t\leqslant n}|a_0(t)-a_s(t)|$、$\max\limits_{1\leqslant s\leqslant m}\max\limits_{1\leqslant t\leqslant n}|a_0(t)-a_s(t)|$ 分别称为两级最小差及两级

最大差。

一般来讲,分辨系数 ρ 越大,分辨率越大;ρ 越小,分辨率越小。

(4) 计算灰色加权关联度。灰色加权关联度的计算公式为

$$r_i = \sum_{k=1}^{n} w_k \xi_i(k),$$

式中:r_i 为第 i 个评价对象对理想对象的灰色加权关联度,若没有给出各指标变量的权重,则各指标变量取相等的权重,即 $w_j = 1/n, j=1,2,\cdots,n$。

(5) 评价分析。根据灰色加权关联度的大小,对各评价对象进行排序,可建立评价对象的关联序,关联度越大,其评价结果越好。

例 14.6 供应商选择决策。某核心企业需要在 6 个待选的零部件供应商中选择一个合作伙伴,各待选供应商有关数据见表 14.11。

表 14.11 某核心企业待选供应商的指标评价有关数据

评价指标	待选供应商					
	1	2	3	4	5	6
产品质量	0.83	0.90	0.99	0.92	0.87	0.95
产品价格/元	326	295	340	287	310	303
地理位置/km	21	38	25	19	27	10
售后服务/h	3.2	2.4	2.2	2.0	0.9	1.7
技术水平	0.20	0.25	0.12	0.33	0.20	0.09
经济效益	0.15	0.20	0.14	0.09	0.15	0.17
供应能力/件	250	180	300	200	150	175
市场影响度	0.23	0.15	0.27	0.30	0.18	0.26
交货情况	0.87	0.95	0.99	0.89	0.82	0.94

产品质量、技术水平、经济效益、供应能力、市场影响度、交货情况指标属于效益型指标;产品价格、地理位置、售后服务指标属于成本型指标。现分别对上述指标进行一致规范化处理,规范化数据结果见表 14.12。取各指标值的最大值,得到虚拟最优供应商。

表 14.12 比较数列和参考数列值

评价指标	供应商						最优供应商
	1	2	3	4	5	6	
指标 1	0	0.4375	1	0.5625	0.25	0.75	1
指标 2	0.2642	0.8491	0	1	0.566	0.6981	1
指标 3	0.6071	0	0.4643	0.6786	0.3929	1	1
指标 4	0	0.3478	0.4348	0.5217	1	0.6522	1
指标 5	0.4583	0.6667	0.125	1	0.4583	0	1
指标 6	0.5455	1	0.4545	0	0.5455	0.7273	1
指标 7	0.6667	0.2	1	0.3333	0	0.1667	1
指标 8	0.5333	0	0.8	1	0.2	0.7333	1
指标 9	0.2941	0.7647	1	0.4118	0	0.7059	1

取 $\rho=0.5$,计算 $\xi_i(k)$ 及 r_i,具体数值见表 14.13。

表 14.13 关联系数和关联度值

评价指标	待选供应商					
	1	2	3	4	5	6
指标 1	0.3333	0.4706	1	0.5333	0.4	0.6667
指标 2	0.4046	0.7681	0.3333	1	0.5354	0.6235
指标 3	0.56	0.3333	0.4828	0.6087	0.4516	1
指标 4	0.3333	0.434	0.4694	0.5111	1	0.5897
指标 5	0.48	0.6	0.3636	1	0.48	0.3333
指标 6	0.5238	1	0.4783	0.3333	0.5238	0.6471
指标 7	0.6	0.3846	1	0.4286	0.3333	0.375
指标 8	0.5172	0.3333	0.7143	1	0.3846	0.6522
指标 9	0.4146	0.68	1	0.4595	0.3333	0.6296
r_i	0.4630	0.5560	0.6491	0.6527	0.4936	0.6130

由表 14.13,按灰色关联度排序可看出,$r_4>r_3>r_6>r_2>r_5>r_1$,由于供应商 4 与虚拟最优供应商的关联度最大,亦即供应商 4 优于其他供应商,企业决策者可以优先考虑从供应商 4 处采购零部件以达到整体最优。

将灰色关联分析用于供应商选择决策中可以针对大量不确定性因素及其相互关系,将定量和定性方法有机结合起来,使原本复杂的决策问题变得更加清晰简单,而且计算方便,并可在一定程度上排除决策者的主观任意性,得出的结论也比较客观,有一定的参考价值。

计算的 Matlab 程序如下:

```
clc, clear
a=[0.83  0.90  0.99  0.92  0.87  0.95
   326   295   340   287   310   303
   21    38    25    19    27    10
   3.2   2.4   2.2   2.0   0.9   1.7
   0.20  0.25  0.12  0.33  0.20  0.09
   0.15  0.20  0.14  0.09  0.15  0.17
   250   180   300   200   150   175
   0.23  0.15  0.27  0.30  0.18  0.26
   0.87  0.95  0.99  0.89  0.82  0.94];
for i=[1 5:9]                                    %效益型指标标准化
    a(i,:)=(a(i,:)-min(a(i,:)))/(max(a(i,:))-min(a(i,:)));
end
for i=2:4                                        %成本型指标标准化
   a(i,:)=(max(a(i,:))-a(i,:))/(max(a(i,:))-min(a(i,:)));
end
[m,n]=size(a);
```

```
ck=max(a,[],2);                               %逐行求最大值,得参考数列
t=ck-a;                                       %求参考数列与每一个比较数列的差
mmin=min(min(t));                             %计算最小差
mmax=max(max(t));                             %计算最大差
rho=0.5; %分辨系数
xishu=(mmin+rho*mmax)./(t+rho*mmax)           %计算灰色关联系数
guanliandu=mean(xishu)                        %取等权重,计算关联度
[gsort,ind]=sort(guanliandu,'descend')        %对关联度从大到小排序
```

14.5 主成分分析法

例 14.7 表 14.14 是我国 1984—2000 年宏观投资的一些数据,试利用主成分分析对投资效益进行分析和排序。

表 14.14 1984—2000 年宏观投资效益主要指标

年份	投资效果系数(无时滞)	投资效果系数(时滞一年)	全社会固定资产交付使用率	建设项目投产率	基建房屋竣工率
1984	0.71	0.49	0.41	0.51	0.46
1985	0.40	0.49	0.44	0.57	0.50
1986	0.55	0.56	0.48	0.53	0.49
1987	0.62	0.93	0.38	0.53	0.47
1988	0.45	0.42	0.41	0.54	0.47
1989	0.36	0.37	0.46	0.54	0.48
1990	0.55	0.68	0.42	0.54	0.46
1991	0.62	0.90	0.38	0.56	0.46
1992	0.61	0.99	0.33	0.57	0.43
1993	0.71	0.93	0.35	0.66	0.44
1994	0.59	0.69	0.36	0.57	0.48
1995	0.41	0.47	0.40	0.54	0.48
1996	0.26	0.29	0.43	0.57	0.48
1997	0.14	0.16	0.43	0.55	0.47
1998	0.12	0.13	0.45	0.59	0.54
1999	0.22	0.25	0.44	0.58	0.52
2000	0.71	0.49	0.41	0.51	0.46

解 用 $x_1,x_2,\cdots,x_5$ 分别表示投资效果系数(无时滞)、投资效果系数(时滞一年)、全社会固定资产交付使用率、建设项目投产率、基建房屋竣工率。用 $i=1,2,\cdots,17$ 分别表示 1984 年、1985 年、…、2000 年,第 i 年 $x_1,x_2,\cdots,x_5$ 的取值分别记作 $[a_{i1},a_{i2},\cdots,a_{i5}]$,构造矩阵 $\boldsymbol{A}=(a_{ij})_{17\times5}$。

基于主成分分析法的评价步骤如下:

（1）对原始数据进行标准化处理。将各指标值 a_{ij} 转换成标准化指标值 $\tilde{a}_{ij}$，有

$$\tilde{a}_{ij}=\frac{a_{ij}-\mu_j}{s_j},i=1,2,\cdots,17,j=1,2,\cdots,5,$$

式中：$\mu_j=\frac{1}{17}\sum_{i=1}^{17}a_{ij}$；$s_j=\sqrt{\frac{1}{17-1}\sum_{i=1}^{17}(a_{ij}-\mu_j)^2}$，$j=1,2,\cdots,5$，即 μ_j,s_j 为第 j 个指标的样本均值和样本标准差。

对应地，称

$$\tilde{x}_j=\frac{x_j-\mu_j}{s_j},j=1,2,\cdots,5$$

为标准化指标变量。

（2）计算相关系数矩阵 $\boldsymbol{R}$。相关系数矩阵 $\boldsymbol{R}=(r_{ij})_{5\times5}$，有

$$r_{ij}=\frac{\sum_{k=1}^{17}\tilde{a}_{ki}\cdot\tilde{a}_{kj}}{17-1},i,j=1,2,\cdots,5,$$

式中：$r_{ii}=1$；$r_{ij}=r_{ji}$，r_{ij} 为第 i 个指标与第 j 个指标的相关系数。

（3）计算特征值和特征向量。计算相关系数矩阵 $\boldsymbol{R}$ 的特征值 $\lambda_1\geqslant\lambda_2\geqslant\cdots\geqslant\lambda_5\geqslant0$，及对应的标准正交化特征向量 $u_1,u_2,\cdots,u_5$，其中 $\boldsymbol{u}_j=[u_{1j},u_{2j},\cdots,u_{5j}]^{\mathrm{T}}$，由特征向量组成 5 个新的指标变量

$$\begin{gathered}y_1=u_{11}\tilde{x}_1+u_{21}\tilde{x}_2+\cdots+u_{51}\tilde{x}_5,\\ y_2=u_{12}\tilde{x}_1+u_{22}\tilde{x}_2+\cdots+u_{52}\tilde{x}_5,\\ \vdots\\ y_5=u_{15}\tilde{x}_1+u_{25}\tilde{x}_2+\cdots+u_{55}\tilde{x}_5,\end{gathered}$$

式中：y_1 为第 1 主成分；y_2 为第 2 主成分；…；y_5 为第 5 主成分。

（4）选择 $p(p\leqslant5)$ 个主成分，计算综合评价值。

① 计算特征值 $\lambda_j(j=1,2,\cdots,5)$ 的信息贡献率和累积贡献率。称

$$b_j=\frac{\lambda_j}{\sum_{k=1}^{5}\lambda_k},j=1,2,\cdots,5$$

为主成分 y_j 的信息贡献率；而且称

$$\alpha_p=\frac{\sum_{k=1}^{p}\lambda_k}{\sum_{k=1}^{5}\lambda_k}$$

为主成分 $y_1,y_2,\cdots,y_p$ 的累积贡献率。当 α_p 接近 1（$\alpha_p=0.85,0.90,0.95$）时，选择前 p 个指标变量 $y_1,y_2,\cdots,y_p$ 作为 p 个主成分，代替原来 5 个指标变量，从而可对 p 个主成分进行综合分析。

② 计算综合得分：

$$Z=\sum_{j=1}^{p}b_jy_j,$$

式中：b_j 为第 j 个主成分的信息贡献率，根据综合得分值就可进行评价。

利用 Matlab 软件求得相关系数矩阵的 5 个特征值及其贡献率如表 14.15 所列。

表 14.15 主成分分析结果

序号	特征值	贡献率	累计贡献率
1	3.1343	0.6269	0.6269
2	1.1683	0.2337	0.8605
3	0.3502	0.0700	0.9306
4	0.2258	0.0452	0.9757
5	0.1213	0.0243	1.0000

可以看出，前三个特征值的累积贡献率就达到 93%以上，主成分分析效果很好。下面选取前三个主成分进行综合评价。前三个特征值对应的特征向量见表 14.16。

表 14.16 标准化变量的前 3 个主成分对应的特征向量

	$\tilde{x}_1$	$\tilde{x}_2$	$\tilde{x}_3$	$\tilde{x}_4$	$\tilde{x}_5$
第 1 特征向量	0.4905	0.5254	−0.4871	0.0671	−0.4916
第 2 特征向量	−0.2934	0.0490	−0.2812	0.8981	0.1606
第 3 特征向量	0.5109	0.4337	0.3714	0.1477	0.6255

由此可得三个主成分分别为

$$y_1 = 0.4905\tilde{x}_1 + 0.5254\tilde{x}_2 - 0.4871\tilde{x}_3 + 0.0671\tilde{x}_5 - 0.4916\tilde{x}_5,$$
$$y_2 = -0.2934\tilde{x}_1 + 0.0490\tilde{x}_2 - 0.2812\tilde{x}_3 + 0.8981\tilde{x}_4 + 0.1606\tilde{x}_5,$$
$$y_3 = 0.5109\tilde{x}_1 + 0.4337\tilde{x}_2 + 0.3714\tilde{x}_3 + 0.1477\tilde{x}_4 + 0.6255\tilde{x}_5。$$

分别以三个主成分的贡献率为权重，构建主成分综合评价模型

$$Z = 0.6269y_1 + 0.2337y_2 + 0.0700y_3.$$

把各年度的三个主成分值代入上式，可以得到各年度的排名和综合评价结果，如表 14.17所列。

表 14.17 排名和综合评价结果

年代	1993	1992	1991	1994	1987	1990	1984	2000	1995
名次	1	2	3	4	5	6	7	8	9
评价值	2.4464	1.9768	1.1123	0.8604	0.8456	0.2258	0.0531	0.0531	−0.2534
年代	1988	1985	1996	1986	1989	1997	1999	1998	1986
名次	10	11	12	13	14	15	16	17	
评价值	−0.2662	−0.5292	−0.7405	−0.7789	−0.9715	−1.1476	−1.2015	−1.6848	

计算的 Matlab 程序如下：

```
clc,clear
gj=load('data14_7.txt');
gj=zscore(gj);                      % 数据标准化
r=corrcoef(gj);                     % 计算相关系数矩阵
% 下面直接使用标准化数据进行主成分分析，vec 为 r 的特征向量，即主成分的系数
```

```
[vec,score,lambda]=pca(gj)            % score 为主成分的得分,lambda 为 r 的特征值
rate=lambda/sum(lambda)               % 计算各个主成分的贡献率
contr=cumsum(rate)                    % 计算累积贡献率
num=3;                                % num 为选取的主成分的个数
tf=score(:,[1:num])*rate(1:num);      % 计算综合得分
[stf,ind]=sort(tf,'descend');         % 把得分按照从高到低的次序排列
stf=stf', ind=ind'
```

14.6　秩和比综合评价法

秩和比(Rank Sum Ration,RSR)统计方法是我国统计学家田凤调于 1988 年提出的一种新的综合评价方法,该法在医疗卫生领域的多指标综合评价、统计预测预报、统计质量控制等方面已得到广泛的应用。秩和比是行(或列)秩次的平均值,是一个非参数统计量,具有 0~1 连续变量的特征。

14.6.1　原理及步骤

1. 原理

秩和比综合评价法基本原理是在一个 n 行 m 列矩阵中,通过秩转换,获得无量纲统计量 RSR;以 RSR 值对评价对象的优劣直接排序或分档排序,从而对评价对象做出综合评价。

2. 步骤

先介绍一下样本秩的概念。

定义 14.3　设 $x_1,x_2,\cdots,x_n$ 是从一元总体抽取的容量为 n 的样本,其从小到大顺序统计量是 $x_{(1)},x_{(2)},\cdots,x_{(n)}$。若 $x_i=x_{(k)}$,则称 k 是 x_i 在样本中的秩,记作 R_i,对每一个 $i=1,2,\cdots,n$,称 R_i 是第 i 个秩统计量。$R_1,R_2,\cdots,R_n$ 总称为秩统计量。

例如,对样本数据

$$-0.8,-3.1,1.1,-5.2,4.2,$$

顺序统计量是

$$-5.2,-3.1,-0.8,1.1,4.2,$$

而秩统计量是

$$3,2,4,1,5.$$

秩和比综合评价法的步骤如下:

(1) 编秩。将 n 个评价对象的 m 个评价指标排列成 n 行 m 列的原始数据表。编出每个指标各评价对象的秩,其中效益型指标从小到大编秩,成本型指标从大到小编秩,同一指标数据相同者编平均秩。得到的秩矩阵记为 $R=(R_{ij})_{n\times m}$。

(2) 计算秩和比(RSR)。根据公式

$$\mathrm{RSR}_i=\frac{1}{mn}\sum_{j=1}^{m}R_{ij},i=1,2,\cdots,n$$

计算秩和比。当各评价指标的权重不同时,计算加权秩和比(WRSR),其计算公式为

$$\mathrm{WRSR}_i = \frac{1}{n}\sum_{j=1}^{m} w_j R_{ij},\ i = 1,2,\cdots,n,$$

式中：w_j 为第 j 个评价指标的权重，$\sum_{j=1}^{m} w_j = 1$。

(3) 分档排序。根据 RSR_i 或 $\mathrm{WRSR}_i(i=1,2,\cdots,n)$ 的值，对评价对象进行分档排序，RSR_i 或 WRSR_i 值越大，其评价效果越好。

14.6.2 应用实例

例 14.8 某市人民医院 1983—1992 年工作质量统计指标及权重系数见表 14.18，其中 x_1 为治愈率，x_2 为病死率，x_3 为周转率，x_4 为平均病床工作日，x_5 为病床使用率，x_6 为平均住院日，这里 x_2 和 x_6 为成本型指标，其余为效益型指标。

表 14.18 统计指标及权重系数

年度	x_1	x_2	x_3	x_4	x_5	x_6
1983	75.2	3.5	38.2	370.1	101.5	10.0
1984	76.1	3.3	36.7	369.6	101.0	10.3
1985	80.4	2.7	30.5	309.7	84.8	10.0
1986	77.8	2.7	36.3	370.1	101.4	10.2
1987	75.9	2.3	38.9	369.4	101.2	9.61
1988	74.3	2.4	36.7	335.3	91.9	9.2
1989	74.6	2.2	37.5	356.2	97.6	9.3
1990	72.1	1.8	40.3	401.7	101.1	10.0
1991	72.8	1.9	37.1	372.8	102.1	10.0
1992	72.1	1.5	33.2	358.1	97.8	10.4
权重系数	0.093	0.418	0.132	0.100	0.098	0.159

编秩、加权秩和比及排序计算结果见表 14.19。各年份工作质量的排序结果见表 14.19 的最后一列，即各年度从优到劣的排序结果为

表 14.19 编秩、加权秩和比及排序

年度	x_1	x_2	x_3	x_4	x_5	x_6	WRSR_i	排序
1983	6	1	8	7.5	9	5.5	0.4539	8
1984	8	2	4.5	6	5	2	0.3582	10
1985	10	3.5	1	1	1	5.5	0.3598	9
1986	9	3.5	3	7.5	8	3	0.4707	7
1987	7	6	9	5	7	8	0.6805	3
1988	4	5	4.5	2	2	10	0.5042	6
1989	5	7	7	3	3	9	0.6340	4
1990	1.5	9	10	10	6	5.5	0.7684	1
1991	3	8	6	9	10	5.5	0.7169	2
1992	1.5	10	2	4	4	1	0.5534	5

```
1990,1991,1987,1989,1992,1988,1986,1983,1985,1984.
```

计算的 Matlab 程序如下：

```
clc, clear
aw=load('data14_8_1.txt');
w=aw(end,:);                    % 提取权重向量
a=aw([1:end-1],:);              % 提取指标数据
a(:,[2,6])=-a(:,[2,6]);         % 把成本型指标转换成效益型指标
ra=tiedrank(a)                  % 对每个指标值分别编秩,即对 a 的每一列分别编秩
[n,m]=size(ra);                 % 计算矩阵 sa 的维数
WRSR=sum(ra.*w,2)/n             % 计算加权秩和比
[sWRSR,ind]=sort(WRSR,'descend') % 对加权秩和比排序
writematrix([ra,WRSR],'data14_8_2.xlsx')
```

14.7 基于熵权法的评价方法

熵本源于热力学,后由香农(C. E. Shannon)引入信息论,根据熵的定义与原理,当系统可能处于几种不同状态,每种状态出现的概率为 $p_i(i=1,2,\cdots,m)$,则该系统的熵可定义为

$$e=-\frac{1}{\ln m}\sum_{i=1}^{m}p_i\ln p_i.$$

熵权法是一种客观赋权方法。在具体使用过程中,熵权法根据各指标的变异程度,利用信息熵计算出各指标的熵权,从而得出较为客观的指标权重。

14.7.1 熵权法的评价步骤

设有 n 个评价对象,m 个评价指标变量,第 i 个评价对象关于第 j 个指标变量的取值为 $a_{ij}(i=1,2,\cdots,n;j=1,2,\cdots,m)$,构造数据矩阵 $\boldsymbol{A}=(a_{ij})_{n\times m}$。

基于熵权法的评价方法步骤如下：

(1) 利用原始数据矩阵 $\boldsymbol{A}=(a_{ij})_{n\times m}$ 计算 $p_{ij}(i=1,2,\cdots,n,j=1,2,\cdots,m)$,即第 i 个评价对象关于第 j 个指标值的比重：

$$p_{ij}=\frac{a_{ij}}{\sum_{i=1}^{n}a_{ij}},i=1,2,\cdots,n,j=1,2,\cdots,m.$$

(2) 计算第 j 项指标的熵值：

$$e_j=-\frac{1}{\ln n}\sum_{i=1}^{n}p_{ij}\ln p_{ij},j=1,2,\cdots,m.$$

(3) 计算第 j 项指标的变异系数：

$$g_j=1-e_j,j=1,2,\cdots,m.$$

对于第 j 项指标,e_j 越大,指标值的变异程度就越小。

(4) 计算第 j 项指标的权重：

$$w_j=\frac{g_j}{\sum_{j=1}^{m}g_j},j=1,2,\cdots,m.$$

(5) 计算第 i 个评价对象的综合评价值：

$$s_i = \sum_{j=1}^{m} w_j p_{ij}.$$

评价值越大越好。

14.7.2 应用实例

例 14.9 请根据表 14.20 给出的 10 个学生 8 门课的成绩，给出这 10 个学生评奖学金的评分排序。

表 14.20 学生成绩表

学生编号	语文	数学	物理	化学	英语	政治	生物	历史
1	93	66	86	88	77	71	90	94
2	97	99	61	61	75	87	70	70
3	65	99	94	71	91	86	80	93
4	97	79	98	61	92	66	88	69
5	85	92	87	63	67	64	96	98
6	63	65	91	93	80	80	99	74
7	71	77	90	88	78	99	82	68
8	82	97	76	73	86	73	65	70
9	99	92	86	98	89	83	66	85
10	99	99	67	61	90	69	70	79

解 指标变量 $x_1, x_2, \cdots, x_8$ 分别表示学生的语文、数学、物理、化学、英语、政治、生物、历史成绩。用 a_{ij} 表示第 i 个学生关于指标变量 x_j 的取值，构造数据矩阵 $\boldsymbol{A} = (a_{ij})_{10\times 8}$。

利用 Matlab 程序，求得的各指标变量的权重值见表 14.21，各个学生的综合评价值及排名次序见表 14.22。各个学生评价值从高到低的次序为

```
9   1   3   7   6   5   4   10   8   2.
```

表 14.21 各指标的评价权重

指标	x_1	x_2	x_3	x_4	x_5	x_6	x_7	x_8
权重	0.1544	0.1363	0.1127	0.1972	0.0552	0.1064	0.1273	0.1104

表 14.22 学生的综合评价值及排名次序

学生编号	1	2	3	4	5
评价值 s_i	0.1039	0.0950	0.1019	0.0978	0.1000
排名	2	10	3	7	6
学生编号	6	7	8	9	10
评价值 s_i	0.1003	0.1012	0.0951	0.1091	0.0959
排名	5	4	9	1	8

计算的 Matlab 程序如下:

```
clc, clear
a=readmatrix('data14_9_1.txt');
[n,m]=size(a);
p=a./sum(a);
e=-sum(p.*log(p))/log(n);
g=1-e; w=g/sum(g)                      % 计算权重
s=w*p'                                  % 计算各个评价对象的综合评价值
[ss,ind1]=sort(s,'descend')            % 对评价值从大到小排序
ind2(ind1)=1:n                          % 学生编号对应的排序位置
writematrix(w,'data14_9_2.xlsx')       % 把数据写到 Excel 文件的表单 1
writematrix([1:n;s;ind2],'data14_9_2.xlsx','Sheet',2)      % 把数据写到表单 2
```

14.8 PageRank 算法

PageRank 算法是 Google 搜索引擎对检索结果的一种排序算法。它借鉴传统引文分析思想:当网页甲有一个链接指向网页乙时,认为乙获得了甲对它贡献的分值,该值的多少取决于网页甲本身的重要程度,即网页甲的重要性越大,网页乙获得的贡献值就越高。由于网络中网页链接的相互指向,因此该分值的计算为一个迭代过程,最终网页根据所得分值进行检索排序。

互联网是一张有向图,每一个网页是图的一个顶点,网页间的每一个超链接是图的一条弧,邻接矩阵 $\boldsymbol{B}=(b_{ij})_{N\times N}$,这里 N 为顶点个数,如果从网页 i 到网页 j 有超链接,则 $b_{ij}=1$,否则为 0。

记矩阵 $\boldsymbol{B}$ 的行和为

$$r_i=\sum_{j=1}^{N} b_{ij},$$

它表示页面 i 发出的链接数目。

假如浏览页面并选择下一个页面的过程与过去浏览过哪些页面无关,而仅依赖于当前所在的页面。那么这一选择过程可以认为是一个有限状态、离散时间的随机过程,其状态转移规律用马尔可夫链描述。定义矩阵 $\boldsymbol{A}=(a_{ij})_{N\times N}$ 如下:

$$a_{ij}=\frac{1-d}{N}+d\frac{b_{ij}}{r_i},i,j=1,2,\cdots,N,$$

式中:d 是模型参数,通常取 $d=0.85$;$\boldsymbol{A}$ 是马尔可夫链的转移概率矩阵;a_{ij} 表示从页面 i 转移到页面 j 的概率。根据马尔可夫链的基本性质,对于正则马尔可夫链存在平稳分布 $\boldsymbol{x}=[x_1,x_2,\cdots,x_N]^{\mathrm{T}}$,满足

$$\boldsymbol{A}^{\mathrm{T}}\boldsymbol{x}=\boldsymbol{x},\sum_{i=1}^{N} x_i=1.$$

式中:$\boldsymbol{x}$ 表示在极限状态(转移次数趋于无限)下各网页被访问的概率分布,Google 将它定义为各网页的 PageRank 值。假设 $\boldsymbol{x}$ 已经得到,则它按分量满足方程

$$x_k = \sum_{i=1}^{N} a_{ik} x_i = \frac{1-d}{N} + d \sum_{i:b_{ik}=1} \frac{x_i}{r_i}.$$

网页 i 的 PageRank 值是 x_i,它链出的页面有 r_i 个,于是页面 i 将它的 PageRank 值分成 r_i 份,分别“投票”给它链出的网页。x_k 为网页 k 的 PageRank 值,即网络上所有页面“投票”给网页 k 的最终值。

根据马尔可夫链的基本性质还可以得到,平稳分布(即 PageRank 值)是转移概率矩阵 $\boldsymbol{A}$ 的转置矩阵 $\boldsymbol{A}^{\mathrm{T}}$ 的最大特征值($=1$)所对应的归一化特征向量。

例 14.10 已知一个顶点个数 $N=6$ 的网络如图 14.1 所示,求它的 PageRank 值。

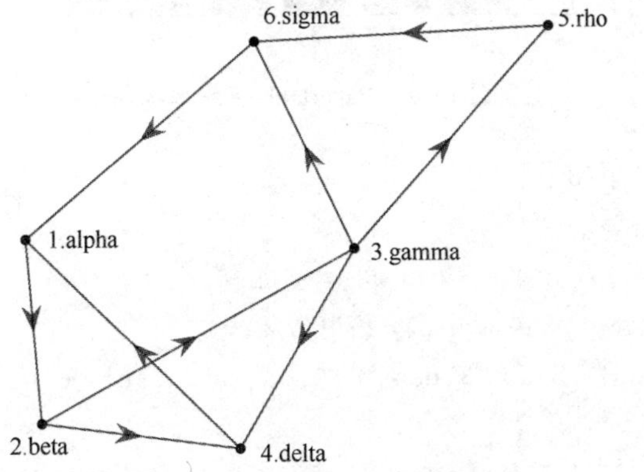

图 14.1 网络结构示意图

解 相应的邻接矩阵 $\boldsymbol{B}$ 和 Markov 链转移概率矩阵 $\boldsymbol{A}$ 分别为

$$\boldsymbol{B} = \begin{bmatrix} 0 & 1 & 0 & 0 & 0 & 0 \\ 0 & 0 & 1 & 1 & 0 & 0 \\ 0 & 0 & 0 & 1 & 1 & 1 \\ 1 & 0 & 0 & 0 & 0 & 0 \\ 0 & 0 & 0 & 0 & 0 & 1 \\ 1 & 0 & 0 & 0 & 0 & 0 \end{bmatrix},$$

$$\boldsymbol{A} = \begin{bmatrix} 0.025 & 0.875 & 0.025 & 0.025 & 0.025 & 0.025 \\ 0.025 & 0.025 & 0.45 & 0.45 & 0.025 & 0.025 \\ 0.025 & 0.025 & 0.025 & 0.3083 & 0.3083 & 0.3083 \\ 0.875 & 0.025 & 0.025 & 0.025 & 0.025 & 0.025 \\ 0.025 & 0.025 & 0.025 & 0.025 & 0.025 & 0.875 \\ 0.875 & 0.025 & 0.025 & 0.025 & 0.025 & 0.025 \end{bmatrix}.$$

计算得到该马尔可夫链的平稳分布为

$$\boldsymbol{x} = [0.2675 \quad 0.2524 \quad 0.1323 \quad 0.1697 \quad 0.0625 \quad 0.1156]^{\mathrm{T}}.$$

这就是 6 个网页的 PageRank 值,其柱状图如图 14.2 所示。

编号 1 的网页 alpha 的 PageRank 值最高,编号 5 的网页 rho 的 PageRank 值最低,网页的 PageRank 值从大到小的排序依次为 1,2,4,3,6,5。

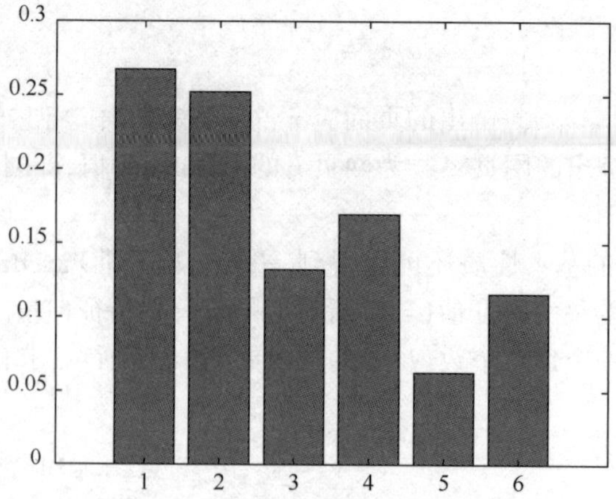

图 14.2 PageRank 值的柱状图

计算的 Matlab 程序如下:

```
clc, clear, close all
N=6; B=zeros(N);B(1,2)=1; B(2,[3,4])=1;
B(3,[4:6])=1; B(4,1)=1; B(5,6)=1; B(6,1)=1;
nodes={'1.alpha','2.beta','3.gamma','4.delta','5.rho','6.sigma'};
G=digraph(B,nodes);
plot(G,'LineWidth',1.5,'NodeFontSize',12,'ArrowSize',12)
r=sum(B,2); d=0.85;
A=(1-d)/N+d*B./r           %计算转移概率矩阵
[x,y]=eigs(A',1);          %求最大特征值对应的特征向量
x=x/sum(x)                 %特征向量归一化
figure,bar(x)              %画 PageRank 值的柱状图
```

14.9 招聘公务员问题

招聘公务员问题是 2004 年全国大学生数学建模竞赛专科组的 D 题。在我国的公务员条例颁布实施以后,报考公务员已成为一个社会热点问题,针对招聘公务员的过程,提出了这个有实际意义的问题。

14.9.1 问题提出

现有某市直属单位因工作需要,拟向社会公开招聘 8 名公务员,具体的招聘办法和程序如下:

(1) 公开考试:凡是年龄不超过 30 周岁,大学专科以上学历,身体健康者均可报名参加考试,考试科目有综合基础知识、专业知识和行政职业能力测验三个部分,每科满分为 100 分。根据考试总分的高低排序选出 16 人进入第二阶段的面试考核。

(2) 面试考核:面试考核主要考核应聘人员的知识面、对问题的理解能力、应变能力、表达能力等综合素质。按照一定的标准,面试专家组对每个应聘人员的各个方面都给出一个等级评分,从高到低分成 A/B/C/D 四个等级,具体结果如表 14.23 所示。

表 14.23 招聘公务员笔试成绩,专家面试评分及个人志愿

应聘人员	笔试成绩	申报类别志愿		专家组对应聘者特长的等级评分			
				知识面	理解能力	应变能力	表达能力
1	290	(2)	(3)	A	A	B	B
2	288	(3)	(1)	A	B	A	C
3	288	(1)	(2)	B	A	D	C
4	285	(4)	(3)	A	B	B	B
5	283	(3)	(2)	B	A	B	C
6	283	(3)	(4)	B	D	A	B
7	280	(4)	(1)	A	B	C	B
8	280	(2)	(4)	B	A	A	C
9	280	(1)	(3)	B	B	A	B
10	280	(3)	(1)	D	B	A	C
11	278	(4)	(1)	D	C	B	A
12	277	(3)	(4)	A	B	C	A
13	275	(2)	(1)	B	C	D	A
14	275	(1)	(3)	D	B	A	B
15	274	(1)	(4)	A	B	C	B
16	273	(4)	(1)	B	A	B	C

(3) 由招聘领导小组综合专家组的意见、笔初试成绩以及各用人部门需求确定录用名单,并分配到各用人部门。

该单位拟将录用的 8 名公务员安排到所属的 7 个部门,并且要求每个部门至少安排一名公务员。(如表 14.24 所示)这 7 个部门按工作性质可分为四类:(1)为行政管理;(2)为技术管理;(3)为行政执法;(4)为公共事业。

表 14.24 用人部门的基本情况及对公务员的期望要求

用人部门	工作类别	各用人部门的基本情况					各部门对公务员特长的期望要求			
		福利待遇	工作条件	劳动强度	晋升机会	深造机会	专业知识面	认识理解能力	灵活应变能力	表达能力
1	(1)	优	优	中	多	少	B	A	C	A
2	(2)	中	优	大	多	少	A	B	B	C
3	(2)	中	优	中	少	多	A	B	B	C
4	(3)	优	差	大	多	多	C	C	A	A
5	(3)	优	中	中	中	中	C	C	A	A
6	(4)	中	中	中	中	多	C	B	B	A
7	(4)	优	中	大	少	多	C	B	B	A

招聘领导小组在确定录用名单的过程中,本着公平、公开的原则,同时考虑录用人员的合理分配和使用,有利于发挥个人的特长和能力。招聘领导小组将7个用人单位的基本情况(包括福利待遇、工作条件、劳动强度、晋升机会和学习深造机会等)和四类工作对聘用公务员的具体条件的希望达到的要求都向所有应聘人员公布。每一位参加面试人员都可以申报两个工作类别的要求。

请研究下列问题:

(1) 如果不考虑应聘人员的意愿,择优按需录用,试帮助招聘领导小组设计一种录用分配方案。

(2) 在考虑应聘人员意愿和用人部门的希望要求的情况下,请你帮助招聘领导小组设计一种分配方案。

(3) 你的方法对于一般情况,即 N 个应聘人员 M 个用人单位时,是否可行?

14.9.2 问题分析

在招聘公务员的复试过程中,如何综合专家组的意见、应聘者的不同条件和用人部门的需求做出合理的录用分配方案,这是首先需要解决的问题。当然,"多数原则"是常用的一种方法,但是,在这个问题上,"多数原则"未必一定是最好的,因为这里有一个共性和个性的关系问题,不同的人有不同的看法和选择,怎么选择,如何兼顾各方面的意见是值得研究的问题。

对于问题(1),在不考虑应聘人员的个人意愿的情况下,择优按需录用8名公务员。"择优"就是综合考虑所有应聘者的初试和复试的成绩来选优;"按需"就是根据用人部门的需求,即各用人部门对应聘人员的要求和评价来选择录用。而这里复试成绩没有明确给定具体分数,仅仅是专家组给出的主观评价分,为此,首先应根据专家组的评价给出一个复试分数,然后,综合考虑初试、复试分数和用人部门的评价来确定录取名单,并按需分配给各用人部门。

对于问题(2),在充分考虑应聘人员的个人意愿的情况下,择优录用8名公务员,并按需求分配给7个用人部门。公务员和用人部门的基本情况都是透明的,在双方都相互了解的前提下为双方做出选择方案。事实上,每一个部门对所需人才都有一个期望要求,即可以认为每一个部门对每一个要聘用的公务员都有一个实际的满意度;同样的,每一个公务员根据自己意愿对各部门也都有一个期望的满意度,由此根据双方的满意度,来选取使双方满意度最大的录用分配方案。

对于问题(3),把问题(1)和问题(2)的方法直接推广到一般情况就可以了。

14.9.3 模型假设与符号说明

1. 模型假设

(1) 专家组对应聘者的评价是公正的。

(2) 问题中所给各部门和应聘者的相关数据都是透明的,即双方都是知道的。

(3) 应聘者的4项特长指标在综合评价中的地位是等同的。

(4) 用人部门的五项基本条件对公务员的影响地位是同等的。

2. 符号说明

a_i 表示第 i 个应聘者的初试得分；b_i 表示第 i 个应聘者的复试得分；d_i 表示第 i 个应聘者的最后综合得分；s_{ij}表示第 j 个部门对第 i 个应聘者的综合满意度；t_{ij}表示第 i 个应聘者对第 j 个部门的综合满意度；r_{ij}表示第 i 个应聘者与第 j 个部门的相互综合满意度；其中 $i=1,2,\cdots,16$；$j=1,2,\cdots,7$。

14.9.4 模型准备

1. 应聘者复试成绩量化

首先，对专家组所给出的每一个应聘者 4 项条件的评分进行量化处理，从而给出每个应聘者的复试得分。注意到，专家组对应聘者的 4 项条件评分为 A，B，C，D 四个等级，不妨设相应的评语集为{很好，好，一般，差}，对应的数值为 5，4，3，2。根据实际情况取近似的柯西分布隶属函数

$$f(x)=\begin{cases}[1+\alpha(x-\beta)^{-2}]^{-1}, & 1\leqslant x\leqslant 3,\\ a\ln x+b, & 3\leqslant x\leqslant 5,\end{cases} \tag{14.17}$$

式中：α,β,a,b 为待定常数。实际上，当评价为很好时，隶属度为 1，即 $f(5)=1$；当评价为一般时，隶属度为 0.8，即 $f(3)=0.8$；当评价为很差时（在这里没有此评价），隶属度为 0.01，即 $f(1)=0.01$。于是，可以确定出 $\alpha=1.1086,\beta=0.8942,a=0.3915,b=0.3699$。将其代入式(14.17)可得隶属函数为

$$f(x)=\begin{cases}[1+1.1086(x-0.8942)^{-2}]^{-1}, & 1\leqslant x\leqslant 3,\\ 0.3915\ln x+0.3699, & 3\leqslant x\leqslant 5.\end{cases}$$

经计算得 $f(2)=0.5245$，$f(4)=0.9126$，则专家组对应聘者各单项指标的评价{A，B，C，D}={很好，好，一般，差}的量化值为(1，0.9126，0.8，0.5245)。根据表 14.23 的数据可以得到专家组对每一个应聘者的 4 项条件的评价指标值。例如，专家组对第 1 个应聘者的评价为(A，A，B，B)，则其指标量化值为(1，1，0.9126，0.9126)。专家组对于 16 个应聘者都有相应的评价量化值，即得到一个评价矩阵，记为 $\boldsymbol{C}=(c_{ik})_{16\times 4}$。由假设(3)，应聘者的 4 项条件在综合评价中的地位是同等的，则 16 个应聘者的综合复试得分可以表示为

$$b_i=\frac{1}{4}\sum_{k=1}^{4}c_{ik},\quad i=1,2,\cdots,16. \tag{14.18}$$

经计算，16 名应聘者的复试分数如表 14.25 所示。

表 14.25 应聘者的复试成绩

应聘者	1	2	3	4	5	6	7	8
复试分数	0.9563	0.9282	0.8093	0.9345	0.9063	0.8374	0.9063	0.9282
应聘者	9	10	11	12	13	14	15	16
复试分数	0.9345	0.8093	0.8093	0.9282	0.8093	0.8374	0.9063	0.9063

2. 初试分数与复试分数的规范化

为了便于将初试分数与复试分数做统一的比较，首先分别用极差规范化方法作相应的规范化处理。初试得分的规范化为

$$a_i' = \frac{a_i - \min\limits_{1 \leqslant i \leqslant 16} a_i}{\max\limits_{1 \leqslant i \leqslant 16} a_i - \min\limits_{1 \leqslant i \leqslant 16} a_i} = \frac{a_i - 273}{290 - 273}, \quad i = 1, 2, \cdots, 16.$$

复试得分的规范化为

$$b_i' = \frac{b_i - \min\limits_{1 \leqslant i \leqslant 16} b_i}{\max\limits_{1 \leqslant i \leqslant 16} b_i - \min\limits_{1 \leqslant i \leqslant 16} b_i} = \frac{b_i - 0.8093}{0.9653 - 0.8093}, \quad i = 1, 2, \cdots, 16.$$

经计算可以得到具体的结果。

3. 确定应聘人员的综合分数

不同的用人单位对待初试和复试成绩的重视程度可能会不同,这里用参数 $\gamma(0<\gamma<1)$ 表示用人单位对初试成绩的重视程度的差异,即取初试分数和复试分数的加权和作为应聘者的综合分数,则第 j 个应聘者的综合分数为

$$d_i = \gamma a_i' + (1-\gamma) b_i', \quad i = 1, 2, \cdots, 16. \tag{14.19}$$

由实际数据,取适当的参数 $\gamma(0<\gamma<1)$ 可以计算出每一个应聘者的最后综合得分,根据实际需要可以分别对 $\gamma=0.4, 0.5, 0.6, 0.7$ 来计算。在这里不妨取 $\gamma=0.5$,则可以得到 16 名应聘人员的综合得分及排序如表 14.26 所示。

表 14.26　应聘者的综合得分及排序

应聘者	1	2	3	4	5	6	7	8
综合分数	1	0.8454	0.4412	0.7787	0.6241	0.3899	0.5359	0.6101
排序	1	2	9	3	5	10	7	6
应聘者	9	10	11	12	13	14	15	16
综合分数	0.6316	0.2059	0.1471	0.5219	0.0588	0.1546	0.3594	0.3300
排序	4	13	15	8	16	14	11	12

```
clc, clear, close all
fx1=@(c)[(1+c(1)*(1-c(2))^(-2))^(-1)-0.01
        (1+c(1)*(3-c(2))^(-2))^(-1)-0.8];
cs1=fsolve(fx1,rand(1,2))                    %待定参数 alpha,beta
fx2=@(c)[c(1)*log(3)+c(2)-0.8; c(1)*log(5)+c(2)-1];
cs2=fsolve(fx2,rand(1,2))                    %待定参数 a,b
fx=@(x)(1+cs1(1)*(x-cs1(2)).^(-2)).^(-1).*(x>=1 & x<=3)+...
    (cs2(1)*log(x)+cs2(2)).*(x>3 & x<=5);
fplot(fx,[1,5]), f2=fx(2), f4=fx(4)
d0=load('anli14_1_1.txt'); d1=d0(:,[4:7]);
c=fx(d1); b=mean(c,2)                        %计算复试分数
writematrix(b','anli14_1_2.xlsx')
ma1=max(d0(:,1)), ma2=min(d0(:,1))
az=(d0(:,1)-ma2)/(ma1-ma2)                   %初试分标准化
mb1=max(b), mb2=min(b)
bz=(b-mb2)/(mb1-mb2)                         %复试分标准化
d=0.5*(az+bz)                                %计算综合得分
```

```
[sd, ind1]=sort(d, 'descend')          % 按照从大到小排序
ind2(ind1)=1:16
writematrix([d';ind2],'anli14_1_2.xlsx','Sheet',1,'Range','A3')
```

14.9.5 模型的建立与求解

1. 问题(1)的模型建立与求解

首先注意到,用人单位一般不会太看重应聘人员之间初试分数的少量差异,可能更注重应聘者的特长,因此,用人单位评价一个应聘者主要依据四个方面的特长。根据每个用人部门的期望要求条件和每个应聘者的实际条件(专家组的评价)的差异,每个用人部门客观地对各个应聘者都存在一个相应的评价指标,或称为满意度。

从心理学的角度来分析,每一个用人部门对应聘者的每一项指标都有一个期望——满意度,即反映用人部门对某项指标的要求与应聘者实际水平差异的程度。通常认为用人部门对应聘者的某项指标的满意程度可以分为很不满意、不满意、不太满意、基本满意、比较满意、满意、很满意七个等级,即构成了评语集 $V=\{v_1,v_2,\cdots,v_7\}$,并赋予相应的数值1,2,3,4,5,6,7。

当应聘者的某项指标等级与用人部门相应的要求一致时,则认为用人部门为基本满意,即满意程度为 v_4;当应聘者的某项指标等级比用人部门相应的要求高一级时,则用人部门的满意度上升一级,即满意程度为 v_5;当应聘者的某项指标等级与用人部门相应的要求低一级时,则用人部门的满意度下降一级,即满意度为 v_3;依次类推,则可以得到用人部门对应聘者的满意程度的关系如表14.27所列。由此可以计算出每一个用人部门对每一个应聘者各项指标的满意程度。例如,专家组对应聘者1的评价指标集为{A,A,B,B},部门1的期望要求指标集为{B,A,C,A},则部门1对应聘者1的满意程度为(v_5,v_4,v_5,v_3)。

表14.27 满意度关系表

要求＼应聘者	A	B	C	D
A	v_4	v_3	v_2	v_1
B	v_5	v_4	v_3	v_2
C	v_6	v_5	v_4	v_3
D	v_7	v_6	v_5	v_4

为了得到满意度的量化指标,注意到,人们对不满意程度的敏感远远大于对满意程度的敏感,即用人部门对应聘者的满意程度降低一级可能导致用人部门极大的抱怨,但对满意程度增加一级只能引起满意程度的少量增长。根据这样一个基本事实,则可以取近似的柯西分布隶属函数

$$f(x)=\begin{cases}[1+\alpha(x-\beta)^{-2}]^{-1}, & 1\leqslant x\leqslant 4,\\ a\ln x+b, & 4\leqslant x\leqslant 7,\end{cases}$$

式中:α,β,a,b 为待定常数。实际上,当很满意时,满意度的量化值为1,即 $f(7)=1$;当基本满意时,满意度的量化值为0.8,即 $f(4)=0.8$;当很不满意时,满意度的量化值为0.01,

即$f(1)=0.01$。于是,可以确定出$\alpha=2.4944,\beta=0.8413,a=0.3574,b=0.3046$。故有

$$f(x)=\begin{cases}[1+2.4944(x-0.8413)^{-2}]^{-1}, & 1\leqslant x\leqslant 4,\\ 0.3574\ln x+0.3046, & 4\leqslant x\leqslant 7.\end{cases}$$

经计算得$f(2)=0.3499,f(3)=0.6514,f(5)=0.8797,f(6)=0.9449$,则用人部门对应聘者各单项指标的评语集$\{v_1,v_2,\cdots,v_7\}$的量化值为

$$(0.01,0.3499,0.6514,0.8,0.8797,0.9449,1).$$

根据专家组对16名应聘者四项特长评分和7个部门的期望要求(表14.24),可以分别计算得到每一个部门对每一个应聘者的各单项指标的满意度的量化值,分别记为

$$(s_{ij}^{(1)},s_{ij}^{(2)},s_{ij}^{(3)},s_{ij}^{(4)}),\quad i=1,2,\cdots,16;j=1,2,\cdots,7.$$

例如,用人部门1对应聘人员1的单项指标的满意程度为(v_5,v_4,v_5,v_3),其量化值为

$$(s_{11}^{(1)},s_{11}^{(2)},s_{11}^{(3)},s_{11}^{(4)})=(0.8797,0.8,0.8797,0.6514).$$

由假设(3),应聘者的4项特长指标在用人部门对应聘者的综合评价中有同等的地位,为此可取第j个部门对第i个应聘者的综合评分为

$$s_{ij}=\frac{1}{4}\sum_{k=1}^{4}s_{ij}^{(k)},\quad i=1,2,\cdots,16;j=1,2,\cdots,7. \tag{14.20}$$

具体计算结果这里就不给出了。

根据“择优按需录用”的原则,确定录用分配方案。“择优”就是选择综合分数较高者,“按需”就是录取分配方案使得用人单位的评分尽量高。为此,建立0-1整数规划模型解决该问题。引进0-1决策变量

$$x_{ij}=\begin{cases}1, & \text{录用第}\,i\,\text{个应聘者到第}\,j\,\text{个部门},\\ 0, & \text{否则},\end{cases}\quad i=1,2,\cdots,16;j=1,2,\cdots,7,$$

于是问题就转化为求如下的0-1整数规划模型:

$$\max z=\sum_{i=1}^{16}\sum_{j=1}^{7}d_ix_{ij}+\sum_{i=1}^{16}\sum_{j=1}^{7}s_{ij}x_{ij},$$

$$\text{s.t.}\begin{cases}\displaystyle\sum_{i=1}^{16}\sum_{j=1}^{7}x_{ij}=8,\\ \displaystyle\sum_{j=1}^{7}x_{ij}\leqslant 1,\quad i=1,2,\cdots,16,\\ \displaystyle 1\leqslant\sum_{i=1}^{16}x_{ij}\leqslant 2,\quad j=1,2,\cdots,7,\\ x_{ij}=0\text{ 或 }1,\quad i=1,2,\cdots,16;j=1,2,\cdots,7.\end{cases} \tag{14.21}$$

利用Matlab软件,求得录用分配方案如表14.28所示。

表14.28 录用及分配方案

部门	1	2	2	3	4	5	6	7
应聘者	7	5	8	2	9	4	1	12
综合分数	0.5359	0.6241	0.6101	0.8454	0.6316	0.7787	1	0.5219
部门评分	0.7456	0.7828	0.8027	0.8199	0.8027	0.7818	0.8190	0.7991

```
clc, clear
fx1=@(c)[(1+c(1)*(1-c(2))^(-2))^(-1)-0.01
        (1+c(1)*(4-c(2))^(-2))^(-1)-0.8];
cs1=fsolve(fx1,rand(1,2))              %待定参数 alpha,beta
fx2=@(c)[c(1)*log(4)+c(2)-0.8; c(1)*log(7)+c(2)-1];
cs2=fsolve(fx2,rand(1,2))              %待定参数 a,b
fx=@(x)(1+cs1(1)*(x-cs1(2)).^(-2)).^(-1).*(x>=1 & x<=4)+...
   (cs2(1)*log(x)+cs2(2)).*(x>4 & x<=7);
f2356=fx([2,3,5,6]), f1_7=fx([1:7])
d1=load('anli14_1_1.txt'); d2=load('anli14_1_3.txt');
a=d1(:,[4:7]); b=d2(:,[7:10]);
gx=@(x)4*(x==0)+5*(x==-1)+6*(x==-2)+7*(x<=-3)+...
   3*(x==1)+2*(x==2)+(x>=3);
for i=1:size(a,1)
   for j=1:size(b,1)
      t1=gx(b(j,:)-a(i,:)); t2=fx(t1);
      s(i,j)=mean(t2);                 %计算用人部门对应聘者的评分
   end
end
writematrix(s,'anli14_1_2.xlsx','Sheet',1,'Range','A6')
d=readmatrix('anli14_1_2.xlsx','Sheet',1,'Range','A3:P3');
dd=repmat(d',1,7);
prob=optimproblem('ObjectiveSense','max');
x=optimvar('x',16,7,'Type','integer','LowerBound',0,'UpperBound',1);
prob.Objective=sum(sum(dd.*x+s.*x));
prob.Constraints.con1=sum(sum(x))==8;
prob.Constraints.con2=[sum(x,2)<=1; 1<=sum(x)'; sum(x)'<=2];
[sol,fval]=solve(prob), xx=sol.x
[i,j]=find(xx)                         %找 xx 中非零元素的行标和列标
pf=[];                                 %提出部门评分的初值
for k=1:length(i)
   pf=[pf,s(i(k),j(k))];
end
writematrix([j';i';d(i);pf],'anli14_1_2.xlsx','Sheet',1,'Range','A23')
```

2. 问题(2)的模型建立与求解

在充分考虑应聘人员的意愿和用人部门的期望要求的情况下,寻求更好的录用分配方案。应聘人员的意愿有两个方面:对用人部门工作类别的选择意愿和对用人部门基本情况的看法,可用应聘人员对用人部门的综合满意度来表示;用人部门对应聘人员的期望要求,也用满意度来表示。一个好的录用分配方案应该是使得二者都尽量高。

1) 确定用人部门对应聘者的满意度

用人部门对所有应聘人员的满意度与问题(1)中的式(14.20)相同,即第 j 个部门对第 i 个应聘人员的 4 项条件的综合评价满意度为

$$s_{ij}=\frac{1}{4}\sum_{k=1}^{4}s_{ij}^{(k)},\quad i=1,2,\cdots,16;j=1,2,\cdots,7.$$

2）确定应聘者对用人部门的满意度

应聘者对用人部门的满意度主要与用人部门的基本情况有关,同时考虑到应聘者所喜好的工作类别,在评价用人部门时一定会偏向于自己的喜好,即工作类别也是决定应聘者选择部门的一个因素。因此,影响应聘者对用人部门的满意度的有五项指标:福利待遇、工作条件、劳动强度、晋升机会和深造机会。

对工作类别来说,主要看是否符合自己想从事的工作,符合第一、二志愿的分别为"满意、基本满意",不符合志愿的为"不满意",即应聘者志愿满足程度分为满意、基本满意、不满意。实际中根据人们对待类别志愿的敏感程度的心理变化,在这里取隶属函数为 $f(x)=b\ln(a-x)$,并要求 $f(1)=1$, $f(3)=0$,即符合第一志愿时,满意度为 1,不符合任一个志愿时满意度为 0,简单计算解得 $a=4$,$b=0.9102$,即 $f(x)=0.9102\ln(4-x)$。于是当用人部门的工作类别符合应聘者的第二志愿时的满意度为 $f(2)=0.6309$,即得到评语集{满意,基本满意,不满意}的量化值为 $(1,0.6309,0)$。这样每一个应聘者 i 对每一个用人部门 j 都有一个满意度权值 $w_{ij}(i=1,2,\cdots,16;j=1,2,\cdots,7)$,即满足第一志愿时取权值为 1,满足第二志愿时取权值为 0.6309,不满足志愿时取权值为 0。

对于反映用人部门基本情况的五项指标都可分为优、中、差(或小、中、大,或多、中、少)三个等级,应聘者对各部门的评语集也为三个等级,即满意、基本满意、不满意,类似于上面确定用人部门对应聘者满意度的方法。

首先确定用人部门基本情况的客观指标值:应聘者对 7 个部门的五项指标中的"优、小、多"级别认为很满意,其隶属度为 1;"中"级别认为满意,其隶属度为 0.6;"差、大、少"级别认为不满意,其隶属度为 0.1。由表 14.24 的实际数据可得应聘者对每个部门的各单项指标的满意度量化值,即用人部门的客观水平的评价值 $\boldsymbol{T}_j=(T_{1j},T_{2j},T_{3j},T_{4j},T_{5j})^{\mathrm{T}}$ $(j=1,2,\cdots,7)$,具体结果如表 14.29 所示。

表 14.29 用人部门的基本情况的量化指标

部门 / 指标	部门 1 T_1	部门 2 T_2	部门 3 T_3	部门 4 T_4	部门 5 T_5	部门 6 T_6	部门 7 T_7
1	1	0.6	0.6	1	1	0.6	1
2	1	1	1	0.1	0.6	0.6	0.6
3	0.6	0.1	0.6	0.1	0.6	0.6	0.1
4	1	1	0.1	1	0.6	0.6	0.1
5	0.1	0.1	1	1	0.6	1	1

于是,每一个应聘者对每一个部门的五个单项指标的满意度应为该部门的客观水平评价值与应聘者对该部门的满意度权值 $w_{ij}(i=1,2,\cdots,16;j=1,2,\cdots,7)$ 的乘积,即

$$\widetilde{\boldsymbol{T}}_{ij}=w_{ij}(T_{1j},T_{2j},T_{3j},T_{4j},T_{5j})=(T_{ij}^{(1)},T_{ij}^{(2)},T_{ij}^{(3)},T_{ij}^{(4)},T_{ij}^{(5)}).$$

例如,应聘者 1 对部门 5 的单项指标的满意度为

$$\widetilde{\boldsymbol{T}}_{15}=(T_{15}^{(1)},T_{15}^{(2)},T_{15}^{(3)},T_{15}^{(4)},T_{15}^{(5)})=(0.6309,0.3786,0.3786,0.3786,0.3786).$$

由假设(3),用人部门的五项指标在应聘者对用人部门的综合评级中有同等的地位,为此可取第 i 个应聘者对第 j 个部门的综合评价满意度为

$$t_{ij}=\frac{1}{5}\sum_{k=1}^{5}T_{ij}^{(k)},\quad i=1,2,\cdots,16;j=1,2,\cdots,7. \tag{14.22}$$

3) 确定双方的相互综合满意度

根据上面的讨论,每一个用人部门与每一个应聘者之间都有相应单方面的满意度,双方的相互满意度应由各自的满意度来确定,在此,取双方各自满意度的几何平均值为双方相互综合满意度,即

$$r_{ij}=\sqrt{s_{ij}\cdot t_{ij}},\quad i=1,2,\cdots,16;j=1,2,\cdots,7. \tag{14.23}$$

4) 确定合理的录用分配方案

最优的录用分配方案应该是使得所有用人部门和录用的公务员之间的相互综合满意度之和最大。设决策变量

$$x_{ij}=\begin{cases}1, & \text{录用第 } i \text{ 个应聘者到第 } j \text{ 个部门},\\ 0, & \text{否则},\end{cases}$$

于是问题可以归结为如下的 0-1 整数规划模型:

$$\max z=\sum_{i=1}^{16}\sum_{j=1}^{7}r_{ij}x_{ij},$$

$$\text{s.t.}\begin{cases}\sum\limits_{i=1}^{16}\sum\limits_{j=1}^{7}x_{ij}=8,\\ \sum\limits_{j=1}^{8}x_{ij}\leqslant 1,\quad i=1,2,\cdots,16,\\ 1\leqslant\sum\limits_{i=1}^{16}x_{ij}\leqslant 2,\quad j=1,2,\cdots,7,\\ x_{ij}=0\text{ 或 }1,\quad i=1,2,\cdots,16;j=1,2,\cdots,7.\end{cases} \tag{14.24}$$

利用 Matlab 软件,求得最终的录用分配方案如表 14.30 所示,总满意度为 $z=5.7009$。

表 14.30 最终的录用分配方案

部门	1	1	2	3	4	5	6	7
应聘者	9	15	8	1	12	6	4	7
综合满意度	0.7509	0.7428	0.6705	0.7445	0.6899	0.7121	0.7371	0.6532

```
clc, clear, fx=@(x)1/log(3)*log(4-x);
w=fx([1:3])                          %计算权重向量
d1=load('anli14_1_1.txt'); d2=load('anli14_1_3.txt');
a=d1(:,[2,3]);                       %志愿类别数据
wij=zeros(16,7);                     %权重矩阵初始化
gx=@(x)(x==1)+[2,3]*(x==2)+[4,5]*(x==3)+[6,7]*(x==4);
for i=1:16
    wij(i,gx(a(i,1)))=1; wij(i,gx(a(i,2)))=w(2);
```

```
end
s=readmatrix('anli14_1_2.xlsx','Sheet',1,'Range','A6:G21');
tj=d2(:,[2:6])                    % 提出部门客观评分
for i=1:16
    for j=1:7
        tij=wij(i,j)*tj(j,:); t(i,j)=mean(tij);
    end
end
r=sqrt(s.*t)                      % 计算相互满意度
prob=optimproblem('ObjectiveSense','max');
x=optimvar('x',16,7,'Type','integer','LowerBound',0,'UpperBound',1);
prob.Objective=sum(sum(r.*x));
prob.Constraints.con1=sum(sum(x))==8;
prob.Constraints.con2=[sum(x,2)<=1; 1<=sum(x)'; sum(x)'<=2];
[sol,fval]=solve(prob), xx=sol.x
[i,j]=find(xx)                    % 找xx中非零元素的行标和列标
zf=[];                            % 提出综合满意度的初值
for k=1:length(i)
    zf=[zf,r(i(k),j(k))];
end
writematrix([j';i';zf],'anli14_1_2.xlsx','Sheet',1,'Range','A28')
```

3. 问题(3)的求解

对于 N 个应聘人员和 $M(<N)$ 个用人单位的情况,如上的方法都是适用的,只是两个优化模型式(14.21)和式(14.24)的规模将会增大,但对计算机软件求解的影响不大。实际中用人单位的个数 M 不会太大,当应聘人员的个数 N 大到一定的程度时,可以分步处理:先根据应聘人员的综合分数和用人部门的评价分数择优确定录用名单,然后再“按需”分配。

拓展阅读材料

[1] 俞立平,潘云涛,武夷山. 比较不同评价方法评价结果的两个新指标. 南京师大学报(自然科学版). 2008,31(3):135-140.

[2] 李稚楹,杨武,谢治军. PageRank算法研究综述. 计算机科学,2011,38(10A):185-188.

[3] 张琨,李配配,朱保平,等. 基于PageRank的有向加权复杂网络节点重要性评估方法. 南京航空航天大学学报, 2013,45(3):429-434.

[4] 贺纯纯,王应明. 网络层次分析法研究综述. 科技管理研究,2014,3:204-208,213.

习 题 14

14.1 1989年度西山矿务局5个生产矿井实际资料如表14.31所列,对西山矿务局5个生产矿井1989年的企业经济效益综合评价。

表 14.31　1989 年度西山矿务局五个生产矿井技术经济指标实现值

指　标	白家庄矿	杜尔坪矿	西　铭　矿	官　地　矿	西　曲　矿
原煤成本	99.89	103.69	97.42	101.11	97.21
原煤利润	96.91	124.78	66.44	143.96	88.36
原煤产量	102.63	101.85	104.39	100.94	100.64
原煤销售量	98.47	103.16	109.17	104.39	91.90
商品煤灰分	87.51	90.27	93.77	94.33	85.21
全员效率	108.35	106.39	142.35	121.91	158.61
流动资金周转天数	71.67	137.16	97.65	171.31	204.52
资源回收率	103.25	100	100	99.13	100.22
百万吨死亡率	171.2	51.35	15.90	53.72	20.78

14.2　随着现代科学技术的发展,每年都有大量的学术论文发表。如何衡量学术论文的重要性,成为学术界和科技部门普遍关心的一个问题。有一种确定学术论文重要性的方法是考虑论文被引用的状况,包括被引用的次数以及引用论文的重要性程度。假如我们用有向图来表示论文引用关系,“A”引用“B”可用图 14.3 表示。

现有 A、B、C、D、E、F 六篇学术论文,它们的引用关系如图 14.4 所示。设计依据上述引用关系排出六篇论文重要性顺序的模型与算法,并给出用该算法排得的结果。

图 14.3　引用关系图

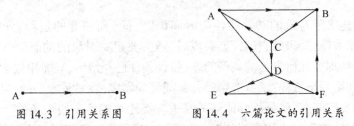

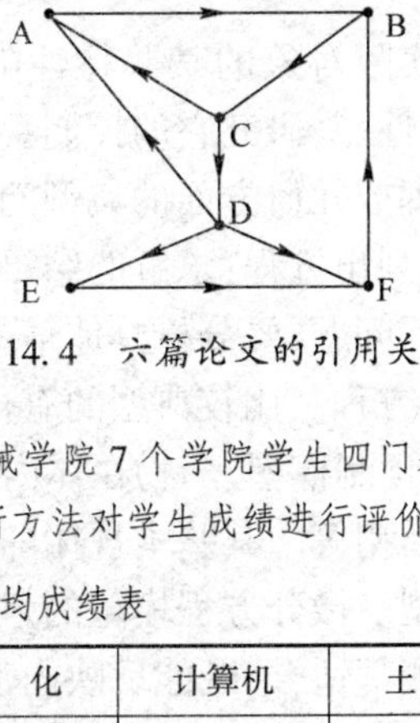

图 14.4　六篇论文的引用关系

14.3　已知经管、汽车、信息、材化、计算机、土建、机械学院 7 个学院学生四门基础课(数学,物理,英语,计算机)的平均成绩见表 14.32。试用模糊聚类分析方法对学生成绩进行评价。

表 14.32　基础课平均成绩表

	经　管	汽　车	信　息	材　化	计算机	土　建	机　械
数学	62.03	62.48	78.52	72.12	74.18	73.95	66.83
物理	59.47	63.70	72.38	73.28	67.07	68.32	76.04
英语	68.17	61.04	75.17	77.68	67.74	70.09	76.87
计算机	72.45	68.17	74.65	70.77	70.43	68.73	73.18

第 15 章 预测方法

预测学是一门研究预测理论、方法及应用的新兴科学。综观预测的思维方式,其基本理论主要有惯性原理、类推原理和相关原理。预测的核心问题是预测的技术方法,或者说是预测的数学模型。随着经济预测、电力预测、资源预测等各种预测的兴起,预测对各种领域的重要性开始显现,预测模型也随之迅速发展。预测的方法种类繁多,包括经典的单耗法、弹性系数法、统计分析法,目前的灰色预测法、专家系统法和模糊数学法,甚至刚刚兴起的神经网络法、优选组合法和小波分析法。据有关资料统计,预测方法多达 200 余种。因此在使用这些方法建立预测模型时,往往难以正确地判断该用哪种方法,从而不能准确地建立模型,达到要求的效果。不过预测的方法虽然很多,但各种方法都有各自的研究特点、优缺点和适用范围。

15.1 微分方程模型

当我们描述实际对象的某些特性随时间(或空间)而演变的过程、分析它的变化规律、预测它的未来性态、研究它的控制手段时,通常要建立对象的动态微分方程模型。微分方程大多是物理或几何方面的典型问题,假设条件已经给出,只需用数学符号将已知规律表示出来,即可列出方程,求解的结果就是问题的答案,答案是唯一的,但是有些问题是非物理领域的实际问题,要分析具体情况或进行类比才能给出假设条件。做出不同的假设,就得到不同的方程。比较典型的有传染病的预测模型、经济增长预测模型、兰彻斯特(Lanchester)战争预测模型、药物在体内的分布与排除预测模型、人口的预测模型、烟雾的扩散与消失预测模型等。其基本规律随着时间的增长趋势呈指数形式,根据变量的个数建立微分方程模型。微分方程模型的建立基于相关原理的因果预测法。该方法的优点是短、中、长期的预测都适合,既能反映内部规律以及事物的内在关系,也能分析两个因素的相关关系,精度相应的比较高,另外对模型的改进也比较容易理解和实现。该方法的缺点是虽然反映的是内部规律,但由于方程的建立是以局部规律的独立性假定为基础,故做中长期预测时,偏差有点大。

例 15.1 美日硫磺岛战役模型。

J. H. Engel 用第二次世界大战末期美日硫磺岛战役中的美军战地记录,对兰彻斯特作战模型进行了验证,发现模型结果与实际数据吻合得很好。

硫磺岛位于东京以南 660 英里的海面上,是日军的重要空军基地。美军在 1945 年 2 月开始进攻,激烈的战斗持续了一个月,双方伤亡惨重,日方守军 21500 人全部阵亡或被俘,美方投入兵力 73000 人,伤亡 20265 人,战争进行到 28 天时美军宣布占领该岛,实际战斗到 36 天才停止。美军的战地记录有按天统计的战斗减员和增援情况。日军没有后援,战地记录则全部遗失。

用 $A(t)$ 和 $J(t)$ 表示美军和日军第 t 天的人数，忽略双方的非战斗减员，则

$$\begin{cases}\dfrac{\mathrm{d}A(t)}{\mathrm{d}t}=-aJ(t)+u(t),\\ \dfrac{\mathrm{d}J(t)}{\mathrm{d}t}=-bA(t),\\ A(0)=0,J(0)=21500.\end{cases}\tag{15.1}$$

美军战地记录给出增援 $u(t)$ 为

$$u(t)=\begin{cases}54000, & 0\leqslant t<1,\\ 6000, & 2\leqslant t<3,\\ 13000, & 5\leqslant t<6,\\ 0, & \text{其他}.\end{cases}$$

并可由每天伤亡人数算出 $A(t),t=1,2,\cdots,36$。下面要利用这些实际数据代入式(15.1)，算出 $A(t)$ 的理论值，并与实际值比较。

利用给出的数据，对参数 a,b 进行估计。对式(15.1)两边积分，并用求和来近似代替积分，有

$$A(t)-A(0)=-a\sum_{\tau=0}^{t-1}J(\tau)+\sum_{\tau=0}^{t-1}u(\tau),\tag{15.2}$$

$$J(t)-J(0)=-b\sum_{\tau=0}^{t-1}A(\tau).\tag{15.3}$$

为估计 b，在式(15.3)中取 $t=36$，因为 $J(36)=0$，且由 $A(t)$ 的实际数据可得 $\sum\limits_{t=1}^{35}A(t)=2037000$，于是从式(15.3)估计出 $b=0.0106$。再把这个值代入式(15.3)即可算出 $J(t),t=1,2,\cdots,35$。

然后从式(15.2)估计 a。令 $t=36$，得

$$a=\frac{\sum\limits_{\tau=0}^{35}u(\tau)-A(36)}{\sum\limits_{\tau=0}^{35}J(\tau)},\tag{15.4}$$

式中：分子为美军的总伤亡人数，为 20265 人；分母可由已经算出的 $J(t)$ 得到，为 372500 人。

由式(15.4)有 $a=0.0544$。把这个值代入式(15.2)，得

$$A(t)=-0.0544\sum_{\tau=0}^{t-1}J(\tau)+\sum_{\tau=0}^{t-1}u(\tau).\tag{15.5}$$

由式(15.5)就能够算出美军人数 $A(t)$ 的理论值，与实际数据吻合得很好。

可以根据式(15.3)估计日军的人数。当然也可以求微分方程组(15.1)的数值解，估计日军的人数。下面画出美军人数、日军人数的按时间变化曲线和微分方程组的轨线。

求微分方程组数值解及画图的 Matlab 程序如下：

```
dxy=@(t,x)[-0.0544*x(2)+54000*(t>=0 & t<1)+...
    6000*(t>=2 & t<3)+13000*(t>=5 & t<6)
    -0.0106*x(1)];                          %定义微分方程组右端项
```

```
[t,xy]=ode45(dxy,[0:36],[0,21500])
subplot(211), plot(t,xy(:,1),'r*',t,xy(:,2),'gD')
xlabel('时间 t'), ylabel('人数'), legend('美军','日军')
subplot(212), plot(xy(:,1),xy(:,2))         %画微分方程组的轨线
xlabel('美军人数 x'), ylabel('日军人数 y')
```

15.2 灰色预测模型

灰色预测的主要特点是模型使用的不是原始数据序列,而是生成的数据序列。其核心体系是灰色模型(Grey Model,GM),即对原始数据作累加生成(或其他方法生成)得到近似的指数规律再进行建模的方法。其优点:不需要很多的数据,一般只需要 4 个数据,就能解决历史数据少、序列的完整性及可靠性低的问题;能利用微分方程来充分挖掘系统的本质,精度高;能将无规律的原始数据进行生成得到规律性较强的生成序列,运算简便,易于检验,不考虑分布规律,不考虑变化趋势。其缺点:只适用于中短期的预测;只适合指数增长的预测。

15.2.1 GM(1,1)预测模型

GM(1,1)表示模型是一阶微分方程,且只含 1 个变量的灰色模型。

1. GM(1,1)模型预测方法

定义 15.1 已知参考数列 $\boldsymbol{x}^{(0)}=(x^{(0)}(1),x^{(0)}(2),\cdots,x^{(0)}(n))$,1 次累加生成序列(1-AGO)

$$\begin{aligned}\boldsymbol{x}^{(1)}&=(x^{(1)}(1),x^{(1)}(2),\cdots,x^{(1)}(n))\\&=(x^{(0)}(1),x^{(0)}(1)+x^{(0)}(2),\cdots,x^{(0)}(1)+\cdots+x^{(0)}(n)),\end{aligned}$$

式中:$x^{(1)}(k)=\sum\limits_{i=1}^{k}x^{(0)}(i)$, $k=1,2,\cdots,n$。$x^{(1)}$的均值生成序列

$$\boldsymbol{z}^{(1)}=(z^{(1)}(2),z^{(1)}(3),\cdots,z^{(1)}(n)),$$

式中:$z^{(1)}(k)=0.5x^{(1)}(k)+0.5x^{(1)}(k-1)$, $k=2,3,\cdots,n$。

建立灰微分方程

$$x^{(0)}(k)+az^{(1)}(k)=b,k=2,3,\cdots,n,$$

相应的白化微分方程为

$$\frac{\mathrm{d}x^{(1)}(t)}{\mathrm{d}t}+ax^{(1)}(t)=b. \tag{15.6}$$

记 $\boldsymbol{u}=[a,b]^{\mathrm{T}}$, $\boldsymbol{Y}=[x^{(0)}(2),x^{(0)}(3),\cdots,x^{(0)}(n)]^{\mathrm{T}}$, $\boldsymbol{B}=\begin{bmatrix}-z^{(1)}(2)&1\\-z^{(1)}(3)&1\\\vdots&\vdots\\-z^{(1)}(n)&1\end{bmatrix}$,则由最小二乘法,求得使 $J(\boldsymbol{u})=(\boldsymbol{Y}-\boldsymbol{Bu})^{\mathrm{T}}(\boldsymbol{Y}-\boldsymbol{Bu})$ 达到最小值的 $\boldsymbol{u}$ 的估计值为

$$\hat{\boldsymbol{u}}=[\hat{a},\hat{b}]^{\mathrm{T}}=(\boldsymbol{B}^{\mathrm{T}}\boldsymbol{B})^{-1}\boldsymbol{B}^{\mathrm{T}}\boldsymbol{Y},$$

于是求解方程(15.6),得

$$\hat{x}^{(1)}(k+1)=\left(x^{(0)}(1)-\frac{\hat{b}}{\hat{a}}\right)e^{-\hat{a}k}+\frac{\hat{b}}{\hat{a}},k=0,1,\cdots,n-1,\cdots.$$

2. GM(1,1)模型预测步骤

1) 数据的检验与处理

首先,为了保证建模方法的可行性,需要对已知数据列作必要的检验处理。设参考数列为 $\boldsymbol{x}^{(0)}=(x^{(0)}(1),x^{(0)}(2),\cdots,x^{(0)}(n))$,计算序列的级比

$$\lambda(k)=\frac{x^{(0)}(k-1)}{x^{(0)}(k)},k=2,3,\cdots,n.$$

如果所有的级比 $\lambda(k)$ 都落在可容覆盖 $\Theta=(e^{-\frac{2}{n+1}},e^{\frac{2}{n+1}})$ 内,则序列 $\boldsymbol{x}^{(0)}$ 可以作为模型GM(1,1)的数据进行灰色预测。否则,需要对序列 $\boldsymbol{x}^{(0)}$ 做必要的变换处理,使其落入可容覆盖内。即取充分大正常数 c,作平移变换

$$y^{(0)}(k)=x^{(0)}(k)+c,k=1,2,\cdots,n,$$

使序列 $\boldsymbol{y}^{(0)}=(y^{(0)}(1),y^{(0)}(2),\cdots,y^{(0)}(n))$ 的级比

$$\lambda_y(k)=\frac{y^{(0)}(k-1)}{y^{(0)}(k)}\in\Theta,k=2,3,\cdots,n.$$

2) 建立模型

按式(15.6)建立 GM(1,1) 模型,则可以得到预测值

$$\hat{x}^{(1)}(k+1)=\left(x^{(0)}(1)-\frac{\hat{b}}{\hat{a}}\right)e^{-\hat{a}k}+\frac{\hat{b}}{\hat{a}},k=0,1,\cdots,n-1,\cdots,$$

而且 $\hat{x}^{(0)}(k+1)=\hat{x}^{(1)}(k+1)-\hat{x}^{(1)}(k),k=1,2,\cdots,n-1,\cdots$。

3) 检验预测值

(1) 相对误差检验。计算相对误差

$$\delta(k)=\frac{|x^{(0)}(k)-\hat{x}^{(0)}(k)|}{x^{(0)}(k)},k=1,2,\cdots,n,$$

这里 $\hat{x}^{(0)}(1)=x^{(0)}(1)$,如果 $\delta(k)<0.2$,则可认为达到一般要求;如果 $\delta(k)<0.1$,则认为达到较高的要求。

(2) 级比偏差值检验。首先由参考数列 $x^{(0)}(k-1),x^{(0)}(k)$ 计算出级比 $\lambda(k)$,再用发展系数 a 求出相应的级比偏差

$$\rho(k)=1-\left(\frac{1-0.5a}{1+0.5a}\right)\lambda(k),$$

如果 $|\rho(k)|<0.2$,则可认为达到一般要求;如果 $|\rho(k)|<0.1$,则认为达到较高的要求。

4) 预测预报

由 GM(1,1) 模型得到指定时刻的预测值,根据实际问题的需要,给出相应的预测预报。

3. GM(1,1)模型预测实例

例 15.2 北方某城市 1986—1992 年道路交通噪声平均声级数据见表 15.1。

表 15.1　城市交通噪声数据/dB(A)

序号	年份	L_{eq}	序号	年份	L_{eq}
1	1986	71.1	5	1990	71.4
2	1987	72.4	6	1991	72.0
3	1988	72.4	7	1992	71.6
4	1989	72.1			

1）级比检验

建立交通噪声平均声级数据时间序列如下：

$\boldsymbol{x}^{(0)}=(x^{(0)}(1),x^{(0)}(2),\cdots,x^{(0)}(7))=(71.1,72.4,72.4,72.1,71.4,72.0,71.6)$.

(1) 求级比 $\lambda(k)$，有

$$\lambda(k)=\frac{x^{(0)}(k-1)}{x^{(0)}(k)},$$

$\lambda=(\lambda(2),\lambda(3),\cdots,\lambda(7))=(0.982,1,1.0042,1.0098,0.9917,1.0056)$.

(2) 级比判断。由于所有的 $\lambda(k)\in[0.982,1.0098]$，$k=2,3,\cdots,7$，故可以用 $\boldsymbol{x}^{(0)}$ 作令人满意的 GM(1,1) 建模。

2）GM(1,1)建模

(1) 对原始数列 $\boldsymbol{x}^{(0)}$ 作一次累加，得

$$\boldsymbol{x}^{(1)}=(71.1,143.5,215.9,288,359.4,431.4,503).$$

(2) 构造数据矩阵 $\boldsymbol{B}$ 及数据向量 $\boldsymbol{Y}$，有

$$\boldsymbol{B}=\begin{bmatrix}-\frac{1}{2}(x^{(1)}(1)+x^{(1)}(2)) & 1\\ -\frac{1}{2}(x^{(1)}(2)+x^{(1)}(3)) & 1\\ \vdots & \vdots\\ -\frac{1}{2}(x^{(1)}(6)+x^{(1)}(7)) & 1\end{bmatrix},\boldsymbol{Y}=\begin{bmatrix}x^{(0)}(2)\\ x^{(0)}(3)\\ \vdots\\ x^{(0)}(7)\end{bmatrix}.$$

(3) 计算：

$$\hat{\boldsymbol{u}}=\begin{bmatrix}\hat{a}\\ \hat{b}\end{bmatrix}=(\boldsymbol{B}^{\mathrm{T}}\boldsymbol{B})^{-1}\boldsymbol{B}^{\mathrm{T}}\boldsymbol{Y}=\begin{bmatrix}0.0023\\ 72.6573\end{bmatrix},$$

于是得到 $\hat{a}=0.0023$，$\hat{b}=72.6573$。

(4) 建立模型：

$$\frac{\mathrm{d}x^{(1)}(t)}{\mathrm{d}t}+\hat{a}x^{(1)}(t)=\hat{b},$$

求解，得

$$\hat{x}^{(1)}(k+1)=\left(x^{(0)}(1)-\frac{\hat{b}}{\hat{a}}\right)\mathrm{e}^{-\hat{a}k}+\frac{\hat{b}}{\hat{a}}=-30929\mathrm{e}^{-0.0023k}+31000. \tag{15.7}$$

(5) 求生成序列预测值 $\hat{x}^{(1)}(k+1)$ 及模型还原值 $\hat{x}^{(0)}(k+1)$，令 $k=1,2,3,4,5,6$，由

式(15.7)的时间响应函数可算得$\hat{\boldsymbol{x}}^{(1)}$,其中取$\hat{x}^{(1)}(1)=\hat{x}^{(0)}(1)=x^{(0)}(1)=71.1$,由$\hat{x}^{(0)}(k+1)=\hat{x}^{(1)}(k+1)-\hat{x}^{(1)}(k)$,取$k=1,2,3,4,5,6$,得

$$\hat{\boldsymbol{x}}^{(0)}=(\hat{x}^{(0)}(1),\hat{x}^{(0)}(2),\cdots,\hat{x}^{(0)}(7))=(71.1,72.4,72.2,72.1,71.9,71.7,71.6).$$

3) 模型检验

模型的各种检验指标值的计算结果见表15.2。

表15.2 GM(1,1)模型检验表

序号	年份	原始值	预测值	残差	相对误差	级比偏差
1	1986	71.1	71.1	0	0	
2	1987	72.4	72.4057	-0.0057	0.01%	0.0203
3	1988	72.4	72.2362	0.1638	0.23%	0.0023
4	1989	72.1	72.0671	0.0329	0.05%	-0.0018
5	1990	71.4	71.8984	-0.4984	0.7%	-0.0074
6	1991	72.0	71.7301	0.2699	0.37%	0.0107
7	1992	71.6	71.5622	0.0378	0.05%	-0.0032

经验证,该模型的精度较高,可进行预测和预报。

计算的Matlab程序如下:

```
clc,clear
x0=[71.1 72.4 72.4 72.1 71.4 72.0 71.6]';            %注意这里为列向量
n=length(x0);
lamda=x0(1:n-1)./x0(2:n)                              %计算级比
range=minmax(lamda')                                  %计算级比的范围
x1=cumsum(x0)                                         %累加运算
B=[-0.5*(x1(1:n-1)+x1(2:n)),ones(n-1,1)];
Y=x0(2:n);
u=B\Y                                                 %拟合参数u(1)=a,u(2)=b
syms x(t)
x=dsolve(diff(x)+u(1)*x==u(2),x(0)==x0(1));           %求微分方程的符号解
xt=vpa(x,6)                                           %以小数格式显示微分方程的解
yuce1=subs(x,t,[0:n-1]);                              %求已知数据的预测值
yuce1=double(yuce1);                       %符号数转换成数值类型,否则无法做差分运算
yuce=[x0(1),diff(yuce1)]                              %差分运算,还原数据
epsilon=x0'-yuce                                      %计算残差
delta=abs(epsilon./x0')                               %计算相对误差
rho=1-(1-0.5*u(1))/(1+0.5*u(1))*lamda'                %计算级比偏差值,u(1)=a
```

15.2.2 GM(2,1)、DGM和Verhulst模型

GM(1,1)模型适用于具有较强指数规律的序列,只能描述单调的变化过程,对于非单调的摆动发展序列或有饱和的S形序列,可以考虑建立GM(2,1)、DGM和Verhulst模型。

1. GM(2,1)模型

定义 15.2 设原始序列为

$$\boldsymbol{x}^{(0)}=(x^{(0)}(1),x^{(0)}(2),\cdots,x^{(0)}(n)),$$

其1次累加生成序列(1-AGO)$\boldsymbol{x}^{(1)}$和1次累减生成序列(1-IAGO)$\boldsymbol{\alpha}^{(1)}\boldsymbol{x}^{(0)}$分别为

$$\boldsymbol{x}^{(1)}=(x^{(1)}(1),x^{(1)}(2),\cdots,x^{(1)}(n))$$

和

$$\boldsymbol{\alpha}^{(1)}\boldsymbol{x}^{(0)}=(\alpha^{(1)}x^{(0)}(2),\cdots,\alpha^{(1)}x^{(0)}(n)),$$

其中

$$\alpha^{(1)}x^{(0)}(k)=x^{(0)}(k)-x^{(0)}(k-1),k=2,3,\cdots,n,$$

$\boldsymbol{x}^{(1)}$的均值生成序列为

$$\boldsymbol{z}^{(1)}=(z^{(1)}(2),z^{(1)}(3),\cdots,z^{(1)}(n)),$$

则称

$$\alpha^{(1)}x^{(0)}(k)+a_1x^{(0)}(k)+a_2z^{(1)}(k)=b \tag{15.8}$$

为GM(2,1)模型。

定义 15.3 称

$$\frac{\mathrm{d}^2x^{(1)}(t)}{\mathrm{d}t^2}+a_1\frac{\mathrm{d}x^{(1)}(t)}{\mathrm{d}t}+a_2x^{(1)}(t)=b \tag{15.9}$$

为GM(2,1)模型的白化方程。

定理 15.1 设$\boldsymbol{x}^{(0)}$、$\boldsymbol{x}^{(1)}$、$\boldsymbol{\alpha}^{(1)}\boldsymbol{x}^{(0)}$如定义15.2所述,且

$$\boldsymbol{B}=\begin{bmatrix}-x^{(0)}(2) & -z^{(1)}(2) & 1\\ -x^{(0)}(3) & -z^{(1)}(3) & 1\\ \vdots & \vdots & \vdots\\ -x^{(0)}(n) & -z^{(1)}(n) & 1\end{bmatrix},\boldsymbol{Y}=\begin{bmatrix}\alpha^{(1)}x^{(0)}(2)\\ \alpha^{(1)}x^{(0)}(3)\\ \vdots\\ \alpha^{(1)}x^{(0)}(n)\end{bmatrix}=\begin{bmatrix}x^{(0)}(2)-x^{(0)}(1)\\ x^{(0)}(3)-x^{(0)}(2)\\ \vdots\\ x^{(0)}(n)-x^{(0)}(n-1)\end{bmatrix},$$

则GM(2,1)模型参数序列$\boldsymbol{u}=[a_1,a_2,b]^{\mathrm{T}}$的最小二乘估计为

$$\hat{\boldsymbol{u}}=(\boldsymbol{B}^{\mathrm{T}}\boldsymbol{B})^{-1}\boldsymbol{B}^{\mathrm{T}}\boldsymbol{Y}.$$

例 15.3 已知$\boldsymbol{x}^{(0)}=(41,49,61,78,96,104)$,试建立GM(2,1)模型。

解 $\boldsymbol{x}^{(0)}$的1-AGO序列$\boldsymbol{x}^{(1)}$和1-IAGO序列$\boldsymbol{\alpha}^{(1)}\boldsymbol{x}^{(0)}$分别为

$$\boldsymbol{x}^{(1)}=(41,90,151,229,325,429),$$
$$\boldsymbol{\alpha}^{(1)}\boldsymbol{x}^{(0)}=(8,12,17,18,8),$$

$\boldsymbol{x}^{(1)}$的均值生成序列

$$z^{(1)}=(65.5,120.5,190,277,377),$$

$$\boldsymbol{B}=\begin{bmatrix}-x^{(0)}(2) & -z^{(1)}(2) & 1\\ -x^{(0)}(3) & -z^{(1)}(3) & 1\\ \vdots & \vdots & \vdots\\ -x^{(0)}(6) & -z^{(1)}(6) & 1\end{bmatrix}=\begin{bmatrix}-49 & -65.5 & 1\\ -61 & -120.5 & 1\\ -78 & -190 & 1\\ -96 & -277 & 1\\ -104 & -377 & 1\end{bmatrix},$$

$$\boldsymbol{Y}=[8,12,17,18,8]^{\mathrm{T}},$$

$$\hat{\boldsymbol{u}}=\begin{bmatrix}\hat{a}_1\\ \hat{a}_2\\ \hat{b}\end{bmatrix}=(\boldsymbol{B}^{\mathrm{T}}\boldsymbol{B})^{-1}\boldsymbol{B}^{\mathrm{T}}\boldsymbol{Y}=\begin{bmatrix}-1.0922\\ 0.1959\\ -31.7983\end{bmatrix},$$

故得 GM(2,1) 白化模型

$$\frac{\mathrm{d}^2x^{(1)}(t)}{\mathrm{d}t^2}-1.0922\frac{\mathrm{d}x^{(1)}(t)}{\mathrm{d}t}+0.1959x^{(1)}(t)=-31.7983.$$

利用边界条件 $x^{(1)}(1)=41$，$x^{(1)}(6)=429$，解得

$$x^{(1)}(t)=203.85\mathrm{e}^{0.22622t}-0.5325\mathrm{e}^{0.86597t}-162.317,$$

于是 GM(2,1) 时间响应式为

$$\hat{x}^{(1)}(k+1)=203.85\mathrm{e}^{0.22622k}-0.5325\mathrm{e}^{0.86597k}-162.317.$$

所以

$$\hat{\boldsymbol{x}}^{(1)}=(41,92,155,232,325,429).$$

做 IAGO 还原，有

$$\hat{x}^{(0)}(k+1)=\hat{x}^{(1)}(k+1)-\hat{x}^{(1)}(k),$$

$$\hat{\boldsymbol{x}}^{(0)}=(41,51,63,77,92,104).$$

计算结果见表 15.3。

表 15.3　误差检验表

序号	实际数据 $x^{(0)}$	预测数据 $\hat{x}^{(0)}$	残差 $x^{(0)}-\hat{x}^{(0)}$	相对误差 Δ_k
2	49	51	-2	4.1%
3	61	63	-2	3.3%
4	78	77	1	1.3%
5	96	92	4	4.2%
6	104	104	0	0

计算的 Matlab 程序如下：

```
clc,clear
x0=[41,49,61,78,96,104]';               %原始序列的列向量
n=length(x0);
x1=cumsum(x0)                           %计算1次累加序列
a_x0=diff(x0)                           %计算1次累减序列
z=0.5*(x1(2:end)+x1(1:end-1));          %计算均值生成序列
B=[-x0(2:end),-z,ones(n-1,1)];
u=B\a_x0                                %最小二乘法拟合参数
syms x(t)
x=dsolve(diff(x,2)+u(1)*diff(x)+u(2)*x==u(3),x(0)==x1(1),x(5)==x1(6));
                                        %求符号解
xt=vpa(x,6)                             %显示小数形式的符号解
yuce=subs(x,t,0:n-1);                   %求已知数据点1次累加序列的预测值
yuce=double(yuce)                       %符号数转换成数值类型,否则无法做差分运算
```

```
x0_hat=[yuce(1),diff(yuce)];        % 求已知数据点的预测值
x0_hat=round(x0_hat)                % 四舍五入取整数
epsilon=x0-x0_hat'                  % 求残差
delta=abs(epsilon./x0)              % 求相对误差
```

2. DGM(2,1)模型

定义 15.4 设原始序列

$$\boldsymbol{x}^{(0)}=(x^{(0)}(1),x^{(0)}(2),\cdots,x^{(0)}(n)),$$

其 1-AGO 序列 $\boldsymbol{x}^{(1)}$ 和 1-IAGO 序列 $\boldsymbol{\alpha}^{(1)}\boldsymbol{x}^{(0)}$ 分别为

$$\boldsymbol{x}^{(1)}=(x^{(1)}(1),x^{(1)}(2),\cdots,x^{(1)}(n))$$

和

$$\boldsymbol{\alpha}^{(1)}\boldsymbol{x}^{(0)}=(\alpha^{(1)}x^{(0)}(2),\cdots,\alpha^{(1)}x^{(0)}(n)),$$

则称

$$\alpha^{(1)}x^{(0)}(k)+ax^{(0)}(k)=b \tag{15.10}$$

为 DGM(2,1)模型。

定义 15.5 称

$$\frac{\mathrm{d}^2x^{(1)}(t)}{\mathrm{d}t}+a\frac{\mathrm{d}x^{(1)}(t)}{\mathrm{d}t}=b \tag{15.11}$$

为 DGM(2,1)模型的白化方程。

定理 15.2 若 $\boldsymbol{u}=[a,b]^{\mathrm{T}}$ 为模型中的参数序列，而 $\boldsymbol{x}^{(0)},\boldsymbol{x}^{(1)},\boldsymbol{\alpha}^{(1)}\boldsymbol{x}^{(0)}$ 如定义 15.4 所述，又

$$\boldsymbol{B}=\begin{bmatrix}-x^{(0)}(2) & 1\\ -x^{(0)}(3) & 1\\ \vdots & \vdots\\ -x^{(0)}(n) & 1\end{bmatrix},\boldsymbol{Y}=\begin{bmatrix}\alpha^{(1)}x^{(0)}(2)\\ \alpha^{(1)}x^{(0)}(3)\\ \vdots\\ \alpha^{(1)}x^{(0)}(n)\end{bmatrix}=\begin{bmatrix}x^{(0)}(2)-x^{(0)}(1)\\ x^{(0)}(3)-x^{(0)}(2)\\ \vdots\\ x^{(0)}(n)-x^{(0)}(n-1)\end{bmatrix},$$

则 DGM(2,1)模型 $\alpha^{(1)}x^{(0)}(k)+ax^{(0)}(k)=b$ 中参数的最小二乘估计满足

$$\hat{\boldsymbol{u}}=[\hat{a},\hat{b}]^{\mathrm{T}}=(\boldsymbol{B}^{\mathrm{T}}\boldsymbol{B})^{-1}\boldsymbol{B}^{\mathrm{T}}\boldsymbol{Y}.$$

定理 15.3 设 $\boldsymbol{x}^{(0)}$ 为原始序列，$\boldsymbol{x}^{(1)}$ 为 $\boldsymbol{x}^{(0)}$ 的 1-AGO 序列，$\boldsymbol{\alpha}^{(1)}\boldsymbol{x}^{(0)}$ 为 $\boldsymbol{x}^{(0)}$ 的 1-IAGO 序列，$\hat{a},\hat{b}$ 如定理 15.2 所述，初值条件取为 $x^{(1)}(1)=x^{(0)}(1)$，$\frac{\mathrm{d}x^{(1)}(1)}{\mathrm{d}t}=x^{(0)}(1)$，则：

(1) 白化方程 $\frac{\mathrm{d}^2x^{(1)}}{\mathrm{d}t}+\hat{a}\frac{\mathrm{d}x^{(1)}}{\mathrm{d}t}=\hat{b}$ 的解(时间响应函数)为

$$\hat{x}^{(1)}(t)=\left(\frac{\hat{b}}{\hat{a}^2}-\frac{x^{(0)}(1)}{\hat{a}}\right)\mathrm{e}^{-\hat{a}t}+\frac{\hat{b}}{\hat{a}}t+\frac{1+\hat{a}}{\hat{a}}x^{(0)}(1)-\frac{\hat{b}}{\hat{a}^2}. \tag{15.12}$$

(2) DGM(2,1)模型 $\alpha^{(1)}x^{(0)}(k)+\hat{a}x^{(0)}(k)=\hat{b}$ 的时间响应序列为

$$\hat{x}^{(1)}(k+1)=\left(\frac{\hat{b}}{\hat{a}^2}-\frac{x^{(0)}(1)}{\hat{a}}\right)\mathrm{e}^{-\hat{a}k}+\frac{\hat{b}}{\hat{a}}k+\frac{1+\hat{a}}{\hat{a}}x^{(0)}(1)-\frac{\hat{b}}{\hat{a}^2}. \tag{15.13}$$

(3) 还原值为

$$\hat{x}^{(0)}(k+1)=\alpha^{(1)}\hat{x}^{(1)}(k+1)=\hat{x}^{(1)}(k+1)-\hat{x}^{(1)}(k). \tag{15.14}$$

例 15.4 试对序列

$$x^{(0)}=(2.874,3.278,3.39,3.679,3.77,3.8)$$

建立 DGM(2,1)模型。

解 因为

$$B=\begin{bmatrix}-3.284 & -3.39 & -3.679 & -3.77 & -3.8\\ 1 & 1 & 1 & 1 & 1\end{bmatrix}^{\mathrm{T}},$$

$$Y=[0.404,\quad 0.112,\quad 0.289,\quad 0.091,\quad 0.03]^{\mathrm{T}},$$

$$\hat{u}=\begin{bmatrix}a\\ b\end{bmatrix}=(B^{\mathrm{T}}B)^{-1}B^{\mathrm{T}}Y=\begin{bmatrix}0.424\\ 1.7046\end{bmatrix},$$

得 DGM 模型的时间响应序列为

$$\hat{x}^{(1)}(k+1)=2.7033\mathrm{e}^{-0.424k}+4.0202k+0.1707,$$

所以

$$\hat{x}^{(1)}=(2.874,5.96,9.3688,12.9889,16.7473,20.5962),$$

作 1-IAGO 还原,有

$$\hat{x}^{(0)}(k)=\hat{x}^{(1)}(k)-\hat{x}^{(1)}(k-1),k=2,3,\cdots,6,$$

得

$$\hat{x}^{(0)}=(2.874,3.086,3.4088,3.6201,3.7584,3.8488).$$

计算结果见表 15.4。

表 15.4 误差检验表

序号	原始数据 $x^{(0)}$	预测数据 $\hat{x}^{(0)}$	残差 $x^{(0)}-\hat{x}^{(0)}$	相对误差 Δ_k
2	3.278	3.086	0.192	5.9%
3	3.39	3.4088	-0.0188	0.6%
4	3.679	3.6201	0.0589	1.6%
5	3.77	3.7584	0.0116	0.3%
6	3.8	3.8488	-0.0488	1.3%

计算的 Matlab 程序如下:

```
clc,clear
x0=[2.874,3.278,3.39,3.679,3.77,3.8]; %原始数据序列
n=length(x0);
a_x0=diff(x0)';                        %求1次累减序列,即一阶向前差分
B=[-x0(2:end)',ones(n-1,1)];
u=B\a_x0                               %最小二乘法拟合参数
syms x(t)
d2x=diff(x,2); dx=diff(x);             %定义二阶和一阶导数
%求二阶微分方程符号解
x=dsolve(d2x+u(1)*dx==u(2),x(0)==x0(1),dx(0)==x0(1));
xt=vpa(x,6)                            %显示小数形式的符号解
```

```
yuce=subs(x,t,[0:n-1]);                     % 求已知数据点1次累加序列的预测值
yuce=double(yuce)                           % 符号数转换成数值类型,否则无法做差分运算
x0_hat=[yuce(1),diff(yuce)]                 % 求已知数据点的预测值
epsilon=x0-x0_hat                           % 求残差
delta=abs(epsilon./x0)                      % 求相对误差
```

3. 灰色 Verhulst 预测模型

Verhulst 模型主要用来描述具有饱和状态的过程,即 S 形过程,常用于人口预测、生物生长、繁殖预测及产品经济寿命预测等。

Verhulst 模型的基本原理和计算方法简介如下。

定义 15.6 设 $\boldsymbol{x}^{(0)}$ 为原始数据序列,有

$$\boldsymbol{x}^{(0)}=(x^{(0)}(1),x^{(0)}(2),\cdots,x^{(0)}(n)),$$

$\boldsymbol{x}^{(1)}$ 为 $\boldsymbol{x}^{(0)}$ 的 1 次累加生成(1-AGO)序列,有

$$\boldsymbol{x}^{(1)}=(x^{(1)}(1),x^{(1)}(2),\cdots,x^{(1)}(n)),$$

$z^{(1)}$ 为 $\boldsymbol{x}^{(1)}$ 的均值生成序列,有

$$z^{(1)}=(z^{(1)}(2),z^{(1)}(3),\cdots,z^{(1)}(n)).$$

则称

$$x^{(0)}(k)+az^{(1)}(k)=b[z^{(1)}(k)]^2 \tag{15.15}$$

为灰色 Verhulst 模型,a 和 b 为参数。称

$$\frac{\mathrm{d}x^{(1)}(t)}{\mathrm{d}t}+ax^{(1)}(t)=b[x^{(1)}(t)]^2 \tag{15.16}$$

为灰色 Verhulst 模型的白化方程,其中 t 为时间。

定理 15.4 设灰色 Verhulst 模型如上所述,若

$$\boldsymbol{u}=[a,b]^{\mathrm{T}}$$

为参数序列,且

$$\boldsymbol{B}=\begin{bmatrix}-z^{(1)}(2) & (z^{(1)}(2))^2\\ -z^{(1)}(3) & (z^{(1)}(3))^2\\ \vdots & \vdots\\ -z^{(1)}(n) & (z^{(1)}(n))^2\end{bmatrix},\boldsymbol{Y}=\begin{bmatrix}x^{(0)}(2)\\ x^{(0)}(3)\\ \vdots\\ x^{(0)}(n)\end{bmatrix},$$

则参数序列 $\boldsymbol{u}$ 的最小二乘估计满足

$$\hat{\boldsymbol{u}}=[\hat{a},\hat{b}]^{\mathrm{T}}=(\boldsymbol{B}^{\mathrm{T}}\boldsymbol{B})^{-1}\boldsymbol{B}^{\mathrm{T}}\boldsymbol{Y}.$$

定理 15.5 设灰色 Verhulst 模型如上所述,则白化方程的解为

$$x^{(1)}(t)=\frac{\hat{a}x^{(0)}(1)}{\hat{b}x^{(0)}(1)+[\hat{a}-\hat{b}x^{(0)}(1)]\mathrm{e}^{\hat{a}t}}, \tag{15.17}$$

灰色 Verhulst 模型的时间响应序列为

$$\hat{x}^{(1)}(k+1)=\frac{\hat{a}x^{(0)}(1)}{\hat{b}x^{(0)}(1)+[\hat{a}-\hat{b}x^{(0)}(1)]\mathrm{e}^{\hat{a}k}}, \tag{15.18}$$

累减还原式为

$$\hat{x}^{(0)}(k+1)=\hat{x}^{(1)}(k+1)-\hat{x}^{(1)}(k). \tag{15.19}$$

例 15.5 试对序列

$$x^{(0)}=(4.93,2.33,3.87,4.35,6.63,7.15,5.37,6.39,7.81,8.35)$$

建立 Verhulst 模型。

解 计算得 1 次累加序列

$$x^{(1)}=(4.93,7.26,11.13,15.48,22.11,29.26,34.63,41.02,48.83,57.18),$$

$x^{(1)}$ 的均值生成序列

$$\begin{aligned}z^{(1)}&=(z^{(1)}(2),\cdots,z^{(1)}(10))\\&=(6.095,9.195,13.305,18.795,25.685,31.945,37.825,44.925,53.005).\end{aligned}$$

于是

$$B=\begin{bmatrix}-z^{(1)}(2) & (z^{(1)}(2))^2\\ -z^{(1)}(3) & (z^{(1)}(3))^2\\ \vdots & \vdots\\ -z^{(1)}(10) & (z^{(1)}(10))^2\end{bmatrix},Y=\begin{bmatrix}x^{(0)}(2)\\ x^{(0)}(3)\\ \vdots\\ x^{(0)}(10)\end{bmatrix}.$$

对参数序列 $u=[a,b]^{\mathrm{T}}$ 进行最小二乘估计，得

$$\hat{u}=(B^{\mathrm{T}}B)^{-1}B^{\mathrm{T}}Y=\begin{bmatrix}-0.3576\\-0.0041\end{bmatrix}.$$

Verhulst 模型为

$$\frac{\mathrm{d}x^{(1)}(t)}{\mathrm{d}t}-0.3576x^{(1)}(t)=-0.0041[x^{(1)}(t)]^2,$$

其时间响应为

$$\hat{x}^{(1)}(k+1)=\frac{\hat{a}x^{(0)}(1)}{\hat{b}x^{(0)}(1)+[\hat{a}-\hat{b}x^{(0)}(1)]\mathrm{e}^{\hat{a}k}}=\frac{0.3576x^{(0)}(1)}{0.0041x^{(0)}(1)+[0.3576-0.0041x^{(0)}(1)]\mathrm{e}^{-0.3576k}},$$

令 $k=0,1,\cdots,9$，求得 $x^{(1)}$ 的预测值 $\hat{x}^{(1)}=(\hat{x}^{(1)}(1),\cdots,\hat{x}^{(1)}(10))$，最后求得 $x^{(0)}$ 的预测值及误差分析数据见表 15.5 的第 3 列～第 5 列。

表 15.5 原始数据、预测值及 Verhulst 模型误差

序号 k	原始数据 $x^{(0)}$	预测值 $\hat{x}^{(0)}$	残差 $x^{(0)}-\hat{x}^{(0)}$	相对误差 Δ_k
1	4.93	4.93	0	0%
2	2.33	1.9522	0.3778	16.22%
3	3.87	2.6357	1.2343	31.89%
4	4.35	3.4816	0.8684	19.96%
5	6.63	4.4686	2.1614	32.60%
6	7.15	5.5283	1.6217	22.68%
7	5.37	6.5364	−1.1664	21.72%
8	6.39	7.3268	−0.9368	14.66%
9	7.81	7.7374	0.0726	0.9%
10	8.35	7.6734	0.6766	8.10%

计算的 Matlab 程序如下：

```
clc,clear
x0=[4.93  2.33  3.87  4.35  6.63  7.15  5.37  6.39  7.81  8.35]';
x1=cumsum(x0);                     %求1次累加序列
n=length(x0);
z=0.5*(x1(2:n)+x1(1:n-1));         %求x1的均值生成序列
B=[-z,z.^2];
Y=x0(2:end);
u=B\Y                              %估计参数a,b的值
syms x(t)
x=dsolve(diff(x)+u(1)*x==u(2)*x^2,x(0)==x0(1));  %求符号解
xt=vpa(x,6)                        %显示小数形式的符号解
yuce=subs(x,t,[0:n-1]);            %求已知数据点1次累加序列的预测值
yuce=double(yuce)                  %符号数转换成数值类型,否则无法做差分运算
x0_hat=[yuce(1),diff(yuce)]'       %求已知数据点的预测值
epsilon=x0-x0_hat                  %求残差
delta=abs(epsilon./x0)             %求相对误差
writematrix([x0,x0_hat,epsilon,delta],'data15_5.xlsx')
```

15.3 马尔可夫预测

15.3.1 马尔可夫链的定义

现实世界中有很多这样的现象,某一系统在已知现在情况的条件下,系统未来时刻的情况只与现在有关,而与过去的历史无直接关系。比如,研究一个商店的累计销售额,如果现在时刻的累计销售额已知,则未来某一时刻的累计销售额与现在时刻以前的任一时刻累计销售额无关。描述这类随机现象的数学模型称为马尔可夫模型,简称马氏模型。

定义 15.7 设$\{\xi_n,n=1,2,3,\cdots\}$是一个随机序列,状态空间 E 为有限或可列集,对于任意的正整数 m,n,若 $i,j,i_k\in E(k=1,2,\cdots,n-1)$,有

$$P\{\xi_{n+m}=j\mid\xi_n=i,\xi_{n-1}=i_{n-1},\cdots,\xi_1=i_1\}=P\{\xi_{n+m}=j\mid\xi_n=i\},\tag{15.20}$$

则称$\{\xi_n,n=1,2,3,\cdots\}$为一个马尔可夫链(简称马氏链),式(15.20)称为马氏性。

事实上,可以证明若等式(15.20)对于 $m=1$ 成立,则它对于任意的正整数 m 也成立。因此,只要当 $m=1$ 时式(15.20)成立,就可以称随机序列$\{\xi_n,n=1,2,3,\cdots\}$具有马氏性,即$\{\xi_n,n=1,2,3,\cdots\}$是一个马尔可夫链。

定义 15.8 设$\{\xi_n,n=1,2,3,\cdots\}$是一个马尔可夫链。如果等式(15.20)右边的条件概率与 n 无关,即

$$P\{\xi_{n+m}=j\mid\xi_n=i\}=p_{ij}(m),\tag{15.21}$$

则称$\{\xi_n,n=1,2,3,\cdots\}$为时齐的马尔可夫链。称 $p_{ij}(m)$ 为系统由状态 i 经过 m 个时间间隔(或 m 步)转移到状态 j 的转移概率。式(15.21)称为时齐性,它的含义是系统由状态 i

到状态 j 的转移概率只依赖于时间间隔的长短,与起始的时刻无关。本节介绍的马尔可夫链假定都是时齐的,因此省略“时齐”二字。

15.3.2 转移概率矩阵及柯尔莫哥洛夫定理

对于一个马尔可夫链 $\{\xi_n, n=1,2,3,\cdots\}$,称以 m 步转移概率 $p_{ij}(m)$ 为元素的矩阵 $\boldsymbol{P}(m)=(p_{ij}(m))$ 为马尔可夫链的 m 步转移矩阵。当 $m=1$ 时,记 $\boldsymbol{P}(1)=\boldsymbol{P}$ 称为马尔可夫链的一步转移矩阵,或简称转移矩阵。它们具有下列三个基本性质:

(1) 对一切 $i,j\in E, 0\leqslant p_{ij}(m)\leqslant 1$。

(2) 对一切 $i\in E, \sum\limits_{j\in E} p_{ij}(m)=1$。

(3) 对一切 $i,j\in E, p_{ij}(0)=\delta_{ij}=\begin{cases}1, 当\ i=j\ 时, \\ 0, 当\ i\neq j\ 时。\end{cases}$

当实际问题可以用马尔可夫链来描述时,首先要确定它的状态空间及参数集合,然后确定它的一步转移概率。关于这一概率的确定,可以由问题的内在规律得到,也可以由过去经验给出,还可以根据观测数据来估计。

例 15.6 某计算机机房的一台计算机经常出故障,研究者每隔 15min 观察一次计算机的运行状态,收集了 24h 的数据(共作 97 次观察)。用 1 表示正常状态,用 0 表示不正常状态,所得的数据序列如下:

1110010011111110011110111111001111111110001101101

111011011010111101110111101111110011011111100111

解 设 $X_n(n=1,2,\cdots,97)$ 为第 n 个时段的计算机状态,可以认为它是一个时齐马氏链,状态空间 $E=\{0,1\}$。要分别统计各状态一步转移的次数,即 $0\to0, 0\to1, 1\to0, 1\to1$ 的次数,也就是要统计数据字符串中‘00’,‘01’,‘10’,‘11’四个子串的个数。

利用 Matlab 软件,求得 96 次状态转移的情况是

$$0\to0, 8\ 次;\quad 0\to1, 18\ 次;$$
$$1\to0, 18\ 次;\quad 1\to1, 52\ 次.$$

因此,一步转移概率可用频率近似地表示为

$$p_{00}=P\{X_{n+1}=0\mid X_n=0\}\approx\frac{8}{8+18}=\frac{4}{13},$$

$$p_{01}=P\{X_{n+1}=1\mid X_n=0\}\approx\frac{18}{8+18}=\frac{9}{13},$$

$$p_{10}=P\{X_{n+1}=0\mid X_n=1\}\approx\frac{18}{18+52}=\frac{9}{35},$$

$$p_{11}=P\{X_{n+1}=1\mid X_n=1\}\approx\frac{52}{18+52}=\frac{26}{35}.$$

计算的 Matlab 程序如下:

```
clc,clear, fid = fopen('data15_6.txt');
a =textscan(fid, '% s'); b=strjoin(a{:},'');% 连接符为空字符"
for i=0:1
    for j=0:1
```

```
        s=[int2str(i),int2str(j)];              % 构造子字符串'ij'
        f(i+1,j+1)=length(strfind(b,s));  % 计算子串'ij'的个数
    end
end
fs=sym(sum(f,2));                               % 求 f 矩阵的行和,并转换化符号数
p=f./fs                                         % 求状态转移频率
```

例 15.7 设一随机系统状态空间 $E=\{1,2,3,4\}$,记录观测系统所处状态如下:

$$
\begin{matrix}
4 & 3 & 2 & 1 & 4 & 3 & 1 & 1 & 2 & 3 \\
2 & 1 & 2 & 3 & 4 & 4 & 3 & 3 & 1 & 1 \\
1 & 3 & 3 & 2 & 1 & 2 & 2 & 2 & 4 & 4 \\
2 & 3 & 2 & 3 & 1 & 1 & 2 & 4 & 3 & 1
\end{matrix}
$$

若该系统可用马氏模型描述,估计转移概率 p_{ij}。

解 记 n_{ij}是由状态 i 到状态 j 的转移次数,行和 $n_i=\sum_{j=1}^{4} n_{ij}$ 是系统从状态 i 转移到其他状态的次数,n_{ij}和 n_i 的统计数据见表 15.6。一步状态转移概率 p_{ij}的估计值$\hat{p}_{ij}=\frac{n_{ij}}{n_i}$,计算得一步状态转移矩阵的估计为

$$
\hat{\boldsymbol{P}}=\begin{bmatrix}
2/5 & 2/5 & 1/10 & 1/10 \\
3/11 & 2/11 & 4/11 & 2/11 \\
4/11 & 4/11 & 2/11 & 1/11 \\
0 & 1/7 & 4/7 & 2/7
\end{bmatrix}.
$$

表 15.6 $i \to j$ 转移数统计表

	1	2	3	4	行和 n_i
1	4	4	1	1	10
2	3	2	4	2	11
3	4	4	2	1	11
4	0	1	4	2	7

计算的 Matlab 程序如下:

```
clc, clear
a=[4  3  2  1  4  3  1  1  2  3
   2  1  2  3  4  4  3  3  1  1
   1  3  3  2  1  2  2  2  4  4
   2  3  2  3  1  1  2  4  3  1];
a=a'; a=a(:)';                               % 把矩阵 a 逐行展开成一个行向量
for i=1:4
   for j=1:4
      f(i,j)=length(strfind(a,[i j]));   % 统计子串的个数
```

```
  end
end
ni=sym(sum(f,2));                         % 计算矩阵 f 的行和,并转换化符号数
phat=f./ni                                % 求状态转移的频率
```

定理 15.6(柯尔莫哥洛夫-开普曼定理) 设$\{\xi_n, n=1,2,3,\cdots\}$是一个马尔可夫链,其状态空间$E=\{1,2,3,\cdots\}$,则对任意正整数$m,n$,有

$$p_{ij}(n+m)=\sum_{k\in E}p_{ik}(n)p_{kj}(m),$$

其中:$i,j\in E$。

定理 15.7 设$\boldsymbol{P}$是一步马尔可夫链转移矩阵($\boldsymbol{P}$的行向量是概率向量),$\boldsymbol{P}^{(0)}$是初始分布行向量,则第n步的概率分布为

$$\boldsymbol{P}^{(n)}=\boldsymbol{P}^{(0)}\boldsymbol{P}^n.$$

例 15.8 若顾客的购买是无记忆的,即已知现在顾客购买情况,未来顾客的购买情况不受过去购买历史的影响,而只与现在购买情况有关。现在市场上供应A、B、C三个不同厂家生产的 50g 袋装味精,用"$\xi_n=1$""$\xi_n=2$""$\xi_n=3$"分别表示"顾客第n次购买A、B、C厂的味精"。显然,$\{\xi_n,n=1,2,3,\cdots\}$是一个马尔可夫链。若已知第一次顾客购买三个厂味精的概率依次为 0.2、0.4、0.4。又知道一般顾客购买的倾向由表 15.7 给出。求顾客第四次购买各家味精的概率。

表 15.7 状态转移概率

		下次购买		
		A	B	C
上次购买	A	0.8	0.1	0.1
	B	0.5	0.1	0.4
	C	0.5	0.3	0.2

解 第一次购买的概率分布为

$$\boldsymbol{P}^{(1)}=[0.2,0.4,0.4],$$

一步状态转移矩阵

$$\boldsymbol{P}=\begin{bmatrix}0.8 & 0.1 & 0.1\\ 0.5 & 0.1 & 0.4\\ 0.5 & 0.3 & 0.2\end{bmatrix},$$

则顾客第四次购买各家味精的概率为

$$\boldsymbol{P}^{(4)}=\boldsymbol{P}^{(1)}\boldsymbol{P}^3=[0.7004,0.1360,0.1636].$$

15.3.3 转移概率的渐近性质——极限概率分布

现在考虑,随n的增大,$\boldsymbol{P}^n$是否会趋于某一固定矩阵?先考虑一个简单例子。

转移矩阵$\boldsymbol{P}=\begin{bmatrix}0.5 & 0.5\\ 0.7 & 0.3\end{bmatrix}$,当$n\to+\infty$时,有

$$\boldsymbol{P}^n\to\begin{bmatrix}\frac{7}{12} & \frac{5}{12}\\ \frac{7}{12} & \frac{5}{12}\end{bmatrix}.$$

又若取$\boldsymbol{u}=\begin{bmatrix}\frac{7}{12} & \frac{5}{12}\end{bmatrix}$,则$\boldsymbol{uP}=\boldsymbol{u}$,$\boldsymbol{u}^{\mathrm{T}}$为矩阵$\boldsymbol{P}^{\mathrm{T}}$的对应于特征值$\lambda=1$的特征(概率)向量,$\boldsymbol{u}$也称为$\boldsymbol{P}$的不动点向量。哪些转移矩阵具有不动点向量?为此给出正则矩阵的概念。

定义 15.9 一个马尔可夫链的转移矩阵 $\boldsymbol{P}$ 是正则的，当且仅当存在正整数 k，使 $\boldsymbol{P}^k$ 的每一元素都是正数。

定理 15.8 若 $\boldsymbol{P}$ 是一个马尔可夫链的正则阵，则：

(1) $\boldsymbol{P}$ 有唯一的不动点向量 $\boldsymbol{W}$，$\boldsymbol{W}$ 的每个分量为正。

(2) $\boldsymbol{P}$ 的 n 次幂 $\boldsymbol{P}^n$（n 为正整数）随 n 的增加趋于矩阵 $\overline{\boldsymbol{W}}$，$\overline{\boldsymbol{W}}$ 的每一行向量均等于不动点向量 $\boldsymbol{W}$。

一般地，设时齐马尔可夫链的状态空间为 E，如果对于所有 $i,j\in E$，转移概率 $p_{ij}(n)$ 存在极限

$$\lim_{n\to\infty}p_{ij}(n)=\pi_j(\text{不依赖于 } i),$$

或

$$\boldsymbol{P}(n)=\boldsymbol{P}^n\xrightarrow[(n\to\infty)]{}\begin{bmatrix}\pi_1 & \pi_2 & \cdots & \pi_j & \cdots\\ \pi_1 & \pi_2 & \cdots & \pi_j & \cdots\\ \vdots & \vdots & \ddots & \vdots & \ddots\\ \pi_1 & \pi_2 & \ddots & \pi_j & \cdots\\ \vdots & \vdots & \ddots & \vdots & \ddots\end{bmatrix},$$

则称此链具有遍历性。又若 $\sum\limits_j \pi_j=1$，则同时称 $\boldsymbol{\pi}=[\pi_1,\pi_2,\pi_3,\cdots]$ 为链的极限分布。

下面就有限链的遍历性给出一个充分条件。

定理 15.9 设时齐马尔可夫链 $\{\xi_n,n=1,2,3,\cdots\}$ 的状态空间为 $E=\{a_1,a_2,\cdots,a_N\}$，$\boldsymbol{P}=(p_{ij})$ 是它的一步转移概率矩阵，如果存在正整数 m，使对任意的 $a_i,a_j\in E$，都有

$$p_{ij}(m)>0,i,j=1,2,\cdots,N,$$

则此链具有遍历性；且有极限分布 $\boldsymbol{\pi}=[\pi_1,\pi_2,\cdots,\pi_N]$，它是方程组

$$\boldsymbol{\pi}=\boldsymbol{\pi P}\text{ 或 }\pi_j=\sum_{i=1}^{N}\pi_i p_{ij},j=1,2,\cdots,N$$

的满足条件

$$\pi_j>0,\sum_{j=1}^{N}\pi_j=1$$

的唯一解。

例 15.9 根据例 15.8 中给出的一般顾客购买三种味精倾向的转移矩阵，预测经过长期的多次购买之后，顾客的购买倾向如何？

解 这个马尔可夫链的转移矩阵满足定理 15.9 的条件，可以求出其极限概率分布。为此，解下列方程组：

$$\begin{cases}p_1=0.8p_1+0.5p_2+0.5p_3,\\ p_2=0.1p_1+0.1p_2+0.3p_3,\\ p_3=0.1p_1+0.4p_2+0.2p_3,\\ p_1+p_2+p_3=1.\end{cases}$$

求得 $p_1=\dfrac{5}{7},p_2=\dfrac{11}{84},p_3=\dfrac{13}{84}$。这说明，无论第一次顾客购买的情况如何，经过长期多次购

买以后,A 厂产的味精占有市场的$\frac{5}{7}$,B,C 两厂产品分别占有市场的$\frac{11}{84}$和$\frac{13}{84}$。

编写如下的 Matlab 程序:

```
p=[0.8 0.1 0.1;0.5 0.1 0.4;0.5 0.3 0.2];p=sym(p);
a=[p'-eye(3);ones(1,3)];        % 构造方程组 ax=b 的系数矩阵
b=[zeros(3,1);1];               % 构造方程组 ax=b 的常数项列
p_limit=a\b                     % 求方程组的解
```

或者利用求转移矩阵 $\boldsymbol{P}$ 的转置矩阵 $\boldsymbol{P}^{\mathrm{T}}$ 的最大特征值 1 对应的特征概率向量,求得极限概率。编写程序如下:

```
clc,clear, format rat
p=[0.8 0.1 0.1;0.5 0.1 0.4;0.5 0.3 0.2];
[v,d]=eigs(p',1)                 % 求最大特征值及对应的特征向量
p=v/sum(v)                       % 把最大特征值对应的特征向量化成概率向量
format                           % 恢复到短小数的显示格式
```

例 15.10 为适应日益扩大的旅游事业的需要,某城市的甲、乙、丙三个照相馆组成一个联营部,联合经营出租相机的业务。游客可由甲、乙、丙三处任何一处租出相机,用完后,还在三处中任意一处即可。估计其转移概率如表 15.8 所列。今欲选择其中之一附设相机维修点,问该点设在哪一个照相馆为最好?

表 15.8 状态转移概率

		还相机处		
		甲	乙	丙
租相机处	甲	0.2	0.8	0
	乙	0.8	0	0.2
	丙	0.1	0.3	0.6

解 由于旅客还相机的情况只与该次租相机地点有关,而与相机以前所在的店址无关,所以可用 X_n 表示相机第 n 次被租用时所在的店址;“$X_n=1$”“$X_n=2$”“$X_n=3$”分别表示相机第 n 次被租用时在甲、乙、丙馆。那么,$\{X_n,n=1,2,3,\cdots\}$ 是一个马尔可夫链,其转移矩阵 $\boldsymbol{P}$ 由表 15.9 给出。考虑维修点的设置地点问题,实际上要计算这一马尔可夫链的极限概率分布。

状态转移矩阵是正则的,极限概率存在,解方程组

$$\begin{cases} p_1=0.2p_1+0.8p_2+0.1p_3, \\ p_2=0.8p_1+0.3p_3, \\ p_3=0.2p_2+0.6p_3, \\ p_1+p_2+p_3=1. \end{cases}$$

得极限概率 $p_1=\frac{17}{41}$,$p_2=\frac{16}{41}$,$p_3=\frac{8}{41}$。

由计算看出,经过长期经营后,该联营部的每架照相机还到甲、乙、丙照相馆的概率分别为$\frac{17}{41}$、$\frac{16}{41}$、$\frac{8}{41}$。由于还到甲馆的照相机较多,因此维修点设在甲馆较好。但由于还到乙馆的相机与还到甲馆的相差不多,若是乙的其他因素更为有利,如交通较甲方便、便于零配件的运输、电力供应稳定等,亦可考虑设在乙馆。

15.4 时间序列

15.4.1 平稳性 Daniel 检验

检验序列平稳性的方法很多,在此介绍其中一种,即 Daniel 检验。Daniel 检验方法建立在 Spearman 相关系数的基础上。

Spearman 相关系数是一种秩相关系数。设 $x_1,x_2,\cdots,x_n$ 是从一元总体抽取的容量为 n 的样本,其从小到大顺序统计量是 $x_{(1)},x_{(2)},\cdots,x_{(n)}$。若 $x_i=x_{(k)}$,则称 k 是 x_i 在样本中的秩,记作 R_i,对每一个 $i=1,2,\cdots,n$,称 R_i 是第 i 个秩统计量。$R_1,R_2,\cdots,R_n$ 总称为秩统计量。

对于二维总体 (X,Y) 的样本观测数据 $(x_1,y_1),(x_2,y_2),\cdots,(x_n,y_n)$,可得各分量 X,Y 的一元样本数据 $x_1,x_2,\cdots,x_n$ 与 $y_1,y_2,\cdots,y_n$。设 $x_1,x_2,\cdots,x_n$ 的秩统计量是 $R_1,R_2,\cdots,R_n$,$y_1,y_2,\cdots,y_n$ 的秩统计量是 $S_1,S_2,\cdots,S_n$,当 X,Y 联系比较紧密时,这两组秩统计量联系也是紧密的。Spearman 相关系数定义为这两组秩统计量的相关系数,即 Spearman 相关系数是

$$q_{XY}=\frac{\sum_{i=1}^{n}(R_i-\bar{R})(S_i-\bar{S})}{\sqrt{\sum_{i=1}^{n}(R_i-\bar{R})^2}\sqrt{\sum_{i=1}^{n}(S_i-\bar{S})^2}},$$

式中:$\bar{R}=\frac{1}{n}\sum_{i=1}^{n}R_i$;$\bar{S}=\frac{1}{n}\sum_{i=1}^{n}S_i$。经过运算,可以证明

$$q_{XY}=1-\frac{6}{n(n^2-1)}\sum_{i=1}^{n}d_i^2,$$

式中:$d_i=R_i-S_i,i=1,2,\cdots,n$。

对于 Spearman 相关系数,作假设检验

$$H_0:\rho_{XY}=0,H_1:\rho_{XY}\neq 0.$$

式中:ρ_{XY}为总体的相关系数,可以证明,当(X,Y)是二元正态总体,且 H_0 成立时,统计量

$$T=\frac{q_{XY}\sqrt{n-2}}{\sqrt{1-q_{XY}^2}}$$

服从自由度为 $n-2$ 的 t 分布 $t(n-2)$。

对于给定的显著水平 α,通过 t 分布表可查到统计量 T 的临界值 $t_{\alpha/2}(n-2)$,当 $|T|\leqslant t_{\alpha/2}(n-2)$时,接受 H_0;当$|T|>t_{\alpha/2}(n-2)$时,拒绝 H_0。

对于时间序列 X_t 的样本 $a_1,a_2,\cdots,a_n$,记 a_t 的秩为 $R_t=R(a_t)$,考虑变量对(t,R_t),$t=1,2,\cdots,n$ 的 Spearman 相关系数 q_s,有

$$q_s=1-\frac{6}{n(n^2-1)}\sum_{i=1}^{n}(t-R_t)^2, \tag{15.22}$$

构造统计量

$$T=\frac{q_s\sqrt{n-2}}{\sqrt{1-q_s^2}}.$$

作下列假设检验

H_0:序列 X_t 平稳;

H_1:序列 X_t 非平稳(存在上升或下降趋势)。

Daniel 检验方法:对于显著水平 α,由时间序列 a_t 计算 (t,R_t),$t=1,2,\cdots,n$ 的 Spearman 秩相关系数 q_s,若 $|T|>t_{\alpha/2}(n-2)$,则拒绝 H_0,认为序列非平稳。且当 $q_s>0$ 时,认为序列有上升趋势;$q_s<0$ 时,认为序列有下降趋势。又当 $|T|\leqslant t_{\alpha/2}(n-2)$ 时,接受 H_0,可以认为 X_t 是平稳序列。

15.4.2 税收收入 AR 预测模型

1. 问题的提出

税收作为政府财政收入的主要来源,是地区政府实行宏观调控、保证地区经济稳定增长的重要因素。各级政府每年均需预测来年的税收收入以安排财政预算。

表 15.9 是某地历年税收数据(单位:亿元)。本节引入现代计量经济学的方法,预测税收收入,为年度税收计划和财政预算提供更有效、更科学的依据。

表 15.9 各年度的税收数据

年份	1	2	3	4	5	6	7
税收	15.2	15.9	18.7	22.4	26.9	28.3	30.5
年份	8	9	10	11	12	13	14
税收	33.8	40.4	50.7	58	66.7	81.2	83.4

2. 模型的构建

从较长的时间来看,经济运行遵循一定的规律,而从短期来看,由于受到宏观政策、市场即期需求变化等不确定因素的影响,预测会有一定的困难。目前,预测经济运行的理论方法有很多,经典的有生长曲线、指数平滑法等,但这些方法对短期波动的把握性不高。AR 自回归模型在经济预测过程中既考虑了经济现象在时间序列上的依存性,又考虑了随机波动的干扰性,对于经济运行短期趋势的预测准确率较高,是应用比较广泛的一种方法。

作为经济运行的一种重要指标,税收收入具有一定的稳定性和增长性,且与前几年的税收具有一定的关联性,因此可以采用时间序列方法对税收的增长建立预测模型。

记原始时间序列数据为 $a_t(t=1,2,\cdots,14)$,首先检验序列 a_t 是否是平稳的,对显著水平 $\alpha=0.05$,由式(15.22)算得 $q_s=1$,计算得统计量 $T=+\infty$,上 $\alpha/2$ 分位数的值 $t_{\alpha/2}(12)=2.1788$,所以 $|T|>t_{\alpha/2}(n-2)$,故认为序列是非平稳的;因为 $q_s>0$,所以序列有上升趋势。

为了构造平稳序列,对序列 $a_t(t=1,2,\cdots,14)$ 作一阶差分运算 $b_t=a_{t+1}-a_t$,得到序列

$b_t(t=1,2,\cdots,13)$。从时间序列 b_t 散点图来看,时间序列是平稳的。可建立如下的自回归模型($AR(2)$模型)对 b_t 进行预测:

$$y_t=c_1y_{t-1}+c_2y_{t-2}+\varepsilon_t,$$

式中:c_1,c_2 为待定参数;ε_t 为随机扰动项。

3. 模型的求解

根据表 15.9 的数据,采用最小二乘法可计算得出 b_t 的预测模型为

$$y_t=0.2785y_{t-1}+0.6932y_{t-2}+\varepsilon_t,$$

利用该模型,求得 $t=15$ 时,税收的预测值 $\hat{a}_{15}=94.0640$。

对于已知数据上述模型的预测相对误差见表 15.10。可以看出该模型的预测精度是较高的。

表 15.10 已知数据的预测值及相对误差

年份	1	2	3	4	5	6	7
税收	15.2	15.9	18.7	22.4	26.9	28.3	30.5
预测值	15.2	15.9	18.7	19.9651	25.3715	30.7182	31.8093
相对误差	0	0	0	0.1087	0.0568	0.0854	0.0429
年份	8	9	10	11	12	13	14
税收	33.8	40.4	50.7	58	66.7	81.2	83.4
预测值	32.0832	36.2442	44.5258	58.1439	67.1731	74.1835	91.2694
相对误差	0.0508	0.1029	0.1218	0.0025	0.0071	0.0864	0.0944

4. 模型的拓展

由于本案例中第 t 年税收的值与前若干年的值之间具有较高的相关性,所以采用了 AR 模型,在其他情况下,也可采用 MA 模型或者 ARMA 模型等其他时间序列方法。

另外,还可考虑投资、生产、分配结构、税收政策等诸多因素对税收收入的影响,采用多元时间序列分析方法建立关系模型,从而改善税收预测模型,提高预测质量。

计算的 Matlab 程序如下:

```
clc, clear
a=[15.2  15.9  18.7  22.4  26.9  28.3  30.5…
   33.8  40.4  50.7  58    66.7  81.2  83.4];
Rt=tiedrank(a)                              %求原始时间序列的秩
n=length(a); t=1:n;
Qs=1-6/(n*(n^2-1))*sum((t-Rt).^2)  %计算 Qs 的值
T=Qs*sqrt(n-2)/sqrt(1-Qs^2)         %计算 T 统计量的值
t_0=tinv(0.975,n-2)                         %计算上 alpha/2 分位数
b=diff(a);                                  %求原始时间序列的一阶差分
m=ar(b,2,'ls')                              %利用最小二乘法估计模型的参数
bhat=predict(m,b')                          %求预测值,第二个参数必须为列向量
bhat(end+1)=forecast(m,b',1)                %计算 1 个预测值,第二个参数必须为列向量
ahat=[a(1),a+bhat']                         %求原始数据的预测值,并计算 t=15 的预测值
delta=abs((ahat(1:end-1)-a)./a)             %计算原始数据预测的相对误差
```

```
writematrix(ahat,'anli15_1.xlsx')
writematrix(delta,'anli15_1.xlsx','Sheet',1,'Range','A3')
```

15.5 插值与拟合

15.5.1 导弹运动轨迹问题

1. 问题的提出

例 15.11 在某次军事演习中,用测距仪对空中的某导弹进行运动轨迹测量。地面上有 3 个测距仪 $A_i(i=1,2,3)$,其中,A_2 位于 A_1 的正北方 4.5km 处;A_3 位于 A_1 与 A_2 的西侧,与 A_1、A_2 的距离分别为 $\sqrt{6.25}$ km 和 $\sqrt{13}$ km。测得的数据为每间隔 0.05s 导弹到 3 个测距仪的距离(单位:m),其中最后测得的 10 个数据见表 15.11。

表 15.11 三个测距仪到导弹的距离数据

时间 t/s	A_1 到导弹距离/m	A_2 到导弹距离/m	A_3 到导弹距离/m
9.5	17675.33388	21839.81626	19851.29886
9.55	18606.75463	22807.17185	20756.90878
9.6	19575.37056	23807.47844	21700.16008
9.65	20580.73101	24840.82393	22680.74614
9.7	21622.49583	25907.33669	23698.43062
9.75	22700.42386	27007.18253	24753.04392
9.8	23814.3622	28140.56181	25844.47924
9.85	24964.23654	29307.70672	26972.68827
9.9	26150.04242	30508.87882	28137.67706
9.95	27371.83745	31744.36674	29339.50183

试给出 9.5~9.95s 内该导弹的运动轨迹方程。

2. 模型的建立与求解

以 A_1 点作为坐标原点,A_1A_2 所在的射线作为 y 轴的正半轴,A_1,A_2,A_3 所在的平面为 xoy 面,建立三维右手空间坐标系。那么,A_1 点的坐标为(0,0,0),A_2 点的坐标为(0,4500,0),根据距离关系容易求得 A_3 点的坐标为(-2000,1500,0)。

表 15.12 中的 10 个测量点分别用 $i=1,2,\cdots,10$ 编号,记 $d_{ij}(i=1,2,\cdots,10;j=1,2,3)$ 为第 i 个测量点到第 j 个测距仪的距离,设第 i 个测量点的坐标为 (x_i,y_i,z_i),由点 (x_i,y_i,z_i) 到三个测距仪的距离关系建立如下非线性方程组:

$$\begin{cases} x_i^2+y_i^2+z_i^2=d_{i1}^2, \\ x_i^2+(y_i-4500)^2+z_i^2=d_{i2}^2, \\ (x_i+2000)^2+(y_i-1500)^2+z_i^2=d_{i3}^2, \end{cases} \quad i=1,2,\cdots,10. \tag{15.23}$$

求解式(15.23)的方程组即可求得 10 个观察点的三维坐标。

下面建立导弹运动轨迹的参数方程:

$$\begin{cases}x=x(t),\\y=y(t),\\z=z(t),\end{cases}$$

由于只有 10 个观测点，因此必须进行插值。这里使用三次样条函数进行插值，利用 Matlab 程序就可以求得导弹运动的轨迹。把插值的轨迹方程全部写出来太繁杂，这里只给出最后一个区间，即最后两个观测点之间的轨迹参数方程为

$$\begin{cases}x=0.0129(t-9.90)^3-30.1605(t-9.90)^2-775.4497(t-9.90)+6520.4573,\\y=-704.44(t-9.90)^3-6265.95(t-9.90)^2-25285.76(t-9.90)-25190.77,\\z=-0.3452(t-9.90)^3-4.9089(t-9.90)^2-898.0054(t-9.90)+2594.8503,\end{cases}$$

式中：$t\in[9.9,9.95]$。

计算的 Matlab 程序如下：

```
clc,clear,syms x y
syms z positive                      % 由于导弹在空中,因此定义符号变量 z 为正
format long g                        % 长小数的数据显示格式
a=load('data15_11.txt');             % 全部数据保存到文本文件 data15_11.txt 中
d=a(:,[2:end]);                      % 提取 3 个测距仪到观测点的距离,a 的第一列为时间
n=size(a,1); sol=[];                 % sol 为保存观测点坐标的矩阵,这里初始化
for i=1:n
    eq1=x^2+y^2+z^2-d(i,1)^2;        % 定义非线性方程组的符号方程左端项
    eq2=x^2+(y-4500)^2+z^2-d(i,2)^2;
    eq3=(x+2000)^2+(y-1500)^2+z^2-d(i,3)^2;
    [xx,yy,zz]=solve(eq1,eq2,eq3);% 求 x,y,z 的符号解
    sol=[sol;double([xx,yy,zz])]; % 数据类型转换,符号数据无法直接插值
end
sol                                  % 显示求得的 10 个点的坐标
pp1=csape(a(:,1),sol(:,1))           % 求 x(t)的插值函数
xishu1=pp1.coefs(end,:)              % 显示 x(t)最后一个区间的三次样条函数的系数
pp2=csape(a(:,1),sol(:,2))           % 求 y(t)的插值函数
xishu2=pp2.coefs(end,:)              % 显示 y(t)最后一个区间的三次样条函数的系数
pp3=csape(a(:,1),sol(:,3))           % 求 z(t)的插值函数
xishu3=pp3.coefs(end,:)              % 显示 z(t)最后一个区间的三次样条函数的系数
```

注：Matlab 中 csape 函数返回的数据是一个 pp 结构数组，其中 coefs 数据域返回的是一个矩阵，它的行数是插值小区间的个数（数据点的个数减 1），它的每一行是该小区间上插值三次多项式的系数，该区间上三次多项式的一般项是自变量减该小区间左端点的值。

15.5.2 录像机计数器的用途

1. 问题的提出

例 15.12 老式的录像机上都有计数器，而没有计时器。经试验，一盘标明 180min 的录像带从开头放映到结尾，用了 184min，计数器读数从 0000 变到 6061，另外还有一批测试数据，所有的测试数据见表 15.12。

表 15.12　时间 t 和计数器 n 的测量数据

t/min	0	20	40	60	80
n	0	1141	2019	2760	3413
t/min	100	120	140	160	184
n	4004	4545	5051	5525	6061

在一次使用中录像带已经转过大半,计数器读数为 4450,问剩下的一段还能否录下 1h 的节目?

2. 问题分析

计数器的读数是怎样变化的,它的增长为什么先快后慢,回答这个问题需要了解计数器的简单工作原理(图 15.1)。

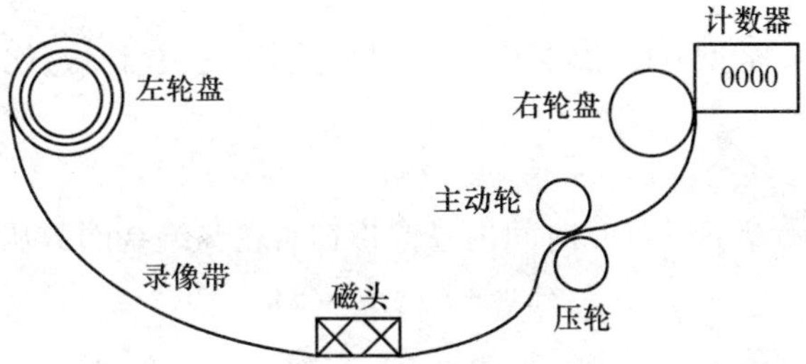

图 15.1　录像机计数器工作原理示意图

录像带有两个轮盘,不妨将一开始录像带缠满的那个轮盘称为左轮盘,另一个为右轮盘。计数器与右轮盘的轴相连,其读数与右轮转动的圈数成正比。开始时右轮盘是空的,读数为 0000,随着带子从左向右运动,右轮盘半径增加,使得转动越来越慢,计数器读数的增长也就越来越慢。

在录像带的转动过程中,与微型电动机相连的主动轮的转速当然是不变的,录像带靠压轮压在主动轮上,所以录像带的运动速度(线速度)为常数,而右轮盘随着半径的增加,其转速当然越来越慢了。

我们要找出计数器读数 n 与录像带转过时间 t 之间的关系,即建立一个数学模型 $t=f(n)$。

3. 模型假设

(1) 录像带的线速度是常数 v。

(2) 计数器读数 n 与右轮盘转的圈数 m 成正比,$m=kn$,k 为比例系数。

(3) 录像带的厚度(加上缠绕时两圈间的空隙)是常数 w,空右轮盘半径为 r。

(4) 初始时刻 $t=0$ 时,$n=0$。

4. 模型建立

建立 t 与 n 之间的关系有多种途径。

方法一

计算缠绕在右轮盘上的录像度的长度。当右轮盘转到第 i 圈时,其半径为 $r+wi$,周长为 $2\pi(r+wi)$,m 圈的总长度恰等于录像带转过的长度 vt,即

$$\sum_{i=1}^{m} 2\pi(r + wi) = vt,$$

代入 $m=kn$,容易算出

$$t=\frac{\pi wk^2}{v}n^2+\frac{2\pi rk+\pi wk}{v}n, \tag{15.24}$$

这就是我们需要的数学模型。

方法二

考察右轮盘面积的增加,它应该等于录像带转过的长度与厚度的乘积,即

$$\pi[(r+wkn)^2-r^2]=wvt,$$

可以算出

$$t=\frac{\pi wk^2}{v}n^2+\frac{2\pi rk}{v}n. \tag{15.25}$$

模型(15.24)与模型(15.25)有微小的差别。考虑到 w 比 r 小得多,使用模型(15.25)即可。

方法三

用微元分析法,考察 t 到 $t+\mathrm{d}t$ 时间内录像带在右轮盘缠绕圈数从 m 变化到 $m+\mathrm{d}m$,有

$$2\pi(r+mw)\mathrm{d}m=v\mathrm{d}t,$$

即

$$2\pi(r+knw)k\mathrm{d}n=v\mathrm{d}t,$$

再加上初始条件,建立微分方程的初值问题

$$\begin{cases}\dfrac{\mathrm{d}t}{\mathrm{d}n}=\dfrac{2\pi rk}{v}+\dfrac{2\pi wk^2}{v}n,\\ t|_{n=0}=0,\end{cases}$$

同样可以得到式(15.25)。

实际上,从建模的目的看,如果把式(15.25)改记为

$$t=an^2+bn, \tag{15.26}$$

那么只需要确定 a,b 两个参数即可进行 n 和 t 之间的计算。

5. 模型的求解

使用表 15.13 中的数据,利用最小二乘法估计参数 a,b,求得 $a=2.61\times10^{-6}$,$b=1.45\times10^{-2}$,代入式(15.26),算得 $n=4450$ 时,$t=116.4\text{min}$,剩下的录像带能录 $184-116.4=67.6\text{min}$ 的节目。

计算的 Matlab 程序如下:

```
clc, clear, format long g
a=load('data15_12.txt');           % 把表中的全部数据保存到文本文件中
t=a([1,3],:)'; t=t(:);             % 提取时间 t 数据,并变成列向量
n=a([2,4],:)'; n=n(:);             % 提取计算器读数 n 的数据
xishu=[n.^2,n];                    % 构造系数阵
ab=xishu\t, n0=4450
T=ab(1)*n0^2+ab(2)*n0, format  % 计算对应时间,并恢复短小数显示格式
```

注:若无上述的机理建模分析,开始就直接用幂函数或其他的函数类来拟合时间 t 和

计数器读数 n 之间的函数关系,拟合效果肯定不好,并且误差是较大的。

15.6 神经元网络

人工神经网络是国际学术界十分活跃的前沿研究领域,在控制与优化、预测与管理、模式识别与图像处理、通信等方面得到了十分广泛的应用。

下面简单介绍 BP(Back Propagation)神经网络和径向基函数(Radial Basis Function, RBF)神经网络的原理,及其在预测中的应用。

15.6.1 BP 神经网络

1. BP 神经网络拓扑结构

BP 神经网络是一种具有三层或三层以上的多层神经网络,每一层都由若干个神经元组成,如图 15.2 所示,它的左、右各层之间各个神经元实现全连接,即左层的每一个神经元与右层的每个神经元都有连接,而上下各神经元之间无连接。BP 神经网络按有导师学习方式进行训练,当一对学习模式提供给网络后,其神经元的激活值将从输入层经各隐含层向输出层传播,在输出层的各神经元输出对应于输入模式的网络响应。然后,按减少希望输出与实际输出误差的原则,从输出层经各隐含层,最后回到输入层逐层修正各连接权。由于这种修正过程是从输出到输入逐层进行的,所以称它为“误差逆传播算法”。随着这种误差逆传播训练的不断修正,网络对输入模式响应的正确率也将不断提高。

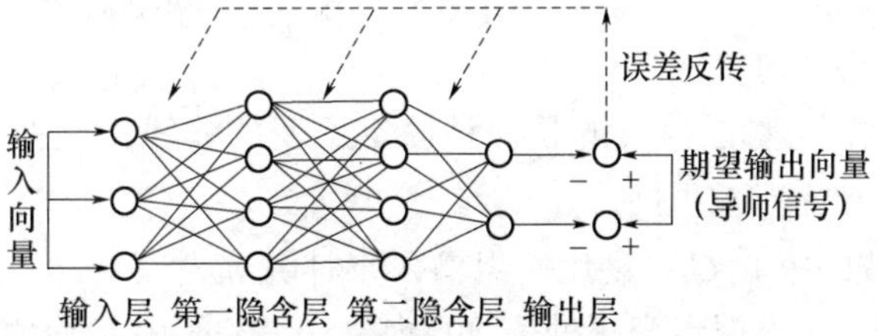

图 15.2 BP 神经网络模型结构

2. BP 神经网络训练

为了使 BP 神经网络具有某种功能,完成某项任务,必须调整层间连接权值和节点阈值,使所有样品的实际输出和期望输出之间的误差稳定在一个较小的值以内。

一般地,可将 BP 神经网络的学习算法描述为如下步骤:

(1) 初始化网络及学习参数,如设置网络初始权矩阵、学习因子等。

(2) 提供训练模式,训练网络,直到满足学习要求。

(3) 前向传播过程:对给定训练模式输入,计算网络的输出模式,并与期望模式比较,若有误差,则执行步骤(4),否则返回步骤(2)。

(4) 反向传播过程:计算同一层单元的误差,修正权值和阈值,返回步骤(2)。

网络的学习是通过用给定的训练集训练而实现的。通常用网络的均方误差来定量地反映学习的性能。一般地,当网络的均方误差低于给定值时,则表明对给定训练集学习已满足要求了。

15.6.2 RBF 神经网络

1. RBF 网络结构

RBF 神经网络有很强的逼近能力、分类能力和学习速度。其工作原理是把网络看成对未知函数的逼近,任何函数都可以表示成一组基函数的加权和,也即选择各隐层神经元的传输函数,使之构成一组基函数来逼近未知函数。RBF 神经网络由一个输入层、一个隐含层和一个输出层组成。RBF 神经网络的隐层基函数有多种形式,常用函数为高斯函数,设输入层的输入为 $\boldsymbol{X}=[x_1,x_2,\cdots,x_n]$,实际输出为 $\boldsymbol{Y}=[y_1,y_2,\cdots,y_p]$。输入层实现从 $\boldsymbol{X}\to R_i(\boldsymbol{X})$ 的非线性映射,输出层实现从 $R_i(\boldsymbol{X})\to y_k$ 的线性映射,输出层第 k 个神经元网络输出为

$$\hat{y}_k = \sum_{i=1}^{m} w_{ik}R_i(\boldsymbol{X}),k = 1,2,\cdots,p, \tag{15.27}$$

式中:n 为输入层节点数;m 为隐含层节点数;p 为输出层节点数;w_{ik}为隐含层第 i 个神经元与输出层第 k 个神经元的连接权值;$R_i(\boldsymbol{X})$为隐含层第 i 个神经元的作用函数,即

$$R_i(\boldsymbol{X})=\exp(-\|\boldsymbol{X}-\boldsymbol{C}_i\|^2/2\sigma_i^2),i=1,2,\cdots,m, \tag{15.28}$$

式中:$\boldsymbol{X}$ 为 n 维输入向量;$\boldsymbol{C}_i$ 为第 i 个基函数的中心,与 $\boldsymbol{X}$ 具有相同维数的向量;σ_i 为第 i 个基函数的宽度;m 为感知单元的个数(隐含层节点数);$\|\boldsymbol{X}-\boldsymbol{C}_i\|$为向量 $\boldsymbol{X}-\boldsymbol{C}_i$ 的范数,它通常表示 $\boldsymbol{X}$ 与 $\boldsymbol{C}_i$ 之间的距离;$R_i(\boldsymbol{X})$ 在 $\boldsymbol{C}_i$ 处有唯一的最大值,随着$\|\boldsymbol{X}-\boldsymbol{C}_i\|$的增大,$R_i(\boldsymbol{X})$迅速衰减到 0。

对于给定的输入,只有一小部分靠近 $\boldsymbol{X}$ 的中心被激活。当确定了 RBF 神经网络的聚类中心 $\boldsymbol{C}_i$、权值 w_{ik}及 σ_i 以后,就可求出给定某一输入时,网络对应的输出值。

2. RBF 神经网络学习算法

在 RBF 神经网络中,隐层执行的是一种固定不变的非线性变换,$\boldsymbol{C}_i,\sigma_i,w_{ik}$需通过学习和训练来确定,一般分为 3 步进行。

(1) 确定基函数的中心 $\boldsymbol{C}_i$。利用一组输入来计算 m 个 $\boldsymbol{C}_i,i=1,2,\cdots,m$,使 $\boldsymbol{C}_i$ 尽可能均匀地对数据抽样,在数据点密集处 $\boldsymbol{C}_i$ 也密集。一般采用"K 均值聚类法"。

(2) 确定基函数的宽度 σ_i。基函数中心 $\boldsymbol{C}_i$ 训练完成后,可以求得归一化参数,即基函数的宽度 σ_i 表示与每个中心相联系的子样本集中样本散布的一个测度。常用的是令其等于基函数中心与子样本集中样本模式之间的平均距离。

(3) 确定从隐含层到输出层的连接权值 w_{ik},RBF 神经网络连接权 w_{ik}的修正可以采用最小均方误差测度准则进行。

15.6.3 基于神经网络的年径流预报实例

1. 网络学习样本的建立

现有某水库实测径流资料和相应的前期 4 个预报因子实测数据见表 15.13,其中 4 个预报因子分别为水库上一年11 月和 12 月的总降雨量 x_1(单位:mm),当年 1,2,3 月的总降雨量 x_2,x_3,x_4。在本例应用中将这 4 个预报因子作为输入,年径流量 y(单位:$\mathrm{m^3/s}$)为输出,构成 4 个输入 1 个输出的网络,将前 19 个实测数据作为训练样本集,后 1 个实测数据作为预测检验样本。

表 15.13 某水库实测年径流量与因子特征值

序号	x_1	x_2	x_3	x_4	y	序号	x_1	x_2	x_3	x_4	y
1	15.6	5.6	3.5	25.5	22.9	11	25.9	1.2	9.0	3.3	22.8
2	27.8	4.3	1.0	7.7	23.4	12	64.3	3.7	4.6	4.8	19.8
3	35.2	3.0	38.1	3.7	36.8	13	55.9	2.9	0.3	5.2	19.6
4	10.2	3.4	3.5	7.4	22.0	14	19.6	10.5	10.7	10.3	28.5
5	29.1	33.2	1.6	24.0	6.4	15	35.6	2.4	6.6	24.6	22.8
6	10.2	11.6	2.2	26.7	29.4	16	10.9	9.4	0.8	7.1	18.2
7	35.4	4.1	1.3	7.0	26.2	17	24.7	8.2	7.7	14.4	23.8
8	8.7	3.5	7.5	5.0	20.9	18	22.6	11.2	9.9	18.5	17.3
9	25.4	0.7	22.2	35.4	26.5	19	21.5	2.9	1.6	4.5	21.9
10	15.3	6.0	2.0	17.5	37.3	20	54.7	3.3	3.7	11.6	32.8

2. 原始数据的预处理

采用式(15.29)对样本的输入数据进行规格化处理,有

$$\tilde{x}=\frac{2(x-x_{min})}{x_{max}-x_{min}}-1, \tag{15.29}$$

式中:x 为规格化前的变量;x_{max} 和 x_{min} 分别为 x 的最大值和最小值;$\tilde{x}$为规格化后的变量。

3. 网络的训练

利用 Matlab 提供的神经网络工具箱实现人工神经网络的功能十分方便。由于年径流预报中自变量有 4 个,因变量有 1 个,输入神经元的个数取为 4,输出神经元的个数取为 1,中间隐含层神经元的个数,BP 神经网络需要根据经验取定,RBF 神经网络会在训练过程中自适应地取定。

BP 神经网络存在一些缺点,如收敛速度慢,网络易陷于局部极小,学习过程常常发生振荡。对于本案例的预测,BP 神经网络隐含层神经元个数取为 4 时,计算结果相对稳定,隐含层神经元个数取为其他值时,运行结果特别不稳定,每一次的运行结果相差很大。

利用 Matlab 工具箱,求得对于第 20 个样本点,RBF 神经网络的预测值为 26.7693,相对误差为 18.39%,BP 神经网络的运行结果每次都有很大的不同,通过计算结果可以看出,RBF 神经网络模型的预测结果要好于 BP 神经网络模型的预测结果。

计算的 Matlab 程序如下:

```
clc, clear
a=load('anli15_2.txt');                 % 把表中的数据保存到纯文本文件 anli15_12.txt
x=a(:,[1:4]); y=a(:,5);                 % 提出自变量和因变量的观测值
xb=max(x); xs=min(x);                   % 逐列求最大值和最小值
xg=2 * (x-xs)./(xb-xs)-1;               % 自变量数据规格化到[-1,1]
xt=xg([1:end-1],:)';yt=y(1:end-1)'; % 提出训练集数据
```

```
net1=newrb(xt,yt)                  % 训练 RBF 网络
xn=xg(end,:)';                     % 提取最后一个样本点的自变量观测值
yn1=sim(net1,xn)                   % 求预测值
delta1=abs(a(20,5)-yn1)/a(20,5)    % 计算 RBF 网络预测的相对误差
net2=feedforwardnet(4);            % 初始化 BP 网络,隐含层的神经元取为 4 个(多次试验)
net2=train(net2,xt,yt);            % 训练 BP 网络
yn2= net2(xn)                      % 求预测值
delta2=abs(a(20,5)-yn2)/a(20,5)    % 计算 BP 网络预测的相对误差
```

拓展阅读材料

[1] 张善文,雷英杰,冯有前. Matlab 在时间序列分析中的应用. 西安:西安电子科技大学出版社,2007.

[2] 杨健,汪海航. 基于隐马尔可夫模型的文本分类算法. 计算机应用,2010,30(9):2348-2361.

[3] 王增民,王开珏. 基于灰色加权马尔可夫链的移动通信市场预测. 数学的实践与认识,2012,42(22):8-15.

习 题 15

15.1 某地区用水管理机构需要对居民的用水速度(单位时间的用水量)和日总用水量进行估计。现有一居民区,其自来水是由一个圆柱形水塔提供,水塔高 12.2m,塔的直径为 17.4m。水塔是由水泵根据水塔中的水位自动加水。按照设计,当水塔中的水位降至最低水位(约 8.2m)时,水泵自动启动加水;当水位升高到最高水位(约 10.8m)时,水泵停止工作。

表 15.14 给出的是 28 个时刻的数据,但由于水泵正向水塔供水,有 4 个时刻无法测到水位(表 15.14 中为—)。

表 15.14 水塔中水位原始数据

时刻 t/h	0	0.92	1.84	2.95	3.87	4.98	5.90
水位/m	9.68	9.48	9.31	9.13	8.98	8.81	8.69
时刻 t/h	7.01	7.93	8.97	9.98	10.92	10.95	12.03
水位/m	8.52	8.39	8.22	—	—	10.82	10.5
时刻 t/h	12.95	13.88	14.98	15.9	16.83	17.93	19.04
水位/m	10.21	9.94	9.65	9.41	9.18	8.92	8.66
时刻 t/h	19.96	20.84	22.01	22.96	23.88	24.99	25.91
水位/m	8.43	8.22	—	—	10.59	10.35	10.18

试建立数学模型,来估计居民的用水速度和日总用水量。

15.2 已知兰彻斯特的游击战争模型如下:

$$\begin{cases}\dot{x}(t)=-cxy-\alpha x,\\ \dot{y}(t)=-dxy-\beta y,\end{cases}$$

式中:参数 c,d,α,β 的值未知。

现在有连续20天的观测数据见表15.15,拟合参数c,d,α,β。

表15.15 观测数据表

t	1	2	3	4	5	6	7	8	9	10
x	1500	1400	1320	1100	1000	950	880	800	700	680
y	1200	1120	1080	1060	980	930	870	790	680	670
t	11	12	13	14	15	16	17	18	19	20
x	620	600	570	520	500	450	440	420	400	390
y	600	590	560	500	480	420	400	370	350	330

第 16 章　多目标规划和目标规划

多目标决策问题是管理与日常生活中经常遇到的问题，而这些目标之间常常是相互作用和矛盾的，平衡这些目标的决策过程十分复杂，决策者通常很难做出最终决策。解决这类问题的建模方法就是多目标决策方法。事实上，早在 1772 年，富兰克林（Franklin）就提出了多目标矛盾问题如何协调的问题。1838 年，古诺（Cournot）从经济学角度提出了多目标问题的模型。1869 年，帕累托（Pareto）首次从数学角度提出了多目标最优决策问题。

在一些多目标决策问题中，决策者不仅要考虑多个目标，而且这些目标以"软约束"的形式出现且有优先顺序，这时可以建立目标规划模型。

16.1　多目标规划

16.1.1　多目标规划问题的基本理论

多目标规划是多目标决策的重要内容之一，在进行多目标决策时，当希望每个目标都尽可能的大（或尽可能的小）时，就形成了一个多目标规划问题，其一般形式为：

$$\min \boldsymbol{f}(\boldsymbol{x})=[f_1(\boldsymbol{x}), f_2(\boldsymbol{x}), \cdots, f_m(\boldsymbol{x})]^{\mathrm{T}}, \tag{16.1}$$

$$\text{s. t.}\begin{cases} g_i(\boldsymbol{x})\leqslant 0, & i=1,2,\cdots,p,\\ h_j(\boldsymbol{x})=0, & j=1,2,\cdots,q, \end{cases} \tag{16.2}$$

式中：$\boldsymbol{x}$ 为决策向量；$f_1(\boldsymbol{x}), f_2(\boldsymbol{x}), \cdots, f_m(\boldsymbol{x})$ 为目标函数。式（16.2）为约束条件。记

$$\Omega=\{\boldsymbol{x}\,|\,\boldsymbol{g}_i(\boldsymbol{x})\leqslant 0, i=1,2,\cdots,p; h_j(\boldsymbol{x})=0, j=1,2,\cdots,q\},$$

称 Ω 为多目标规划的可行域（决策空间），$\boldsymbol{f}(\Omega)=\{f(\boldsymbol{x})\,|\,\boldsymbol{x}\in\Omega\}$ 为多目标规划问题的像集（目标空间）。式（16.1）和式（16.2）确定的多目标规划问题以下简称问题（MP）。

定义 16.1　设 $\bar{\boldsymbol{x}}\in\Omega$，若对于任意 $i=1,2,\cdots,m$ 及任意 $\boldsymbol{x}\in\Omega$，均有

$$f_i(\bar{\boldsymbol{x}})\leqslant f_i(\boldsymbol{x}), \tag{16.3}$$

则称 $\bar{\boldsymbol{x}}$ 为问题（MP）的绝对最优解，记问题（MP）的绝对最优解集为 Ω_{ab}^*。

一般来说，多目标规划问题（MP）的绝对最优解是不常见的，当绝对最优解不存在时，需要引入新的"解"的概念。多目标规划中最常用的解为非劣解或有效解，也称为 Pareto 最优解。

Pareto 最优是一个经济学上的概念。意大利经济学家 Pareto 提出：当一个国家的资源和产品是以这样一种方式配置，即没有一种重新配置，能够在不使一个其他人的生活恶化的情况下改善任何人的生活时，可以说处于 Pareto 最优。从数学上来看，Pareto 最优解定义见定义 16.2。

定义 16.2 考虑多目标规划问题(MP),设$\bar{\boldsymbol{x}} \in \Omega$,若不存在$\boldsymbol{x} \in \Omega$,使得

$$f_i(\boldsymbol{x}) \leqslant f_i(\bar{\boldsymbol{x}}), \quad i=1,2,\cdots,m,$$

且至少有一个

$$f_j(\boldsymbol{x}) < f_j(\bar{\boldsymbol{x}}),$$

则称 $\bar{\boldsymbol{x}}$ 为问题(MP)的有效解(或 Pareto 有效解),$f(\bar{\boldsymbol{x}})$为有效点。

满意解的概念主要是从决策过程角度,根据决策者的偏好与要求而提出的。

设可行域为Ω,要求 m 个目标函数$f_i(i=1,2,\cdots,m)$越小越好。有时决策者的期望较低,给出了 m 个阈值 α_i,当$\bar{\boldsymbol{x}} \in \Omega$ 满足 $f_i(\bar{\boldsymbol{x}}) \leqslant \alpha_i(i=1,2,\cdots,m)$时,就认为$\bar{\boldsymbol{x}}$是可以接受的、满意的。这样的$\bar{\boldsymbol{x}}$就称为一个满意解。

注 16.1 在多目标规划问题中,一般不提最优解的概念,只提满意解或有效解。

16.1.2 求有效解的几种常用方法

对绝大多数多目标决策实际问题,决策者最偏好的方案都是有效解,下面介绍几种常用的求解问题(MP)的有效解的常用方法。

值得注意的是,在多目标规划中,除去目标函数一般是彼此冲突外,还有另一个特点:目标函数的不可公度性。所以通常在求解前,先对目标函数进行预处理。预处理的内容包括:

(1) 无量纲化处理:每个目标函数的量纲通常是不一样的,在进行加权求解时由于量纲的不可公度性,需要先进行无量纲化处理。

(2) 数量级的归一化处理:当各个目标函数的数量级差异较大时,容易出现大数吃小数现象,即数量级较大的目标在决策分析过程中容易占优,从而影响决策结果。

1. 线性加权法

该方法的基本思想是根据目标的重要性确定一个权重,以目标函数的加权平均值为评价函数,使其达到最优。该方法的基本步骤如下。

第一步:确定每个目标的权系数

$$0 \leqslant w_j \leqslant 1, j=1,2,\cdots,m; \quad \sum_{j=1}^{m} w_j = 1.$$

第二步:写出评价函数 $\sum_{j=1}^{m} w_j f_j$。

第三步:求评价函数最优值

$$\min \sum_{i=1}^{m} w_i f_i(\boldsymbol{x}),$$
$$\text{s.t. } \boldsymbol{x} \in \Omega.$$

该方法应用的关键是要确定每个目标的权重,它反映不同目标在决策者心中的重要程度,重要程度高的权重就大,重要程度低的权重就小。权重的确定一般由决策者给出,因而具有较大的主观性,不同的决策者给的权重可能不同,从而会使计算的结果不同。

2. $\boldsymbol{\varepsilon}$ 约束法

根据决策者的偏好,选择一个主要关注的参考目标,例如$f_k(\boldsymbol{x})$,而将其他 $m-1$ 个目标函数放到约束条件中。具体地,有

$$
\min f_k(\boldsymbol{x}),
$$

$$
\text{s. t.} \begin{cases} f_i(\boldsymbol{x}) \leqslant \varepsilon_i, \quad i=1,2,\cdots,k-1,k+1,\cdots,m, \\ \boldsymbol{x} \in \Omega. \end{cases} \tag{16.4}
$$

其中参数 $\varepsilon_i, i=1,2,\cdots,k-1,k+1,\cdots,m$ 为决策者事先给定的。

ε 约束法也称主要目标法或参考目标法，参数 ε_i 是决策者对第 i 个目标而言的容许接受阈值。

ε 约束法有三个优点：

(1) 在有效解$\bar{\boldsymbol{x}}$点处的库恩—塔克(Kuhn-Tucker)乘子可用来确定置换域，帮助决策者寻找更合意的方案。

(2) 保证了第 k 个重要目标的利益，同时又适当照顾了其他目标，这在许多实际决策问题的求解中颇受决策者的偏爱。

(3) 多目标规划问题(MP)的每一个 Pareto 有效解都可以通过适当地选择参数 $\varepsilon_i(i=1,2,\cdots,k-1,k+1,\cdots,m)$，用 ε 约束法求得。

在实际计算中，应注意参数 ε_i 的确定问题。如果每个 ε_i 的值都很小，则问题(16.4)很有可能无可行解；如果 ε_i 的值较大，则目标 $f_k(\boldsymbol{x})$ 的损失可能就更大。有一些方法可用来处理这个问题，例如，给决策者提供 $f_i^* = \min\{f_i(\boldsymbol{x}) \mid \boldsymbol{x} \in \Omega\}\ (i=1,2,\cdots,m)$ 和某个可行解$\tilde{\boldsymbol{x}}$处的目标值$[f_1(\tilde{\boldsymbol{x}}), f_2(\tilde{\boldsymbol{x}}), \cdots, f_m(\tilde{\boldsymbol{x}})]^{\mathrm{T}}$，然后决策者根据经验或要求确定 ε_i 的值。

3. 理想点法

该方法的基本思想是：以每个单目标最优值为该目标的理想值，使每个目标函数值与理想值的差的加权平方和最小。该方法的基本步骤如下。

第一步，求出每个目标函数的理想值。以单个目标函数为目标构造单目标规划，求该规划的最优值

$$
f_i^* = \min_{\boldsymbol{x} \in \Omega} f_i(\boldsymbol{x}), \quad i=1,2,\cdots,m.
$$

第二步，构造每个目标与理想值的差的加权平方和，作出评价函数

$$
\sum_{i=1}^{m} w_i\ (f_i(\boldsymbol{x}) - f_i^*)^2,
$$

其中，权重通常进行归一化处理，即满足 $w_i \geqslant 0,\ \sum_{i=1}^{m} w_i = 1$。

第三步，求评价函数的最优值

$$
\min_{\boldsymbol{x} \in \Omega} \sum_{i=1}^{m} w_i\ (f_i(\boldsymbol{x}) - f_i^*)^2. \tag{16.5}
$$

该方法需要求解 $m+1$ 个单目标规划。

为了简化计算过程，式(16.5)可以改写为

$$
\min_{\boldsymbol{x} \in \Omega} \sum_{i=1}^{m} (f_i(\boldsymbol{x}) - f_i^*)^2. \tag{16.6}
$$

4. 优先级法

该方法的基本思想是根据目标重要性分成不同优先级，先求优先级高的目标函数的最优值，在确保优先级高的目标获得不低于最优值的条件下，再求优先级低的目标函数，具体步骤如下。

第一步，确定优先级。

第二步，求第一级单目标最优值 $f_1^* = \min_{x \in \Omega} f_1(\boldsymbol{x})$。

第三步，以第一级单目标等于最优值为约束，求第二级目标最优。即求解

$$\min f_2(\boldsymbol{x}),$$
$$\text{s. t.} \begin{cases} f_1(\boldsymbol{x}) = f_1^*, \\ \boldsymbol{x} \in \Omega. \end{cases}$$

记求得的最优解为 $\boldsymbol{x}^{(2)}$，目标函数对应的最优值为 f_2^*。

第四步，以第一、第二级单目标等于其最优值为约束，求第三级目标最优。依次递推求解，直到不存在可行解为止或最后一级目标。

优先级解法也称为序贯解法。该方法适用于目标有明显轻重之分的问题，也就是说，各目标的重要性差距比较大，首先确保最重要的目标，然后再考虑其他目标。在同一等级的目标可能会有多个，这些目标的重要性没有明显的差距，可以用加权方法求解。

例 16.1 某公司考虑生产两种光电太阳能电池：产品甲和产品乙。其生产过程会引起空气放射性污染。因此，公司经理有两个目标：极大化利润与极小化总的放射性污染。已知在一个生产周期内，每单位产品的收益、放射性污染排放量、机器能力（小时）、装配能力（人时）和可用的原材料（单位）的限制如表 16.1 所示。假设市场需求无限制，两种产品的产量和至少为 10，则公司该如何安排一个生产周期内的生产。

表 16.1 资源条件、利润及污染排放量

	单位甲产品	单位乙产品	资源限量
设备工时	0.5	0.25	8
工人工时	0.2	0.2	4
原材料	1	5	72
利润	2	3	
污染排放	1	2	

模型建立

设 x_1, x_2 分别表示甲乙两种产品在一个生产周期内的产量，记 $\boldsymbol{x} = [x_1, x_2]^{\mathrm{T}}$，则该问题的目标函数为

$$\text{利润极大化：} \max f_1(\boldsymbol{x}) = 2x_1 + 3x_2,$$

及

$$\text{污染极小化：} \min f_2(\boldsymbol{x}) = x_1 + 2x_2.$$

约束条件分如下 4 类。

（1）设备工时约束

$$0.5x_1 + 0.25x_2 \leqslant 8.$$

（2）工人工时约束

$$0.2x_1 + 0.2x_2 \leqslant 4.$$

(3) 原材料约束

$$x_1+5x_2\leqslant 72.$$

(4) 产量约束

$$x_1+x_2\geqslant 10.$$

综上所述,该问题的模型可描述为

$$\min\{-f_1(\boldsymbol{x}),f_2(\boldsymbol{x})\},$$

$$\text{s. t.}\begin{cases}0.5x_1+0.25x_2\leqslant 8,\\0.2x_1+0.2x_2\leqslant 4,\\x_1+5x_2\leqslant 72,\\x_1+x_2\geqslant 10,\\x_1,x_2\geqslant 0.\end{cases}$$

模型求解

下面使用三种方法求解模型。

1) 线性加权法

两个目标函数的权重都取为 0.5,把上述多目标规划问题归结为如下的线性规划问题

$$\min 0.5(-2x_1-3x_2)+0.5(x_1+2x_2),$$

$$\text{s. t.}\begin{cases}0.5x_1+0.25x_2\leqslant 8,\\0.2x_1+0.2x_2\leqslant 4,\\x_1+5x_2\leqslant 72,\\x_1+x_2\geqslant 10,\\x_1,x_2\geqslant 0.\end{cases}$$

利用 Matlab 软件,求得上述线性规划问题的最优解为

$$x_1=7,x_2=13,$$

利润为 53,污染物排放量为 33。此时生产甲产品 7 件,乙产品 13 件,作为多目标规划的满意解。

2) 理想点法

分别求解线性规划问题

$$\min -2x_1-3x_2,$$

$$\text{s. t.}\begin{cases}0.5x_1+0.25x_2\leqslant 8,\\0.2x_1+0.2x_2\leqslant 4,\\x_1+5x_2\leqslant 72,\\x_1+x_2\geqslant 10,\\x_1,x_2\geqslant 0,\end{cases}$$

得目标函数的最优值 $f_1^*=-53$。

$$\min x_1+2x_2,$$

$$\text{s. t.}\begin{cases}0.5x_1+0.25x_2\leqslant 8,\\0.2x_1+0.2x_2\leqslant 4,\\x_1+5x_2\leqslant 72,\\x_1+x_2\geqslant 10,\\x_1,x_2\geqslant 0,\end{cases}$$

得目标函数的最优值 $f_2^*=10$。

构造每个目标与最优值的差的平方和,作为新的目标函数:

$$\min f=(-2x_1-3x_2+53)^2+(x_1+2x_2-10)^2,$$

求解如下二次规划问题:

$$\min f=(-2x_1-3x_2+53)^2+(x_1+2x_2-10)^2,$$

$$\text{s. t.}\begin{cases}0.5x_1+0.25x_2\leqslant 8,\\0.2x_1+0.2x_2\leqslant 4,\\x_1+5x_2\leqslant 72,\\x_1+x_2\geqslant 10,\\x_1,x_2\geqslant 0,\end{cases}$$

得多目标规划的满意解为

$$x_1=13.36,x_2=5.28.$$

3) *序贯解法*

由理想点法解知,第一个目标函数的最优值为-53。

以第二个目标函数作为目标函数,问题的原始约束条件再加第一个目标函数等于其最优值的约束条件,构造如下的线性规划模型

$$\min x_1+2x_2,$$

$$\text{s. t.}\begin{cases}0.5x_1+0.25x_2\leqslant 8,\\0.2x_1+0.2x_2\leqslant 4,\\x_1+5x_2\leqslant 72,\\x_1+x_2\geqslant 10,\\-2x_1-3x_1=-53,\\x_1,x_2\geqslant 0.\end{cases}$$

求解得多目标规划的满意解为

$$x_1=7,x_2=13,$$

此时的利润为 53,排放污染物为 33。

```
clc, clear, prob=optimproblem;
x=optimvar('x',2,'LowerBound',0);
c1=[-2, -3]; c2=[1, 2];
a=[0.5, 0.25; 0.2, 0.2; 1, 5; -1, -1];
b=[8; 4; 72; -10];
prob.Constraints.con1 = a*x<=b
obj1=0.5*c1*x+0.5*c2*x
```

```
prob1 = prob; prob1.Objective=obj1;
[sol1, fval1]=solve(prob1), sx=sol1.x
f1=-c1*sx, f2=c2*sx

prob21=prob; prob21.Objective=c1*x;
[sol21,fval21]=solve(prob21), sx21=sol21.x
prob22=prob; prob22.Objective=c2*x;
[sol22,fval22]=solve(prob22), sx22=sol22.x
prob23=prob;
prob23.Objective=(c1*x-fval21)^2+(c2*x-fval22)^2;
[sol23,fval23]=solve(prob23), sx23=sol23.x

prob3=prob; prob3.Objective=c2*x;
prob3.Constraints.con2=c1*x==fval21;
[sol3,fval3]=solve(prob3), sx3=sol3.x
```

16.2 目标规划

美国经济学家查恩斯(A. Charnes)和库柏(W. W. Cooper)在 1961 年出版的《管理模型及线性规划的工业应用》一书中,首先提出目标规划(Goal Programming)。

16.2.1 目标规划的数学模型

1. 目标规划的概念

为了具体说明目标规划与线性规划在处理问题方法上的区别,先通过例子来介绍目标规划的有关概念及数学模型。

例 16.2 某工厂生产Ⅰ、Ⅱ两种产品,已知有关数据见表 16.2,试求获利最大的生产方案。

表 16.2 生产数据表

	Ⅰ	Ⅱ	拥有量
原材料/kg	2	1	11
设备/h	1	2	10
利润/(万元/件)	8	10	

解 这是一个单目标的规划问题。设生产产品Ⅰ、Ⅱ的量分别为 x_1 和 x_2 时获利 z 最大,建立如下线性规划模型:

$$\max z=8x_1+10x_2,$$
$$\text{s.t.}\begin{cases}2x_1+x_2\leqslant 11,\\ x_1+2x_2\leqslant 10,\\ x_1,x_2\geqslant 0.\end{cases}$$

最优决策方案为 $x_1^*=4, x_2^*=3, z^*=62$ 万元。

但实际上工厂在作决策方案时，要考虑市场等一系列其他条件。如：

(1) 根据市场信息，产品Ⅰ的销售量有下降的趋势，故考虑产品Ⅰ的产量不大于产品Ⅱ。

(2) 超过计划供应的原材料，需要高价采购，这就使成本增加。

(3) 应尽可能充分利用设备，但不希望加班。

(4) 应尽可能达到并超过计划利润指标 56 万元。

这样在考虑产品决策时，便成为多目标决策问题。目标规划方法是解决这类决策问题的方法之一。下面引入与建立目标规划数学模型有关的概念。

1) 正、负偏差变量

设 $f_i(i=1,2,\cdots,l)$ 为第 i 个目标函数，它的正偏差变量 $d_i^+=\max\{f_i-d_i^0,0\}$ 表示决策值超过目标值的部分，负偏差变量 $d_i^-=-\min\{f_i-d_i^0,0\}$ 表示决策值未达到目标值的部分，这里 d_i^0 表示 f_i 的目标值。因决策值不可能既超过目标值同时又未达到目标值，即恒有 $d_i^+\times d_i^-=0$。

2) 绝对(刚性)约束和目标约束

绝对约束是指必须严格满足的等式约束和不等式约束，如线性规划问题的所有约束条件，不能满足这些约束条件的解称为非可行解，所以它们是硬约束。目标约束是目标规划特有的，可把约束右端项看作要追求的目标值。在达到此目标值时允许发生正或负偏差，因此在这些约束中加入正、负偏差变量，它们是软约束。线性规划问题的目标函数，在给定目标值和加入正、负偏差变量后可变换为目标约束。例如，例 16.2 的目标函数 $z=8x_1+10x_2$ 可变换为目标约束 $8x_1+10x_2+d_1^--d_1^+=56$。

3) 优先因子(优先等级)与权系数

一个规划问题常常有若干个目标。但决策者在要求达到这些目标时，是有主次或轻重缓急的。凡要求第一位达到的目标赋于优先因子 P_1，次位的目标赋于优先因子 P_2，……，并规定 $P_k \gg P_{k+1}, k=1,2,\cdots,q$。表示 P_k 比 P_{k+1} 有更大的优先权。以此类推，在区别具有相同优先因子的两个目标的差别时，可分别赋于它们不同的权系数 w_j，这些都由决策者依具体情况而定。

4) 目标规划的目标函数

目标规划的目标函数(准则函数)是按各目标约束的正、负偏差变量和赋于相应的优先因子而构造的。当每一目标值确定后，决策者的要求是尽可能缩小偏离目标值。因此目标规划的目标函数只能是所有偏差变量的加权和。其基本形式有三种。

(1) 第 i 个目标要求恰好达到目标值，即正、负偏差变量都要尽可能地小，这时

$$\min\ w_i^- d_i^- + w_i^+ d_i^+.$$

(2) 第 i 个目标要求不超过目标值，即允许达不到目标值，就是正偏差变量要尽可能地小，这时

$$\min\ w_i^+ d_i^+.$$

(3) 第 i 个目标要求超过目标值，即超过量不限，但必须是负偏差变量要尽可能地小，这时

$$\min\ w_i^- d_i^- .$$

对每一个具体目标规划问题,可根据决策者的要求和赋于各目标的优先因子来构造目标函数,以下用例子说明。

例 16.3 例 16.2 的决策者在原材料供应受严格限制的基础上考虑,首先是产品Ⅱ的产量不低于产品Ⅰ的产量;其次是充分利用设备有效台时,不加班;再次是利润额不小于 56 万元。求决策方案。

解 按决策者所要求的,分别赋于这三个目标的优先因子为 P_1,P_2,P_3。这问题的数学模型是

$$\min\ P_1 d_1^+ + P_2(d_2^- + d_2^+) + P_3 d_3^- ,$$

$$\text{s. t.}\begin{cases} 2x_1 + x_2 \leqslant 11, \\ x_1 - x_2 + d_1^- - d_1^+ = 0, \\ x_1 + 2x_2 + d_2^- - d_2^+ = 10, \\ 8x_1 + 10x_2 + d_3^- - d_3^+ = 56, \\ x_1, x_2, d_i^-, d_i^+ \geqslant 0, \quad i = 1,2,3. \end{cases}$$

2. 目标规划的一般数学模型

设 $x_j(j=1,2,\cdots,n)$ 是目标规划的决策变量,共有 m 个约束是刚性约束,可能是等式约束,也可能是不等式约束。设有 l 个柔性目标约束,其目标约束的偏差为 d_i^+,$d_i^-(i=1,2,\cdots,l)$。设有 q 个优先级别,分别为 $P_1,P_2,\cdots,P_q$。在同一个优先级 P_k 中,有不同的权重,分别记为 $w_{ki}^+, w_{ki}^-(i=1,2,\cdots,l)$。因此目标规划模型的一般数学表达式为

$$\min z = \sum_{k=1}^{q} P_k \Big(\sum_{i=1}^{l} w_{ki}^- d_i^- + w_{ki}^+ d_i^+ \Big),$$

$$\text{s. t.}\begin{cases} \sum_{j=1}^{n} a_{tj} x_j \leqslant (=, \geqslant) b_t, \quad t = 1,\cdots,m, \\ \sum_{j=1}^{n} c_{ij} x_j + d_i^- - d_i^+ = d_i^0, \quad i = 1,2,\cdots,l, \\ x_j \geqslant 0, \quad j = 1,2,\cdots,n, \\ d_i^-, d_i^+ \geqslant 0, \quad i = 1,2,\cdots,l. \end{cases} \tag{16.7}$$

建立目标规划的数学模型时,需要确定目标值、优先等级、权系数等,它们都具有一定的主观性和模糊性,可以用专家评定法给以量化。

16.2.2 求解目标规划的序贯算法

序贯算法是求解目标规划的一种早期算法,其核心是根据优先级的先后次序,将目标规划问题分解成一系列的单目标规划问题,然后再依次求解。

下面介绍求解目标规划的序贯算法。对于 $k=1,2,\cdots,q$,求解单目标规划

$$\min z = \sum_{i=1}^{l} (w_{ki}^- d_i^- + w_{ki}^+ d_i^+), \tag{16.8}$$

$$
\text{s.t.}\begin{cases}\sum_{j=1}^{n} a_{tj}x_j \leqslant (=,\geqslant) b_t, & t=1,\cdots,m,\\ \sum_{j=1}^{n} c_{ij}x_j + d_i^- - d_i^+ = d_i^0, & i=1,2,\cdots,l,\\ \sum_{i=1}^{l} (w_{si}^- d_i^- + w_{si}^+ d_i^+) \leqslant z_s^*, & s=1,2,\cdots,k-1,\\ x_j \geqslant 0, & j=1,2,\cdots,n,\\ d_i^-, d_i^+ \geqslant 0, & i=1,2,\cdots,l.\end{cases} \tag{16.9}
$$

其最优目标值为 z_k^*，当 $k=1$ 时，约束条件式(16.9)中的第 3 个约束为空约束。当 $k=q$ 时，z_q^* 所对应的解 $\boldsymbol{x}^*=[x_1^*,x_2^*,\cdots,x_n^*]^{\mathrm{T}}$ 为目标规划的解。

注 16.2 也可能求解到 $k=k^*<q$ 时，解集就为空集，说明第 k^* 个目标是无法实现的。

例 16.4 某企业生产甲、乙两种产品，需要用到 A,B,C 三种设备，关于产品的赢利与使用设备的工时及限制如表 16.3 所示。问该企业应如何安排生产，才能达到下列目标。

表 16.3 企业生产的有关数据

	甲	乙	设备的生产能力/h
A/(h/件)	2	2	12
B/(h/件)	4	0	16
C/(h/件)	0	5	15
赢利/(元/件)	200	300	

(1) 力求使利润指标不低于 1500 元。

(2) 考虑到市场需求，甲、乙两种产品的产量比应尽量保持 1:2。

(3) 设备 A 为贵重设备，严格禁止超时使用。

(4) 设备 C 可以适当加班，但要控制；设备 B 既要求充分利用，又尽可能不加班。在重要性上，设备 B 是设备 C 的 3 倍。

建立相应的目标规划模型并求解。

解 设备 A 是刚性约束，其余是柔性约束。首先，最重要的指标是企业的利润，因此，将它的优先级列为第一级；其次，甲、乙两种产品的产量保持 1:2 的比例，列为第二级；再次，设备 C,B 的工作时间要有所控制，列为第三级。在第三级中，设备 B 的重要性是设备 C 的 3 倍，因此，它们的权重不一样，设备 B 前的系数是设备 C 前系数的 3 倍。设生产甲乙两种产品的件数分别为 x_1,x_2，相应的目标规划模型为

$$
\min z=P_1d_1^-+P_2(d_2^++d_2^-)+P_3(3d_3^++3d_3^-+d_4^+),
$$

$$
\text{s.t.}\begin{cases}2x_1+2x_2\leqslant 12,\\ 200x_1+300x_2+d_1^--d_1^+=1500,\\ 2x_1-x_2+d_2^--d_2^+=0,\\ 4x_1+d_3^--d_3^+=16,\\ 5x_2+d_4^--d_4^+=15,\\ x_1,x_2,d_i^-,d_i^+\geqslant 0, i=1,2,3,4.\end{cases}
$$

序贯算法中每个单目标问题都是一个线性规划问题,可以使用 Matlab 软件进行求解。

求第一级目标,即求解如下线性规划:

$$\min d_1^-,$$

$$\text{s. t.}\begin{cases}2x_1+2x_2\leqslant 12,\\200x_1+300x_2+d_1^--d_1^+=1500,\\2x_1-x_2+d_2^--d_2^+=0,\\4x_1+d_3^--d_3^+=16,\\5x_2+d_4^--d_4^+=15,\\x_1,x_2,d_i^-,d_i^+\geqslant 0,i=1,2,3,4.\end{cases}$$

求得目标函数的最优值 $d_1^-=0$,即第一级偏差为 0。

求第二级目标,即求解如下线性规划:

$$\min d_2^++d_2^-,$$

$$\text{s. t.}\begin{cases}2x_1+2x_2\leqslant 12,\\200x_1+300x_2+d_1^--d_1^+=1500,\\2x_1-x_2+d_2^--d_2^+=0,\\4x_1+d_3^--d_3^+=16,\\5x_2+d_4^--d_4^+=15,\\x_1,x_2,d_i^-,d_i^+\geqslant 0,i=1,2,3,4,\\d_1^-=0.\end{cases}$$

求得目标函数的最优值为 0,即第二级的偏差仍为 0。

求第三级目标,即求解如下线性规划:

$$\min 3d_3^++3d_3^-+d_4^+,$$

$$\text{s. t.}\begin{cases}2x_1+2x_2\leqslant 12,\\200x_1+300x_2+d_1^--d_1^+=1500,\\2x_1-x_2+d_2^--d_2^+=0,\\4x_1+d_3^--d_3^+=16,\\5x_2+d_4^--d_4^+=15,\\x_1,x_2,d_i^-,d_i^+\geqslant 0,i=1,2,3,4,\\d_1^-=0,d_2^++d_2^-=0.\end{cases}$$

求得目标函数的最优值为 29,即第三级偏差为 29。

分析计算结果,$x_1=2,x_2=4,d_1^+=100$,因此,目标规划的满意解为 $\boldsymbol{x}^*=[2,4]$,最优利润为 1600。

计算的 Matlab 程序如下:

```
clc, clear
x=optimvar('x',2,'LowerBound',0);
```

```
dp=optimvar('dp',4,'LowerBound',0);
dm=optimvar('dm',4,'LowerBound',0);
p=optimproblem('ObjectiveSense','min');
p.Constraints.con1 = 2 * sum(x)<=12;
con2=[200 * x(1)+300 * x(2)+dm(1)-dp(1)==1500
      2 * x(1)-x(2)+dm(2)-dp(2)==0
      4 * x(1)+dm(3)-dp(3)==16
      5 * x(2)+dm(4)-dp(4)==15];
p.Constraints.con2=con2;
goal=100000 * ones(3,1);
mobj=[dm(1); dp(2)+dm(2); 3 * dp(3)+3 * dm(3)+dp(4)];
for i=1:3
    p.Constraints.cons3=[mobj<=goal];
    p.Objective=mobj(i);
    [sx,fval]=solve(p);
    fprintf('第%d级目标计算结果如下:\n',i)
    fval, xx=sx.x, sdm=sx.dm, sdp=sx.dp
    goal(i)=fval;
end
```

例 16.5 某计算机公司生产三种型号的笔记本电脑 A、B、C。这三种笔记本电脑需要在复杂的装配线上生产,生产 1 台 A、B、C 型号的笔记本电脑分别需要 5h、8h、12h。公司装配线正常的生产时间是每月 1700h。公司营业部门估计 A、B、C 三种笔记本电脑的利润分别是每台 1000 元、1440 元、2520 元,而公司预测这个月生产的笔记本电脑能够全部售出。公司经理考虑以下目标:

第一目标:充分利用正常的生产能力,避免开工不足。

第二目标:优先满足老客户的需求,A、B、C 三种型号的电脑分别为 50 台、50 台、80 台,同时根据三种电脑的纯利润分配不同的权因子。

第三目标:限制装配线加班时间,最好不要超过 200h。

第四目标:满足各种型号电脑的销售目标,A、B、C 型号分别为 100 台、120 台、100 台,再根据三种电脑的纯利润分配不同的权因子。

第五目标:装配线的加班时间尽可能少。

请列出相应的目标规划模型,并用 matlab 软件求解。

解 首先建立目标约束。

1) 装配线正常生产

设生产 A、B、C 型号的电脑分别为 x_1,x_2,x_3(台),d_1^- 为装配线正常生产时间未利用数,d_1^+ 为装配线加班时间,希望装配线正常生产,避免开工不足,因此装配线目标约束为

$$\begin{cases}\min\{d_1^-\},\\ 5x_1+8x_2+12x_3+d_1^--d_1^+=1700.\end{cases}$$

2) 销售目标

优先满足老客户的需求,并根据三种电脑的纯利润分配不同的权因子,A、B、C 三

种型号的电脑每小时的利润分别是$\frac{1000}{5}$元、$\frac{1440}{8}$元、$\frac{2520}{12}$元，因此，老客户的销售目标约束为

$$\begin{cases}\min\{20d_2^-+18d_3^-+21d_4^-\},\\x_1+d_2^--d_2^+=50,\\x_2+d_3^--d_3^+=50,\\x_3+d_4^--d_4^+=80.\end{cases}$$

再考虑一般销售。类似上面的讨论，得到

$$\begin{cases}\min\{20d_5^-+18d_6^-+21d_7^-\},\\x_1+d_5^--d_5^+=100,\\x_2+d_6^--d_6^+=120,\\x_3+d_7^--d_7^+=100.\end{cases}$$

3）加班限制

首先是限制装配线加班时间，不允许超过200h，因此得到

$$\begin{cases}\min\{d_8^+\},\\5x_1+8x_2+12x_3+d_8^--d_8^+=1900.\end{cases}$$

其次装配线的加班时间尽可能少，即

$$\begin{cases}\min\{d_1^+\},\\5x_1+8x_2+12x_3+d_1^--d_1^+=1700.\end{cases}$$

写出目标规划的数学模型

$$\min z=P_1d_1^-+P_2(20d_2^-+18d_3^-+21d_4^-)+P_3d_8^++P_4(20d_5^-+18d_6^-+21d_7^-)+P_5d_1^+,$$

$$\text{s. t.}\begin{cases}5x_1+8x_2+12x_3+d_1^--d_1^+=1700,\\x_1+d_2^--d_2^+=50,\\x_2+d_3^--d_3^+=50,\\x_3+d_4^--d_4^+=80,\\x_1+d_5^--d_5^+=100,\\x_2+d_6^--d_6^+=120,\\x_3+d_7^--d_7^+=100,\\5x_1+8x_2+12x_3+d_8^--d_8^+=1900,\\x_1,x_2,d_i^-,d_i^+\geqslant 0,i=1,2,\cdots,8.\end{cases}$$

利用Matlab软件求得$x_1=100,x_2=55,x_3=80$。装配线生产时间为1900h，满足装配线加班不超过200h的要求。能够满足老客户的需求，但未能达到销售目标。销售总利润为

$$1000\times100+1440\times55+2520\times80=380800(\text{元}).$$

计算的 Matlab 程序如下：

```
clc, clear
x=optimvar('x',3,'LowerBound',0);
dp=optimvar('dp',8,'LowerBound',0);
dm=optimvar('dm',8,'LowerBound',0);
p=optimproblem;      %默认目标函数最小化
b=[50,50,80,100,120,100]';
con1=[5*x(1)+8*x(2)+12*x(3)+dm(1)-dp(1)==1700
        x(1:3)+dm(2:4)-dp(2:4)==b(1:3)
        x(1:3)+dm(5:7)-dp(5:7)==b(4:6)
        5*x(1)+8*x(2)+12*x(3)+dm(8)-dp(8)==1900];
p.Constraints.con1=con1;
goal=100000*ones(5,1);
mobj=[dm(1); 20*dm(2)+18*dm(3)+21*dm(4); dp(8)
      20*dm(5)+18*dm(6)+21*dm(7); dp(1)];
for i=1:5
    p.Constraints.cons2=[mobj<=goal];
    p.Objective=mobj(i);
    [sx,fval]=solve(p);
    fprintf('第%d级目标计算结果如下:\n',i)
    fval, xx=sx.x, sdm=sx.dm, sdp=sx.dp
    goal(i)=fval;
end
c = [1000,1440,2520]*xx  %计算总利润
```

习 题 16

16.1 试求解多目标线性规划问题

$$\max z_1=3x_1+x_2,$$
$$\max z_2=x_1+2x_2,$$
$$\text{s.t.}\begin{cases}x_1+x_2\leqslant 7,\\x_1\leqslant 5,\\x_2\leqslant 5,\\x_1,x_2\geqslant 0.\end{cases}$$

16.2 某学校规定，运筹学专业的学生毕业时必须至少学习过两门数学课、三门运筹学课和两门计算机课。这些课程的编号、名称、学分、所属类别和先修课要求如表 16.4 所示。那么，毕业时学生最少可以学习这些课程中的哪些课程？

如果某个学生既希望选修课程的数量少，又希望所获得的学分多，他可以选修哪些课程？

表 16.4 课程情况

课程编号	课程名称	学　分	所属类别	选修课要求
1	微积分	5	数学	
2	线性代数	4	数学	
3	最优化方法	4	数学,运筹学	微积分,线性代数
4	数据结构	3	数学,计算机	计算机编程
5	应用统计	4	数学,运筹学	微积分,线性代数
6	计算机模拟	3	计算机,运筹学	计算机编程
7	计算机编程	2	计算机	
8	预测理论	2	运筹学	应用统计
9	数学实验	3	运筹学,计算机	微积分,线性代数

16.3 一个小型的无线电广播台考虑如何最好地安排音乐、新闻和商业节目的时间。依据法律,该台每天允许广播12h,其中商业节目用以赢利,每分钟可收入250美元,新闻节目每分钟需支出40美元,音乐节目播放1min的费用为17.50美元。法律规定,正常情况下商业节目只能占广播时间的20%,每小时至少安排5min新闻节目。问每天的广播节目该如何安排?优先级如下:

p_1:满足法律规定的要求;

p_2:每天的纯收入最大。

试建立该问题的目标规划模型。

16.4 某工厂生产两种产品,每件产品Ⅰ可获利10元,每件产品Ⅱ可获利8元。每生产一件产品Ⅰ,需要3h;每生产一件产品Ⅱ,需要2.5h。每周总的有效时间为120h。若加班生产,则每件产品Ⅰ的利润降低1.5元;每件产品Ⅱ的利润降低1元。加班的时间限定每周不超过40h,决策者希望在允许的工作及加班时间内取得最大利润,试建立该问题的目标规划模型并求解。

16.5 某节能灯具厂接到了订购16000套A型和B型节能灯具的订货合同,合同中没有对这两种灯具各自的数量做要求,但合同要求工厂在一周内完成生产任务并交货。根据该厂的生产能力,一周内可以利用的生产时间为20000min,可利用的包装时间为36000min。生产和包装一套A型节能灯具均需要2min;生产和包装一套B型节能灯具分别需要1min和3min。每套A型节能灯具成本为7元,销售价为15元,即利润为8元;每套B型节能灯具成本为14元,销售价为20元,即利润为6元。厂长首先要求必须要按合同完成订货任务,并且既不要有不足量,也不要有超过量。其次要求满意的销售额尽量达到或接近275000元。最后要求在生产总时间和包装总时间上可以有所增加,但超过量尽量地小。同时注意到增加生产时间要比增加包装时间困难得多。试为该节能灯具厂制订生产计划。

附录 A　Matlab 软件入门

A.1　Matlab 帮助的使用

1. help

```
help  elfun↵                 % 关于基本函数的帮助信息
help  exp↵                   % 指数函数 exp 的帮助信息
```

2. lookfor 指令

当要查找具有某种功能但又不知道准确名字的指令时，help 的能力就不够了，lookfor 可以根据用户提供的完整或不完整的关键词，去搜索出一组与之相关的指令。

```
lookfor  integral↵           % 查找有关积分的指令
lookfor  fourier↵            % 查找能进行傅里叶变换的指令
```

3. 超文本格式的帮助

在 Matlab 中，关于一个函数的"帮助"信息可以用 doc 命令以超文本的方式给出，如

```
doc↵
doc  doc↵
doc  eig↵                    % eig 求矩阵的特征值和特征向量
```

4. pdf"帮助"文件

可从 MathWorks 网站上下载有关的 pdf"帮助"文件。

A.2　数据的输入

1. 简单矩阵的输入

(1) 要直接输入矩阵时，矩阵一行中的元素用空格或逗号分隔；矩阵行与行之间用分号";"分隔，整个矩阵放在方括号"[ ]"中。

```
A=[1,2,3;4,5,6;7,8,9]↵
```

说明：指令执行后，矩阵 A 被保存在 Matlab 的工作间中，以备后用。如果用户不用 clear 指令清除它，或对它进行重新赋值，那么该矩阵会一直保存在工作间中，直到本次指令窗关闭为止。

(2) 矩阵的分行输入：

```
A=[1,2,3
   4,5,6
   7,8,9]
```

2. 特殊变量

```
ans                          % 用于结果的默认变量名
```

```
pi                    % 圆周率
eps                   % 浮点相对精度
inf                   % 无穷大,如 1/0
NaN                   % 不定量(非数),如 0/0
i(j)                  % i=j=√-1
nargin                % 所用函数的输入变量数目
nargout               % 所用函数的输出变量数目
realmin               % 最小可用正实数
realmax               % 最大可用正实数
```

3. 特殊向量和特殊矩阵

1）特殊向量

```
t=[0:0.1:10]
% 产生 0~10 的行向量,元素之间的间隔为 0.1
t=linspace(n1,n2,n)
% 产生 n1 和 n2 之间线性均匀分布的 n 个数（默认 n 时,产生 100 个数）
t=logspace(n1,n2,n)  （默认 n 时,产生 50 个数）
```

% 在10^{n1}和10^{n2}之间按照对数距离等间距产生 n 个数

2）特殊矩阵

(1) 单位矩阵：

```
eye(m)
eye(m,n)        % 得到一个可允许的最大单位矩阵而其余处补 0
eye(size(a))    % 可以得到与矩阵 a 同样维数的单位矩阵
```

(2) 所有元素为 1 的矩阵：

```
ones(n),ones(size(a)),ones(m,n)
```

(3) 所有元素为 0 的矩阵：

```
zeros(n),zeros(m,n).
```

(4) 空矩阵是一个特殊矩阵,这在线性代数中是不存在的。例如

```
q=[]    % 矩阵 q 在工作空间之中,但它的大小为 0
```

通过空矩阵的办法可以删除矩阵的行与列。例如

```
a(:,3)=[]       % 表示删除矩阵 a 的第 3 列
```

(5) 随机数矩阵：

```
rand(m,n)
% 产生 m×n 矩阵,其中的元素是服从[0,1]上均匀分布的随机数
normrnd(mu,sigma,m,n)
% 产生 m×n 矩阵,其中的元素是服从均值为 mu,标准差为 sigma 的正态分布的随机数
exprnd(mu,m,n)
% 产生 m×n 矩阵,其中的元素是服从均值为 mu 的指数分布的随机数
poissrnd(mu,m,n)
% 产生 m×n 矩阵,其中的元素是服从均值为 mu 的泊松(Poisson)分布的随机数
unifrnd(a,b,m,n)
% 产生 m×n 矩阵,其中的元素是服从区间[a,b]上均匀分布的随机数
```

(6) 随机置换:

```
randperm(n)           % 产生 1~n 的一个随机全排列
perms([1:n])          % 产生 1~n 的所有全排列
```

例 A.1 计算

$$\begin{bmatrix}1 & 1\\2 & 2\\3 & 3\end{bmatrix}+\begin{bmatrix}1 & 2\\1 & 2\\1 & 2\end{bmatrix}.$$

解 在 Matlab 中 $\begin{bmatrix}1\\2\\3\end{bmatrix}+[1\quad 2]$,相当于做运算 $\begin{bmatrix}1 & 1\\2 & 2\\3 & 3\end{bmatrix}+\begin{bmatrix}1 & 2\\1 & 2\\1 & 2\end{bmatrix}=\begin{bmatrix}2 & 3\\3 & 4\\4 & 5\end{bmatrix}$,这里利用了 Matlab 矩阵运算的广播功能。

```
a=[1;2;3]; b=[1,2]; s=a+b       % 利用矩阵广播进行矩阵加法运算
aa=repmat(a,1,2)                % 把列向量 a 行复制 1 次,列复制 2 次构造矩阵
bb=repmat(b,3,1)                % 把行向量 b 行复制 3 次,列复制 1 次构造矩阵
ss=aa+bb                        % 老版本的矩阵加法运算
```

A.3 绘图命令

A.3.1 二维绘图命令

二维绘图的基本命令有 plot、loglog、semilogx、semilogy 和 polarplot。它们的使用方法基本相同,其不同特点是在不同的坐标中绘制图形。plot 命令使用线性坐标空间绘制图形;loglog 命令在两个对数坐标空间中绘制图形;而 semilogx(或 semilogy)命令使用 x 轴(或 y 轴)为对数刻度,另外一个轴为线性刻度的坐标空间绘制图形;polarplot 使用极坐标空间绘制图形。

二维绘图命令 plot 为了适应各种绘图需要,提供了用于控制线色、数据点和线型的 3 组基本参数。它的使用格式如下:

```
plot(x,y,'color_point_linestyle')
```

该命令是绘制 y 对应 x 的折线图命令。y 与 x 均为向量,且具有相同的元素个数。用字符串'color_point_linestyle'完成上面 3 个参数的设置。线色(r-red,g-green,b-blue,w-white,k-black,m-magenta,c-cyan,y-yellow)、数据点(.,o,x,+,*,s,h,d,v,^,>,<,p)与线型(-,-.,--,:)都可以根据需要适当选择。

当 plot(x,y)中的 x 和 y 均为 m×n 矩阵时,plot 命令将绘制 n 条曲线。

plot(t,[x1,x2,x3])在同一坐标轴内同时绘制三条曲线。

如果多重曲线对应不同的向量绘制,可使用命令

```
plot(t1,x1,t2,x2,t3,x3)
```

其中,x1 对应 t1,x2 对应 t2 等。在这种情况下,t1,t2 和 t3 可以具有不同的元素个数,但要求 x1,x2 和 x3 必须分别与 t1,t2 和 t3 具有相同的元素个数。

subplot 命令使得在一个屏幕上可以分开显示 n 个不同的坐标系,且可分别在每一个

坐标系中绘制曲线。其命令格式如下：

```
subplot(r,c,p)
```

该命令将屏幕分成 r×c 个子窗口，p 表示激活第 p 个子窗口。窗口的编号是从左到右，自上而下。

在图形绘制完毕后，执行如下命令可以再在图中加入标题、标号、说明和分格线等。这些命令有 title，xlabel，ylabel，text，gtext 等。它们的命令格式如下：

```
title('My Title'),xlabel('My X-axis Label'),ylabel('My Y-axis Label'),
text(x,y,'Text for annotation'),
gtext('Text for annotation'),grid
```

gtext 命令是使用鼠标器定位的文字注释命令。当输入命令后，可以在屏幕上得到一个光标，然后使用鼠标器控制它的位置。单击鼠标左键，即可确定文字设定的位置。

hold on 是图形保持命令，可以把当前图形保持在屏幕上不变，同时在这个坐标系内绘制另外一个图形。hold 命令是一个交替转换命令，即执行一次，转变一个状态（相当于 hold on、hold off）。

A.3.2 显函数，符号函数或隐函数的绘图

fplot(fun,lims)绘制由 fun 指定函数名的函数在 x 轴区间为 lims=[xmin, xmax]的图形。若 lims=[xmin,xmax,ymin,ymax]，则 y 轴也被限制。

例 A.2 画 $f(x)=\begin{cases} x+1, & x<1 \\ 1+\dfrac{1}{x}, & x\geqslant 1 \end{cases}$ 的图形。

解 (1) 使用函数时，编写程序如下：

```
clc, clear, close all
fplot(@Afun1,[-3,3])
function y=Afun1(x)
y=(x+1).*(x<1)+(1+1./x).*(x>=1);
end
```

注：在新版 Matlab 中，函数和调用语句可以写在一个文件中。

(2) 这里也可以使用匿名函数，编写程序如下：

```
Afun2=@(x) (x+1)*(x<1)+(1+1/x)*(x>=1);
fplot(Afun2,[-3,3])
```

例 A.3 画出下列函数的图形。

(1) $y=\tan x$。

```
fplot(@ (x)tan(x))
```

(2) $x^2+\dfrac{y^2}{4}=1$。

可以使用两种方法绘制椭圆 $x^2+\dfrac{y^2}{4}=1$ 的图形。

```
xt=@ (t)cos(t); yt=@ (t)2*sin(t);
fplot(xt,yt)                              % 参数方程绘图
figure, fimplicit(@ (x,y)x.^2+y.^2/4-1)   % 隐函数绘图
```

A.3.3 三维图形

在实际工程计算中,最常用的三维绘图是三维曲线图、三维网格图和三维表面图 3 种基本类型。与此对应,Matlab 也提供了一些三维基本绘图命令,如三维曲线命令 plot3 和 fplot3,三维网格图命令 mesh 和 fmesh,三维表面图命令 surf 和 fsurf。其中的 fplot3,fmesh 和 fsurf 是使用函数进行绘图,比较方便,也容易使用。此外,还有三维隐函数绘图命令 fimplicit3。下面给出这些函数的用法示例。

1. 三维曲线

plot3(x,y,z)通过描点连线画出曲线,这里 x,y,z 都是 n 维向量,分别表示该曲线上点集的横坐标、纵坐标、竖坐标。

例 A.4 在区间$[0,10\pi]$画出参数曲线 $x=\sin(t)$,$y=\cos(t)$,$z=t$。

```
t=0:pi/50:10*pi;
subplot(121), plot3(sin(t),cos(t),t)
subplot(122), fplot3(@(t)sin(t),@(t)cos(t),@(t)t,[0,10*pi])
```

2. 网格图

命令 mesh(x,y,z)画网格曲面。这里 x,y,z 是三个同维数的数据矩阵,分别表示数据点的横坐标、纵坐标、竖坐标,命令 mesh(x,y,z)将该数据点在空间中描出,并连成网格。

例 A.5 绘制二元函数

$$z=\frac{\sin(xy)}{xy}$$

的三维网格图。

```
clc, clear, close all
x=-5:0.2:5; [x,y]=meshgrid(x);          % 生成网格数据
z=(sin(x.*y)+eps)./(x.*y+eps);          % 为避免 0/0,分子分母都加 eps
subplot(121), mesh(x,y,z)
subplot(122),fmesh(@(x,y)sin(x.*y)./(x.*y))
```

3. 表面图

命令 surf(x,y,z)画三维表面图,这里 x,y,z 是三个同维数的数据矩阵,分别表示数据点的横坐标、纵坐标、竖坐标。

例 A.6 绘制二元函数

$$z=\frac{\sin(xy)}{xy}$$

的三维表面图。

```
clc, clear, close all
x=-5:0.2:5; [x,y]=meshgrid(x);
z=(sin(x.*y)+eps)./(x.*y+eps);
subplot(121), surf(x,y,z)
subplot(122),fsurf(@(x,y)sin(x.*y)./(x.*y))
```

4. 旋转曲面

例 A.7 画出 $x^2+(y-5)^2=16$ 绕 x 轴旋转一周所形成的旋转曲面。

解 $x^2+(y-5)^2=16$ 绕 x 轴旋转一周所形成的旋转曲面为

$$x^2+\left(\sqrt{y^2+z^2}-5\right)^2=16,$$

这里的函数是隐函数,可以直接使用隐函数命令 fimplicit3 画图;还可以先把旋转曲面化成参数方程:

$$x=4\cos u,$$
$$y=(5+4\sin u)\cos v,$$
$$z=(5+4\sin u)\sin v,$$

其中 $u,v\in[0,2\pi]$,使用命令 fmesh 画图。画图的 Matlab 程序如下:

```
clc, clear, close all
f = @(x,y,z)x.^2+(sqrt(y.^2+z.^2)-5).^2-16
subplot(121), fimplicit3(f,[-4,4,-9,9,-9,9])
x=@(u,v) 4*cos(u);
y=@(u,v) (5+4*sin(u)).*cos(v);
z=@(u,v) (5+4*sin(u)).*sin(v);
subplot(122),fsurf(x,y,z)
```

5. 二次曲面图形

Matlab 中使用绘图命令 fmesh 或 fsurf,画显函数或参数方程表示的二次曲面很方便,或者直接使用 fimlicit3 画隐函数表示的二次曲面。

例 A.8 画出下列二次曲面的图形。

(1) 单页双曲面 $\frac{x^2}{4}+\frac{y^2}{10}-\frac{z^2}{8}=1$。

参数方程为

$$\begin{cases}x=2\cosh v\cos u,\\ y=\sqrt{10}\cosh v\sin u, \quad 0\leqslant u\leqslant 2\pi,-\infty<v<+\infty.\\ z=2\sqrt{2}\sinh v,\end{cases}$$

```
f = @(x,y,z) x.^2/4+y.^2/10-z.^2/8-1;
subplot(121), fimplicit3(f,[-20,20,-20,20,-15,15])
x=@(u,v)2*cosh(v).*cos(u);
y=@(u,v)sqrt(10)*cosh(v).*sin(u);
z=@(u,v)2*sqrt(2)*sinh(v);
subplot(122),fmesh(x,y,z,[0,2*pi,-pi,pi])
```

(2) 双叶双曲面 $\frac{x^2}{9}-\frac{y^2}{4}-z^2=1$。

```
f=@(x,y,z) x.^2/9-y.^2/4-z.^2-1;
fimplicit3(f)
```

(3) 抛物柱面 $y^2=x$。

```
fsurf(@(y,z)y.^2)
```

(4) 椭圆锥面$\frac{x^2}{9}+\frac{y^2}{4}=z^2$。

参数方程为

$$\begin{cases}x=3\tan u\cos v,\\ y=2\tan u\sin v, & -\frac{\pi}{2}<u<\frac{\pi}{2},0\leqslant v\leqslant 2\pi.\\ z=\tan u,\end{cases}$$

```
subplot(121)
fimplicit3(@(x,y,z)x.^2/9+y.^2/4-z.^2,[-6,6,-4,4,-2,2])
subplot(122), x=@(s,t) 3*tan(s).*cos(t);
y=@(s,t) 2*tan(s).*sin(t); z=@(s,t) tan(s);
fsurf(x,y,z,[-1,1,0,2*pi])
```

(5) 椭球面$\frac{x^2}{9}+\frac{y^2}{4}+\frac{z^2}{6}=1$。

可以直接调用画椭球面的函数 ellipsoid 直接画图。

```
subplot(121), fimplicit3(@(x,y,z)x.^2/9+y.^2/4+z.^2/6-1)
subplot(122), ellipsoid(0,0,0,3,2,sqrt(6))
```

(6) 马鞍面 $z=xy$。

```
fsurf(@(x,y)x.*y)
```

(7) 椭圆柱面$\frac{x^2}{9}+\frac{y^2}{4}=1$。

```
subplot(121), fimplicit3(@(x,y,z)x.^2/9+y.^2/4-1)
x=@(u,v)3*cos(u); y=@(u,v)2*sin(u); z=@(u,v)v;
subplot(122),fsurf(x,y,z)
```

6. 其他曲面图形

例 A.9 绘制三维网格图或表面图。

(1) 绘制如下参数方程的网格图

$$\begin{cases}x=r\cos(s)\sin(t),\\ y=r\sin(s)\sin(t),\\ z=r\cos(t),\end{cases}$$

其中 $r=2+\sin(7s+5t)$,$0<s<2\pi$,$0<t<\pi$。使用 alpha 设置网格部分透明。

```
r = @(s,t) 2 + sin(7*s + 5*t);
x = @(s,t) r(s,t).*cos(s).*sin(t);
y = @(s,t) r(s,t).*sin(s).*sin(t);
z = @(s,t) r(s,t).*cos(t);
fmesh(x,y,z,[0, 2*pi, 0, pi]), alpha(0.8)
```

(2) 绘制如下分段函数的网格图:

$$f(x,y)=\begin{cases}\operatorname{erf}(x)+\cos(y), & -5<x<0,\\ \sin(x)+\cos(y), & 0<x<5.\end{cases}\quad -5<y<5.$$

```
fmesh(@(x,y) erf(x)+cos(y),[-5, 0, -5, 5]), hold on
fmesh(@(x,y) sin(x)+cos(y),[0, 5, -5, 5]), hold off
```

(3) 使用不同的线型为不同的 v 值绘制参数方程表示的曲面

$$\begin{cases} x = u\sin(v), \\ y = -u\cos(v), \\ z = v, \end{cases}$$

式中:$-5<u<5$;$-5<v<2$。

对于$-5<v<-2$,使用绿色虚线绘制曲面边。对于$-2<v<2$,通过将 EdgeColor 属性设置为'none'来关闭边。

```
x = @(u,v) u. * sin(v);
y = @(u,v) -u. * cos(v); z = @(u,v) v;
fsurf(x, y, z,[-5 5 -5 -2],'--','EdgeColor','g'); hold on
fsurf(x, y, z,[-5 5 -2 2],'EdgeColor','none'), hold off
```

(4) 绘制参数方程表示的曲面

$$\begin{cases} x = e^{-|u|/10}\sin(5|v|), \\ y = e^{-|u|/10}\cos(5|v|), \\ z = u. \end{cases}$$

```
x = @(u,v) exp(-abs(u)/10). * sin(5 * abs(v));
y = @(u,v) exp(-abs(u)/10). * cos(5 * abs(v));
z = @(u,v) u;     fsurf(x,y,z)
```

A.3.4 四维数据可视化图形

例 A.10 Matlab 帮助中的一个例子。

```
[x,y,z,v] = flow;
isosurface(x,y,z,v)
```

例 A.11 画出 $v=x^2y(z+1)$的示意图。

```
x=1:20; y=1:10; z=-10:10;
[x,y,z]=meshgrid(x,y,z);
v=x.^2. *y. * (z+1); isosurface(x,y,z,v)
```

A.4 Matlab 在高等数学中应用

A.4.1 求极限

Matlab 求极限的命令为

```
limit(expr, x, a)
limit(expr, a)
limit(expr)
limit(expr, x, a, 'left')
limit(expr, x, a, 'right')
```

其中:limit(expr, x, a)表示求符号表达式 expr 关于符号变量 x 趋近于 a 时的极限,limit(expr)求默认变量趋近于 0 时的极限。

例 A.12 求下列表达式的极限：

（1）$\lim\limits_{x\to 0}\frac{\sqrt{1+x^2}-1}{1-\cos x}$；（2）$\lim\limits_{x\to+\infty}\left(1+\frac{a}{x}\right)^x$。

解 求得

$$\lim_{x\to 0}\frac{\sqrt{1+x^2}-1}{1-\cos x}=1,\ \lim_{x\to+\infty}\left(1+\frac{a}{x}\right)^x=e^a.$$

```
clc, clear, syms x a
b1 = limit((sqrt(1+x^2)-1)/(1-cos(x)))
b2 = limit((1+a/x)^x, x, inf)
```

A.4.2 求导数

Matlab 的求导数命令为

```
diff(F)
diff(F,var)
diff(F, n)
diff(F,var,n)
diff(F,var1,...,varN)
```

其中：diff(F)表示求 F 关于由 symvar(F,1)确定的变量的 1 阶导数；diff(F,var)求 F 关于变量 var 的 1 阶导数；diff(F, n)求 F 关于由 symvar(F,1)确定的变量的 n 阶导数；diff(F, var,n)求 F 关于变量 var 的 n 阶导数；diff(F,var1,...,varN)求关于变量 var1,...,varN 的 N 阶偏导数。

例 A.13 （1）求函数 $y=\ln\frac{x+2}{1-x}$的三阶导数；

（2）求向量 $\boldsymbol{a}=[0\quad 0.5\quad 2\quad 4]$的一阶差分。

解 求得三阶导数

$$y'''=-\frac{18(x^2+x+1)}{(x^2+x-2)^3}.$$

$\boldsymbol{a}$ 的一阶差分为$[0.5\quad 1.5\quad 2]$。

```
clc, clear, syms x
dy=diff(log((x+2)/(1-x)),x,3)
dy=simplify(dy)              % 对符号函数进行化简
a=[0,0.5,2,4]; da=diff(a)
```

A.4.3 求极值

例 A.14 求函数 $f(x)=x^3+6x^2+8x-1$ 的极值点，并画出函数的图形。

解 对 $f(x)$求导，然后令$\frac{\mathrm{d}f(x)}{\mathrm{d}x}=0$，解方程则可求得函数 $f(x)$的极值点$-2\pm\frac{2\sqrt{3}}{3}$。

```
clc, clear, syms x, y=x^3+6*x^2+8*x-1;
dy=diff(y); xx=solve(dy), fplot(y)        % 符号函数画图
```

A.4.4 求积分

1. 求不定积分

Matlab 求符号函数不定积分的命令为

```
int(expr)
int(expr, v)
```

例 A.15 求不定积分

$$\int \frac{1}{1+\sqrt{1-x^2}}\mathrm{d}x.$$

解 求得 $\int \frac{1}{1+\sqrt{1-x^2}}\mathrm{d}x = \frac{x\arcsin(x)+\sqrt{1-x^2}-1}{x}$.

```
syms x, I=int(1/(1+sqrt(1-x^2)))
```

2. 求定积分

(1) 求定积分的符号解。

Matlab 求符号函数的定积分命令为

```
int(expr, a, b)
int(expr, v, a, b)
```

例 A.16 求定积分

$$\int_{-\frac{\pi}{2}}^{\frac{\pi}{2}} \cos x\cos 2x\mathrm{d}x.$$

解 $\int_{-\frac{\pi}{2}}^{\frac{\pi}{2}} \cos x\cos 2x\mathrm{d}x = \frac{2}{3}$.

```
syms x, I=int(cos(x)*cos(2*x),-pi/2,pi/2)
```

(2) 求定积分的数值解。

例 A.17 求下列积分的数值解

(1) $\int_2^{+\infty} \frac{\mathrm{d}x}{x\cdot\sqrt[3]{x^2-3x+2}}$;

(2) $\iint_D \sqrt{1-x^2-y^2}\mathrm{d}\sigma, D=\{(x,y)\mid x^2+y^2\leqslant x\}$;

(3) $\iiint_\Omega \frac{z^2\ln(x^2+y^2+z^2+1)}{x^2+y^2+z^2+1}\mathrm{d}v, \Omega=\{(x,y,z)\mid 0\leqslant z\leqslant\sqrt{1-x^2-y^2}\}$。

解 (1) $\int_2^{+\infty} \frac{\mathrm{d}x}{x\cdot\sqrt[3]{x^2-3x+2}} = 1.4396$.

(2) 把二重积分化成累次积分,得

$$\iint_D \sqrt{1-x^2-y^2}\mathrm{d}\sigma = \int_0^1 \mathrm{d}x\int_{-\sqrt{x-x^2}}^{\sqrt{x-x^2}} \sqrt{1-x^2-y^2}\mathrm{d}y = 0.6028.$$

(3) 把三重积分化成累次积分,得

$$\iiint_\Omega \frac{z^2\ln(x^2+y^2+z^2+1)}{x^2+y^2+z^2+1}\mathrm{d}v = \int_{-1}^1 \mathrm{d}x\int_{-\sqrt{1-x^2}}^{\sqrt{1-x^2}}\mathrm{d}y\int_0^{\sqrt{1-x^2-y^2}} \frac{z^2\ln(x^2+y^2+z^2+1)}{x^2+y^2+z^2+1}\mathrm{d}z = 0.1273.$$

```
clc, clear
I1 = integral(@(x)1./(x.*(x.^2-3*x+2).^(1/3)), 2, inf)
f2=@(x,y) sqrt(1-x.^2-y.^2);
ymax2=@(x) sqrt(x-x.^2); ymin2=@(x) -ymax2(x);
I2=integral2(f2,0,1,ymin2,ymax2)
f3=@(x,y,z) z.^2.*log(x.^2+y.^2+z.^2+1)./(x.^2+y.^2+z.^2+1);
ymax3=@(x) sqrt(1-x.^2); ymin3=@(x) -ymax3(x);
zmax3=@(x,y) sqrt(1-x.^2-y.^2);
I3=integral3(f3,-1,1,ymin3,ymax3,0,zmax3)
```

A.4.5 级数求和

Matlab 级数求和的命令为

```
r =symsum(expr, v, a, b)
```

其中：expr 为级数的通项表达式；v 为求和变量；a 和 b 分别为求和变量的初值和终值。

例 A.18 求如下级数的和：

(1) $\sum_{n=1}^{\infty}\frac{2n-1}{2^n}$；(2) $\sum_{n=1}^{\infty}\frac{1}{n^2}$。

解 (1) $\sum_{n=1}^{\infty}\frac{2n-1}{2^n}=3$；

(2) $\sum_{n=1}^{\infty}\frac{1}{n^2}=\frac{\pi^2}{6}$.

```
clc, clear, syms n
f1=(2*n-1)/2^n; s1=symsum(f1,n,1,inf)
f2=1/n^2; s2=symsum(f2,n,1,inf)
```

A.5 Matlab 在线性代数中的应用

A.5.1 向量组的线性相关性

求列向量组 A 的一个最大线性无关组可用命令 rref(A)将 A 化成行最简形，其中单位向量对应的列向量即为最大线性无关组所含向量，其他列向量的坐标即为其对应向量用最大线性无关组线性表示的系数。

例 A.19 求下列矩阵列向量组的一个最大无关组。

$$\boldsymbol{A}=\begin{bmatrix}1&-2&-1&0&2\\-2&4&2&6&-6\\2&-1&0&2&3\\3&3&3&3&4\end{bmatrix}$$

解 记矩阵 $\boldsymbol{A}$ 的五个列向量依次为 $\alpha_1,\alpha_2,\alpha_3,\alpha_4,\alpha_5$，则 $\alpha_1,\alpha_2,\alpha_4$ 是列向量组的一个最大无关组。且有

$$\alpha_3=\frac{1}{3}\alpha_1+\frac{2}{3}\alpha_2,\ \alpha_5=\frac{16}{3}\alpha_1-\frac{1}{9}\alpha_2-\frac{1}{3}\alpha_4.$$

```
a=sym([1,-2,-1,0,2;-2,4,2,6,-6;2,-1,0,2,3;3,3,3,3,4]);
b=rref(a)              % 化成行最简形
```

例 A.20 设 $\boldsymbol{A}=[a_1,a_2,a_3]=\begin{bmatrix}2&2&-1\\2&-1&2\\-1&2&2\end{bmatrix}$，$\boldsymbol{B}=[b_1,b_2]=\begin{bmatrix}1&4\\0&3\\-4&2\end{bmatrix}$，验证 a_1,a_2,a_3 是 $\mathbf{R}^3$ 的一个基，并把 b_1,b_2 用这个基线性表示。

解 求得矩阵$[\boldsymbol{A},\boldsymbol{B}]$的行最简形为

$$\begin{bmatrix}1&0&0&2/3&4/3\\0&1&0&-2/3&1\\0&0&1&-1&2/3\end{bmatrix}.$$

说明 a_1,a_2,a_3 是 $\mathbf{R}^3$ 的一个基，且有 $b_1=\frac{2}{3}a_1-\frac{2}{3}a_2-a_3$，$b_2=\frac{4}{3}a_1+a_2+\frac{2}{3}a_3$。

```
a=sym([2,2,-1;2,-1,2;-1,2,2]);
b=sym([1,4;0,3;-4,2]); c=rref([a,b])
```

A.5.2 齐次线性方程组

在 Matlab 中，函数 null 用来求解零空间，即 $\boldsymbol{Ax}=0$ 的解空间，实际上是求出解空间的一组基(基础解系)。格式如下：

```
z=null(A)
```

当 A 为数值矩阵时，返回值 z 的列向量为方程组的正交规范基，满足 $\boldsymbol{z}^{\mathrm{T}}\boldsymbol{z}=\boldsymbol{E}$。当 A 为符号矩阵时，z 的列向量为方程组的符号基础解系。

例 A.21 求方程组的通解

$$\begin{cases}x_1+2x_2+2x_3+x_4=0,\\2x_1+x_2-2x_3-2x_4=0,\\x_1-x_2-4x_3-3x_4=0.\end{cases}$$

解 求得基础解系为

$$[2,-2,1,0]^{\mathrm{T}},[5/3,-4/3,0,1]^{\mathrm{T}}.$$

通解为 $k_1[2,-2,1,0]^{\mathrm{T}}+k_2[5/3,-4/3,0,1]^{\mathrm{T}}$，$k_1,k_2\in\mathbf{R}$。

```
a=sym([1,2,2,1;2,1,-2,-2;1,-1,-4,-3]);
b=null(a)                % 求符号基础解系
```

A.5.3 非齐次线性方程组

Matlab 中解非齐次线性方程组可以使用“\”。虽然表面上只是一个简单的符号，但是它的内部却包含许多自适应算法，如对超定方程(无解)用最小二乘法求解，对欠定方程(多解)给出范数最小的一个解。

另外，求解欠定方程组(多解)可以使用求矩阵 A 的行最简形命令 rref(A)，求出所有的基础解系。

例 A.22 求超定方程组

$$
\begin{cases}
2x_1+4x_2=11,\\
3x_1-5x_2=3,\\
x_1+2x_2=6,\\
2x_1+x_2=7
\end{cases}
$$

的数值解。

解 求得最小二乘解为 $x=[3.0403,1.2418]^{\mathrm{T}}$。

```
a=[2,4;3,-5;1,2;2,1];
b=[11;3;6;7]; s=a\b
```

上面解超定方程组的"\"可以用伪逆命令 pinv 代替,且 pinv 的使用范围比"\"更加广泛,pinv 也给出最小二乘解或最小范数解。只有 a 列满秩时,才能使用命令 a\b,否则只能使用命令 pinv(a) * b。

例 A.23 求下列方程组的最小二乘符号解。

$$
\begin{cases}
x_1+x_2=1,\\
x_1+x_3=2,\\
x_1+x_2+x_3=0,\\
x_1+2x_2-x_3=-1.
\end{cases}
$$

解 求得最小二乘解为

$$
x_1=\frac{17}{6},x_2=-\frac{13}{6},x_3=-\frac{2}{3}.
$$

```
a=sym([1,1,0;1,0,1;1,1,1;1,2,-1]);
b=sym([1;2;0;-1]); x = pinv(a)*b
```

例 A.24 求解方程组

$$
\begin{cases}
x_1-x_2-x_3+x_4=0,\\
x_1-x_2+x_3-3x_4=1,\\
x_1-x_2-2x_3+3x_4=-1/2.
\end{cases}
$$

解 求得增广矩阵的行最简形为

$$
\begin{bmatrix}
1 & -1 & 0 & -1 & 1/2\\
0 & 0 & 1 & -2 & 1/2\\
0 & 0 & 0 & 0 & 0
\end{bmatrix}.
$$

故方程组有解,得到等价的方程组

$$
\begin{cases}
x_1=x_2+x_4+\dfrac{1}{2},\\
x_3=2x_4+\dfrac{1}{2},
\end{cases}
$$

因而方程组的通解为

$$\begin{bmatrix} x_1 \\ x_2 \\ x_3 \\ x_4 \end{bmatrix} = k_1 \begin{bmatrix} 1 \\ 1 \\ 0 \\ 0 \end{bmatrix} + k_2 \begin{bmatrix} 1 \\ 0 \\ 2 \\ 1 \end{bmatrix} + \begin{bmatrix} 1/2 \\ 0 \\ 1/2 \\ 0 \end{bmatrix}, k_1, k_2 \in \mathbf{R}.$$

```
a=sym([1,-1,-1,1,0;1,-1,1,-3,1;1,-1,-2,3,-1/2]);
b=rref(a)              % 求增广矩阵的行最简形
```

A.5.4 相似矩阵及二次型

例 A.25 求一个正交变换 $\boldsymbol{x}=\boldsymbol{P}\boldsymbol{y}$，把二次型

$$f=2x_1x_2+2x_1x_3-2x_1x_4-2x_2x_3+2x_2x_4+2x_3x_4$$

化为标准形。

解 二次型的矩阵为

$$\boldsymbol{A}=\begin{bmatrix} 0 & 1 & 1 & -1 \\ 1 & 0 & -1 & 1 \\ 1 & -1 & 0 & 1 \\ -1 & 1 & 1 & 0 \end{bmatrix}.$$

求得正交矩阵

$$\boldsymbol{P}=\begin{bmatrix} \frac{1}{2} & \frac{\sqrt{2}}{2} & \frac{\sqrt{6}}{6} & -\frac{\sqrt{3}}{6} \\ -\frac{1}{2} & \frac{\sqrt{2}}{2} & -\frac{\sqrt{6}}{6} & \frac{\sqrt{3}}{6} \\ -\frac{1}{2} & 0 & \frac{\sqrt{6}}{3} & \frac{\sqrt{3}}{6} \\ \frac{1}{2} & 0 & 0 & \frac{\sqrt{3}}{2} \end{bmatrix},$$

做正交变换$[x_1,x_2,x_3,x_4]^{\mathrm{T}}=P(y_1,y_2,y_3,y_4)^{\mathrm{T}}$，把二次型$f$化为标准型

$$g=-3y_1^2+y_2^2+y_3^2+y_4^2。$$

```
A=sym([0,1,1,-1;1,0,-1,1;1,-1,0,1;-1,1,1,0]);
[P1,D]=eig(A)          % 把矩阵进行相似对角化
P2=orth(P1)            % 把矩阵正交规范化
```

例 A.26 判别二次型$f=2x_1^2+4x_2^2+5x_3^2-4x_1x_2$的正定性。

解 二次型f对应矩阵的特征值都是正的，所以f是正定的。

```
a = [2 -2 0; -2 4 0; 0 0 5];
b =eig(a)              % 求矩阵 a 的特征值
if all(b>0)
    fprintf('二次型正定\n')
else
    fprintf('二次型非正定\n')
end
```

A.6 数据处理

A.6.1 Matlab 中的默认数据文件 mat 文件

例 A.27 把 Matlab 工作空间中的数据矩阵 a,b,c 保存到数据文件 dataA_27.mat 中。

```
save dataA_27.mat  a  b  c
```

注:Matlab 中的默认数据文件 mat 文件可以省略后缀名。

例 A.28 把例 A.27 生成的 dataA_27.mat 中的所有数据加载到 Matlab 工作空间中。

```
load('dataA_27.mat')
```

A.6.2 纯文本文件

可以把 word 文档中整行整列的数据粘贴到纯文本文件,然后调入 Matlab 工作空间。

例 A.29 把纯文本文件 dataA_29.txt 中数据加载到工作空间。

```
a=load('dataA_29.txt');
```

或者

```
b=readmatrix('dataA_29.txt');
```

例 A.30 使用 writematrix 命令把矩阵 b 保存到纯文本文件 dataA_30.txt。

```
b=randi([0,10],3)             % 生成 3 阶随机整数矩阵
writematrix(b,'dataA_30.txt')
```

例 A.31 生成服从标准正态分布随机数的 100×200 矩阵,再保存到 Excel 文件 dataA31.xlsx。

```
clc, clear, a=normrnd(0,1,100,200);
writematrix(a,'dataA_31.xlsx')
```

A.6.3 Excel 文件

例 A.32 把一个 5×10 矩阵写到 Excel 文件 dataA_32.xlsx 表单 Sheet2 中 B2 开始的域中。

```
a=rand(5,10); warning('off')
writematrix(a,'dataA_32.xlsx','Sheet',2,'Range','B2')
```

例 A.33 把例 A.32 生成的 Excel 文件 dataA_32.xlsx 中表单 Sheet2 的域"C3:F6"中的数据赋给 b。

```
b=readmatrix('dataA_32.xlsx','Sheet',2,'Range','C3:F6')
```

A.6.4 字符串数据

例 A.34 统计下列五行字符串中字符 a,c,g,t 出现的频数。

1. aggcacggaaaaacgggaataacggaggaggacttggcacggcattacacggagg
2. cggaggacaaacgggatggcggtattggaggtggcggactgttcgggga
3. gggacggatacggattctggccacggacggaaaggaggacacggcggacataca

4. atggataacggaaacaaaccagacaaacttcggtagaaatacagaagctta

5. cggctggcggacaacggactggcggattccaaaaacggaggaggcggacggaggc

解 把上述五行数据保存到纯文本文件 dataA_34_1. txt 中,编写如下程序:

```
clc, clear, f=fopen('dataA_34_1.txt');
d0=textscan(f,'% s'); d=d0{1};
for i=1:length(d)
    a=sum(d{i}==97); c=sum(d{i}==99);
    g=sum(d{i}==103); t=sum(d{i}==116);
    n=sum(d{i}>=97&d{i}<=122); % 检验 26 个小写字符的个数
    s(i,:)=[a, c, g, t, n, a+c+g+t];
end
s, he=sum(s)
writematrix(s,'dataA_34_2.txt')
```

其他的字符串处理命令有 strcmp,strfind 等。

A.6.5 图像文件

例 A.35 把一个比较大的 bmp 图像文件 dataA_35_1. bmp,转化成比较小的 jpg 文件,命名成 dataA35_2. jpg,并显示。

```
a=imread('dataA_35_1.bmp'); subplot(121), imshow(a)
imwrite(a,'dataA_35_2.jpg');
subplot(122),imshow('dataA_35_2.jpg')
```

例 A.36 生成 10 幅彩色 jpg 文件,依次命名为 A_36_1. jpg,A_36_2. jpg,…,A_36_10. jpg。

```
clc, clear
for i=1:10
    str=['A_36_',int2str(i),'.jpg'];
    a(:,:,1)=rand(500); a(:,:,2)=rand(500)+100; a(:,:,3)=rand(500)+200;
    imwrite(a,str);
end
```

A.6.6 数据的批处理

例 A.37 现有数据文件 A_37_1. xlsx,A_37_2. xlsx,…,A_37_5. xlsx,用命令 importdata 读入数据。

```
clc, clear
mydata=cell(1, 5);                          % 初始化存放各个文件数据的细胞数组
for k=1:5
    filename=sprintf('A_37_% d.xlsx', k);   % 构造文件名的格式化字符串
    mydata{k}=importdata(filename);         % 从文件导入数据
end
celldisp(mydata)                            % 显示细胞数组的数据
```

例 A.38 现有数据文件 A_38_01. xlsx,A_38_02. xlsx,…,A_38_05. xlsx,读入各 Excel

文件的第 2 个表单(Sheet2)的域“A1:C3”中数据。

```
clc, clear, d=cell(1,5);                        % 初始化
for k=1:5
    fileName=sprintf('A_38_%02d.xlsx',k);
    d{k}=readmatrix(fileName,'Sheet',2,'Range','A1:C3');
end
celldisp(d)                                     % 显示细胞数组的数据
```

例 A.39 读入当前目录下所有后缀名为 xlsx 的 Excel 文件的数据。

```
clc, clear
fi=dir('*.xlsx')                 % 提出 Excel 文件的信息,返回值是结构数组
n=length(fi);                    % 计算 Excel 文件的个数
d=cell(1,n);                     % 初始化
for k=1:n
    d{k}=importdata(fi(k).name);
end
celldisp(d)                      % 显示细胞数组的数据
```

A.6.7 时间序列数据

例 A.40 时间序列数据的处理。

```
clc, clear
rng('shuffle')                          % 根据当前时间为随机数生成器提供种子
a=randn(6,1);                           % 生成服从标准正态分布的伪随机数
b=[today:today+5]'                      % 从今天到后面 5 天
c=datetime(b,'ConvertFrom','datenum')
T=array2timetable(a,'RowTimes',c)       % 生成时间序列数据
T.a(3)=NaN;                             % 将第 3 个数据变为缺失值 NaN
newT=fillmissing(T,'linear')            % 用线性插值填补时间序列中的缺失数据
data=table2array(newT)                  % 时间序列数据转成普通数据
```

A.6.8 日期和时间

Matlab 日期和时间的函数有 datenum, now, clock, date, calendar, eomday, weekday, addtodate, etime 等,这里就不一一说明各个函数的用法了,下面举一个小例子说明有关函数的使用。

例 A.41 统计 1601 年 1 月到 2000 年 12 月,每月的 13 日分别出现在星期日、星期一、星期二,……,星期六的频数,并画出对应的柱状图。

注:Matlab 中 weekday 的 1 对应“星期日”,2 对应“星期一”,……,7 对应“星期六”。

解 所画出的柱状图见图 A.1,Matlab 程序如下:

```
clc, clear, c=zeros(1,7);
for y=1601:2000
    for m=1:12
        d=datetime(y,m,13);
```

```
        w=weekday(d);
        c(w)=c(w)+1;
    end
end
c, bar(c)                           % 显示频数并画出频数的柱状图
axis([0 8 680 690])
line([0,8],[4800/7,4800/7],'linewidth',4,'color','k')
set(gca,'xticklabel',{'Su','M','Tu','W','Th','F','Sa'})
```

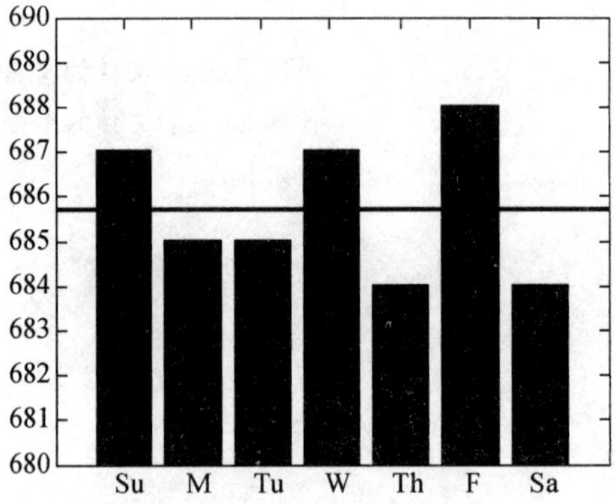

图 A.1 频数分布的柱状图

A.6.9 视频文件

Matlab 除了支持各种图像文件的读写等操作,还支持视频文件的相应处理。实际上,视频文件本质上是由多帧具有一定大小、顺序、格式的图像组成的,只是一般的图像是静止的,而视频可以将多帧静止的图像进行连续显示,从而达到动态效果。

例 A.42 读取一个视频文件 test.avi,并把视频中的每一帧保存成 jpg 文件。

```
clc,clear
ob=VideoReader('test.avi')          % 读取视频文件对象
n=ob.NumFrames;                     % 获取视频的总帧数
for i=1:n
    a=read(ob,i);                   % 读取视频对象的第 i 帧
    imshow(a)                       % 显示第 i 帧图像
    str=['pic\',int2str(i),'.jpg']; % 构造文件名的字符串,目录 pic 要提前建好
    imwrite(a,str);                 % 把第 i 帧保存到 jpg 文件
end
```

拓展阅读材料

薛定宇,陈阳泉. 高等应用数学问题的 MATLAB 求解. 北京:清华大学出版社,2004.

附录 B　Lingo 软件的使用

B.1　Lingo 软件的基本语法

B.1.1　集合

集合部分的语法为

```
sets:
  集合名称1/成员列表1/:属性1_1,属性1_2,…,属性1_n1;
  集合名称2/成员列表2/:属性2_1,属性2_2,…,属性2_n2;
  派生集合名称(集合名称1,集合名称2):属性3_1,…,属性3_n3;
endsets
```

例 B.1

```
sets:
  product/A B/;
  machine/M N/;
  week/1..2/;
  allowed(product,machine,week):x;
endsets
```

B.1.2　数据

数据部分的语法为

```
data:
  属性1=数据列表;
  属性2=数据列表;
enddata
```

B.1.3　数据计算段

数据计算段部分不能含有变量,必须是已知数据的运算。

```
calc:
  b=0;
  a=a+1;
endcalc
```

B.1.4　变量的初始化

变量初始化主要用于非线性问题赋初始值。

例 B. 2

```
init:
  X,Y = 0,.1;
endinit
Y=@log(X);
X^2+Y^2<=1;
```

好的初始点会减少模型的求解时间。

B. 1. 5　模型的目标函数和约束条件

这里就不具体介绍,而是通过下面具体例子给出。

B. 1. 6　实时数据处理

例 B. 3

```
data:
  interest_rate,inflation_rate = .085  ?;
enddata
```

注:(1) Lingo 中是不区分大小写字符的。

(2) Lingo 中数据部分不能使用分式,例如数据部分不能使用 1/3。

(3) Lingo 中的注释是使用“!”引导的。

(4) Lingo 中默认所有的变量都是非负的。

(5) Lingo 中矩阵数据是逐行存储的,Matlab 中矩阵数据是逐列存储的。

B. 2　Lingo 函数

B. 2. 1　算术运算符

^　乘方

*　乘

/　除

\+　加

\-　减

B. 2. 2　逻辑运算符

在 Lingo 中,逻辑运算符主要用于集循环函数的条件表达式中,来控制在函数中哪些集成员被包含,哪些被排斥。在创建稀疏集时用在成员资格过滤器中。

Lingo 具有 9 种逻辑运算符:

#not#　否定该操作数的逻辑值,#not#是一个一元运算符。

#eq#　若两个运算数相等,则为 true,否则为 false。

#ne#　若两个运算数不相等,则为 true,否则为 false。

#gt#　若左边的运算数严格大于右边的运算数，则为 true，否则为 false。

#ge#　若左边的运算数大于或等于右边的运算数，则为 true，否则为 false。

#lt#　若左边的运算数严格小于右边的运算数，则为 true，否则为 false。

#le#　若左边的运算数小于或等于右边的运算数，则为 true，否则为 false。

#and#　仅当两个参数都为 true 时，结果为 true，否则为 false。

#or#　仅当两个参数都为 false 时，结果为 false，否则为 true。

B. 2. 3　关系运算符

在 Lingo 中，关系运算符主要用在模型中来指定一个表达式的左边是否等于、小于等于或者大于等于右边，形成模型的一个约束条件。关系运算符与逻辑运算符#eq#、#le#、#ge#截然不同，逻辑运算符仅仅判断一个关系是否被满足，满足为真，不满足为假。

Lingo 有三种关系运算符："="、"<="和">="。Lingo 中还能用"<"表示小于等于关系，">"表示大于等于关系。Lingo 并不支持严格小于和严格大于关系运算符。

B. 2. 4　数学函数

Lingo 提供了大量的标准数学函数：

@abs(x)返回 x 的绝对值。

@sin(x)返回 x 的正弦值，x 采用弧度制。

@cos(x)返回 x 的余弦值。

@tan(x)返回 x 的正切值。

@exp(x)返回常数 e 的 x 次幂。

@log(x)返回 x 的自然对数。

@lgm(x)返回 x 的 gamma 函数的自然对数。

@mod(x,y)返回 x 除以 y 的余数。

@sign(x)如果 x<0 返回-1；如果 x>0 返回 1；如果 x=0 返回 0。

@floor(x)返回 x 的整数部分。当 x>=0 时，返回不超过 x 的最大整数；当 x<0 时，返回不低于 x 的最小整数。

@smax(x1,x2,…,xn)返回 x1,x2,…,xn 中的最大值。

@smin(x1,x2,…,xn)返回 x1,x2,…,xn 中的最小值。

B. 2. 5　变量界定函数

变量界定函数实现对变量取值范围的附加限制，共 4 种：

@bin(x)限制 x 为 0 或 1。

@bnd(L,x,U)限制 $L \leqslant x \leqslant U$。

@free(x)取消对变量 x 的默认下界为 0 的限制，即 x 可以取任意实数。

@gin(x)限制 x 为整数。

在默认情况下，Lingo 规定变量是非负的，也就是说下界为 0，上界为+∞。@free 取消了默认的下界为 0 的限制，使变量也可以取负值。@bnd 用于设定一个变量的上下界，它也可以取消默认下界为 0 的约束。

B.2.6 集循环函数

@for:该函数用来产生对集成员的约束。

@sum:该函数返回遍历指定的集成员的一个表达式的和。

@min 和@max:返回指定的集成员的一个表达式的最小值和最大值。

例 B.4 求向量[5,1,3,4,6,10]前 5 个数的最小值,后 3 个数的最大值。

```
model:
data:
     N=6;
enddata
sets:
     number/1..N/:x;
endsets
data:
     x = 5 1 3 4 6 10;
enddata
   minv=@min(number(I) |I #le# 5: x);
   maxv=@max(number(I) |I #ge# N-2: x);
end
```

B.2.7 概率函数

1. @pbn(p,n,x)

二项分布的累积分布函数。当 n 和(或)x 不是整数时,用线性插值法进行计算。

2. @pcx(n,x)

自由度为 n 的χ^2 分布的累积分布函数。

3. @peb(a,x)

当到达负荷为 a,服务系统有 x 个服务器且允许无穷排队时的 Erlang 繁忙概率。

4. @pel(a,x)

当到达负荷为 a,服务系统有 x 个服务器且不允许排队时的 Erlang 繁忙概率。

5. @pfd(n,d,x)

自由度为 n 和 d 的 F 分布的累积分布函数。

6. @pfs(a,x,c)

当负荷上限为 a,顾客数为 c,平行服务器数量为 x 时,有限源的 Poisson 服务系统的等待或返修顾客数的期望值。a 是顾客数乘以平均服务时间,再除以平均返修时间。当 c 和(或)x 不是整数时,采用线性插值进行计算。

7. @phg(pop,g,n,x)

超几何(Hypergeometric)分布的累积分布函数。pop 表示产品总数,g 是正品数。从所有产品中任意取出 n(n≤pop)件。pop、g、n 和 x 都可以是非整数,这时采用线性插值进行计算。

8. @ppl(a,x)

Poisson 分布的线性损失函数,即返回 max(0,z-x)的期望值,其中随机变量 z 服从均值为 a 的 Poisson 分布。

9. @pps(a,x)

均值为 a 的 Poisson 分布的累积分布函数。当 x 不是整数时,采用线性插值进行计算。

10. @psl(x)

单位正态线性损失函数,即返回 max(0,z-x)的期望值,其中随机变量 z 服从标准正态分布。

11. @psn(x)

标准正态分布的累积分布函数。

12. @ptd(n,x)

自由度为 n 的 t 分布的累积分布函数。

13. @qrand(seed)

产生服从(0,1)区间的伪随机数。@qrand 只允许在模型的数据部分使用,它将用伪随机数填满集属性。通常,声明一个 m×n 的二维表,m 表示运行实验的次数,n 表示每次实验所需的随机数的个数。在行内,随机数是独立分布的;在行间,随机数是非常均匀的。这些随机数是用"分层取样"的方法产生的。

例 B.5

```
model:
data:
  M=4; N=2; seed=1234567;
enddata
sets:
  rows/1..M/;
  cols/1..N/;
  table(rows,cols): X;
endsets
data:
  X=@qrand(seed);
enddata
end
```

如果没有为函数指定种子 seed,那么 Lingo 将用系统时间构造种子。

14. @rand(seed)

返回 0 和 1 间的伪随机数,依赖于指定的种子 seed。典型用法是 U(I+1)= @ rand (U(I))。注意:如果 seed 不变,那么产生的随机数也不变。

例 B.6 利用@ rand 产生 15 个标准正态分布的随机数和自由度为 2 的 t 分布的随机数。

```
model:
!产生一列正态分布和 t 分布的随机数;
```

```
sets:
  series/1..15/: u, znorm, zt;
endsets
!第一个均匀分布随机数是任意的;
  u(1) = @rand(.1234);
  !产生其余的均匀分布的随机数;
  @for(series(I)|I #GT# 1:u(I)=@rand(u(I-1)));
  @for(series(I):
    !正态分布随机数;
    @psn(znorm(I))=u(I);
    !和自由度为 2 的 t 分布随机数;
    @ptd(2,zt(I))=u(I);
    !znorm 和 zt 可以是负数;
    @free(znorm(I)); @free(zt(I)));
end
```

B.2.8 集操作函数

Lingo 提供了几个函数帮助处理集。

1. @in(set_name,primitive_index_1 [,primitive_index_2,…])

如果元素在指定集中,返回 1,否则返回 0。

例 B.7 全集为 I,B 是 I 的一个子集,C 是 B 的补集。

```
sets:
  I/x1..x4/:x;
  B(I)/x2/:y;
  C(I)|#not#@in(B,&1):z;
endsets
```

2. @index([set_name,] primitive_set_element)

该函数返回在集 set_name 中原始集成员 primitive_set_element 的索引。如果 set_name 被忽略,那么 Lingo 将返回与 primitive_set_element 匹配的第一个原始集成员的索引。如果找不到,则产生一个错误。

例 B.8 如何确定集成员(B,Y)属于派生集 S3。

```
sets:
  S1/A B C/;
  S2/X Y Z/;
  S3(S1,S2)/A X, A Z, B Y, C X/;
endsets
L=@in(S3,@index(S1,B),@index(S2,Y));
```

看下面的例子,表明有时为@ index 指定集是必要的。

例 B.9

```
sets:
  girls/debble,sue,alice/;
```

```
  boys/bob,joe,sue,fred/;
endsets
I1=@index(sue);
I2=@index(boys,sue);
```

I1 的值是 2,I2 的值是 3。建议在使用@ index 函数时最好指定集。

3. @wrap(index,limit)

该函数返回 j=index-k * limit,其中 k 是一个整数,取适当值保证 j 落在区间[1,limit]内。该函数在循环、多阶段计划编制中特别有用。

4. @size(set_name)

该函数返回集 set_name 的成员个数。在模型中明确给出集大小时最好使用该函数。它的使用使模型更加数据独立,集大小改变时也更易维护。

B.3 数学规划模型举例

B.3.1 数据直接放在 Lingo 程序

例 B.10 使用 Lingo 软件计算 6 个产地 8 个销地的最小费用运输问题。单位商品运价如表 B.1 所列。

表 B.1 单位商品运价表

单位运价 销地 / 产地	B_1	B_2	B_3	B_4	B_5	B_6	B_7	B_8	产量
A_1	6	2	6	7	4	2	5	9	60
A_2	4	9	5	3	8	5	8	2	55
A_3	5	2	1	9	7	4	3	3	51
A_4	7	6	7	3	9	2	7	1	43
A_5	2	3	9	5	7	2	6	5	41
A_6	5	5	2	2	8	1	4	3	52
销量	35	37	22	32	41	32	43	38	

解 设 $x_{ij}(i=1,2,\cdots 6;j=1,2,\cdots,8)$ 表示产地 A_i 运到销地 B_j 的量,c_{ij} 表示产地 A_i 到销地 B_j 的单位运价,d_j 表示销地 B_j 的需求量,e_i 表示产地 A_i 的产量,建立如下线性规划模型:

$$\min \sum_{i=1}^{6}\sum_{j=1}^{8} c_{ij}x_{ij},$$

$$\text{s. t.}\begin{cases}\sum\limits_{i=1}^{6} x_{ij} = d_j, j = 1,2,\cdots,8,\\ \sum\limits_{j=1}^{8} x_{ij} \leqslant e_i, i = 1,2,\cdots,6,\\ x_{ij} \geqslant 0, i = 1,2,\cdots,6; j = 1,2,\cdots,8.\end{cases}$$

使用 Lingo 软件，编制程序如下：

```
model:
!6 产地 8 销地运输问题;
sets:
  warehouses /wh1..wh6/: capacity;
  vendors/v1..v8/: demand;
  links(warehouses,vendors): cost, volume;
endsets
!目标函数;
  min=@sum(links: cost * volume);
!需求约束;
  @for(vendors(J):@sum(warehouses(I): volume(I,J))=demand(J));
!产量约束;
  @for(warehouses(I):@sum(vendors(J): volume(I,J))<=capacity(I));
!下面是数据;
data:
  capacity=60 55 51 43 41 52;
  demand=35 37 22 32 41 32 43 38;
  cost=6 2 6 7 4 2 9 5
       4 9 5 3 8 5 8 2
       5 2 1 9 7 4 3 3
       7 6 7 3 9 2 7 1
       2 3 9 5 7 2 6 5
       5 5 2 2 8 1 4 3;
enddata
end
```

B.3.2 使用纯文本文件传递数据

使用 Lingo 函数@ file、@ text 进行纯文本文件数据的输入和输出。

注：执行一次@ file，输入 1 个记录，记录之间的分隔符为"~"。

例 B.11（续例 B.10） 通过纯文本文件传递数据。

Lingo 程序如下：

```
model:
sets:
  warehouses/wh1..wh6/: capacity;
  vendors/v1..v8 /: demand;
  links(warehouses,vendors): cost, volume;
endsets
  min=@sum(links: cost * volume);
  @for(vendors(J):@sum(warehouses(I): volume(I,J))=demand(J));
  @for(warehouses(I):@sum(vendors(J): volume(I,J))<=capacity(I));
data:
```

```
  capacity=@file(dataB_11.txt);
  demand=@file(dataB_11.txt);
  cost=@file(dataB_11.txt);
enddata
end
```

其中:纯文本数据文件 dataB_11. txt 中的数据格式如下:

```
60  55  51  43  41  52~                    !"~"是记录分割符,该第一个记录是产量;
35  37  22  32  41  32  43  38~            !该第二个记录是需求量;
6  2  6  7  4  2  9  5
4  9  5  3  8  5  8  2
5  2  1  9  7  4  3  3
7  6  7  3  9  2  7  1
2  3  9  5  7  2  6  5
5  5  2  2  8  1  4  3                     !最后一个记录是单位运价;
```

B. 3. 3 使用 Excel 文件传递数据

Lingo 通过@ OLE 函数实现与 Excel 文件传递数据,使用@ OLE 函数既可以从 Excel 文件中导入数据,也能把计算结果写入 Excel 文件。

@ OLE 函数只能用在模型的集合定义段、数据段和初始段。从 Excel 文件中导入数据的使用格式可以分成以下几种类型:

(1) 变量名 1,变量名 2=@ OLE('文件名','数据块名称 1','数据块名称 2');

若变量是初始集合的属性,则对应的数据块应当是一列数据,若变量是二维派生集合的属性,则对应数据块应当是二维矩形数据区域。@ OLE 函数无法读取三维数据区域。

(2) 变量名 1,变量名 2=@ OLE('文件名','数据块名称');

左边的两个变量必须定义在同一个集合中,@ OLE 的参数仅指定一个数据块名称,该数据块应当包含类型相同的两列数据,第一列赋值给变量 1,第二列赋值给变量 2。

(3) 变量名 1,变量名 2=@ OLE('文件名');

没有指定数据块名称,默认使用 Excel 文件中与属性同名的数据块。

使用@ OLE 函数也能把计算结果写入 Excel 文件,使用格式有以下三种:

(1) @ OLE('文件名','数据块名称 1','数据块名称 2')= 变量名 1,变量名 2;

将两个变量的内容分别写入指定文件的两个预先已经定义了名称的数据块,数据块的长度(大小)不应小于变量所包含的数据,如果数据块原来有数据,则@ OLE 写入语句运行后原来的数据将被新的数据覆盖。

(2) @ OLE('文件名','数据块名称')= 变量名 1,变量名 2;

两个变量的数据写入同一数据块(不止 1 列),先写变量 1,变量 2 写入另外 1 列。

(3) @ OLE('文件名')= 变量名 1,变量名 2;

不指定数据块的名称,默认使用 Excel 文件中与变量同名的数据块。

例 B. 12(续例 B. 10) 通过 Excel 文件传递数据。

Lingo 程序如下：

```
model:
sets:
  warehouses/wh1..wh6/: capacity;
  vendors/v1..v8/: demand;
  links(warehouses,vendors): cost, volume;
endsets
  min=@sum(links: cost*volume);
  @for(vendors(J):@sum(warehouses(I): volume(I,J))=demand(J));
  @for(warehouses(I):@sum(vendors(J): volume(I,J))<=capacity(I));
data:
  capacity=@ole(.\dataB_12.xlsx);
  demand=@ole(.\dataB_12.xlsx);
  cost=@ole(.\dataB_12.xlsx);
  @ole(.\dataB_12.xlsx)=volume;
enddata
end
```

注：(1) Excel 中数据块的命名，具体做法是先用鼠标选中数据区域，从菜单上选择"插入"→"名称"→"定义"命令，弹出"定义名称"对话框，输入适当的名称，然后单击"确定"按钮。

(2) 建议把所有的数据文件和程序文件放在同一个目录下，如果运行时找不到要打开的文件，则应核对文件名是否正确。如果文件名无误，仍然找不到文件，则是由于没有用 Excel 打开所操作的数据文件。

(3) 在新版 Office 下，必须指明 Excel 文件的路径，程序中的"."表示当前路径，必须指明，否则找不到 Excel 文件。

B.3.4 Lingo 与数据库的接口

数据库管理系统(Data Base Management System，DBMS)用于在数据库建立、运行和维护时对数据库进行统一控制，以保证数据的完整性、安全性，并在多用户同时使用数据库时进行并发控制，在故障发生后对系统进行恢复。它是处理大规模数据的最好工具，许多部门的业务数据大多保存在数据库中。开放式数据库连接(Open Data Base Connectivity，ODBC)为 DBMS 定义了一个标准化接口，其他软件可以通过这个接口访问任何 ODBC 支持的数据库。Lingo 为 Access、dBase、Excel、FoxPro、Oracle、Paradox、SQL Server 和 Text Files 安装了驱动程序，能与这些类型的数据库文件交换数据。

Lingo 提供的@ODBC 函数能够从 ODBC 数据源导出数据或将计算结果导入 ODBC 数据源中。

为了使 Lingo 模型在运行时能够自动找到 ODBC 数据源并正确赋值，必须满足以下三个条件：

(1) 将数据源文件在 Windows 的 ODBC 数据源管理器中进行注册。

(2) 注册的用户数据源名称与 Lingo 模型的标题相同。

(3) 对于模型中的每一条@ ODBC 语句,数据源文件中存在与之相对应的表项。

B.3.5 钢管运输问题的 Lingo 求解

例 B.13 用 Lingo 软件求解第 4 章的钢管订购和运输问题。

使用 Lingo 求解时,需要对非线性约束条件(4.27)进行处理。引进 0-1 变量

$$t_i=\begin{cases}1, & 钢厂\ i\ 生产,\\ 0, & 钢厂\ i\ 不生产,\end{cases}\quad i=1,2,\cdots,7.$$

把约束条件(4.27)转化为线性约束

$$500t_i \leqslant \sum_{j=1}^{15} x_{ij} \leqslant s_i t_i, i=1,2,\cdots,7.$$

利用 Lingo 软件求得总费用的最小值为 127.8632 亿。Lingo 程序如下:

```
model:
sets:
!nodes 表示节点集合;
nodes /S1,S2,S3,S4,S5,S6,S7,A1,A2,A3,A4,A5,A6,A7,A8,A9,A10,A11,A12,A13,
A14,A15,B1,B2,B3,B4,B5,B6,B7,B8,B9,B10,B11,B12,B13,B14,B15,B16,B17/;
!c1(i,j)表示节点 i 到 j 铁路运输的最小运价(万元),c2(i,j)表示节点 i 到 j 公路运输的费
用邻接矩阵,c(i,j)表示节点 i 到 j 的最小运价,path 标志最短路径上走过的顶点;
link(nodes, nodes): w, c1,c2,c,path1,path;
supply/S1..S7/:S,P,f;
need/A1..A15/:b,y,z; !y 表示每一点往左铺的量,z 表示往右铺的量;
linkf(supply, need):cf,X;
endsets
data:
S=800 800 1000 2000 2000 2000 3000;
P=160155  155  160  155  150  160;
b=104,301,750,606,194,205,201,680,480,300,220,210,420,500,0;
path1=0; path=0; w=0; c2=0;
!以下是格式化输出计算的中间结果和最终结果;
@text(MiddleCost.txt)=@writefor(supply(i): @writefor(need(j): @format(cf
(i,j),' 6.1f' )), @newline(1));
@text(Train_path.txt) = @writefor(nodes(i):@writefor(nodes(j):@format
(path1(i,j),'5.0f')),@newline(1));
@text(Final_path.txt)=@writefor(nodes(i):@writefor(nodes(j):@format(path
(i,j),'5.0f')),@newline(1));
@text(FinalResult.txt) = @writefor(supply(i):@writefor(need(j):@format
(x(i,j),'5.0f')), @newline(1) );
@text(FinalResult.txt)=@write(@newline(1));
@text(FinalResult.txt)=@writefor(need:@format(y,'5.0f') );
@text(FinalResult.txt)=@write(@newline(2));
@text(FinalResult.txt)=@writefor(need:@format(z,'5.0f') );
enddata
```

```
calc:
!输入铁路距离邻接矩阵的上三角元素;
w(1,29)=20;w(1,30)=202;w(2,30)=1200;w(3,31)=690;w(4,34)=690;w(5,33)=462;
w(6,38)=70;w(7,39)=30;w(23,25)=450;w(24,25)=80;w(25,27)=1150;w(26,28)=306;
w(27,30)=1100;w(28,29)=195;w(30,31)=720;w(31,32)=520;w(32,34)=170;w(33,34)=88;
w(34,36)=160;w(35,36)=70;w(36,37)=320;w(37,38)=160;w(38,39)=290;
@for(link(i,j): w(i,j) =  w(i, j)+w(j,i) ); !输入铁路距离邻接矩阵的下三角元素;
@for(link(i,j) |i#ne#j: w(i,j)=@if(w(i,j) #eq# 0, 20000,w(i,j)));
                                              !无铁路连接,元素为充分大的数;
!以下就是最短路计算公式(Floyd-Warshall 算法);
@for(nodes(k):@for(nodes(i):@for(nodes(j):tm=@smin(w(i,j),w(i,k)+w(k,j));
path1(i,j)=@if(w(i,j)#gt# tm,k,path1(i,j));w(i,j)=tm)));
!以下就是按最短路 w 查找相应运费 C1 的计算公式;
@for(link |w#eq#0: C1=0);
@for(link |w#gt#0   #and# w#le#300: C1=20);
@for(link |w#gt#300 #and# w#le#350: C1=23);
@for(link |w#gt#350 #and# w#le#400: C1=26);
@for(link |w#gt#400 #and# w#le#450: C1=29);
@for(link |w#gt#450 #and# w#le#500: C1=32);
@for(link |w#gt#500 #and# w#le#600: C1=37);
@for(link |w#gt#600 #and# w#le#700: C1=44);
@for(link |w#gt#700 #and# w#le#800: C1=50);
@for(link |w#gt#800 #and# w#le#900: C1=55);
@for(link |w#gt#900 #and# w#le#1000: C1=60);
@for(link |w#gt#1000: C1= 60+5*@floor(w/100-10)+@if(@mod(w,100)#eq#0,0,5) );
!输入公路距离邻接矩阵的上三角元素;
c2(1,14)=31;c2(6,21)=110;c2(7,22)=20;c2(8,9)=104;c2(9,10)=301;c2(9,23)=3;
c2(10,11)=750;c2(10,24)=2;c2(11,12)=606;c2(11,27)=600;c2(12,13)=194;c2(12,26)=10;
c2(13,14)=205;c2(13,28)=5;c2(14,15)=201;c2(14,29)=10;c2(15,16)=680;c2(15,30)=12;
c2(16,17)=480;c2(16,31)=42;c2(17,18)=300;c2(17,32)=70;c2(18,19)=220;c2(18,33)=10;
c2(19,20)=210;c2(19,35)=10;c2(20,21)=420;c2(20,37)=62;c2(21,22)=500;c2(21,38)=30;
c2(22,39)=20;
@for(link(i,j): c2(i,j) = c2(i,j)+c2(j,i));!输入公路距离邻接矩阵的下三角元素;
@for(link(i,j):c2(i,j)=0.1*c2(i,j));      !距离转化成费用;
@for(link(i,j) |i#ne#j: c2(i,j) =@if(c2(i,j)#eq#0,10000,c2(i,j) ));
                                              !无公路连接,元素为充分大的数;
@for(link: C= @smin(C1,C2));                  !C1 和 C2 矩阵对应元素取最小;
@for(nodes(k):@for(nodes(i):@for(nodes(j):tm=@smin(C(i,j),C(i,k)+C(k,j));
path(i,j)=@if(C(i,j)#gt# tm,k,path(i,j));C(i,j)=tm)));
@for(link(i,j) |i #le# 7 #and# j#ge#8 #and# j#le# 22:cf(i,j-7)=c(i,j));
                                              !提取下面二次规划模型需要的 7×15 矩阵;
endcalc
[obj]min=@sum(linkf(i,j):(cf(i,j)+p(i))*x(i,j))+0.05*@sum(need(j):y(j)^2
```

```
+y(j)+z(j)^2+z(j));
    !约束;
    @for(supply(i):[con1]@sum(need(j):x(i,j))<= S(i) * f(i));
    @for(supply(i):[con2]@sum(need(j):x(i,j)) >= 500 * f(i));
    @for(need(j):[con3] @sum(supply(i):x(i,j))=y(j)+z(j));
    @for(need(j)|j#NE#15:[con4] z(j)+y(j+1)=b(j));
    y(1)=0; z(15)=0;
    @for(supply: @bin(f));
    @for(need: @gin(y));
    end
```

参 考 文 献

[1] 胡运权,郭耀煌. 运筹学教程[M]. 4 版. 北京:清华大学出版社,2012.

[2] 萧树铁. 数学实验[M]. 北京:高等教育出版社,1999.

[3] 杨启帆,方道元. 数学建模[M]. 杭州:浙江大学出版社,1999.

[4] 姜启源,谢金星,叶俊. 数学建模[M]. 5 版. 北京:清华大学出版社,2019.

[5] 刘保东,宿洁,陈建良. 数学建模基础教程[M]. 北京:高等教育出版社,2019.

[6] 赵静,但琦,严尚安,等. 数学建模与数学实验[M]. 4 版. 北京:高等教育出版社,2018.

[7] 孙玺菁,司守奎. MATLAB 的工程数学应用[M]. 北京:国防工业出版社,2017.

[8] 孙玺菁,司守奎. 复杂网络算法与应用[M]. 北京:国防工业出版社,2015.

[9] 司宛灵,孙玺菁. 数学建模简明教程[M]. 北京:国防工业出版社,2019.

[10] MEERSCHAERT M M. 数学建模方法与分析[M]. 刘来福,黄海洋,杨淳,译. 4 版. 北京:机械工业出版社,2015.

[11] 汪晓银,周保平. 数学建模与数学实验[M]. 2 版. 北京:科学出版社,2010.

[12] 雷功炎. 数学模型讲义[M]. 北京:北京大学出版社,1999.

[13] 谢金星,邢文训. 网络优化[M]. 北京:清华大学出版社,2000.

[14] 谭忠. 数学建模——问题、方法与案例分析:基础篇[M]. 北京:高等教育出版社,2018.

[15] 白其峥,数学建模案例分析[M]. 北京:海洋出版社,2000.

[16] 李火林,等. 数学模型及方法[M]. 江西:江西高校出版社,1997.

[17] 陈理荣. 数学建模导论[M]. 北京:北京邮电大学出版社,1999.

[18] 丁丽娟. 数值计算方法[M]. 北京:北京理工大学出版社,1997.

[19] 司守奎,孙玺菁. Python 数学实验与建模[M]. 北京:科学出版社,2020.

[20] 盛骤,谢式千,潘承毅. 概率论与数理统计[M]. 2 版. 北京:高等教育出版社,1989.

[21] 飞思科技产品研发中心. MATLAB 6.5 辅助优化计算与设计[M]. 北京:电子工业出版社,2003.

[22] 谢云荪,张志让. 数学实验[M]. 北京:科学出版社,2000.

[23] 蔡锁章. 数学建模原理与方法[M]. 北京:海洋出版社,2000.

[24] 陈桂明,戚红雨,潘伟. MATLAB 数理统计(6.X)[M]. 北京:科学出版社,2002.

[25] 韩中庚,陆宜静,周素静. 数学建模实用教程[M]. 北京:高等教育出版社,2013.

[26] 边肇祺,张学工,等. 模式识别[M]. 2 版. 北京:清华大学出版社,2001.

[27] 吴翊,吴梦达,成礼智. 数学建模的理论与实践[M]. 长沙:国防科技大学出版社,1999.

[28] 司守奎,孙玺菁,王兴平,等. 方程建模与 MATLAB 软件[M]. 北京:清华大学出版社,2016.

[29] 唐焕文,贺明峰. 数学模型引论[M]. 2 版. 北京:高等教育出版社,2002.

[30] 范金城,梅长林. 数据分析[M]. 北京:科学出版社,2002.

[31] 张宜华. 精通 MATLAB 5[M]. 北京:清华大学出版社,2000.

[32] 黎锁平,张秀媛,杨海波. 人工蚁群算法理论及其在经典 TSP 问题中的实现[J]. 交通运输系统工程与信息,2002,2(1):54-57.

[33] 谢金星,薛毅. 优化建模与 LINDO/LINGO 软件[M]. 北京:清华大学出版社,2005.

[34] 韩中庚. 数学建模方法及其应用[M]. 北京:高等教育出版社,2005.

[35] 王志良,田景环,邱林. 城市供水绩效的数据包络分析[J]. 水利学报,2005,36(12):1486-1491.

[36] 杨文鹏,贺兴时,杨选良. 新编运筹学教程——模型、解法及计算机实现[M]. 西安:陕西科学技术出版社,2005.

[37] 沈继红,施久玉,高振滨,等. 数学建模[M]. 哈尔滨:哈尔滨工程大学出版社,2002.
[38] 杨虎,刘琼荪,钟波. 数理统计[M]. 北京:高等教育出版社,2004.
[39] 高惠璇. 两个多重相关变量组的统计分析[J]. 数理统计与管理,2003,21(2):58-64.
[40] 王惠文. 偏最小二乘回归方法及其应用[M]. 北京:国防工业出版社,2000.
[41] 宁宣熙,刘思峰. 管理预测与决策方法[M]. 北京:科学出版社,2003.
[42] 刘思峰,党耀国,方志耕,等. 灰色系统理论及其应用[M]. 北京:科学出版社,2005.
[43] 王福建,李铁强,俞传正. 道路交通事故灰色 Verhulst 预测模型[J]. 交通运输工程学报,2003,6(1):122-126.
[44] 谭永基,蔡志杰,俞文鮆. 数学模型[M]. 上海:复旦大学出版社,2004.
[45] 王松桂,陈敏,陈立萍. 线性统计模型——线性回归与方差分析[M]. 北京:高等教育出版社,1999.
[46] BACK T,HOFFIMEISTER F, SCHWEFEL H P. A survey of evolution strategies[C]. In Proc of the 4th Int. Genetic Algorithms Conference, CA: Morgan Kaufmann Publishers,1991:2-9.
[47] FOGEL D B. An introduction to simulated evolutionary optimization[J] IEEE Transaction Neural Network, 1994,5(1):3-14.
[48] WEI C J,YAO S S,HE Z Y. A modified evolutionary programming[C]. In Proc 1996 IEEE Int. Evolutionary Computation Conference, 1996,135-138.
[49] RUDOLPH G. Local convergence rates of simple evolutionary algorithms with Cauchy mutations[J]. IEEE Transaction Evolutionary Computation,1997,1(4):249-258.
[50] CHELLAPILLA K. Combining mutation operators in evolutionary programming[J]. IEEE Trans on Evolutionary Computation,1998,2(3):91-96.
[51] 吴祥兴, 陈忠. 混沌学导论[M]. 上海: 上海科学技术文献出版社, 1996.
[52] 玄光男,程润伟. 遗传算法与工程设计[M]. 北京:科学出版社,2000.
[53] 边馥萍,侯文华,梁冯珍. 数学模型方法与算法[M]. 北京:高等教育出版社,2005.
[54] 高惠璇. 应用多元统计分析[M]. 北京:北京大学出版社,2006.
[55] 罗家洪. 矩阵分析引论[M]. 广州:华南理工大学出版社,2005.
[56] 张润楚. 多元统计分析[M]. 北京:科学出版社,2006.
[57] CRISTIANINI N, SHAWE-TAYLOR J. 支持向量机导论[M]. 李国正,王猛,曾华军,译. 北京:电子工业出版社,2005.
[58] 邓乃扬,田英杰. 数据挖掘中的新方法——支持向量机[M]. 北京:科学出版社,2005.
[59] 米红,张文璋. 实用现代统计分析方法与 SPSS 应用[M]. 北京:当代中国出版社,2000.
[60] 倪安顺. Excel 统计与数量方法应用[M]. 北京:清华大学出版社,1998.
[61] 陈毅衡. 时间序列与金融数据分析[M]. 黄长全,译. 北京:中国统计出版社,2004.
[62] 胡守信,李柏年. 基于 MATLAB 的数学实验[M]. 北京:科学出版社,2004.
[63] 章毓晋. 图像工程:上册[M]. 北京:清华大学出版社,2006.
[64] 冈萨雷斯. 数字图像处理:MATLAB 版[M]. 北京:电子工业出版社,2008.
[65] 潘雪丰,庄海林,洪常青. 秩和比综合评价法及 SAS 运行程序[J]. 数理医药学杂志,2006,19(2):194-197.
[66] 谭永基,朱晓明,丁颂康,等. 经济管理数学模型案例教程[M]. 北京:高等教育出版社,2006.
[67] 刘获,周振民. RBF 神经网络在径流预报中的应用[J]. 华北水利水电学院学报,2007,28(2):12-14.
[68] 孙立娟. 风险定量分析[M]. 北京:北京大学出版社,2011.
[69] 许哲,李号雷. 基于灰色模型和 Bootstrap 理论的大规模定制质量控制方法研究[J]. 数学的实践与认识,2012,42(21):121-127.